Nr. 32
S. 4965—5124

1953
12. August

Chemisches Zentralblatt

Vollständiges Repertorium für alle Zweige der reinen und angewandten Chemie

Im Auftrage der Deutschen Akademie der Wissenschaften zu Berlin, der Akademie der Wissenschaften zu Göttingen und der Gesellschaft Deutscher Chemiker
herausgegeben von
Prof. Dr. Maximilian Pflücke

Chefredakteure: Dr. Eugen Klever und Prof. Dr. Maximilian Pflücke

124. Jahrgang
1953

Akademie-Verlag GmbH., Berlin — Verlag Chemie, GmbH., Weinheim/Bergstr.

Inhalt

Namenregister

Chemisches Zentralblatt

1953 Nr. 32 13. August

A. Allgemeine und physikalische Chemie.

Erich Lange, *Über Größen- und Stoffbegriffe in Physik und Chemie.* Vf. gibt eine systemat. Übersicht über die in Physik u. Chemie üblichen Größen- u. Stoffbegriffe: Behandelt werden: die „Größenart" (die Qualität eines Kennzeichens eines Objekts, z. B. seiner M. ohne Rücksicht auf die Quantität), die „Größe" (Qualität u. Quantität des Objekts, z. B. die M.), das „Maß" (oder die Einheit) der Größenart u. die „Maßzahl" einer Größe, die sich durch Vgl. von Größe u. Maß ergibt, die „Dimension" der Größenart, die „Ableitgrößen", die mit zwei oder mehreren Grundgrößen durch eine mathemat. Funktion verbunden sind. Die Maße u. Dimensionen der Ableitgrößen ergeben sich entsprechend. Aus Grundgrößenmaßen u. Ableitgrößenmaßen wird ein „Maßsyst." gebildet. Wenn für jede Größenart nur ein Maß gewählt wird, so liegt ein Einmaßcyclus vor. Die Gesamtheit von wenigen Grunddimensionen von Grundgrößen bildet ein „Dimensionssystem". An Stoffbegriffen werden Stoffmenge, -stück, -maß u. Stückzahl behandelt. Die „Stoffmenge" ist eine bestimmte Quantität eines reinen Stoffes bestimmter Qualität. Als „Stoffstück" wird die kleinste natürlich vorkommende Stoffmenge einer reinen Stoffart, z. B. ein Atom oder ein Mol. bezeichnet. Es ist für die betreffende Stoffart zugleich das kleinste „Stoffmaß" (kleinste Stoffmengeneinheit). Die „Stückzahl" ergibt sich durch Vgl. von Stoffmenge u. Stoffstück. Aus zwei Stoffdaten können „stoffliche Ableitdaten" gebildet werden. Als solche werden z. B. Differenzen zwischen Stoffmengen betrachtet. Die absol. Stoff-Stück-Größen u. Molgrößen, die Beziehungen zwischen diesen sowie die Größe–Stoffmenge- u. die Stoffmenge–Größe-Quotienten werden eingehend erläutert. (Z. Elektrochem., Ber. Bunsenges. physik. Chem. **57**. 250—62. Mai 1953. Erlangen, Univ., Inst. für physik. Chem.) R. Levi. 10

Erich Lange, *Aufstellung und Anwendung von Größengleichungen in Physik und Chemie.* (Vgl. vorst. Ref.) Da für die meisten Größenarten mehrere Maße existieren, sind die Maßzahlen u. Maßzahlgleichungen maßabhängig u. gegebenenfalls maßunklar. Vf. schlägt daher Ersatz aller Maßzahlen durch den Quotienten Größe/Maß u. anschließende Eliminierung der Maße vor. Er erhält für theoret. Ableitungen einer neuen Gleichung bes. geeignete maßunabhängige „Größengleichungen". Zur Berechnung einer unbekannten Größe muß eine jede Größengleichung wieder in eine Maßzahlgleichung zurückverwandelt werden. Eine Abart stellen „chem. Größengleichungen" dar, die z. B. Molzahlen oder Molgrößen enthalten, sonst aber alle Vorteile der allg. Größengleichungen bieten. (Z. Elektrochem., Ber. Bunsenges. physik. Chem. **57**. 263—70. Mai 1953.) R. Levi. 10

Leo Brandt, *Aufgaben Deutscher Forschung auf dem Gebiet der Natur-, Ingenieur- und Gesellschaftswissenschaften.* Köln und Opladen: Westdeutscher Verlag. 1952. (XXXI + 389 S. m. 7 Abb. u. 2 Tab.) DM 36,—.

Das Buch gibt einen vorläufigen guten Überblick über die Forschungsaufgaben auf dem Gebiete der Technik u. der Forschung (Naturwissenschaften, Medizin usw.). Außerdem wird ein Überblick über die Forschungsstätten gegeben, schließlich werden die Träger u. Förderer der Forschung (wissenschaftliche Institutionen, Verbände u. Vereine) erwähnt. Pflücke. 10

A₁. Kernphysik und Kernchemie.

G. Morpurgo, *Über die Korrespondenz zwischen klassischer und Quantenelektrodynamik.* Zwischen der Dirac-Eliezerschen Gleichung des punktförmigen Elektrons u. der Gleichung, die in der Quantenelektrodynamik die zeitliche Veränderung des mittleren Quantenwertes (Erwartungswert) der Lage desselben Elektrons regelt, besteht völlige Übereinstimmung, die bei einem harmon. Oscillator so weit geht, daß der mittlere Quantenwert seiner Lage der Dirac-Eliezerschen Gleichung genügt. In diesem Falle hebt die Einführung der Planckschen Konstante die Schwierigkeiten ihrer physikal. u. nichtphysikal. Lösungen nicht auf. Hier ist die Lösung eines Problems der Quantenelektrodynamik völlig unabhängig von der Störungstheorie. (Nuovo Cimento [9] **9**. 808—17. 1/9. 1952. Roma, Univ., Ist. di Fis., Centro di Stud. per la Fis. Nucl. del C. N. R.) R. K. Müller. 80

Je. R. Musstel, *Elektromodell für die quantenmechanische Wellengleichung (Untersuchung von Potentialschwellen.)* Das Elektromodell von rechteckige Potentialschwellen durchdringenden Wellen liefert befriedigende Übereinstimmung mit der Theorie. Anschließend betrachtet Vf. Potentialschwellen der Form $U(x) = U_0/ch^2\alpha x$. (Журнал Технической Физики [J. techn. Physik] **22.** 369—80. März 1952.) AMBERGER. 80

Otto Bergmann, *Zur Optik in der verallgemeinerten Feldtheorie.* Vf. untersucht die Ausbreitung von schwachen Lichtwellen in einem lokalen galileischen Koordinatensyst. im Rahmen der verallgemeinerten Feldtheorie unter besonderer Berücksichtigung der Polarisationszustände der Lichtwellen. (Acta physica austriaca **6.** 306—18. 1953. Wien.) GERHARD SCHMIDT. 80

E. M. Williamson, *Energie im Kernfeld.* Die verschied. Typen von Kernfeldern können durch Tensoren in einem fünfdimensionalen Kontinuum beschrieben werden, die den Feldgleichungen genügen, deren Form durch die elektromagnet. Theorie angegeben wird. Aus den Feldgleichungen folgt, daß die Gesamtenergie endlich ist. Aus der Grundgleichung des Nucleons in Ggw. des Kernfeldes wird ein Alternativausdruck für die Wechselwirkungsenergie erhalten. Die Wechselwirkungsenergien werden für das Zweinucleonenproblem berechnet. Es zeigt sich, daß sie vom üblich angenommenen Typ sind. Der Vorschlag des Vf. besteht darin, daß sämtliche unendlichen Terme mit entsprechenden Termen in der Feldenergie im Gleichgewicht sind. Diese Eig. gilt für alle Typen des Kernfeldes. (Nuovo Cimento [9] **10.** 113—26. 1/2. 1953. London, Univ., Bedford Coll.) GERHARD SCHMIDT. 80

Luis Hurtado Acera, *Der stellare Magnetismus und die Höhenstrahlen.* Überblick mit 52 Literaturangaben. (Euclides [Madrid] **12.** 12—19. Jan. 1952.) R. K. MÜLLER. 85

G. Lovera, *Über die Anomalie in der inneren Winkelverteilung der Zacken bei den durch die Höhenstrahlung erzeugten Sternen.* (Vgl. C. **1952.** 7601.) Mit zunehmender Zahl der Zacken (n) nehmen die systemat. Abweichungen der exponentiellen Frequenzen von der Isotropie ab u. erreichen bei $n = 6—7$ bei Sternen ohne Rückstoß eine prakt. zu vernachlässigende Größe. Die Anomalie tritt demnach im wesentlichen nur bei den Sternen auf, die aus der Zertrümmerung der in der Emulsion vorhandenen leichten Kerne stammen. Die statist. Winkelverteilung erleidet eine durchgreifende Änderung beim Übergang von $r = 1$ zu $r = 1{,}5$. (Nuovo Cimento [9] **9.** 857—60. 1/9. 1952. Modena, Univ., Ist. di Fis.) R. K. MÜLLER. 85

W. Ja. Fainberg, *Über die Kaskadenkurve in schweren Elementen.* Die Formeln zur Best. des n. Momentes der Verteilungsfunktion für ein δ-förmiges Primärspektr. werden für den Fall eines beliebigen Primärspektr. erweitert. Die numer. Berechnung der beiden ersten Momente wird für *Pb* unter der Annahme eines prim. Photonenspektr. von der Form $1/E$ durchgeführt. Die Übereinstimmung mit den experimentellen Befunden ist befriedigend. (Журнал Экспериментальной и Теоретической Физики [J. exp. theoret. Physik] **22.** 112—19. Jan. 1952. Physik. Lebedew-Inst. der Akad. der Wiss. der UdSSR.) WIEDEMANN. 90

Ss. S. Belenki und **B. I. Maximow,** *Streuung von Schauerteilchen in schweren Elementen.* (Vgl. vorst. Ref.) Es wird eine Formel zur Berechnung der Momente der Verteilungsfunktion von Kaskadenteilchen in schweren Elementen abgeleitet. Ferner wird das nullte Moment, die räumliche Verteilung der Kaskadenteilchen, gemittelt über die Tiefe, berechnet. Hierbei wird der Ionisationsverlust berücksichtigt, jedoch ist sein Einfl. bei großen Energien nur gering. Aus den Resultaten wird der Einfl. der Streuung auf die Form der Kaskadenkurve abgeschätzt; er ist bei genügend großen Primärenergien jedoch nur gering. So führt die Berücksichtigung der Streuung zu einer Erhöhung der Teilchenzahl im Maximum um 2,5%. (Журнал Экспериментальной и Теоретической Физики [J. exp. theoret. Physik] **22.** 102—11. Jan. 1952. Moskau, Univ.) WIEDEMANN. 90

G. Wentzel, *Pseudoskalare Kopplung in der pseudoskalaren Mesonentheorie.* Die Beziehung zwischen pseudoskalarer u. pseudovektorieller Kopplung in der pseudoskalaren Mesonentheorie wird behandelt. Ein Test für die erstere besteht darin, ob sie die Abhängigkeit der π-Meson–Nucleon-Streuung vom Isotopenspin u. ihre Winkelverteilung richtig wiedergibt. (Physic. Rev. [2] **86.** 802—03. 1/6. 1952. Chicago, Univ., Inst. for Nucl. Stud., u. Dep. of Phys.) WIEDEMANN. 90

B. L. Ioffe und **A. P. Rudik,** *Über die Wechselwirkung von π-Mesonen mit Nucleonen.* Die nach der Mesonentheorie errechneten Ergebnisse über die Photonenerzeugung, den Einfang u. die Streuung neutraler u. geladener π-Mesonen werden unter sich u. mit den experimentellen Befunden verglichen u. daraus Schlüsse auf die Größe der Konstanten, auf Spin u. Parität gezogen. (Журнал Экспериментальной и Теоретической Физики [J. exp. theoret. Physik] **22.** 127—28. Jan. 1952.) WIEDEMANN. 90

R. Parunzewa, *Entstehung von π^+-Mesonen beim Zusammenstoß von Protonen.* Der Zusammenstoß schneller Protonen führt zur Entstehung positiver π-Mesonen entweder unter Bldg. eines Deuterons oder bei der unelast. Streuung. Für die pseudoskalare Variante des Mesonenfeldes mit pseudovektorieller Bindung ergibt sich im ersten Fall ein Wirkungsquerschnitt von $3{,}6 \cdot 10^{-28}$ cm², im zweiten Fall von $1{,}2 \cdot 10^{-28}$ cm². Die experimentellen Ergebnisse widersprechen der Annahme über die Bindungskonstante $g^2/\hbar c \approx 1/6$ nicht. (Журнал Экспериментальной и Теоретической Физики [J. exp. theoret. Physik] **22.** 123—24. Jan. 1952. Physik. Lebedew-Inst. der Akad. der Wiss. der UdSSR.) WIEDEMANN. 90

W. P. Ssilin, *Über die Spin–Bahn-Wechselwirkung von Nucleonen.* Die Operatoren der Spin–Bahn-Wechselwirkungsenergie zweier Nucleonen werden für den Fall neutraler, skalarer u. pseudoskalarer Mesonenfelder näherungsweise ermittelt. (Журнал Экспериментальной и Теоретической Физики [J. exp. theoret. Physik] **22.** 136—39. Febr. 1952. Physik. Lebedew-Inst. der Akad. der Wiss. der UdSSR.) WIEDEMANN. 90

D. Iwanenko und W. Lebedew, *Mehrfachprozesse bei der Wechselwirkung.* Zur Erklärung der Wechselwrkg. zwischen Nucleonen können nicht nur Prozesse herangezogen werden, an denen ein Elektron–Neutrino-Paar bzw. ein Mesonenpaar beteiligt ist, sondern auch solche Übergänge, an denen mehrere teilnehmen. Die Rolle der Mehrfachprozesse in der Mesonentheorie wird diskutiert. (Журнал Экспериментальной и Теоретической Физики [J. exp. theoret. Physik.] **22.** 638—40. Mai 1952. Moskau, Univ.) WIEDEMANN. 90

H. Ekstein, *Streuung an Mehrkörpersystemen in Termen von Zweikörperstoßparametern.* Die Streuung eines Einzelteilchens durch ein Mehrteilchensyst. wird durch Gleichungen dargestellt, welche nicht die HAMILTONsche Wechselwrkg., sondern eine unendliche Reihe von Zweikörper-Stoßparametern enthalten, die sich aus der Lösung des Zweikörperproblems ergeben. Die Gleichungen können für den Fall erweitert werden, daß die streuenden Teilchenkomplexe Systeme sind. Die Gleichungen liefern auch für höhere Approximationen konvergente Terme. Ferner lassen sie sich auf die Wechselwrkg. bei kurzer Reichweite anwenden. Die Gleichungen werden schließlich zur Aufstellung einer abgewandelten Beugungstheorie langsamer Neutronen in Kristallen unter Berücksichtigung der Nullpunktsbewegung der Kerne u. der elektrostat. Wechselwrkg. zwischen Neutronen u. Elektronen benutzt. (Physic. Rev. [2] **87.** 31—39. 1/7. 1952. Chicago, Ill., Illinois Inst. of Technol., Armour Res. Found.) WERNER SCHULZ. 90

Herbert Überall, *Der Wirkungsquerschnitt der Proton–Proton-Streuung bei kleinen Energien.* Bei der anomalen Proton–Proton-Streuung erscheint es wegen der komplizierten Gestalt der Funktionen keinesfalls ratsam, die exakten Wellenfunktionen für numer. Diskussionen u. Vgll. mit Streuverss. heranzuziehen. Aus diesem Grund wird die Formel für den Wirkungsquerschnitt der anomalen Streuung am COULOMB-Feld durch Einführen der für kleine Energien geltenden Näherungsausdrücke für die Phasenverschiebung modifiziert. (Acta physica austriaca **6.** 246—49. 1953. Wien.) GERHARD SCHMIDT. 90

Theodor Sexl, *Eine Differentialgleichung für die Fermischen Streulängen bei der Streuung Neutron–Proton.* (Kurze Mitt.) (Vgl. C. **1952.** 6803 u. früher.) Unter Benutzung früherer theoret. Ergebnisse wird eine gewöhnliche Differentialgleichung erster Ordnung für die FERMIschen Streulängen hergeleitet, die es ermöglicht, die fraglichen Streulängen durch eine gegebenenfalls numer. Integration einer gewöhnlichen Differentialgleichung erster Ordnung zu bestimmen. Für den Spezialfall der Potentialmulde ist diese für $l = 0$ exakt lösbar. (Acta physica austriaca **6.** 329—31. 1953. Wien, Univ., Inst. für theoret. Phys.) GERHARD SCHMIDT. 90

Bruce Cork, *Die elastische Streuung von Protonen aus ⁴He.* Ergänzend zu dem C. **1952.** 4880 referierten Sitzungsbericht wird mitgeteilt, daß die beobachtete Kernstreuung angenähert das 3fache der berechneten RUTHERFORD-Streuung für einen Streuwinkel von 17° u. angenähert das 100fache der berechneten RUTHERFORD-Streuung für einen Winkel von 62° im Schwerpunktssyst. ist. Der differentielle Wirkungsquerschnitt für einen Winkel von 55° (gleiches Syst.) beträgt 59,1 mbarn/Raumwinkel für einfallende Neutronen von 19,5 MeV im Laboratoriumssystem. (Physic. Rev. [2] **89.** 78—79. 1/1. 1953. Berkeley, Calif., Univ. of California, Dep. of Phys., Radiat. Labor.) GERHARD SCHMIDT. 90

O. Hittmair, *Zur Kernspinbestimmung durch unelastische Streuung.* Die Spinabhängigkeit der Winkelverteilung bei unelast. Streuung u. bei dem allgemeineren Prozeß $X_1(a_1, a_2)X_2$ wird dargelegt, wobei X_1 den Anfangskern, X_2 den Endkern, a_1 das stoßende, a_2 das emittierte Teilchen bildet. Unter Verwendung der Streumatrix S u. der RACAH-Koeffizienten ergibt sich ein verhältnismäßig einfacher Ausdruck. Der besondere Fall einer Rk., in der X_1 u. X_2 den Spin Null haben, wird behandelt. Hier ist durch rein gruppentheoret. Methoden eine eindeutige Spinbest. der Compoundniveaus möglich. Die Winkelverteilung für die Compoundniveaus vom Spin 1/2 bis 9/2 wird angegeben. Vorausgesetzt ist dabei, daß a_1 u. a_2 den Spin 1/2 haben. (Acta physica austriaca **6.** 241—45. 1953. Cambridge, Mass., MIT., Phys. Dep.) GERHARD SCHMIDT. 90

S. Gallone und **C. Salvetti,** *Das Verhalten des flüssigen Tropfens für ein unabhängiges Teilchen–Kern-Modell.* Das Verh. eines speziellen unabhängigen Teilchen–Kern-Modells wird zur Unters. der Natur asymm. Modelle benutzt. Die Asymmetrie steht jedoch nicht in enger Beziehung zur Annahme eines Modells vom RAINWATER-Typ. Darüber hinaus zeigen sich Analogien im Verh. des Schalenmodells u. des Modells des fl. Tropfens sowie eine Begrenzung für die Beschreibung des fl. Tropfens. (Nuovo Cimento [9] **10.** 145—50. 1/2. 1953. Milano, Univ., Ist. di Sci. Fis., u. Labor. CISE.) GERHARD SCHMIDT. 95

Arnold Russek und **Larry Spruch,** *Beiträge der Wechselwirkungsmomente zum magnetischen Kernmoment.* Es wird ein Modell für schwere ungerade Kerne behandelt, in welchen das äußere Nucleon sich in dem nach dem Kerntermschema von MAYER angegebenen Zustand befindet, während der Restkern den Drehimpuls Null hat. Es ergibt sich, daß die allg. Richtung der Abweichung der experimentell bestimmten magnet. Momente von den SCHMIDT-Kurven beschreibbar ist durch eine lineare Kombination von drei phänomenolog. Operatoren für das Wechselwirkungsmoment, welche aus dem Ladungsaustauschpotential nach einer bis zur zweiten Ordnung durchgeführten Mesonentheorie abgeleitet werden können. Die Endgleichung für das Wechselwirkungsmoment ist im großen u. ganzen unabhängig von allen speziellen Eigg. der mit diesen Operatoren verknüpften Radialfunktionen, der Radialfunktion des äußeren Nucleons u., mit Ausnahme einer Abhängigkeit von der relativen Anzahl der Neutronen u. Protonen im Kern, von der Kernstruktur. Die Folge daraus, daß bei gegebenem l u. j die Wechselwirkungsmomente der schweren Kerne mit ungerader Anzahl von Neutronen kleiner sind als die von schweren Kernen mit ungerader Anzahl von Protonen, u. daß die Hinzufügung von zwei Protonen zu einem Kern mit ungerader Protonenzahl oder von zwei Neutronen zu einem Kern mit ungerader Anzahl von Neutronen die Momente in Richtung der SCHMIDT-Kurven verschiebt, ist in allg. Übereinstimmung mit den Versuchsergebnissen. Schließlich werden noch die u–u-Kerne behandelt. Behandelte Kerne: ungerades Z: ^{37}Cl, ^{39}K, ^{137}Cs, ^{139}La, ungerades N: $^{95,97}Mo$, $^{111,113}Cd$, $^{115,117,119}Sn$, $^{123,125}Te$, $^{135,137}Ba$, $^{143,145}Nd$, $^{147,149}Sm$, u–u-Kerne: ^{40}K, ^{60}Co, ^{86}Rb. (Physic. Rev. [2] **87.** 1111—17. 15/9. 1952. New York, N. Y., New York Univ., Washington Square.) v. HARLEM. 95

Johann Herrmann und **Theodor Sexl,** *Zur quantitativen Theorie der radioaktiven α-Emission.* Vff. entwickeln exakt die quantitative Theorie der radioakt. α-Emission für den Fall nichtverschwindender Azimutalquantenzahlen ($l \neq 0$) nach dem Rechenverf. der komplexen Eigenwerte. Für die Integrale der LAPLACEschen Differentialgleichung des Problems werden Integraldarstellungen aufgestellt u. aus ihnen nach der Sattelpunktsmeth. asymptot. Darstellungen berechnet. Die Auflösung der komplexen Eigenwertgleichungen des Problems führt zu einer Formel für die Zerfallskonstante λ, welche eine explizite Abhängigkeit von der Azimutalquantenzahl nur in der e-Potenz enthält. (Acta physica austriaca **6.** 288—305. 1953. Wien, Univ., Inst. für theoret. Phys.)
GERHARD SCHMIDT. 103

G. Breit, M. H. Hull jr. und **R. L. Gluckstern,** *Möglichkeiten des Beschusses mit schweren Ionen bei Kernuntersuchungen.* Der Beschuß von Kernen mit mehrfach geladenen Ionen, wie z. B. ^{12}C u. ^{16}O, wird zur Unters. der Kernstruktur verwendet. Informationen werden unter Berücksichtigung der Torsionseffekte in den durch auftreffende Teilchen erzeugten Targetkernen, der Folgen dieser Effekte auf die Schwellenwerte der Rkk., der Neigung zu Spaltungen u. der charakterist. Effekte des Verlustes von Neutronen u. Protonen aus den beiden zusammenstoßenden Kernen durch wellenmechan. Durchdringung der Bereiche negativer kinet. Energie erhalten. Die Behandlung ist qualitativ, u. die mathemat. Diskussion schließt viele Approximationen ein. Allg. Charakteristiken eines 60 in.-Cyclotrons, das die notwendige Energie den mehrfach geladenen Ionen übertragen kann, werden betrachtet. (Physic. Rev. [2] **87.** 74—80. 1/7. 1952. New Haven, Conn., Yale Univ.) GERHARD SCHMIDT. 103

Peter Jensen und **Kurt Gis,** *Die Photospaltung des ^6Li-Kerns in Deuteron und α-Teilchen.* Verss. zum Nachw. des Prozesses $^6Li(\gamma, d)^4He$ mit einem Proportionalzählrohr ergaben, daß der Wirkungsquerschnitt für die 2,62 MeV-Quanten von ThC″ mit 99% Wahrscheinlichkeit $<3{,}5 \cdot 10^{-29}$ cm² ist. Die ungewöhnliche Kleinheit des $^6Li(\gamma, d)$-Wirkungsquerschnittes, die von anderer Seite auch für Photonen anderer Energien gefunden wurde, ist anscheinend nicht auf ein generelles Verbot, sondern auf eine Häufung einzelner Hindernisse zurückzuführen, die aus den Eigg. des ^6Li-Kerns erklärt werden können. (Z. Naturforsch. **8a.** 137—41. Febr./März 1953. Freiburg/Br., Univ., Physikal. Inst.)
KLEVER. 103

A. Gamba und **V. Wataghin,** *Eine Auswahlregel für die Reaktion $^6Li(\gamma, d)^4He$.* (Vgl. C. **1953.** 2547.) Unter Benutzung des vom Vf. u. Mitarbeitern entwickelten Formalismus

(l. c.) läßt sich unter geeigneten Annahmen eine Auswahlregel für die Rk. $^6Li(\gamma, d)^4He$ ableiten. Aus quantenmechan. Grenzbetrachtungen für den isotop. Spin folgt, daß der Anteil des isotop. Spins aus dem HAMILTON-Operator sowohl für elektr. Quadrupol- als auch für magnet. Dipolübergänge zwei YOUNG-Glieder enthält, von denen das eine gleich dem Muster des elektr. Dipols u. das andere völlig symm. ist. Das zweite Glied läßt die Übergänge $^6Li(\gamma, n)^5Li$, $^6Li(\gamma, p)^5He$ sowie $^6Li(\gamma, d)^4He$ zu, während das erste Glied den letzten Übergang verbietet. Somit sind die beiden ersten Rkk. wahrscheinlich bzgl. der letzten Rk. bevorzugt, was eine weitere Verminderung des Wirkungsquerschnitts für die Rk. $^6Li(\gamma, d)^4He$ zur Folge hat. (Nuovo Cimento [9] **10.** 174—75. 1/2. 1953. Torino, Univ., Ist. di Fis.) GERHARD SCHMIDT. 103

Frederick L. Canavan, *Die Winkelverteilung und die Anregungsfunktion der Protonen großer Reichweite aus der Reaktion $^9Be(d, p)^{10}Be$.* Die Winkelverteilung der Protonen großer Reichweite beim Beschuß von ^9Be mit 1,0—2,2 MeV-Deuteronen wird mit einer photograph. Meth., die Anregungsfunktion mit einem Proportionalzähler für Deuteronenenergien von 0,55—2,95 MeV gemessen. Die Winkelverteilung wird auf der Grundlage des Modells für einen Compoundkern durch eine Reihe von LEGENDREschen Polynomen dargestellt. Da hierzu 6 Polynome erforderlich sind, folgt, daß im betrachteten Energiebereich überlappende Niveaus mit gerader u. ungerader Parität vorhanden u. sowohl d- als auch f-Neutronen an der Rk. beteiligt sind. Es ergibt sich ferner, daß bei der Rk. auch ein mit wachsender Deuteronenenergie sich verstärkender Abstreifprozeß durch Überführung eines Neutrons mit $l = 1$ zum Kern wirksam ist. Die Anregungsfunktion läßt breite, sich überlappende Resonanzstellen erkennen. (Physic. Rev. [2] **87.** 136—40. 1/7. 1952. Washington, D. C., Catholic Univ. of America, Dep. of Phys.) WERNER SCHULZ. 103

J. R. Haskins, J. E. Duval, L. S. Cheng und **J. D. Kurbatov,** *Radioaktivität von ^{43}Sc.* Zur Unters. von ^{43}Sc wurde a) angereichertes $^{43}CaCO_3$ (72,13% ^{43}Ca, 5,17% ^{44}Ca) mit ~7 MeV-Protonen u. b) n. $CaCO_3$ (97% ^{40}Ca) mit ~20 MeV-α-Teilchen beschossen. Es wurden sowohl das Positronen- als auch das Photoelektronenspektr. beobachtet. Das Positronenspektr. wurde im Falle a) mit einem Solenoidspektrometer untersucht, das beobachtete FERMI-Diagramm auf die 3,9 Std.-Halbwertszeit korrigiert. Im Falle b) wurde ein Dicklinsenspektrometer benutzt. Das Photoelektronenspektr. aus dem Beschuß von ^{43}Ca wurde mit einem Dünnlinsenspektrometer aufgenommen u. ebenfalls auf die 3,9 Std.-Halbwertszeit korrigiert. Das Positronenspektr. erwies sich als komplex u. zeigte eine Hauptkomponente mit einer Endpunktenergie von $1{,}18 \pm 0{,}02$ MeV (72%) u. eine zweite Komponente mit einem Endpunkt bei $0{,}77 \pm 0{,}04$ MeV (28%). Die log (ft)-Werte der beiden β^+-Komponenten sind 5,1 bzw. 4,8. Ein γ-Strahl mit $0{,}375 \pm 0{,}002$ MeV wird dem Zerfall von ^{43}Sc zugeschrieben. γ-Strahlen höherer Energie mit einer relativen Häufigkeit oberhalb 15% wurden nicht beobachtet. (Physic. Rev. [2] **88.** 876—77. 15/11. 1952. Columbus, O., State Univ.) GERHARD SCHMIDT. 103

E. Je. Berlowitsch, *Untersuchung des β-Spektrums von RaB.* Das β-Spektr. von RaB wurde mittels eines magnet. Doppelspektrometers mit zwei keilförmigen Magneten untersucht. Als Quelle diente eine dünnwandige 4—6 μ Glascapillare. Zwei Elektronenbündel fielen auf die beiden Magnetfelder u. wurden dann auf zwei Proportionalzähler fokussiert. Das erste Magnetfeld wurde auf das Maximum einer Konversionslinie eingestellt, das zweite auf das zu der entsprechenden γ-Linie gehörende Teilspektr. des komplexen Spektrums. Vff. stellten fest, daß auf das 350 keV-Niveau von RaC ein Teilspektr. mit 670 keV führt u. daneben auf dem Umweg über ein dazwischen gelegenes Niveau ein wesentlich weicheres Teilspektr. mit ca. 350 keV maximaler Energie. Auf das Niveau 241 oder 294 keV, die nicht getrennt werden können, führt ein Teilspektr. mit ca. 730 keV. Ferner wurde eine γ-Strahlung von 53 keV festgestellt, die in Kaskade mit der 241 keV-Linie ausgesandt wird u. Quadrupolcharakter hat. Das Zerfallsschema ist wiedergegeben. Die Massendifferenz zwischen RaB u. RaC beträgt danach 1020 keV. (Известия Академии Наук СССР, Серия Физическая [Nachr. Akad. Wiss. UdSSR, physik. Ser.] **16.** 314—21. Mai/Juni 1952. Leningrad, Phys.-Techn. Inst. der Akad. der Wiss. der UdSSR.) WIEDEMANN. 103

D. K. Butt und **W. D. Brodie,** *Die Konversions- und Auger-Elektronen von RaD.* Vff. untersuchen die Konversions- u. AUGER-Elektronen von RaD in einem β-Linsenspektrometer mit hinter dem Brennpunkt eingebautem Elektronenbeschleuniger. Zur Anzeige dient ein dünnwandiger G.-M.-Zähler. Die Zahl der von den 46,7 keV-γ-Quanten herrührenden Konversionselektronen wird zu $59{,}2 \pm 5$ pro 100 Zerfälle gefunden; dieser Wert stellt eine untere Grenze dar. Die AUGER-Elektronen werden mit denjenigen aus dem ThB–ThC-Übergang verglichen. Der Zerfall von RaD kann maximal zu ca. 70% über den 46,7 keV-Übergang erfolgen. (Proc. physic. Soc., Sect. A **64.** 791—96. 1/9. 1951. Edinburgh, Univ., Dep. of Natural Philos.) WEIGEL. 103

Frank Asaro und **I. Perlman,** *Die α-Spektren von ^{239}Pu und ^{240}Pu.* Durch Vakuumdest. von Pu in HCl auf ein Pt-Blech wurden 2,5 μg starke ^{239}Pu-Strahlenquellen hergestellt. Ein magnet. α-Teilchenspektrograph ließ ein komplexes α-Spektr. von ^{239}Pu erkennen. Es wurden drei Gruppen beobachtet: α_0 (69%), α_{13} (20%) u. α_{51} (11%). Der α-Index deutet die Energieniveaus in keV über dem Grundzustand des Endkerns an. Die α_0-Teilchenenergie von ^{239}Pu wurde zu 5,150 ± 0,002 MeV bestimmt. Bei ^{240}Pu (6600 Jahre), das durch Neutroneneinfang von ^{239}Pu hergestellt wurde, wurden zwei α-Gruppen beobachtet: α_0 (76%) 12 ± 2 keV über α_0-^{239}Pu u. α_{44} (24%) 43,5 ± 2 keV tiefer als α_0-^{240}Pu. Die partiellen α-Halbwertszeiten für die beiden Gruppen sind 8700 bzw. 27000 Jahre. (Physic. Rev. [2] **88.** 828—31. 15/11. 1952. Berkeley, Calif., Univ. of California, Radiat. Labor., u. Dep. of Chem.) GERHARD SCHMIDT. 103

E. Broda, H. Fabitschowitz und **T. Schönfeld,** *Einfache Emaniermethode zur Herstellung reinster Radioblei- und Radiowismutlösungen.* Ein mit Wasserdampf gesätt. Luftstrom wird durch konz. Thoriumnitratlsg. gesaugt u. der nun mit Thoron (Tn) ($T_{1/2}$ = 54,5 Sek.) beladene Luftstrom durch eine Auffangflasche geleitet, in deren Fl. sich eine stationäre Tn-Konz. einstellt. Tn zerfällt unter Bldg. von ThB = ^{212}Pb ($T_{1/2}$ = 10,6 Std.) u. ThC = ^{212}Bi ($T_{1/2}$ = 1 Std.); die Lsg. enthält sonst grundsätzlich keinerlei Fremdstoffe u. eignet sich bes. zum Studium des Verh. hochverd. Elektrolytlösungen. Die Unters. der Herstellungsbedingungen solcher Lsgg. hoher Aktivität ergibt, daß die erhaltene Aktivität von der Strömungsgeschwindigkeit abhängt. Die rechner. Ermittlung der Aktivität unter gewissen vereinfachenden Voraussetzungen führt zu größenordnungsmäßiger Übereinstimmung mit den experimentell gefundenen Werten, bes. bzgl. der Lage des Maximums. Die Ausbeute steigt bei Temperaturerhöhung; ein Vers. mit einer Strömungsgeschwindigkeit von 7 cm³/Sek. bei etwa auf 50° gehaltener Thoriumnitratlsg. ergibt eine auf das 2,5fache gesteigerte Aktivität. Weitere Angaben über die durch zweckmäßige Abänderung der Versuchsbedingungen zu erzielenden größeren Aktivitäten werden gemacht. (Mh. Chem. **83.** 482—86. S.-B. österr. Akad. Wiss., math.-naturwiss. Kl. Abt. IIb **161.** 482 bis 486. 1952. Wien, Univ., Chem. Labor.) GEDSCHOLD. 105

Hilde Levi, *Radioaktiver Kohlenstoff in der Natur und ^{14}C-Altersbestimmung.* Im Anschluß an die von ANDERSON, ARNOLD u. LIBBY (vgl. C. **1952.** 4722) entwickelte Meth. zur Altersbest. mit ^{14}C wird ein Meßverf. mit einem Schirmgitterzähler mit Angabe der Fehlergrenzen beschrieben. (Fysisk Tidsskr. **50.** 65—82. 1952. Kopenhagen, Univ., Zoofysiol. Labor.) GERHARD SCHMIDT. 105

J. E. Hudgens jr. und **H. J. Dabagian,** *Radioaktivierungsbestimmung von Zirkonium in Zr–Hf-Gemischen.* Es wird eine Meth. zur Best. von Zr in Zr–Hf-Gemischen mittels der Aktivierungsanalyse beschrieben. Das Zr-haltige Hf-Präp. wird eine bestimmte Zeit im Meiler bei bekanntem Neutronenfluß bestrahlt, mit konz. H_2SO_4 gelöst, eine gewogene Menge Nb-Träger zugefügt, u. aus der mit Oxalsäure stabilisierten Lsg. das durch ^{94}Zr(n, γ)^{95}Zr $\xrightarrow{\beta^-}$ ^{95}Nb gebildete ^{95}Nb durch Zerstörung des Nb-Oxalatkomplexes mit $KClO_3$ gefällt. Durch Wägung der Nb_2O_5-Fällung wird die chem. Ausbeute bestimmt, durch Zählung der beiden 90 Std.- u. 35 Tage-^{95}Nb-Isomere der Zr-Geh. des Hf-Präparats. Eine mit bekannten ZrO_2/HfO_2-Gemischen aufgestellte Eichkurve verläuft linear mit der Zr-Konzentration. (Nucleonics **10.** Nr. 5. 25—27. Mai 1952. New Brunswick, N. J., AEC.) WEIGEL. 112

A₂. Optisches Verhalten der Materie.

Dario Maravall Casesnoves, *Die Erklärung der Milchstraßenflucht in meiner Theorie der Ausdehnung des Weltalls. Änderung der Ionisationsenergie der Höhenstrahlen in Abhängigkeit von der Zeit.* (Vgl. C. **1952.** 5842.) Die Theorie der kosmolog. Struktur des Weltalls führt für die Geschwindigkeit der Rezession der Milchstraße zu der HUBBLEschen Konstanten. Die Energie der freien Teilchen ist von der Zeit abhängig, wobei sich für die Höhenstrahlen eine Abnahme der Ionisationsenergie ergibt, die zahlenmäßig analog dem HUBBLEschen Gesetz für die Milchstraße ist. (Euclides [Madrid] **12.** 140—51. März 1952.) R. K. MÜLLER. 113

M. G. Fracastoro, *Beobachtungen von Zeta Aurigae während der Eklipse von 1950.* Die monochromat. Amplituden bei den Wellenlängen 4090, 3950 u. 3784 Å betragen 0,99, 1,52 u. 1,52 Min., wobei die zweite durch die Flügel der H- u. K-Linien von *Ca* II erhöht ist. Die Tiefen mehrerer Linien werden in verschied. Phasen gemessen, u. ihr Verh. wird mit der vorausgehenden Eklipse verglichen. (Osservaz. Mem. Osservat. astrofisico Arcetri **1952.** Nr. 67. 111—21. Arcetri-Firenze.) R. K. MÜLLER. 113

Margherita Hack, *Das Spektrum von ζ Tauri.* Die gemessenen 132 Linien werden verschied. Ionisationszuständen von *H, He, O, Mg, Al, Si, Ca, Ti, V, Cr* u. *Fe* zugeordnet.

Die Zahl der H-Atome (je cm^2) ist um eine Größenordnung höher als die der He-Atome im 2P-Zustand. Die Dämpfungskonstante ist für He u. die H-Atome, die zu den Linien H_γ, H_δ u. H_ϵ beitragen, von gleicher Größenordnung (10^{10}, klass. Konstante 10^8), für die anderen H-Linien um eine Größenordnung höher. (Osservaz. Mem. Osservat. astrofisico Arcetri **1952**. Nr. 67. 45—62.) R. K. MÜLLER. 113

Guglielmo Righini und **Vinicio Barocas**, *Über die Intensität der Linien von Ti an verschiedenen Punkten des Sonnenhalbmessers.* Im Spektr. der Sonnenscheibe u. an 4 Punkten des Radius (cos Θ = 0,76, 0,59, 0,32 0,10) wird die Äquivalentbreite von 18 Ti I-Linien gemessen. Sie scheint sich mit der Wellenlänge u. dem Anregungspotential der Atomniveaus nicht zu ändern; das Maximum liegt etwa bei cos Θ = 0,30. Die Dämpfungskonstante ist erheblich höher als die klass., die Linienbreite ist größer als die therm. Breite, weshalb eine turbulente Bewegung der Ti-Atome anzunehmen ist. Die Turbulenzgeschwindigkeit hat ein Minimum von 2 km/Sek. in Richtung der Normalen zur Sonnenoberfläche u. ein Maximum von 4,7 km/Sek. in der Richtung 70° zur Normalen. (Osservaz. Mem. Osservat. astrofisico Arcetri **1952**. Nr. 67. 95—109.) R. K. MÜLLER. 113

L. Vegard, *Verstärkung der Wasserstofflinien des Nordlichts nach niedrigeren Breiten.* Die H-Linien der Aurora werden nach niedrigeren Breiten zu intensiver. Vf. erklärt diesen Effekt mit der Zus. der elektr. Sonnenstrahlen aus Elektronen u. Protonen. Elektrostat. ist ein solches Strahlenbündel, das sowohl die Aurora wie magnet. Störungen hervorruft, neutral. Durch die größere magnet. Steifigkeit der Protonen bei größerer Geschwindigkeit wird die Aurora von den magnet. Polen nach niedrigeren Breiten getrieben u. die H-Linien verstärkt. (Nature [London] **170**. 1120—21. 27/12. 1952. Oslo, Univ., Physikal. Inst.) D. HAHN. 113

D. Kivelson und **E. Bright Wilson jr.**, *Zentrifugalverzerrung in asymmetrischen Rotormolekülen.* (Sitzungsbericht.) Vff. bringen eine leicht zu handhabende Annäherung für den Effekt der Zentrifugalverzerrung an Rotationsenergieniveaus von asymm. Rotormoll. von orthorhomb. Symmetrie. Es wird eine HAMILTONsche Annäherung erhalten, welche die gestörten Energien liefert (zur ersten Ordnung) u. auf jeden Typ von Banden u. auf jeden Asymmetriegrad anwendbar ist. (Physic. Rev. [2] **87**. 214. 1/7. 1952. Harvard Univ.) D. HAHN. 114

Henry Cohn, C. K. Ingold und **H. G. Poole**, *Infrarotspektrum des Dampfes von gewöhnlicher und deuterierter Salpetersäure. Ergänzung der Identifizierung der Grundfrequenzen. Entropie von Salpetersäure. „Barrier resisting"-Rotation der Hydroxylgruppe.* Vff. nehmen die Infrarotabsorptionsspektren von HNO_3 u. DNO_3 in Dampfform im Gebiet zwischen 3700—440 cm^{-1} auf. Frühere Unterss. (vgl. C. **1951**. I. 2253) der RAMAN-Spektren von HNO_3 u. DNO_3 haben verschied. Grundfrequenzen als unbekannt oder zweifelhaft bestehen lassen, die Vff. bes. untersuchten. Ferner wurden durch eine Entropieberechnung von HNO_3 die thermodynam. Größen bestimmt, welche mit den calorimetr. Werten gut übereinstimmen. Die „barrier resisting"-Rotation der OH- u. OD-Gruppe um die NO-Bindung im gasförmigen Mol. wird auf 10 kcal/Mol geschätzt. Zwischen den Frequenzen des Dampfes u. der Fl. bestehen Unterschiede, die aber als Folge von zwischenmol. H-Bindungen in den fl. Säuren verstanden werden. (J. chem. Soc. [London] **1952**. 4272—82. Nov. London, Univ. Coll., William Ramsay and Ralph Forster Labors.) D. HAHN. 120

Henry Cohn, *Infrarotspektrum von kristallinem Kaliumperchlorat. Zuordnung der niederen Grundfrequenzen des Perchlorations.* Im Infrarotspektr. von kristallinem $KClO_4$ zwischen 400 cm^{-1} u. 2000 cm^{-1} zeigen sich wie in den RAMAN-Spektren eine starke Bande bei 628 cm^{-1} u. eine starke Doppelbande bei 1090, 1140 cm^{-1}. Dagegen erscheinen die in den RAMAN-Spektren auftretenden 935 cm^{-1} u. 460 cm^{-1}-Banden nicht im Infrarotspektrum. Es wird geschlossen, daß die Frequenzen der zwei Streckungsschwingungen des ClO_4-Ions früher genau, aber die der zwei Beugungsschwingungen schlecht bestimmt worden sind. (J. chem. Soc. [London] **1952**. 4282—84. Nov. London, Univ. Coll., William Ramsay and Ralph Forster Labors.) D. HAHN. 120

Ruth F. Schwarz, *Über magnetische Rotationsmomente.* (Sitzungsbericht.) Vf. gibt eine Formel für das magnet. Rotationsmoment eines allg. polyatomaren Mol. im $^1\Sigma$-Zustand. Der in dieser Formel vorkommende Tensor G läßt sich aus Messungen des ZEEMAN-Effektes der drei Rotationslinien berechnen, wie am Beispiel des H_2O u. HDO gezeigt wird. (Physic. Rev. [2] **86**. 606. 15/5.; Bull. Amer. physic. Soc. **27**. Nr. 1. 31. 31/1. 1952. Radcliffe Coll.) v. HARLEM. 121

S. L. Miller, M. Kotani und **C. H. Townes**, *Magnetische Hyperfeinstruktur des O_2-Moleküls.* (Sitzungsbericht.) Die magnet. Hyperfeinstruktur des Mikrowellenspektr. von $^{16}O^{17}O$ wurde im 5 mm-Gebiet untersucht. Die Komponenten der Feinstrukturübergänge, welche zwischen 59250 u. 60300 MHz liegen, wurden identifiziert u. sind in Übereinstimmung mit der Theorie von Frosch. Der Spin 5/2 für ^{17}O wurde bestätigt. Die unpaaren Elektronen befinden sich hauptsächlich in den $2p\pi$-Bahnen, ungefähr 1% haben 2s-Charakter. Die Wellenfunktionen der unpaaren Elektronen haben zu 90% $2p\pi$-Charakter u. zu 10% $2p\sigma$-Charakter, von den $2p\sigma$-Bahnen sind 10% in 2s entartet. (Physic. Rev. [2] **86**. 607. 15/5.; Bull. Amer. physic. Soc. **27**. Nr. 1. 32. 31/1. 1952. Columbia Univ.) v. Harlem. 121

R. Beringer und **E. B. Rawson**, *Lambda-Verdopplung in einem Mikrowellenspektrum von Stickoxyd.* (Sitzungsbericht.) Die Lambda-Verdopplung in Stickoxyd wurde in den Zeeman-Niveaus des $^2\pi 3/2$, $J = 3/2$-Zustandes untersucht. Die Verdopplung wurde an einem Mikrowellenresonanzspektr. beobachtet, das von elektr. Dipolübergängen zwischen den magnet. Subniveaus herrührt. Infolge der Niveaustruktur ist die beobachtete Linienaufspaltung von der doppelten Größe der Lambda-Verdopplung. Die mittlere Aufspaltung (ca. 1,7 MHz) ist in Übereinstimmung mit der theoret. Erwartung. Die Mikrowellenaufspaltung geht roh mit M_J, in Übereinstimmung mit einer unveröffentlichten Theorie von Karnaugh. (Physic. Rev. [2] **86**. 607. 15/5.; Bull. Amer. physic. Soc. **27**. Nr. 1. 32. 31/1. 1952.) v. Harlem. 121

Christopher Dean, *Der Zeeman-Effekt der Kern–Quadrupol–Radiofrequenz-Resonanz von Chlor.* (Sitzungsbericht.) Vf. berichtet über die Messung der Resonanz von ^{35}Cl in einem Kristall aus p-Dichlorbenzol in der unterhalb 30° stabilen Phase u. den Vgl. mit der Theorie. Die Abweichungen von der Rotationssymmetrie kann einem teilweisen Doppelbindungscharakter der C–Cl-Bindung zugeschrieben werden. Unter dieser Annahme kann die Orientierung der Moll. vollständig abgeleitet werden. (Physic. Rev. [2] **86**. 607—08. 15/5.; Bull. Amer. physic. Soc. **27**. Nr. 1. 32—33. 31/1. 1952. Harvard Univ.) v. Harlem. 121

D. F. Smith, *Das Mikrowellenspektrum und die Struktur von Chlortrifluorid.* (Sitzungsbericht.) Vf. berichtet über Messungen des Mikrowellenspektr. des ClF_3 im Gebiet 24—31 kMHz u. ihre Deutung. Für die Trägheitsmomente wurden folgende Werte gefunden: $I_a^{35} = 36{,}764$, $I_b^{35} = 109{,}60$, $I_c^{35} = 146{,}56$, $I_a^{37} = 37{,}019$, $I_b^{37} = 109{,}59$, $I_c^{37} = 146{,}81$ (Atommasseneinheiten·Å²). Da $I_c \approx I_a + I_b$ u. $I_b^{35} \approx I_b^{37}$, ist das Mol. planar mit einer C_{2v}-Achse. Diese Trägheitsmomente erfüllen ein ungestörtes T-Modell mit dem Cl im Schnittpunkt der beiden Arme. Die beiden gleichen Cl–F-Bindungen (1,70 Å) sind länger als die andere einzelne Cl–F-Bindung (1,56 Å). Die F–Cl–F-Winkel betragen innerhalb der Meßgenauigkeit 90°. Dies Ergebnis ist in vollkommener Übereinstimmung mit Röntgenuntersuchungen. Die Hyperfeinstruktur kann durch die Werte für χ_{aa} (^{35}Cl; längs der geraden F–Cl–F-Linie) $= -81$ MHz, χ_{bb} (^{35}Cl; längs der einzigen Cl–F-Bindung) $= -65$ MHz dargestellt werden, so daß χ_{cc} (^{35}Cl) $= 146$ MHz wird. (Physic. Rev. [2] **86**. 608. 15/5.; Bull. Amer. physic. Soc. **27**. Nr. 1. 33. 31/1. 1952. Carbide and Carbon Chemicals Comp.) v. Harlem. 121

A. Javan und **C. H. Townes**, *Anomalien in der Hyperfeinstruktur von JCN.* (Sitzungsbericht.) Die Hyperfeinstrukturkomponenten des $J = 3 \rightarrow 4$-Überganges in JCN in den angeregten Vibrationszuständen $v_2 = 1$ zeigen augenscheinlich verschied. Beträge der *l*-Typverdopplung. Diese Anomalie kann der Tatsache zugeschrieben werden, daß der Gradient des elektr. Feldes nicht symm. um die Achse des Mol. ist, wenn das Mol. infolge von Vibrationen gebogen ist. Der Wert des Symmetrieparameters beträgt 0,0045. Dieser Wert ist ca. 5mal größer als der aus der Verbiegung der mol. Bindung ohne Änderung ihrer Struktur zu erwartende Wert. Seine Größe muß also teilweise das Ergebnis einer Asymmetrie der J–C-Bindung, hervorgerufen durch eine Verbiegung des Mol., sein. (Physic. Rev. [2] **86**. 608. 15/5.; Bull. Amer. physic. Soc. **27**. Nr. 1. 33. 31/1. 1952. Columbia Univ.) v. Harlem. 121

C. A. Lee, **R. O. Carlson**, **B. P. Fabricand** und **I. I. Rabi**, *Beobachtung von Rotationsspektren nach der Molekularstrahlmethode.* (Sitzungsbericht.) Es wird ein Aufbau beschrieben, die elektr. Resonanz bei der Molekularstrahlmeth. so zu verfeinern, daß auch die Rotationsübergänge $J = 0 \rightarrow J = 1$ noch nachweisbar werden. Es wurde so möglich, Messungen der Spektrallinien von *KCl* durchzuführen, deren Halbwertsbreite ca. 18 kHz beträgt, wobei die Genauigkeit 1 zu $3 \cdot 10^6$ betrug. (Physic. Rev. [2] **86**. 607. 15/5.; Bull. Amer. physic. Soc. **27**. Nr. 1. 32. 31/1. 1952. Columbia Univ.) v. Harlem. 121

B. P. Fabricand, **R. O. Carlson**, **C. A. Lee** und **I. I. Rabi**, *Das Rotationsspektrum von KCl.* (Sitzungsbericht.) Mittels der elektr. Resonanz bei der Molekularstrahlmeth. wurde die Struktur der Linie infolge des Übergangs $J = 0 \rightarrow J = 1$ von $^{39}K^{35}Cl$ u. $^{39}K^{37}Cl$ untersucht. Die Struktur, die von der Kernquadrupolwechselwrkg. im Zustand $J = 1$ bei verschied. Vibrationszuständen $v = 0$—3 herrührt, war gut aufzulösen. Die Meßwerte werden mitgeteilt. Das Massenverhältnis der Cl-Isotope stimmte mit den Ergebnissen früherer Unterss. überein. (Physic. Rev. [2] **86**. 607. 15/5.; Bull. Amer. physic. Soc. **27**. Nr. 1. 32. 31/1. 1952. Columbia Univ.) v. Harlem. 121

M. L. Stitch, A. Honig und **C. H. Townes,** *Mikrowellenspektroskopie bei hohen Temperaturen. Spektrum von KCl und TlCl.* (Sitzungsbericht.) Gasförmiges KCl wurde bei ca. 715° untersucht. Die J = 2 → 3-Rotationsübergänge wurden für $^{39}K^{35}Cl$ für v = 0, 1, 3 u. 4 beobachtet. Die Hyperfeinstruktur war zu klein, um aufgelöst werden zu können. Die Übergangsfrequenzen erschienen bei 23066 ± 10 (v = 0), 22918 ± 10 (v = 1), 22646 ± 10 (v = 3) u. 22504 ± 10 MHz (v = 4), während sich theoret. 23067,3 ± 0,2; 22925,1 ± 0,2; 22640,7 ± 0,2 u. 22498,5 ± 0,2 ergeben. Eine Unters. von TlCl bei ca. 305° ergab ein linienreiches Spektr., das nicht vom zweiatomigen TlCl herrühren kann. Dies deutet darauf hin, daß im Gas komplexere Thalliumchloride vorhanden waren. (Physic. Rev. [2] **86.** 607. 15/5.; Bull. Amer. physic. Soc. **27.** Nr. 1. 32. 31/1. 1952. Columbia Univ.) V. HARLEM. 121

J. C. Swartz und **J. W. Trischka,** *Einige Molekularkonstanten von $^{6}Li^{19}F$.* (Sitzungsbericht.) Vff. berichten über Messungen des Radiofrequenzspektr. des $^{6}Li^{19}F$ nach der elektr. Resonanzmethode. Das erhaltene Spektr. war charakterist. für ein Mol. mit einer einzigen Wechselwrkg. der Form cI·J (I Kernspin, J Rotationsquantenzahl, c Wechselwirkungskonstante), die mit einem Kern mit dem Spin ½(F) verbunden ist. c/h ergab sich zu 37 ± 1 kHz, etwa doppelt so groß wie aus der magnet. Resonanz bestimmt. Eine durch das ^{6}Li infolge Quadrupol- oder I·J-Wechselwrkg. bedingte Feinstruktur wurde nicht beobachtet. μ^2A (μ elektr. Dipolmoment des Mol., A Trägheitsmoment) wurde zu $(747 \pm 1) \cdot 10^{-76}$ cgs für den Vibrationszustand v = 0 bestimmt. Für den nächsten Vibrationszustand liegt μ^2A um 4,2 ± 0,1% höher. (Physic. Rev. [2] **86.** 606—07. 15/5.; Bull. Amer. physic. Soc. **27.** Nr. 1. 31—32. 31/1. 1952. Syracuse Univ.) V. HARLEM. 121

Robert J. Spindler und **William S. Rodney,** *Brechungsvermögen von Kaliumbromid für sichtbare Wellenlängen.* Der Brechungsindex n von KBr wurde mit dem Minimum der Ablenkung auf dem WATTS- u. dem GAERTNER-Spektrometer bei 17, 24 u. 27° bestimmt. Die Methoden zur Berechnung von n auf einige 10^{-6} werden diskutiert. Mit den ermittelten dn/dt u. Benutzung der Dispersionsgleichung von KETTELER-HELMHOLTZ wird n von 4000—7100 Å von 10 zu 10 Å u. von 16—28° von 1° zu 1° angegeben. (J. Res. nat. Bur. Standards **49.** 253—62. Okt. 1952. Washington, Nat. Bur. of Stand.) LINDBERG. 122

Robert E. Stephens und **Irving H. Malitson,** *Brechungsindex von Magnesiumoxyd.* Der Brechungsindex n von MgO wurde an zwei Prismen ausgezeichneter opt. Qualität mit dem Minimum der Ablenkung im Bereich von 0,36—5,535 μ bestimmt. Im Sichtbaren wurden die Messungen bei 20, 30 u. 40° durchgeführt. Die so ermittelten therm. Koeffizienten liegen für Wellenlängen von 7676—4047 Å zwischen $13,6 \cdot 10^{-6}$ u. $18,9 \cdot 10^{-6}$ bei 20° u. nehmen für 1° um 0,1 zu. Die n stimmen auf einige 10^{-6} mit den aus der Dispersionsgleichung von KETTELER-HELMHOLTZ berechneten Werten überein. Im UV u. Ultrarot wurde n bei 23,3° bestimmt. (J. Res. nat. Bur. Standards **49.** 249—52. Okt. 1952. Washington, Nat. Bur. of Stand.) LINDBERG. 122

J. Martinet und **A. Martinet,** *Pleochroismus und Struktur natürlicher Silicate.* Entw. einer Theorie des Pleochroismus natürlicher Silicate, basierend auf dem isomorphen Einbau von Fe(II) u. Fe(III)-Ionen an Stelle von Mg u. Al-Ionen. Prüfung der Theorie an *Glimmer, Chlorit* u. *Cordierit.* (Bull. Soc. chim. France, Mém. [5] **19.** 563—65. Mai/Juni 1952.) EICHHOFF. 122

R. N. Hollyer jr., A. C. Hunting, Otto Laporte, E. H. Schwarcz und **E. B. Turner,** *Leuchterscheinungen im Stoßwellenrohr.* (Sitzungsbericht.) Auffallende Leuchterscheinungen wurden beobachtet, wenn Stoßwellen in N_2, *He*, *Ar* oder *Luft* zur Reflexion kamen. Sowohl der reflektierte Stoß wie die darauf folgende Kaltfront bewirken das Leuchten. Vff. untersuchten die auftretenden Spektrallinien im Bereich von 6700—3500 Å. (Physic. Rev. [2] **87.** 911—12. 1/9. 1952. Univ. of Michigan.) ROEDER. 125

J. Eckerman und **R. N. Schwartz,** *Beobachtungen über die Luminescenzerscheinungen, die konisch-zylindrische und kugelförmige Geschosse hoher Geschwindigkeiten begleiten.* (Sitzungsbericht.) Vff. beobachteten Geschosse auf Bahnlängen des 50—100fachen Kalibermaßes in Br_2- oder *Xe*-Atmosphäre (Druck 1—200 mm Hg) der ungefähren Geschwindigkeit 6000 ft./sec durch photograph. u. spektrograph. Aufnahmen, zum Teil unter Benutzung rotierender Spiegel. Länge u. Intensität des beobachteten Bildes nahm mit wachsender D. zu, die größte Länge betrug eine Kaliberweite. Obgleich die kon.-zylindr. Geschosse die 2,8fache Oberfläche gegenüber den kugelförmigen Geschossen besaßen, mußten bei den ersteren etwa 3mal stärkere Gasdrucke zur Erzeugung von Leuchterscheinungen gleicher Intensität verwandt werden. Der wesentliche Teil der Leuchterscheinungen stammte aus der Gasatmosphäre. (Physic. Rev. [2] **87.** 912. 1/9. 1952. Silver Spring, Md., Naval Ordnance Labor.) ROEDER. 125

H. Gobrecht, Dietrich Hahn und **H. Dammann,** *Die Abklingung von Calciumwolframat- und Zinkoxyd-Phosphoren bei Elektronenstrahlanregung.* Die Abklingkurven von $CaWO_4$ u. ZnO sind oscillograph. aufgenommen u. ausgewertet. Die Abklingung des

$CaWO_4$ verläuft exponentiell mit einer Zeitkonstante $\tau = 2{,}5 \cdot 10^{-5}$ sec. Die Abklingung des ZnO verläuft hyperbol. nach der Formel $I = I_0/(1 + t/0{,}85 \cdot 10^{-6})^{0{,}5}$. Die Ergebnisse werden mit anderen in der Literatur beschriebenen Eigg. dieser Phosphore in Zusammenhang gebracht. Danach muß man beim $CaWO_4$ einen monomol. Leuchtmechanismus annehmen, während ZnO ein Rekombinationsleuchten unter Mitwrkg. von Haftstellen zuzuschreiben ist. Als Aktivator beim ZnO ist Zn in Zwischengitterstellen anzusehen, während für das Leuchten des $CaWO_4$ der WO_4^{--}-Komplex verantwortlich zu sein scheint. (Z. Physik **132.** 239—47. 1952. Berlin-Charlottenburg, Techn. Univ., Physikal. Inst.) D. HAHN. 125

Charles W. Jerome, *Der Einfluß der Temperatur auf die Emission von Fluorescenzlampenphosphoren.* An *Mg-Wolframat, Ba-Silicat* mit Pb, *Zn–Be-Silicat* mit Mn, *Ca-Halophosphat* mit Mn u. Sb, sowie *Ca-Silicat* mit Pb u. Mn wurde die Temperaturabhängigkeit der Ausbeute η der Gesamtemission bei Erregung mit 2537 Å bestimmt u. an Mg-Wolframat, Zn-Orthosilicat, Zn–Be-Silicat sowie Ca-Halophosphaten die Temperaturabhängigkeit der spektralen Energieverteilung gemessen. Trägt man $\log (1 - \eta)/\eta$ über der reziproken absol. Temp. auf, so ergeben sich (in Übereinstimmung mit den Ansätzen von KROEGER u. MOTT bzw. SEITZ) Gerade, aus denen vernünftige Werte für die Aktivierungsenergie der strahlungslosen Übergänge bestimmt werden. Teilweise wurden dabei die Spektren unter Zugrundelegung der Annahme, daß die Teilbanden von der Form GAUSSscher Kurven sind, analysiert u. die Unters. für die Teilbanden durchgeführt. Innerhalb eines engeren Temperaturbereichs (von $\sim$300—450° K) befolgen die Halbwertsbreiten σ der Banden die BUTLERsche Beziehung $\sigma^2 = c_1 T + c_2$ (c_1 u. c_2 konstant). (J. elektrochem. Soc. **98.** 376—83. Sept. 1951. Salem, Mass., Sylvania Electr. Prod., Inc.) BRAUER. 125

N. Je. Wedenejewa und **L. G. Tschenzowa,** *Über die Natur der Aktivatoren im Quarzgitter.* Vff. schließen an Hand der photograph. Aufnahmen ihrer senkrecht zur opt. Achse geschnittenen u. nach dem Stromdurchgang röntgenbestrahlten Quarzproben, daß als Aktivatoren der Luminescenz im Rauchquarz längs der opt. Achse bewegliche Kationen auftreten. Vff. bestätigen das Gesetz $I = A \cdot \exp(-Ek/T)$ mit $E = 1{,}27$ eV, wobei sich im lg I, 1/T-Diagramm je nach der Dauer des Stromdurchgangs (20 Min. bzw. 4 Std.) zwei parallele Gerade ergeben. (Доклады Академии Наук СССР [Ber. Akad. Wiss. UdSSR] [N. S.] **87.** 197—99. 11/11. 1952.) AMBERGER. 125

H. O. Albrecht und **C. E. Mandeville,** *Die Spektrogramme einiger ultravioletter Scintillatoren.* Es wurden die UV-Fluorescenzspektren der folgenden durch α-Strahlen angeregten Verbb. untersucht: *CaF_2, NaCl + AgCl, NaBr + AgBr, Al_2O_3, Corning-Glas 9741* u. *Stilben.* Außerdem wurde das UV-Phosphorescenzspektr. von durch α-Strahlen angeregtem NaCl + AgCl aufgenommen. (Rev. sci. Instruments **22.** 855—56. Nov. 1951. Swarthmore, Pa., Franklin Inst., Bartol. Res. Found.) GOTTFRIED. 125

A_3. Elektrizität. Magnetismus. Elektrochemie.

L. S. Allard und **D. B. Clayson,** *Untersuchung des Elektronenstrahls in Kathodenstrahlröhren.* Es wird eine Vorr. zur Unters. des Elektronenstrahls an verschied. Punkten seines Laufweges sowie des Weges eines abgelenkten Elektronenstrahls beschrieben. (J. sci. Instruments **29.** 377—78. Nov. 1952. Wembley, Middlesex, General Electric Co.) GOTTFRIED. 131

H. Gobrecht und **G. Barsch,** *Strahlung frisch aufgedampfter Metall- und Salzschichten.* Werden frisch auf eine Glasplatte aufgedampfte Schichten (Verss. mit *Ag, Sb, Fe, Ni, Al, NaCl, KCl, K_2SO_4*) in die Nähe einer photograph. SCHUMANN-Platte gebracht, so wird die photograph. Schicht geschwärzt. Die gleiche Erscheinung tritt auch bei frisch geschmirgelten Oberflächen von Al, Ni, Fe, NaCl, KCl u. *KBr* auf, wenn auch schwächer als vorher. Frische Spaltflächen von Einkristallen (NaCl, KCl, KBr) bewirken keine Schwärzung. Durch Zwischenschalten von opt. Filtern zwischen die Substanzen u. die photograph. Schicht, sowie durch Anlegen von elektr. Feldern wird gezeigt, daß die Erscheinung nicht auf eine elektromagnet. Strahlung zurückzuführen ist, sondern lediglich durch Elektronenstrahlen hervorgerufen wird. Als Ursache der Elektronenemission wird eine Oxydation bzw. Adsorption (oder beides) an der Oberfläche angenommen; dagegen hat die Strahlung nichts mit der Bldg. von Kristallen (z. B. Bldg. des krist. metall. Zustandes aus dem amorphen nichtkrist. Zustand bei den Metallen) zu tun. Die Unterlage der Schichten (Verss. mit verschied. gut gereinigten Glasplatten, Verwendung von Glimmerflächen) hat einen wesentlichen Einfl. auf die Reaktionsgeschwindigkeit (die zur Erzielung einer bestimmten Schwärzung erforderlichen Belichtungszeiten schwanken zwischen einigen Wochen u. mehreren Std.); auch die Schichtdicke u. die Ggw. von Kanten oder Kratzern haben einen Einfluß. Schließlich wird gezeigt, daß die Metallkeimzentren schneller als ihre Umgebung adsorbieren bzw. schneller oxydiert werden. (Z. Physik **132.** 129—39. 1952. Berlin-Charlottenburg, Techn. Univ., Physikal. Inst.) FUCHS. 135

—, *Zur Arbeit von H. K. Henisch und J. Ewels: Eine Untersuchung der elektrischen Formierungserscheinungen bei Selenkontakten. Diskussion.* In der Diskussion über die genannte Arbeit (vgl. C. **1952.** 809) wird auf die notwendige Ergänzung durch eine quantitative Theorie hingewiesen, deren schrittweiser Aufbau von **P. T. Landsberg** angedeutet wird. **T. R. Scott** weist auf einige wichtige Diskrepanzen zwischen der Darst. der Vff. u. den Beobachtungen hin. (Proc. physic. Soc., Sect. B **64.** 277—78. 1/3. 1951.) SPEER. 135

R. N. Hall, *Rekombination von Elektronenfehlstellen in Germanium.* Es werden Betrachtungen u. Formeln über die Rekombinationsprozesse der Elektronenfehlstellen in Ge-Gleichrichtern gegeben u. mit den Beobachtungen verglichen. (Physic. Rev. [2] **87.** 387. 15/7. 1952. Schenectady, N. Y., General Electric Res. Labor.) v. HARLEM. 135

S. Mrozowski, *Halbleitung und Diamagnetismus von polykristallinem Graphit und kondensierten Ringsystemen.* Ausführliche Mitt. zu der C. **1951.** I. 1270 referierten Arbeit. Zu ergänzen ist: Die Leitfähigkeit ϱ von *Graphit* (I) u. verschied. künstlichen Kohlen (erhalten aus Petroleumrückständen u. ähnlichem) wurde zwischen 0 u. 3000° gemessen, zum Teil in Abhängigkeit von der Art der therm. Vorbehandlung. Durch die therm. Gitterschwingungen u. durch die Anwesenheit von Potentialschranken zwischen den Grenzflächen der einzelnen C_6-Ringe findet eine Elektronenstreuung statt; die Potentialschranken werden bei Verbb. der Art des I leichter überwunden als bei Kohlen, die noch Fremdatome (N, H, O) enthalten. Die Energiedifferenz zwischen dem vollen u. dem Leitungsband fällt mit wachsender Mol.-Größe von 0,2—0,3 eV für einen Durchmesser d = 30—40 Å bis 0,05 eV für d = 1000 Å (zum Teil Literaturwerte). Die Temperaturabhängigkeit von ϱ (starker Abfall von ϱ mit steigender Temp., wobei mehrere Stufen zu unterscheiden sind) wird durch folgende Faktoren bestimmt: die Elektronenstreuung, die Konz. der Überschußelektronen u. die Konz. der Leerstellen. Weiter wird auf den anomalen Diamagnetismus der gleichen Systeme eingegangen; hierüber wurde bereits C. **1951.** I. 692 referiert. Der Anteil des LANDAU-Diamagnetismus fällt mit d ab u. verschwindet ab d = 30 Å. (Physic. Rev. [2] **85.** 609—20. 15/2. Berichtigung: [2] **86.** 1056. 15/6. 1952. Buffalo, N. Y., Univ., Dep. of Phys.) FUCHS. 135

Sheldon Brown und **S. J. Barnett,** *Träger der Elektrizität in Metallen mit positivem Hall-Effekt.* Das mit dem elektr. Strom verbundene Trägheitsmoment wurde erstmalig an solchen Metallen gemessen, die einen positiven HALL-Effekt zeigen. Solche Metalle sind von besonderem Interesse, da ihr positiver (anomaler) HALL-Koeff. die Vermutung aufkommen läßt, daß hier positiv geladene Teilchen Träger des elektr. Stroms sind. Die Verss. wurden so durchgeführt, daß eine Drahtspule aus dem zu untersuchenden Metall vertikal als Torsionspendel aufgehängt wurde. Die außerordentlich kleinen Ablenkungen, die infolge der Trägheit der Ladungsträger entstehen, wenn der Strom in der Spule aufeinanderfolgend umgepolt wird, wurden mittels einer Resonanzmeth. gemessen. Aus mehr als 100 Messungen an *Mo* u. *Zn* ergab sich, daß das Vorzeichen des Verhältnisses von Ladung zu M. negativ war. e/m war bei beiden Metallen außerdem innerhalb 3% in Übereinstimmung mit dem Wert für ein freies Elektron in langsamer Bewegung. Bei Mo wurde außerdem noch eine Messung bei der Temp. der fl. Luft durchgeführt. Die hier zur Messung von e/m benutzte direkte mechan. Meth. ist unabhängig von jeder Theorie der metall. Leitfähigkeit. Die Ergebnisse sprechen somit gegen die Theorien, nach denen Trägheitsmoment u. Strom die gleiche Richtung haben können. Bes. schließen die Ergebnisse die Möglichkeit aus, daß ein positiver HALL-Effekt durch positive Ladungsträger erklärt werden kann. (Physic. Rev. [2] **87.** 601—07. 15/8. 1952. Los Angeles, Calif., Univ. of California; Pasadena, Calif., California Inst. of Technol.) v. HARLEM. 136

Ted G. Berlincourt, *Der de Haas-van Alphen-Effekt in angereicherten Zinnisotopen.* Vf. untersuchte den DE HAAS-VAN ALPHEN-Effekt an Sn-Isotopen im Gebiet der Temp. des fl. He. Es wurden keinerlei Anzeichen dafür gefunden, daß der Effekt von der Atommasse der Isotope abhängt. Dafür wurden einige Besonderheiten des Effektes beobachtet, die darauf schließen lassen, daß der Effekt zum mindesten durch zwei verschied. Arten von Elektronen bedingt wird. Eine Gruppe von Elektronen mit einer effektiven M. $m_3 = 1{,}1\ m_0$ (m_0 M. des freien Elektrons) parallel zur Richtung der tetragonalen Achse u. mit $m_1 = 0{,}16\ m_0$ senkrecht zur tetragonalen Achse u. mit einem chem. Potential von $E_0 = 0{,}25$ eV ergeben eine Schwingung der Susceptibilität mit kurzer Periode, wenn das Magnetfeld geändert wird. Eine zweite Gruppe von Elektronen mit einem chem. Potential $E_0 = 0{,}20$ eV, deren effektive Massen nicht so genau bestimmt werden konnten, ergeben eine Schwingung mit einer längeren Periode, so daß die beobachteten DE HAAS-VAN ALPHEN-Oscillationen eine Überlagerung beider Perioden darstellen. (Physic. Rev. [2] **88.** 242—48. 15/10. 1952. New Haven, Conn., Yale Univ., Sloane Phys. Labor.) v. HARLEM. 137

H. Aspden, *Eine Methode zur Messung der magnetischen Permeabilität von stabförmigen Proben.* Es wird eine Meth. zur Messung der Permeabilität von stabförmigen Proben mit offenen Enden beschrieben, wobei Flußdichte u. Feldstärke mittels Suchspule u. Fluxmeter bestimmt werden. Voraussetzung ist, daß das Dimensionsverhältnis der Stäbe so groß ist, daß das entmagnetisierende Feld an der Meßstelle homogen ist. Ein Fortschritt wird dadurch erzielt, daß bei der Feldmessung die einzelnen Schritte vom Fluxmeter addiert werden, so daß der bei direkter Feldmessung übliche Kompromiß zwischen Genauigkeit u. Empfindlichkeit hier vermieden wird. Die Suchspulen für Feld u. Fluß können auch gegeneinandergeschaltet werden, so daß die Anordnung auch für eine empfindliche (B–H)-Messung anwendbar wird. (J. sci. Instruments **29.** 371—74. Nov. 1952. Cambridge, Trinity Coll.) v. Harlem. 137

A. E. de Barr, *Magnetische Materialien und Ferromagnetismus.* Kurze allg. Übersicht über die moderne Theorie des Ferromagnetismus u. die modernen magnet. Werkstoffe mit Kornorientierung (Fe + 3,85% Si), mit Orientierung der Elementarbereiche durch Magnetfeldabkühlung, Dauermagnete, hochpermeable Legierungen u. die Ferrospinelle (Ferrite). (Research **4.** 366—71. Aug. 1951. Borehamwood, Elliot Brothers [London] Ltd., Res. Labor.) v. Harlem. 137

J. J. Went, G. W. Rathenau, E. W. Gorter und **G. W. van Oosterhout**, *Hexagonale Eisenoxydverbindungen als Permanentmagnetmaterial.* Oxyde mit hexagonaler Kristallstruktur u. der Zus. $MeO \cdot 6Fe_2O_3$ bzw. $MeO \cdot 2Fe_3O_4 \cdot 6Fe_2O_3$ (Me = Ba, Sr, Pb) werden magnet. untersucht. Die Temperaturabhängigkeit der Sättigungsmagnetisierung/g, der Anisotropiekonstanten u. der inneren Koerzitivkraft wird für die Ba-Verbb. dargestellt u. diskutiert. (Physic. Rev. [2] **86.** 424—25. 1/5. 1952. Eindhoven, N. V. Philips' Gloeilampenfabrieken, Philips Res. Labor.) Köhn. 137

Robert Forrer, *Effektive magnetische Abstände in den ferromagnetischen und antiferromagnetischen Metallen, Legierungen und Verbindungen der Eisengruppe.* Die neueren Forschungen haben ergeben, daß die für das Auftreten des Ferromagnetismus notwendigen Bedingungen sehr komplex sind. Vf. diskutiert diejenigen Substanzen, bei denen der Antiferro- bzw. Ferromagnetismus durch unmittelbare Wechselwrkg. zwischen den Momentträgern hervorgerufen wird, also unter Weglassung derjenigen Stoffe, bei denen Antiferro- oder Ferromagnetismus durch Überstruktur hervorgerufen wird. In zahlreichen Fällen ist es notwendig, das magnet. Moment u. die Elektronenanordnung näher zu untersuchen, um ohne Zweideutigkeit den beobachteten magnet. Zustand einer unmittelbaren Wechselwrkg. zwischen den Atomen zuschreiben zu können. Auf diese Weise wird es möglich, einen gewissen Abstandsbereich zwischen den Atomen für das Auftreten des Ferromagnetismus aufzustellen, dessen Grenzen sich gut festlegen lassen mit Ausnahme der oberen Grenze bei Verbb. des Mn u. Cr. Diese Abstandsbereiche sind für Ni u. Co recht eng u. wesentlich breiter für Fe u. Mn. (Ann. Physique [12] **7.** 605—21. Sept./Okt. 1952. Strasbourg, Inst. de Phys.) v. Harlem. 137

R. Pauthenet, *Spontane Magnetisierung von Ferriten.* Im ersten Teil der Arbeit wird eine Meth. beschrieben, die es gestattet, Magnetisierungen mit einer Genauigkeit von 1‰ in Feldern bis zu 20000 Oe u. im Temperaturgebiet zwischen 20 u. 1000° K zu messen. Im zweiten Teil werden die Meßergebnisse an einer Reihe reiner u. gemischter Ferrite mitgeteilt. Die Abhängigkeit der spontanen Magnetisierung der Ni-, Co-, Fe- u. Mn-Ferrite von der Temp. wurde bis zum Curie-Punkt untersucht. Es ergab sich, daß die gemessenen Kurven sich genügend genau durch die Theorie des Ferrimagnetismus erklären lassen, wenn man die von Maroni im paramagnet. Bereich bestimmten Koeffizienten des mol. Feldes benutzt. Es wurde ferner die Änderung des absol. Sättigungsmomentes der Cu- u. Mg-Ferrite untersucht. Die Ergebnisse sind mit der Theorie von Néel in Übereinstimmung in bezug auf das statist. Gleichgewicht zwischen den zweiwertigen Ionen in den tetraedr. u. oktaedr. Lagen. Zum Schluß wurden noch Ni- u. Zn-Mischferrite untersucht. Für kleinen Zn-Geh. ändert sich das absol. Sättigungsmoment, wie es von der Theorie des Ferrimagnetismus angegeben wird. Bei diesen Ferriten wurde auch die Temperaturabhängigkeit der spontanen Magnetisierung u. der Einfl. einer Wärmebehandlung auf die magnet. Eigg. untersucht (vgl. auch C. **1952.** 14). (Ann. Physique [12] **7.** 710—45. Sept./Okt. 1952. Grenoble, Fac. des Sci., Labor. d'Electrostat. et du Phys. du Métal.) v. Harlem. 137

R. M. Bozorth und **J. G. Walker**, *Magnetostriktion von Einkristallen aus Kobalt- und Nickelferrit.* Eine ungewöhnlich hohe Magnetostriktion $\Delta l/l = -540 \cdot 10^{-6}$ wurde in der [1 0 0]-Richtung an einem Co-Ferrit mit der ungefähren Zus. $Co_{0,8}Fe_{2,1}O_4$ beobachtet. Nach Kühlung des Einkristalls in einem Magnetfeld senkrecht zu der späteren Meßrichtung ergab sich sogar der Wert $\Delta l/l = -720 \cdot 10^{-6}$, während nach Kühlung in einem Magnetfeld parallel zur Meßrichtung sich der Wert ca. $+70 \cdot 10^{-6}$ ergab. Ferner wurde auch die longitudinale u. transversale Magnetostriktion in Abhängigkeit von der Feldstärke bis zu 5000 Oe in [1 1 0] des gleichen Co-Ferrits u. in allen drei Hauptrichtungen an einem Ni-Ferrit (Zusammensetzung $Ni_{0,7}Fe_{2,2}O_4$) untersucht. Sättigung wurde in allen Fällen mit Ausnahme der [1 1 0]-Richtung des Co-Ferrits erreicht. Die Magnetostriktionskonstanten für den Co-Ferrit sind $\lambda_{100} = -515 \cdot 10^{-6}$, $\lambda_{111} = 45 \cdot 10^{-6}$, wenn die Formel mit zwei Konstanten benutzt wird. Die Ergebnisse für den Ni-Ferrit sind mit dieser Formel nicht sehr gut wiederzugeben, es ergibt sich näherungsweise $\lambda_{100} = -36 \cdot 10^{-6}$, $\lambda_{111} = -4 \cdot 10^{-6}$. Besser wird die Darst. mit drei Konstanten: $h_1 = -54 \cdot 10^{-6}$, $h_2 = -4 \cdot 10^{-6}$, $h_3 = -54 \cdot 10^{-6}$. Bei den beiden untersuchten Ni-Ferritproben erhaltene Kurven decken sich nicht, was auf eine verschied. Verteilung der Elementarbereiche im Ausgangszustand zurückgeführt wird. Der Wert $\lambda_{111} = -515 \cdot 10^{-6}$ für Co-Ferrit ist beträchtlich höher als bisher für irgendeinen Stoff bekannt. Das Verhältnis $| \lambda_{100}/\lambda_{111} |$ ist ebenfalls sehr groß (11). Dies u. eine nicht genaue Ausrichtung der Meßanordnung ist wahrscheinlich die Ursache für das Nichterreichen der Sättigung in der [1 1 0]-Richtung. Eine vorläufige Best. der Anisotropiekonst. des Co-Ferrits ergab den Wert $K = -1,7 \cdot 10^6$. (Physic. Rev. [2] **88**. 1209. 1/12. 1952. Murray Hill, N. J., Bell Telephone Labor.) v. HARLEM. 137

Warren E. Henry, *Der anomale Paramagnetismus von Kupfersulfatpentahydrat.* Bei $CuSO_4 \cdot 5\,H_2O$ decken sich die bei 1,30, 2,00, 3,00 u. 4,21° K gemessenen relativen magnet. Momente als Funktion von H/T nicht, sondern zeigen bei höheren H/T-Werten eine systemat. Dispersion, in qualitativer Übereinstimmung mit unveröffentlichten Rechnungen von GEBALLE (Diss. Univ. of California 1950). Eine genaue Erklärung für die beobachtete Abweichung von der BRILLOUIN-Funktion kann nicht gegeben werden, jedoch reichen die Wechselwirkungen zwischen den Ionen u. die Wrkg. des elektr. Kristallfeldes infolge von Kopplungsmechanismen aus, die beobachteten Abweichungen zu erklären. (Physic. Rev. [2] **87**. 1133. 15/9. 1952. Washington, D. C., Naval Res. Labor.) v. HARLEM. 137

Clyde A. Hutchison jr. und **Gordon A. Noble**, *Paramagnetische Resonanzabsorption in zusätzlich gefärbten Kristallen aus Alkalihalogeniden.* In Fortsetzung früherer Arbeiten berichten Vff. über ihre Resonanzabsorptionsverss. an *KCl*- u. *KBr*-Kristallen mit einem Überschuß an K ($5,3 \cdot 10^{18}$ K-Atome pro cm^3). Die Verss. ergaben, daß zum großen Teil das K in koll. Anhäufungen vorhanden ist. Für den spektroskop. Aufspaltungsfaktor ergab sich der Wert $1,995 \pm 0,001$, also beträchtlich niedriger als der Wert $g = 2,0023$ für ein freies Elektron. Weitere Verss. sind geplant. (Physic. Rev. [2] **87**. 1125—26. 15/9. 1952. Chicago, Ill., Univ. of Chicago, Inst. for Nucl. Studies, u. Dep. of Chem.) v. HARLEM. 137

James S. Johnson und **Kurt A. Kraus**, *Aktivitätskoeffizienten von Uranylfluorid aus Gefrierpunktserniedrigungen. Undissoziierte Form und Dimerisierung.* Die Gefrierpunktserniedrigung von wss. 0,1—5 mol. UO_2F_2-Lsgg. wurde mittels Erwärmungskurven bestimmt. Die hieraus berechneten Werte der Aktivitätskoeffizienten lassen schließen, daß UO_2F_2 in diesem Konzentrationsbereich prakt. nicht in Ionen dissoziiert ist u. eine bemerkenswerte Neigung zur Dimerisierung gemäß $2\,UO_2F_2 \rightarrow (UO_2F_2)_2$ zeigt. Die Dimerisationskonstante hat einen Wert von ca. 1,5. (J. Amer. chem. Soc. **74**. 4436—39. 5/9. 1952. Oak Ridge, Tenn., Nat. Labor., Chem. Div.) FORCHE. 139

A. Rius und **H. Carrancio**, *Die Bestimmung der Grenzstromstärke bei der Polarographie konzentrierter Lösungen.* Die üblichen graph. Bestimmungen der Diffusionsstromstärke i_d versagen für die Polarographie mit der Tropf- oder Strahlelektrode, wenn bei höheren Konzz. (für die Strahlelektrode gewöhnlich bei einigen Tausendstel Normalität) die Grenzstromstärke nicht gemessen werden kann, weil die Potentiale zwischen Strahl- u. Bezugselektrode für hohe Stromstärken so stark abfallen, daß die polarograph. Kurve sich für analyt. Zwecke nicht auswerten läßt. An Cd-Sulfatlsgg. von 0,001935—0,3225n in ca. 2,5n KCl-Basislsg. unter Ausschluß von Luft konnten die Stromstärken bis zu 0,4 mA aufgenommen werden. Von den entsprechenden Kurven zeigte nur die der verdünntesten Lsg. einen Umkehrpunkt, während die übrigen nur den untersten Kurventeil wiedergaben. Dieser genügte aber, um nach der Gleichung von HEYROVSKY u. ILKOVIČ durch Einsetzen verschied. Werte für i_d u. Auftragen von $\log i/(i_d - i)$ gegen die Potentiale E jenen Wert für i_d auszuwählen, bei dem die Neigung der Geraden dem theoret. Wert der Gleichung von TOMES entspricht. Die Stromstärke $i = i_d/2$ entspricht dann dem Halbwellenpotential $E_{1/2}$. Innerhalb des untersuchten Konzentrationsgebiets liegen die $E_{1/2}$ so nahe bei einander, 733,5—745 V, daß man ihren Mittelwert benutzen kann. Dieses Verf. der Best. von i_d hat Bedeutung, wenn in einer Lsg. 2 Ionen in sehr verschied. Konz. bestimmt werden sollen, da eine Verdünnung der Lsg., um für das konzentriertere Ion eine die Gewinnung der ganzen polarograph. Kurve erlaubende Konz. zu erreichen, die Welle des verdünnteren Ions verschwinden lassen würde. (An. Real Soc. españ. Física Quím., Ser. B **48**. 745—49. Nov. 1952. Inst. Quím. Fís. „Antonio de Gregorio Rocasolano", Secc. Electroquím.) METZENER. 142

D. Cozzi und **S. Vivarelli**, *Die Oxydoreduktionsreaktionen des Germaniums an der Quecksilbertropfelektrode.* (Vgl. C. **1952.** 1056.) Untersucht wurden im p_H-Bereich 0—6 die Reduktions- bzw. Oxydationsvorgänge des zweiwertigen Ge. Es handelt sich um nicht reversible Prozesse. Die Acidität beeinflußte bei $p_H > 1$ Red. u. Oxydation, wahrscheinlich liegt bas. Ge(II)-Ion vor, dagegen ist bei $p_H < 0,5$ kein Einfl. der Acidität auf das Halbwellenpotential des Reduktionsvorganges zu verzeichnen, Vff. führen dies auf die Ggw. von in stark saurer Lsg. beständigen $GeCl_3^-$-Ionen zurück. (Mikrochem. verein. Mikrochim. Acta **40.** 1—7. 1952. Florenz, Univ., Ist. di chim. anal.) ELCHLEPP. 142

E. A. Aikasjan und **A. I. Fedorowa**, *Bestimmung des Diffusionskoeffizienten des Wasserstoffs nach einer elektrochemischen Methode.* Zwecks Best. des Diffusionskoeff. von H_2 wurde die Ionisation von H_2 an der glatten bzw. platinierten rotierenden Pt-Scheibenanode in $1\,n\,H_2SO_4$, 1nHCl u. 0,7nKOH bei 23° untersucht. Jede Polarisationskurve besteht bei den untersuchten Drehgeschwindigkeiten (1,5—43,7 Umdrehungen/sec.) der Elektrode aus 5 Bereichen. Der 1. Bereich der H_2-Ionisation an der akt. Elektrode zeigt, daß die Überspannung der H_2-Ionisation in der Säure gering, in der Lauge jedoch relativ groß ist. Im 2. Bereich des maximalen Diffusionsstromes wird die Geschwindigkeit des Prozesses von der Diffusionskinetik bestimmt. Der Diffusionskoeff. D_{H_2} ergibt sich zu $3,38 \cdot 10^{-5}$ cm²/sec gegen $3,90 \cdot 10^{-5}$ cm²/sec bei TAMMANN u. JESSEN (Z. anorg. allg. Chem. **179.** [1929.] 125). Als Folge der geringeren Löslichkeit von H_2 in der Lauge ist hier der maximale Diffusionsstrom bei gleicher Drehgeschwindigkeit etwas geringer als in der Säure. Die Passivierung der Elektrode (3. Abschnitt) tritt bei gleicher Drehgeschwindigkeit in $1\,n\,H_2SO_4$ bei positiverem Potential als in 1nHCl ein, hier bei positiverem Potential als in 0,7nKOH. Im 4. Abschnitt tritt als langsamer Prozeß die Adsorption oder Ionisation von H_2 auf. Die Ionisation ist in der Lauge viel stärker als in der Säure. An der platinierten Elektrode ist die Stromdichte dreimal größer als an der glatten. Der 5. Abschnitt (O_2-Abscheidung) zeigt eine schwächere Überspannung an der platinierten Elektrode im Vgl. zur glatten. In HCl wird an der Elektrodenoberfläche hauptsächlich O_2, nicht Cl_2 abgeschieden. (Доклады Академии Наук СССР [Ber. Akad. Wisss. UdSSR] [N. S.] **86.** 1137—40. 21/10. 1952. Moskau, Lomonossow-Univ., Wiss. Forsch.-Inst. für Chem.) LEBTAG. 142

A_4. Thermodynamik. Thermochemie.

H. G. Midgley, *Eine schnelle Methode zur Bestimmung der Dichte von Flüssigkeitsgemischen.* Da der Brechungsindex u. die D. von Flüssigkeitsgemischen angenähert proportional der Menge jeder Komponente sind, kann man Kalibrierungskurven Brechungsindex gegen D. zeichnen, aus denen leicht nach Best. des Brechungsindex die D. der untersuchten Mischung bestimmt werden kann. Tabellar. werden die Brechungsindices u. Dichten bei 20° von *Methylenjodid–Bzl.*-Gemischen aufgeführt, die häufig bei Dichtebestimmungen von Kristallen benutzt werden. (Acta crystallogr. [London] **4.** 565. Nov. 1951. Garston, Watford, Building Res. Stat.) GOTTFRIED. 148

W. K. Ssementschenko, *Über den physikalischen Sinn des Begriffs des kritischen Gebiets und kritischen Punkts und über ihre experimentelle Bestimmung.* (Vgl. C. **1947.** E. 14.) Das Verschwinden des Meniskus ist für die Systeme Fl.–Dampf u. Fl.–Fl. kein genaues Kriterium für das Erreichen des krit. Punktes. Unterss. der Kompressibilität, der Viscosität (η) u. der Maxima von c_p in bin. Flüssigkeitssystemen bei verschied. Tempp. lassen die Grenzen des krit. Gebietes u. den den Extremwerten entsprechenden krit. Punkt erkennen. Da man bei Veränderung von Temp. u. Konz. nach Belieben Maxima von η u. c_p verschied. Größe u. Form erhalten kann, sind Verss., Phasenübergänge 2. Art nach dem Charakter der Maxima von c_p zu klassifizieren, vergebens. Das krit. Gebiet läßt sich kennzeichnen als das Gebiet, in dem die Differentialquotienten der thermodynam. Koordinaten x_i nach den Kräften X_i u. der Temp. T Extremwerte erreichen, u. als krit. Punkt denjenigen des Höchstwertes, wobei die experimentelle Best. der verschied. genannten Größen herangezogen werden kann. (Доклады Академии Наук СССР [Ber. Akad. Wiss. UdSSR] [N. S.] **87.** 441—43. 21/11. 1952.) R. K. MÜLLER. 148

Harry Milton Peek und **Zevi W. Salsburg**, *Zustandsgleichung von Gasen bei hoher Temperatur.* Da die Kenntnis der Detonationsgeschwindigkeit v als Funktion der anfänglichen D. nicht ausreicht, um die Zustandsgleichung der sich bildenden Gase bei den Tempp. u. Drucken der CHAPMAN-JOUGUET-Ebene aufzustellen, gehen Vff. von der Fragestellung aus, welche Aussage man erhält, wenn v u. $D._{Anfang}$ bekannt sind u. Druck P oder D. der sich bildenden Gase in der CHAPMAN-JOUGUET-Ebene gemessen werden. Vff. leiten eine lineare, partielle, nichthomogene Differentialgleichung erster Ordnung ab, die durch Integration die Zustandsgleichung der Detonationsprodd. liefert, die noch für Tempp. um 5000° K u. Drucke unter 10^4 at gilt. Bei Kenntnis der Druckverhältnisse lassen sich auch Aussagen über die Reaktionskinetik machen. Da P wegen der kurzen Reaktionszeit (Größenordnung $5 \cdot 10^{-7}$ Sek.) nicht piezoelektr. bestimmt werden kann, empfiehlt sich die Messung von P nach KISTIAKOWSKY unter Benutzung eines Röntgenstrahlen-Dichtemessers. (J. chem. Physics **20.** 763. April 1952. Los Alamos, N. Mex., Univ. of California, Los Alamos Sci. Labor.) ROEDER. 149

H. D. Beckey und **W. E. Groth,** *Eine neue Methode zur Anreicherung gasförmiger Isotope im Übergangsgebiet zwischen Knudsen- und Poiseuille-Strömung.* Kurze Mitt. zu der C. **1953.** 3523 referierten Arbeit. (Naturwissenschaften **38.** 558. Dez. 1951. Bonn, Univ., Inst. für physik. Chem.) KLEVER. 149

Leo F. Epstein und **W. H. Howland,** *Die Destillation von Lithiummetall.* Versucht man Li-Metall aus Glasgefäßen zu dest., so reagiert es zunächst mit den Bestandteilen der Luft u. dann zerstört es durch Rk. mit SiO_2 u. Silicaten das Glas. Vff. dest. das Li wie früher KAHLBAUM (Verh. naturforsch. Ges. Basel **12.** [1900.] 215) unter Vermeidung einer Berührung des fl. Metalls mit dem Glase. Sie erreichen dies jetzt durch Verwendung einer Stahlschale, in der sich das fl. Li befindet. Li-Dampf schadet den Glaswänden nicht. Das Li kann mit einem stählernen Kühlfinger unter Verwendung von fester CO_2 kondensiert werden. Weitere Einzelheiten vgl. Original. Derart gereinigtes Li ist gegen chem. Einflüsse viel beständiger als gewöhnliches käufliches Li. (Science [Washington] **114.** **443—44.** 26/10. 1951. Schenectady, N. Y., General Electric Co., Knolls Atomic Power Labor., Metallurgy Dep.) R. MATTNER. 150

M. I. Schachparonow, *Über die thermodynamischen Eigenschaften idealer und unendlich verdünnter Lösungen.* Übersicht über die Theorie von SCHRÖDER, das RAOULTsche Gesetz, die Geschichte der thermodynam. Theorie der idealen Gase, die Fl.-Dampf-Gleichgewichte in idealen Lsgg., die unendlich verd. Lsgg., die einschlägigen Arbeiten von GIBBS, VAN'T HOFF u. PLANCK sowie den gegenwärtigen Stand der Theorie. — 136 Literaturangaben. (Успехи Химии [Fortschr. Chem.] **21.** 1154—89. Okt. 1952.) LEBTAG. 150

R. A. Robinson, *Die osmotischen Eigenschaften von wässerigen Natriumchlorid–Cäsiumchlorid-Mischungen bei 25°.* Vff. führten isopiest. Dampfdruckmessungen von Mischungen von NaCl u. CsCl in wss. Lsg. durch. Mit Hilfe der erhaltenen Ergebnisse konnte die Änderung des Aktivitätskoeff. jedes Salzes mit der Änderung seiner Molalität bei konstanter Gesamtmolalität untersucht werden. Für den Fall des NaCl–CsCl-Salzpaares scheint die Regel von HARNED (vgl. J. Amer. chem. Soc. **52.** [1930.] 3886) gültig zu sein. (J. Amer. chem. Soc. **74.** 6035—36. 5/12. 1952. Univ. of Malaya, Chem. Dep.) G. HEINRICH. 150

George Jura und **Carl W. Garland,** *Die experimentelle Bestimmung der Oberflächenspannung von Magnesiumoxyd.* Es wird eine einfache thermodynam. Theorie mitgeteilt, die es gestattet, aus calorimetr. Meßergebnissen Oberflächenspannung, Energie u. Entropie von festen Stoffen zu bestimmen. Die notwendigen Messungen umfassen: Eine Oberflächenbest. des feinzerteilten Festkörpers, die Messungen der Differenzen der Lösungswärmen u. der spezif. Wärmen einer feinzerteilten Probe u. einer Probe, die aus sehr großen Kristallen besteht. Bei MgO nimmt die Oberflächenspannung von 1040—1000 erg$\cdot$cm^{-2} in dem Temperaturbereich von 0—298° K ab. Der Wärmeinhalt nimmt im gleichen Temperaturbereich von 1040—1090 erg$\cdot$cm^{-2} zu. Der Wert für die Oberflächenentropie ist bei 298° K 0,28 erg$\cdot$cm$^{-2}\cdot$Grad^{-1}. Die mitgeteilten Ergebnisse sind als vorläufige Werte zu betrachten, da die Menge des an MgO adsorbierten W. unbekannt war. (J. Amer. chem. Soc. **74.** 6033—34. 5/12. 1952. Berkeley, Calif., Univ. of California, Dep. of Chem. and Chem. Engng.) G. HEINRICH. 155

Ja. Je. Gegusin und **B. Ja. Piness,** *Mischungsenergie von binären metallischen Legierungen.* 3. Mitt. *System Wismut–Antimon.* (2. vgl. C. **1952.** 5854.) Bi u. Sb bilden eine kontinuierliche Reihe von Lsgg. sowohl im festen wie im fl. Zustand. Vff. ermitteln mit Hilfe eines adiabat. Hochtemperaturcalorimeters die Temperaturabhängigkeit der spezif. Wärme u. die Schmelzwärme der Schmelze Bi–Sb von 37—63 At.-%. Die Maxima liegen bei 430° 0,3 kcal/Grad u. bei 480° 0,41 kcal/Grad u. 2690 kcal/Mol. $U_0^{I} = 0{,}27 \cdot 10^{-13}$ Erg. $U_0^{II} = 0{,}56 \cdot 10^{-13}$ Erg. Mit Hilfe dieser Größen werden die Liquidus- u. Soliduslinien des Gleichgewichtsdiagrammes berechnet. Die experimentelle Liquiduslinie stimmt mit der therm. überein. Die Soliduslinie liegt niedriger als die theoret., was auf den Diffusionswiderstand in der festen Phase zurückzuführen ist. (Журнал Физической Химии [J. physik. Chem.] **26.** 27—30. Jan. 1952. Charkow, Physikal.-Techn. Inst. der Akad. der Wiss. der UkrSSR.) ADOLPHI. 155

Ja. Je. Gegusin und **B. Ja. Piness,** *Mischungsenergie von binären metallischen Legierungen.* 4. Mitt. *Systeme Wismut–Zinn und Wismut–Blei.* (3. vgl. vorst. Ref.) An Hand von Verss. u. Berechnungen wird die Schmelzwärme u. die Mischungswärme von Pb–Bi- u. Bi–Sn-Legierungen bestimmt. Für Bi–Sn ergab sich $0{,}55 \cdot 10^{-13}$ bzw. $2{,}65 \cdot 10^{-13}$ Erg.

Für Bi–Pb ergab sich $-1{,}1\cdot10^{-13}$ bzw. $+8\cdot10^{-13}$ Erg. Beim Syst. Bi–Sn weicht der Trennprozeß bei einer Anwärmgeschwindigkeit von $^1/_{100}$ Grad/Sek. teilweise vom Gleichgewichtszustand ab. Die Mischungsenergie der fl. Phase wurde für beide Systeme mit den Ergebnissen der Röntgenunterss. verglichen. Beim Syst. Bi–Sn konnte Übereinstimmung festgestellt werden. Beim Syst. Pb–Bi zeigten sich Widersprüche, die durch weitere Röntgenunterss. aufgeklärt werden müssen. Die Ergebnisse der calorimetr. Unterss. am Syst. Bi–Sn wurden zur Berechnung eines Gleichgewichtsdiagramms benutzt. Das berechnete Diagramm kommt dem experimentellen nahe. Nur die Löslichkeitsgrenzen des Bi im Sn weichen um 10% ab. (Журнал Физической Химии [J. physik. Chem.] **26.** 165—72. Febr. 1952. Charkow, Physikal.-Techn. Inst. der Akad. der Wiss. der UkrSSR.) ADOLPHI. 155

S. S. Penner, *Eine Zweischrittmethode zum Eliminieren des Einflusses der Selbstabsorption auf die Temperatur isothermer Flammen.* Nach dieser Meth. können die Flammentempp. isothermer Systeme bestimmt werden, bei denen Spektrallinien auftreten, die den DOPPLER-Effekt zeigen; die durch Selbstabsorption auftretenden Fehler werden dabei unterdrückt. Das Verf. besteht darin, daß das Gesamtintensitätsverhältnis einer Flamme bestimmt wird, wenn sie einmal vor einem kalten schwarzen Körper brennt u. einmal vor einem kalten Spiegel (Reflexionsvermögen = 1) als Hintergrund. Die spektroskop. Unterss. geschehen wie üblich mit einem Spektrographen kleiner Auflösung an Linien mit DOPPLER-Konturen. Die Berechnungsformeln zur Temperaturbest. werden angegeben. (J. chem. Physics **20.** 1341—42. Aug. 1952. Pasadena, Calif., California Inst. of Technol., Guggenheim Jet Propulsion Center.) ROEDER. 157

S. S. Penner, *Die experimentellen Grundlagen über das Auftreten anomaler Temperaturen von OH in Flammen.* Vf. behandelt die verschied. Methoden, nach denen die Temp. des OH in Flammen ermittelt wurde, wie Verss. an Niederdruckflammen u. an Flammen bei Atmosphärendruck, bei denen die Tempp. unter Berücksichtigung der Selbstabsorption der Spektrallinien u. des DOPPLER-Effektes berechnet wurden. Vf. hält zur Zeit das Bestehen anomaler Rotations- u. Vibrationstempp. des OH in Flammen für nicht erwiesen. Konzentrationsunterschiede im OH-Geh. u. anwesendes C_2H_2 können die Best. stören, gegebenenfalls durch Auftreten von Chemiluminescenz. Auch die Zunahme der Rotationstemp. mit abnehmendem Druck ist kein Beweis für das Bestehen anomaler OH-Tempp., so lange nicht weitere Unterss. über das opt. Syst. angestellt werden. (J. chem. Physics **20.** 1334—35. Aug. 1952. Pasadena, Calif., California Inst. of Technol., Guggenheim Jet Propulsion Center.) ROEDER. 157

C. A. Cavalli, Termodinamica industriale. Edizione aggiornata e ampliata. Milano: Hoepli. 1953. (XII + 264 S. m. 142 Abb. u. 7 Taf.) 8°. L. 800,—.

A₅. Grenzschichtforschung. Kolloidchemie.

George K. Schweitzer und Morrison Jackson, *Radiokolloide.* Zusammenfassung von Arbeiten über koll. Verteilung mancher radioakt. Stoffe in großer Verdünnung (PANETH, 1912); Nachw. durch Dialyse, Filtrieren, Diffusion, Ionenaustausch, Zentrifugieren u. Autoradiographie; experimentelle Ergebnisse mit akt. Isotopen von *Po, Bi, Pb, Th, Y, Zr, Nb, La* usw.; Theorien (wahre Koll. u./oder Adsorption an koll. Verunreinigungen); Teilchengrößen; Anwendungen u. Komplikationen; Radioaerokolloide. — 82 Literaturangaben. (J. chem. Educat. **29.** 513—22. Okt. 1952. Knoxville, Tenn., Univ. of Tennessee.) BLUMRICH. 160

B. Ja. Teitelbaum und Ss. G. Ganelina, *Untersuchung der Oberflächenschicht von flüssigen Systemen. 5. Mitt. Schaumbildung in einigen ternären Systemen, die aus organischen Flüssigkeiten zusammengesetzt sind.* (Vgl. C. **1952.** 6017.) Bei 0° wurde die Beständigkeit der Schäume der tern. Systeme aus *Nitrobenzol* u. *Cyclohexan* mit *Piperidin* (I), *A.* u. *p-Cymol* (II) als 3. Komponente untersucht. Mit I u. A. treten 2 getrennte Gebiete der stabilen Schaumbldg. auf, die den bin. Systemen entsprechen u. mit A. weniger ausgeprägt sind. Beim Vermischen von 2 maximal schäumenden bin. Lsgg. nimmt die Schaumbeständigkeit ab. Im tern. Syst. mit **II** werden keine getrennten Gebiete der intensiven Schaumbldg. beobachtet. Beim Vermischen von 2 bin. Lsgg. mit maximaler Schaumbldg. wird die Stabilität des Schaumes nicht vermindert. Die Gesetzmäßigkeiten der Schaumbldg. in den untersuchten Systemen werden mit dem Einfl. der 3. Komponente auf die gegenseitige Löslichkeit der Komponenten des bin. Syst. in der Oberflächenschicht erklärt. Aus der Gegenüberstellung der Schaumbldg. mit der Entmischung in tern. Systemen wird geschlossen, daß sich die Bedingtheit der Schaumbldg. durch die Oberflächenentmischung bestätigt. (Коллоидный Журнал [Kolloid-J.] **14.** 267—69. Juli/Aug. 1952. Kasan, Chem. Arbusow-Inst. der Kasaner Zweigstelle der Akad. der Wiss. der UdSSR.) LEBTAG. 166

Robert J. Good, *Eine thermodynamische Herleitung der Wenzelschen Modifikation der Youngschen Gleichung für Benetzungswinkel; ferner eine Theorie der Hysterese.* Vf. geht bei seinen Betrachtungen von der freien Oberflächenenergie aus, da die Oberflächenspannung nicht vektoriell dargestellt werden kann. Der Begriff „Hysterese", d. h. eine zeitliche Änderung des Benetzungswinkels, wird eingeführt. Die „treibende Kraft" zur Erreichung eines Gleichgewichts-Benetzungswinkels ist gleich dem Prod. aus der Oberflächenspannung u. der Differenz des Cosinus des Benetzungswinkels von demjenigen bei Gleichgewichtszustand. Vf. zeigt, daß dieses Prod. der „Zusammenziehungsenergie" F_c gleichgesetzt werden kann, die der Tropfen besitzen muß, damit seine Berandung eine Rille überwinden kann. Die Endgleichung stimmt mit der von ADAM u. JESSOP (J. chem. Soc. [London] **127.** [1925.] 1863) überein, jedoch ist für F_c eine sinnvolle physikal. Interpretation gefunden. (J. Amer. chem. Soc. **74.** 5041—42. 20/10. 1952. Anniston, Ala., Monsanto Chemical Co., Res. Dep., Phosphate Div.)
G. HEINRICH. 166

K. N. Davies und **A. K. Holliday,** *Die Elektrophorese von Silberbromidsolen.* 1. Mitt. *Die Ausbildung reproduzierbarer elektrophoretischer Beweglichkeiten in Anwesenheit überschüssiger Silberionen.* Vff. untersuchten das elektrokinet. Verh. von AgBr-Solen nach 9std. Alterung. Die elektrophoret. Beweglichkeiten wurden mkr. nach der Meth. von DOUGLAS mit weißem Licht untersucht, wobei die Teilchen jeweils höchstens 40 Sek. der Lichteinw. ausgesetzt wurden. AgBr-Sole mit zugefügtem KBr ergaben reproduzierbare negative Beweglichkeiten, die sich mit der Zeit nicht änderten. Die Ggw. von $AgNO_3$ (I) ergab sehr unterschiedliche Resultate, die Beweglichkeiten waren negativ oder null u. veränderten sich unregelmäßig mit der Zeit. Wurde das hinzugefügte I durch AgF ersetzt, so konnten positive Beweglichkeiten beobachtet werden, die sich mit der Zeit nicht änderten. Diese Sole koagulierten nicht u. wurden durch weißes Licht nicht geschwärzt. Bei nachträglichem Hinzufügen von I zu bereits AgF enthaltenden AgBr-Solen konnten ebenfalls positive Beweglichkeiten beobachtet werden, die jedoch mit der Zeit abnahmen. Vff. nehmen an, daß die abweichenden Resultate bei Ggw. von I durch die Adsorption von Silicationen aus dem Glas der elektrophoret. Zelle hervorgerufen werden. Wie Testverss. zeigten, vermindern Silicationen die Beweglichkeit u. verursachen Instabilität u. Lichtempfindlichkeit. Durch Fluoride u. Säuren werden die Silicate in Fluorsilicate übergeführt, die diese Effekte nicht hervorrufen. (Trans. Faraday Soc. **48.** 1061—66. Nov. 1952. Liverpool, Univ., Dep. of Inorgan. and Phys. Chem.)
E. HEINRICH. 168

K. N. Davies und **A. K. Holliday,** *Die Elektrophorese von Silberbromidsolen.* 2. Mitt. *Die Einwirkung eines hinzugefügten Elektrolyten auf das elektrokinetische Zeta-Potential.* Vff. untersuchten den Einfl. von zugefügten Gitterionen Ag^+ u. Br^-, die Wrkg. anderer Elektrolyte u. die Einw. des p_H-Wertes auf das ζ-Potential von AgBr. Es wurden die Beweglichkeiten mittels der mkr. Meth. von DOUGLAS gemessen u. daraus das ζ-Potential nach der Formel von OVERBECK berechnet. Die so bestimmten ζ-Potentiale wurden mit den theoret. Oberflächenpotentialen, die sich aus der Gitterfehlstellenverteilung im AgBr-Kristall ergeben, verglichen. Setzt man voraus, daß diese beiden Potentiale in der Nähe des isoelektr. Punktes gleich sind, so kann man aus der Neigung der Kurve $\varphi = f(p_{Ag})$ ($p_{Ag} = -\log Ag^+$) einen Wert für die Konz. der Gitterfehlstellen berechnen. Diese Werte stimmen gut mit den aus der Leitfähigkeit berechneten überein. Bei niedrigem p_{Ag} unterscheiden sich die beiden Potentiale, woraus Vff. auf eine starke Adsorption von Ag^+ schließen. Eine entsprechende Adsorption von Br^- bei hohem p_{Ag} wurde nicht gefunden. Nicht dem Gitter angehörende Anionen (z. B. Hydroxyd- u. Silicationen), die unlösl. Verbb. mit Ag^+ bilden, adsorbieren stark bei niedrigen p_{Ag}. Andere, nicht dem Gitter angehörende Anionen adsorbieren nur dann merklich, wenn sie in hohen Konzz. vorliegen. Nicht dem Gitter angehörende Kationen (z. B. H^+ u. K^+) scheinen schwach zu adsorbieren, unabhängig von p_{Ag}. (Trans. Faraday Soc. **48.** 1066—73. Nov. 1952. Liverpool, Univ., Dep. of Inorgan. and Phys. Chem.)
E. HEINRICH. 168

Jack Schubert, *Untersuchungen über den Ionenaustausch komplexer Ionen in Abhängigkeit von der Temperatur, der Ionenstärke und der Anwesenheit von Formaldehyd.* (Vgl. C. **1951.** II. 654.) Nach Hinweis auf ältere Verss. über die Verwendung von Ionenaustauschern zur Unters. von komplexen Ionen (GÜNTHER-SCHULZE) wird die experimentelle Ausführung der Ionenaustauschmeth. unter Benutzung von *Dowex-50* u. trägerfreier radioakt. Isotope zur Best. der Zus. u. Beständigkeit (Dissoziationskonstante) komplexer Ionen beschrieben. Es wird der Einfl. der Temp. (bei 3, 15, 25 u. 40°) u. der Ionenstärke auf die Beständigkeit des Sr-Citratkomplexes untersucht. Ferner wird die Beständigkeit verschied. komplexer Ionen von ^{45}Ca u. $^{88,90}Sr$ in Ggw. u. Abwesenheit von Formaldehyd untersucht, wobei Ionenstärke (0,16), Temp. (25°) u. p_H-Wert (7,2—7,3) konstant gehalten werden. Als Komplexbildner wurden *Asparaginsäure, Bernsteinsäure* u. *Äpfelsäure,* ferner

Butylamin, Äthanolamin u. Formaldehyd gewählt. (J. physic. Chem. **56.** 113—18. Jan. 1952. Chicago, Ill., Argonne Nat. Labor.) HENTSCHEL. 177

T. R. E. Kressman, *Trennungen durch Ionenaustausch auf Grund der Ionengröße.* Die als Molekülsieb wirkenden Poren von *Zeo-Karb 225* (**I**), einem vernetzten sulfonierten Polystyrolkunstharz, sind kleiner als die von *Zeo-Karb 215* (**II**), einem Phenolsulfonatharz. Trotzdem ist die Austauschgeschwindigkeit zwischen dem NH_4-„Salz" von **I** u. verschied. quaternären Ammoniumsalzen größer als bei **II**. In beiden Fällen wird die Kinetik des Austausches durch die Teilchendiffusion bestimmt. Während die kleinsten Poren von **II** größer sind als die effektive Größe des *Phenyldimethylbenzylammonium*-Ions, sind diejenigen von **I** kleiner als das *Tetramethylammonium*-Ion, Die Unterschiede in der Austauschgeschwindigkeit von **II** sind bereits zur Trennung von Kationen verschied. Größe ausgenutzt worden. Bei Anwendung von **I** wird infolge der begrenzten Sättigungskapazität für die größeren Ionen der Trenneffekt verstärkt. Die Unters. wird auf die Sorption von Säuren an *De-Acidite E* (**III**) u. dem hochporösen *Decolorite* (**IV**) ausgedehnt. Aus 0,01n Lsg. u. bei 22° werden anorgan. Säuren, wie HCl u. H_2SO_4 von beiden Kunstharzen rasch aufgenommen. Auch einige Farbstoffsäuren werden von **IV** rasch aufgenommen, langsamer u. in geringerem Ausmaß von **III**. Geprüft wurden hierbei *1-Amino-8-naphthol-3.6-disulfonsäure, Chlorazol-Himmelblau, Carmoisin, Orange II* u. *Orange G.* In jedem Fall ist der geschwindigkeitsbestimmende Schritt die Diffusion in den festen Teilchen, wie sich aus der Art des kinet. Verlaufes u. aus Unterbrechungsverss. ergibt. Diese Ergebnisse können als Grundlage für die Abtrennung anorgan. Salze aus Farbstofflsgg. mittels **III** dienen; auch die Trennung von Farbstoffsäuren voneinander mit Hilfe von **IV** scheint aussichtsreich. (J. physic. Chem. **56.** 118—23. Jan. 1952. London, Permutit Co., Ltd.) HENTSCHEL. 177

A_6. Strukturforschung.

T. B. Rymer und **P. G. Hambling,** *Eine auseinandernehmbare Röntgenröhre für die Kristallographie.* Beschreibung der Röhre. (J. sci. Instruments **29.** 192—94. Juni 1952. Univ. of Reading.) GOTTFRIED. 181

H. T. Heal, E. Gillam und **D. G. Cole,** *Eine abgeänderte Pulverkamera für Hochtemperaturaufnahmen.* Beschreibung einer Röntgenkamera, speziell zur Unters. von Stahlproben, die in Form dünner Streifen vorliegen. Die Probe wird direkt durch Stromzuführung erhitzt. Mit dieser Kamera wurden Aufnahmen bis zu 1000° ausgeführt. (J. sci. Instruments **29.** 380—81. Nov. 1952. London, Brit. Iron and Steel Res. Ass.) GOTTFRIED. 181

N. C. Tombs, *Eine Röntgenpulverkamera für tiefe Temperaturen.* Das Prinzip der neu konstruierten Kamera beruht darauf, daß man die Kühl-Fl., die je nach der gewünschten Temp. verschieden ist, aus einem DEWAR-Gefäß von dem oberen Deckel der Kamera her durch eine Metallcapillare über die zu untersuchende Probe fließen läßt. Aus der Schärfe der Interferenzen ergab sich, daß sich die Temp. der Probe während der Aufnahmen nur um einige Grade ändern kann. (J. sci. Instruments **29.** 364. Nov. 1952. Wembley, Middlesex, General Electric Co.) GOTTFRIED. 181

H. J. Grenville-Wells, *Eine Mehrfachaufnahmekamera zum Gebrauch mit einem Einkristallröntgengoniometer.* Es wird eine Kamera beschrieben, mit der nacheinander mehrere Aufnahmen auf denselben Film hergestellt werden können. Mit der in der Kamera benutzten Schlitzbreite können 18 Aufnahmen nacheinander angefertigt werden, d. h. daß man eine vollständige Folge von 15°-Schwenkaufnahmen mit einer Überlappung von 2½° für die nullte Schichtlinie eines Kristalls erhalten kann. (J. sci. Instruments **29.** 199—200. Juni 1952. London, Univ. College.) GOTTFRIED. 181

Gérard von Eller, *Über einen neuen Apparat zur Entwicklung der mehrdimensionalen Fourier-Reihen auf optischem Wege.* Beschreibung der apparativen Anordnung. Als Anwendungsbeispiel wird das mit dem App. erhaltene FOURIER-Diagramm von *Anthracen* mit Projektion auf die Fläche (010) gebracht. (C. R. hebd. Séances Acad. Sci. **232.** 1122—24. 12/3. 1951.) GOTTFRIED. 181

M. J. Buerger, *Eine neue Annäherung an die Kristallstrukturanalyse.* Es wird eine neue Vektormeth. zur Lösung von PATTERSON-Synthesen beschrieben. Die Meth. wurde auf die bereits bekannten Strukturen von *Berthierit*, $FeSb_2S_4$, u. *Claudetit*, As_2O_3, mit gutem Erfolg angewandt. (Acta crystallogr. [London] **4.** 531—44. Nov. 1951. Cambridge, Mass., Inst. of Technol.) GOTTFRIED. 181

M. E. Straumanis und **E. Z. Aka,** *Eine Bewegungsvorrichtung für Präzisionsbestimmungen von Gitterparametern bei konstanten Temperaturen.* Die zu den Aufnahmen bestimmte Kamera ist zunächst in einem Thermostaten untergebracht, mit dem die Temp. auf ±0,02° konstant gehalten werden konnte. Außerdem war an der App. eine mit einem Motor betriebene Anordnung angebracht, mit der das Präp. nicht nur um die horizontale Achse gedreht, sondern auch gleichzeitig entlang der Drehachse auf- u. abwärts bewegt werden konnte. Hierdurch wird erreicht, daß auch bei gröber körnigem Pulver glatte, leicht vermeßbare Interferenzringe entstehen. Mit diesem App. wurden mit Co$K\beta_1$-Strahlung Aufnahmen an weißem *Diamantbort* bei 10—50° angefertigt. Auf 20° red. u. unter Berücksichtigung der Brechung der Röntgenstrahlen wurde eine Gitterkonstante von $a = 3{,}55959_2 \pm 0{,}00001$ kX erhalten. Der Ausdehnungskoeff. für den Bereich 10—50° beträgt $1{,}32 \cdot 10^{-6}$ pro Grad. (Rev. sci. Instruments **22**. 843—44. Nov. 1951. Rolla, Mo., Univ., Dep. of Metall., School of Mines and Metallurg.) Gottfried. 181

Howard T. Evans jr., *Röntgenstrahlabsorptionskorrekturen für Einkristalle.* Vf. leitet genaue Gleichungen zur Best. des Absorptionseinfl. auf die Röntgenintensitäten für Einkristalle mit natürlichen Kristallflächenbegrenzungen u. bekannten Dimensionen ab, die sich vollkommen in einem Bündel paralleler Röntgenstrahlen befanden. Jede Gleichung besteht aus einer Summe von Gliedern, die dadurch entsteht, daß der Kristall in eine Reihe von Teilstücken unterteilt wird, wobei für jedes Teilstück der Absorptionseinfl. gesondert berechnet wird. Es wurden für einen prismat. Kristall mit konstantem Querschnitt für fünf allg. Typen von Unterteilungen allg. Gleichungen hergeleitet mit Gliedern des linearen Absorptionskoeff. u. gewisser linearer Dimensionen. Für andere Typen von Unterteilungen, die in gewissen Fällen entstehen, wurden ebenfalls Gleichungen abgeleitet. Die Anwendung der Meth., mit Einschluß der sek. Extinktion, wurde durch Berechnungen an dem tetragonal kristallisierenden *$BaTiO_3$* aufgezeigt. (J. appl. Physics **23**. 663—68. Juni 1952. Cambridge, Mass., Inst. of Technol., Labor. for Insulat. Res.) Gottfried. 181

E. F. Bertaut, *Beziehungen zwischen der symmetrischen Patterson-Funktion und der Struktur.* Ausführliche Wiedergabe der C. **1950**. II. 17 beschriebenen Meth., die auf die Unters. der Strukturen von *Mg-Boroferrit* ($B_2O_3 \cdot Fe_2O_3 \cdot 2\ MgO$) u. *Dekaboran* angewandt wurde. (Bull. Soc. franç. Minéralog. Cristallogr. **75**. 401—18. Juli/Sept. 1952. Grenoble, Inst. Fourier, Labor. d'Electrostatique et de Phys. du Métal.) Gottfried. 181

D. Patterson, *Die Oberflächenstabilität von Alkalihalogenidkristallen.* Vf. setzt sich krit. mit den Arbeiten einer Reihe von Autoren auseinander, welche verschied. Abweichungen für die (100)-Oberflächen von Ionenkristallen von dem n. Gitterabstand annehmen. Bes. wird die Gitterkonstante eines Alkalihalogenidkristalls behandelt, die größer sein soll als die des sich im Gleichgewicht befindlichen zweidimensionalen (100)-Gitters. Die Aufweitung des zweidimensionalen Gitters bei der Bldg. der (100)-Oberfläche eines Alkalihalogenidkristalls läuft, wenn genügend groß, auf eine Instabilität der Oberfläche hinaus. Ausführlicher u. krit. besprochen wird bes. eine Arbeit von Molière u. Stranski (vgl. Z. Physik **124**. [1948.] 421), die für die Oberfläche eine Konfiguration vorschlagen, in der die Ionen in Paaren angeordnet sind u. so eine Polarisation jedes Ions erzeugen. Vf. führte Rechnungen durch, analog deren von Molière u. Stranski unter Zugrundelegung des Punktladungsmodells, jedoch mit Einschluß van der Waalsscher Kräfte u. ohne Annahme gleicher Polarisierbarkeiten der Ionen. Vf. kommt zu dem Ergebnis, daß die Aufweitung der Oberflächenschicht eines Alkalihalogenids bei der Bldg. der (100)-Oberfläche nicht ausreicht, um die von Molière u. Stranski vorgeschlagene Oberflächenstruktur zu erzeugen. Es wird hinzugefügt, daß für einen Alkalihalogenidkristall in Lsg. der Einfl. des Dielektrikums über der Oberfläche der ist, die elektrostat. Kräfte herabzusetzen u. damit die Instabilität zu vergrößern. Vf. weist ausdrücklich darauf hin, daß er durch seine Unterss. nicht im Prinzip eine Oberflächenstruktur ablehnt. (Trans. Faraday Soc. **48**. 877—87. Okt. 1952. Bristol, Univ., H. H. Wills Phys. Labor.) Gottfried. 190

M. Matschinski, *Sogenannte Strahlungskristallisation und Symmetriesysteme gewisser kristalliner Konfigurationen.* Vf. stellt ein komplettes Syst. der Symmetrien krist. Konfigurationen (Sphärolithe, gedrillte Kristalle usw.) auf. Auf Beziehungen zur Symmetrie in Organismen u. gekrümmten Körpern wird hingewiesen. (Bull. Soc. franç. Minéralog. Cristallogr. **75**. 161—65. Jan./März 1952. Paris, C. N. R. S.) Hiller. 190

Célia Martinez, *Über zwei neue Methoden zur Messung der Kristallisationstemperatur von Lösungen.* Vf. beschreibt 2 Methoden zur Best. der Kristallisationstemp. von Lsgg.: 1. Der Kristall wird am Waagebalken in die Fl. gehängt u. Zu- oder Abnahme seines Gewichtes infolge Wachstum oder Auflösung bei verschied. Temp. festgestellt. 2. Beobachtung der Richtung der Konvektionsströmung in der Nähe des in die Lsg. gehängten Kristalls, die bei der Kristallisationstemp. umschlägt. (Bull. Soc. franç. Minéralog. Cristallogr. **75**. 63—69. Jan./März 1952. Bellevue, S.-et.-O., Labor. d'Électrothermie appl.) Hiller. 190

Z. Gyulai und **S. Bieleck**, *Übergangsschicht zwischen wachsenden Kristallen und ihrer Lösung.* Nach Kossel wächst ein Kristall pulsierend, es muß sich also in der Nähe der Kristalloberfläche eine Schicht höherer Konz. ausbilden, als der übrigen Lsg. entspricht. Diese Annahme ist zunächst nicht mit den Diffusionsgesetzen verträglich. Vff. nehmen an, daß die Ionen der Kristalloberfläche auf die Ionen der Lsg. Anziehungskräfte ausüben, so daß sich eine zum Teil geordnete, mit H_2O-Moll. vermischte Schicht von Ionen bildet, die eine höhere Konz. als die übrige Lsg. aufweist u. sozusagen eine Fortsetzung des Kristalls bildet. Die Ordnung u. damit auch die Konz. nimmt mit wachsender Entfernung von der Kristalloberfläche ab. Wenn das Quasigleichgewicht in dieser Schicht plötzlich gestört wird, so findet schlagartig Anlagerung an den Kristall statt. Zur experimentellen Untermauerung dieser Theorie wird Querstreifung von Kristallen sowie Stufenbldg. an der auf dem Gefäßboden aufliegenden Fläche, die eingehend gedeutet wird, herangezogen. In die gleiche Richtung weisen auch Beobachtungen an Kristallen, die frei auf der Oberfläche der Lsg. schwimmen. Die freie obere Fläche dieser Kristalle bleibt vollkommen trocken u. wächst trotzdem, eine Erscheinung, die durch das Kriechen der konz. Oberflächenschicht erklärt wird. Auf Beobachtungen anderer Autoren, die die vertretene Theorie stützen können, wird hingewiesen. (Acta physica Acad. Sci. hung. **1.** 199—207. 1952. Budapest, TU, Inst. für experimentelle Physik.) H. W. LEVI. 190

L. G. Schulz, *Wachstum von Alkalihalogenidkristallen aus der Dampfphase und aus Lösung auf Glimmerunterlagen.* Ausführliche Wiedergabe der C. **1951.** II. 1252 referierten Arbeit. (Acta crystallogr. [London] **4.** 483—86. Nov. 1951. Chicago, Ill., Univ., Inst. for the Study of Metals.) GOTTFRIED. 190

Georg Kalb, *Die Kristallmorphologie als Kriterium für Isomorphie. Erläutert am Beispiel Bravoit–Pyrit.* Bravoit (NiS_2) ist in der Lage, große Mengen Fe an Stelle von Ni aufzunehmen, Pyrit dagegen kann Ni nur bis zu 0,1% einbauen. Es muß also in der Mineralreihe Bravoit–Pyrit eine große Mischungslücke auf der Seite des Pyrits angenommen werden. Zur Erklärung dieser Erscheinung wird die Kristallmorphologie in den Imprägnationslagerstätten im Buntsandstein am Nordrand der Eifel herangezogen. Der Pyrit tritt nur in Hexaedern, der Bravoit nur in Pentagondodekaedern auf. Die Kristalle enthalten im Innern oft Kerne der anderen Mineralart in der dieser zukommenden Tracht. Wenn die Außenschale dünn ist gegen den Kern, so prägt dieser seine Tracht dem Gesamtkristall zum Teil auf. Nur bei Verwachsungen in Form von einander abwechselnden dünnen Schichten zeigt der entstehende Kristall einheitliche, u. zwar pentagonale Tracht. Aus den Beobachtungen wird der Schluß gezogen, daß Bravoit mit Pyrit keine Mischkristalle, sondern nur parallele Verwachsungen bildet, u. der allg. Satz aufgestellt, daß Kristalle, die — unter gleichen Bedingungen entstanden — verschied. Tracht aufweisen, keine Mischkristalle bilden können. (Naturwissenschaften **38.** 560—61. Dez. 1951. Köln, Univ., Mineralog. Inst.) H. W. LEVI. 190

Unto Korhonen, *Über die Kristallstruktur des kubischen Rubidiumnitrats.* Die Anfertigung der Röntgenaufnahmen bei 190° sowie die Durchführung der Intensitätsmessungen u. ihre Auswertung werden eingehend beschrieben. Es wird gezeigt, wie mit Hilfe FOURIERscher Differenzreihen unter Benutzung eines Hilfsgitters aus den aus den Intensitäten gewonnenen relativen Strukturfaktoren Absolutwerte berechnet werden. Im Gegensatz zu Arbeiten von FINBAK u. HASSEL (vgl. Z. physik. Chem., Abt. B **37.** [1937.] 75 u. 468 u. früher) kommt Vf. zu dem Ergebnis, daß $RbNO_3$ im Temperaturgebiet zwischen 161 u. 219° in einer kub. primitiven Elementarzelle der Raumgruppe T_h^6 (Pa3) mit der Kantenlänge 8,74 Å kristallisiert. Die Zelle enthält 8 $RbNO_3$. Die 8 Rb liegen auf einer parameterfreien Lage, die Lage der 8 N besitzt einen Parameter, der zu 0,285 berechnet wird u. die der 24 O hat drei Parameter, x = 0,228; y = 0,228; z = 0,285. Die Koordinaten der einzelnen Lagen werden angegeben. Für die Wärmebewegung der NO_3-Gruppe im $RbNO_3$-Kristall scheiden auf Grund der Messungen sowohl die kugelsymm. Rotation wie auch eine modifizierte Rotation aus. In Betracht kommen nur eine Bewegung in Richtung der trigonalen Achse der NO_3-Gruppe u. eine völlig ungeordnete Bewegung, wobei ersterer ein geringer Vorzug gegeben wird. Die Quadratwurzel aus dem mittleren Quadrat der von der Wärmebewegung der Rb^+-Ionen herrührenden Gesamtverrückung wird zu 0,385 Å bestimmt. (Suomalaisen Tiedeakatemian Toimituksia [Ann. Acad. Sci. fennicae], Sarja A. I. **1951.** Nr. 102. 1—37. Helsinki.) H. W. LEVI. 195

Harry Hahn und **Günter Frank,** *Untersuchungen über ternäre Chalkogenide.* 4. Mitt. *Über die Struktur des $ZnAl_2S_4$.* (3. vgl. HAHN u. SCHRÖDER, C. **1953.** 4338.) $ZnAl_2S_4$ wurde durch Erhitzen eines Gemisches von ZnS, Al-Pulver u. S im evakuierten Quarzbömbchen dargestellt. Die röntgenograph. Unters. ergab bei Präpp., die bei 800° hergestellt waren, ein Spinellgitter mit der Gitterkonstante $9{,}96_8 \pm 0{,}008$ Å, $D_{\text{röntg.}}$ 3,306, $D_{\text{pykn.}}$ 3,30. Präpp., die bei 1100° hergestellt waren, ergaben das Diagramm eines Wurtzitgitters, das sich auch hexagonal mit den Gitterkonstanten $a = 3{,}75_6 \pm 0{,}005$ u. $c = 6{,}13_0 \pm 0{,}007$ Å indizieren ließ. Unter der Annahme, eines Wurtzitgitters mit 0,5 $ZnAl_2S_4$ in der Elementarzelle berechnet sich $D_{\text{röntg.}}$ zu 2,727, $D_{\text{pykn.}}$ beträgt 2,63. Die Intensitätsdiskussion ergab für das Spinellgitter Normalstruktur mit einemParameter der Nichtmetallagen von 0,384. Für das Wurtzitgitter wurden die Intensitäten unter der Voraussetzung berechnet, daß ½ Zn u. 1 Al statist. auf die Plätze des Metallgitters verteilt sind. Die berechneten Werte stimmen gut mit den gefundenen überein. Überstrukturlinien wurden auch bei länger getemperten Präpp. nicht gefunden. Der Übergang der Spinellform in die Wurtzitform findet bei 1000° statt u. ist reversibel. Es ist der erste beobachtete Übergang eines Spinellgitters in ein Wurtzitgitter. Die energet. Gründe für das Vorliegen einer der beiden Formen werden erörtert. Wegen der großen Ähnlichkeit zwischen dem ZnS- u. dem Al_2S_3-Gitter kann man die Wurtzitform des $ZnAl_2S_4$ als Mischkristall zwischen diesen beiden Verbb. auffassen. Einen entsprechenden linearen Verlauf zeigen auch die Gitterkonstanten. (Z. anorg. allg. Chem. **269.** 227—31. Sept. 1952. Kiel, Univ., Anorgan.-Chem. Inst.) H. W. LEVI. 195

Hans Bode und **Rolf Brockmann**, *Zur Kristallstruktur der Hexafluorogermanate.* (Vgl. C. **1953.** **4495.**) Bei Zimmertemp. kristallisieren K_2GeF_6 u. Rb_2GeF_6 trigonal, Cs_2GeF_6 kub. im K_2PtCl_6-Typ. Beim Erhitzen wandeln sich die trigonalen Modifikationen in hexagonale um, eine weitere Umwandlung in kub. konnte bisher nicht beobachtet werden. Es gelang, in Ergänzung zu der l. c. referierten Arbeit auch beim K_2MnF_6 Andeutungen einer trigonalen Form zu finden. Es scheint sich also bei den Verbb. Me_2XF_6 um eine Trimorphie mit folgenden allg. Daten zu handeln: Tieftemperaturform vom $(NH_4)_2 \cdot GeF_6$-Typ, Raumgruppe D_{3d}^3 — C3m mit 1 Mol. in der Elementarzelle u. einer c-Achse von ca. 4,8 Å; Mitteltemperaturform vom Rb_2MnF_6-Typ, Raumgruppe C_{6v}^4 — C6m mit z = 2 u. c ≈ 9,5 Å; Hochtemperaturform vom K_2PtCl_6-Typ, Raumgruppe D_{3d}^5 — R3m mit z = 3 u. c ≈ 14,5 Å. Wirklich aufgefunden wurden alle drei Modifikationen bisher nur beim K_2MnF_6. Für das K_2GeF_6 wurden a = 5,62 u. c = 4,65 in der trigonalen Modifikation u. a = 5,71 u. c = 9,27 Å in der hexagonalen Modifikation gefunden. Die trigonale Form wird bei 350° in die hexagonale umgewandelt. Für das hexagonale Rb_2GeF_6 wurden gefunden: a = 5,94 u. c = 9,63 Å, Raumgruppe C_{6v}^4:2 Ge in (b) $^1/_3\ ^2/_3$ z mit z = $^1/_4$; 2 K_I in (b) $^1/_3\ ^2/_3\ u_1$ mit u_1 = 0,89; 2 K_{II} in (a) 0 0 u_2 mit u_2 = 0,61; 6 F_I in (c) $x_1\ \bar{x}_1\ z_1$ mit x_1 = 0,18 u. z_1 = 0,35 u. 6 F_{II} in (c) $x_2\ \bar{x}_2\ z_2$ mit x_2 = 0,49 u. z_2 = 0,15. Beim K_2GeF_6 konnte gezeigt werden, daß der Übergang ein enantiotroper ist. Mit der beobachteten polymorphen Folge ist der Übergang von der einfach zur doppelt hexagonalen bzw. zur kub. dichtesten Kugelpackung verbunden. (Z. anorg. allg. Chem. **269.** 173—78. Sept. 1952.) H. W. LEVI. 195

G. Brauer und **H. Gradinger**, *Über anomale Mischkristalle im Bereiche des Fluoritgittertyps.* Kristallphasen vom Fluorittyp zeigen oft eine begrenzte Mischbarkeit mit Verbb., die nicht dem AB_2-Typ angehören. Sesquioxyde vom C-Typ besitzen weitgehende Verwandtschaft zum Fluoritgitter, so daß hier ein kontinuierlicher Übergang zum Fluoritgitter möglich ist, indem Me(III) allmählich durch Me(IV) ersetzt wird u. die gegenüber dem Fluoritgitter vorhandenen O-Leerstellen aufgefüllt werden. Vff. fanden bei den Systemen ThO_2–Y_2O_3, ThO_2–La_2O_3, ThO_2–Nd_2O_3, ThO_2–Sm_2O_3, ThO_2–Gd_2O_3, CeO_2–Sm_2O_3, u. CeO_2–Yb_2O_3 eine begrenzte, mehr oder weniger weitgehende Mischbarkeit. Lückenlose Mischbarkeit wurde lediglich in dem Syst. CeO_2–Y_2O_3 beobachtet. Die Präpp. wurden durch Tempern bei 1400° dargestellt. Die Gitterkonstante nimmt von 5,40 Å für reines CeO_2 auf ca. 5,29 Å für reines Y_2O_3 ab. Der Verlauf ist nur graph. dargestellt. Das Röntgendiagramm des C-Sesquioxydtyps enthält neben den Linien des Fluoritdiagrammes eine Reihe zusätzlicher schwacher Reflexe, so daß die Diagramme kontinuierlich ineinander übergehen. Bei ca. 65% Y_2O_3 werden diese Linien erstmalig beobachtet. Für das Auftreten bzw. Fehlen einer lückenlosen Mischkristallreihe können noch keine Gesetzmäßigkeiten angegeben werden. (Naturwissenschaften **38.** 559—60. Dez. 1951. Freiburg/Br., Univ., Chem. Labor.) H. W. LEVI. 195

H. J. Axon, *Gleichgewichtsbeziehungen bei 460° in Aluminiumlegierungen mit 0 bis 7% Kupfer, 0—7% Magnesium und 1,2% Silicium.* Die Gleichgewichtsisotherme bei 460° wird für quaternäre Legierungen mitgeteilt, die reich an Al sind u. 0—7(%) Mg, 0—7 Cu u. 1,2 Si enthalten. Die auftretenden Phasen sind Al-reiche, feste Lsgg., $CuAl_2$, Mg_2Si, Si, die tern. Phase Al_2CuMg u. eine quaternäre Phase, welche wahrscheinlich die Zus. $Al_5Cu_2Mg_8Si_6$ hat. Diese Phasen bewirken 14 getrennte Phasenfelder. Eine neue 460°-Isotherme für das Al-reiche Gebiet des Al–Cu–Mg–Si-Syst. wird aufgestellt. (J. Inst. Metals **81.** 209—13. Dez. 1952. Manchester, Univ.) HOCHSTEIN. 197

Ja. Je. Gegusin, **L. O. Markon** und **B. Ja. Piness**, *Selbstdiffusion und viscoses Fließen (Sintern und Kriechen) bei gepreßten Metallpulvern.* Vff. entwickeln Formeln für den Selbstdiffusionskoeff. D von dichten u. porösen Medien, die von der von FRENKEL (Журнал Экспериментальной и Теоретической Физики [J. exp. theoret. Physik] **19.**

1946.] 29) vorgeschlagenen abweichen. Die nach experimenteller Best. der Fließbarkeit durchgeführte Berechnung liefert nach FRENKEL die selbst für dichte Körper um 6 bis 7 Größenordnungen zu kleinen Werte D_{Cu} (900°) $\cong 10^{-16}$ (cm²/sec), D_{Fe} (1100°) $\cong 10^{-17}$. [Die Werte der Vff. $D_{Cu} \cong 10^{-8}$ u. $D_{Fe} \cong 10^{-9}$ sind um 1—2 Größenordnungen gegenüber den „Gleichgewichtswerten" erhöht, was der erwarteten Erniedrigung der Aktivierungsenergie der Selbstdiffusion infolge Gitterstörungen des Pulvers entspricht. Die Aktivierungsenergie ergab sich für Fe $Q_{Fe} = 36 \cdot 10^3$ u. für Cu $Q_{Cu} = 12 \cdot 10^3$ cal/Mol. (Доклады Академии Наук СССР [Ber. Akad. Wiss. UdSSR] [N. S.] **87**. 577—80. 1/12. 1952. Charkow, Gorki-Univ.) AMBERGER. 197

N. A. Slatin und **N. Ja. Nikolenko,** *Abhängigkeit der Härte von Stahl mit mittlerem Kohlenstoffgehalt von der Verformungsgeschwindigkeit, der Temperatur und der thermischen Behandlung.* Es wurde ein C-Stahl mit 0,41% C in 4 Behandlungszuständen (bei ~ 880° geglüht mit Ofenabkühlung, von 880° in W. gehärtet u. auf 600, 350 u. 200° angelassen) untersucht. Gemessen wurde die Härte durch Eindrücken eines Konus aus Hartmetall bei Eindringgeschwindigkeiten von $0{,}8 \cdot 10^{-6}$ — 1,2 m/Sek. u. Tempp. von —180 bis 400°. Die Abhängigkeit des Verformungswiderstandes von der Verformungsgeschwindigkeit u. Temp. des Stahls im metastabilen Zustand (gehärtet u. bei niederen Tempp. angelassen) ist komplizierter als bei Vorliegen des Gleichgewichtszustandes (ausgeglüht, oder noch angelassen). Dies steht mit der intensiveren Ausscheidung disperser Teilchen aus der übersätt. festen Lsg. metastabiler Strukturen im Verlauf des Verformungsprozesses im Zusammenhang. Durch den dynam. Koeff. (Verhältnis des Verformungswiderstandes bei gegebener Verformungsgeschwindigkeit zu dem unter stat. Bedingungen) ist daher die Abhängigkeit zwischen Verformungswiderstand u. -geschwindigkeit nicht allg. gültig charakterisiert. Eine Berechnung der für den Ausscheidungsprozeß der dispersen Phase erforderlichen Aktivierungsenergie ergibt geringere Werte bei Vorliegen plast. Verformung als ohne eine solche u. um so niedrigere Werte, je höher der Sättigungsgrad der festen Lsg. ist. (Журнал Технической Физики [J. techn. Physik] **22**. 1565—71. Okt. 1952.) EHMCKE. 200

Karl Willy Wagner, *Das Molekül und der Aufbau der Materie.* Vorträge von **Walter Kossel, Friedrich Hund, Eduard Justi, Otto Kratky, Peter Adolf Thiessen.** (Sammlung „Die Wissenschaft", Band 101.) Braunschweig: Friedr. Vieweg & Sohn. 1949. (VII + 319 S. m. 154 Abb. u. 4 Tab.) DM 18,80.

Die vom Verband Deutscher Elektrotechniker und dem Außeninstitut der Technischen Hochschule in Berlin im Winter 1943/44 veranstalteten Vorträge geben einen ausgezeichneten Überblick über den Stand dieses Wissensgebietes, u. zwar handelt es sich um die Vorträge von **W. Kossel:** 1. Atom, Molekül, Kristall. Grundbegriffe der Ordnung und Bindung. 2. Heteropolare Verbindungen I: Energie- und Reaktionsfragen. 3. Heteropolare Verbindungen II: Strukturfragen. Raumerfüllung der Atome — Ionenradien. 4. Auf- und Abbau des Festkörpers (Wachstum, Ätz- und Korrosionsvorgänge). Grundsätzliches über die in der Atombindung tätigen Kräfte; **F. Hund:** 5. Die Grundtatsachen des Aufbaues der Materie und des Wirkungsquantums. 6. Die Deutung der die Materie zusammenhaltenden Kräfte. 7. Molekelmodelle. 8. Die festen, nichtpolar gebundenen Stoffe; **E. Justi:** 9. und 10. Die Berechnung der calorischen Daten des Gaszustandes; **O. Kratky:** 11. Makromoleküle und **P. A. Thiessen:** Kolloide. PFLÜCKE. 182

A₇. Gleichgewichte. Kinetik.

Ellen Gleditsch und **Aamund Salveson,** *Über den Austausch von Ionen zwischen einem Salz und seiner gesättigten Lösung.* Vff. untersuchen den Austausch von Pb-Ionen zwischen mit RaD (^{210}Pb) markiertem festem $Pb(NO_3)_2$ (Aktivität: 3800 Impulse/Min.) u. einer gesätt. Lsg. von $Pb(NO_3)_2$. Der Austausch steigt bei 20° mit der Zeit an, jedoch nur sehr langsam. Anfangs erfolgt er zwischen den Ionen der Kristalloberfläche u. denen der Lsg., später müssen erst Ionen aus dem Kristallinnern an die Oberfläche diffundieren. Der Austausch nimmt bei 20° mit abnehmender Kristallgröße (Verss. werden mit 4 Kristallgrößenklassen: $\leqq$ 0,5, 0,5—1,0, 1,0—1,5 u. 1,5—2,0 mm angestellt) infolge Vergrößerung der Gesamtoberfläche zu. Vergleichsverss. bei 40° ergeben keinen merklichen Temperatureinfluß. Auch zwischen nichtakt. Kristallen u. mit RaD gekennzeichneter gesätt. Lsg. wird ein Austausch beobachtet; die erhaltenen Resultate zeigen jedoch nur geringe Übereinstimmung mit den bei Verwendung von akt. Kristallen u. inakt. Lsg. erzielten Ergebnissen. Bei Verwendung von weniger akt. $Pb(NO_3)_2$ (100, 300, 700 u. 1400 Impulse/Min.) findet ein wesentlich rascherer u. weitergehender Austausch statt. Für letztere Erscheinung kann keine Erklärung gegeben werden. (Bull. Soc. chim. France, Mém. [5] **19**. 523—27. Mai/Juni 1952.) GEDSCHOLD. 221

J. R. Elliott, W. L. Roth, G. F. Roedel und **E. M. Boldebuck,** *Löslichkeit von diboran- und borhaltigen Lithiumsalzen.* Vff. bestimmen die Löslichkeit von Diboran (B_2H_6) in *Ae.* u. *Tetrahydrofuran* (I) (C_4H_8O) durch Messen des Druckes über einer gesätt. Lsg. von B_2H_6 in Ae. u. I. bei Tempp. von ca. 0 bis +60° u. Berechnung des Gleichgewichtspartialdruckes. Die Konstanten von k = Druck B_2H_6/Löslichkeit B_2H_6 werden mitgeteilt. In I liegt B_2H_6 höchstwahrscheinlich komplex als $C_4H_8O:BH_3$ vor. Die Lösungswärmen werden annähernd zu −2800 cal/Mol in Ae. u. −4900 cal/Mol in I berechnet. Ferner werden die Löslichkeiten von $LiBF_4$, $LiBH_4$ u. LiF in Ae. u. I bei 25° angegeben. (J. Amer. chem. Soc. **74.** 5211—12. 20/10. 1952. Schenectady, N. Y., General Electric Co., Res. Labor.) MOSLÉ. 224

O. P. Mtschedlow-Petrossjan, *Über die Löslichkeit von Serpentinit nach dem Erhitzen.* Grusin. *Serpenetinit* (I) u. *Edelserpentin* (II) wurden innerhalb 15 Min. von Zimmertemp. bis zur vorgesehenen Temp. (bis zu 900°) erhitzt, mit u. ohne Magnetfeld bei dieser Temp. belassen u. dann rasch im Exsiccator abgekühlt. Es zeigte sich, daß beim Erhitzen von I die mittels 40 ml 15%ig. Na_2CO_3 ermittelte Auswaschbarkeit von MgO höher ist als die Auswascbbarkeit von SiO_2, ermittelt mit 40 ml 10%ig. NH_4Cl. Bei längerem Erhitzen ist das Löslichkeitsoptimum nach tieferen Tempp. verschoben. Das Löslichkeitsoptimum von MgO liegt bei tieferer Temp. als das von SiO_2. Oberhalb 650—700° nimmt die Löslichkeit der beiden Komponenten ab. Langes Erhitzen vermindert die Löslichkeit von MgO, ohne die Auswaschbarkeit von SiO_2 zu beeinflussen. In II ist die Auswaschbarkeit von SiO_2 höher als in I u. nähert sich der von MgO. Ein Einfl. des Magnetfeldes auf die Löslichkeit von MgO u. SiO_2 ist nur in I zu beobachten. Während die Auswaschbarkeit von MgO, bes. bei langem Erhitzen, vermindert wird, nimmt die von SiO_2 im Magnetfeld zu. Die Wrkg. des Magnetfeldes wird mit der Ggw. von Fe-Oxyden erklärt. (Доклады Академии Наук СССР [Ber. Akad. Wiss. UdSSR] [N. S.] **87.** 449—51. 21/11. 1952. Inst. für Metalle u. Bergwesen der Akad. der Wiss. der GrusSSR.) LEBTAG. 224

A. E. Simchen und **A. Glasner,** *Über eine differentielle Methode zur Geschwindigkeitsmessung der thermischen Zersetzung.* Die während der therm. Zers. einer Probe im Vakuum entstehenden variablen Drucke werden mit einem MACLEOD-Manometer alle 3 Min. gemessen. Die Messungen werden so durchgeführt, daß ein Hahn, der das Reaktionsgefäß u. die Vakuumpumpe verbindet, period. geschlossen wird. Man beobachtet das Anwachsen des Druckes Δp während der Zeit Δt des Schließens des Hahnes. Wenn der Hahn wieder geöffnet wird, stellt sich in der App. ein Druck ein, der neben der Geschwindigkeit der Gasentw. auch von den Apparatedimensionen u. der Pumpenkapazität abhängt. Die Berechnung der für die Evakuierung notwendigen Zeiten zeigte bis auf einen konstanten Faktor gute Übereinstimmung mit den gemessenen Werten. Zur Prüfung der neuen Meth. wurde die therm. Zers. von $KClO_4$ bei 570° gemessen. Die Ergebnisse stimmten im wesentlichen mit den nach alten Methoden gemessenen überein, scheinen jedoch die Einzelheiten exakter wiederzugeben. (Bull. Soc. chim. France, Mém. [5] **19.** 963—65. Nov./Dez. 1952.) E. HEINRICH. 225

J. H. Thomas, *Gasphasenreaktionen von Stickstoffdioxyd.* 1. Mitt. *Oxydation von Acetylen.* Die Rk. zwischen C_2H_2 (I) u. NO_2 (II) wurde bei Drucken zwischen 30 u. 100 mm Hg u. zwischen 170 u. 220° untersucht. Der Verbrauch von II wurde photometr. bestimmt. Die Reaktionsgeschwindigkeit $v = -d[NO_2]/dt$ ist proportional den Partialdrucken von I u. II. Die Geschwindigkeitskonstante ergibt sich zu $k = 10^{9,1} \exp(-15000/RT)$ Liter/Mol·sec. Zusatz von N_2 hat einen nur geringen Einfl. auf v. Bei Vergrößerung des Verhältnisses Oberfläche/Vol. des Reaktionsgefäßes wird v etwas erniedrigt. An Reaktionsprodd. wurden erhalten: NO, CO, CO_2 u. *Glyoxal* (III), daneben geringe Mengen an N_2, Polymeren von I u. Stickstoffperoxyd. Kontrollverss. mit II u. III bei 200° zeigen, daß aus I u. II prim. III entsteht u. daraus erst CO u. CO_2. Vf. nimmt an, daß sich zuerst II an I anlagert unter Bldg. eines Radikals, das ein weiteres II aufnimmt; anschließend Abspaltung von NO unter Bldg. von III. Der katalyt. Einfl. von II auf die Oxydation von I mit O_2 wird auf den gleichen Mechanismus zurückgeführt. (Trans. Faraday Soc. **48.** 1142—49. Dez. 1952. Edinburgh, King's Buildings, Univ., Dep. of Chem.) FUCHS. 225

Lois Eimer, A. I. Medalia und **R. W. Dodson,** *Einfluß von Sauerstoff auf die Austauschreaktion zwischen zwei- und dreiwertigem Eisen.* Vff. prüften experimentell die Vermutung von WEISS (C. **1952.** 2475), daß Fe^{3+} u. Fe^{2+} in wss. Lsg. bei Ggw. von O_2 nach dem Schema $Fe^{2+} + O_2 \rightleftharpoons Fe^{3+} + O_2^-$ reagieren. Danach müßte laut Massenwirkungsgesetz die Reaktionsgeschwindigkeit (RG) von der O_2-Konz. abhängig sein. Vff. sättigten nun in einem zweiarmigen Reaktionsgefäß Fe(II)- u. Fe(III)-Perchloratlsg. der Reihe nach mit Ar, N_2, Luft u. O_2 u. entnahmen nach der Vereinigung in gewissen Zeitintervallen Proben. In diesen wurde die Rk. durch Fällung des Fe als Fe(III)-Hydroxyd bzw. Überführung in den Fe(II)-Dipyridylkomplex gestoppt u. darauf der Umsatz titrimetr. bestimmt. Es zeigte sich, daß in allen Fällen die RG-Konstante ca. 1,4 u. die Halbwertszeit ca. 1000 Sek. betrug. Der monomol. Umsatz bedient sich also nicht des O_2 als intermediären Vermittlers; das WEISSsche Schema ist daher, zum mindesten unter den gewählten Reaktionsbedingungen, nicht erfüllt. (J. chem. Physics **20.** 743—44. April 1952. Upton, Long Island, N. Y., Brookhaven Nat. Labor., Chem. Dep.) R. WOLFF. 225

G. I. Tschufarow, B. D. Awerbuch, Je. P. Tatijewskaja und **W. K. Antonow,** *Verzögernder Einfluß von gasförmigen Reaktionsprodukten auf die Reduktionsgeschwindigkeit von Kupferoxyden durch Wasserstoff und Kohlenoxyd.* Vf. untersucht den Einfl. gasförmiger Reaktionsprodd. auf die Reduktionsgeschwindigkeit von Kupferoxyden durch CO u. H_2. Die Reaktionsgeschwindigkeit u. die Sorption der Ausgangs- u. Endprodd. an den Oxyden wird gemessen u. in Diagrammen dargestellt. Auch dann, wenn die gegenläufige Rk. nicht mehr stattfindet, setzen sich die Reaktionsprodd. auf der reagierenden Oberfläche fest u. rufen eine erhebliche Verzögerung der Haupt-Rk. hervor. 25% H_2O-Dampf im $H_2 + H_2O$-Gemisch rufen gegenüber reinem H_2 eine Verlängerung der Induktionsperiode von 10 auf 40 Min. hervor. Quantitativ kann die Verzögerung berechnet werden, indem man die Reaktionsgeschwindigkeit nach der Formel $v = kp_{CO}^{m} \cdot p_{CO_2}^{n}$ berechnet. Die Verzögerung wirkt sich auf Cu_2O stärker aus als auf CuO. Das Adsorptionsverhältnis von H_2 u. CO stimmt mit den kinet. Daten von CuO gut überein. Bei der Behandlung von Cu_2O mit Kohlenoxyd findet eine Rekristallisation von metall. Kupfer statt, die eine stärkere Verzögerung der Rk. hervorruft. (Журнал Физической Химии [J. physik. Chem.] **26.** 31—38. Jan. 1952. Swerdlowsk, Uraler Zweigstelle der Akad. der Wiss. der UdSSR, Inst. für Chem. u. Metallurgie.) ADOLPHI. 225

B. Anorganische Chemie.

Albert Hérold, *Beitrag zur Kenntnis der Alkalihydride.* Die Bedingungen der Bldg. u. Dissoziation der Hydride von Na, K, Rb u. Cs wurden untersucht. Hierbei wurde in mit Alkalimetallschichten bedeckte Glasgefäße H_2 von 3—400 mm Hg eingelassen. Bis zu 150° wurden Ablagerungen der Hydridkristalle auf den Metalloberflächen bemerkt, u. zwar bei allen Temppp. auch unterhalb der FF. der Metalle. Die Reaktionsgeschwindigkeit war der Größe der Metalloberfläche, dem H_2-Druck u. der Temp. direkt proportional. Oxyd. Verunreinigungen der Metalle verringerten die Ausbeute. Die Reaktionsgeschwindigkeit nahm vom Cs über Rb u. K zum Na hin ab. Die Befreiung des Hydrides von der Metalloberfläche erfolgte durch Dest. unter erhöhtem H_2-Druck, was mitunter zu heftigen Zerss. Anlaß gab. Die Hydride wurden in weißen Nadeln erhalten, die beim Cs am größten waren. Unter 150° wurde eine Löslichkeit in den Metallen nicht beobachtet. Die Dissoziation der Hydride bei Temppp. von 220—500° wurde zum Teil nach der Ni-Rohrmeth. von RÉMY-GENNETI (C. R. hebd. Séances Acad. Sci. **189.** [1929.] 579), zum Teil nach einer vom Vf. angegebenen dynam. Meth. untersucht. Hierbei wurde in mit Alkalimetall beschickte Gefäße H_2 geleitet u. durch Variieren der Temp. abwechselnde Bldg. u. Zers. der Hydride hervorgerufen. Beide Methoden lieferten innerhalb der experimentellen Genauigkeit gleiche Resultate, die bei K u. Na auch gute Übereinstimmung mit den von KEYES (J. Amer. chem. Soc. **34.** [1912.] 779) u. CRENSHAW (J. Amer. chem. Soc. **59.** [1937.] 2015. 2724) erhaltenen Ergebnissen zeigten. Die Reaktionsenthalpien wurden aus der Temperaturabhängigkeit des Dissoziationsdruckes berechnet u. lieferten Werte von 12980—14170 cal. (Ann. Chimie [12] **6.** 536—81. Juli/Aug. 1951.) KLAFFKE. 272

Angel A. Bombelli, *Untersuchung über die Bildung und Darstellung des Kaliummetaperjodats.* Die bei der Oxydation von KJO_3 mit Cl_2 eintretende Bldg. von JO_4^- ist von dessen gleichzeitiger Hydratation begleitet: $JO_3^- + 3\,H_2O \rightarrow [J(OH)_6]^- \rightarrow JO_6H_4^- + 2\,H^+ + 2\,e$; durch die Ggw. von Alkali wird die Gleichung $2\,OH^- + 2\,H^+ \rightarrow 2\,H_2O$ nach rechts verschoben. Die Gesamt-Rk. ist: $JO_3^- + H_2O + 2\,OH^- + Cl_2 \rightarrow JO_6H_4^- + 2\,Cl^-$. KH_4JO_6 geht in der Wärme in das Metaperjodat KJO_4 über, das mit KH_4JO_6 u. bei Ggw. von mehr K^+ mit $K_2H_3JO_6$ im Gleichgewicht steht. Die Abscheidung von festem KJO_4 erfolgt, wenn $3\,KJO_3 + 2\,H_2O + 7\,KOH + 3\,Cl_2 \rightarrow 2\,KH_4JO_6 + K_2H_3JO_6 + 6\,KCl$. Wenn im Medium mit saurer End-Rk. $K^+/JO_6H_4^- = 4$ oder größer ist, entsteht nur $K_2H_3JO_6$, das bei Behandlung mit H_2SO_4 einen Nd. von KJO_4 liefert. (An. Asoc. quím. argent. **39.** Nr. 191. 3—10. März 1951. Buenos Aires, Univ., Labor. de Quím. anal. cualitat.) R. K. MÜLLER. 275

W. Je. Pljuschtschew und **L. N. Komissarowa,** *Neue Daten über das System Lithiumsulfat–Calciumsulfat.* Im Syst. Li_2SO_4–$CaSO_4$ wird der eutekt. Punkt bei 695° u. 16,5 Mol-% $CaSO_4$ gefunden. Die polymorphe Umwandlung des $CaSO_4$ erfolgt bei 1205°, die von Li_2SO_4 bei 575°. Eine Löslichkeit von $CaSO_4$ in Li_2SO_4 konnte mit Hilfe der angewandten therm. Analyse u. mkr. Untersuchungsmethoden nicht festgestellt werden. Die Unters. wurde bis zu einem $CaSO_4$-Geh. von 82 Mol-% ausgedehnt. Durch Extrapolation wurde der F. von $CaSO_4$ mit 1450° gefunden. (Доклады Академии Наук СССР [Ber. Akad. Wiss. UdSSR] [N. S.] **85.** 1041—43. 11/8. 1952. Moskau, Lomonossow-Inst. für chem. Technol.) REINBACH. 283

N. Je. Filonenko, W. I. Kudrjawzew und **I. W. Lawrow,** *Titanoxyde im Gebiet TiO_2–Ti_2O_3.* Zur Beantwortung der Frage, ob Ti_3O_5 als selbständige Verb. existenzfähig ist, wurde TiO_2 im Induktionsofen auf 1600—1680° erhitzt u. anschließend 30 Min. der Temp. 1500—1600° ausgesetzt. Die chem. Unters. u. die Mikrobilder der entstandenen Oxyde zeigten das Vorhandensein von 2 Kristallphasen im Bereich TiO_2–Ti_2O_3: $Ti_2O_3 \cdot TiO_2(Ti_3O_5)$ u. $Ti_2O_3 \cdot 3$—4 TiO_2. Der erhöhte Geh. an Ti^{3+} in der 2. Phase war von einer Farbänderung von Hellgrau nach Blaugrau im reflektierten Licht begleitet. Es wurde eine von den bekannten opt. verschied. Modifikation von TiO_2 nachgewiesen: $n_g = 1,97 \pm 0,01$, $n_p = 1,80 \pm 0,01$, n_g–$n_p = 0,170$. (Доклады Академии Наук СССР [Ber. Akad. Wiss. UdSSR] [N. S.] **86.** 561—64. 21/9. 1952. Allunions Wiss. Forschungsinst. für Schleifmittel u. Schleifung.) LEBTAG. 321

J. H. Junkins, R. L. Farrar jr., E. J. Barber und **H. A. Bernhardt,** *Darstellung und physikalische Eigenschaften von Niobpentafluorid.* Das durch Überleiten von elementarem F_2 über auf 300° erhitztes pulverisiertes Nb-Metall dargestellte NbF_5 hat einen F. von 78,9 ± 0,2°, ist hydrolysebeständiger als RuF_5 u. UF_6 u. erleidet bis 255° keine Zersetzung. Aus Erwärmungskurven berechnet sich die Schmelzwärme zu 8600 cal/Mol u. die Schmelzentropie zu 24 cal/Grad·Mol. Der Dampfdruck gehorcht im Bereich von 10—1286 mm der Gleichung $\log_{10} p = 8,3716 - 2779,3/T$; oberhalb 200 mm wird er aber besser durch den Ausdruck $\ln p = 51,3101 - (8716/T) - 4,41 \cdot \ln T$ wiedergegeben. Aus beiden Gleichungen ergibt sich der Kp. 233,3 ± 0,5°. Für den über festem NbF_5 herrschenden Dampfdruck gilt $\log_{10} p = 14,397 - 4900/T$. Der Dampfdruck beim Tripelpunkt beträgt 3,0 mm. Für die Sublimationswärme errechnet sich der Wert 22400 cal/Mol. Die zwischen 86 u. 125° gemessene D. des fl. NbF_5 läßt sich durch die Gleichung $D._{fl} = 2,8026 - 9,81 \cdot 10^{-4}\,t - 6,16 \cdot 10^{-6}\,t^2$ wiedergeben. Aus den Dampfdruckwerten wurden die thermodynam. Daten $\Delta C_p = -8,5$ cal/Grad·Mol, $\Delta H_v = (16800 - 8,5 \cdot T) \pm 120$ cal/Mol u. $\Delta S_v = (16800/T) - 8,5$ berechnet. (J. Amer. chem. Soc. **74.** 3464—66. 20/7. 1952. Oak Ridge, Tenn., Union Carbide and Carbon Corp., Carbide and Carbon Chem. Comp., K–25 Plant, Res. Labors.) FORCHE. 331

Luigi Sacconi und **Renato Cini,** *Untersuchungen über das Molybdänblauhydrat.* Ausführlichere Wiedergabe der nach der vorl. Mitt. (C. **1951.** I. 836) referierten Unterss.; nachzutragen ist, daß das Molybdänblau sich beim Entwässern vollständig in MoO_2 (γ-Phase) u. $MoO_{2,75}$ bzw. Mo_4O_{11} (δ-Phase) zers., je nach der angewandten Temp., u. daß es diamagnet. ist, was durch die Ggw. von Atombindungen Mo^V–Mo^V erklärt wird, die den größten Teil der Mo^{5+}-Atome erfassen. (Ann. Chimica **42.** 706—22. Nov./Dez. 1952. Firenze, Univ., Ist. di chim. fis.) R. K. MÜLLER. 336

Vittorio Cirilli und **Aurelio Burdese,** *Wasserstoffreduktionsgleichgewichte der Kaliumferrite $K_2O \cdot Fe_2O_3$ und $K_2O \cdot 11\ Fe_2O_3$ und der festen Lösungen, die diese mit den entsprechenden Aluminaten bilden.* Die Reduktionsgleichgewichte der K-Ferrite $K_2O \cdot Fe_2O_3$ u. $K_2O \cdot 11\ Fe_2O_3$ [hergestellt durch Eindampfen von Fe(II)- + K-Nitratlsgg., danach Erhitzen] u. ihrer festen Lsgg. mit den isomorphen Aluminaten $K_2O \cdot Al_2O_3$ u. $K_2O \cdot 11\ Al_2O_3$ mit H_2 als Reduktionsgas werden bei verschied. Tempp. untersucht. Die Reduktionskurve des Ferrits $K_2O \cdot Fe_2O_3$ verläuft bei 500° prakt. geradlinig; röntgenograph. sind $K_2O \cdot Fe_2O_3$ u. Fe nachzuweisen. Die Red. geht also ohne Zwischenphasen zum Fe. Eine geringe Verschiebung des O/Fe-Verhältnisses nach niedrigeren Werten dürfte durch Ggw. von nichtgebundenem Fe_2O_3 (infolge Verflüchtigung von gebundenem Alkali) zu erklären sein. Auch bei 600 u. 700° geht die Red. zu Fe; die in der Reduktionskurve durch eine Stufe zum Ausdruck kommende Ggw. von etwas Magnetit ist ebenfalls durch Alkaliverlust zu erklären (bes., da bei diesen Tempp. die Alkaliverflüchtigung zunimmt). Auch bei den festen Lsgg. von $K_2O \cdot Fe_2O_3$ mit $K_2O \cdot Al_2O_3$ lassen Reduktionskurven u. Röntgenogramm auf eine direkte Red. zu Fe ohne Zwischenstufe schließen; das Auftreten von Magnetit ist hier nicht zu beobachten. — Die Verb. $K_2O \cdot 11\ Fe_2O_3$ verhält sich bei der Red. vollkommen analog dem Fe_2O_3, ohne daß ein Einfl. des K_2O merkbar würde; Ferrit wird beim Verhältnis O/Fe = 1,33 vollständig in Magnetit u. K_2O umgewandelt. — Die festen Lsgg. von $K_2O \cdot 11\ Fe_2O_3$ in $K_2O \cdot 11\ Al_2O_3$ zeigen je nach Geh. an Fe_2O_3 verschied. Reduktionsverlauf. Diejenigen mit 25 u. 40% $K_2O \cdot 11\ Fe_2O_3$ werden ohne Zerstörung der Kristallstruktur fortschreitend red.; feste Lsgg. vom Typ $FeO \cdot (Fe, Al)_2O_3$ werden nicht gebildet, metall. Fe erscheint erst bei einem Geh. von 99% H_2 in der Gasphase (700°). Die festen Reduktionsprodd. oxydieren sich in O_2-reicher Atmosphäre leicht wieder; nachfolgende Red. ergibt Kurven, die sich der ersten vollkommen überlagern. Bei der festen Lsg. mit 60% $K_2O \cdot 11\ Fe_2O_3$ (nahe Sättigungsgrenze) zeigt die Reduktionskurve 2 Stufen: die 1. bei 50% H_2 entspricht der Bldg. von Magnetit (wobei die im Röntgenogramm neben Magnetit erscheinende feste Lsg. infolge Verarmung an K-Ferrit andere Linien als die Ausgangslsg. hat), die 2. bei 72% H_2 entspricht der Bldg. von Wüstit, der dann zu Fe red. wird. Nach Verschwinden des Wüstits wird die feste Lsg. nach dem früher angegebenen Mechanismus reduziert. Vollkommen analog verhält sich die Lsg. mit 80% $K_2O \cdot 11\ Fe_2O_3$. (Ricerca sci. **21.** 1365—74. Aug. 1951. Turin, Ist. di Chim. Gener. ed Appl. e di Metallurgia del Politecnico.) V. Dechend. 354

Fred A. Schimmel, *Die ternären Systeme Eisen(II)-chlorid–Chlorwasserstoff–Wasser; Eisen(III)-chlorid–Eisen(II)-chlorid–Wasser.* (Vgl. Z. anorg. allg. Chem. **176.** [1928.] 285 u. Fischer u. Seidel, C. **1941.** II. 2915.) Das Syst. $FeCl_2$–HCl–W. (**A**) wurde bei 0, 20, 40, 60 u. 100° untersucht. Die Analysen erfolgten nach Schreinemakers u. maßanalytisch. Die Löslichkeit des $FeCl_2$ nimmt mit steigender HCl-Konz. ab. Der Übergang vom Hexahydrat zum Tetrahydrat erfolgt bei 0° bei 17,0% HCl (11,2% $FeCl_2$). Der Übergang vom Tetrahydrat zum Dihydrat liegt bei 20°, bei 31,6% HCl (4,00% $FeCl_2$), bei 40° bei 26,75% HCl (8,8% $FeCl_2$) u. bei 60° bei 15,2% HCl (23,9% $FeCl_2$). Bei 100° liegt nur das Dihydrat vor. Die Löslichkeiten werden tabellar. u. graph. mitgeteilt. Das Syst. **A** wird mit denen des *$CoCl_2$–HCl–W.* (**B**) u. *$NiCl_2$–HCl–W.* (**C**) verglichen. In allen Fällen tritt eine Löslichkeitserniedrigung durch HCl-Zugabe ein, die bei **C** zwei Zehnerpotenzen beträgt. In **B** durchläuft die Löslichkeit ein Minimum, so daß die endgültige Abnahme weniger als eine Zehnerpotenz beträgt. Das Verh. von **A** liegt in der Mitte. Die Neigung zur Komplexbldg. steigt also in der Reihenfolge $NiCl_2$, $FeCl_2$, $CoCl_2$. Das Syst. $FeCl_3$–$FeCl_2$–W. wurde bei 25° untersucht. Als Bodenkörper konnten nur $FeCl_2 \cdot 4\ H_2O$ (I) u. $FeCl_3 \cdot 6\ H_2O$ (II) u. keine Mischkristalle beobachtet werden. Der Übergangspunkt von **I** zu **II** liegt bei einer Konz. von 5,44% $FeCl_3$ (46,65% $FeCl_2$). (J. Amer. chem. Soc. **74.** 4689—91. 20/9. 1952. Nashville, Tenn., Fisk Univ., Dep. of Chem.) Moslé. 354

C. Mineralogische und geologische Chemie.

Hideki Imai, *Universalkompaß und das Untertauchen der geschichteten, kupferführenden Pyriterzlagerstätten in Japan.* Vf. berichtet über die Anwendung eines geolog. Universalkompasses speziell bei der Unters. von Pyritlagern in kristallinen Schiefern u. Phylliten. (Amer. Mineralogist **37.** 861—64. Sept./Okt. 1952. Tokio, Univ., Dep. of Min.) Hiller. 370

D. Jerome Fisher, *Schwierigkeiten in der Nomenklatur bei kristallographischen Projektionen.* Vf. schlägt vor, von stereograph. u. gnomon. Projektion nur bei direkter Projektion zu sprechen. Reziproke Projektionen sollen dagegen als verstereograph. bzw. antignomon. bezeichnet werden. (Amer. Mineralogist **37.** 857—61. Sept./Okt. 1952. Chicago, Ill., Univ. of Chicago.) Hiller. 372

J. McG. Bruckshaw, *Das Alter der Erde.* Allg. Überblick über die verschied. Methoden der Altersbest. der Erde u. ihre Ergebnisse. (Sci. J. Roy. Coll. Sci. **21.** 77—85. 1951.) Gottfried. 378

E. Ss. Salmanson und **N. W. Lisunow,** *Über die Vergleichbarkeit der Daten der chemischen und spektralen Analyse bei lithologischen Untersuchungen.* Aus der chem. u. spektroskop. Best. von *V, Cr, Cu, Ni* u. *Co* in den Gesteinen der unteren Frasne-Stufe des 2. Baku ergibt sich, daß der Geh. dieser Elemente mit abnehmender Körnigkeit zunimmt u. mit ansteigendem Carbonatgeh. abnimmt. Mit steigendem Geh. an organ. Stoffen nimmt der Geh. an V u. Ni stark zu. Die mittlere Intensität der Spektrallinien erreicht höchstens 5,8 für V, 3,2 für Cr, 3,0 für Cu u. Ni, 0,8 für Co (Skala 0—10). Die chem. u. spektroskop. Verteilungskurven der untersuchten Elemente stimmen miteinander überein. Vff. empfehlen die spektroskop. Best. in den Fällen, wo nur die Gesetzmäßigkeit der Elementenverteilung zu ermitteln ist. (Доклады Академии Наук СССР [Ber. Akad. Wiss. UdSSR] [N. S.] **86.** 1163—66. 21/10. 1952.) Lebtag. 378

Cristophe Michel-Lévy und **C. Kurylenko,** *Ein Fall von Zersetzung von Turmalin in einem Gestein.* Ähnliche Umwandlungserscheinungen, wie sie Kurylenko (vgl. Bull. Soc. franç. Minéralog. Cristallogr. **74.** [1951.] 50) an Turmalinen bei hoher Temp. experimentell beobachtet hatte, fanden Vff. an einem Turmalin aus einem Gneiseinschluß in einem Trachyt des Mont-Dore. Der Vgl. einer Pulveraufnahme dieses Turmalins, der Faserstruktur nach der c-Achse zeigt, mit Aufnahmen des zers., synthet. erhaltenen Minerals, ergaben, daß das natürlich vorkommende Mineral Tempp. von ca. 1000° ausgesetzt war. (Bull. Soc. franç. Minéralog. Cristallogr. **75.** 446. Juli/Sept. 1952. Paris, Sorbonne, Labor. de Minéral.) Gottfried. 380

Dorothy Carroll, *Mineralogie von Lateriten.* Vf. bespricht hauptsächlich die aus zwei vollkommen verschied. Gesteinstypen — Granit u. Basalt — entstehenden Laterite. Die in den aus diesen beiden Gesteinen entstandenen Laterite enthalten die gleichen Mineralien, die sich jedoch in ihrer Menge unterscheiden. Die auftretenden Mineralien sind: *Kaolinit, Gibbsit* (*Böhmit, Diaspor*), *Hämatit* u./oder *Goethit* sowie *Leukoxen* u. *Anatas.* In dem aus Basalt entstehendem Endlaterit tritt kein SiO_2 oder Fe_2O_3 mehr auf, u. es verbleibt Gibbsit u. wahrscheinlich *Titansäure.* In dem granit. Laterit tritt ein Gemisch von Kaolinit, Gibbsit u. *Quarz* auf. Die Anhäufung von Fe ist etwa ähnlich der von SiO_2; es wird mobilisiert u. bis zu einem gewissen Niveau im Profil während der trocknen Jahreszeit ausgezogen u. fällt als Hämatit oder Goethit aus, wenn der Grundwasserspiegel fällt. TiO_2 verhält sich wie Al_2O_3 u. reichert sich mit dem Al_2O_3 an; mineralog. handelt es sich hierbei um Leukoxen u. Anatas. Ganz allg. kann man annehmen, daß der Prozeß der Lateritisierung aus granit. Gesteinen schneller verläuft als aus basalt. Gesteinen. (Austral. J. Sci. **14.** 41—42. Okt. 1951.) GOTTFRIED. 380

F. H. S. Vermaas, *Südafrikanische Scheelite und röntgenographische Bestimmungsmethode der Glieder der Scheelit–Powellit-Reihe.* 10 südafrikan. Scheelite werden auf ihre physikal. u. chem. Eigg. untersucht, ferner synthet. Prodd. der Mischungsreihe Scheelit–Powellit ($CaWO_4$–$CaMoO_4$). Von den natürlichen Proben wurden Spektralanalysen u. chem. Analysen gemacht. Durch erstere wurden folgende Elemente festgestellt: Si, Al, Mg, Sr, Ba, K, Na, V, Fe, Mn, Cr, Ti, Cu. Letztere ergaben einen $CaMoO_4$-Geh. zwischen 0 u. 2,62%. Sowohl die natürlichen als auch die synthet. Scheelite fluorescieren bei UV-Bestrahlung. Die Dichten der natürlichen Scheelite sind durch den MoO_3-Geh. meist niedriger als die theoret. Werte: 5,72—6,12 statt theoret. 6,14 oder 6,12. Die Brechungsindices steigen mit dem MoO_3-Geh.: Scheelit $n_\varepsilon = 1,935$, $n_\omega = 1,920$, Powellit $n_\varepsilon = 1,984$, $n_\omega = 1,974$. Die Abhängigkeit der 2 ϑ-Werte der DEBYE-SCHERRER-Diagramme vom MoO_3-Geh. ist gering. Sie wird in einigen Diagrammen für die Mischungsreihe dargestellt. (Amer. Mineralogist **37.** 719—35. Sept./Okt. 1952. Pretoria, Südafrika, Geolog. Surv.) HILLER. 380

C. Guillemin, *Mineralogische und erzpetrographische Untersuchung der Blei–Kupfer-Lagerstätte von Cap Garonne* (*Var*). Ausführliche mkr. Unters. der seit 1917 aufgelassenen Lagerstätte von Cap Garonne bei Toulon. Mesothermale Gänge im hercyn. Gebirge witterten heraus u. bildeten eine Trümmerlagerstätte mit *Zinkblende, Bleiglanz, Pyrit, Fahlerz, Bornit, Chalkopyrit* u. anderen. Später bildete sich unter Einfl. von W. eine Zementationszone mit *Kupferglanz* u. *Covellin* u. eine Oxydationszone mit 30 verschied. Mineralarten. Im Rahmen der Unters. wird *Leukochalcit* als besonderes Mineral diskreditiert u. als *Olivenit*-Varietät erkannt. Ein neues wasserhaltiges Arsenat von Cu u. Pb wird beschrieben. Es enthält As_2O_5, PbO, CuO, H_2O u. kein P_2O_5, D. 4,86, Optik: $n_\alpha = 1,94$, $n_\beta = 1,98$, $n_\gamma = 1,99$. Der Vgl. der Pulverdiagramme macht die Isomorphie mit *Bayldonit* möglich. (Bull. Soc. franç. Minéralog. Cristallogr. **75.** 70—164. Jan./März 1952. Paris, Mineralog. Inst. d. Museums.) HILLER. 384

L. P. Gmid, *Ein Versuch zur Untersuchung des klastischen Quarzes in den Sandaleuritgesteinen vom Tschokrak des nordöstlichen Kaukasus.* Die Sandaleuritgesteine des oberen Tschokrak bestehen zu 75—80% aus *Quarz* (I). Sie enthalten (in %) 85,4 durchsichtige Körner gegen 14,6 trübe Körner. Der rissige I ist mit 41,7 vertreten, der I mit Einschlüssen mit 33,2, der halbdurchsichtige mit 11,3. Ferner sind vertreten: Nadel-I mit 5,9, einschlußfreier I mit 1,2, undurchsichtiger I mit 3,3, opalescierender mit 2,5. Generierter I ist mit 0,8 oder gar nicht vertreten. Der Geh. an den I-Typen ist nach den terrigenmineralog. Provinzen verschieden, für eine Provinz ziemlich konstant. (Доклады Академии Наук СССР [Ber. Akad. Wiss. UdSSR] [N. S.] **86.** 393—96. 11/9. 1952.) LEBTAG. 385

I. D. Ssedletzki, *Entscheidung einiger Fragen der Metamorphose von Gesteinen mit Hilfe kolloiddisperser Mineralien.* Auf Grund der Zersetzungstempp. verschied. Mineralien u. ihres Auftretens in den Gesteinen, wobei das niedrigst zersetzbare Mineral als Indicator dient, zeigt Vf., daß die tonhaltigen Ablagerungen des Carbons im Donezbecken weder während der Sedimentation u. Ablagerung des Tonmaterials noch während der Dislokation der Steinkohlenschichten durch tekton. Kräfte einer Temp. oberhalb 500° ausgesetzt waren, da in den *Argilliten* neben *Quarz, Illit* u. *Montmorillonit* auch *Kaolinit* auftritt. Damit wird die Theorie von PORFIRJEW widerlegt, wonach die Bldg. der *Anthracite* im Donezbecken bei ca. 600° erfolgte. (Доклады Академии Наук СССР [Ber. Akad. Wiss. UdSSR] [N. S.] **86.** 621—23. 21/9. 1952. Rostow/Don, Molotow-Univ.) LEBTAG. 385

Howard H. Heady, *Differentialthermountersuchung von Öl-Shale von Colorado.* Die Kurven der Differentialthermoanalyse von Öl-Shales aus Colorado zeigen endotherme Spitzen im Bereich von 450—475°. Diese charakterist. Spitzen liegen im Temperaturbereich der Konversion des organ. Materials (Kerogen) zu Öl, Gas u. organ. Rückstand. Es ist nicht bekannt, ob sie von der bei der Verdampfung von Reaktionsprodd. verbrauchten Wärme oder von einer endothermen Rk. des Kerogens herrühren. Die Kurven zeigen ferner die Ggw. von *Calcit* u./oder *Dolomit* an u. das Fehlen von Tonen. (Amer. Mineralogist **37.** 804—11. Sept./Okt. 1952. Laramie, Wyo., Bur. of Min., Petroleum and Oil-Shale Exp. Stat.) HILLER. 387

Jac. van der Spek, *Über das Verschwinden von kohlensaurem Kalk aus Meereslehmablagerungen als Folge der Oxydation von darin anwesenden Sulfiden.* Der aus Seewasser abgesetzte Schlamm enthält schwärzliches FeS u. FeS_2. Luft oxydiert das hydratisierte FeS zu $Fe(OH)_3$ u. S, der durch Mikroben zu H_2SO_4 oxydiert wird. FeS_2 geht in $FeSO_4$ u. H_2SO_4 über; diese Verbb. wirken auf etwa anwesendes $CaCO_3$, so daß dessen Menge abnimmt. Es besteht ein Unterschied, ob sich der Schlamm aus See- oder seichtem Brackwasser ablagert. Aus letzterem verschwindet anwesendes $CaCO_3$ vollständig oder fast vollständig infolge des dort herrschenden üppigen Pflanzenwuchses u. der stärkeren Bldg. von FeS_2. Wenn diese Ablagerungen weit von der offenen See entfernt erfolgen, so führt der Verlust an $CaCO_3$ zur Bldg. von dichten, mehr oder weniger wasserundurchlässigen Bodenschichten. Im Vgl. mit diesem Verlust kann der Verlust an $CaCO_3$ im Seewasser vernachlässigt werden. Wenn $CaCO_3$ vor der Oxydation des FeS_2 verschwunden ist, kann „Katzenlehm" [ein bas. Fe(III)-Sulfat] infolge Oxydation des FeS_2 entstehen. In diesem Falle verschwindet das $CaCO_3$ infolge Zers. der organ. Stoffe. (Landbouwkund. Tijdschr. **64.** 473—78. Juli 1952. Groningen, Landbouwproefstation en Bodemkundig Instituut, T. N. O.) WESLY. 395

B. J. Mason, *Die Physik der Niederschlagsbildung und die künstliche Erzeugung von Regen.* Es werden kurz die Physik der natürlichen Bldg. von Regen aus Wolken, die künstliche Anregung sowie die ökonom. Wichtigkeit der Erzeugung künstlichen Regens behandelt. (Advancement of Sci. **8.** 308—09. Dez. 1951.) GOTTFRIED. 396

D. Organische Chemie.

D_1. Allgemeine und theoretische organische Chemie.

Hans Brockmann und **Guntmar Budde,** *Zur spektroskopischen Identifizierung des Stammkohlenwasserstoffes mehrkerniger Oxychinone.* Zur Ermittlung der Konst. in der Natur vorkommender Oxychinone ist die Best. des Stamm-KW-stoffs wichtig. Vff. arbeiteten als günstiges, schonendes Verf. hierfür die acetylierende Zn-Staub-Red. der Verbb. u. spektroskop. Unters. der Prodd. aus. Zur Prüfung der Anwendbarkeit unterwerfen sie 14 Oxyanthrachinone dem Verf. u. vergleichen die Spektren der gewonnenen Acetoxyverbb. mit dem des Anthracens. Alle Absorptionskurven (in Dioxan) zeigen die Charakteristika des Stammkerns, die Substitution durch CH_3COO-Gruppen bewirkt eine von Zahl u. Stellung der Gruppen abhängige Verschiebung der Maxima nach längeren Wellen. Der bathochrome Gesamteffekt der Substitution setzt sich dabei additiv aus den Beiträgen der einzelnen CH_3COO-Reste zusammen. Wegen dieses Einfl. ist Einheitlichkeit des Reduktionsprod. erforderlich. Bei der acetylierenden Zn-Staub-Red. von Anthrachinonen entstehen nun zwar prim. Anthrahydrochinonacetate (**A**), in Ggw. von Essigsäure als H_2-Donor werden diese jedoch weiter red. zu Anthranolacetaten (**B**) bzw. Anthracenen. Wie Vff. fanden, wird die Red. im allg. auf der **A**-Stufe angehalten, falls die acetylierten Oxychinone mit Zn-Staub + reinem Acetanhydrid red. werden; nur bei 1.4.5.8- u. 1.2.5.8-Tetraacetoxyanthrachinon (**XVII, XVIII**) tritt auch so Eliminierung einer CH_3COO-Gruppe zu Prodd. ein, die in Analogie zu den bei der $SnCl_2$-Red. erhaltenen als *1.4.5.8.9-* bzw. *1.2.5.8.10-Pentaacetoxyanthracen* (**XIII** bzw. **XI**) formuliert werden. Mit gewöhnlichem Acetanhydrid verhalten sich nur 1.2- u. 1.4-Diacetoxyanthrachinon (**XIX, XX**) n., bei 1.8-Di- u. 1.2.8-Triacetoxyanthrachinon (**XXI, XXII**) entstehen **B**, 1.4.5-Triacetoxyanthrachinon (**XXIII**) bildet kein einheitliches Produkt. In Eisessig–Acetanhydrid (1 : 1) werden beide meso-Acetoxygruppen eliminiert bei **XVII, XVIII, XIX, XXII** u. **XXIII, XX** gibt uneinheitliche Prodd. u. **XXI** das entsprechende **B.** — Nach den Ergebnissen ist die vorgeschlagene Meth. bei Anthracenderivv. in vielen Fällen zur Best. des Stamm-KW-stoffs gut brauchbar, wie auch Vgl. mit dem Spektr. von *1.4.5.8-Tetraacetoxynaphthalin* (aus Naphthazarin durch acetylierende Red.) zeigt. Bei *1.2.3.4-Tetrahydro-9.10-diacetoxytetracen, 2.3-Dimethoxy-9.10-diacetoxy-* (**XV**) u. *1.2.9.10-Tetraacetoxy-3-acetamidoanthracen* (**XVI**) wurde der Einfl. anderer Substituenten auf das Spektr. geprüft, auch hier war die Absorption für den Kern charakteristisch. — Die quantitative Best. von Oxygruppen nach DIMROTH durch Veresterung bei Raumtemp. mit Pyridin–Acetanhydrid wurde bei 6 Oxyanthrachinonen geprüft, sie kommt für diese Verbindungsklasse in Betracht, setzt aber glatte Veresterung u. Vermeidung von Neben-Rkk. voraus.

V e r s u c h e : Die Acetoxychinone (0,5 g) werden, wo nicht anders angegeben, in 20—30 cm³ Acetanhydrid unter Zusatz von 1 g trocknem Zn-Staub u. 100 mg Na-

Acetat unter Rückfluß (Dauer bei den einzelnen Verbb. angegeben) gekocht, die Prodd. durch Chromatographieren an $CaSO_4$ aus Chlf. gereinigt. Das Acetanhydrid war durch Kochen im Vakuum über Na u. Dest. über Na + Na-Acetat essigsäurefrei gemacht, n_D^{20} 1,3905. — *1.2-Diacetoxyanthracen* (**I**), F. 155—156° (verd. Essigsäure), aus **XIX** in Eisessig–Acetanhydrid. — *1.2.9.10-Tetraacetoxyanthracen* (**VIII**), $C_{22}H_{18}O_8$, aus Chlf. mit Methanol, F. 213—214° (Rotfärbung), aus **XIX**. — *1.4.9.10-Tetraacetoxyanthracen* (**IX**), F. 242—243° (Eisessig), aus **XX** (5 Std.). — *1.8.10-Triacetoxyanthracen* (**III**), F. 220—221° (Eisessig + Methanol), aus **XXI**. — *1.8.9.10-Tetraacetoxyanthracen* (**X**), $C_{22}H_{18}O_8$, aus dem Chlf.-Aceton-Eluat mit Methanol gelbgrüne Kristalle, F. 245—247°, aus **XXI** (3 Std.). — *1.2.8-Triacetoxyanthracen* (**II**), $C_{20}H_{16}O_6$, aus A.-Eisessig, F. 223° (Zers.), aus **XXII** in Essigsäure–Acetanhydrid (30 Min.). — *1.2.8.10-Tetraacetoxyanthracen* (**VII**), $C_{22}H_{18}O_8$, F. 219—220° (Chlf.-Methanol), aus **XXII** in gewöhnlichem Acetanhydrid (3 Std.). — *1.2.8.9.10-Pentaacetoxyanthracen* (**XII**), $C_{24}H_{20}O_{10}$, gelbe Prismen, F. 243—244° (Eisessig), aus **XXII** (30 Min.). — *1.4.5-Triacetoxyanthracen* (**IV**), $C_{20}H_{16}O_6$, F. 199—200° (Eisessig oder Dioxan), aus **XXIII** in Eisessig–Acetanhydrid (30 Min.). — *1.4.5.9.10-Pentaacetoxyanthracen* (**XIV**), $C_{24}H_{20}O_{10}$, F. 270°, aus **XXIII** (2 Std.). — *1.2.5.8-Tetraacetoxyanthracen* (**V**), $C_{22}H_{18}O_8$, F. 198—199° (Eisessig), aus **XVIII** in Eisessig–Acetanhydrid. — *1.2.5.8.10-Pentaacetoxyanthracen* (**XI**), $C_{24}H_{20}O_{10}$, aus Eisessig, Zers. ab 230°, aus **XVIII** (3 Std.). — *1.4.5.8-Tetraacetoxyanthracen* (**VI**), $C_{22}H_{18}O_8$, aus Chlf. + Methanol, Zers. ab 270°, aus **XVII** in Acetanhydrid–Eisessig. — *1.4.5.8.9-Pentaacetoxyanthracen* (**XIII**), $C_{24}H_{20}O_{10}$, F. 257—258° (Chlf. + Methanol), aus **XVII** (3 Std.). — *2.3-Dimethoxy-9.10-diacetoxyanthracen* (**XV**), $C_{20}H_{18}O_6$, F. 229—231° (Bzl.), aus 2.3-Dimethoxy-1-aminoanthrachinon durch Kochen mit Acetanhydrid–Na-Acetat bis zur Gelbfärbung u. dann Zusatz von Zn-Staub. — *1.2.9.10-Tetraacetoxy-3-acetamidoanthracen* (**XVI**), $C_{24}H_{21}O_9N$, F. 214—215° (Toluol), aus 1.2-Dioxy-3-aminoanthrachinon (30 Min.). Die UV-Absorption von **I—XVI** ist tabellar. bzw. graph. angegeben. (Chem. Ber. **86.** 432—43. 1953. Göttingen, Univ., Organ.-chem. Inst.) Kresze. D 118

Harold P. Stephenson, *Die Absorptionsspektren im nahen Ultraviolett von einigen halogenierten Pyridinen in Lösung.* (Sitzungsbericht.) Die UV-Absorptionsspektren von *2-* u. *3-Fluorpyridin* u. *2-* u. *3-Brompyridin* wurden in Isooctan u. 25%ig. A. von 220—300 mμ gemessen. Es wurden für 3-Fluorpyridin u. 3-Brompyridin zwei Elektronenübergänge in diesem Gebiet gefunden u. für 2-Fluorpyridin u. 2-Brompyridin nur einer. Der Übergang, der bei den letzteren Substanzen fehlt, ist ein π^*-Übergang u. gehört den nichtbindenden π-Elektronen des Ring-N-Atoms zu. Der experimentelle Beweis dafür liegt in der Tatsache, daß n–π^*-Übergänge von der Art des Lösungsm. stark abhängig sind. Durch Benützung eines „slides" kann gezeigt werden, daß charakterist. Lösungseffekte, die bei den 3-substituierten Verbb. deutlich erkennbar sind, bei den 2-substituierten Verbb. nicht zu finden sind. (Physic. Rev. [2] **87.** 169. 1/7. 1952. Duke Univ.) D. Brück. D 118

David Sutherland und Charles Compton, *Die Absorptionsspektren einiger substituierter Chinoline und deren Methojodide.* Die Absorptionsspektren einer Reihe substituierter Chinoline u. ihrer Methojodide wurden in Methanol von 200—500 mμ gemessen u. miteinander verglichen. Es zeigte sich, daß bei einer Substitution durch die Styryl- oder 4-Phenyl-1.3-butadienylgruppe in 2- oder 4-Stellung am Chinolinmethojodid eine größere bathochrome Wrkg. auf das Spektr. ausgeübt wird, als bei Substitution am Chinolin selbst. Das wird auf die Verschiebbarkeit der positiven Ladung zurückgeführt. Die Spektren u. Maximatabellen von folgenden Chinolinen u. ihren Methojodiden (M) sind angegeben (alle FF. korr.): *Chinolin* (*M*, aus absol. Methanol, F. 131—132°), *Chinaldin* (*M*, aus absol. Methanol, F. 195—196°), *Lepidin* (*M*, aus absol. Methanol, F. 174—175°), *2-Styrylchinolin* (F. 98—99°; *M*, $C_{18}H_{16}NJ$, aus A., F. 225—227°), *2-[4-Phenyl-1.3-butadienyl]-chinolin* (F. 117—117,5°; *M*, $C_{20}H_{18}NJ$, aus 25%ig. Methanol, F. 214,5—215,0°), *4-Styrylchinolin* ($C_{17}H_{13}N$, F. 98—99°; *M*, $C_{18}H_{16}NJ$, aus Methanol–W., F. 239—241°). (J. org. Chemistry **17.** 1257—61. Sept. 1952. Williamstown, Mass., Williams Coll., Thompson Chem. Labor.) D. Brück. D 118

M. W. Wolkenstein und **Je. I. Pokrowski,** *Ramanspektren zweier Silane.* Das Raman-Spektr. von *Triäthylisobutenylsilan*, $(C_2H_5)_3SiCH_2C(CH_3)=CH_2$, Kp.$_{750}$ 188,5°, D.$^{20}_{4}$ 0,7994; n_D^{20} 1,4505, enthält folgende Linien (Frequenzen in cm^{-1}, die visuell geschätzte Lichtstärke in Klammern): 142 (1), 294 (1), 424 (1), 490 (2), 561 (4), 630 (1), 964 (3), 1013 (0), 1042 (0), 1107 (6), 1127 (3), 1173 (2), 1228 (2), 1297 (2), 1371 (0), 1409 (1), 1459 (2), 1630 (3), 2783 (10), 2880 (3), 2910 (2), 2956 (1), 3081 (1) u. 3130 (4). Die Frequenzen im Gebiet 2783—3130 entsprechen den Valenzschwingungen der C—H-Bindungen, 1371—1459 Deformationsschwingungen von HCH; 1630 entspricht der Valenzschwingung der C=C-Bindung. Die Frequenzen 900—1100 sind Valenzfrequenzen von C—C. Der Vgl. mit den Spektren von Tetramethyl- u. Tetraäthylsilan zeigt, daß sich die Frequenzen 142 u. 294 auf Deformationsschwingungen von C—Si—C beziehen; die Frequenz 561 entspricht einer symm. Valenzschwingung der Gruppe $Si(CH_2—)_4$. — Das Spektr. von *Diallylmethylsilan*, $CH_3SiH(CH_2CH=CH_2)_2$, $Kp._{745}$ 122,5°; $D.^{20}_4$ 0,8055; n_D^{20} 1,4662, enthält die Linien: 353 (1), 406 (3), 556 (5), 893 (2), 929 (1), 983 (1), 1116 (1), 1153 (10), 1190 (3), 1234 (2), 1296 (6), 1392 (3), 1493 (2), 1627 (8), 2117 (3), 2601 (2), 2900 (2), 2972 (1), 2997 (3) u. 3082 (2). Die Frequenzen von C—H, HCH, C=C u. C—C liegen in den gleichen Gebieten. 556 bezieht sich auf eine vollsymm. Valenzschwingung von $—Si(CH_3)(CH_2—)_2$, 2117 der Valenzschwingung von Si—H. (Известия Академии Наук СССР, Отделение Химических Наук [Nachr. Akad. Wiss. UdSSR, Abt. chem. Wiss.] **1953**. 177. Jan./Febr. Inst. für hochmol. Verbindungen der Akad. der Wiss. der UdSSR.) R. KNOBLOCH. D 120

Marie-Louise Josien und **Nelson Fuson**, *Der Einfluß der Molekularstruktur auf die infrarote Carbonylbande in polycyclischen Chinonen.* (Sitzungsbericht.) Vff. untersuchen den Einfl. der Molekularstruktur auf die Schwingung der polycycl. Verbb., die die Carbonylbande enthalten, an Hand spektroskop. Aufnahmen bei über 100 Chinonen in CCl_4-Lsg. u. vergleichen ihre Resultate mit denen anderer Forscher. (Physic. Rev. [2] **87**. 212—13. 1/7. 1952. Fisk Univ.) D. HAHN. D 120

Herbert Hoyer, *Ultrarotspektroskopische Untersuchung der Wasserstoffbrücken in peri-Derivaten des Naphthalins.* Das Infrarotspektr. von *1.8-Dioxynaphthalin* (**I**, $C_{10}H_8O_2$, F. 142—143° [korr.]) zeigt in CS_2 bzw. CCl_4 neben der Bande für die freie OH-Gruppe eine 2. Absorption, die längerwellig verschoben ist als bei der zum Vgl. untersuchten *2.3-Dioxyverb.*, auch im Spektr. des *1-Oxy-8-methoxynaphthalins* (**II**) auftritt u. innermol. H-Brücken mit geringer Bindungsfestigkeit zugeschrieben werden kann. Beim *5.8-Dichlor-1-oxynaphthalin* (F. 113—115° [korr.]) ist die OH-Bande in CCl_4 nur wenig verschoben. — Im Gegensatz zu ZOLLINGER (Helv. chim. Acta **34**. [1951.] 600) deutet Vf. auf Grund der vorst. Ergebnisse die Unterschiede in den beiden Dissoziationskonstanten von 1.8-Dioxynaphthalinsulfosäuren nicht durch Annahme der Existenz starker H-Brücken im einfach geladenen Ion, sondern durch Stabilisierung des zweifach geladenen Ions durch H-Brücken. — Bei **I** wurden die OH-Banden durch eine Assoziationsbande überlagert. — **II**, $C_{11}H_{10}O_2$, F. 54° (Cyclohexan), aus **I** mit Dimethylsulfat u. 10%ig. NaOH, Ae.-Extraktion des Nd. u. Chromatographieren aus Bzl. an Silicagel, Ausbeute gering. (Chem. Ber. **86**. 507—12. 1953. Leverkusen, Farbenfabriken Bayer, Organ.-analyt. Labor.) KRESZE. D 120

Jacques Robert, *Halochromie von Hydrochinonen der Anthracenreihe. Fuchsoniumsalze und ihr Verhalten.* 9.10-Diphenyl-9.10-dioxydihydroanthracenderivv., die in α-Stellung ein- oder zweifach methoxyliert sind (*1-Methoxy-*, *1.4-* (**I**), *1.6-*, *1.8-Dimethoxyderiv.*), zeigen mit HCl in Essigsäure bei Zimmertemp. keine Halochromie. Bei Substitution in β-Stellung zeigt sich unter den gleichen Bedingungen jedoch Färbung: beim *2-Methoxy-* (**II**) rote, beim *2.6-* (**III**) braunrote, beim *2.3-* (**IV**) beige u. beim *1.2-Dimethoxyderiv.* (**V**) leuchtend rote Halochromie. Die Methoxygruppe verhält sich in den Anthracenderivv. danach wie in analogen Triphenylcarbinolverbb., die α-Stellung entspricht der o-Stellung, sie erlaubt nicht die Ausbldg. eines positiv geladenen Oniumions sowohl wegen ster. Hinderung der Resonanz als auch wegen Chelation mit dem OH der Carbinolgruppe. Die β-Verbb. verhalten sich wie die analogen p-Verbb. der Triphenylcarbinolreihe u. geben farbige Fuchsoniumsalze, die unstabil sind u. sich langsam umsetzen. Bei **V** bildet sich unter Entmethylierung das *1.2-Chinon*, bei **IV** unter Red. *9.10-Diphenyl-2.3-dimethoxy-9.10-dihydroanthracen.* **II** geht in *2-Methoxy-3-chlor-9.10-diphenylanthracen*, F. 174—175°, **III** in *2.6-Dimethoxy-3-chlor-9.10-diphenylanthracen*, F. 187—188°, über. Die in α-Stellung substituierten Verbb. gehen unter diesen Bedingungen beim Erhitzen nach Veresterung der Carbinolgruppen schließlich in stark gefärbte Harze über, **I** gibt das entsprechende Chinon. (C. R. hebd. Séances Acad. Sci. **232**. 1221—23. 19/3. 1951.) DUMONT. D 122

Elisabeth Laffitte, *Anwendung des Metallmodells für die Absorption und Fluorescenz einiger Farbstoffe.* Die Lage der Absorptionsbanden u. die Polarisation der Fluorescenz der Farbstoffe *Euchrysin*, *Acridingelb*, *Fluorescein* u. *Rhodamin B* in Plexiglas oder Äthylenchlorhydrin werden gemessen u. nach der Theorie von NIKITINE u. KOMOSS (J. Chim. physique **48**. [1951.] 44; **47**. [1950.] 798) mit Hilfe des Metallmodells die entsprechenden Werte berechnet. Es zeigt sich gute Übereinstimmung zwischen den experimentellen u. theoret. Daten. Für Fluorescein in Äthylenchlorhydrin werden zwei Absorptionsbanden im Sichtbaren (485—454 mμ) gefunden (gegenüber nur einer Bande in Plexiglas), die zwei isomeren Formen zugeschrieben werden. (C. R. hebd. Séances Acad. Sci. **235**. 36—37. 7/7. 1952.) RUDOLPH. D 125

Mario Rolla, **Manlio Sanesi** und **Giuseppe Leandri**, *Die elektrischen Momente einiger Derivate des Diphenylsulfids.* 1. Mitt. Die im Anschluß an die Meth. von ZIEGLER (Ber.

dtsch. chem. Ges. **23.** [1890.] 2469) dargestellten Rohpräpp. werden zur Reinigung von Disulfiden u. Thiodiazoäthern mit alkoh. $SnCl_2$-Lsg. behandelt, alkal. u. sauer gewaschen, mit konz. H_2SO_4 geschüttelt, bis diese farblos bleibt, gründlich mit W. gewaschen u. mehrmals im Vakuum destilliert. Die DK. wird bei 20° unter Eichung der App. (KIPP & ZONEN, Modell N–24) mit benzol. Nitrobenzollsg. bestimmt. Es ergeben sich für die elektr. Momente μ ($\pm$0,01—0,03) folgende Werte: *2-, 3-* u. *4-Chlordiphenylsulfid* 2,62, 1,89, 1,52; *2-, 3-* u. *4-Methyldiphenylsulfid* 1,34, 1,62, 1,76; *4.4'-Dimethyldiphenylsulfid* 1,97; *4-Amino-4'-nitrodiphenylsulfid* 5,80. Die Werte werden mit solchen der Literatur verglichen. (Ann. Chimica **42.** 664—72. Nov./Dez. 1952. Pavia, Univ., Ist. chim., u. Bologna, Univ., Ist. di Chim. ind.) R. K. MÜLLER. D 132

Joseph J. Conradi und **Norman C. Li,** *Dampfdipolmomente einiger organischer Moleküle, welche die Trifluormethylgruppe enthalten.* Zum Studium des Einfl. von Resonanz u. Induktion auf das Dipolmoment polarer Moll. haben Vff. die Dipolmomente der nachst. Fluorverbb. im Dampfzustand bestimmt u. versuchen, die Abweichungen der gemessenen Werte von den durch Vektoraddition der Bindungsmomente ermittelten Werten auf Grund der innermol. Wechselwirkungen zu erklären. Zum Vgl. mit fluorfreien Verbb. wurden auch Messungen an o- u. p-Chlortoluol ausgeführt. Die Messung von Chlorbenzol diente zur Genauigkeitsprüfung des Verfahrens. — *Benzotrifluorid* (**I**), Kp. 102,5°, $D.^{30}_4$ 1,1739, n_D^{30} 1,4100, Mol.-Refr. 30,8, Dipolmoment 2,86. — *o-Chlorbenzotrifluorid* (**II**) Kp. 152,1°, $D.^{30}_4$ 1,3540, n_D^{30} 1,4513, Mol.-Refr. 35,9, Dipolmoment 3,46. — *p-Chlorbenzotrifluorid* (**III**), Kp. 139,3°, $D.^{30}_4$ 1,3268, n_D^{30} 1,4431, Mol.-Refr. 36,0, Dipolmoment 1,58. — *1.1.2-Trichlor-3.3.3-trifluorpropen,* Kp. 88,5°, $D.^{30}_4$ 1,5965, n_D^{30} 1,4051, Mol.-Refr. 30,5, Dipolmoment 1,28. — *3.3.3-Trifluorpropen,* dargestellt durch Behandlung von $CF_3CH_2CH_2Cl$ in CH_2Cl_2-Lsg. mit Alkali; Kp. —25°, TROUTONsche Konstante 22 cal/Mol·Grad, latente Verdampfungswärme 5490 $\pm$ 70 cal/Mol, Dipolmoment 2,45. — *o-Chlortoluol* (**IV**), Kp. 159,6°, $D.^{30}_4$ 1,0723, n_D^{30} 1,5203, Mol.-Refr. 35,8, Dipolmoment 1,56. — *p-Chlortoluol* (**V**), Kp. 162,4°, $D.^{30}_4$ 1,0583, n_D^{30} 1,5152, Mol.-Refr. 36,1, Dipolmoment 2,21. — *Chlorbenzol,* Kp. 132,0°, $D.^{30}_4$ 1,0930, n_D^{30} 1,5197, Mol.-Refr. 31,2, Dipolmoment 1,76. — Der Resonanzeinfl. auf das Dipolmoment zeigt sich deutlich beim Vgl. von **I** (2,86) mit dem resonanzfreien 1.1.1-Trifluoräthan (2,34). Für das hohe Dipolmoment von **I** können die Resonanzstrukturen **Ia**, **Ib** u. **Ic** in Betracht gezogen werden. Daß der berechnete Wert des Dipolmoments von **III** wesentlich niedriger als der gefundene Wert ist, wird damit erklärt, daß bei der Vektoraddition hochpolare Strukturen wie **IIIa** unberücksichtigt bleiben. Bei **II** werden die wechselseitigen Induktionseffekte der Cl- u. CF_3-Gruppe u. die Störung der Bindungswinkel dafür verantwortlich gemacht, daß der gemessene Wert des Dipolmoments niedriger als der berechnete ist. Dieser „Ortho"-Effekt ist für zwei nahe beieinander liegende Dipole typisch. Bei **IV** u. **V** stimmen die gefundenen u. berechneten Dipolmomentwerte nahezu überein. Demnach fehlt bei **IV** der „Ortho"-Effekt. Für **V** lassen sich die beiden polaren Strukturen **Va** u. **Vb** schreiben; da die beiden Resonanzsysteme nicht gleichzeitig in einem Mol. auftreten können, erfolgt im Gegensatz zu **III** keine Resonanzverstärkung. (J. Amer. chem. Soc. **75.** 1785—88. 20/4. 1953. Pittsburgh, Pa., St. Louis Univ., Dep. of Chem.) FORCHE. D 132

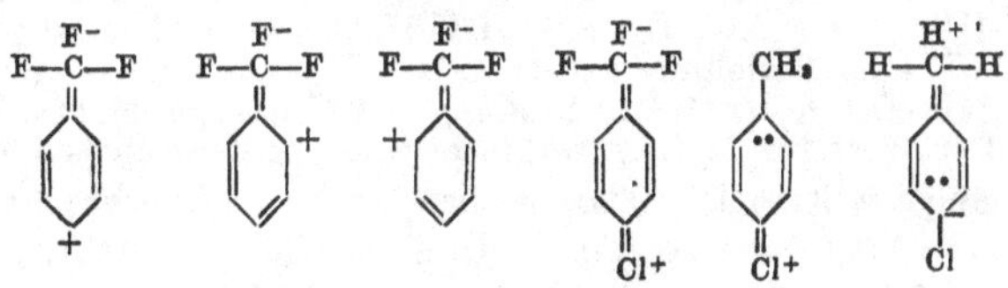

Ia Ib Ic IIIa Va Vb

A. Kirrmann, E. Saito und **P. Federlin,** *Systematische Polarographie aliphatischer Halogenverbindungen.* Die Elektrored. des Halogens geht leichter vor sich, wenn eine O-haltige Gruppe in α-Stellung steht. Auf Grund der Halbwellenpotentiale kann geschlossen werden, daß die Wirksamkeit dieser Gruppe in α-Stellung in folgender Reihenfolge abnimmt: —CHO, —COOH, —$CH(OC_2H_5)_2$ u. —$CH(OH)_2$. Die Red. der Aldehyde wird kleiner wie folgt: CH_2BrCHO, $CHBr_2CHO$, $CBr_3\cdot CHO$ u. CH_2ClCHO. Das polarograph. Verh. der α-halogenierten Säuren hängt bes. von der Rekombination der Anionenform mit dem Proton ab. Die Geschwindigkeit dieser Rk. u. die Zus. des Puffers bestimmt die Erscheinung von ein oder zwei Wellen u. ihre relative Höhe. (J. Chim. physique Physico-Chim. biol. **49.** C154—59. Febr. 1952.) SURAWSKI. D 142

B. A. Arbusow und **L. M. Katajewa,** *Parachor und Struktur sekundärer Amine.* Nach früheren Parachormessungen von ARBUSOW u. GUSHAWINA (C. **1949.** E. 525) verlaufen in den tert. Aminen nur zwei Alkylketten parallel, während die 3. Kette entgegengesetzt verläuft. Zwecks Klärung der Frage, ob in den sek. Aminen die KW-stoffketten parallel oder verschieden verlaufen, wurden die Parachore von *Dibutylamin* (I) (P = 377,3), Diamylamin (II) (453,6), *Dioctylamin* (694,5), *Didecylamin* (860,8), *Diheptadecylamin* (1420,0), *Dihexylanilin* (696,3), *Dioctylanilin* (853,8) u. *Dicetylanilin* (1502,0) im individuellen Zustand (nicht in der Lsg.) bestimmt. Ferner wurde mit Ausnahme von I u. II für alle genannten Verbb. die Viscosität der verd. Lsgg. in Bzl. bestimmt. Aus der Gegenüberstellung der experimentellen u. theoret. Werte für beide möglichen Aminstrukturen ergab sich, daß sowohl bei den aromat. als auch aliphat. Aminen jene Struktur wahrscheinlicher ist, wo die KW-stoffketten vom N-Atom beim δ- bzw. γ-C nach verschied. Richtung verlaufen. (Журнал Физической Химии [J. physik. Chem.] **26.** 1298—1302. Sept. 1952. Kasan, Uljanow-Lenin-Univ., Chem. Butlerow-Inst.) LEBTAG. D 148

Samuel Kardon und **John H. Saylor**, *Die Dampfdrucke einiger substituierter Benzotrifluoride.* Von den nachst. Benzotrifluoridderivv. wurden Brechungsindex, DK., Erstarrungspunkt (E.) u. Dampfdrucke zwischen 5 u. 740 mm bestimmt. Der Dampfdruck läßt sich (mit Abweichungen von 0,09—0,11 mm) durch die Gleichung log p (mm) = — B/(t + C) + A wiedergeben. Die Werte für die Konstanten A, B u. C sowie die aus der Dampfdruckgleichung berechneten Kpp. sind nachst. aufgeführt. — *m-Nitrobenzotrifluorid*, Kp. 202,75°, E. —1,32° (Depression 0,06°), n_D^{20} 1,4719, n_D^{30} 1,4675, DK.$^{30°}$ 17, A = 8,18025, B = 1710,60, C = 195,12. — *m-Aminobenzotrifluorid*, Kp. 191,13°, E. 5,65° (Depression 0,01°), n_D^{20} 1,4788, n_D^{30} 1,4750, A = 7,17030, B = 1650,21, C = 193,58. — *3-Nitro-4-chlorbenzotrifluorid*, Kp. 222,58°, E. —2,54° (Depression 0,04°), n_D^{20} 1 4895, n_D^{30} 1,4853, DK.$^{30°}$ 12,8, A = 7,15778, B = 1738,71, C = 183,95. — *2-Chlor-5-nitrobenzotrifluorid*, Kp. 231,88°, E. 21,7° (Depression 0,5°), n_D^{30} 1,5043, DK.$^{30°}$ 9,8, A = 7,15409, B = 1779,91, C = 184,64. (J. Amer. chem. Soc. **75.** 1997. 20/4. 1953. Durham, N. C., Duke Univ., Dep. of Chem.) FORCHE. D 150

C. T. Mortimer und **H. A. Skinner**, *Die Thermochemie von Organoarsenverbindungen.* 1. Mitt. *Kakodyl*, $As_2(CH_3)_4$. Mittels calorimetr. Messungen wurden einige quantitative Aussagen über die As–As- u. die As–Hal-Bindungen in metallorgan. Verbb. erzielt. Es wurde hierzu die Rk. zwischen *Kakodyl* (I) u. einer methanol. Lsg. von J_2 ausgewertet; bei 25° wurde für $\Delta H_{korr.}$ = —19,9 ± 0,2 kcal/Mol ermittelt, woraus die Beziehung ΔHf^0 [$(CH_3)_2AsJ$, fl.] = ½ ΔHf^0(I, fl.) —9,96 kcal abgeleitet wird. Daraus bekommen Vff. eine Beziehung zwischen der Dissoziationsenergie der As–J-Bindung in $(CH_3)_2$·AsJ (D_1) u. der As–As-Bindung in I (D_2), nämlich (D_1 — ½ D_2) = 29,8 ± 1,5 kcal/Mol. Der Wert für D_1 liegt wahrscheinlich im Bereich von 47—50 kcal/Mol. Vff. berechnen einige weitere Dissoziationsenergien von As-Verbb: As–As $\bar{D}$ = 34,5 (aus As_4); As–F $\bar{D}$ = 111,9 (aus AsF_3); As–Cl D = 73,0 (aus $AsCl_3$); As–Br $\bar{D}$ = 57,6 (aus $AsBr_3$); As–J $\bar{D}$ = 42,6 (aus AsJ_3); As–O D = 73,3 (aus As_4O_6) u. As–H $\bar{D}$ = 58,6 (aus AsH_3). — I, $Kp._{11}$ 43,8—44,3°, aus Kakodylsäure mit hypophosphoriger Säure; *Kakodyljodid* (II), $Kp._{10,5}$ 43,3—43,4°. — II reagiert mit J_2 in Methanol weiter, wahrscheinlich unter Bldg. einer 5wertigen As-Verb. oder eines Trijodids. Die Lösungswärme von II in methanol. J_2-Lsg. ist für verschied. Konzz. angegeben. (J. chem. Soc. [London] **1952.** 4331—34. Nov. Manchester, Univ.) ZIMMER. D 152

Lucienne Renaud und **Pierre Renaud**, *Die Anwendung von Ultraschall auf die Verseifung einiger emulgierter Ester.* Bei der Unters. der Verseifungsgeschwindigkeit einfacher Ester in Ggw. eines Unterschusses an KOH im Ultraschallfeld (1000000 Hz) ergibt sich die Reihenfolge *Äthylacetat* > *Propylacetat* > *Butylacetat.* Da für letzteren die Verseifungsgeschwindigkeit bereits sehr niedrig ist, kann unter den therapeut. angewandten Bedingungen der Ultrabeschallung keine Hydrolyse der Fette in den Körperzellen erfolgen. (J. Chim. physique Physico-Chim. biol. **49.** 644. Nov./Dez. 1952. Paris, Sorbonne.) HENTSCHEL. D 159

Henrik Bruun, *Eine Deutung des Einflusses der Ionisation auf die Eigenschaften der Harzsäuren in monomolekularen Schichten.* Die Deutung kürzlich erzielter Versuchsergebnisse (Acta chem. scand. **6.** [1952.] 494) über den Einfl. der Ionisation auf die Eigg. der Harzsäuren — im einzelnen *Dehydroabietin-*, *Abietin-*, *Dihydroabietin-* u. *Tetrahydroabietinsäure* — bzgl. der Bldg. monomol. Schichten zeigt deutlich den engen Zusammenhang zwischen dem Einfl. der Ionisation u. dem hydrophoben Charakter der Verbb., wonach bei Moll. mit schwach hydrophoben Eigg. mit zunehmender Ionisation nur die Oberfläche der komprimierten monomol. Schicht abnimmt, während bei Moll. mit stark hydrophobem Charakter nur der krit. Druck für den Zusammenbruch der monomol. Schichten zunimmt. Im Übergangsgebiet werden beide Faktoren beeinflußt. Die untersuchte Harzsäureserie eignet sich bes. gut, da mit abnehmender Zahl der Doppelbindungen im Mol. der hydrophobe Charakter stark zunimmt. Ähnliche Erscheinungen können sicherlich auch bei anderen Verbindungsreihen mit wechselndem hydrophobem Charakter festgestellt werden. (Acta chem. scand. **6.** 955—57. 1952. Finnland, Åbo, Akad., Inst. of Phys. Chem.) NIEMITZ. D 166

M. Rebek, *Induktionseffekt oder Elektronenzug. Versuch einer neuen Deutung der alternierenden Polaritäten innerhalb der Kohlenstoffketten.* Vf. deutet das Auftreten von alternierenden Polaritäten in homöopolar gebundenen Systemen mittels des Elektronenzugs. Es wird angenommen, daß die Anteiligkeit eines Elektronenpaares des C-Atoms je nach Bindungspartner verschieden ist, als Maßzahl für die Anteiligkeit wird das „Postulat" (P) eingeführt. Dieses soll die Beziehungen zwischen den Ladungsdichten wiedergeben. Als Bezugsgröße für P wird die Anteiligkeit des Elektronenpaares in der H_2-Bindung, bezogen auf einen Kern, angenommen. Dem C-Atom C_x werden die P x_i, den Substituenten A_1, A_2, A_3 u. A_4 die Gegenpostulate a_i zugeordnet ($a_1:a_2:a_3:a_4 = x_1:x_2:x_3:x_4$). Die Summe aller P an einem C-Atom wird innerhalb einer Verbindungsklasse in erster Näherung als konstant angenommen u. mit C bezeichnet. Dann ist $x_i = a_i \cdot \lambda$, wobei der Proportionalitätsfaktor $\lambda = C/a_i$ ist. Für *Methan* ist $\lambda = C/4\,w = 1$ (w = Postulat des H in der CH-Bindung). Entsprechend findet man für das unsubstituierte *Äthan* (I) $\lambda = 1$. Wird in I ein H durch ein Fremdatom A substituiert, so ist für $a > w$ $\lambda < 1$ u. umgekehrt. Bei $a > w$ sind alle Postulate am mit A substituierten C-Atom kleiner als die Gegenpostulate, während die Postulate am Nachbar-C-Atom größer sind als ihre Gegenpostulate. Daraus folgt also ein Alternieren der Bindungspolaritäten. Der gleiche Effekt tritt beim *Propan* als Folge der Asymmetrie auf. Mit der Länge der C-Kette konvergiert x gegen 1. Für monosubstituiertes *Bzl.* findet man, daß, wenn $\lambda > 1$, das o-C-Atom ein kleineres, für das m-C-Atom ein größeres u. für das p-C-Atom wieder ein kleineres Postulat hat. Bei $\lambda < 1$ ergeben sich umgekehrte Verhältnisse. (Mh. Chem. **83.** 144—50.; S.-B. österr. Akad. Wiss., math.-naturwiss. Kl., Abt. IIb. 144—150. 1952. Graz, TH, Inst. für Papier-, Zellstoff- u. Verfahrenstechnik.) PAULIG. D 182

G. W. King und **C. K. Ingold,** *Der gespannte angeregte Zustand von Acetylen.* Es wurden in dem Bereich von 2400—2100 Å die Bandensysteme von C_2H_2 u. C_2D_2 untersucht sowie die Schwingungs- u. aufgelösten Rotationsstruktur vollständig analysiert. Hierbei ergab sich, daß im angeregten Zustand Acetylen ein ebenes, zentrosymm. Zick-Zack-Mol. bildet. Die Dimensionen im niedrigsten Schwingungsniveau dieses Zustandes sind: C—C = 1,383 Å, C—H = 1,08 u. $\angle$ C—C—H = 120,20°. Die Frequenz der C—C-Dehnungsschwingung ist 1,385 cm^{-1} in C_2H_2 u. 1300 cm^{-1} in C_2D_2, die abgeleitete mittlere Kraftkonstante F ist gleich $7{,}2 \cdot 10^5$ Dyn/cm; die Schwingung, die zugleich die Winkel öffnet, hat in C_2H_2 die Frequenz 1049 cm^{-1} u. in C_2D_2 835 cm^{-1}; die entsprechende Spannungskraftkonstante ist $\delta = 8{,}5 \cdot 10^{-12}$ Dyn/cm/Radian. Das niedrigste Schwingungsniveau dieses gespannten angeregten Zustandes liegt in C_2H_2 bei 42209 cm^{-1} u. in C_2D_2 bei 42280 cm^{-1} oberhalb des linearen Zustandes. Bei dem Übergang von dem n. zu dem angeregten Zustand oszillieren die Elektronen senkrecht zu der Ebene des gespannten Moleküls. Der resultierende Elektronenspin bleibt Null. Vff. weisen darauf hin, daß die Mol.-Bahntheorie darauf hindeutet, daß der niedrigste elektron. angeregte Zustand, zu dem ein Übergang erlaubt ist, die beschriebene Symmetrie haben sollte. Weiter kann gezeigt werden, daß die C—C-Bindung in diesem Zustand eine Dreielektronenbindung ist. (Nature [London] **169.** 1101—02. 28/6. 1952. London, Univ. College.) GOTTFRIED. D 182

Edgar Heilbronner und **Kenneth Hedberg,** *Molekularstruktur des Tropolons.* Mit Hilfe des Elektronenbeugungsdiagramms wird eindeutig festgestellt, daß dem *Tropolon* (I) die Konst. **Ia** u. nicht die Konst. **Ib** zukommt. Benutzte Wellenlänge 0,06 Å, Kameraentfernung 11 cm. Die radiale Verteilungskurve wird erläutert; die beobachteten u. berechneten Abstände zwischen den verschied. Atomen werden tabellar. angegeben. — I ist symm. u. enthält ein zwischen den beiden O-Atomen vorhandenes enol. H-Atom; die 4 typ. Resonanzformen sind die nebenst. Ic-f. (J. Amer. chem. Soc. **73.** 1386—87. 15/3. 1951. Pasadena, Calif., California Inst. of Technol., Gates and Crellin Labors.) NITZSCHKE. D 182

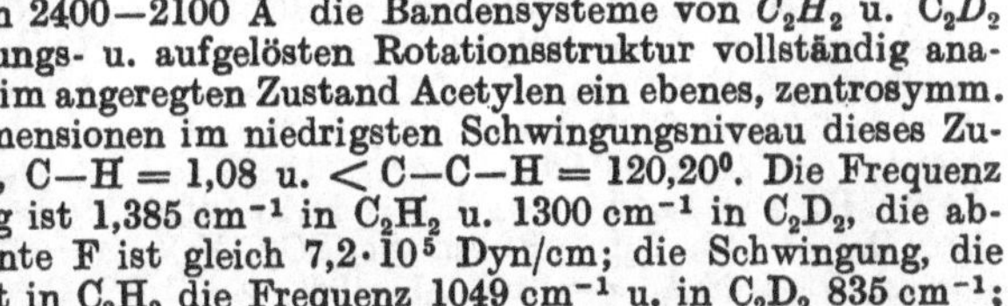

Ia Ib Ic Id Ie If

G. B. Boki, *Bestimmung der Struktur organischer Verbindungen nach kristallchemischen Daten.* Die durch Röntgendiagramme gewonnenen Daten über die Atomabstände in den Moll. organ. Verbb. ermöglichen es, jede Verb. durch nur eine einzige Strukturformel zu charakterisieren. Wenn in der Literatur 2 „gleichwertige" Formeln mit verschied. Lage der Doppelbindungen angegeben werden, z. B. bei *Naphthalin*, so weist das Röntgendiagramm eindeutig auf die Existenz nur einer von ihnen hin. Festzuhalten ist daran, daß C 4 Valenzelektronen hat; abzulehnen ist gebrochene Wertigkeit, wie sie in einigen Arbeiten angenommen wird. Die chem. Bindung kommt durch Valenzelektronen zustande, deren Anzahl nicht unbedingt durch eine gerade Zahl gegeben sein muß. Der Abstand zwischen den Atomen ist um so kürzer, je mehr Elektronen an der Bindung beteiligt sind, so daß zwischen einfachen, doppelten u. dreifachen Bindungen unterschieden werden kann. Doch gibt es hier mitunter Ausnahmen, deren Ursache in dem gegenseitigen Einfl. der Atome aufeinander liegt, der berücksichtigt werden muß. Für die Aufstellung von Strukturformeln aromat. Verbb. ist mit einfachen u. doppelten Bindungen nicht auszukommen, da die bei *Bzl.* u. kondensierten

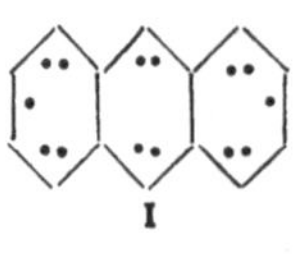

I

Systemen festgestellten Symmetrieverhältnisse dazu zwingen, $1\frac{1}{2}$fache Bindungen (Symbol $\dot{-}$) zuzulassen. So sind in *Anthracen* (I) 14 $\dot{-}$-Bindungen u. 2 einfache, in *1.5-Dichloranthracen* 6 einfache, 4 doppelte u. 6 $\dot{-}$-Bindungen, in *Anthrachinon* 4 einfache, 2 doppelte (der C=O-Gruppen) u. 12 $\dot{-}$-Bindungen. Auch die Bindungsverhältnisse in *Tropolon-Cu* werden besprochen. (Известия Академии Наук СССР, Отделение Химических Наук [Nachr. Akad. Wiss. UdSSR, Abt. chem. Wiss.] **1953**. 21–27. Jan./Febr. Kurnakow-Inst. für allg. u. anorgan. Chem.) R. KNOBLOCH. D 182

Olav Foss, *Isomorphe Reihen von Pentathionverbindungen.* Dargestellt werden die Benzol- bzw. Toluolthiosulfonate des Se(II) u. Te(II) nach folgenden Gleichungen: 2 Se_2Cl_2 + 2 $RSO_2SK \rightarrow Se(S_2O_2R)_2$ + Se + 2 KCl u. $TeCl_4$ + 4 $RSO_2SK \rightarrow Te(S_2O_2 \cdot R)_2 + S_2(SO_2R)_2$ + 4 KCl. Die Se-Verbb. sind blaßgrün, die des Te gelb. In ihrer Stabilität entsprechen sie den Methanthiosulfonaten. Beim Erhitzen findet Zers. unter Freiwerden von Se bzw. Te statt. $Se(S_2O_2C_6H_5)_2$ (I), F. 154–155° (Zers.); $Se(S_2O_2C_7H_7)_2$ (**II**), F. 200° (Zers.); $Te(S_2O_2C_6H_5)_2$ (**III**), F. 170° (Zers.); $Te(S_2O_2C_7H_7)_2$ (**IV**), 215° (Zers.). Die Verbb. sind unlösl. in W., lösl. in $CHCl_3$, Bzl. u. $CH_3COOC_2H_5$. Die Se- u. Te-p-Toluolthiosulfonate sind mit $S(S_2O_2C_7H_7)_2$ u. $Se_3(SO_2C_7H_7)_2$ isomorph. **II**: a = 7,70 ± 0,02 Å, c = 29,60 ± 0,06 Å, $D_{Röntg}$ = 1,72, D_{gef} = 1,72, Z = 4, $D^4_4 - P4_12_1$ ($D_4^8 - P4_32_1$). **IV**: a = 7,73 ± 0,02 Å, b = 29,88 ± 0,06 Å, $D_{Röntg}$ = 1,87, D_{gef} = 1,85. **I**: a = 7,80 ± 0,02 Å, b = 26,54 ± 0,06 Å, Z = 4, $D_{Röntg}$ = 1,75, D_{gef} = 1,77, $D_4^4 - P4_12_1$ ($D_4^8 - P4_32_1$). **III**: a = 14,46 ± 0,04 Å, b = 11,18 ± 0,02 Å, c = 10,48 ± 0,02 Å, Z = 4, $D_{Röntg}$ = 1,86, D_{gef} = 1,88, D_{2h}^{14} – Pbcn. $Se_3(SO_2C_6H_5)_2$: a = 8,24 ± 0,03 Å, b = 8,54 ± 0,03 Å, c = 12,80 ± 0,06 Å, α = 105°, β = 95°, γ – 101°, C_1^1 – P1 oder C_2^1 – P1; Z = 2; $D_{Röntg}$ = 2,04, D_{gef} = 2,01. Zum Beweis der Strukturanalogie wurden neu durchgeführt: die Rkk. von **I**–**IV** mit Na-Dimethyldithiocarbamat zu Se- (F. 180–181°) bzw. Te-Bisdimethyldithiocarbamat, die Rkk. mit Thiosulfat zum Seleno- bzw. Telluropentathionat sowie die Bldg. von **II** aus Selenmethanthiosulfonat oder **I** u. von **IV** aus Tellurmethanthiosulfonat oder **III** mit K-Toluolthiosulfonat. (Acta chem. scand. **6**. 521–30. 1952. Oslo, Univ., Chem. Inst., Beindern.) H. A. LEHMANN. D 190

Francesco Cennamo, *Die Streuung der Röntgenstrahlen an Naphthalin in festem und flüssigem Zustand.* Im Röntgenspektr. von festem Naphthalin (I) werden folgende Maxima festgestellt (Å, in Klammern hkl): 7,30 (001); 4,67 (110); 3,65 (002); 3,30 (11$\bar{1}$); 3,10 (210); bei fl. **I** 5,17 (110); 3,75 (002); 3,05 (210); (001) u. (11$\bar{1}$) fehlen. Im fl. **I** wirken somit mindestens in einigen Richtungen noch intermol. Kräfte, die wahrscheinlich langsamer abklingen, aber von gleicher Natur sind wie im festen Zustand. Wenn für festes **I** a:b:c = 8,34:6,05:8,69 (α – γ = 90°, β = 122°49') ist, dann ist für fl. **I**: a':b':c' = 7,78:8,44:8,92; für das Vol. der Elementarzelle ergibt sich V_{fest} = 368,7·10^{-24} u. V_{fl} = 492·10^{-24} cm³, V_{fl}:V_{fest} = 1,34, während das Verhältnis der Dichten D_{fest} : D_{fl} = 1,20 beträgt. (Atti Accad. naz. Lincei, Rend., Cl. Sci. fisiche, mat. natur. [8] **12**. 294–98. März 1952. Napoli, Univ., Ist. di Fisica.) R. K. MÜLLER. D 195

L. J. E. Hofer und **W. C. Peebles**, *Röntgenbeugungsdiagramme von 2.4.7-Trinitrofluorenonderivaten von aromatischen Kohlenwasserstoffen.* (Vgl. C. **1952**. 1465.) Es wurden Pulveraufnahmen hergestellt von einer größeren Anzahl von Komplexverbb. zwischen *2.4.7-Trinitrofluorenon* (**I**) u. aromat. KW-stoffen. In den meisten Fällen war der Komplex zusammengesetzt aus 1 Mol **I** u. 1 Mol organ. KW-stoff, nur in drei Fällen war die Zus. 2 Mol **I** u. 1 Mol KW-stoff (im folgenden mit einem * bezeichnet). Untersucht wurden die **I**-Komplexe mit *5-Äthylchrysen*, *1.2.3.4-Tetrahydroanthracen*, *5-Methylchrysen*, *5-Methylpicen*, *Picen*, *Anthracen*, *2.3-Benzofluoren*, *2-Phenylphenanthren*, *5.6-Dimethylchrysen*, *1.2.3.4-Tetrahydrophenanthren*, *Fluoren*, *2-Methylnaphthalin**, *1.2'-Dinaphthyl**, *1.2-Benzofluoren*, *6-Äthylchrysen*, *trans-trans-1.4-Diphenylbutadien-(1.3)*, *1-Methyl-*

2-[naphthyl-(1)]-naphthalin, 4.9-Dimethylpyren, 1.10-Trimethylenphenanthren, Cholanthren, 7.8-Benzofluoranthen, Naphthalin, Periflanthen, Anthanthren, 20-Methylcholanthren, 3,4-Benzofluoren, Chrysen, 6-Methylchrysen, Acenaphthen, 1-Methylnaphthalin, Phenanthren, Naphtho-[1.2:a]-fluoren, 4-Äthylpyren, 9-Methylphenanthren, 4-Methylpyren, 2-Phenylnaphthalin, 2-Benzylnaphthalin, 2.2'-Dinaphthyl, Diphenylacetylen, 4.5-Methylenphenanthren, Fluoranthen, Pyren, trans-Stilben u. *Perylen.* Die numer. Daten der Pulveraufnahmen sind tabellar. zusammengestellt. (Analytic. Chem. **24.** 822—26. Mai 1952. Bruceton, Pa., Bur. of Mines, Synth. Liquid Fuels Branch.)
GOTTFRIED. D 195

Robert H. Buchanan, *Gleichgewichtsdaten (flüssig–flüssig) für das System Tetrachlorkohlenstoff–Aceton–Wasser.* Löslichkeitskurven bei 30° sowie Verteilungskurven von *Aceton* zwischen CCl_4 u. H_2O bei verschied. Tempp. sind aufgestellt. (Ind. Engng. Chem. **44.** 2449—50. Okt. 1952. Sydney, New South Wales, Univ. of Technol.)
CRAMER. D 224

C. Capitani und **E. Mugnaini,** *Schnellbestimmung der Komponenten in einem Gemisch aus Wasser, Aceton und Isopropanol.* Für die bin. Systeme W.–Aceton, W.–Isopropanol u. Isopropanol–Aceton werden die D. bei 15, 20 u. 25° sowie die Brechungsindices bei 20° gemessen u. die gleichen Konstanten für das tern. Teilsyst. W.–Isopropanol–Aceton (über 40%) ermittelt; unter Benutzung des aufgestellten Diagrammes lassen sich aus einer Best. von D. u. n die Anteile der einzelnen Komponenten des Syst. rasch u. mit befriedigender Genauigkeit entnehmen. (Chim. e Ind. [Milano] **34.** 193—98. April 1952. Novara, Soc. Rhodiatoce.)
HENTSCHEL. D 224

Albert L. Henne und **Maxwell Nager,** *Einfluß einer CF_3-Gruppe auf die benachbarte Doppelbindung.* 3. Mitt. *Addition freier Radikale.* (2. vgl. C. **1951.** II. 3292.) Unter Versuchsbedingungen der Addition freier Radikale (in der Dampfphase bei Bestrahlung mit Hg-Licht) addiert $CF_3CH{=}CH_2$ (**I**) HBr ausschließlich unter Bldg. von $CF_3CH_2 \cdot CH_2Br$ (**II**), Ausbeute nach 24 Std. 90%, ohne Bestrahlung findet keine Addition statt. Auch bei der Addition von CF_3J (**III** u. CCl_3Br (**IV**) in Ggw. von Hg bei 215° während 122 Std. oder bei UV-Bestrahlung werden die CF_3- bzw. CCl_3-Gruppe endständig addiert, Ausbeute bei Rk. mit **IV** an 1:1-Addukt 76%. Die Addition geht daher ähnlich wie unter Bedingungen polarer Additionen vor sich. Die Orientierung ist im wesentlichen durch ster. Faktoren sowie durch bevorzugte Bldg. energieärmerer Zwischenverbb. erklärt, unterstützt aber nicht die Theorie, daß das Radikal elektrophil sei u. deshalb zum C-Atom höherer Elektronendichte wandere. — **II**, Kp. 60,5—62,5°, n_D^{20} 1,3603, $D.^{25}_4$ 1,654. — Reaktionsprodd. aus **I** u. **III**: Hauptprod. *1.1.1.4.4.4-Hexafluor-2-jodbutan*, Kp. 80—80,5°, n_D^{20} 1,3617, das bei Behandlung mit alkoh. Alkali in *trans-1.1.1-4.4.4-Hexafluorbuten-(2)* übergeht. Daneben bei der therm. Rk. höhersd. Prodd.; bei der photochem. Addition *1.1.1.4.4.4-Hexafluorbutan*, Kp. 25°. — *1.1.1-Trifluor-4.4.4-trichlor-2-brombutan*, $Kp._{36-37}$ 76—77°, n_D^{20} 1,4415; aus **I** u. **IV**, geht bei photochem. Chlorierung über in *1.1.1-Trifluorperchlorbutan*, $C_4Cl_7F_3$, nach Sublimation F. 167—169°. (J. Amer. chem. Soc. **73.** 5527—28. Dez. 1951. Columbus, O., Ohio State Univ., Dep. of Chem.)
DU MONT. D 225

Wyman R. Vaughan und **Kirby M. Milton,** *Der sterische Faktor in der Dienreaktion.* 1. Mitt. *Anthracen und α.β-ungesättigte α.β-Dicarbonsäuren.* Bei der Addition von Brommesaconsäure (**I**) an Anthracen (**IV**) entsteht *cis-9.10-Dihydroanthracen-9.10-endo-α-brom-β-methylbernsteinsäureanhydrid* (**II**), also dasselbe Prod., welches aus Bromcitraconsäureanhydrid (**III**) u. **IV** erhalten wird; ein dem **II** entsprechendes trans-Addukt kann dagegen nicht isoliert werden. Obgleich bei längerem Kochen von **I** in Propionsäure keine nachweisbaren Mengen von **III** entstehen, nehmen Vff. an, daß bei Ggw. von **IV** die Rkk. **I** → Bromcitraconsäure (**V**) → **II** u. **I** → **V** → **III** → **II** eintreten u. daß die Geschwindigkeitskonstanten der Rkk. **V** → **II** u. **III** → **II** extrem größer sind als die der hypothet. Additions-Rk. von **I** an **IV**. Der Einfl. ster. u. elektr. Faktoren auf die vorliegenden u. ähnliche Verss. wird diskutiert u. festgestellt, daß die Ggw. eines Br-Atoms im Dienophil einen die Gleichgewichtseinstellung verzögernden ster. Effekt bedingt, der durch einen entgegengesetzten elektr. Effekt fast aufgehoben wird; ist außerdem eine CH_3-Gruppe zugegen, so wird der ster. Einfl. verstärkt.

V e r s u c h e: *cis-9.10-Dihydroanthracen-9.10-endo-α-brom-β-methylbernsteinsäureanhydrid* (**II**), aus Essigester, F. 231,8—232,4° (korr.), a) durch 144std. Kochen von **I** u. **IV** in Propionsäure; 55,5% (Ausbeute); b) durch 120std. Kochen von **III** mit **IV** in Xylol; 67,5%. — **I** wird bei 3tägigem Kochen in Propionsäure teilweise zers.; 51% (Rückgewinnung); F. 212—221° (Zers.); **III** bleibt bei gleichem Verf. unverändert; 90—95%; F. 100 bis 101°. (J. org. Chemistry **16.** 1748—52. Nov. 1951. Ann Arbor, Mich., Univ. of Mich., Dep. of Chem.)
W. HOFFMANN. D 225

K. E. Howlett, *Untersuchungen an unimolekularen Zersetzungen von Chlorkohlenwasserstoffen.* 3. Mitt. (2. vgl. C. **1953.** 4838.) Um die verschied. Erklärungen monomol. Eliminierungs-Rkk. zu unterscheiden, wurde die Pyrolyse von *Isobutylchlorid* (I, Kp. 68,5°, n_D^{20} 1,3982), *tert.-Butylchlorid* (II, Kp. 50,7°, n_D^{20} 1,3844) u. *n-Propylchlorid* (III, Kp. 46,5°, n_D^{25} 1,3851) untersucht. Die Zers. von I wurde zwischen 361,5 u. 475° während einer mehr als 20mal längeren Zeit als der Halbwertszeit verfolgt, wobei der Enddruck auf den etwa doppelten Wert des Anfangsdruckes (2,77—63,2 mm) stieg. Es wurden 80—100% der theoret. Menge an HCl titrimetr. gefunden, Bldg. von H_2 aber nicht festgestellt. Die Rk. ist monomol., die Reaktionsgeschwindigkeitskonstante k_1 unabhängig vom Anfangsdruck u. von der Ggw. von Propylen. Da k_1 durch Vergrößerung der Oberfläche des Reaktionsgefäßes auf das 10fache unbeeinflußt bleibt, ist die Homogenität der Rk. erwiesen. Die Stoßzahl A beträgt $10^{14,02}$, die Aktivierungsenergie E 56,850 kcal/Mol. Unter Anfangsdrucken von 3 mm sinkt k_1 mit fallendem Druck. Für II wurde bei 339°, für III bei 446,5° die Richtigkeit der Z- u. E-Werte von BARTON u. ONYON (C. **1949.** E. 39) bzw. BARTON, HEAD u. WILLIAMS (C. **1952.** 1972) auch bei Drucken $<$50 mm bestätigt. Die k_1 fallen wieder mit sinkendem Anfangsdruck bei II unter 6 mm, bei III unter 1—1,5 mm. — Während die Ergebnisse von I mit der linearen Beziehung zwischen A u. E (vgl. BARTON, HEAD u. WILLIAMS, l. c.) übereinstimmen, sind sie nicht mit der Annahme eines 4-Zentren-Übergangszustandes u. eines statist. Effektes analog SZWARC (C. **1948.** II. 1165) vereinbar. Die Anwendung der umgeformten Gleichung von RICE u. RAMSPERGER (vgl. 2. Mitt.) führt für sämtliche untersuchten Verbb. zu obiger Beziehung zwischen A u. E, mit Ausnahme von 1.1-Dichloräthan. Diese Abweichung wird durch Einfl. einer größeren Zahl mit niedriger Frequenz oscillierender Atome nahe des Reaktionszentrums auf E erklärt. (J. chem. Soc. [London] **1952.** 4487—91. Nov. London, Bedford Coll.) GNAUCK. D 225

Tage Bergkvist, *Reaktionskinetische Messungen der alkalischen Zersetzung von Verbindungen des Typs $X_I CH_2 \cdot CH(OH) \cdot CH_2 X_{II}$, wobei X_I und X_{II} aus Halogen bestehen.* 1. Mitt. Vf. untersucht kinet. die Alkylenoxydbldg. aus *1-Chlor-3-brompropanol-(2)* (I), *Glycerin-α.α'-dibromhydrin* (II) u. *Glycerin-α.α'-dichlorhydrin* (III) unter Wrkg. von Alkalien bei 18 u. 25°. Die Verseifung des zweiten Halogens im Mol. kann vernachlässigt werden. Die Halogenionenkonz. wurde titrimetr. nach VOLHARD oder potentiometr. bestimmt. Die Aktivierungsenergien E u. die Aktionskonstanten α betragen für I 18600—18700 cal u. 1,7—1,9·10^{15} (Cl-Abspaltung) u. 17700—17800 u. 1,6—1,9·10^{16} (Br-Abspaltung); für II 17000—17300 u. 1,2—1,9·10^{16}; für III 19100—19300 u. 0,8 bis 1,1·10^{16}. — *Glycerin-α.α'-chlorbromhydrin* (I), $Kp._{15}$ 87°, aus C_6H_5MgBr u. Epichlorhydrin (IV) als Nebenprod., n_D^{20} 1,5192, $D.^{20}_4$ 1,7455. — *Glycerin-α.α'-dibromhydrin* (II), $Kp._7$ 82,5°, Epichlorhydrin u. $HgBr_2$, n_D^{20} 1,5531, $D.^{20}_4$ 2,1364. — *Glycerin-α.α'-dichlorhydrin* (III), $Kp._{10}$ 64°, aus IV u. HCl, n_D^{20} 1,4841, $D.^{20}_4$ 1,3637. (Svensk kem. Tidskr. **64.** 181—90. 1952. Stockholm.) KLEINWÄCHTER. D 225

J. Kenyon, *Anwendung optisch-aktiver Verbindungen zur Untersuchung des Mechanismus organischer Reaktionen.* Vortrag. Übersicht über das ster. Verh. von p-Toluolsulfon- bzw. p-Toluolsulfinsäureestern sek. opt.-akt. Alkohole bei weiterer Umsetzung, wodurch die Konfiguration zahlreicher Alkohole u. der entsprechenden Halogenide bewiesen werden konnte. Es folgt die Besprechung der Hydrolyse von Carbonsäureestern, die nach zwei Richtungen erfolgen kann: R'CO¦OR + H¦OH (I); R'COO¦R + HO¦H (II). Bes. Rk. II ist bei Verwendung von opt.-akt. R der Analyse zugänglich geworden, da hier Racemisierung auftritt. — Die BECKMANNsche Umlagerung, HOFMANNscher, CURTIUSscher u. LOSSENscher Abbau von opt.-akt. Carbonsäuren erfolgen ohne Änderung der Konfiguration. Auch bei der Rk. von Br_2 mit Ag-Salzen von Carbonsäuren konnte bei Verwendung opt.-akt. Verbb. ein tieferer Einblick in den Reaktionsmechanismus erzielt werden. — Diskussion. (Bull. Soc. chim. France, Mém. [5] **18.** C 64—71. März/April 1951.) GRALHEER. D 225

Aksel A. Bothner-By und **C. Wheaton Vaughan jr.**, *Der Gesamtmechanismus der Victor-Meyer- und Hartmann-Reaktion. Jodosobenzol* (I) u. *Jodobenzol* (II) reagieren in Ggw. von Alkali zu *Diphenyljodoniumjodat* (III). Diese Rk., die bei allen entsprechenden Arylverbb. als VICTOR-MEYER- u. HARTMANN-Rk. bezeichnet wird, führen Vff. unter Verwendung von I mit $_{131}J$ durch, um den Mechanismus der Rk. aufzuklären. Des radioakt. Jod findet sich fast ausschließlich im Diphenyljodoniumion wieder. Das Jod des II wird also zu JO_3^- oxydiert; es gibt also keinen symm. Komplex als Zwischenverb., der beide J-Atome einschließt, ferner muß der Isotopenaustausch während der Rk. langsam verlaufen. Vff. diskutieren den Reaktionsmechanismus, bei dem prim. Addition von OH^- an das Jodatom von II erfolgt. Durch Rk. des so unter Beteiligung der 5d-Bahn des J gebildeten, instabilen Prod. mit positiven Zentren anderer Moll. entstehen die bei Rkk. von II in alkal. Medium beobachteten Verbb., durch Umsetzung mit I III. — ^{131}J-*Jodbenzol*, Kp.$_{20}$ 75—76°, aus 2,97 g KJ mit 0,4 mC radioakt. J durch Zusatz zu diazotiertem Anilin, Wasserdampfdest. u. Trocknung des Prod. durch azeotrope Dest. nach Zusatz von Benzol. (J. Amer. chem. Soc. **74.** 4400—01. 5/9. 1952. Upton, N. Y., Brookhaven Nat. Labor., Chem. Dep.) J. Mattner. D 225

William E. McEwen und Nariman B. Mehta, *Anwendung der Hammet-Gleichung zur Vorhersage von Ausbeuteverhältnissen bei der Schmidt-Reaktion mit unsymmetrischen Diaryläthylenen.* (Vgl. J. Amer. chem. Soc. **72.** [1950.] 3212.) Bei der Schmidt-Rk. von asymm. Diaryläthylenen sowie bei den Pinakolinumlagerungen hängt das Ausbeuteverhältnis der entstehenden Stoffe von der relativen Wanderungsgeschwindigkeit der Gruppen ab, die im Übergangszustand wandern können. Für diese Konkurrenzwanderung kann bei substituierten Phenylverbb. auf Grund von Anologieschlüssen eine modifizierte Hammetsche Gleichung log (Wanderungsfähigkeit) = ϱ^σ (1) angesetzt werden. Vff. nehmen daher eine lineare Beziehung zwischen dem log des Ausbeuteverhältnisses u. den σ-Werten der wandernden Arylgruppen an. Zur Überprüfung wurden die Rkk. verschied. m- u. p-substituierter Diaryläthylene mit H_2SO_4 u. HN_3 untersucht. Dabei entsteht aus der wandernden Arylgruppe ein Anilinderiv. u. aus dem Molekülrest *Acetophenon* (I) oder ein Deriv. von I (S). Untersucht wurden *1-Phenyl-1-[3.4-dimethyl-* (III, Ausbeute an I 36,6%, an S 6,76%), -[*p-äthyl-*(44,6% u. 9,75%), -[*m-methyl-* (II, 34,2% u. 14,5%), -[*p-fluor-* (45,8% u. 26,1%) u. -[*p-bromphenyl*]*-äthylen* (16,0% u. 29,6%). Daraus ergibt sich log (Wanderungsfähigkeit) = $-2{,}11\ \varrho + 0{,}293$ (2). Für *p-Anisyl* als substituierte Arylgruppe wurde daraus eine relative Wanderungsfähigkeit von 6,12 berechnet, für *3.4-Dimethylphenyl* 5,41, *p-Tolyl-* 5,00, *p-Äthylphenyl* 4,57, *m-Tolyl* 2,36, *p-Biphenyl* 2,30, *p-Fluorphenyl* 1,75, *p-Chlorphenyl* 0,62 u. *p-Bromphenyl* 0,54 (bezogen auf den Wert von *Phenyl* = 1). Die von Briggs u. Lyttleton (J. chem. Soc. [London] **1943.** 421) gefundenen Werte für die Schmidt-Rk. mit p- u. m-substituierten Benzoesäuren stimmen ebenfalls mit der Hammet-Gleichung überein, dabei ist $\varrho = -1{,}97$, was etwa der Gleichung (2) entspricht. Wahrscheinlich ist danach die Wanderung der Arylgruppen der geschwindigkeitsbestimmende Schritt bei der Rk., die relative Wanderungsgeschwindigkeit wird von den anderen Gruppen, die neben der Arylgruppe an demselben C-Atom sitzen, nicht merklich beeinflußt. — Bei der Pinakolinumlagerung symm. Pinakone trifft Gleichung (1) nicht mehr zu; die Wanderungsfähigkeit der Arylgruppen unterscheidet sich auch von der bei der Schmidt-Rk. in der Größe der Streuung der Werte, was möglicherweise auf die relativ große Bildungswärme des N_2 bei der Schmidt-Rk., verglichen mit der des H_2O bei der Pinakolinumlagerung, zurückzuführen ist; Abgabe von N_2 u. Wanderung der Arylgruppen erfolgt dann in der Schmidt-Rk. „gleichzeitiger" als die entsprechenden Vorgänge bei der Pinakolinumlagerung. Der negative Wert der Reaktionskonstante ϱ in beiden Fällen spricht dafür, daß die Atome, an die die Arylgruppen wandern, im Übergangszustand positiver sind als im Grundzustand. —

Versuche: II, $C_{15}H_{14}$, Kp.$_{0,85}$ 122—123°, aus m-Toluylchlorid, Bzl. u. $AlCl_3$ in CS_2 (→ *Phenyl-m-tolylketon*), Rk. des Ketons mit CH_3MgBr in Ae. u. Dehydratation des Carbinols mit 20%ig. H_2SO_4, 60% (Ausbeute). — III, $C_{16}H_{16}$, Kp.$_{15}$ 203—206°; analog II von o-Xylol u. C_6H_5COCl aus, 70%. (J. Amer. chem. Soc. **74.** 526—29. 20/1. 1952. Lawrence, Can., Univ., Chem. Dep.) Paulig. D 225

A. J. Swallow, *Die Wirkung von γ-Bestrahlung auf wässerige Cystinlösungen.* Mit Luft gesätt., verd. wss. (0,00051 mol., 0,0051 mol., 0,051 mol.) Lsgg. von *Cysteinhydrochlorid* (I) werden durch γ-Bestrahlung oxydiert. Die Ionenausbeute η der Rk. nimmt mit steigender Konz. der I-Lsg. zu. Für die 0,051 mol I-Lsg. beträgt η 24. Diese außergewöhnlich hohe η läßt sich am besten durch eine Ketten-Rk., für die Möglichkeiten vorgeschlagen werden, erklären. In Abwesenheit von gelöstem O_2 beträgt η für die 0,051 mol. I-Lsg. bei der γ-Bestrahlung 3. Auf die mögliche Bedeutung der Bestrahlungs-Rk., in der freie Thiolradikale auftreten können, für die Enzymchemie wird hingewiesen. (J. chem. Soc. [London] **1952.** 1334—39. April. Birmingham, Univ., Dep. of Physics.) K. F. Müller. D 226

N. A. Khan, *Darstellung von deuteriertem Raney-Nickel und selektive Deuterierung der Dreifachbindung.* Vom Vf. wird die Darst. von „deuteriertem" Raney-Ni (III) beschrieben, welches weitgehend frei von Alkali u. Al ist u. von der Darst. her nur noch eine minimale Menge H_2 adsorbiert enthält. Mit III werden Acetylenderivv. selektiv zu Dideuteroolefinen reduziert. An *Methylstearolat* (I) werden Hydrierung u. Deuterierung unter verschied. Bedingungen verglichen. Die Geschwindigkeiten beider Rkk. sind nahezu gleich. Reinigung der Dideuteroolefine u. Trennung der cis-trans-Isomeren sind genau beschrieben. Die Möglichkeit eines D—H-Austausches unter den Reaktionsbedingungen mit H-Atomen aus einer gesätt. Paraffinkette kann ausgeschlossen werden. Bei der Rk mit dem symm. *Octadecin* -(*9*) zeigt sich eine ungewöhnliche Selektivität der Deuterierung. Nach der Red. zur Doppelbindung bricht die Rk. scharf ab, im Gegensatz zu **I**, welches langsam weiterred. wird. Zur Erklärung wird eine bes. stabile, durch die gleichmäßige Elektronenverteilung bedingte Assoziationsverb. zwischen Ni u. der entstehenden Doppelbindung angenommen.

Versuche: „Gewöhnliches" RANEY-Ni (W-8) (**II**), Darst. nach ADKINS u. COVERT (J. Amer. chem. Soc. **54**. [1932.] 4116), jedoch Zersetzungstemp. 100—105°, hydriert die Dreifachbindung selektiv zur Doppelbindung. — „Deuteriertes" RANEY-Ni (**III**), Darst. durch 48std. Aufbewahren von **II** in 99,9%ig. D_2O u. 6 Std. Schütteln mit D_2 unter geringem Druck, Selektivität wie **II**. — *Methyl-9.10-dideuterooleat* (**IV**), Kp.$_{1,8-2}$ 173—174°, durch Deuterierung von **I** mit D_2 in Ggw. von **III**, n_D^{20} 1,45185; *9.10-Dideuteroölsäure*, Kp.$_{1,8-2}$ 185—186°. — *9.10-Dideuterooctadecen-(9)*, Kp.$_{2-3}$ 140—142°. (J. Amer. chem. Soc. **74**. 3018—22. 20/6. 1952. Karachi, Pakistan, Dep. of Sci. and Ind. Res., u. Columbus, O., Univ., Dep. of physiol. Chem.) G. WINKLER. D 227

O. D. Sterligow, M. G. Gonikberg, A. M. Rubinstein und B. A. Kasanski, *Einfluß des Pressungsdruckes auf die Aktivität und Struktur des Aluminiummolybdän-Katalysators.* Die Verss. der Überführung von *n-Heptan* (**I**) u. *Cyclohexan* (**II**) in aromat. KW-stoffe wurden im Strömungssyst. bei 489—491° u. gewöhnlichem Druck durchgeführt. Der Mischkatalysator Al_2O_3 mit 20 Gew.-% MoO_2 wurde Pressungsdrucken von 2000 bis 20000 at unterworfen. Bei der röntgenograph. Unters. zeigte sich keine wesentliche Veränderung seiner Struktur. Al_2O_3 lag bei allen Drucken als γ-Modifikation vor. Der Einfl. des Pressungsdruckes auf die Aktivität des Katalysators wurde durch den Umwandlungsgrad von **I** u. **II** in aromat. KW-stoffe, bezogen auf 1 cm³ Katalysatorpulver (Produktivität) oder auf 1 g (spezif. Aktivität) bei konstanter Volumengeschwindigkeit von 0,59 cm³ KW-stoff/cm³ Katalysator pro Std. charakterisiert. Es wurde festgestellt, daß bei beiden Rkk. Erhöhung des Pressungsdruckes von 2000 auf 20000 at zur Produktivitätserhöhung um 12—14% u. Erniedrigung der spezif. Aktivität (c) um 26—27% führt. Die Erniedrigung von c ließ auf Veränderung der Porosität schließen. Die Beständigkeit der Katalysatorwrkg. wird durch den Faktor α in der Gleichung $\log c = \log c_0 - \alpha\tau$ (τ = Versuchsdauer) bestimmt; sie wuchs mit Erhöhung des Pressungsdruckes. (Известия Академии Наук СССР, Отделение Химических Наук [Nachr. Akad. Wiss. UdSSR, Abt. chem. Wiss.] **1953**. 28—36. Jan./Febr. Inst. für organ. Chem. der Akad. der Wiss. der UdSSR.) R. KNOBLOCH. D 227

N. I. Schuikin, Ch. M. Minatschew und L. M. Feofanowa, *Hydrierungs- und Dehydrierungsvermögen von Nickelkatalysatoren auf verschiedenen Trägern.* Ni-Katalysatoren auf Trägern mit 15—20% Ni sind akt. u. stabile Hydrierungs- u. Dehydrierungskatalysatoren für *Bzl.* (**I**) bzw. *Cyclohexan* (**II**) im Strömungssystem. Bei den früher benutzten hochprozentigen Ni-Katalysatoren tritt der Zerfall von **II** in CH_4 u. H_2 als Neben-Rk. auf. Die besten Träger sind Al_2O_3, ZnO u. Cr_2O_3, die **II** bei 300° zu 80—90% zu **I** dehydrieren, u. **I** bei 160—170° quantitativ zu **II** hydrieren. Bis 350° tritt kein Zerfall von **II** in CH_4 u. H_2 ein. Weniger geeignet ist Ni/MgO, ungeeignet Ni/Fe_2O_3. Durch Konstanz der katalyt. Wrkg. bei 80std. Benutzung zeichnet sich Ni/Al_2O_3 aus, während Ni/ZnO u. Ni/Cr_2O_3 in dieser Zeit einen 18—20%ig. Aktivitätsverlust zeigen. (Известия Академии Наук СССР, Отделение Химических Наук [Nachr. Akad. Wiss. UdSSR, Abt. chem. Wiss.] **1953**. 96—99. Jan./Febr. Inst. für organ. Chem. der Akad. der Wiss. der UdSSR.) R. KNOBLOCH. D 227

William A. Waters und Charles Wickham-Jones, *Die Verzögerung der Benzaldehydautoxydation.* 2. Mitt. *Vergleichende Untersuchung der Wirkungen von p-Kresol, m-2-Xylenol und ihrer Oxydationsprodukte.* (1. vgl. C. **1952**. 2647.) Vff. versuchten, die in der 1. Mitt. angenommenen Prodd. des die Autoxydation von Benzaldehyd (**I**) verzögernden p-Kresols (**II**): *3.3'-Bis-p-kresol* (**III**) u. *3.4.10.11-Tetrahydro-6.10-dimethyl-3-ketodiphenylenoxyd* (**IV**) sowie *4-Benzoyloxy-m-kresol* (**V**) u. *symm.-Diphenyläthylendibenzoat* nachzuweisen, fanden jedoch außer unverändertem Ausgangsmaterial u. Benzoesäure (**VI**) nur braune Polymere vom Mol.-Gew. 700—800, die in phenol. u. nichtphenol. unkrist. Fraktionen getrennt werden konnten. Vff. nehmen an, daß **III** u. **V** selbst auch die Autoxydation von **I** verzögern u. während der Rk. zers. werden. Bei äquimol. Mengen u. gleichen Katalysatormengen (Benzoylperoxyd, **VII**) ergab **III** eine 0,35fache, **IV** eine 7fache u. **V** eine 2,5fache O_2-Aufnahme im Vgl. mit **II**. Infolge der komplizierten Verhältnisse bei **II** untersuchten Vff. zum Vgl. das Verh. von m-2-Xylenol (**VIII**), bei dessen radikal. Oxydation hauptsächlich *3.5.3'.5'-Tetramethyl-4.4'-diphenochinon* [**IX**, F. 190° (Zers.)], entsteht, in der **VII**-katalysierten Autoxydation von **I** bei Ggw. von **VI** bei 79,7° durch Verfolgung der O_2-Aufnahmegeschwindigkeit von **II** wurde ebenfalls bei den gleichen Reaktionsbedingungen untersucht. In Chlorbenzol als Lösungsm. ist v der $[I]^2$ proportional. Für die Abhängigkeit der v vom O_2-Druck, gemessen zwischen 260,5 u. 795 mm, wurde gefunden: $-d[O_2]/dt = [O_2]/\{p[O_2] + q\}$, wobei p u. q Konstanten sind. Vff. schließen, daß **VII** als Kettenüberträger wirkt u. daß der häufigste Kettenabbruch durch Zusammentritt zweier $C_8H_9O^{\bullet}$-Radikale erfolgt. Nebenher tritt ein geringer, nicht erklärbarer monomol. Zersetzungsprozeß auf, der wahrscheinlich keine Oberflächen-Rk. darstellt, da Oberflächenvergrößerung durch Glaszugabe unwirksam ist. Vff. isolierten aus den Lsgg. **IX**, das aus $C_8H_9O^{\bullet}$-Radikalen durch weitere Oxydation entstand. Die Bldg. des roten **IX** wurde colorimetr. verfolgt. Bei geringen Mengen an **VIII** erreicht sie den Maximalwert von ca. 10%, während bei hohen **VIII**-Konzz. die **IX**-Bldg. eine konstante Anfangsgeschwindigkeit erreicht. Vff. berechneten für die spezif. Dimerisationsgeschwindigkeit von $C_8H_9O^{\bullet}$2,5·10^{-2} g/Liter·Min. u. stellten fest, daß **IX** selbst die Autoxydation von **I** verzögert u. dabei in farblose Prodd. übergeht, die nur gering die Autoxydation beeinflussen. Die kinet. Verfolgung zeigte, daß **IX** anders als **II** bzw. **VIII** wirkt (vgl. nachst. Ref.) u. bei Abwesenheit von **VII** die Autoxydation völlig unterbindet. v ist bei Ggw. von **IX** proportional der Konz. an **VII**. Die Geschwindigkeit w des Zerfalls von **IX** hängt nur von der Konz. an **VII** ab u. ist unabhängig von der Anfangskonz. an **IX**, bei Überschuß von **VII** ist w nullter Ordnung. Einleiten von O_2 oder N_2 sowie Verdünnung von **I** mit über 50% Chlorbenzol haben Einfl. auf w. Vff. schließen daraus, daß in **I**-Lsg. unter Autoxydationsbedingungen nahezu jedes freie Radikal aus **VII** zu einer Reaktionskette führt, die durch Einfangen des Radikals durch **IX** abgebrochen wird, bei Abwesenheit von O_2 oder in Chlorbenzol gilt dagegen diese Annahme nicht. Es wird angenommen, daß für w der höchste von NOZAKI u. BARTLETT (J. Amer. chem. Soc. **68.** [1946.] 1686) angegebene Wert zutrifft. (J. chem. Soc. [London] **1952.** 2420—27. Juni. Oxford, Dyson Perrins Labor.) GNAUCK. D 227

J. R. Dunn, William A. Waters und **Charles Wickham-Jones,** *Die Verzögerung der Benzaldehydautoxydation.* 3. Mitt. *Die kinetische Untersuchung der Wirkung von 3.5.3'.5'-Tetramethyl-4.4'-diphenochinon und vom entsprechenden Chinol.* (2. vgl. vorst. Ref.) Vff. untersuchten die Kinetik der Autoxydation von *Benzaldehyd* (**I**) unter der katalyt. Wrkg. verschied. Mengen an *Benzoylperoxyd* (**II**) u. bei Ggw. von *Benzoesäure* (**III**) u. *3.5.3'.5'-Tetramethyl-4.4'-diphenochinon* (**IV**) bei 60° durch Verfolgung der O_2-Aufnahmegeschwindigkeit, wobei die gleichen Verhältnisse wie früher bei 79,7° gefunden wurden. Die Reaktionsgeschwindigkeit v ist auch hier proportional [O_2] sowie [II] u. in Chlorbenzol (**V**)-Lsgg. bei niedriger [I] dieser proportional, bei hohen Konzz. an **I** wird v von der Zus. der **I**—**V**-Mischungen unabhängig. Vff. nehmen an, daß hier die Reaktionskette durch Rekombination von **IV** mit $C_6H_5CO^{\bullet}$-Radikalen beendet wird. Bei hohen **V**-Konzz. u. höheren Gehh. an Katalysator als Inhibitor vermuten Vff., daß Benzoatradikale reagieren nach: $C_6H_5COO\cdot + C_6H_5Cl \rightarrow C_6H_5COOH + \cdot C_6H_4Cl$, oder nach Zers. in Phenylradikale bes. bei höheren Tempp.: $C_6H_5\cdot + C_6H_5Cl \rightarrow C_6H_5\text{-}C_6H_4Cl + H\cdot$. Vff. glauben, daß diese Radikale nicht die Autoxydation starten, sondern durch direkte Rk. mit **IV** zerstört werden. — Es wurde ferner die verzögernde Wrkg. des *4.4'-Dioxy-3.5.3'.5'-tetramethyldiphenyl* (**VI**) auf die Autoxydation von **I** kinet. untersucht. Auch hier ist die O_2-Aufnahme bei sonst konstanten Bedingungen dem O_2-Druck u. der [II] proportional. Vff. schließen, daß **VI** ebenfalls Kettenabbruch bewirkt. Bei niedriger [II] hat **IV**, bei hoher [II] **VI** größere Verzögerungswirkung. Vff. nehmen aber an, daß **VI** zum Teil durch O_2, Perbenzoesäure oder Benzoylradikale direkt oxydiert wird. Das an trockener Luft stabile **VI** wird in Lsg. rot, bei 60° unter N_2 in **I** u. **V** oxydiert es sich bei **II**-Zugabe schnell, so daß es bei der **I**-Autoxydation in Ggw. von 2.6-Dimethylphenol nicht in nennenswerter Konz. auftreten kann. (J. chem. Soc. [London] **1952.** 2427—31. Juni.) GNAUCK. D 227

R. F. Moore und **William A. Waters,** *Die Verzögerung der Benzaldehydautoxydation.* 4. Mitt. *Isolierung der kettenabbrechenden Produkte aus 3.5.3'.5'-Tetramethyl-4.4'-diphenochinon.* (3. vgl. vorst. Ref.) Vff. isolieren aus den Reaktionslsgg. der durch 3.5.3'.5'-Tetramethyl-4.4'-diphenochinon verzögerten u. durch Benzoylperoxyd katalysierten Benzaldehydautoxydation *4.4'-Dibenzoyloxy-3.5.3'.5'-tetramethyldiphenyl* in 5%ig. Ausbeute sowie beträchtlichen Mengen gelber, amorpher Substanz vom F. 140—190°, die auch durch Chromatographieren nicht weiter gereinigt werden konnten.

Versuche: *3.5.3'.5'-Tetramethyl-4.4'-diphenochinon* (**I**), rote Nadeln aus Eisessig, F. 210—215° (Zers.), aus 2.6-Dimethylphenol in Eisessig u. tropfenweise Zugabe von CrO_3–Eisessig während 2 Std. unter Rühren, 1 Std. bei 80° u. 1 Nacht stehenlassen; 50% (Ausbeute). — *4.4'-Dioxy-3.5.3'.5'-tetramethyldiphenyl,* F. 221° (aus $SnCl_2$–HCl-haltigem Eisessig), aus vorst. Verb. durch Red. mit Zn-Staub in heißer Essigsäure; *4.4'-Dibenzoyloxy-3.5.3'.5'-tetramethyldiphenyl,* $C_{30}H_{26}O_4$, F. 218° (Eisessig), aus vorst. Verb. u. Benzoylchlorid in Pyridin; oder durch 18std. Oxydation von **I** bei Ggw. von 1 Mol Benzoylperoxyd u. Benzaldehyd bei 80° mit trockener Luft am Rückfluß, Reinigung durch Chromatographieren. (J. chem. Soc. [London] **1952.** 2432. Juni.) GNAUCK. D 227

D_2. Präparative organische Chemie. Naturstoffe.

E. T. McBee, O. R. Pierce und **W. F. Marzluff**, *Chlorierung von fluorhaltigen Alkoholen.* Vff. untersuchten die photochem. Chlorierung von *2.2.3.3.4.4.4-Heptafluorbutanol-(1)* (I), *3.3.4.4.5.5.5-Heptafluorpentanol-(2)* (II), *4.4.5.5.6.6.6-Heptafluorhexanol-(3)* (III) u. *3.3.4.4.5.5.5-Heptafluor-2-methylpentanol-(2)* (IV) in CCl_4-Lösung. Aus I entsteht *Heptafluorbutyraldehyd,* aus II das entsprechende Keton *3.3.4.4.5.5.5-Heptafluorpentanon-(2).* In diesen beiden Fällen verläuft die Rk. vermutlich analog der Bldg. von Chloral bei der Chlorierung von A. über eine Hypochloritzwischenstufe. Dagegen liefert die Chlorierung von **III** nur Spuren des entsprechenden Ketons *4.4.5.5.6.6.6-Heptafluorhexanon-(3),* während als Hauptprodd. die beiden isomeren Chlorhydrine *1-Chlor-* (**V**) u. *2-Chlor-4.4.5.5.6.6.6-heptafluorhexanol-(3)* (**VI**) auftreten, die durch Verseifung mit wss. K_2CO_3 zu den entsprechenden Glykolen identifiziert wurden. Die Chlorierung des tert. Alkohols **IV** ergibt das Chlorhydrin *1-Chlor-3.3.4.4.5.5.5-heptafluor-2-methylpentanol-(2)* (**VII**) u. ein Gemisch der isomeren Dichlorverbindungen. **VII** läßt sich durch Behandlung mit 20%ig. NaOH bei 100° in das entsprechende Epoxyd überführen.

V e r s u c h e : Die Chlorierungen wurden mit einer Lsg. von 1 Vol. des betreffenden Alkohols in 2 Voll. CCl_4 in einem elektr. auf 60° geheizten 500 cm^3-Pyrexglasrohr mit Glasfritte u. Rückflußkühler unter Belichtung mit einer 300 Watt-Lampe durchgeführt. *Heptafluorbutyraldehyd,* $Kp._{745}$ 29°; aus 40 g I (dargestellt durch Red. von Heptafluorbutyrylchlorid mit $LiAlH_4$) in 2 Std.; Umsatz 24%, Ausbeute 80%. — *3.3.4.4.5.5.5-Heptafluorpentanon-(2),* $C_3F_7-CO-CH_3$, $Kp._{715}$ 63,5°, $D.^{20}{}_4$ 1,424, $n_D{}^{20}$ 1,3000; aus II (dargestellt durch Umsetzung des vorst. Aldehyds mit CH_3MgJ; vgl. C. **1952.** 7319); 70%. *2.4-Dinitrophenylhydrazon,* $C_{11}H_7O_4N_4F_7$, F. 76,5°. — *4.4.5.5.6.6.6-Heptafluorhexanol-(3)* (III), $C_3F_7-CHOH-C_2H_5$, $Kp._{745}$ 113,5°, F. −14°, $D.^{20}{}_4$ 1,439, $n_D{}^{20}$ 1,3255; durch Einrühren einer Lsg. von 228 g Heptafluorbuttersäuremethylester in 500 cm^3 wasserfreiem Ae. zu 3 Mol C_2H_5MgBr, Stehenlassen über Nacht u. Hydrolyse mit verd. H_2SO_4; 56% neben 10% *3-Äthyl-4.4.5.5.6.6.6-heptafluorhexanol-(3),* $C_3F_7-COH(C_2H_5)_2$, $Kp._{745}$ 142°, F. −12°, $D.^{20}{}_4$ 1,295, $n_D{}^{20}$ 1,3526. — Die 2½std. Chlorierung von 64 g III liefert etwas *4.4.5.5.6.6.6-Heptafluorhexanon-(3)* [*2.4-Dinitrophenylhydrazon,* $C_{12}H_9O_4N_4F_7$ F. 70—71°], 68% *1-Chlor-4.4.5.5.6.6.6-heptafluorhexanol-(3)* (V), $C_3F_7-CHOH-CH_2-CH_2Cl$ ($Kp._{745}$ 156°, F. 11—12°, $D.^{20}{}_4$ 1,558, $n_D{}^{20}$ 1,3560) u. *2-Chlor-4.4.5.5.6.6.6-heptafluorhexanol-(3)* (VI), $C_3F_7-CHOH-CHCl-CH_3$ ($Kp._{745}$ 136—140° [Zers.]). — 24std. Kochen von **V** mit wss. K_2CO_3-Lsg. liefert *4.4.5.5.6.6.6-Heptafluorhexandiol-(1.3),* $C_3F_7-CHOH-CH_2-CH_2OH$, F. 90—91° (Bzl.); aus **VI** entsteht eine bei 170—175° sd. Fl., die eine positive Rk. mit Perjodsäure gibt. — *1-Chlor-3.3.4.4.5.5.5-heptafluor-2-methylpentanol-(2)* (**VII**), $C_3F_7-COH(CH_3)-CH_2Cl$, $Kp._{745}$ 129°, F. −2°, $D.^{20}{}_4$ 1,559, $n_D{}^{20}$ 1,3553; durch 5std. Chlorierung von 100 g **IV** (dargestellt durch Umsetzung von Heptafluorbuttersäuremethylester mit CH_3MgBr); 43,1 g (37%) neben 37,5 g Dichlorverbindung. — *1.2-Epoxy-3.3.4.4.5.5.5-heptafluor-2-methylpentan,* $C_3F_7-\overbrace{C(CH_3)-CH_2}^{O}$, $Kp._{745}$ 93°, F. −70°, $D.^{20}{}_4$ 1,391, $n_D{}^{20}$ 1,3107; durch langsames Eintropfen von 39 g **VII** in 50 g 20%ig. NaOH bei 100° unter Abdest. des Prod.; 93%. (J. Amer. chem. Soc. **75.** 1609—10. 5/4. 1953. Lafayette, Ind., Purdue Univ., Dep. of Chem.) FORCHE. 560

L. F. Wiggins und **D. J. C. Wood**, *Anhydride von Polyhydroalkoholen.* 14. Mitt. *Beobachtungen über die Ringspaltung von 1.2;5.6-Diepoxyhexan und 3.4-Isopropyliden-1.2;5.6-dianhydromannit.* (13. vgl. C. **1950.** II. 1814.) Bei der Spaltung der Oxydringe von *1.2;5.6-Diepoxyhexan* (I) durch Rk. mit W., HCl oder CH_3ONa erfolgt eine Cyclisierung, u. es entstehen Derivv. des *Tetrahydrofurans* (II). Durch Rk. mit NH_3 entsteht eine Verb., die als Piperidinabkömmling angesehen wird. Mit $LiAlH_4$ oder CH_3MgJ erfolgt keine Cyclisierung, es bilden sich Derivv. des *Hexandiols-(2.5).* Derivv. von II entstehen nur in polaren Lösungsmitteln, daraus wird eine Theorie des Reaktionsmechanismus abgeleitet. Bei der Ringspaltung von *3.4-Isopropyliden-1.2;5.6-dianhydromannit* (**III**) erfolgt in keinem Falle eine Cyclisierung.

V e r s u c h e (Ausbeuten in [ ]): *1.2;5.6-Diepoxyhexan* (I), $C_6H_{10}O_2$, durch mehrstd. Oxydation von Hexadien-(1.5) mit Perbenzoesäure in $CHCl_3$ bei 0° unter Schütteln, der Verbrauch an Perbenzoesäure wird durch Jodtitration verfolgt, nach beendigter Rk. Ausschütteln mit NaOH-Lsg. u. Eindampfen, Öl, $Kp._{15}$ 86—88°; $n_D{}^{15}$ 1,4445. Das Prod. besteht aus einer Mischung der möglichen stereoisomeren Formen, bei den Derivv. gelingt in manchen Fällen die Trennung. — *2.5-Bis-oxymethyltetrahydrofuran* (**V**), aus I durch 18std. Erhitzen mit W., Sirup, $Kp._{0,05}$ 145—149°; $n_D{}^{17,5}$ 1,4810; [64%]. Bei der Oxydation Verbrauch von 2 Moll. Bleitetraacetat pro Mol. Substanz. Daraus das *Ditosylderiv.,* $C_{20}H_{24}O_7S_2$, durch Umsatz mit Toluolsulfochlorid in Pyridin bei 0°, Stehen über

Nacht bei 30°, Eingießen in W., aus A. feine Nadeln, F. 98—110°; durch fraktionierte Kristallisation aus A. 2 Fraktionen, F. 118—122°, u. das Isomere, F. 96—99°; mit NaJ quantitative Abspaltung beider Tosylgruppen als Na-p-Toluolsulfonat. — *8-Oxa-3-azabicyclo-[3.2.1]-octan,* aus dem vorst. Tosylderiv. (F. 98—110°) durch 24std. Erhitzen mit trockenem methylalkoh. NH_3 im Autoklaven auf 160—170°, Abdest. in N_2-Atmosphäre, 1std. Erhitzen mit $Ba(OH)_2$ in W. auf 80—90°, Eindampfen, Trocknen, Extrahieren mit $CHCl_3$, brauner Sirup, Kp. 195—200° (Bad); n_D^{20} 1,4865. *Tosylderiv.*, aus A.-Ae. Nadeln, F. 200—202°; *Pikrat,* aus A. gelbe Platten, F. 188—190°; *Oxalat,* aus A. Prismen, F. 261—262°. — *3.4-Isopropylidenmannit,* aus III durch 7std. Erhitzen mit W., nach dem Eindampfen u. Trocknen aus Bzn.-Aceton Nadeln, F. 80—81°; [67%]. — *2-Chlormethyl-5-oxymethyltetrahydrofuran,* $C_6H_{11}O_2Cl$, aus I durch 4std. Erhitzen mit wss. HCl, Neutralisieren, Extrahieren mit $CHCl_3$, Trocknen, Eindampfen; Öl, $Kp._{15}$ 152—158° (Bad); n_D^{19} 1,4840; [46%]. — Daraus *2.5-Bis-chlormethyltetrahydrofuran,* $C_6H_{10}OCl_2$, durch Lösen in Pyridin u. tropfenweise Zugabe von $SOCl_2$ unter Eiskühlung, Zugabe von $MgSO_4$ u. 2½std. Erhitzen auf 100°; Öl, $Kp._{15}$ 120—126° (Bad); n_D^{18} 1,4855; [34%]. — *5-Oxymethyl-2-methoxymethyltetrahydrofuran,* $C_7H_{14}O_3$, durch 6std. Erhitzen von I mit Na in absol. CH_3OH auf dem Wasserbad, Extrahieren mit $CHCl_3$, Öl, Kp. 159—164° (Bad); n_D^{22} 1,4511; [36%]. — Daraus *2.5-Bis-methoxymethyltetrahydrofuran,* $C_8H_{16}O_3$, durch 3maliges Erhitzen mit CH_3J u. Ag_2O, Fl., $Kp._{250}$ 160 bis 165° (Bad); n_D^{21} 1,4370, oder durch direkte Methylierung von V. — *5-Oxy-2-oxymethylpiperidin* (**IV**), $C_6H_{13}O_2N$, aus I durch 40std. Erhitzen mit trocknem NH_3 in CH_3OH im Autoklaven auf 120°, Eindampfen, Dest., hochviscoser Sirup, $Kp._{0,04}$ 132—138° (Bad); n_D^{19} 1,5161; [63%]: leicht lösl. in W. mit stark alkal. Rk.; bei der Oxydation Verbrauch von 2 Moll. Na-Perjodat pro Mol. Substanz. *Triacetylderiv.*, $C_{12}H_{19}O_5N$, durch Acetylierung in Pyridin, viscoser Sirup, $Kp._{0,05}$ 159—162° (Bad); n_D^{20} 1,4815; [70%]. *N-Nitrosoderiv.*, durch 20std. Einw. von $NaNO_2$-Lsg. auf **IV**, brauner Sirup, der einen positiven Liebermann-Test zeigt. *Tritosylderiv.*, $C_{27}H_{31}O_8NS_3$, glasartig; mit NaJ Abspaltung einer Tosylgruppe. *N-Acetylderiv.*, $C_8H_{15}O_3N$, durch Acetylierung in absol. CH_3OH, Sirup, $Kp._{0,05}$ 178—184° (Bad); n_D^{25} 1,5128; leicht lösl. in W. mit schwach alkal. Reaktion. *Ditosyl-N-acetylderiv.*, $C_{22}H_{27}O_7NS_2$, Nadeln aus A., F. 135—136,5°. Nur eine Tosylgruppe wird mit NaJ abgespalten. — *p-Toluolsulfopiperidin,* aus Piperidin u. p-Toluolsulfochlorid in NaOH, F. 95—96°; durch NaJ wird kein p-Toluolsulfonat abgespalten. — *Hexandiol-(2.5),* $LiAlH_4$ in Ae. wird unter Rühren mit I in Ae. versetzt, ½ Std. auf dem Wasserbad erwärmt u. weiteres $LiAlH_4$ zugesetzt; in Eiswasser gießen, mit H_2SO_4 ansäuern u. die wss. Phase nach mehrmaligem Ausäthern eindampfen, Rückstand mit Ae. extrahieren, Sirup, n_D^{15} 1,4480; oder durch Hydrierung von Acetonylaceton bei 200—210° unter 200 at in Ggw. eines Cu-Chromitkatalysators, n_D^{16} 1,4494. *Ditosylderiv.*, $C_{20}H_{26}O_6S_2$; fraktionierte Kristallisation aus A. gibt Prismen, F. 113—114°, u. die isomere Verb., Prismen, F. 74—76°. — *3.4-Isopropyliden-1.6-didesoxymannit,* $C_9H_{18}O_4$, aus **III** mit $LiAlH_4$, lange prismat. Nadeln, F. 90,5—91,5°; $[\alpha]_D^{16}$ —3,9° (c = 0,51, $CHCl_3$). — Daraus *1.6-Didesoxymannit,* $C_6H_{14}O_4$, durch Hydrolyse mit 0,1n H_2SO_4 bei 70°, nach dem Neutralisieren eindampfen u. den Rückstand mit sd. Äthylacetat extrahieren, aus Äthylacetat Prismen, F. 142—144°; $[\alpha]_D^{20}$ —20,9° (c = 0,76, W.). — *1.6-Dijod-2.5-dioxyhexan*: Eine Lsg. von CH_3MgJ wird unter Rühren mit I in Ae. versetzt, nach 2½std. Erwärmen auf dem Wasserbad Eingießen in Eiswasser, Ansäuern, Eindampfen, mit Ae. extrahieren, unlösl. Rückstand krist. aus heißem W. in Platten, F. 116—117°; die stereoisomere Verb. krist. aus dem Rückstand des eingedampften Ae.-Extrakts aus heißem W. mit A., F. 94—95°; Misch-F. 95—110°. Daraus *2.5-Bis-acetoxymethyltetrahydrofuran,* $C_{10}H_{16}O_5$, durch Behandeln mit Silberacetat in wss. A. u. Acetylierung des entstehenden Sirups mit Essigsäureanhydrid in Pyridin, viscose Fl., $Kp._{15}$ 158—164°; gibt nach Hydrolyse mit HCl u. Behandlung mit p-Toluolsulfochlorid das Ditosylderiv. von **V**. Bei der Behandlung der Jodverb. mit Silberacetat in absol. A. entsteht I, $Kp._{50}$ 125—129°; n_D^{18} 1,4410; [35%]. — *1.6-Dijod-3.4-isopropyliden-1.6-didesoxymannit,* $C_9H_{16}O_4J_2$, aus **III** mit CH_3MgJ, aus PAe. lange Nadeln, F. 84°; [54%]; gibt mit Ag-Acetat in absol. A. **III** [$C_9H_{14}O_4$, Sirup, $Kp._{12}$ 138—143° (Bad); n_D^{19} 1,4530; $[\alpha]_D$ 0° (Chlf.), daraus mit verd. Säure *Aceton* u. *Mannit,* F. 162—163°] u. durch Hydrolyse mit HCl gelbe Platten von *1.6-Dijod-1.6-didesoxymannit,* F. 165 bis 166°. (J. chem. Soc. [London] **1950**. 1566—74. Juni. Edgbaston, Birmingham, Univ., Chem. Dep.) Rossow. 580

L. F. Wiggins und **D. J. C. Wood,** *Anhydride von Polyhydroalkoholen.* 15. Mitt. *Die Reaktionen von Natriumjodid und Lithiumchlorid mit Dimethansulfonyl- und Di-p-toluolsulfonylderivaten von 1.4;3.6-Dianhydriden des D-Mannits, D-Sorbits und D-Idits.* (14. vgl. vorst. Ref.) Die Reaktionsfähigkeit der Sulfonylgruppen in *Dimesyl-* u. *Ditosylderivv.* der *Dianhydride* der epimeren Reihe *D-Mannit, D-Sorbit* u. *L-Idit* ist von der ster. Lage der Hydroxylgruppen abhängig. In den *Mannitderivv.* werden beide Sulfonylgruppen bei der Behandlung mit NaJ bzw. LiCl durch J bzw. Cl ersetzt. In den *Sorbitderivv.*, die am $C_{(2)}$ eine andere Konfiguration haben, wird nur eine Sulfonylgruppe ersetzt, während bei den an $C_{(2)}$ u. $C_{(5)}$ unterschiedlichen *L-Iditderivv.* keine Rk. erfolgt. Dieses Verh. geht dem der drei epimeren 1.4;3.6-Dianhydrohexite gegenüber $SOCl_2$ parallel, die nach früheren Unterss. ein 2.5-Dichlor- bzw. ein Monochlorderiv. bzw. kein Chlorderiv. bilden.

Versuche: *2.5-Dijod-1.4;3.6-dianhydro-2.5-didesoxymannit*, $C_6H_8O_2J_2$, F. 61 bis 63°, aus 10 g 2.5-Bis-methansulfonyl-1.4;3.6-dianhydromannit (I) durch 18std. Erhitzen mit 30 g NaJ in trockenem Aceton bei 110°; nach Filtrieren u. Eindampfen Extraktion mit Chlf. + W.; aus A. 7,5 g; $[\alpha]_D^{19}$ +107,9° (c = 1,97 in Chlf.). — *Methansulfonylmonojod-1.4;3.6-dianhydrodesoxysorbit*, $C_7H_{11}O_5JS$, F. 104—105°, aus 2.5-Bis-methansulfonyl-1.4;3.6-dianhydrosorbit (II) wie vorst. (12 Std., 125°); aus heißem W. Nadeln; $[\alpha]_D^{20}$ +74,2° (c = 2,42 in Chlf.); Ausbeute 25%. — *2.5-Dichlor-1.4;3.6-dianhydro-2.5-didesoxymannit*, F. 63—64°, aus I durch 48std. Erhitzen mit wasserfreiem LiCl, absol. A. u. trockenem Aceton auf 150°; nach Eindampfen Extraktion mit W., Aufnehmen des unlösl. Rückstandes in A.; lange Nadeln; $[\alpha]_D^{20}$ +99,0° (c = 0,62 in Chlf.); 49%. — *Methansulfonylmonochlor-1.4;3.6-dianhydrodesoxysorbit* (III), $C_7H_{11}O_5ClS$, F. 115—116°, wie vorst. aus II; $[\alpha]_D^{20}$ +71,6° (c = 0,53 in Chlf.); 66%. Bei 48std. Erhitzen von II mit LiCl, A. u. Aceton auf 180—190° im Autoklaven, Eindampfen, Extraktion mit Chlf. u. W. ergibt die Chloroformlsg. eine bewegliche Fl., $C_6H_7O_2Cl$, $Kp._{15}$ 145—150° (Badtemp.); n_D^{16} 1,5009; $[\alpha]_D^{20}$ +53,3° (c = 1,26 in Chlf.), vermutlich *Monochlordianhydrodesoxysorbiten.* — *Monochlordianhydrodesoxysorbit*, F. 63—65°, aus III durch Hydrolyse mit NaOH-haltigem A. auf dem Wasserbad; nach Neutralisieren u. Eindampfen Extraktion mit Chlf., Nadeln aus Ae./Petroläther. — *Tosylmonochlordianhydrodesoxysorbit*, F. 94—95°, aus dem 2.5-Ditosyl-1.4;3.6-dianhydrosorbit durch 48std. Erhitzen mit LiCl, A. u. Aceton auf 150°, aus wss. A. Nadeln. — Die Behandlung von 1.4;3.6-Dianhydro-L-idit mit $SOCl_2$ u. die Behandlung des 2.5-Bis-methansulfonylderiv. mit LiCl bzw. NaJ ergibt keine Halogenderivate. — 2.4;3.5-Dimethylen-1.6-dichlor-1.6-didesoxysorbit (IV), nach Haworth u. Wiggins (J. chem. Soc. [London] **1944.** 58) wird geschmolzen u. mit Na auf 120° erhitzt; nach Abscheidung von NaCl Zugabe von Toluol u. 2std. Erhitzen am Rückfluß, Dekantieren u. Rückstand noch mehrfach mit Toluol extrahieren, Eindampfen u. mit Ae. Verreiben: vermutlich *2.4;3.5-Dimethylen-1-chlor-1.6-didesoxy-5.6-sorbiten*, F. 96—97°; $[\alpha]_D^{18}$ +149,5° (c = 2,02 in Chlf.); entfärbt alkal. $KMnO_4$-Lsg. u. Br_2 in Chlf.; Ausbeute 50%. — Bei der Behandlung von IV mit NaJ entstehen nach dem üblichen Aufarbeiten aus A. Nadeln vom F. 126—128°; $[\alpha]_D$ +19,2° (c = 2,28 in Chlf.), vermutlich *2.4;3.5-Dimethylen-1-chlor-6-jod-1.6-didesoxysorbit*, $C_8H_{12}O_4ClJ$. (J. chem. Soc. [London] **1951.** 1180—84. Mai.) Rossow. 580

G. P. McSweeney, L. F. Wiggins und **D. J. C. Wood**, *Anhydride von Polyhydroalkoholen.* 16. Mitt. *Die Einwirkung von Phenolen auf einige Äthylenoxydderivate.* (15. vgl. vorst. Ref.) Bei den durch Rk. von *Phenol, o-, m-* u. *p-Kresol* mit *1.2;5.6-Diepoxyhexan* (I), *1.2;5.6-Dianhydro-3.4-isopropylidenmannit* (II) u. *1.3;2.4-Diäthyliden-5.6-anhydrosorbit* (V) unter Ringaufspaltung entstehenden Verbb. sind die Arylgruppen sehr wahrscheinlich an die prim. C-Atome in 1- bzw. 6-Stellung gebunden. Als Modell-Rk. dient der Umsatz von Propylenoxyd mit Phenol-Na, bei dem *1-Phenoxypropanol-(2)* entsteht, das mit der aus Phenoxyacetaldehyd mit CH_3MgJ erhaltenen Verb. ident. ist. Aus I entstehen jeweils 2 isomere *1.6-Diaryloxyhexandiole-(2.5)* in cis- u. trans-Form. — Bei dem aus II erhaltenen *1.6-Diphenyl-3.4-isoproylidenmannit* (III) wird die 1.6-Stellung der Arylgruppe dadurch wahrscheinlich, daß III auch aus dem Diisopropylidenderiv. von 1.6-Dichlor-1.6-didesoxymannit entsteht. — Aus V werden *6-Aryl-1.3;2.4-diäthylidensorbite* gewonnen. — Die Meth. von Oldham u. Rutherford (J. Amer. chem. Soc. **54.** [1932.] 366) prim. u. sek. Hydroxylgruppen durch das Verh. der Tosylverbb. gegen NaJ zu unterscheiden, gibt bei den untersuchten Verbb. keine befriedigenden Ergebnisse.

Versuche: *1.6-Diphenoxyhexandiol-(2.5)*, $C_{18}H_{22}O_4$, aus I u. einer Lsg. von Phenol u. Na in Bzl. durch 7std. Erhitzen auf dem Wasserbad, Zugabe von W., feine federförmige Nadeln, F. 135—143°, fraktionierte Kristallisation trennt in *zwei Isomere*: 1. F. 163—164°, Plättchen. Daraus das *Diacetat*, $C_{22}H_{26}O_6$, F. 102—103°, durch 24std. Acetylierung bei 30°, aus A. Nadeln; u. das *Di-p-tosylat*, $C_{32}H_{34}O_8S_2$, F. 177—178° (Zers.), durch Behandeln mit p-Tosylchlorid u. Pyridin bei 0° u. Stehen über Nacht bei 30°, aus Chlf. Nadeln. 2. F. 135—136,5°, Nadeln. Daraus das *Diacetat*, F. 70—71,5°, aus PAe. Prismen; u. das *Di-p-tosylat*, F. 124—125°, aus A. Nadeln. — Die beiden isomeren Ditosylate spalten beim Erhitzen mit NaJ 1,8 bzw. 2 Äquivalente Na-Tosylat ab. — *1.6-Bis-[o-tolyloxy]-hexandiol-(2.5)*, $C_{20}H_{26}O_4$, F. 95—97°, aus I u. o-Kresol-Na in Bzl. durch 7std. Erhitzen, Wasserzugabe u. Extraktion mit Bzl., aus A. Prismen. — *1.6-Bis-*

[*m-tolyloxy*]*-hexandiol-(2.5)*, aus I mit m-Kresol wie vorst., durch fraktionierte Kristallisation Trennung in *2 isomere Diole*: Plättchen, F. 93,5—94,5°, u. Nadeln, F. 119—120°. — *1.6-Bis-*[*p-tolyloxy*]*-hexandiol-(2.5)*, aus I mit p-Kresol wie vorst. *2 isomere Diole*: Plättchen, F. 173—174,5°, u. Prismen, F. 143,5—145°. Daraus 2 *Diacetate*: Nadeln, F. 49,5—51°, u. prismat. Nadeln, F. 123—125°. — *1.6-Diphenyl-3.4-isopropylidenmannit* (III), $C_{21}H_{26}O_6$, F. 115°, aus II mit Phenol-Na in trockenem Bzl. durch 5std. Erhitzen, aus PAe. lange Nadeln; entsteht auch aus 2.3;4.5-Diisopropyliden-1.6-dichlor-1.6-didesoxymannit durch 22std. Erhitzen mit Phenol-Na in trockenem Aceton. — *1.6-Diphenylmannit*, $C_{18}H_{22}O_6$, F. 200—204°, aus vorst. Verb. durch 3std. Erhitzen mit 0,1nH_2SO_4 u. A., Plättchen aus Aceton. — *2.3.4.5-Tetrabenzoyl-1.6-diphenylmannit*, $C_{46}H_{38}O_{10}$, F. 122—123°, aus vorst. Verb. mit Benzoylchlorid in Pyridin, aus A. Nadeln. — *1.6-Diphenyl-3.4-isopropyliden-2.5-di-p-tosylmannit*, $C_{35}H_{38}O_{10}S_2$, F. 107—108°, aus III durch 8std. Erhitzen mit p-Tosylchlorid in Pyridin bei 120—130°, Nadeln aus PAe.; die gleiche Behandlung bei 30 bzw. 60° ergibt Ausgangsmaterial. Die Di-p-tosylverb. reagiert nicht auf 7,5std. Erhitzen mit NaJ in Aceton. — *1.6-Diphenyl-2.5-di-p-tosylmannit*, $C_{32}H_{34}O_{10}S_2$, F. 185—186°, durch 8,5std. Hydrolyse der vorst. Verb. mit 0,5nH_2SO_4, Nadeln aus A./Chlf.; Verb. reagiert nicht auf 8std. Erhitzen mit NaJ in Aceton auf 100°. — *1-Phenoxypropanol-(2)* (IV), Kp.$_{15}$ 134—136° (Badtemp.) durch 5std. Erhitzen von Propylenoxyd mit Phenol-Na in trockenem Bzl. auf dem Wasserbad; n_D^{17} 1,5239. — *1-Phenoxypropyl-(2)-p-tosylat*, $C_{16}H_{18}O_4S$, F. 93—94°, aus vorst. Verb. mit p-Tosylchlorid in Pyridin bei 0°, Stehen über Nacht bei 30°, aus wss. A. Nadeln. Beim Erhitzen der Verb. mit NaJ u. trockenem Aceton auf 95—100° (6 Std.) wird Na-p-Tosylat abgespalten; 92% (Ausbeute). — *Phenoxyacetaldehyd*, Kp.$_{15}$ 130—135° (Badtemp.), durch 1std. Hydrolyse von Phenoxyacetaldehyddiäthylacetal mit 1%ig. H_2SO_4 u. Essigsäure (n_D^{21} 1,5321; *Semicarbazon*, F. 145°); gibt mit CH_3MgJ in Ae. u. 1,5std. Erhitzen auf dem Wasserbad IV. — *1.6-Di-p-chlorphenyl-3.4-isopropylidenmannit*, $C_{21}H_{24}O_6Cl_2$, F. 111—114°, durch Einw. von p-Chlorphenol-Na in Bzl. auf II (8std. Erhitzen am Rückfluß), aus Chlf./PAe. Nadeln. — *1.6-Di-p-chlorphenylmannit*, $C_{18}H_{20}O_6Cl_2$, F. 177—178°, aus vorst. Verb. durch 10std. Erhitzen mit n-H_2SO_4 u. A., aus wss. A. Nadeln. — *1.6-Di-m-tolyl-3.4-isopropylidenmannitmonohydrat*, $C_{23}H_{30}O_6 \cdot H_2O$, F. 68—70°, durch Einw. von m-Kresol-Na in Bzl. auf II wie vorst., Nadeln aus CH_3OH/W., $[\alpha]_D^{17}$ +22,4° (c = 3,22 in Pyridin); beim Trocknen über P_2O_5 gelber Sirup, Kp.$_{0,05}$ 160—170° (Badtemp.). — *1.6-Di-m-tolylmannit*, $C_{20}H_{26}O_6$, F. 139,5 bis 140,5°, durch 7std. Erhitzen vorst. Verb. mit 0,1nH_2SO_4, Plättchen aus absol. A., $[\alpha^{16}]_D$ +24,6° (c = 1,38 in Pyridin). — *2.3.4.5-Tetrabenzoyl-1.6-di-m-tolylmannit*, $C_{48}H_{42}O_{10}$, aus vorst. Verb. mit Benzoylchlorid in Pyridin bei 0°, Stehen über Nacht bei 30°, aus CH_3OH Nadeln, F. 101—102°; $[\alpha]_D$ +30,2° (c = 2,98 in Pyridin). — *1.3;2.4-Diäthyliden-6-o-tolylsorbit* (VI), $C_{17}H_{24}O_6$, F. 134,5—135,5°, durch 9std. Erhitzen von V mit o-Kresol-Na in Bzl., Prismen aus wss. A., $[\alpha]_D^{18}$ +4,07° (c = 4,94 in Chlf.). — *1.3;2.4-Diäthyliden-5-p-tosyl-6-o-tolylsorbit*, $C_{24}H_{30}O_8S$, F. 143—144°, aus vorst. Verb. mit p-Tosylchlorid in Pyridin bei 25° (3 Tage), Nadeln aus wss. A., $[\alpha]_D^{20,5}$ —14,8° (c = 2,55 in trockenem Pyridin); Verb. reagiert nicht beim 7std. Erhitzen mit NaJ in Aceton auf 105—110°. — *6-o-Tolylsorbit*, $C_{13}H_{20}O_6$, durch Hydrolyse von VI mit 2nH_2SO_4 (6 Std. am Rückfluß), Fl., $[\alpha]_D$ +12,4° (c = 7,7 in A.). *Pentaacetat*, $C_{23}H_{30}O_{11}$, F. 89,5—90,5°. — *1.3;2.4-Diäthyliden-6-m-tolylsorbit*, F. 88°, aus V mit m-Kresol-Na in Bzl., Plättchen, $[\alpha]_D^{19}$ —8,1° (c = 3,46 in Pyridin). — *6-m-Tolylsorbit*, aus vorst. Verb. durch Hydrolyse wie vorst., Fl., $[\alpha]_D^{18,5}$ +13,9° (c = 6,6 in A.). *Pentaacetat*, F. 110—111°, Prismen, $[\alpha]_D^{18}$ —28,5° (c = 3,72 in Pyridin). — *1.3;2.4-Diäthyliden-6-phenylsorbit*, F. 98—99°, aus V mit Phenol-Na in Bzl. wie oben, Nadeln aus PAe., $[\alpha]_D^{17,5}$ +11,3° (c = 2,82 in A.). (J. chem. Soc. [London] **1952**. 37—43. Jan.) ROSSOW. 580

N. K. Kotschetkow, *Austauschreaktionen des Halogenatoms in β-Chlorvinylketonen.* Das Halogenatom in β-Chlorvinylalkylketonen ist sehr reaktionsfähig u. wird unter sehr milden Bedingungen gegen Jod u. Rhodan ausgetauscht. Die *β-Jodvinylalkylketone* sind fl. oder niedrigschm. feste Substanzen von charakterist. unangenehmem Geruch u. verfärben sich beim Stehen. Die β-Rhodanvinylalkylketone sind feste, leichtschm. Verbb. mit scharfem Geruch u. ebenfalls wenig beständig. Die SCN-Gruppe lagert NH_3 u. Diäthylamin nicht an (Unterschied von Senfölen); es tritt Bldg. von *Triacetylbenzol* ein. Anilin, als schwächere Base, bildet mit Methyl-β-rhodanvinylketon (I) das entsprechende *Anil.* I gibt mit A. das *Diäthylacetal* des *β-Acetoacetaldehyds*, mit Phenol *Methyl-β-phenoxyvinylketon*, mit Hydrazin *3-Methylpyrazol*. Eine Umlagerung der Rhodanverbb. in entsprechende Senföle gelang weder beim Erhitzen mit oder ohne hochsd. Lösungsmittel; es tritt Zers. unter H_2S-Entw. ein.

Versuche: *Methyl-β-jodvinylketon*, C_4H_5OJ, F. 55—56°; aus 5 g Methyl-β-chlorvinylketon (II) u. 10 g NaJ in 30 cm³ Aceton bei 4std. Sieden; aus PAe. Blättchen;

74,8% (Ausbeute). — *Propyl-β-jodvinylketon*, C_6H_9OJ, F. 28—29°; Kp.$_{25}$ 107—109°; aus Propyl-β-chlorvinylketon; aus PAe.; 55,5%. — *Isobutyl-β-jodvinylketon*, $C_7H_{11}OJ$, Kp.$_6$ 92—94°; n_D^{20} 1,5320; 51,8%. — *Methyl-β-rhodanvinylketon* (I), C_5H_5ONS, F. 39 bis 40°; Kp.$_{12}$ 125—127°; durch 3std. Erwärmen von 8 g II in 40 cm³ Aceton mit 10 g KCNS in 10 cm³ W.; aus PAe. Schuppen mit scharfem Geruch; 73%. — *Propyl-β-rhodanvinylketon*, C_7H_9ONS, F. 31—32°; Kp.$_8$ 129—130°; aus PAe.; 77%. — *Isobutyl-β-rhodanvinylketon*, $C_8H_{11}ONS$, Kp.$_6$ 125—126°; n_D^{20} 1,5195; 65%. — *Anil* von I, $C_{11}H_{10}N_2S$, F. 156—157°; aus 3 g I u. 2 g Anilin in 15 cm³ Methanol; nach 48std. Stehen wird mit W. verdünnt. Orange Täfelchen aus Methanol; 96%. — *β-Acetoacetaldehyddiäthylacetal*, Kp.$_{10}$ 76—77°; beim Einleiten von HCl in eine Lsg. von 17 g I in 50 cm³ absol. A. unter Kühlung; Fl. von fruchtähnlichem Geruch; n_D^{20} 1,4200; 5,2 g. — *Methyl-β-phenoxyvinylketon*, Kp.$_9$ 124—126°; n_D^{20} 1,5585; 34%. Als Nebenprod. entstehen 8% *β-Acetoacetaldehyddiphenylacetal*, F. 31—32°. — *3-Methylpyrazol*, Kp. 203—204°; zur Herst. aus I vgl. die analoge Herst. aus II nach NESSMEJANOW u. Mitarbeitern (C. **1951**. I. 3035); 36%; *Pikrat*, F. 141—142°. (Доклады Академии Наук СССР [Ber. Akad. Wiss. UdSSR] [N. S.] **82**. 593—96. 1/2. 1952. Moskau, Lomonossow-Univ.) TROFIMOW. 710

H. R. V. Arnstein und **Ronald Bentley**, *Der Mechanismus der Amidbildung aus Säuren und Harnstoff*. Zur Unters. des Mechanismus der von CHERBULIEZ u. LANDOLT (Helv. chim. Acta **29**. [1946.] 1438) aufgefundenen Rk. zwischen *Säuren* u. *Harnstoff* (I) unter Bldg. von *Säureamid*, CO_2 u. NH_3 arbeiten Vff. mit in der Carboxylgruppe mit ^{13}C markierten Säuren. $H^{13}COOH$ gab nur CO_2 mit dem n. Geh. an ^{13}C. Das gebildete *Formamid*, als *Formylphenylhydrazid* (F. 144°) charakterisiert, hatte den gleichen ^{13}C-Überschuß wie die Ausgangssäure. Das gleiche Ergebnis lieferte die Verwendung von $CH_3{}^{13}COOH$. Das entwickelte CO_2 stammt daher aus I. Die Zers. von ^{14}C-I-Oxalat liefert CO, CO_2, NH_3 u. Cyanursäure. Das aus dem gebildeten CO erhältliche $BaCO_3$ ist nicht radioakt., CO stammt also aus der Oxalsäure. Das CO_2 hingegen hatte einen beträchtlichen Geh. an ^{14}C, es stammt daher sowohl aus I als auch aus der Oxalsäure. — *^{13}C-Ameisensäure*, aus $K^{13}CN$ durch 2std. Erhitzen im Autoklaven mit W. auf 250°, Entfernung eines in W. unlösl. Polymeren u. Eindampfen im Vakuum; nach Zufügen überschüssiger 2nH_2SO_4 mit Wasserdampf abtreiben, mit 1,01nNaOH versetzen, neutralisieren mit nichtisotop. HCOOH, im Vakuum eindampfen. Das Na-Salz wird kurz zur Austausch-Rk. mit wasserfreier HCOOH gekocht u. die markierte HCOOH m Vakuum in eine A.-CO_2-gekühlte Vorlage abdestilliert. (J. chem. Soc. [London] **1951**. 3509—10. Dez. London, Nat. Inst. of Med. Res.) RUSKE. 810

M. A. Popow, N. I. Schuikin und **O. L. Baranowskaja**, *Katalytische Aminierung von Ketonen verschiedener Struktur*. (Vgl. Известия Академии Наук СССР, Отделение Химических Наук [Nachr. Akad. Wiss. UdSSR, Abt. chem. Wiss.] **1951**. 140.) Der Dampf des in das Amin überzuführenden Ketons wurde mit überschüssigem NH_3 u. H_2 über platiniertes Silicagel geleitet. Die optimale Temp. lag bei 170—240°. Oberhalb 240° machte sich starke Verharzung bemerkbar, die zu schneller Aktivitätsverminderung des Katalysators führte. Dieser hatte nach 4½std. Arbeiten seine Aktivität noch nicht verloren.

Versuche: Die nachst. angegebenen Ausbeuten beziehen sich auf umgesetztes Keton; in allen Fällen wurde viel Keton wiedererhalten. *3-Aminopentan*, $C_5H_{13}N$, Kp.$_{746}$ 86°; aus Diäthylketon bei 170°; $D.^{20}{}_4$ 0,7479; n_D^{20} 1,4063; 51,6% (Ausbeute). — *4-Aminoheptan*, $C_7H_{17}N$, Kp.$_{756}$ 138—140°; aus Dipropylketon bei 200°; $D.^{20}{}_4$ 0,7657; n_D^{20} 1 4178; 64,2%. — *2-Aminobutan*, $C_4H_{11}N$, Kp.$_{750}$ 61—63°; aus Methyläthylketon; $D.^{20}{}_4$ 0,7155; n_D^{20} 1,3948; 46,3%. — Aus Methylhexylketon wurde das Amin am besten bei 200°, aus Cyclopentanon bei 170° gewonnen. Die Ausbeuten waren gering, bei letzterem wegen starker Verharzung. (Известия Академии Наук СССР, Отделение Химических Наук [Nachr. Akad. Wiss. UdSSR, Abt. chem. Wiss.] **1953**. 91—95. Jan./Febr. Inst. für organ. Chem. der Akad. der Wiss. der UdSSR.) R. KNOBLOCH. 910

Ronald Bentley, *Diglycinhydrochlorid*. *Glykokoll* (I) wurde in konz. HCl gelöst, im Vakuum zur Trockne eingedampft u. der Rückstand mit Ae. abgedampft (er behält dabei etwas freie HCl); nach Lösen in A., Zufügen einer äquimol. Menge Pyridin u. 1std. Stehen bei 0° resultierte *Diglycinhydrochlorid*, $(C_2H_5O_2N)_2 \cdot HCl$, F. 186°. Zum Fällen von I ist ein Pyridinüberschuß erforderlich. (J. chem. Soc. [London] **1951**. 3509. Dez. London, Nat. Inst. for Med. Res.) RUSKE. 950

Frederick H. Carpenter und **Duane T. Gish**, *Die Verwendung von p-Nitrobenzylchlorformiat für die Peptidsynthese*. Die krist. *Carbo-p-nitrobenzyloxyderivv.* einiger Aminosäuren, auch solcher, die keine krist. Carbobenzyloxyderivv. liefern (DL- u. L-Oxyprolin, DL- u. L-Prolin, L-Leucin, DL- u. L-Isoleucin), wurden durch Rk. mit *Chlorameisensäure-*

p-nitrobenzylester (I) in üblicher Weise dargestellt. Die Darst. von I gelang aus $COCl_2$ u. p-Nitrobenzylalkohol (II) unter Verwendung von Dioxan als Lösungsm. mit 95% Ausbeute. Die Carbo-p-nitrobenzyloxyderivv. können ebenso wie die Carbobenzyloxyderivv. zur Peptidsynth. verwendet werden. Durch Umsetzung der Säurechloride (V bzw. VII) von Carbo-p-nitrobenzyloxyglycin (IV) bzw. -L-leucin mit L-Leucinmethylester, Verseifung der entstandenen Ester u. hydrierende Abspaltung der Carbo-p-nitrobenzoyloxygruppe wurden *Glycyl-L-leucin* (VIII) bzw. *L-Leucyl-L-leucin* dargestellt.

V e r s u c h e: *Chlorameisensäure-p-nitrobenzylester* (I), F. 33,5—34°, durch Zugabe einer Lsg. von II in Dioxan zu einer Lsg. von $COCl_2$ in Dioxan u. Stehenlassen über Nacht bei Raumtemp. im verschlossenen Kolben, Entfernen des überschüssigen $COCl_2$, des HCl u. Dioxans, Lösen des öligen Rückstandes in Toluol, Kühlen auf 0°, Petrolätherzugabe u. Abkühlen auf —50°; 95% (Ausbeute). — *Kohlensäuredi-[p-nitrobenzyl]-ester* (III), $C_{15}H_{12}O_7N_2$, F. 171,5—172°, durch 1std. Erhitzen von I u. II in Pyridin, aus Amylacetat; 52%; auch durch Rk. von I in Dioxanlsg. mit 4nNaOH. — *Äthyl-p-nitrobenzylcarbonat*, $C_{10}H_{11}O_5N$, F. 92—92,5° (A.), aus I u. absol. A. (30 Min. bei Raumtemp.). — *Carbo-p-nitrobenzyloxyglycin* (IV), $C_{10}H_{10}O_6N_2$, F. 122,5—124°, durch portionsweise Zugabe einer Lsg. von 0,0625 Mol I in Dioxan u. 0,0625 Mol 4nNaOH zu einer Lsg. von 0,05 Mol Glycin in 0,0625 Mol 4nNaOH unter Eiskühlung u. Schütteln, Abfiltrieren des Nebenprod. III u. Ansäuern des Filtrates; Kristalle aus W.; 78%. — *N-Carbo-p-nitrobenzyloxy-L-oxyprolin*, $C_{13}H_{14}O_7N_2$, F. 136,5—139°, analog IV; aus Amylacetat; $[\alpha]_D^{26}$ —41,6° (c = 1 in n-NaOH). — *N-Carbo-p-nitrobenzyloxy-L-prolinmonohydrat*, $C_{13}H_{14}O_6N_2 \cdot H_2O$, F. 44—58°, aus 50%ig. Essigsäure; $[\alpha]_D^{25}$ —38,9° (c = 1 in n-NaOH); 78%. — *Carbo-p-nitrobenzyloxy-L-leucinmonohydrat*, $C_{14}H_{18}O_6N_2 \cdot H_2O$, F. 60—61°, aus n-Butyläther; $[\alpha]_D^{27}$ —15,8° (c = 1 in n-NaOH); 79%. — *Carbo-p-nitrobenzyloxy-DL-isoleucin*, $C_{14}H_{18} \cdot O_6N_2$, F. 114,5—116,5°, aus n-Butyläther; 90%. — *Carbo-p-nitrobenzyloxy-L-isoleucin*, $C_{14}H_{18}O_6N_2$, F. 77,5—80°, aus n-Butyläther; $[\alpha]_D^{23}$ —12,6° (c = 1 in n-NaOH). — *Carbo-p-nitrobenzyloxyglycylchlorid* (V), aus IV in äther. Suspension u. PCl_5; gibt mit konz. NH_4OH-Lsg. *Carbo-p-nitrobenzyloxyglycinamid*, $C_{10}H_{11}O_5N_3$, aus A.–W., F. 198,5—199°. — *Carbo-p-nitrobenzyloxyglycyl-L-leucinmethylester* (VI), $C_{17}H_{23}O_7N_3$, F. 59—62°, aus 0,02 Mol V in Ae. u. äther. Lsg. von 0,05 Mol L-Leucinmethylester (2 Std. bei Raumtemp.), aus Diisobutylketon + n-Butyläther (1 : 1); $[\alpha]_D^{26}$ —26,5±0,7° (c = 1 in A.); 68%. *Carbo-p-nitrobenzyloxyglycyl-L-leucin*, $C_{16}H_{21}O_7N_3$, F. 118—120,5°, durch Verseifung des Esters mit methanol. NaOH (2 Std. bei Raumtemp.), aus Chlf. oder Chlf. + n-Butyläther (1 : 1); $[\alpha]_D^{27}$ —15,6° (c = 1 in n-NaOH). *Glycyl-L-leucin* (VIII), $C_8H_{16}O_3N_2$, F. 234—237° (Zers.), durch Hydrierung voriger Verb. in Essigsäure enthaltendem CH_3OH in Ggw. von PdO, aus W.–A.; $[\alpha]_D^{25}$ —36,0° (c = 1 in W.); 97%. — *Carbo-p-nitrobenzyloxy-L-leucylchlorid* (VII), analog V; *Carbo-p-nitrobenzyloxy-L-leucinamid*, $C_{14}H_{19}O_5N_3$, aus 50%ig. A., F. 160—161,5° u. 164,5—165,5°. *Carbo-p-nitrobenzyloxy-L-leucyl-L-leucinmethylester*, $C_{21}H_{31}O_7N_3$, F. 79,5—82,5°, analog VI, aus n-Butyläther; $[\alpha]_D^{24}$ —24,1° (c = 1 in A.); 78%. *Carbo-p-nitrobenzyloxy-L-leucyl-L-leucin*, $C_{20}H_{29}O_7N_3$, F. 89,5—91°; $[\alpha]_D^{24}$ —33,3° (c = 1 in n-NaOH); 84%. *L-Leucyl-L-leucinhydrat*, $C_{12}H_{24}O_3N_2 \cdot {}^3/_4\, H_2O$, analog VIII; F. 252—254° (Zers.); $[\alpha]_D^{22}$ —13,7° (c = 0,95 in n-NaOH). (J. Amer. chem. Soc. **74.** 3818—21. 5/8. 1952. Berkeley, Calif., Univ., Dep. of Biochem.) K. F. MÜLLER. 950

W. J. Le Quesne und **G. T. Young**, *Aminosäuren und Peptide.* 6. Mitt. *Synthese von L-Asparagylpeptiden aus Carbobenzyloxy-L-asparaginsäureanhydrid.* (5. vgl. BARKER, C. **1953.** 5088.) Die Rk. von *Carbobenzyloxy* (= *Cbo*)*-L-asparaginsäureanhydrid* (I) mit Aminosäureestern verläuft unter Bldg. von α- u. β-Asparagylderivv., die sich durch fraktionierte Extraktion mit Alkali trennen lassen. Auf diese Weise wurden α- u. *β-Asparagylglycin*, *-L-tyrosin* u. *-L-glutaminsäure* dargestellt. Aus den Reaktionsprodd. von I mit A. wurde *Cbo-L-asparaginsäure-α-äthylester* (IV) isoliert. Die β- ergaben im Gegensatz zu den α-Asparagylderivv. eine b l a u e Farb-Rk. mit Ninhydrin.

V e r s u c h e (R_F-Werte mit Phenol–NH_3–W.): *Cbo-L-asparaginsäureanhydrid* (I), aus Aceton–PAe., F. 109—111°. — *Cbo-β-L-asparagylglycinäthylester* (IIb), $C_{16}H_{20}O_7N_2$, aus I u. Glycinäthylester in Essigester über Nacht bei Raumtemp. u. Ansäuern mit HCl, Extraktion der Essigesterschicht mit wss. Na_2CO_3-Lsg. u. Ansäuern; IIb in den ersten 3 Fraktionen, aus Chlf.–Ae., F. 122—124°, Misch-F. mit IIa 104—108°; 21% (Ausbeute). *Cbo-α-L-asparagylglycinäthylester* (IIa), aus den weiteren Fraktionen, F. 120—122°; 19%. — *Cbo-β-L-asparagylglycin* (III), aus IIb mit n-NaOH (1½ Std. bei 14°), aus Essigester, F. 160—162°; 75%. — *β-L-Asparagylglycinmonohydrat*, $C_6H_{10}O_5N_2 \cdot H_2O$, durch Hydrierung von III bei n. Druck in wss. CH_3OH mit Pd-Schwarz, F. 153—156° (190—200° [Zers.] nach dem Trocknen), $[\alpha]_D^{20}$ +13,9° (c = 2,59 in wss. HCl), R_F 0,16; 93%. — *α-L-Asparagylglycin*, durch Hydrierung von *Cbo-α-L-asparagylglycin* (F. 162—165°), F. 184—185°, $[\alpha]_D^{20}$ +35,0° (c = 2,14 in wss. HCl), R_F 0,13. — *Cbo-β-L-asparagyl-L-tyro-*

sinäthylester, analog **IIb**, aus A., F. 200—201°; 15%. *Cbo-α-L-asparagyl-L-tyrosinäthylester*, $C_{23}H_{26}O_8N_2$, aus Essigester–PAe., F. 142—144°; 40%. — *Cbo-α-L-asparagyl-L-tyrosin*, $C_{21}H_{22}O_8N_2$, aus Essigester–PAe., F. 149—151°; 96%. — *α-L-Asparagyl-L-tyrosinmonohydrat*, $C_{13}H_{16}O_6N_2 \cdot H_2O$, aus W. + Aceton, F. 177—178°, $[\alpha]_D^{21}$ +17,8° (c = 2,59 in verd. HCl), R_F 0,26; 68%. *β-Isomeres*, R_F 0,29. — *Cbo-α-L-asparagyl-L-glutaminsäurediäthylestermonohydrat*, $C_{21}H_{28}O_9N_2 \cdot H_2O$, aus Essigester–PAe., F. 82—84°; 21%. *β-Isomeres*, F. 71—73°; 19%. Misch-F. (α u. β) 62—68°. — *Cbo-α-L-asparagyl-L-glutaminsäure*, $C_{17}H_{20}O_9N_2$, F. 151—152°; 71%. —*Cbo-β-L-asparagyl-L-glutaminsäure*, $C_{17}H_{20}O_9N_2$, aus W., F. 153—157°; 71%. — *α-L-Asparagyl-L-glutaminsäure*, $C_9H_{14}O_7N_2$, aus wss. A., F. 150—155°, $[\alpha]_D^{25}$ +5,6° (c = 3,39 in W.), R_F 0,05; 75%. — *β-L-Asparagyl-L-glutaminsäuremonohydrat*, $C_9H_{14}O_7N_2 \cdot H_2O$, R_F 0,05. — *Cbo-L-asparaginsäure-α-äthylester* (**IV**), $C_{14}H_{17}O_6N$, aus I u. A. bei 120—130° (4 Std. im Rohr), Na_2CO_3-Extraktion der äther. Lsg., aus Ae.–PAe., F. 80—82°; 33%. — *L-Asparaginsäure-α-äthylester*, $C_6H_{11}O_4N$, durch Hydrierung von **IV**, aus 80%ig. A., F. 181—183°, Misch-F. mit β-Ester 151—157°. — *Cbo-L-isoasparagin*, aus **IV** u. wss. NH_3 (D. 0,88) u. Ansäuern nach 4 Tage Stehen, Nadeln aus W., F. 167—169°, Misch-F. mit Cbo-L-asparagin 153—157°; 67%. (J. chem. Soc. [London] **1952**. 24—28. Jan.) K. F. MÜLLER. 950

W. J. Le Quesne und **G. T. Young**, *Aminosäuren und Peptide*. 7. Mitt. *Die Autohydrolyse von Glutamylpeptiden*. (6. vgl. vorst. Ref.) Die Annahme der Vff. (vgl. 2. Mitt., C. **1951**. II. 664), daß die Autohydrolyse von α-Glutamylpeptiden beim Erhitzen der wss. Lsgg. durch intramol. Cyclisierung zwischen der α-NH_2- u. der γ-COOH-Gruppe zum Pyrrolidonderiv. u. dessen weitere Hydrolyse zu *5-Ketopyrrolidin-2-carbonsäure* (**I**) u. der Aminosäure verläuft, während γ-Glutamylpeptide intramol. Substitution unter Spaltung der Peptidbindung erleiden, wobei ebenfalls **I** u. die Aminosäure entstehen, wurde papierchromatograph. u. präparativ bewiesen. *α-L-Glutamyl-L-asparaginsäure* gibt nach 24 Std. Erhitzen seiner wss. Lsg. auf 100° **I**, die papierchromatograph. nachgewiesen u. zusammen mit *Asparaginsäure* isoliert wurde. *α-L-Glutamylglycin* gibt **I** u. *N-[5-Keto-L-pyrrolidin-2-carbonyl]-glycin* (**VII**). Aus dem Autohydrolysat von *α-L-Glutamyl-L-glutaminsäure* wurden *N-[5-Keto-L-pyrrolidin-2-carbonyl]-L-glutaminsäure* (**VI**) u. eine geringe Menge *Glutaminsäure* (**II**) isoliert. *α-L-Glutamyl-L-tyrosin* (**V**) gab *N-[5-Keto-L-pyrrolidin-2-carbonyl]-L-tyrosin* (**III**), jedoch nicht **I** oder L-Tyrosin; *α-L-Glutamyl-L-valin* verhält sich ähnlich wie **V**. **VII** gibt nach 24std. Erhitzen seiner wss. Lsg. auf 100° **I** u. Glykokoll, während **VI** unverändert bleibt; **III** gibt keine **I**. Erhitzen der wss. Lsg. von **I** gibt **II** (u. unveränderte **I**). — Papierchromatographie der Hydrolysenprodd. von *γ-L-Glutamylglycin*, *-L-glutaminsäure* (**IV**) u. *-L-asparaginsäure* ergab in jedem Falle **I**, die in den beiden ersten Fällen auch isoliert wurde. Aus der Hydrolysenlsg. von **IV** wurde auch **II** isoliert.

V e r s u c h e: *N-[5-Keto-L-pyrrolidin-2-carbonyl]-L-glutaminsäure* (**VI**), $C_{10}H_{14}O_6N_2$, aus dem Diäthylester (ANGIER u. Mitarbeiter, J. Amer. chem. Soc. **72**. [1950.] 74) mit n-NaOH; aus A.–Essigester–Ae., F. 178—180°; 77% (Ausbeute). — *N-[5-Keto-L-pyrrolidin-2-carbonyl]-glycinäthylester*, $C_9H_{14}O_4N_2$, aus I-Hydrazid u. Glycinäthylester; aus Essigester, F. 117—119°; 33%. — *N-[5-Keto-L-pyrrolidin-2-carbonyl]-glycin* (**VII**), $C_7H_{10}O_4N_2$, aus dem Äthylester; aus A.–Ae., F. 162—166°. — *N-[5-Keto-L-pyrrolidin-2-carbonyl]-L-tyrosinäthylester*, $C_{16}H_{20}O_5N_2$, aus I-Hydrazid u. L-Tyrosinäthylester in Essigester–Dioxan in Ggw. von $KHCO_3$; aus Essigester, F. 133—135°; 16%. Hydrolyse gibt **III**. — R_F-Werte (mit W.–Butanol, Sichtbarmachung der Flecke durch Besprühen mit Methylorange): **I** 0,46; **VI** 0,40; **VII** 0,30; **III** 0,66. (J. chem. Soc. [London] **1952**. 594—97. Febr.) K. F. MÜLLER. 950

D. N. Andrejew und **L. L. Schtschukowskaja**, *Synthese und Eigenschaften siliciumorganischer Ester von ein- und zweibasischen Säuren. Trialkylsilylester* von *Carbonsäuren* wurden aus Trialkylchlorsilanen u. gesätt. ein- u. zweibas. Säuren als bewegliche Fll. von schwachem, an Schimmel erinnerendem Geruch gewonnen. Alle sind durch Na_2CO_3- oder K_2CO_3-Lsg. leicht verseifbar; die Ester mit $(CH_3)_3Si$-Radikal werden schon durch Luftfeuchtigkeit in kurzer Zeit verseift.

V e r s u c h e: *Buttersäuretriäthylsilylester*, $C_{10}H_{22}O_2Si$, $Kp._{10}$ 85—87°. a) Bei 85std. Erhitzen von Triäthylchlorsilan (I) mit Buttersäure (0,13 : 0,59 Mol); 52% (Ausbeute, auf I bezogen). b) Aus 0,25 Mol I u. 0,75 Mol K-Butyrat in 300 cm³ Toluol bei 26std. Kochen; 90%. $D.^{20}_4$ 0,8850; n_D^{20} 1,4250; Mol.-Refr. ($[MR]_D$) 58,46. — *Isovaleriansäuretriäthylsilylester*, $C_{11}H_{24}O_2Si$, $Kp._{10}$ 92,5—93,5°; aus I u. Isovaleriansäure (1 : 1 Mol) bei 40std. Erhitzen; n_D^{20} 1,4258; 26%. — *Önanthsäuretriäthylsilylester*, $C_{13}H_{28}O_2Si$, $Kp._7$ 127,5—129°; aus 19 g I u. 16 g Önanthsäure (40 Std.); man wäscht mit Na_2CO_3-Lsg. u. fraktioniert den getrockneten Rückstand; n_D^{20} 1,4303; 2 g neben 9 g *Triäthylsilanol* u. 3 g *Hexaäthyldisiloxan*. — *Bernsteinsäure-bis-[triäthylsilylester]*, $C_{16}H_{34}O_4Si_2$, $Kp._{10,5}$

172,5°; aus I u. Bernsteinsäure (0,33 : 0,10 Mol) bei 107std. Erhitzen; $D.^{20}_4$ 0,9518; n_D^{20} 1,4450; $[MR]_D$ 96,9; Ausbeute gering. — *Adipinsäure-bis-[trimethylsilylester]*, $C_{12}H_{26}O_4Si_2$, $Kp._{24,5}$ 153—154°; aus Trimethylchlorsilan u. Adipinsäure (0,42 : 0,17 Mol; 60 Std.); $D.^{20}_4$ 0,9589; n_D^{20} 1,4275; 28%. — *Adipinsäure-bis-[triäthylsilylester]*, $C_{18}H_{38}O_4Si_2$, $Kp._{26}$ 221—222°; $D.^{20}_4$ 0,9496; n_D^{20} 1,4475. — *Azelainsäure-bis-[trimethylsilylester]*, $C_{15}H_{32}O_4Si_2$, $Kp._{23}$ 180—181°; n_D^{20} 1,4310. — *Azelainsäure-bis-[triäthylsilylester]*, $C_{21}H_{44}O_4Si_2$, $Kp._{22}$ 240—241°; $D.^{20}_4$ 0,9438; n_D^{20} 1,4500; 54%. (Известия Академии Наук СССР, Отделение Химических Наук [Nachr. Akad. Wiss. UdSSR, Abt. chem. Wiss.] **1953**. 135—39. Jan./Febr. Inst. für Silicatchem. der Akad. der Wiss. der UdSSR.)

R. KNOBLOCH. 980

John F. Lane und **Stephen E. Ulrich**, *Die Einwirkung von Natrium auf Di-sek.-butylquecksilber. Di-sek.-butylquecksilber* (I) gab bei 25° in n-Dodecan mit Na 95% der berechneten Hg-Menge; bei der anschließenden Carbonierung wurden jedoch maximal nur 5% der erwarteten *Methyläthylessigsäure* neben sehr wenig *Methyläthylmalonsäure* gefunden; beim Arbeiten ohne Lösungsm. entstand ebenfalls nahezu quantitativ das *sek.-Butylnatrium* (II), das erwartete 3.4-Dimethylhexan konnte nicht isoliert werden; als einzige Reaktionsprodd. bildeten sich *Butan* u. *Buten*. Durch die Instabilität von sek.-Alkylnatriumverbb. bedingt, dürften dimere Prodd. der Form (sek. R-)$_2$ auf diesem Wege nicht zugänglich sein, da als Haupt-Rk. eine Disproportionierung zu RH u. Olefin eintritt.

V e r s u c h e: *Di-sek.-butylquecksilber* (I), $Kp._2$ 51—54°, wurde in n-Dodecan mit Na versetzt u. so in *sek.-Butylnatrium* (II) übergeführt, N_2 durchgeleitet, die Temp. auf 20—25° gehalten, nach 4 Std. Trockeneis zugegeben u. anschließend vorsichtig mit verd. H_2SO_4 zers.; Pentanextraktion der wss. Schicht u. Veresterung ergab den *Methyläthylessigsäure-p-bromphenacylester*, F. 48—51°; die angesäuerte Lsg. wurde mit NaCl gesätt. u. mit Methyläthylketon extrahiert, vom Lösungsm. abgedampft, u. die entstandenen Kristalle der *Methyläthylmalonsäure* wurden sublimiert; F. 124,5°. — Bei der analogen Herst. von II aus I ohne Lösungsm. wurden die entweichenden Gase über gesätt. NaCl-Lsg. aufgefangen, Reaktionszeit 8 Tage, danach wurden die Gase bromiert; *Dibrombutan*, $Kp._{42}$ 72—73°, n_D^{25} 1,5099; das Restgas bestand aus *Butan*, Kp. —6 bis +3°. (J. Amer. chem. Soc. **73**. 5470—71. Nov. 1951. New Brunswick, N. Y., Rutgers School of Chem.)

ZIMMER. 980

N. S. Johary, S. S. Guha und **P. C. Guha**, *Darstellung von 3.4-Dichlor- und 3.4.5-Trichloranilin.* Ein Vgl. der in der Literatur beschriebenen Methoden ergab als günstigste zur Darst. labormäßiger u. halbtechn. Mengen die folgenden: *1.2-Dichlor-4-nitrobenzol* (I), F. 42—43° (A.), aus p-Chlornitrobenzol u. Cl_2-Gas mit Fe-Pulver u. J_2 als Katalysator bei 100—105°; 93% (Ausbeute). — *3.4-Dichloranilin* (II), F. 72,5—73° (A.), aus 210 g I u. Fe-Feilspänen in 50%ig. Essigsäure; 145 g Rohprodukt. Reinigung über das *Hydrochlorid*, $C_6H_5NCl_2 \cdot HCl$, F. 245°. — *2.6-Dichlor-p-nitranilin* (III), durch Chlorierung von p-Nitranilin nach FLURSCHEIM [1908.], gelbe Nadeln aus Essigsäure, F. 190°. — *3.4.5-Trichlornitrobenzol* (IV), aus 100 g III, mit Nitrosylschwefelsäure diazotiert u. nach SANDMEYER umgesetzt, cremefarbene lange Prismen aus A., F. 72—73°; 75—80 g. — *3.4.5-Trichloranilin*, Nadeln aus A., F. 101°, aus 80 g IV wie bei II; 61 g. Reinigung über das *Hydrochlorid*, $C_6H_4NCl_3 \cdot HCl$, lange Nadeln, F. 220—221°. (J. Indian Inst. Sci. **34**. 287—92. Okt. 1952. Bangalore, Indian Inst. of Sci., Dep. of Organ. Chem.)

E. BECKER. 1310

Walter L. Borkowski und **E. C. Wagner**, *Methylierung von aromatischen Aminen nach der Methode von Wallach.* Die Unters. der Methylierung aromat. Amine nach der Meth. von WALLACH zeigt, daß die Ausbeute an den entsprechenden N-Dimethylaminen von der gleichzeitig erfolgenden Bldg. von Diphenylmethanderivv., substituiertem Chinazolin u. höher kondensierten Prodd. abhängig ist. Diese Neben-Rkk. werden durch nicht zu große Mengen an Säure katalysiert u. sind von der Blockierung der o- u. p-Stellungen der aromat. Amine abhängig. Vff. kommen auf Grund zahlreicher Verss. zu einer Modifizierung der Meth. von WALLACH (s. Versuchsteil). Nach dieser Meth. ließen sich jedoch nicht Methylen-bis-arylamine u. Methylenarylamine methylieren. Vff. nehmen daher für den allg. Mechanismus der Methylierung nach WALLACH die Bldg. von Oxymethylaminen als Zwischenprodd. an.

V e r s u c h e: Die folgenden Diphenylmethanderivv. werden allg. durch Vermischen der Reaktionspartner u. Erhitzen auf dem Dampfbad, sowie Eingießen in eine Lsg. von NaOH u. Na_2SO_3, Wasserdampfdest. u. Aufarbeiten des Rückstandes dargestellt: *p.p'-Bis-[dimethylamino]-diphenylmethan*, F. 85—86° (A.), aus Dimethylanilin, Paraformaldehyd (I) u. 98%ig. Ameisensäure (II) im Verhältnis 1 : 1 : 1,1. — *2.2'-Bis-[dimethylamino]-5.5'-dimethyldiphenylmethan*, $Kp._{16}$ 205—208°, aus N.N-Dimethyl-p-toluidin, I u. II (1 : 1 : 1). — *Diphenylmethanderiv. aus 2.6-Xylidin*, F. 60,0—60,5°, $Kp._{0,8}$ 170,5°, aus 2.6-Xylidin, I u. II (1 : 3 : 3) neben wasserdampfflüchtigem *N.N-Dimethyl-2.6-xylidin* (Kp. 194—199°). — *4.4'-Bis-[dimethylamino]-3.3'.5.5'-tetrabromdiphenylmethan,* F. 159 bis 160° (Dioxan–A., 1 : 1), aus 2.6-Dibromanilin, Trioxan u. II (1 : 3 : 8) in 3 Std.; 83% (Ausbeute). — *4.4'-Bis-[dimethylamino]-2.2'-dinitrodiphenylmethan,* F. 191—192° (Aceton–Hexan), aus m-Nitranilin, I u. II (1 : 2,6 : 4) in 10,5 Std.; 35%. — *3-p-Tolyl-6-methyl-3.4-dihydrochinazolin,* F. 156—157°, aus p-Toluidin, I u. II (1 : 3 : 3) im Rückstand nach Aufarbeitung wie vorher; 10%. — Modifizierte Meth. von WALLACH: Das aromat. Amin (1 Mol), gegebenenfalls in Pentan oder Ae. gelöst, wird unter Rühren bei Zimmertemp. zu I (2,5 Mol) in II (3 Mol) tropfenweise in 10—15 Min. zugegeben, das Reaktionsgemisch 5 Min. auf dem Dampfbad erhitzt, in eiskalte NaOH- (1,3 Äquivalente) u. Na_2SO_3-Lsg. (1,2 Äquivalente bezogen auf II) gegeben, einer Wasserdampfdest. unterworfen u. das Destillat aufgearbeitet. Besteht die Gefahr der Bldg. von Diphenylmethanderivv., wird die Rk. rascher u. ohne Erhitzen durchgeführt. Erhalten wurden aus dem Amin (nach a) bzw. dem Methylamin (nach b): *N.N-Dimethyl-o-toluidin,* nach a) 40%; nach b) 55%. — *N.N-Dimethyl-p-toluidin,* nach a) 50%; nach b) 95%. — *N.N-Dimethyl-p-chloranilin,* nach a) 65%. — *N.N-Dimethyl-o-chloranilin,* nach a) 23%. — *N.N-Dimethyl-2.4-xylidin,* nach a) 65%; nach b) 98%. — *N.N-Dimethyl-2.6-xylidin,* nach a) 97%; nach b) 98%. — *N.N-Dimethyl-p-nitranilin,* nach a) 50%. — *N.N-Dimethyl-p-anisidin,* nach a) 50%. — *N.N-Dimethylmesidin,* nach a) 98%. — *N.N-Dimethyl-2.4-dichloranilin,* nach a) 92%. — *N.N-Dimethyl-2.6-dibromanilin,* nach a) 92%. — *N.N-Dimethyl-p-brom-o-toluidin,* nach a) 65%. — *N.N-Dimethyl-2.4.6-tribromanilin,* nach a) 98%. (J. org. Chemistry **17**. 1128—40. Aug. 1952. Philadelphia, Pa., Univ., Dep. of Chem.) L. FISCHER. 1310

John C. Sheehan, D. W. Chapman und **Roy W. Roth,** *Die Synthese stereochemisch reiner Peptidderivate durch die Phthaloylmethode.* Durch sorgfältige Überprüfung der einzelnen Stufen bei der Peptidsynth. nach der Phthaloylmeth. wurde gezeigt, daß diese Meth. zur Darst. opt. reiner Peptidderivv. verwendet werden kann. Verschmelzen von L-Phenylalanin (I) u. Phthalsäureanhydrid (II) bei 145—150° ergibt Phthaloyl-L-phenylalanin (III), aus dem durch Hydrazinbehandlung I mit unveränderter opt. Drehung wiedergewonnen werden kann. Ebenso bleibt die opt. Drehung von III erhalten, wenn es in sein Säurechlorid (IV) übergeführt u. aus diesem durch Hydrolyse regeneriert wird. *Acetyl-L-phenylalanylglycinanilid* u. *Benzoyl-L-leucinanilid,* die durch die Phthaloylmeth. dargestellt wurden, haben dieselbe opt. Drehung wie die durch enzymat. Synth. dargestellten Prodd., ein weiterer Beweis dafür, daß die opt. Drehung bei der Phthaloylmeth. erhalten bleibt. — *Glycylglycin* u. *L-Phenylalanylglycin* wurden durch modifizierte Acylierung von Glycinmethylester mit Phthaloylglycylchlorid bzw. von Glycinäthylester mit IV u. hydrolyt. Spaltung der Kondensationsprodd. mit sehr guten Ausbeuten dargestellt.

Versuche (FF. korr.): *Phthaloyl-L-phenylalanin* (III), $C_{17}H_{13}O_4N$, F. 183—185°, durch 30 Min. langes Erhitzen eines innigen Gemisches äquimol. Mengen I u. II auf 145 bis 150°; Nadeln aus CH_3OH + W.; $[\alpha]_D$ —212° (0,0288 g in 1,5 ml A.); 88% (Ausbeute). 2std. Erhitzen mit $N_2H_4 \cdot H_2O$ in A. gibt *L-Phenylalanin* (I), $[\alpha]_D^{26}$ —32,4° (0,0287 g in 1,5 ml W.); 84,4%. — *Phthaloyl-D-phenylalanin,* $C_{17}H_{13}O_4N$, F. 180—180,5° (unkorr.), durch 20 Min. langes Erhitzen von II u. D-Phenylalanin auf 150°; $[\alpha]_D$ +207° (0,0578 g in 2 ml A.); 81%. — *Phthaloyl-L-phenylalanylchlorid* (IV), $C_{17}H_{12}O_3NCl$, F. 83—84°, durch 1std. Erhitzen von III u. PCl_5 in Bzl. auf 50—55°, Nadeln aus Bzl.–PAe.; $[\alpha]_D^{25,5}$ —197° (0,0338 g in 1,5 ml Bzl.); 97%. Hydrolyse gibt III, F. 182—184°, $[\alpha]_D^{25}$ —213° (0,0364 g in 1,2 ml A.); 70%. *Phthaloyl-L-phenylalanylglycinanilid* (V), $C_{25}H_{21}O_4N_3$, F. 211—212°, durch Zugabe einer Lsg. von Glycinanilidhydrochlorid in $(C_2H_5)_3N$ enthaltendem CH_2Cl_2 zu einer Lsg. von IV in CH_2Cl_2, aus A.; $[\alpha]_D^{26}$ —196° (0,0374 g in 2 ml Eisessig); 75%. *L-Phenylalanylglycinanilid,* $C_{17}H_{19}O_2N_3$, F. 172—173°, durch 1std. Erhitzen von V mit N_2H_4 in A., Nadeln aus 35%ig. A.; $[\alpha]_D^{26}$ +67° (0,0344 g in 1,5 ml Eisessig); 81%. *Acetylderiv.,* $C_{19}H_{21}O_3N_3$, Nadeln aus wss. Essigsäure, F. 212,5—213°; $[\alpha]$ + 21,8° (0,0510 g in 1,2 ml Eisessig). *Phthaloyl-L-phenylalaninanilid* (VI), $C_{23}H_{18}O_3N_2$, F. 203 bis 205°, aus IV in Dioxanlsg. u. Anilin in wss. $NaHCO_3$-Lsg., Nadeln aus wss. Essigsäure; $[\alpha]_D^{28}$ —104° (0,0303 g in 1,5 ml Chlf.); 76%. *Phthaloyl-D-phenylalaninanilid,* $C_{23}H_{18}O_3N_2$, F. 207—208°; $[\alpha]_D^{25}$ +105° (0,0187 g in 3 ml Chlf.). *L-Phenylalaninanilid,* $C_{15}H_{16}ON_2$, F. 72—74°, aus VI mit alkoh. N_2H_4, Blättchen aus 65%ig. A.; $[\alpha]_D^{26}$ +19° (0,0374 g in 2 ml A.); 72%. *Hydrochlorid,* $C_{15}H_{17}ON_2Cl$, aus A. + n-Butyläther, F. 223—224°; $[\alpha]_D^{26}$ +111° (0,0277 in 2 ml A.). *D-Phenylalaninanilidhydrochlorid,* $C_{15}H_{17}ON_2Cl$, F. 226 bis 227°, aus A.–n-Butyläther; $[\alpha]_D^{28}$ —105° (0,0266 g in 2 ml A.); 96%. — *Phthaloyl-L-leucin* (VII), F. 118,5—119,5° (unkorr.), durch 25 Min. langes Erhitzen von II mit L-Leucin auf 150°, Nadeln aus Ae. + n-Hexan; $[\alpha]_D^{26,5}$ —24° (0,0435 g in 1,5 ml A.). *Phthaloyl-L-leucinanilid,* $C_{20}H_{20}O_3N_2$, F. 154,5—156°, aus Phthaloyl-L-leucinchlorid (Öl,

aus **VII** u. PCl_5 in Bzl.) u. Anilin in Ggw. von $(C_2H_5)_3N$ in Chlf., aus 60%ig. Essigsäure u. Bzl. + PAe.; $[\alpha]_D^{26}$ −21° (0,0322 g in 1,5 ml Eisessig); 60%. *Benzoyl-L-leucinanilid*, F. 214—215,5°, durch Hydrazinolyse voriger Verb. u. Benzoylierung in Ae. in Ggw. von $(C_2H_5)_3N$, Plättchen aus A.; $[\alpha]_D^{25}$ +8,9° (0,0661 g in 1,5 ml Eisessig); 57%. — *Phthaloylglycylglycinmethylester*, F. 203—204°, aus je 0,02 Mol Glycinmethylesterhydrochlorid u. Phthaloylglycylchlorid in Chlf. von −25° unter Zugabe von 0,04 Mol $(C_2H_5)_3N$ in Chlf. innerhalb 40 Min., Nadeln aus W.; 90%. *Phthaloylglycylglycin*, F. 230—231°, durch 1std. Erwärmen des Esters mit 2nHCl, Nadeln aus A.; 95%. Hydrazinolyse gibt *Glycylglycin*; 90%. — *Phthaloyl-L-phenylalanylglycinäthylester*, $C_{21}H_{20}O_5N_2$, F. 160,6 bis 161,4°, aus **IV** u. Glycinäthylester in CH_2Cl_2 unter Zugabe von $(C_2H_5)_3N$ in CH_2Cl_2, Nadeln aus A.; $[\alpha]_D^{29,5}$ −146° (0,0320 g in 3 ml A.). *Phthaloyl-L-phenylalanylglycin*, $C_{19}H_{16}O_5N_2$, F. 183—185°, durch Verseifung des Esters mit HCl in wss.-aceton. Lsg.; $[\alpha]_D^{28}$ −148,5° (0,0311 g in 2 ml A.); 83%. *L-Phenylalanylglycinmonohydrat*, $C_{11}H_{10}O_4N_2$, F. 259,2—260,4°, durch Hydrazinolyse voriger Verb., aus W. + Aceton; $[\alpha]_D^{28}$ +42° (0,0307 g in 1,5 ml Essigsäure); +84,4° (0,0299 g in 1,5 ml W.). (J. Amer. chem. Soc. **74**. 3822—25. 5/8. 1952. Cambridge, Mass., Inst. of Technol., Dep. of Chem.)
K. F. MÜLLER. 1350

Robert L. McGeachin und Robert E. Cox, *Einige substituierte p-Arsanilsäuren.* *p-Arsanilsäure* (I) wurde mit verschied. aliphat. Halogeniden umgesetzt.

Versuche: *N.N'-Bis-[4-arsonophenyl]-1.3-diaminopropanol-(2)*, $C_{15}H_{20}O_7N_2As_2$, F. > 250°, a) aus **I** u. 1.3-Dichlorpropanol-(2) (**II**) in NaOH- u. $NaHCO_3$-Puffer durch 6std. Kochen u. Umfällen aus NaOH mit HCl; 30% (Ausbeute); bei Verwendung von Na_2HPO_4 als Puffer 29%; b) aus **I** u. Epichlorhydrin (**III**) in 4nNaOH durch 1std. Kochen; 14%. — *N-[3-Chlor-2-oxypropyl]-p-arsanilsäure*, $C_9H_{13}O_4NClAs$, F. > 250°, aus vorst. Filtraten bei p_H 5; aus **I** u. **II** 6%; aus **I** u. **III** 4%. — *Na-Salz des β-N-[4-Arsonophenyl]-amino-β'-oxydiäthyläthers*, $C_{10}H_{15}O_5NAsNa$, aus **I** u. β-Chlor-β'-oxydiäthyläther (Diglykolchlorhydrin) in n-NaOH durch 5std. Kochen; die *freie Säure* fiel aus dem A.-Extrakt mit Ae. gummiartig u. wurde mit NaOH u. A. ins Na-Salz übergeführt. — *N.N'-Bis-[4-arsonophenyl]-1.3-diaminopropan*, $C_{15}H_{20}O_6N_2As_2$, F. > 250°, aus **I** u. Trimethylendibromid in n-NaOH durch 3std. Kochen u. Umfällen aus NaOH; 25%. *Na-Salz*, durch Fällen mit A. aus der alkal. Lösung. (J. Amer. chem. Soc. **73**. 1869—70. April 1951. Louisville, Ky., Univ., School of Med., Dep. of Biochem.) W. MEYER. 1380

Gerald R. Lappin, *Umlagerung einiger β-Acetylenalkohole zu ungesättigten Ketonen in basischer Lösung.* Einige sek. aromat. *β-Acetylenalkohole* erleiden durch milde Behandlung mit Alkali (nicht mit organ. Basen) eine Kettenisomerisation unter Bldg. *ungesätt. Ketone*, die weiter in einfache *Aldehyde* u. *Ketone* spalten. Es findet dabei eine 1.3-Wanderung des H-Atoms statt u. Ketonisierung des gebildeten Allenalkoholes. *Prim. aromat. β-Acetylenalkohole* u. rein *aliphat. sek. Alkohole* sind unter den beschriebenen Bedingungen beständig. Einige dieser Alkohole geben jedoch mit Pyridin oder Chinolin Farb-Rkk., deren Ursache in einer 1.3-OH-Wanderung gesucht wird.

Versuche: *1.3-Diphenylpropin-(2)-ol-(1)* (**I**), $C_{15}H_{12}O$, Kp.$_5$ 168°, aus Benzaldehyd (**III**) u. Phenylacetylen-GRIGNARD-Reagens (**II**) (Methylmagnesiumbromid u. Acetylen-KW-stoff); 75% (Ausbeute). — *1-[p-Bromphenyl]-3-phenylpropin-(2)-ol-(1)* (**IV**), $C_{15}H_{11}OBr$, F. 59—60° (PAe.), aus p-Brombenzaldehyd u. **II**; 10%. — *1-[p-Methoxyphenyl]-3-phenylpropin-(2)-ol-(1)* (**V**), $C_{16}H_{14}O_2$, F. 62—63° (PAe.), aus Anisaldehyd u. **II**; 72%. — 2 g des entsprechenden Alkohols wurden in 20 cm³ 5%ig. KOH in 50%ig. wss. A. gelöst, 30 Min. wurde erhitzt. Bei Verwendung von **I** konnten 200 mg eines höherkondensierten Prod., F. 256°, das ebenso auch aus Chalkon entsteht, isoliert werden. Aus der auf p_H 7 gebrachten Lsg. wurden durch Wasserdampfdest. alle carbonylhaltigen Verbb. abgetrennt u. die aldehyd. u. keton. Anteile bestimmt. So bildete **I** 15% **III** u. 12% *Acetophenon* (**VI**); **IV** 11%, **III** u. 9% *p-Bromacetophenon*; **V** 7% **III** u. 7% *p-Methoxyacetophenon*; *1-Phenyl-octin-(1)-ol-(3)* 4% *Hexanal* u. 8% **VI**; *1-Phenylbutin-(1)-ol-(3)* (**X**) 9% **III** u. 3% *Aceton*. — *γ-Phenylpropargylalkohol* (**VII**), *Octin-(2)-ol-(1)* (**VIII**) u. *Vonin-(3)-ol-(2)* (**IX**) wurden unverändert zurückgewonnen. — In Pyridin oder Chinolinlsg. bei längerem Stehen oder Erhitzen auf 75—85° bilden **VII** u. **X** eine intensive orangerote Farbe, **VIII** u. **IX** eine schwach gelbe Farbe. — Es wurde mit Phenylvinylketon u. **VII** eine gleiche Farbentw. in Pyridin vorgenommen u. spektrophotometr. verglichen. (J. org. Chemistry **16**. 419—23. März 1951. Tucson, Ariz., Univ. of Arizona, Chem. Labors.) FAASS. 1570

N. F. Kononow, S. Ja. Lapschina und Ss. Ss. Nowikow, *Depolymerisation von Dicyclopentadien in ununterbrochenem Arbeitsgang.* Die Überführung von dimerem *Cyclopentadien* (**I**) in das Monomere (**II**) durch therm. Zers. bei 195—200° wird in einer gläser-

nen Kolonne von 70 cm Höhe u. 3 cm Durchmesser, deren unterer Teil als Reaktionsraum dient, durchgeführt. Die kontinuierlich arbeitende App. leistet die Zers. von 582,6 g **I** in 12 Std. u. liefert 575,6 g **II**. Nach 100—150 Std. Betriebsdauer muß die App. von harzigen Zersetzungsprodd. gereinigt werden. (Известия Академии Наук СССР, Отделение Химических Наук [Nachr. Akad. Wiss. UdSSR, Abt. chem. Wiss.] **1953**. 112—13. Jan./Febr. Inst. für organ. Chem. der Akad. der Wiss. der UdSSR.)
R. KNOBLOCH. 1810

Everette L. May und **Erich Mosettig**, *Cyclitderivate*. 2. Mitt. *Derivate der Scylloinosose* (1. vgl. J. org. Chemistry **14**. [1949.] 1137.) Scylloinosose (R = O) bzw. ihr Pentaacetat werden nach POSTERNAK (C. **1944**. I. 1382) mit Diazomethan in das *Methylenoxyd* (R—O—CH_2) (**I**) bzw. dessen *Pentaacetat* (**II**) verwandelt. **II** reagiert mit Piperidin oder Morpholin unter Aufspaltung des Oxiranringes u. Bldg. von *Piperidinomethyl-* bzw. *Morpholinomethylmesoinositpentaacetat*, die mit methanol. NH_3 desacyliert werden können. Bei Behandlung von **II** mit methanol. NH_3, Äthanolamin oder Benzylamin bildet sich unter Wanderung einer O-Acetylgruppe an die Aminogruppe *N-Acetylaminomethylmesoinosit* (**III**) bzw. *N-Acetyl-2-oxyäthylaminomethylmesoinosit* (**IV**) bzw. *N-Acetylbenzylaminomethylmesoinosit* (**V**). Die Hydrolyse der Acetylgruppe mit HCl ergibt die *Aminomethylinosite*, die auch direkt durch Rk. von **I** mit den Basen gebildet werden.

Versuche: *Piperidinomethylmesoinositpentaacetat*, $C_{22}H_{33}O_{11}N$, F. 197—199°, durch 3std. Kochen von **II** mit Piperidin in trockenem Bzl.; Prismen aus A.; ~100% (Ausbeute). — *Piperidinomethylmesoinosit*, $C_{12}H_{23}O_6N$, F. 227—229°, aus vorst. Verb. durch Schütteln mit methanol. NH_3; längliche Platten aus CH_3OH: 70%. — *Morpholinomethylmesoinositpentaacetat*, $C_{21}H_{31}O_{12}N$, F. 199—200°, Nadeln oder Prismen; 100%. — *Morpholinomethylmesoinosit*, $C_{11}H_{21}O_7N$, F. 232—234° (Zers.), Nadeln oder Platten aus A./W.; 90%. *Pikrat*, $C_{17}H_{24}O_{14}N_4$, F. 232—234° (Zers.), aus W. gelbe Stäbchen. — *N-Acetylaminomethylmesoinosit* (**III**), $C_9H_{17}O_7N$, F. 215—216,5°, aus **II** durch Stehen über Nacht mit methanol. NH_3; Nadeln aus W./A.; 65%. — *N-Acetyl-2-oxyäthylaminomethylmesoinosit* (**IV**), $C_{11}H_{21}O_8N$, F. 198—199°, durch 1—2std. Kochen von **II** mit Äthanolamin u. CH_3OH; Nadeln aus W./A. oder CH_3OH: 76%; oder in Bzl. u. Lösen des harzartigen Nd. mit methanol. NH_3; 80%. — *N-Acetylbenzylaminomethylmesoinosit* (**V**), $C_{16}H_{23}O_7N$, F. 230—232° (Zers.), aus **II** wie vorst. während 3—4 Std.; Nadeln aus W.; 84%. — *Aminomethylmesoinosit*, F. 163—175° oder 198—200° (Zers.), aus **III** durch 1,5std. Hydrolyse mit 10%ig. HCl auf dem Wasserbad u. Lösen in alkoh. NH_3 oder aus **I** durch 70std. Behandlung mit methanol. NH_3 (Schütteln während der ersten 7 Std.); aus W./CH_3OH Ellipsoide; 60 bzw. 28%. *Pikrat*, $C_{13}H_{18}O_{13}N_4$, F. 223 bis 224° (Zers.), aus W./A. Platten. *Hydrochlorid*, $C_7H_{16}O_6NCl \cdot 1/2\,H_2O$, F. 231—234°, Nadeln aus W./CH_3OH. — *2-Oxyäthylaminomethylmesoinosithydrochlorid*, $C_9H_{20}O_7NCl$, F. 124—127°, aus **IV** oder aus **I** wie vorst.; rhomb. Prismen aus CH_3OH/Ae. oder W./A.; 75%. *Pikrat*, $C_{15}H_{22}O_{14}N_4$, F. 187—189,5°, aus W. Nadeln. — *Benzylaminomethylmesoinosit*, $C_{14}H_{21}O_6N$, F. 213—215°, aus **V** oder **I** wie vorst.; Platten aus W.; 80 bzw. 90%. *Hydrochlorid*, $C_{14}H_{22}O_6NCl$, F. 230—232° (Zers.), aus CH_3OH/Ae. Nadeln. (J. org. Chemistry **16**. 1471—74. Sept. 1951. Bethesda, Md., Nat. Inst. of Health.) ROSSOW. 1860

Everette L. May, *Cyclitderivate*. 3. Mitt. *Epi- und Mesoinositester von p-Aminobenzoesäure und p-Aminosalicylsäure*. (2. vgl. vorst. Ref.) Ausgehend von Epi- u. Mesoinositpentaacetat (**II**) wurden *p-Aminobenzoylepiinosit*, *p-Aminobenzoylmesoinosit* u. *p-Aminosalicyloylmesoinosit* hergestellt u. auf ihre Aktivität in vitro gegen Tuberkulose geprüft.

Versuche: *p-Nitrosalicylsäure*, F. 236—238°, nach VISCONTINI u. PUDLES (C. **1950**. II. 2062). — *O-Benzyl-p-nitrosalicylsäureäthylester*, F. 57—58°, aus Äthyl-p-nitrosalicylat. *Freie Säure*, $C_{14}H_{11}O_5N$, F. 171—173°, durch 2½std. Schütteln des Esters mit CLAISENs Alkali u. Methanol, Verdünnen mit W. u. Ansäuern. — *Mesoinositpentaacetat* (**II**), $C_{16}H_{22}O_{11}$, F. 174—177°, durch 20—25std. Hydrieren von Scylloinososepentaacetat (**I**) in A. in Ggw. von Pt-Oxyd, Nadeln; 70% (Ausbeute). Beim 1,5std. Hydrieren von **I** in Äthylacetat entsteht ein Prod., das zu 90% aus **II** u. zu 10% aus *Scyllitpentaacetat*, F. 211—213°, besteht (identifiziert durch Acetylieren u. fraktionierte Kristallisation als *Mesoinosithexaacetat*, F. 213—215°, u. *Scyllithexaacetat*, F. 296 bis 298°). — *p-Nitrobenzoylmesoinositpentaacetat*, $C_{23}H_{25}O_{14}N$, F. 233—235°, durch 15—20std. Erhitzen von **II** mit p-Nitrobenzoylchlorid in Chinolin auf dem Wasserbad, Lösen in heißer Essigsäure u. Eingießen in Eiswasser; Nadeln aus A. oder Essigsäure. — *p-Aminobenzoylmesoinositpentaacetat*, $C_{23}H_{27}O_{12}N$, F. 201—213°, durch Red. vorst. Verb. mit RANEY-Ni in Äthylacetat; Prismen aus Äthylacetat/Ligroin; 90%. — *p-Aminobenzoylmesoinosit*, $C_{13}H_{17}O_7N$, F. 249—254°, aus vorst. Verb. mit methanol. NH_3; Blättchen aus W.; 85%. — *p-Nitrobenzoylepiinositpentaacetat*, $C_{23}H_{25}O_{14}N$, F. 156—158°, aus

Epiinositpentaacetat mit Nitrobenzoylchlorid wie oben; Plättchen aus CH_3OH oder Bzl./Ligroin; 80%; zerfällt bei versuchter Desacetylierung mit CH_3ONa in *Methyl-p-nitrobenzoat*, F. 93—95°, u. *Epiinosit*, identifiziert als *Hexaacetat*, F. 189—191°. — *p-Aminobenzoylepiinositpentaacetat*, $C_{23}H_{27}O_{12}N$, F. 198—202°, durch Red. vorst. Nitroverb. mit RANEY-Ni; Nadeln aus A.; 95%. — *p-Aminobenzoylepiinosit*, $C_{13}H_{17}O_7N \cdot \frac{1}{2} H_2O$, F. 214—223°, aus vorst. Verb. durch Schütteln mit methanol. NH_3, 15std. Stehen bei 25°, 5std. Stehen bei 5°; aus W. Blättchen; 73%. — *O-Acetyl-p-nitrosalicyloylmesoinositpentaacetat*, $C_{25}H_{27}O_{16}N$, F. 197—200°, durch 10—11std. Erhitzen von II in Bzl. mit O-Acetyl-p-nitrosalicyloylchlorid; Prismen aus Aceton/A.; 35%; daneben geringe Mengen eines *isomeren Nitroesters*, F. 227—232°. — *O-Acetyl-p-aminosalicyloylmesoinositpentaacetat*, $C_{25}H_{29}O_{14}N$, F. 177°, durch Hydrierung vorst. Verb. in Äthylacetat in Ggw. von Pt-Oxyd; Nadeln aus A.; 85%. — *p-Aminosalicyloylmesoinosit*, $C_{13}H_{17}O_8N \cdot 2 H_2O$, F. 153—155°, durch Schütteln vorst. Verb. mit methanol. NH_3; Nadeln aus A./Ae.; 50%. — Die Rk. von Epiinositpentaacetat mit O-Acetyl-p-nitrosalicyloylchlorid gibt keine befriedigenden Resultate. (J. org. Chemistry **17**. 286—89. Febr. 1952.)

ROSSOW. 1860

H. George Latham jr., Everett L. May und Erich Mosettig, *Cyclitderivate*. 4. Mitt. *2-Keto-myo-inositthiosemicarbazon und 2-Dimethylamino-2-desoxy-myo-inosit.* (3. vgl. vorst. Ref.) Ausgehend von 2-Keto-myo-inosit (I; Scylloinosose) wird durch Hydrierung des Oxims *2-Amino-2-desoxy-myo-inosit* (II) gewonnen, das in das *N.N-Dimethylderiv.* (III) verwandelt wird. II, III u. das *Thiosemicarbazon* von I wurden auf ihre in vitro-Aktivität gegen Tbc geprüft u. sind nicht merkbar aktiv.

Versuche: *2-Amino-2-desoxy-myo-inosit* (II), $C_6H_{13}O_5N$, F. 277—279,5° (korr.), aus I-Oxim durch 10—15std. Hydrierung in wss. CH_3OH in Ggw. von PtO_2; 55% (Ausbeute); *Hydrochlorid*, F. 230—233°; *N-Acetylderiv.*, F. 245—248°. — *2-Dimethylamino-2-desoxy-myo-inosit* (III)-*Hydrochlorid*, $C_8H_{18}O_5NCl$, F. 218—220° (korr.; CH_3OH/Ae.), aus II durch 2std. Erhitzen mit 37%ig. HCHO u. 98%ig. HCOOH, nach dem Abkühlen mit konz. HCl behandeln; 60%. — *2-Keto-myo-inositthiosemicarbazon*, $C_7H_{13}O_5N_3S$, F. 194,5—196° (W.), durch 10 Min. Erhitzen von I mit Thiosemicarbazid u. W. auf dem Dampfbad u. Stehen über Nacht bei 5°; 70%. (J. Amer. chem. Soc. **74**. 2684. 20/5. 1952.)

ROSSOW. 1860

Georges Durr, *Crotonisierung eines Ringketons, des Cyclohexanons, mittels Ionenaustauschern.* Beim 2std. Erhitzen von Cyclohexanon (I; 100 g) mit dem Kationenaustauscher Amberlit IR 120 (II; 10 g) auf 130—140° tritt Selbstkondensation zu *1-Cyclohexylidencyclohexanon-(2)* (III; $Kp._{10}$ 137—139°, *Oxim*, F. 146—148°) ein, die Ausbeute beträgt 20%, neben III entstehen Polymere von I, deren Menge mit der Reaktionstemp. steigt. Anionenaustauscher sind ohne Wrkg. auf I. Dagegen wird die Kondensation von I mit Benzaldehyd (je 100 g) bei 120—130° sowohl durch II als auch durch das Aminharz Amberlit IR-4 B katalysiert, in beiden Fällen entsteht hauptsächlich *1.3-Dibenzalcyclohexanon-(2)* (aus A., F. 117,5°), daneben *1-Benzalcyclohexanon-(2)* ($Kp._{10}$ 174—176°, aus Toluol, F. 55°), undefinierte Polymere u. Harz. (C. R. hebd. Séances Acad. Sci. **236**. 1571—73. 20/4. 1953.)

KRESZE. 1950

D. N. Kurssanow, S. N. Parness, I. I. Saretzkaja und **I. N. Nasarow,** *Untersuchung des Mechanismus der Cyclisierungsreaktion mit Hilfe von Deuterium.* 1. Mitt. *Cyclisierung von Isopropenylallylketon.* Zur Deutung des Reaktionsverlaufs bei der Cyclisierung von substituierten Vinylallylketonen in Ggw. von Säuren zu substituierten *Cyclopentenonen* wurde von NASAROW u. Mitarbeitern ein Ionenmechanismus vorgeschlagen, der als 1. Stufe die Anlagerung eines Protons in der Allylgruppe annimmt. Bei der Katalysierung der Rk. durch deuterierte Phosphorsäure anstatt gewöhnlicher H_3PO_4 sollte, die Richtigkeit der Annahme vorausgesetzt, aus Isopropenylallylketon (I) durch Anlagerung von $D^{\oplus}$ das Carboniumion **a** u. hieraus **b** entstehen, worauf letzteres unter Verlust eines Protons in ein *deuteriertes 1.3-Dimethylcyclopenten-(1)-on-(5)* (II) überginge. Es ließ sich zeigen, daß I beim Behandeln mit Deuterophosphorsäure in ein monodeuteriertes II überging. II tauscht unter den Reaktionsbedingungen prakt. kein H gegen D aus; I ebenfalls nicht, wie daraus hervorgeht, daß bei absichtlich nicht zu Ende geführter Cyclisierung das aus dem Reaktionsgemisch wiedergewonnene I prakt. kein D enthielt. Es folgt demnach, daß D nicht schon vor der Cyclisierung in I oder nicht erst nach der Cyclisation in II gelangt. Der Schluß ist berechtigt, daß der Rk. ein Ionenmechanismus zugrunde liegt u., wenn sich noch die Stellung des D-Atoms bestätigt, der vermutete. — *Monodeuteriertes 1.3-Dimethylcyclopenten-(1)-on-(5)* (II), $Kp._9$ 45—46°. Man fügt zu 4,02 g I allmählich unter Rühren die gleiche Menge Deutero-

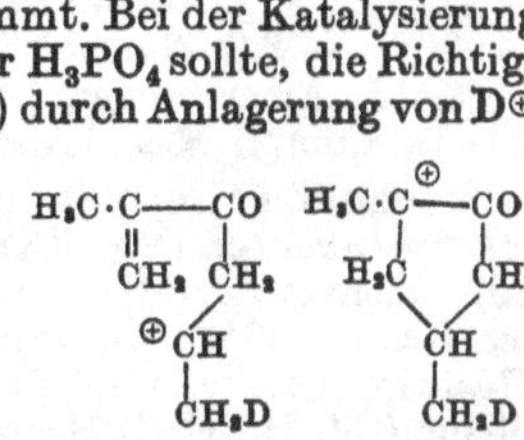

a b

phosphorsäure (D. 1,76; 91000 γ) hinzu u. läßt 3½ Std. bei 20—21° einwirken. Der D-Geh. des Verbrennungswassers entsprach ziemlich genau dem berechneten. (Известия Академии Наук СССР, Отделение Химических Наук [Nachr. Akad. Wiss. UdSSR, Abt. chem. Wiss.] **1953.** 114—20. Jan./Febr. Inst. für organ. Chem. der Akad. der Wiss. der UdSSR.) R. KNOBLOCH. 1960

Yves-René Naves, *Über Cyclisierungsmittel und -produkte der Pseudojonone.* Neben α- u. β-Ionon (**IVa, b**) entstehen bei der Cyclisierung von Pseudojonon „*Isojonone*", $C_{13}H_{20}O$, ([*3-Methyl-6-isopropenyl-* bzw. *-propylidencyclohexen-(2)-yl-(1)*]*-aceton*; **Ia** u. **Ib**), Oxyde, wie *1.1.3.6-Tetramethyl-7.8.9.10-tetrahydroisochromen* (**II**), u. deren Hydrate, wie *1.1.3.6-Tetramethyl-3-oxy-7.8.9.10-tetrahydroisochroman* (**III**). Die Ausbeute an diesen Nebenprodd. hängt sehr von dem Cylisierungsmittel ab; die stärksten LEWIS-Säuren geben die besten Ausbeuten an **IV**. Im einzelnen werden an Prodd. mit $Kpp._4 < 118°$ erhalten: mit BF_3 90% **IV**, 4% **II**, 4% **I** + **III**; mit 62,5%ig. H_2SO_4 u. mit 85%ig. H_3PO_4 78% **IV**, 8% **II**, 6% **I** + **III**; mit 98%ig. HCOOH 72% **IV**, 8% **II**, 12% **I** + **III**; mit $AlCl_3$ in CS_2 15% **IV**, 60% **II**, 15% **I** + **III**; mit $ZnCl_2$–Essigsäure 15% **IV**, 55% **II**, 20% **I** + **III**; mit Essigsäure in W. 60% **II**, 30% **I** + **III**; mit p-Kresol 40% **II**, 50% **I** + **III**; mit Salicylsäure 10% **II**, 70% **I** + **III**, mit W. nur 75% **I** + **III**. — Vf. nimmt zur Erklärung verschied. Anlagerungsstellen der Säure an das Pseudojonon an — Isopropylidengruppe bei der **IV**-Bldg., Carbonylgruppe sonst —, an denen im Gleichgewicht auch in jedem Fall Anlagerung erfolgt. Die Sonderstellung starker Säuren besteht dann — im Fall einer Carboniumionbldg. durch Addition an die CO-Gruppe — in einer Verschiebung der Mesomerie im Ion im Sinne einer Ladungslokalisierung am Carbonyl-C-Atom oder in der Bldg. eines kovalenten keton. Komplexes. Die **II**-Verbb. werden identifiziert durch die *Semicarbazone* der entsprechenden *Oxydihydroisojonone*, FF. 210 bis 211°, 175—175,5° u. 159,5—160°. Derivv. von **Ia** u. **b**: *4-Phenylsemicarbazone*, F. 168—169° (*Dinitrophenylhydrazon*, F. 101—102°), F. 158—159° (*Semicarbazon*, F. 190 bis 191°) u. F. 137—138° (*Dinitrophenylhydrazon*, F. 102—103°, *Semicarbazon*, F. 161 bis 162°). (C. R. hebd. Séances Acad. Sci. **236.** 1573—75. 20/4. 1953.) KRESZE. 1960

Sidney D. Ross, George J. Kahan und William A. Leach, *Die chemische, katalytische und polarographische Reduktion von 2.2'-Dinitrobiphenyl und dessen Reduktionsprodukten.* (Vgl. ROSS u. KUNTZ, C. **1953.** 45.) Vff. untersuchen die Red. von *2.2'-Dinitrobiphenyl* (**I**). Mit verschied. Mengen Na_2S werden erhalten entweder *2.2'-Dinitrosobiphenyl* (**II**) oder *Benzo-[c]-cinnolinoxyd-(5)* (**III**), wobei bei letzterem die Rk. stehenbleibt. Die Hydrierung mit PtO_2 bei 2—3 at in Äthylacetat–A. liefert *2.2'-Diaminobiphenyl*. *Benzo-[c]-cinnolin* (**IV**) wird unter diesen Bedingungen nicht angegriffen, **II** u. **III** werden zu **IV** red.; deshalb können **II**, **III** u. **IV** nicht Zwischenprodd. bei der Hydrierung von **I** zum Diamin sein. Die polarograph. Red. von **I**, **II**, **III** u. **IV** wird untersucht bei den p_H-Werten 1,9, 5,2 u. 13 in 80%ig. A. mit einem 0,1 mol. Elektrolytgehalt. Als Endprod. tritt *Dihydrobenzo-[c]-cinnolin* (**V**) auf. Das Redoxsyst. **IV**/**V** wird nach der Meth. von KALOUSEK (vgl. Collect. czechoslov. chem. Commun. **13.** [1948.] 105) an einer Hg-Tropfelektrode bei p_H 5,2 untersucht. Da Oxydations- u. Reduktionspotential voneinander abweichen, wird angenommen, daß das Syst. thermodynam. irreversibel ist. Analog werden **II**/**V** u. **III**/**V** untersucht. Eine 50%ig. Abweichung vom theoret. Wert im ersteren Falle wird erklärt u. die Störung ausgeschaltet.

V e r s u c h e: *2.2'-Dinitrosobiphenyl* (**II**), $C_{12}H_8O_2N_2$, F. 233—236°, durch Red. von **I** mit 0,5 Mol Na_2S pro Mol NO_2 in 0,25nNaOH während 4 Std.; Trennung von **III** u. nicht umgesetztem **I** chromatograph.; 24% (Ausbeute). — *Benzo-[c]-cinnolinoxyd-(5)* (**III**), $C_{12}H_8ON_2$, F. 139—140°, analog **II** mit 2,5 Mol Na_2S/Mol NO_2 während 24 Std., Spuren bis 96%. — *2.2'-Diaminobiphenyl*, F. 80—81°, durch Hydrierung von **I** in Ggw. von Pd; 96%. (J. Amer. chem. Soc. **74.** 4122—26. 20/8. 1952. North Adams, Mass., Sprague Electr. Comp., Res. Labor.) G. WINKLER. 2210

John C. Petropoulos und D. S. Tarbell, *Die Einwirkung von Aluminiumbromid auf Allylphenyläther.* (Vgl. TARBELL u. PETROPOULOS, J. Amer. chem. Soc. **74.** [1952.] 244.) Allylphenyläther (**III**) u. o-Allylphenol bilden in Chlorbenzol in Ggw. von $AlBr_3$ in schneller Rk. ca. 50% *1-[o-Oxyphenyl)-1-[p-chlorphenyl]-propan* (**II**), welches mit geringerer Reaktionsgeschwindigkeit durch $AlBr_3$ zu 65—75% in Phenol u. die entsprechende Menge $(ClC_6H_4)_2CHC_2H_5$ übergeführt wird. In einer Neben-Rk. wird **II** noch zu *1-[o-Oxyphenyl]-2-[p-chlorphenyl]-propan* (**IV**) isomerisiert, das mit $AlBr_3$ nur unvollständig Phenol liefert (Rückgewinnung 82%). — Für die Bldg. von **II** wird als erste Reaktionsstufe eine intramol. Umlagerung von **III** zum o-Allylphenol, das dann zur Propenylverb. isomerisiert, angenommen. Letztere bildet dann durch Addition des Lösungsm. **II**. Anisol, mit $AlBr_3$ in Chlorbenzol behandelt, lieferte nach 18 Std. u. bei 26° 11% Phenol, nach 23 Std. bzw. 18 Std. bei 60° 92% Phenol u. kein o-Kresol.

V e r s u c h e (FF. korr.): *1-[p-Chlorphenyl]-1-[o-oxyphenyl]-propen* (I), $Kp._3$ 165 bis 168°, aus p-Chlorphenyl-MgBr in Ae. unter N_2 mit o-Oxypropiophenon ($Kp._{15}$ 95 bis 109°); 55% (Ausbeute); n_D^{23} 1,6182. *Phenylurethan*, $C_{22}H_{18}O_2NCl$, F. 145° (Heptan). — *1-[p-Chlorphenyl]-1-[o-oxyphenyl]-propan* (II), $Kp._{0,8}$ 154—155°, (a) durch Red. von I mit Pd in CH_3OH bei n. Druck u. Raumtemp.; 80%; n_D^{24} 1,5903; oder (b) aus III mit $AlBr_3$ in Chlorbenzol u. sofortigem Abstoppen der Rk. mit W., neben dimerem oder trimerem Allylphenyläther u. polymerem 2-Allylphenol. *Phenylurethan*, F. 132,5—133,3°. — Die gleiche Rk. (b), erst nach 3 Std. abgebrochen, lieferte zu 44,6% ein Gemisch von *1-[m-Chlorphenyl]-1-[p-chlorphenyl]-propan* u. *1.1-Bis-[m-chlorphenyl]-propan*, $C_{15}H_{14}Cl_2$, $Kp._{12}$ 180—185°, n_D^{25} 1,5773; daneben 33% Phenol, 7,5% dimeres o-Allylphenol (?), $Kp._{0,5}$ 185—215°, u. 17% einer Fraktion, $Kp._{0,5}$ 148—150°, n_D^{25} 1,5857, die mit Phenylisocyanat folgende nichtidentifizierten Phenylurethane $C_{22}H_{20}O_2NCl$ lieferte: F. 128 bis 129° (Hexan); F. 72—73° (Pentan); u. V, F. 148—149°. — *o-Methoxyphenylaceton*, $Kp._{16}$ 128—130°, aus o-Methoxyphenylessigsäure u. $SOCl_2$ (→ *o-Methoxyphenylacetylchlorid*, $Kp._{15}$ 132—133°, gelbes Öl; 69%) u. Weiter-Rk. nach HAUSER (J. Amer. chem. Soc. **68.** [1946.] 1386); 60%; n_D^{25} 1,5222. Reinigung über das *Semicarbazon*, $C_{11}H_{15}O_2N_3$, F. 146 bis 147° (Bzl.-Heptan). — *1-[o-Methoxyphenyl]-2-[p-chlorphenyl]-propanol-(2)*, $C_{16}H_{17}\cdot O_2Cl$, F. 68—69° (Heptan), aus p-Chlorphenyl-MgBr u. vorst. Verb.; 84,5%. *1-[o-Methoxyphenyl]-2-[p-chlorphenyl]-propan*, $C_{16}H_{17}OCl$, $Kp._{0,8}$ 142°, aus vorst. Verb. mit J_2, 15 Min. bei 150—160°, u. Hydrierung des erhaltenen Olefins (Kp. 165—170° [Badtemp.]; n_D^{25} 1,6295); 95% mit PtO_2 in $CH_3COOC_2H_5$; n_D^{25} 1,5663; 84%. — *1-[o-Oxyphenyl]-2-[p-chlorphenyl]-propan* (IV), $C_{15}H_{15}OCl$, $Kp._{0,5}$ 165—170° (Badtemp.), aus vorst. Verb. durch 10std. Erhitzen in Eisessig mit 48%ig. HBr; n_D^{25} 1,5783; *Phenylurethan* (**IVa**), $C_{22}H_{20}O_2NCl$, F. 93,5—94° (Hexan). — Das II enthaltende Material aus III wurde in Chlorbenzol mit $AlBr_3$ 3 Std. bei Raumtemp. behandelt. Isoliert wurden hauptsächlich Phenol u. ein hellgelbes Öl, $Kp._{0,5}$ 165—170° (Badtemp.); n_D^{25} 1,5875, welches die Phenylurethane V u. **IVa** lieferte. (J. Amer. chem. Soc. **74.** 1249—53. 5/3. 1952. Rochester, N. Y., Univ., Dep. of Chem.) FAASS. 2260

C. L. Arcus und **R. J. Mesley**, *Die Schmidt-Reaktion mit Arylcarbinolen. Benzhydrol* (I), *p-Methylbenzhydrol* (II), *Fluorenol* (III) u. *Triphenylcarbinol* (IV) wurden in Chlf. mit NaN_3 u. H_2SO_4 umgesetzt. Dabei wurden als Reaktionsprodd. erhalten: Aus I *Anilin* u. *Benzaldehyd* (V), aus II *p-Toluidin* u. V, aus III *Phenanthridin*, aus IV *Triphenylmethylazid*. Es wird folgender Reaktionsverlauf vorgeschlagen: $RR'R''\cdot C\cdot OH + 2H_2SO_4 \rightarrow RR'R''C^+ + H_3O^+ + 2HSO_4^-$; $RR'R''C^+ + HN_3 \rightarrow RR'R''C\cdot NH^+N\vdots N$; $RR'R''C\cdot NH\cdot{}^+N\vdots N \rightarrow H^+ + RR'R''CN_3$ oder $N_2 + RR'C{:}^+NHR''$; $RR'C{:}^+NHR'' \rightarrow H^+ + RR'C{:}NR''$; $RR'C{:}NR'' \xrightarrow[H_2O]{} RR'CO + R''\cdot NH_2$. (Chem. and Ind. **1951.** 701. 18/8. London, Battersea Polytechn.) K. F. MÜLLER. 2270

Calvin L. Stevens und **Allan E. Sherr**, *Pyrolyse eines α-Oxyketals*. Vff. wollen feststellen, ob ein α-Oxyketal bei der Pyrolyse in einen Vinyläther oder einen Epoxyäther übergeht. *2.2-Diäthoxy-1.1-diphenylpropanol-(1)* (I) liefert den Vinyläther (II), was durch das Ultrarotspektr., welches die Anwesenheit der OH-Gruppe zeigt, u. durch eine unabhängige Synth. bewiesen werden konnte. Das entsprechende α-Chlorketal (IV) liefert analog schon bei längerem Aufbewahren den zugehörigen Chlorvinyläther.

V e r s u c h e: *2.2-Diäthoxy-1.1-diphenylpropanol-(1)* (I), F. 73—74°, nach STEVENS u. SHERR (J. org. Chemistry **17.** [1952.] 1228). — *1.1-Diphenyl-2-äthoxypropen-(2)-ol-(1)* (II), $C_{17}H_{18}O_2$, $Kp._{0,3}$ 129—132°, durch Erhitzen von I auf 180—210°, wobei *Äthylalkohol* (Kp. 76—78°, n_D^{25} 1,3595, *3.5-Dinitrobenzoat*, F. u. Misch-F. 92—93°) abdest., u. Dest. des zurückbleibenden II; n_D^{25} 1,5687; 92% (Ausbeute). — *α-Äthoxyacrylsäureäthylester* (III), Kp. 172—179°, durch 2std. Kochen von α.α-Diäthoxypropionsäureäthylester in Pyridin mit P_2O_5; n_D^{25} 1,4329; 85%. — II, $Kp._2$ 150—154°, aus III u. C_6H_5MgBr; n_D^{25} 1,5688; 48%. — *α-Oxy-α.α-diphenylaceton*, F. 65—66°, durch Hydrolyse von II in A. mit wss. HCl unter 3std. Kochen, Abdest. von A., W. u. HCl unter vermindertem Druck; Kristalle aus Aceton; 63%; *Oxim*, F. u. Misch-F. 160—161°. — *1-Chlor-1.1-diphenylpropanon-(2)-diäthylketal* (IV), F. 71—72°, nach STEVENS u. SHERR (l. c.). — *3-Chlor-3.3-diphenyl-2-äthoxypropen-(1)*, $C_{17}H_{17}OCl$, F. 73—74° (Aceton), a) durch 4monatiges Stehen von IV in einer verschlossenen Flasche, wobei teilweise Verflüssigung u. Braunfärbung eintrat, Lösen in Aceton u. Kühlen im Trockeneisbad; starke Schmelzpunktdepression mit IV; 85% (roh); b) aus II in Pyridin u. Bzl. durch Zutropfen von $SOCl_2$ unter Eiskühlung u. 3std. Erhitzen; 70%. (J. org. Chemistry **17.** 1177—81. Aug. 1952. Detroit, Mich., Wayne Univ., Dep. of Chem.) J. MATTNER. 2270

Yvon Perron und **Roger Barré**, *Synthese von 1.1.1-Trichlor-2.2-bis-[p-cyanphenyl]-äthan. 1.1.1-Trichlor-2.2-bis-[p-cyanphenyl]-äthan* (II) wird aus Chloral u. Toluol über das

Tetraacetat von *1.1.1-Trichlor-2.2-bis-[p-aldehydophenyl]-äthan* (I) u. Dehydratation des I-*Dioxims* erhalten. Analog wird aus *1.1-Dichlor-2.2-bis-[p-aldoximinophenyl]-äthylen 1.1-Dichlor-2.2-bis-[p-cyanphenyl]-äthylen* gewonnen, das genau wie **II** bei alkal. Hydrolyse *1.1-Dichlor-2.2-bis-[p-carboxyphenyl]-äthylen* ergibt.

Versuche: *Tetraacetat* von *1.1.1-Trichlor-2.2-bis-[p-aldehydophenyl]-äthan* (I), $C_{24}H_{23}O_8Cl_3 + C_4H_8O_2$, F. 122° (Dioxan), aus 1.1.1-Trichlor-2.2-bis-[p-tolyl]-äthan u. Essigsäureanhydrid in CH_3COOH mit $H_2SO_4 + CrO_3$ bei 0—5°; 70% (Ausbeute). — *1.1.1-Trichlor-2.2-bis-[p-aldehydophenyl]-äthan* (I), $C_{16}H_{11}O_2Cl_3$, F. 148° (Zers.; W. + A.), aus vorst. Verb. in sd. W.–A.-Gemisch mit konz. H_2SO_4; 98%. — *1.1.1-Trichlor-2.2-bis-[p-aldoximinophenyl]-äthan*, $C_{16}H_{13}O_2N_2Cl_3 + H_2O$, F. 126°, F. 139° (wasserfrei), Stäbchen aus A.–W., aus **I** u. $NH_2OH \cdot HCl$ in A. in Ggw. von wasserfreiem $NaOOCCH_3$; 60%. — *1.1.1-Trichlor-2.2-bis-[p-cyanphenyl]-äthan* (II), $C_{16}H_9N_2Cl_3$, F. 149° (CH_3COOH), aus vorst. Verb. mit $SOCl_2$ oder Essigsäureanhydrid; 80 bzw. 70%. — *1.1-Dichlor-2.2-bis-[p-aldoximinophenyl]-äthylen*, $C_{16}H_{12}O_2N_2Cl_2$, hellgelbe Plättchen aus 50%ig. A., F. 187 bis 188°, aus **I** u. $NH_2OH \cdot HCl$ in 95%ig. A. in Ggw. von KOH. — *1.1-Dichlor-2.2-bis-[p-cyanphenyl]-äthylen*, $C_{16}H_8N_2Cl_2$, rechteckige Platten aus 70%ig. CH_3COOH, F. 139°, aus vorst. Verb. u. $SOCl_2$; 85%. — *1.1-Dichlor-2.2-bis-[p-carboxyphenyl]-äthylen*, $C_{16}H_{10}O_4Cl_2$, Nadeln aus 50%ig. A., F. 278°, aus vorst. Verb. mit 10%ig. NaOH-Lsg. in 95%ig. A. am Rückfluß u. Ansäuern; 60%; oder aus **II** durch Alkalihydrolyse. (Canad. J. Chem. **30**. 203—07. März 1952. Montreal, Quebec, Univ., Inst. de Chim.)

FAASS. 2420

J. L. E. Erickson und **J. M. Dechary**, *Addition von Diphenylketen an o-Benzochinon*. Bei der Rk. von o-Benzochinon (**V**) mit Diphenylketen entsteht eine Verb. **I**, die ident. ist mit dem Kondensationsprod. von Brenzcatechin (**III**) mit Benzilsäure. Dieses wurde seinerzeit von VON LIEBIG [1908] als *2.3-Dioxytriphenylessigsäurelacton* (**II**) bezeichnet. Da Vff. die Struktur anzweifeln, stellen sie **II** aus 2.3-Dimethoxytriphenylcarbinol über das entsprechende *Chlormethan*, Red. mit Na/Hg, Carbonierung u. Hydrolyse des Na-Salzes zu *2.3-Dimethoxytriphenylessigsäure* u. Entmethylierung dar. **I** u. **II** erwiesen sich als nicht identisch. Bei **I** handelt es sich vielmehr um *Diphenyl-o-oxyphenoxyessigsäurelacton*, was durch Synth. von **I** aus **III** u. Diphenylchloracetylchlorid bewiesen wird. Bei der Behandlung von **I** mit HJ tritt Spaltung in Diphenylessigsäure u. **III** ein. Verss. zur Umsetzung von **V** mit Dimethylketen (**IV**) schlugen fehl. Es wurde hierbei **V** als Polymerisat zurückgewonnen, was Vff. auf Verunreinigung von **IV** durch Essigsäure zurückführen.

Versuche: *2.3-Dimethoxytriphenylcarbinol*, $C_{21}H_{20}O_3$, F. 111—112°, durch Zufügen von 2.3-Dimethoxybenzoesäuremethylester unter Kühlung zu Phenyl-Li (aus C_6H_5Br u. Li) in Ae., $^3/_4$std. Kochen u. Gießen auf Eis; Prismen aus A.; 77% (Ausbeute). — *2.3-Dimethoxytriphenylchlormethan*, $C_{21}H_{19}O_2Cl$, F. 129—130°, aus vorst. Verb. u. Acetylchlorid; ca. 100%. — *2.3-Dimethoxytriphenylessigsäure*, $C_{22}H_{20}O_4$, F. 236 bis 239° (Essigsäure), durch Zufügen vorst. Verb. in Ae. zu 1%ig. Na/Hg, 4std. maschinelles Schütteln, Einleiten von CO_2 bis zur Gelbfärbung, Extrahieren mit 10%ig. NH_4OH u. Ansäuern mit verd. H_2SO_4 unter Kühlen; 34%. — *2.3-Dioxytriphenylessigsäurelacton* (**II**), $C_{20}H_{14}O_3$, F. 192,5—193,5°, a) aus 0,2 g vorst. Verb. durch 7std. Kochen mit HJ (D. 1,70) in Eisessig; Kristalle aus Bzl. + PAe.; 0,18 g; b) durch 6std. Kochen mit $AlBr_3$ in Bzl., Hydrolysieren mit Eis + konz. HCl, nach Erwärmen Ausäthern, Einengen u. Zufügen von PAe.; 0,37 g. — *o-Benzochinon* (**V**), durch genau 2 Min. langes Schütteln von **III**, Ag_2O u. Na_2SO_4 (H_2O-frei) in Ae., Absaugen durch geschmolzenes Na_2SO_4 u. Kühlen auf —70°; rote Kristalle; 15%. — *Diphenyl-o-oxyphenoxyessigsäurelacton* (**I**), $C_{20}H_{14}O_3$, F. 136,5—137,5°, a) durch 2tägiges Stehen von **V** mit Diphenylketen in Bzl. u. Abdampfen im Vakuum; Nadeln aus Bzl. + PAe.; 82%; b) durch Zufügen von K_2CO_3 zu einer Lsg. von Diphenylchloracetylchlorid u. **III** in Aceton u. 6std. Kochen nach Beendigung der CO_2-Entw.; nach Verdünnen mit W., Abfiltrieren des Nd. u. Ausäthern des Filtrats aus dem Nd. u. Extrakt in sechsseitigen Prismen (Ae.); 25%; wird durch 2,5std. Kochen mit HJ + Eisessig, Zufügen gesätt. $NaHSO_3$-Lsg., Zufügen von W. in *Diphenylessigsäure* (F. 146—148°; 0,61 g aus 1 g **I**) u. **III** (als *Diacetat*, F. 62—63°, Nadeln; 0,21 g) zerlegt. (J. Amer. chem. Soc. **74**. 2644—46. 20/5. 1952. Baton Rouge, La., State Univ., Coates Chem. Labor.)

LEHWALD. 2450

W. M. Rodionow und **B. I. Kurtew**, *Synthese und Charakteristik von β-[Naphthyl-(2)]-β-aminopropionsäure und einigen ihrer Derivate*. 1. Mitt. Für die Darst. von *β-[Naphthyl-(2)]-β-aminopropionsäure* (I) aus β-Naphthaldehyd (II) wird die RODIONOWsche Meth. in der Abänderung von JOHNSON u. Mitarbeitern (J. Amer. chem. Soc. **52**. [1936.] 4993) u. von KRAWTSCHENKO (Dissertation [Moskau 1950]) vorgeschlagen. Nach der 1. Meth. (**A**) wird statt alkoh. NH_3 NH_4-Acetat in A. verwendet, nach der 2. (**B**) NH_4-

Acetat in Eisessig. Die Herst. von II erfolgte nach dem früher angewendeten Verf.; hierbei ließ sich die Ausbeute wesentlich erhöhen, wenn bei der Oxydation von β-Methylnaphthalin mit SeO_2 Naphthalin als Lösungsm. benutzt wurde.

Versuche: *β-Naphthaldehyd* (II), F. 60,5—61,5°; durch Zugabe von 44,4 g SeO_2 in 30—40 Min. zu einer Schmelze von 56,8 g β-Methylnaphthalin u. 80 g Naphthalin bei 220°. Das Reaktionsprod. wird in Ae. gelöst, II in die Bisulfitverb. übergeführt, diese mit heißer konz. Sodalsg. zers. u. II mit Wasserdampf dest.; 66% (Ausbeute). — *β-Naphthylidenmethylamin* (III), $C_{12}H_{11}N$, F. 80,6—81,6°; aus II u. $CH_3NH_2 \cdot HCl$ + KOH in A.; aus Bzn. Schuppen. — *β-[Naphthyl-(2)]-β-aminopropionsäure* (*β-[Naphthyl-(2)]-β-alanin*) (I), $C_{13}H_{13}O_2N$, F. 220—221° (Zers.). Herst. nach **A**; 15,6 g II, 10,4 g Malonsäure, 10 g NH_4-Acetat u. 25 cm³ A. werden 10—11 Std. auf sd. Wasserbad erhitzt; 65%. Nach **B**; 6 g II, 5 g Malonsäure, 12 g NH_4-Acetat u. 20 cm³ Eisessig werden 10 Std. auf sd. Wasserbad erhitzt; 69% (neben 19% *β-[Naphthyl-(2)]-acrylsäure* (IV), F. 206 bis 207°). *Methylester*, $C_{14}H_{15}O_2N$, F. 94—95°; aus Ligroin Prismen. *N-Benzoylderiv.*, F. 209—210°; aus wss. A. Prismen. *Amid*, $C_{13}H_{14}ON_2$, F. 143,5—144,5°. *N-Methylderiv.*, $C_{14}H_{15}O_2N$, F. 195—195,5° (Zers.). a) Aus II, Malonsäure, $CH_3NH_2 \cdot HCl$ u. K-Acetat in Eisessig 9 Std. auf sd. Wasserbad; Prismen; 49% neben 39% **IV**. b) Aus III u. Malonsäure in A., 10 Std. auf dem Wasserbad; 29,5% neben 57,5% **IV**. *N-Acetylderiv.*, $C_{15}H_{15} \cdot O_3N$, F. 177,5—178,5°; aus A. Prismen. *Anilid* vorst. *Acetylderiv.*, $C_{21}H_{20}O_2N_2$, F. 237 bis 238°; aus A. Prismen. *Amid* des *Acetylderiv.*, Blättchen. (Известия Академии Наук СССР, Отделение Химческих Наук [Nachr. Akad. Wiss. UdSSR, Abt. chem. Wiss.] **1952.** 113—20. Jan./Febr. Chem.-Technol. Mendelejew-Inst.) Trofimow. 2700

Guy Rio, *9.10-Distyrylanthracene.* Die Darst. der 3 stereoisomeren (cis.cis-, cis.trans- u. trans.trans-) *9.10-Distyrylanthracene* (I) wird beschrieben. 1. Ein *Isomeres* von hellgelber Farbe mit einem Doppel-F. von 194—195° u. 202°, leichtlösl., in Lsgg. nur wenig violett fluorescierend, durch Raney-Hydrierung von 9.10-Bis-[phenyläthinyl]-anthracen (III) in A. unter Lichtausschluß. — 2. Ein weiteres *Isomeres* mit F. 201—202° ohne Doppel-F., weniger lösl., in Lsgg. mit grüner Fluorescenz, entsteht bei der Hydrierung von *9.10-Bis-[β-halostyryl]-anthracenen* (IV) oder *9-Phenyläthinyl-10-styrylanthracen* (II) mittels Zn/Cu unter Lichtausschluß. II ($C_{30}H_{20}$, F. 231—232°, orange, in Lsgg. von grüner Fluorescenz) entsteht durch Red. von 9.10-Dioxy-9-phenyläthinyl-10-styryl-9.10-dihydroanthracen (gewonnen aus Phenyläthinyloxanthron nach Grignard, nicht isoliert) mittels wss. HJ. IV werden durch Addition von Halogenwasserstoff in benzol. Lsg. an III erhalten, wobei pro Dreifachbindung nur ein Mol HX addiert wird (Rk. mit HBr u. HJ: $C_{30}H_{20}Br_2$, F. 274—275°, gelb; $C_{30}H_{20}J_2$, F. 271—274°, gelb) oder aus 9.10-Dioxy-9.10-bis-[phenyläthinyl]-9.10-dihydroanthracen durch Behandlung mit HJ in Bzl. (in wss. Medium entsteht III). — c) Ein drittes I vom F. 280—281°, hellgelb, am wenigsten von allen dreien lösl., fluoresciert etwas grün, bildet sich bei Belichtung der beiden anderen Isomeren oder bei der Rk. von Styryl-MgBr mit Anthrachinon u. Red. der gebildeten Dioxyverb., u. schließlich entsteht es noch bei der Dehydratisierung von *9.10-Bis-[β-phenyl-β-* bzw. *-α-oxyäthyl]-anthracen* ($C_{30}H_{26}O_2$, F. 177—178° bzw. F. 151—152°). Letztere werden durch $LiAlH_4$-Hydrierung von 9.10-Bis-[phenacyl]- bzw. 9.10-Bis-[phenylacetyl]-anthracen dargestellt. (C. R. hebd. Séances Acad. Sci. **235.** 964—66. 27/10. 1952.)

Lehwald. 2800

John S. Meek, Bing T. Poon und **Stanley J. Cristol**, *Diels-Alder-Reaktionen 9-substituierter Anthracene.* 1. Mitt. *Einige Reaktionen von 9-Anthraldehyd.* Durch Dien-Rk. von 9-Anthraldehyd (I) mit Maleinsäureanhydrid (II), Acrylsäure (III), Acrylonitril (IV) u. Allylalkohol (V) entstehen leicht *Addukte*, bei denen sich in den letzten 3 Fällen die *COOH-*, *CN-* u. *CH_2OH-*Gruppe in o-Stellung zur CHO-Gruppe befinden. Das geht aus der Überführung geeigneter Derivv. in cycl. Verbb. [*Lacton* (VI) u. *Sulfitester* (VII)] hervor.

Versuche: *N-Methylformanilid*, aus 300 g 90—95%ig. HCOOH, 200 cm³ Bzl. u. 321 g $C_6H_5NHCH_3$ durch Kochen unter azeotroper Entfernung des W. bis zum Aufhören der Wasserbldg. u. Vakuumdest.; Ausbeuten wie mit Toluol nach Fieser u. Jones (Org. Syntheses **20.** [1940.] 66); diente zur Herst. von I. — *9-Formyl-9.10-dihydro-9.10-äthanoanthracendicarbonsäure-(11.12)-anhydrid*, $C_{19}H_{12}O_4$, F. 238—239° (Bzl.), durch 1std. Kochen von I u. II in Xylol; 59% (Ausbeute) u. 18,5% I zurück; bei 12 Std. <5% I zurück. — *9-Formyl-9.10-dihydro-9.10-äthanoanthracencarbonsäure-(12)* (**VIII**), $C_{18}H_{14}O_3$, F. 211,5—212° (Bzl.), durch 12std. Kochen von I, 60%ig. III u. Hydrochinon; mit W. verd. u. mit Bzl. ausgezogen; 62%; Verh. gegen $NaHCO_3$ u. HCl wie n. Säure; in Nujol λ_{max} 5,90 μ u. undeutlich 3,86 μ, spricht gegen Lactolform. — *9.10-Dihydro-9-methylol-9.10-äthanoanthracencarbonsäure-(12)*, $C_{18}H_{16}O_3$, F. 149—149,2°, aus 0,83 g **VIII** durch 3std. Hydrierung (Raney-Ni, Zimmertemp.) in W. u. etwas KOH; HCl-Nd.

mit Bzl. aufgearbeitet; 0,84 g roh. *Lacton* (**VI**), $C_{18}H_{14}O_2$, F. 191—192⁰ (Bzl.), durch 25 Min. Erhitzen auf 160—195⁰; in CS_2 λ_{max} 5,55 μ, in Chlf. 5,65 u. in CCl_4 5,55; im Einklang mit 5gliedrigem Lactonring; 98%. — *12-Cyan-9.10-dihydro-9.10-äthanoanthracen-carboxaldehyd-(9)* (**IX**), $C_{18}H_{13}ON$, F. 181,5—182⁰, durch 24std. Erhitzen von 10,31 g **I**, 22,5 g **IV** u. 0,15 g Hydrochinon auf 125—130⁰ im Druckrohr, Lösen in Bzl. u. Eindunsten; 7,49 g. Wurde ½ Std. mit H_2SO_4 + W. (1:1 Vol.) auf 105—110⁰ u. 3 Min. auf 155⁰ erhitzt, verd., alkalisiert u. mit Bzl. ausgezogen, dann angesäuert: **VIII**, F. 205—206⁰; 85%. — *9.10-Dihydro-12-methylol-9.10-äthanoanthracencarboxaldehyd-(9)* (**X**), $C_{18}H_{16}O_2$, F. 170—171⁰ (Bzl.), aus **I** u. **V** (12 Std., 195—202⁰ im Druckrohr), dann wie **IX**; 63%. — *9.10-Dihydro-9.12-dimethylol-9.10-äthanoanthracen*, $C_{18}H_{18}O_2$, F. 163—163,5⁰ (Bzl.), durch 10std. Kochen von $LiAlH_4$ in Ae. u. a) 1,33 g **X** oder b) 0,65 g **VIII** in der Hülse eines SOXLETH-App., a) nach Stehen über Nacht 24 Std., b) sofort 3 Std. gerührt u. dann mit W. zers.; a) 1,21 g, b) 0,34 g. *Sulfitester* (**VII**), $C_{18}H_{16}O_3S$, F. 223—224⁰, durch ½std. Kochen von 0,20 g mit $SOCl_2$ in Bzl. u. Eindampfen; aus Bzl. 0,11 g; monomolekular. (J. Amer. chem. Soc. **74**. 761—63. 5/2. 1952. Boulder, Colo., Univ. of Colorado, Dep. of Chem.) LEHMSTEDT. 2800

Harold W. Lucien und Alfred Taurins, *Die Synthese von Dibenz-[a.c]-cycloheptadien-(1.3)-dion-(5.7).* Ausgehend von Diphensäure über das Anhydrid (**VII**) wurde Diphensäurediäthylester (**XIII**) in Ggw. von Na, $NaOC_2H_5$ u. Triphenylmethyl-Na mit $CH_3COOC_2H_5$ kondensiert. Die hierbei intermediär entstehenden, aber nicht isolierten, *Ketoester* **VIII, IX** u. **X** lieferten nach Hydrolyse u. Decarboxylierung *Dibenz-[a.c]-cyclo-*

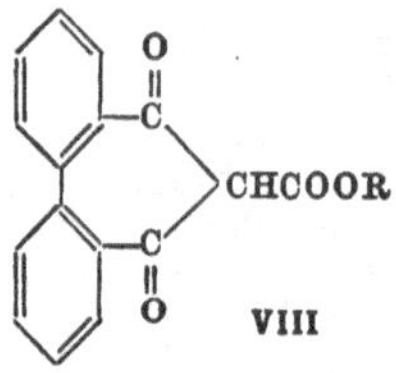

VIII

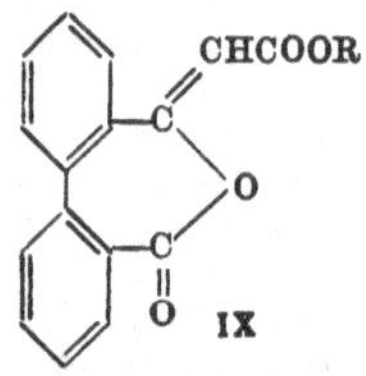

IX

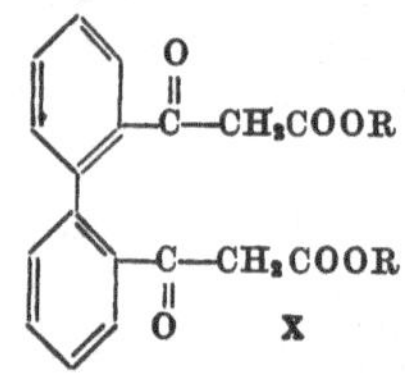

X

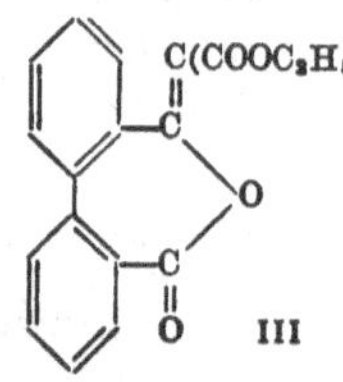

III

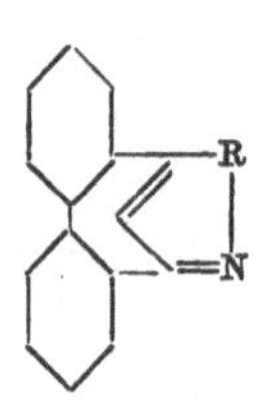

XV R = NH
XVI R = N·CONH₂
XI R = O

heptadien-(1.3)-dion-(5.7) (**I**) neben *2.2'-Diacetylbiphenyl* (**VI**) u. *2'-Acetylbiphenylcarbonsäure-(2)* (**V**). Kondensation von Diphenoylchlorid (**XII**) mit Malonester lieferte *6.6-Dicarbäthoxydibenz-[a.c]-cycloheptadien-(1.3)-dion-(5.7)* (**II**), *Diphenoylidenylmalonsäureester* (**III**) u. *symm.-Diphenoylmalonsäureester* (**IV**). Durch Hydrolyse u. Decarboxylierung wurden daraus neben **I V** u. **VI** gewonnen. Die Umlagerung von **III** in **II** gelang mit $NaOC_2H_5$ teilweise neben der Bldg. von *2-[2-Carbäthoxyphenyl]-benzoylmalonsäureester*. Bei der Kondensation von **VII** mit Malonsäureester bildete sich zuerst **II** u. daraus wechselnde Mengen **I** u. **VIII. II, III** u. **IV** ließen sich schwieriger als **VIII, IX** u. **X** hydrolysieren. Säurespaltung der β-Ketoester führte zu Derivv. des Biphenyls. **I** polymerisierte sehr leicht beim Erhitzen auf 90⁰ in saurer Lösung. Alkal. Hydrolyse von **II** lieferte *Dibenz-[a.c]-cycloheptadien-(1.3)-dion-(5.7)-dicarbonsäure-(6.6)*, die jedoch der Säurespaltung unterlag. **I**-*Monohydrat* konnte durch Dest. in **V** übergeführt werden. Es war möglich, **I**, wenn auch in geringen Ausbeuten, zu *Dibenz-[a.c]-cycloheptadien-(1.3)* zu reduzieren. Es ließ sich auch mit SeO_2 oder Bromwasser zum *Dibenz-[a.c]-cycloheptadien-(1.3)-trion-(5.6.7)* oxydieren.

Versuche: *Diphenoylchlorid* (**XII**), tetragonale Kristalle aus Diisopropyläther, F. 97—98⁰, aus Diphensäureanhydrid (**VII**) u. PCl_5 bei 145—150⁰; 90% (Ausbeute). — *Diphensäurediäthylester* (**XIII**), rhomb. Kristalle, F. 42—43⁰ (Ae.), a) aus Diphensäure in alkoh. Lsg. durch Einleiten von HCl; 64—67%; b) aus **XII** u. $NaOC_2H_5$; 94—97%. — **XIII** wurde mit $CH_3COOC_2H_5$ in Ggw. von Na bei 60—65⁰ kondensiert, hydrolysiert u. mit 2n H_2SO_4 durch Erhitzen auf 80—90⁰ decarboxyliert. *Dibenz-[a.c]-cycloheptadien-(1.3)-dion-(5.7)-carbonsäure-(6)* (**XIV**), $C_{16}H_{10}O_4$, F. 238—240⁰ (CH_3COOH–W.), aus vorst. Reaktionsgemisch durch Extraktion mit Ae., Ausschütteln der Ae.-Lsg. mit 5%ig. NaOH, Ansäuern u. Reinigung über das *Cu-Salz*; 9%. — *Dibenz-[a.c]-cycloheptadien-(1.3)-dion-(5.7)* (**I**), $C_{15}H_{10}O_2$, F. 48—52⁰, durch Decarboxylieren vorst. Verb. bei 120⁰; hellgelbe Kristalle; 98%. — *2'-Acetylbiphenylcarbonsäure-(2)* (**V**), $C_{15}H_{12}O_3$, F. 121—122⁰, aus dem Filtrat des **XIV**-*Cu-Salzes*; 40%. *2.4-Dinitrophenylhydrazon*, $C_{21}H_{16}O_6N_4$, aus A. hellorangefarbige Nadeln, F. 276—278⁰. — *2.2'-Diacetylbiphenyl* (**VI**), $C_{16}H_{14}O_2$, feine Nadeln aus A.-W., F. 84—85⁰, aus der bei der Darst. von **XIV** anfallenden Ae.-Lsg.; 12%. *Dioxim*, F. 210—212⁰ (Zers.; A.). — **XIII** u. $CH_3COOC_2H_5$ wurden mit Hilfe von alkoholfreiem $NaOC_2H_5$ bei 175—180⁰ kondensiert. Das Reaktionsgemisch wurde in eine

Ae.-Lsg. u. eine Wasserlsg. getrennt, der Rückstand der Ae.-Lsg. mit 6nH_2SO_4 hydrolysiert u. decarboxyliert; isoliert wurden: **VI**, I-*Monohydrat*, F. 85—95°, u. **I**; 13%. I-*Monohydrat* ergab bei der Dest. im Vakuum **V**. — Kondensation von **XIII** mit $CH_3 \cdot COOC_2H_5$ in Ggw. von Triphenylmethyl-Na bei 110—115° lieferte nach Decarboxylieren mit 80%ig. H_2SO_4 25—30% **I**, 10% **V** u. 17% **VI**. — Kondensation von **XII** mit Na-Malonsäureester ohne Lösungsm. bei 100—105° ergab *Diphenoylidenylmalonsäureester* (**III**), $C_{21}H_{18}O_6$, F. 95° (Bzl.); 60% (Decarboxylierung führte zu **V**), u. von **XII** mit Dinatriummalonsäureester in Bzl. u. fraktionierte Dest. neben *Malonsäureester* **XIII**, *symm.-Diphenoylmalonsäureester* (**IV**), $C_{28}H_{30}O_{10}$, F. 46—48° (daraus **VI** durch Decarboxylierung), u. aus der Fraktion Kp.$_{0,3}$ 143—150° nach Decarboxylierung **V** u. 30% **I**. — *6.6-Dicarbäthoxydibenz-[a.c]-cycloheptadien-(1.3)-dion-(5.7)* (**II**), $C_{21}H_{18}O_6$, Kp.$_{0,9}$ 185 bis 188°, D.$^{25}_4$ 1,1325; n_D^{25} 1,5580, aus der vorst. Fraktion. *Bis-[2.4-dinitrophenylhydrazon]*, $C_{33}H_{26}O_{12}N_8$, hellorangerote Kristalle aus A., F. 245—247°. *Mono-2.4-dinitrophenylhydrazon*, $C_{27}H_{22}O_9N_4$, golden orangefarbige Flocken aus CH_3OH–W., F. 179—180°. — Kondensation von **VII** u. Malonsäureanhydrid in Ggw. von geschmolzenem $ZnCl_2$ 6 Std. bei 135—140° u. Decarboxylierung mit 80%ig. H_2SO_4 bei 60—70° ergab 30—40% **I**. I-*Monohydrazon*, $C_{15}H_{12}ON_2$, hellgelbe Kristalle aus CH_3OH–W., F. 115° (Zers.). Rotfärbung mit alkoh. $FeCl_3$-Lösung. — *Pyrazolderiv.* **XV**, $C_{15}H_{10}N_2$, gelbe Kristalle aus W., F. 207—209°, durch Erhitzen vorst. Monohydrazons auf 215°; keine Rotfärbung mit $FeCl_3$. — *Pyrazolderiv.* **XVI**, $C_{16}H_{11}ON_3$, F. 175—177° (CH_3OH–W.), aus **I** mit Semicarbazid. — *Isoxazolderiv.* **XI**, $C_{15}H_9ON$, hellgelbe Kristalle, F. 217 bis 219°, aus **I** mit NH_2OH. — I-*2.4-Dinitrophenylhydrazon*, $C_{21}H_{14}O_5N_4$, F. 169—170°, $FeCl_3$-Rk. negativ. — I-*Mono-α-naphthylurethan*, $C_{26}H_{17}O_3N$, hellgelbe Platten aus $CH_3 \cdot OH$–W., F. 154—155°, Rotfärbung mit $FeCl_3$. — *6-Benzolazodibenz-[a.c]-cycloheptadien-(1.3)-dion-(5.7)*, $C_{21}H_{14}O_2N_2$, F. 78—86° (Zers.; A.), aus **I** u. Benzoldiazoniumchlorid bei 0—5°; gibt positive $FeCl_3$-Reaktion. — I-*Cu-Salz*, $C_{30}H_{18}O_4Cu$, schmale olivgrüne Flokken, Zers. bei 165—168° ohne zu schmelzen. — *Dibenz-[a.c]-cycloheptadien-(1.3)-trion-(5.6.7)*, $C_{15}H_8O_3$, F. 98—99° (Bzl.–PAe.), durch Oxydation von **I** mit SeO_2 in Eisessig. *Mono-2.4-dinitrophenylhydrazon*, $C_{21}H_{12}O_6N_4$, rotbraune Flocken, F. 126—130°. — *Dibenz-[a.c]-cycloheptadien-(1.3)*, $C_{15}H_{14}$, haarfeine Kristalle, F. 53—56°, aus **I** durch Red. mit amalgamiertem Zn in Eisessig u. konz. HCl. — *6-Bromdibenz-[a.c]-cycloheptadien-(1.3)-dion-(5.7)*, $C_{15}H_9O_2Br$, hellgelbe Kristalle aus Bzl.–PAe., F. 115—116°, aus **I** in verd. H_2SO_4 u. Bromwasser. — *6.6-Dibromdibenz-[a.c]-cycloheptadien-(1.3)-dion-(5.7)*, $C_{15}H_8O_2Br_2$, hellgelbe Kristalle, F. 86—87° (Bzl.–PAe.), aus **I** durch Versetzen mit Br_2 in Chloroform. (Canad. J. Chem. **30**. 208—23. März 1952. Montreal, Quebec, McGill Univ., Organ. Chem. Labor.) FAASS. 2950

A. G. Anderson jr. und **Helen Frances Greef**, *Synthese von Dimethyl-6.7.8.9-tetrahydro-5 H-cycloheptabenzol-5-acetat-6-propionat.* 5-Oxo-6.7.8.9-tetrahydro-5H-cycloheptabenzol (I) gibt mit Diäthylcarbonat *5-Oxo-6.7.8.9-tetrahydro-5 H-cycloheptabenzolcarbonsäure-(6)-äthylester*, der sich als Na-Verb. mit β-Brompropionsäuremethylester zu *5-Oxo-6.7.8.9-tetrahydro-6-carbäthoxy-5 H-cycloheptabenzol-6-propionsäuremethylester* umsetzen läßt, allerdings ließ sich dieser Ester nicht rein isolieren, sondern wurde direkt verseift, decarboxyliert u. mit CH_2N_2 zu *5-Oxo-6.7.8.9-tetrahydro-5 H-cycloheptabenzol-6-propionsäuremethylester* verestert; letzterer gab durch REFORMATSKI-Rk. mit Bromessigsäuremethylester u. nachfolgende Dehydratation u. Hydrierung *6.7.8.9-Tetrahydro-5 H-cycloheptabenzol-5-essigsäure-6-propionsäuredimethylester* (II).

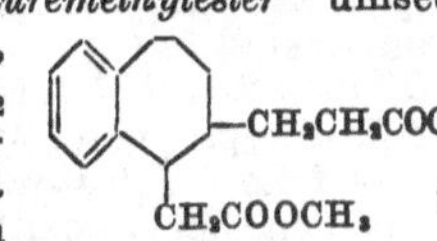

II

Versuche: *5-Oxo-6.7.8.9-tetrahydro-5 H-cycloheptabenzolcarbonsäure-(6)-äthylester*, $C_{14}H_{16}O_3$, Kp.$_1$ 125—134°, durch Zutropfen von I in Di-n-butyläther zur sd. Mischung von NaOH u. Diäthylcarbonat in Di-n-butyläther, 6std. Kochen, Stehen über Nacht, Zers. des überschüssigen NaH mit A. u. Ansäuern mit HCl unter N_2; gelbes Öl, $n_D^{25,5}$ 1,5623, λ_{max} 246 u. 290 mμ (log ε = 6500 u. 13000 in A.); 72% (Ausbeute). — *5-Oxo-6.7.8.9-tetrahydro-5 H-cycloheptabenzol-6-propionsäuremethylester*, $C_{15}H_{18}O_3$, Kp.$_1$ 160 bis 170°, aus vorst. Verb. durch Zutropfen in Dioxan zu NaH in sd. Dioxan, 1std. Kochen, Versetzen mit β-Brompropionsäuremethylester in Dioxan, Kochen über Nacht, Filtration, Abdest. der flüchtigen Bestandteile, 20std. Kochen des zurückgebliebenen viscosen gelben Öls mit $Ba(OH)_2$ in wss. CH_3OH, Abdest. des CH_3OH, Ansäuern mit HCl, Aufnehmen des gelben Öls, das sich nicht unzers. dest. ließ, in Ae. u. Behandlung mit CH_2N_2 bei 0°; viscoses gelbes Öl, $n_D^{25,5}$ 1,5344; 60%. — *6.7.8.9-Tetrahydro-5 H-cycloheptabenzol-5-essigsäure-6-propionsäuredimethylester* (II), $C_{18}H_{24}O_4$, Kp.$_{0,8}$ 170—180°, durch 9std. Kochen vorst. Ketoesters mit Bromessigsäuremethylester u. Zn in Toluol in Ggw. von etwas J_2, Zugabe von Eis u. CH_3COOH bei 0°, 1std. Erhitzen der organ. Schicht mit $KHSO_4$ auf 150—160° u. Hydrierung des erhaltenen dunklen Öls in CH_3OH in Ggw.

von Raney-Ni unter 30—40 lbs.; viscoses gelbes Öl, $n_D^{25,5}$ 1,5201; 28%. (J. Amer. chem. Soc. **74**. 5203—04. 20/10. 1952. Seattle, Wash., Univ., Dep. of Chem. and Chem. Engng.) Spaeth. 2950

Th. Morel und **P. E. Verkade**, *Eine neue Methode für die Synthese von Furanderivaten*. 3. Mitt. *Pyrolyse von δ-Sultonen mit zwei Doppelbindungen im Ring*. (2. vgl. Recueil Trav. chim. Pays-Bas **68**. [1949.] 619.) Vff. beschreiben die Darst. einer Reihe von *Furanderivv*. 9 verschied. Typen durch Pyrolyse von δ-Sultonen, welche 2 Doppelbindungen im Ring enthalten. In fast allen Fällen, in denen monocycl. Endprodd. entstehen, setzen während der Pyrolyse mehr oder minder spontane Neben-Rkk. ein; die Erscheinung wird als „carbonisierende Pyrolyse" bezeichnet; sie läßt sich durch Vermischen des betreffenden Sultons mit CaO u. Chinolin (10 : 10 : 1) weitgehend eindämmen. In den Fällen, in denen keine Neben-Rkk. erfolgen, kann die Reaktionstemp. durch Zusatz von Cu-Pulver herabgesetzt werden. In 3 Fällen wird die Konst. der erhaltenen Furane u. damit die der entsprechenden Sultone bes. bewiesen, u. zwar ist *2.4-Dimethylfuran* ident. mit dem aus 2.4-Dimethylfuran-3-carbonsäure erhaltenen Decarboxylierungsprod.; *2.3.5-Trimethylfuran* entsteht aus der 4-Carbonsäure, u. *4.5.6.7-Tetrahydro-3.6-dimethylbenzo-[b]-furan* ist ident. mit dem von Treibs (Ber. dtsch chem. Ges. **70**. [1937] 85) aus Pulegon oder Isopulegon synthetisierten *Menthofuran*.

Versuche: *2.4-Dimethylfuran*, C_6H_8O, Kp. 94,5—95°, durch Pyrolyse des Sultons der 2-Methyl-4-oxypentadien-(1.3)-sulfonsäure-(1) bei 230—250° in Ggw. von CaO u. Chinolin u. Auffangen des Reaktionsprod. in KOH; 54% (Ausbeute). *Maleinsäureanhydridaddukt*, F. 75—75,5°. *$HgCl_2$-Verb.*, F. 112—113°. — *2-Propyl-4-methylfuran*, $C_8H_{12}O$, Kp. 144—145°, analog aus dem Sulton der 2-Methyl-4-oxyheptadien-(1.3)-sulfonsäure-(1) bei 150—160°; 35%. *Maleinsäureanhydridaddukt*, F. 87—87,5°. *$HgCl_2$-Verb.*, F. 48—49°. — *2-tert.-Butyl-4-methylfuran*, $C_9H_{14}O$, Kp. 146—147°, analog aus dem Sulton der 2.5.5-Trimethyl-4-oxyhexadien-(1.3)-sulfonsäure-(1); 65%. — *2-Phenyl-4-methylfuran*, $C_{11}H_{10}O$, F. 40°, Kp. 243—244°, $Kp._{15}$ 120—124°, durch Pyrolyse des Sultons der 2-Methyl-4-phenyl-4-oxybutadien-(1.3)-sulfonsäure-(1) in Ggw. von CaO u. Chinolin bei 230—250°; aus Methanol Nadeln; unbeständig (Autoxydation); 56%. *$HgCl_2$-Verb.*, F. 170,5—171°. — *2-Methyl-4-phenylfuran*, $C_{11}H_{10}O$, F. 60—63° (A.), analog aus dem Sulton der 2-Phenyl-4-oxypentadien-(1.3)-sulfonsäure-(1); sehr unbeständig; 16%; ist nicht ident. mit der von Buchner u. Schröder [1902] erhaltenen Verbindung. — *2.3.4-Trimethylfuran*, $C_7H_{10}O$, Kp. 125,5—126,5°, analog aus dem Sulton der 2.3-Dimethyl-4-oxypentadien-(1.3)-sulfonsäure-(1) bei 200°; 76%. *Maleinsäureanhydridaddukt*, F. 85,5—86°. *$HgCl_2$-Verb.*, F. 131,5—132°. — *4.5.6.7-Tetrahydro-3.6-dimethylbenzo-[b]-furan* (*Menthofuran*), $Kp._{10}$ 78—79°, $Kp._{19}$ 92—93°, analog aus dem Sulton der 2-[4'-Methyl-2'-oxycyclohexen-(1')-yl]-propen-(1)-sulfonsäure-(1), in Ggw. von ZnO; 75%. — *2.3.5-Trimethylfuran*, $C_7H_{10}O$, Kp. 121—122°, durch Pyrolyse des Sultons der 3-Methyl-5-oxyhexadien-(2.4)-sulfonsäure-(2) in Ggw. von CaO u. Chinolin; 71%. *Maleinsäureanhydridaddukt*, F. 109,5—110°. *$HgCl_2$-Verb.*, F. 176—176,5° (Zers.). — *2.5-Dimethyl-3-äthylfuran*, $C_8H_{12}O$, Kp. 140,5—141°, aus dem Sulton der 3-Äthyl-5-oxyhexadien-(2.4)-sulfonsäure-(2) in Ggw. von Cu-Pulver bei 135—140°; 58%. *$HgCl_2$-Verb.*, F. 87—88°. — *5.6-Dihydro-2-methyl-4H-cyclopenta-[b]-furan*, $C_8H_{10}O$, $Kp._{21}$ 64,5—65°, aus dem Sulton der 2-[2'-Oxypropen-(1')-yl]-cyclopenten-(1)-sulfonsäure-(1) in Ggw. von ZnO bei 190°; 20%. — *4.5.6.7-Tetrahydro-2-methylbenzo-[b]-furan*, $C_9H_{12}O$, Kp. 186—187°, $Kp._{17}$ 77 bis 79°, aus dem Sulton der 2-[2'-Oxypropen-(1')-yl]-cyclohexen-(1)-sulfonsäure-(1) in Ggw. von ZnO; 74%. *Maleinsäureanhydridaddukt*, F. 82,5—83°. *$HgCl_2$-Verb.*, F. 164,5—165° (W.). — *4.5.6.7-Tetrahydro-2-äthylbenzo-[b]-furan*, $C_{10}H_{14}O$, $Kp._{14}$ 90—90,5°, $Kp._{16}$ 92 bis 93,5°, aus dem Sulton der 2-[2'-Oxybuten-(1')-yl]-cyclohexen-(1)-sulfonsäure-(1) in Ggw. von Cu-Pulver; 60%. *Maleinsäureanhydridaddukt*, F. 88,5—90°. *$HgCl_2$-Verb.*, F. 118 bis 118,5°. — *4.5.6.7-Tetrahydro-2-phenylbenzo-[b]-furan*, $C_{14}H_{14}O$, $Kp._{18}$ 180—182°, $Kp._{14}$ 181 bis 182°, durch ½std. Erhitzen des Sultons der 2-[2'-Phenyl-2'-oxyäthen-(1')-yl]-cyclohexen-(1)-sulfonsäure-(1), Dest. nach Beendigung der SO_2-Entw. (305—310°), Auffangen in Alkali u. Aufnehmen in Bzl.; 84%. *$HgCl_2$-Verb.*, F. 179,5—180°. — *2.4-Dimethyl-3.5-diäthylfuran*, $C_{10}H_{16}O$, Kp. 179—180°, $Kp._{15}$ 73—78°, aus dem Sulton der 3-Äthyl-4-methyl-5-oxyheptadien-(2.4)-sulfonsäure-(2) (Rohprod.; 21,5 g) in Ggw. von Cu-Pulver bei 185—190°, Auffangen in Alkali u. Dampfdest.; 9,4 g. — *4.5.6.7-Tetrahydro-1.3-dimethylbenzo-[c]-furan*, $C_{10}H_{14}O$, Kp. 210,5—212°, $Kp._{15}$ 91,5—93,5°, aus dem Sulton der 1-[2'-(1''-Oxyäthyliden)-cyclohexyliden]-äthansulfonsäure-(1) in Ggw. von Cu-Pulver bei $<$ 210°; 72%. *Maleinsäureanhydridaddukt*, F. 123—124°. — *4.5.6.7-Tetrahydro-2.3-dimethylbenzo-[b]-furan*, $C_{10}H_{14}O$, Kp. 219—219,5°, aus dem Sulton der 2-[1'-Methyl-2'-oxypropen-(1')-yl]-cyclohexen-(1)-sulfonsäure-(1) in Ggw. von Cu-Pulver; 81%. *Maleinsäureanhydridaddukt*, F. 124—124,5°. — *1.2.3.4.6.7.8.9-Octahydrodibenzofuran*, $C_{12}H_{16}O$, $Kp._{23}$ 148—149°, $Kp._{16}$ 140—140,5°, aus dem Sulton der 2-[2'-Oxycyclohexen-(1')-yl]-cyclohexen-(1)-sulfonsäure-(1) u. Cu-Pulver; 81%. *Maleinsäureanhydrid-addukt*, F. 170,5—171°. (Recueil Trav. chim. Pays-Bas **70.** 35—49. Jan. 1951. Delft, Techn. Univ., Labor. of Org. Chem.) W. HOFFMANN. 3061

Alvin I. Kosak und Robert L. Holbrook, *Versuchte Dehydrierung von 3.4-disubstituierten Thiolanen.* Bei dem Vers., *3.4-Dioxy-*, *3.4-Diacetoxy-* (I), *3.4-Dibenzoxy-* (II) u. *3.4-Diäthoxythiolan* (III) zu den zugehörigen Thiophenen zu dehydrieren, trat beim Erhitzen mit S mit oder ohne Lösungsm. unter milden Bedingungen keine Rk., unter heftigeren Bedingungen Zers. unter H_2S-Entw. ein, ähnliche Ergebnisse wurden mit Pd-Kohle erhalten. I u. II lassen sich auch nicht durch Cloranil dehydrieren. Beim Überleiten von II oder III u. S über Al_2O_3 bei 450—525° unter N_2 trat ebenfalls Zers. ein. Vff. nehmen an, daß wohl Dehydrierung zu den Thiophenen stattfindet, daß diese sich dann aber zersetzen. (Science [Washington] **117.** 231. 27/2. 1953. Cincinnati, O., Univ., Dep. of Chem.) SPAETH. 3071

Theodor Wagner-Jauregg und Brennie E. Hackley jr., *Der Chemismus der Reaktion zwischen Schwefel und Crotonsäureestern.* Die Addition von *S* an Verbb. mit Äthylendoppelbindung, z. B. *Crotonsäureester*, liefert nicht Verbb. mit einem S-haltigen Dreiring, wie von MICHAEL [1895] angenommen wurde, sondern die Rk. findet, wie die ebullioskop. Mol.-Gew.-Best. des Endprod. ergab, zwischen 2 Moll. Ester u. 2 Atomen S statt, wahrscheinlich unter Bldg. des Sulfsulfides der Konst. I, das sich von einem substituierten *Tetrahydrothiophenderiv.* herleitet. Eines der beiden S-Atome spaltet sehr leicht ab, vielleicht unter Bldg. von II. Die Rk. wurde in verschied. Lösungsmitteln durchgeführt. In sd. Dekalin läuft sie in gleicher Weise wie ohne Lösungsm. ab, in sd. Nitrobenzol findet bei 185° im zugeschmolzenen Rohr, vielleicht durch Oxydation von I durch $C_6H_5NO_2$, heftige Explosion statt. In sd. Anilin bildet sich unter H_2S-Entw. wenig *N.N'-Diphenylharnstoff*, ferner *Anilinocrotonsäureester* u. *Anilinobuttersäureester*, wofür ein Reaktionsmechanismus diskutiert wird. — Die durchgeführten Rkk. werden mit dem Vulkanisierungsprozeß in Zusammenhang gebracht, bei dem ebenfalls Ringe vom Typ I entstehen könnten. Das von RANKOFF (Ber. dtsch. chem. Ges. **64.** [1931.] 619) beschriebene Addukt von S an Ölsäure wird ebenfalls bimol. sein. — Da die cycl. Natur der erwähnten Verbb. bisher nicht bewiesen worden ist, ist es in Übereinstimmung mit BLOOMFIELD (C. **1947.** E. 518) auch möglich, daß sie *aliphat. disubstituierte Disulfide* sind.

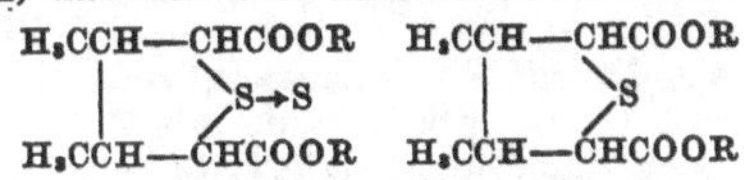

I II

Versuche: S u. Crotonsäuremethylester (Kp. 118—120°) wurden in äquivalenten Mengen 40 Std. auf 180—190° erhitzt; es wurde fraktioniert u. die Frakion mit $Kp._{\sim 1}$ 110 bis 150° mit geringen Mengen CH_3OH versetzt: Nadeln aus CH_3OH, F. 165—168°; die Verseifung lieferte eine *Säure* mit dem Mol.-Gew. 220, F. 345° unter Zers. (Eisessig); vielleicht ist der Ester aus 2 Mol Methylcrotonat u. 1 S durch Cyclisierung u. Dehydrierung entstanden, was mit den Analysenwerten für C, H, S u. CH_3O übereinstimmt. Das Hauptprod. der Rk. (bräunlichrotes Öl, $Kp._{\sim 1}$ 150—160°) hat die Zus. $C_{10}H_{16}O_4S_2$; es wurde in A. mit Hg geschüttelt u. bildete hauptsächlich ein hellorangefarbenes Öl, $Kp._{\sim 1}$ 110—115°; S 18,33%. — Bei der Aufarbeitung eines gleichen Ansatzes, der nur während 2½ Std. von 140 auf 185° erhitzt wurde, wurden (neben der Verb. mit F. 165°) bei Hochvakuumdest. unter laufender Abtrennung von S 4 Fraktionen erhalten: $Kp._{\sim 1}$ 86—88°, 88—113°, 113—115°, 137—165°. Die zweite hat die ungefähre Zus. $2\ C_{10}H_{16}O_4S + C_{10}H_{16}O_4S_2$, die erste lieferte nach Schütteln in CH_3OH mit Hg 2 Fraktionen ($Kp._{\sim 1}$ 110—120°, gelblich, n_D^{25} 1,4740, u. $Kp._{\sim 1}$ 120—126°, braun, n_D^{30} 1,4744), die annähernd richtige Analysenwerte für $C_{10}H_{16}O_4S$ geben. — Ausführung der Rk. in Dekalin (bei 182° in der Bombe) lieferte gleichfalls ein gelbrotes übelriechendes Öl, $Kp._{0,5}$ 130—140°; nach Behandlung mit Hg in CH_3OH unter S-Abgabe n_D^{26} 1,4805. — Crotonsäureäthylester, Anilin u. S wurden 16 Std. zum Sieden erhitzt; isoliert wurden *N.N'-Diphenylharnstoff*, $C_{13}H_{12}ON_2$, F. 235°, *Anilin* (als *Hydrochlorid* aus der Fraktion $Kp._3$ 53—54°) u. *Anilinocrotonsäureäthylester* u. *Anilinobuttersäureäthylester* als Gemisch der *Hydrochloride*, $C_{12}H_{15}O_2N\cdot HCl + C_{12}H_{17}O_2N\cdot HCl$, F. 170° ($CH_3OH$) aus der Fraktion vom $Kp._3$ 138—140°; Gemisch der freien Basen: n_D^{26} 1,521. (J. org. Chemistry **16.** 399—406. März 1951. Maryland, Army Chem. Center, Med. Div., Biochem. Sect.) FAASS. 3071

Vito Bellavita, *Die Einwirkung von Phosphortrichlorid auf 2-Mercaptobenzothiazol.* Bei Rk. von 2-Mercaptobenzothiazol mit überschüssigem PCl_3 durch Kochen entstehen *2-Mercaptobenzothiazol-5-phosphonigsäure* ($C_7H_6O_2NS_2P$, F. 201°, gelbe Prismen aus A.) u. *Bz-Chlor-2-mercaptobenzothiazol* (F. 181°, gelbe Prismen aus A.), das mit $ClCH_2COOH$ zu *[Bz-Chlorbenzothiazolyl-(2)]-mercaptoess gsäure* ($C_9H_6O_2NClS_2$, F. 154°) kondensiert wird. (Ricerca sci. **22.** 285—86. Febr. 1952. Perugia, Univ., Ist. di chim. gen. ed inorg.) K. FABER. 3142

F. L. Scott, D. A. O'Sullivan und **J. Reilly,** *Ein neuer Weg zu 2.5-disubstituierten Tetrazolen.* Vff. berichten über die Synth. von *Bis-formazanen,* Ar·N : N·C(Ar') : N·NH·C(: NH)·NH·N : C(Ar')·N : N·Ar, aus Diaminoguanidin, einem aromat. Aldehyd u. Benzoldiazoniumchlorid (III). Die Verbb. geben bei der Oxydation *2.5-disubstituierte Tetrazole.*

Versuche: *N.N'-Bis-[furfurylidenamino]-guanidinnitrat,* $C_{11}H_{12}O_5N_6 \cdot H_2O$, F. 121 bis 122°, weißlichgelbe Nadeln aus wss. A., aus Furfurol u. Guanidinnitrat (I) in W. u. Abkühlen. *Pikrat,* F. 253°. — *N.N'-Bis-[m-nitrobenzylidenamino]-guanidinnitrat* (II), $C_{15}H_{14}O_7N_8 \cdot H_2O$, F. 250—252° (wss. A.), analog vorst. Verb. aus I u. m-Nitrobenzaldehyd. — *Formimido-bis-[3.5-diphenylformazan]* (*6-Imino-1.3.9.11-tetraphenyl-3.6.9-tricarbaundeca-az-1.3.8.10-tetraen*) (IV), $C_{27}H_{23}N_9$, F. 137—138°, aus N.N'-Bis-[benzylidenamino]-guanidinhydrochlorid in A. mit überschüssiger konz. KOH-Lsg. u. 2 Mol III < 10° u. Stehen im Eis–NaCl-Bad über Nacht. — *6-Imino-3.9-diphenyl-3.6.9-tricarbaundeca-az-1.3.8.10-tetraen-1.11-bis-[p-benzolsulfonat], K-Salz,* $C_{27}H_{21}O_6N_9S_2K_2$, tief pupurrote Kristalle, analog vorst. Verb. mit diazotiertem K-Sulfanilat. — *p-Toluidinsalz,* $C_{41}H_{41}O_6N_{11}S_2$, F. 227—229°. — *6-Imino-3.9-bis-[m-nitrophenyl]-1.11-diphenyl-3.6.9-tricarbaundeca-az-1.3.8.10-tetraen* (V), $C_{27}H_{21}O_4N_{11}$, F. 148—149°, durch Neutralisation von III mit festem Na_2CO_3, Zufügen der Lsg. zu II in Pyridin < 10°; Wasserzusatz fällt die Verb. als dunkelrotes Material, das wiederholt mit W. ausgekocht wird. V konnte nicht wie die vorst. Verbb erhalten werden. — *2.5-Diphenyltetrazol,* $C_{13}H_{10}N_4$, F. 101°, durch Oxydation von IV mit Pb-Tetraacetat oder NO in wasserfreiem $CHCl_3$. — Oxydation von IV oder V mit HNO_3 gibt Prodd. mit 2 Nitrogruppen in den Arylresten; die Isomeren wurden noch nicht identifiziert. (J. chem. Soc. [London] **1951**. 3508. Dez. Cork, Univ. Coll.)

Ruske. 3184

Ng. Ph. Buu-Hoï, Henri Le Bihan, Fernand Binon und **Pierre Maleyran,** *Arylalkylierung von Phenolen und Naphtholen mit Derivaten von Styrol.* (Vgl. C. **1952**. 7167.) In Fortführung ihrer Arbeiten unterwerfen Vff. Anethol einer H_2SO_4-katalysierten Kondensation mit Phenol (III) in inerten Lösungsmitteln u. erhalten als fl. Prod. *[α-Anisyl-n-propyl]-phenol,* vermutlich als Gemisch des *o-* u. *p-Isomeren.* Analog entstehen bei Kondensation mit o-, m- u. p-Kresol bzw. *α-Naphthol* (I) *[α-Anisyl-n-propyl]-kresole* bzw. *-naphthole* (ebenfalls fl.), mit Thymol (IV) jedoch ein analoges festes Produkt. Diese Verbb., wie auch die durch Entmethylierung entstehenden viscosen fl. *Diphenole* verdienen als Zwischenprodd. in der Kunstharzsynth. Interesse. Die Alkalisalze der Aryloxyessigsäuren, wie z. B. *p-[α-Anisyl-n-propyl]-thymoxyessigsäure,* können in wss. Lsg. als Benetzungsmitel Verwendung finden. Als weiterer Styrolabkömmling werden Zimtsäure (II) u. ihre Derivv. untersucht, die mit einer Anzahl von Phenolabkömmlingen zu *3.4-Dihydro-4-arylcumarinen* kondensiert werden. — I kondensiert mit II zu *3.4-Dihydro-4-phenyl-7.8-benzocumarin,* Ferulasäure (4-Oxy-3-methoxyzimtsäure) mit 4-Chlor-m-kresol zu *4-[3-Methoxy-4-oxyphenyl]-6-chlor-7-methyl-3.4-dihydrocumarin,* 5-Oxyhydrinden mit II wahrscheinlich zu *3.4-Dihydro-4-phenyl-6.7-trimethylencumarin,* während Salicylsäure u. Vanillin nicht mit II reagieren. Die bei der Kondensation von II mit III von Liebermann u. Hartmann (1891) als Nebenprod. beschriebene *β-Phenyl-β-[4-oxyphenyl]-propionsäure* fällt als Hauptprod. an, wenn die Rk. in Tetralin durchgeführt wird, desgleichen mit IV *β-Phenyl-β-[2-methyl-5-isopropyl-4-oxyphenyl]-propionsäure.* Von den ferner untersuchten α.β-ungesätt. aromat. Ketonen reagiert Benzalaceton mit o-Kresol zu *[3-Methyl-4-oxybenzhydryl]-aceton,* 4-Anisalaceton mit III zu *[4-Oxy-4'-methoxybenzhydryl]-aceton* u. mit o-Kresol zu *[3-Methyl-4-oxy-4'-methoxybenzhydryl]-aceton.* Die Verbb. sollen auf ihre biol. Wrkg. untersucht werden.

Versuche: *[α-Anisyl-n-propyl]-phenol,* $C_{16}H_{18}O_2$, $Kp._{13}$ 212—217°, durch Zufügen von Anethol in Toluol zu III in H_2SO_4, 2std. Sieden, Auswaschen mit Sodalsg. u. Rektifizieren; n_D^{17} 1,58545; 60% (Ausbeute); liefert bei Entmethylierung mit Pyridinhydrochlorid ein gelbes Harz, $C_{15}H_{16}O_2$, $Kp._{13}$ 240—242°, u. bildet bei CrO_3-Oxydation in Essigsäure u. fraktionierte Kristallisation aus A. *4.4'-Dimethoxybenzophenon,* Nadeln, F. 145°, u. *2.4'-Dimethoxybenzophenon,* Nadeln, F. 101°. — *[α-Anisyl-n-propyl]-m-kresol,* $C_{17}H_{20}O_2$, $Kp._{23}$ 230—235°, aus 192 g m-Kresol u. 133 g Anethol; n_D^{16} 1,57837; 147 g; durch Entmethylierung entsteht eine Verb. vom $Kp._{13}$ 248—250°. — *[α-Anisyl-n-propyl]-p-kresol,* $C_{17}H_{20}O_2$, $Kp._{13}$ 225—228°; n_D^{18} 1,57340; 67%; Entmethylierungsprod., $C_{16}H_{18}O_2$, $Kp._{13}$ 238—240° (läßt sich mit SO_2Cl_2 chlorieren). — Ähnliche Prodd. entstehen mit o-Kresol, Xylenolen u. 4-Chlor-3-methylphenol (nicht weiter untersucht). — *p-[α-Anisyl-n-propyl]-thymol,* $C_{20}H_{26}O_2$, F. 99°, $Kp._{12}$ 232—233°, aus IV u. Anethol; Prismen aus Ligroin; 66%; daneben höhersd. Verb., $Kp._{12}$ 265—270°. Entmethylierungsprod., $Kp._{12}$ 245—255°. — *p-[α-Anisyl-n-propyl]-thymoxyessigsäure,* $C_{22}H_{28}O_4$, F. 106°, durch Kondensation vorst. Verb. in einer Schmelze mit Chloressigsäure mit wss. NaOH; Nadeln aus Ligroin. — *[α-Anisyl-n-propyl]-naphthol-(1),* $C_{20}H_{20}O_2$, $Kp._{13}$ 262—264°, aus

I u. Anethol; $n_D^{17,5}$ 1,63929; 57% (daneben eine Verb. mit $Kp._{13}$ >290°). *Methyläther*, $C_{21}H_{22}O_2$, $Kp._{13}$ 255—256°; n_D^{19} 1,62531. — *[α-Anisyl-n-propyl]-naphthol-(2)*, $Kp._{13}$ 275 bis 276°, mit β-Naphthol. *Methyläther*, $C_{21}H_{22}O_2$, $Kp._{13}$ 264—265°; n_D^{19} 1,62632. — *[3-Methyl-4-oxybenzhydryl]-aceton*, $C_{17}H_{18}O_2$, $Kp._{16}$ 260—290°, F. 133°, durch 12std. Sieden von 41 g Benzalaceton, 43 g o-Kresol, 2 cm³ H_2SO_4 u. 20 g Benzoylperoxyd in Toluol, alkal. u. saure Wäsche, Abdampfen u. Rektifikation; Nadeln aus Bzl. + Cyclohexan; 25 g; löst sich in H_2SO_4 gelb; PFITZINGER-Rk. mit Isatin u. LEUCKHARDT-Rk. positiv (Beweis für $—CH_2CO$-Gruppe). — *[4-Oxy-4'-methoxybenzhydryl]-aceton*, $C_{17}H_{18}O_3$, F. 129°, aus 50 g Anisalaceton u. 53 g Phenol; Prismen aus Bzl. + Cyclohexan; 20 g. — *[3-Methyl-4-oxy-4'-methoxybenzhydryl]-aceton*, $C_{18}H_{20}O_3$, F. 123°, aus 50 g Anisalaceton u. 43 g o-Kresol; 44 g (roh). — Nachst. *3.4-Dihydro-4-arylcumarine* werden durch 2std. Sieden von 0,38 (Mol) **II**, 0,76 des entsprechenden Phenols u. 15 g H_2SO_4 in Tetralin, Extraktion mit sd. Sodalsg. u. Rektifikation gewonnen (Prismen aus A. oder CH_3OH): *4-Phenyl-*, $C_{15}H_{12}O_2$, $Kp._{13}$ 218°, F. 78°; 25 g. Daneben aus dem Sodaauszug *β-Phenyl-β-[4-oxyphenyl]-propionsäure*, F. 152° (Toluol); 26 g. — *8-Methyl-4-phenyl-*, $C_{16}H_{14}O_2$, F. 108°, $Kp._{12}$ 220°. — *7-Methyl-4-phenyl-*, $C_{16}H_{14}O_2$, F. 124°, $Kp._{12}$ 225—227°. — *6-Methyl-4-phenyl-*, $C_{16}H_{14}O_2$, F. 83°, $Kp._{16}$ 228—230°. — *6-Chlor-5-methyl-4-phenyl-*, $C_{16}H_{13}O_2Cl$, F. 117°, $Kp._{15}$ 247°. — *6-Methyl-4-phenyl-8-isopropyl-*, $C_{19}H_{20}O_2$, F. 74°, $Kp._{13}$ 225—228°. — *6.7-Dimethyl-4-phenyl-*, $C_{17}H_{16}O_2$, F. 111°, $Kp._{13}$ 225—230°. — *5.8-Dimethyl-4-phenyl-*, $C_{17}H_{16}O_2$, F. 78°, $Kp._{13}$ 225—230°. — *7-Methoxy-4-phenyl-*, $C_{16}H_{14}O_3$, F. 108°, $Kp._{13}$ 255—260°. — *4-[p-Anisyl]-*, $C_{16}H_{14}O_3$, F. 138°, $Kp._{15}$ 248—250°. — *4-[p-Anisyl]-7-methyl-*, $C_{17}H_{16}O_3$, F. 94°, $Kp._{15}$ 263°. — *4-[p-Anisyl]-6-methyl-*, $C_{17}H_{16}O_3$, F. 120°, $Kp._{15}$ 260—265°. — *4-[p-Chlorphenyl]-*, $C_{15}H_{11}O_2Cl$, F. 116°, $Kp._{15}$ 225—235°. — *6-Chlor-5-methyl-4-[p-chlorphenyl]-*, $C_{16}H_{12}O_2Cl_2$, F. 140°, $Kp._{15}$ 255—275°. — *6-Chlor-5-methyl-4-[4'-oxy-3'-methoxyphenyl]-*, $C_{17}H_{15}O_4Cl$, F. 211°, zers. sich bei Vakuumdestillation. — Als Nebenprod. bei der Rk. von **II** mit **IV** *β-Phenyl-β-[4-oxy-2-methyl-5-isopropylphenyl]-propionsäure*, $C_{19}H_{22}O_3$, F. 161°, aus Bzl. Nadeln. — *3.4-Dihydro-4-phenyl-7.8-benzocumarin*, $C_{19}H_{14}O_2$, $Kp._{20}$ 278—280°, F. 112°, aus **II** u. **I**, Blättchen aus Methanol. — *3.4-Dihydro-4-phenyl-6.7-trimethylencumarin*, $C_{18}H_{16}O_2$, $Kp._{16}$ 245—246°, F. 122°, Nadeln aus Methanol; 60%. (J. org. Chemistry **17**. 1122—27. Aug. 1952. Paris, Univ., Radium Inst., Dep. of Organ. Chem., u. Renory-Liège, Belgien, Soc. Belge de l'Azote, Res. Labors.) LEHWALD. 3211

Luther A. R. Hall und **Calvin A. Van der Werf**, *5-Methyl-2-nitraminopyridin. 5-Methyl-2-nitraminopyridin*, $C_6H_7O_2N_3$, F. 183,0—183,5° unter Zers. (W.), entsteht durch Nitrierung von 5-Methyl-2-aminopyridin mit rauchender HNO_3 in konz. H_2SO_4 bei 0—5°, 2std. Stehen bei 0° u. Eingießen in Eis als gelbe Verb. in 70%ig. Ausbeute. (J. Amer. chem. Soc. **73**. 4466. Sept. 1951. Lawrence, Univ. of Kansas, Dep. of Chem.) W. HOFFMANN. 3231

Reuben G. Jones, *2-[β-Aminoäthyl]-chinolin*. Das aus β-[Chinolyl-(2)]-propionamid- u. NaOCl dargestellte *2-[β-Aminoäthyl]-chinolindihydrochlorid* (I) schm. nicht, wie von HUPE u. SCHRAMME (Hoppe-Seyler's Z. physiol. Chem. **177**. [1928.] 315) angegeben, bei 212°, sondern zers. sich bei 195—200°. HUPE u. SCHRAMME haben wahrscheinlich nicht **I**, sondern das Salz des 3-[α-Aminoäthyl]-chinolin in Händen gehabt, denn WOODWARD u. KORNFELD (vgl. C. **1948**. E. 214) haben gezeigt, daß das von HUPE u. SCHRAMME benutzte Ausgangsprod. nicht [Chinolyl-(2)]-acetaldehyd, sondern wahrscheinlich 3-Acetylchinolin ist.

Versuche: *2-[β-Aminoäthyl]-chinolindihydrochlorid* (**I**), $C_{11}H_{12}N_2 \cdot 2HCl$, Schwarzfärbung u. Zers. bei 195—200°, aus 8,5 g β-[Chinolyl-(2)]-propionamid u. einer Lsg. aus 8,7 g NaOH in 25 cm³ W. u. 3,3 g Cl_2 mit 45 g Eis durch 1std. Rühren bei 20°, ½ Std. bei 100°, Extrahieren mit Essigester u. Rk. mit äther. HCl; aus Methanol mit Essigester fällen; Ausbeute 71%. (J. Amer. chem. Soc. **74**. 4207. 20/8. 1952. Indianapolis, Ind., Lilly Res. Labors.) GOEBEL. 3231

F. L. Scott, K. M. Crowley und **J. Reilly**, *Die Halogenierung von 3.5-Dimethyl-1-[chinolyl-(2')]-pyrazol*. Es wird angenommen, daß *3.5-Dimethyl-1-[chinolyl-(2')]-pyrazol* (I) durch Cl, Br oder J in 4-Stellung substituiert wird. Die 1-[Chinolyl-(2')]-Gruppe ist an den Pyrazolkern etwa ebenso fest gebunden wie eine 1-Arylgruppe.

Versuche: *3.5-Dimethyl-1-[chinolyl-(2')]-pyrazol* (**I**), $C_{14}H_{13}N_3$, F. 57°, durch 3std. Kochen von 4,35 g Chinolyl-(2)-hydrazin in A. mit 3,06 cm³ Acetylaceton, Einengen u. Kühlen auf 0°; Filtrat mit W. verd., Nadeln aus PAe.; 5,72 g roh. *Pikrat*, $C_{20}H_{16}O_7N_6$, F. 159°, aus wss. A. orangefarbige Mikrokristalle. — *4-Chlor-I*, $C_{14}H_{12}N_3Cl$, F. 72,5°, aus 0,5 g I in trocknem Chlf. mit Cl_2 u. Einengen nach Rk.; aus PAe. amorph; 0,48 g roh. — *4-Brom-I*, $C_{14}H_{12}N_3Br$, F. 108°, aus je 2 Millimol I u. Br_2 in CCl_4 u. Abblasen mit Luft; 0,81 g Rohprod., F. 189—191°, überschüssiges Br enthaltend; federartige Nadeln aus CH_3COOH. — *4-Jod*-I, $C_{14}H_{12}N_3J$, F. 125°, durch 11 Min. Kochen von 0,5 g I in CH_3COOH mit 0,23 g KJ u. 0,48 g KJO_3; nach 24 Std. bei Zimmertemp. filtriert u. Filtrat mit W. verd.; 0,68 g. (J. Amer. chem. Soc. **74.** 3444—45. 5/7. 1952. Cork, Irland, Univ. Coll., Chem. Dep.) LEHMSTEDT. 3231

Karl Winterfeld und **Melanie Rink,** *Zur Kenntnis der Kondensationsfähigkeit des Tetrahydro-γ-pyrons mit heterocyclischen Carbonsäureestern.* Durch Kondensation von *Pyridin-2-* u. *-3-*, *Chinolin-2-* u. *6-Methoxychinolin-4-carbonsäureester* mit *Tetrahydro-γ-pyron* (I) in Bzl. + $NaOC_2H_5$ oder $NaNH_2$ erhalten Vff. die entsprechenden Tetrahydro-γ-pyronyl-(3)-ketone. Disubstitution wurde nicht beobachtet. Die Kondensation mit 2-Phenylchinolincarbonsäureester gelang nicht. Die erhaltenen 1.3-Diketone zeigen eine starke Enolisierungstendenz. Katalyt. Hydrierung führt beim *Chinolyl-(2)-tetrahydro-γ-pyronyl-(3)-keton* als Beispiel zum *Chinolyl-(2)-tetrahydropyranol-(4)-yl-(3)-carbinol,* das unter Abspaltung von 2 H_2O in das blutrot gefärbte entsprechende *Methin* (II), das bei katalyt. Red. 2 H_2 aufnimmt u. *2-Chinolyltetrahydropyranyl-(3)-methan* liefert.

V e r s u c h e : *γ-Pyron,* Kp. 215°, durch trockene Dest. von Chelidonsäure in Ggw. von Cu-Pulver oder Bimssteinpulver. Daraus nach BORSCHE (Ber. dtsch. chem. Ges. **48.** [1915.] 682) *Tetrahydro-γ-pyron* (I), $Kp._{742}$ 163—166°. — *α-Pyridyltetrahydro-γ-pyronylketon,* $Kp._{0,03}$ 74°; aus I u. Picolinsäureäthylester ($Kp._{13}$ 122—122,5°) in absol. Bzl. mit $NaOC_2H_5$; oder $NaNH_2$; nach 2 Std. mit Essigsäure ansäuern u. mit Chlf. oder Bzl. ausschütteln, gelbgrünliches Öl; über 60% (Ausbeute). *Pikrat,* $C_{11}H_{11}O_3N \cdot C_6H_3O_7N_3$, F. 153,5°; gelbe Kristalle. *Reineckat,* $C_{11}H_{11}O_3N \cdot C_4H_{10}N_7S_4Cr$, F. 131°; rote Kristalle. *p-Nitrophenylhydrazon,* $C_{11}H_{11}O_2N \cdot C_6H_5N_3O_2$, F. 174,5°. — *β-Pyridyltetrahydro-γ-pyronylketon,* $Kp._{0,2}$ 107°, analog aus I u. Nicotinsäureester in absol. Bzl. mit Na-Staub bei 45°; 70%. *Reineckat,* $C_{11}H_{11}O_3N \cdot C_4H_{10}N_7S_4Cr$, F. 158°. *Pikrat,* $C_{11}H_{11}O_3N \cdot C_6H_3O_7N_3$, F. 137°, *p-Nitrophenylhydrazon,* $C_{11}H_{11}O_2N \cdot C_6H_5N_3O_2$, F. 94°. — *Chinolyl-(2)-tetrahydro-γ-pyronyl-(3)-keton,* $C_{15}H_{13}O_3N$, F. 194°, aus Chinaldinsäureäthylester ($Kp._{10}$ 184°) mit $NaOC_2H_5$ u. I in Bzl. mehrere Std. bei 53°; Kristalle aus Methanollsg. durch Fällen mit Ae.; 65% (*Reineckat,* F. 154°). Daraus mit H_2/Pt in Methanol über das *Chinolyl-(2)-tetrahydropyranol-(4)-yl-(3)-carbinol* u. Trocknen über P_2O_5 *2-Chinolyl-3-dihydro-$\Delta^{4,5}$-pyranmethin* (II), blutrote derbe Kristalle aus A. durch Fällung mit PAe. + Aceton (*Reineckat,* $C_{15}H_{13}ON \cdot C_4H_7N_6S_4Cr$, F. 110°). — *Chinolyl-(2)-tetrahydropyranyl-(3)-methan,* $C_{15}H_{17}ON$, F. 248° (Zers.), aus II mit H_2/Pt in Isopropanol/Chlf., büschelförmige Kristalle aus A. beim Überschichten mit Äther. Gibt mit 48%ig. HBr 6 Std. Einschlußrohr *Chinaldinsäure,* F. 156°. — *6-Methoxychinolyl-(4)-tetrahydropyronyl-(3)-keton,* $C_{16}H_{15}O_4N$, F. 172°, aus I u. Chininsäureäthylester (F. 69°) in Bzl. mit $NaOC_2H_5$ ½ Std. bei 50—60°, aus A. mattgrüne Würfel; 20%. (Arch. Pharmaz. Ber. dtsch. pharmaz. Ges. **285/57.** 89—97. 1952. Bonn, Univ., Pharmazeut. Inst.) GOEBEL. 3231

M. Renard und **G. Dony,** *Synthese neuer Barbitursäurederivate.* Beschrieben wird die Darst. einiger *5-[Alkoxyalkyl]-barbitursäuren* aus Harnstoff u. den entsprechenden, aus α-Chloräthern u. Na-Malonsäurediäthylester (I) erhaltenen Malonsäurederivv. sowie die Synth. einiger *Dibarbitursäureverbindungen.*

V e r s u c h e : *Methyl-[α-chloräthyl]-äther,* Kp. 72—73°, durch Einleiten von trockenem HCl in CH_3OH + Paraldehyd. — *Äthyl-[α-chloräthyl]-äther,* Kp. 93—95°, ebenso aus C_2H_5OH. — *Methyl-[α-chlor-n-propyl]-äther,* $Kp._{550}$ 78—80°, aus CH_3OH u. Propionaldehyd; mehrere Wochen haltbar. — Darst. von *[Methoxymethyl]-malonsäurediäthylester* (**IV**) u. *Di-[methoxymethyl]-malonsäurediäthylester* (**V**) nach SIMONSEN [1908] aus I u. Methyl-[chlormethyl]-äther in absol. Äther. — Analog wurden folgende *Malonsäurediäthylester* erhalten: *[α-Methoxyäthyl]-* (**II**), $Kp._{12}$ 112—114°; 70% (Ausbeute). — *[α-Äthoxyäthyl]-* (**III**), $Kp._{12}$ 116—118°; 27%. — *Äthyl-[α-methoxyäthyl]-*, $Kp._{15}$ 125°, aus Na-Äthylmalonsäurediäthylester; 55%. — *Äthyl-[α-äthoxyäthyl]-*, $Kp._{15}$ 129—130°; 48%. — *Äthyliden-bis-[malonsäurediäthylester]*, aus Malonsäurediäthylester u. **II** oder **III** in Ggw. von $ZnCl_2$ in Essigsäureanhydrid; 80%. — *5.5-Di-[methoxymethyl]-barbitursäure,* F. 186—188°, durch Erhitzen von **V** u. Harnstoff in Ggw. von $(CH_3O)_2Mg$ in Methanol, 24std. Stehen bei 70°, Einengen u. Aufnehmen in warmer 10%ig. HCl; Kristalle; 52%. — Analog wurden folgende *Barbitursäuren* erhalten: *5-Äthyl-5-[α-methoxyäthyl]-*, F. 219°; Nadeln. — *5-Äthyl-5-[α-äthoxyäthyl]-*, F. 179—181°; Nadeln. — Analog den vorst. Verbb., aber nach 48std. Stehen bei 70°, wurden isoliert: *Methylenbarbitursäure,* aus Methylen-bis-[malonsäurediäthylester]; Pulver; sublimiert unter Zers. bei 265°; 22%. — *Äthylendibarbitursäure,* aus Äthylen-bis-[malonsäurediäthylester]; Pulver; 5%; zers. sich bei 300°. — *Äthylidendibarbitursäure*; Pulver; 4%; zers. sich bei ca. 300°. — Aus **II, III** u. **IV** konnten mit NH_2CONH_2 keine Kondensationsprodd. gewonnen werden. (Ind. chim. belge **16.** 479—82. 1951. Liège, Univ., Labor. de Chim. Gén. et Organ.) W. HOFFMANN. 3272

Richard Abrams und **Leon Clark,** *Umformylierung bei der Synthese von Adenin-*$^{14}C_{(8)}$. Das beim Erhitzen von *4.6-Diamino-5-formamidopyrimidinsulfat* (I), dessen NHCHO-Gruppe das Isotop ^{14}C enthält, in *N-Formylmorpholin* (II) entstehende *Adenin* (III) besteht je zur Hälfte aus radioakt. u. inakt. Material; dasselbe Ergebnis wird erhalten, wenn inakt. I mit akt. II umgesetzt wird; bei verschied. mol. Konzz. von I u. II oder Abänderung der sonstigen Reaktionsbedingungen ändert sich zwar die Gesamtausbeute an III, nicht aber dessen relative spezif. Aktivität. Vff. erklären diese Tatsache mit der intermediären Bldg. von *6-Amino-4.5-diformamidopyrimidin,* welches dann unter Abspaltung entweder der akt. oder der inakt. NHCHO-Gruppe Ringschluß zu III eingeht. Abweichende Ergebnisse von CLARK u. KALCKAR (C. **1951.** I. 3182) sind wahrscheinlich auf Meßungenauigkeiten bei der Radioaktivitätsbest. zurückzuführen. Der 50%ig. Isotopenverlust bei der Synth. von III läßt sich vermeiden durch Rk. von *4.5.6-Triaminopyrimidinsulfat* (IV) mit radioakt. II oder durch Erhitzen von I, dessen Formylgruppe markiert ist, in Morpholin (V)-Nitrobenzol (1 : 10) oder Diäthanolamin.

Versuche: *4.5.6-Triaminopyrimidinsulfat* (IV), $C_4H_7N_5 \cdot H_2SO_4 \cdot H_2O$, durch 15std. Hydrieren von 2-Mercapto-5-nitroso-4.6-diaminopyrimidin (dieses aus Malononitril u. Thioharnstoff) in Ggw. von RANEY-Ni in absol. A. bei 100° u. 60 at, Eindampfen in N_2-Atmosphäre, Aufnehmen in 0,2nH_2SO_4 u. Einengen; Nadeln; 49% (Ausbeute). — *4.6-Diamino-5-formamidopyrimidinsulfat* (I) durch 2std. Erhitzen von IV u. HCOONa in 0,07nHCl, mehrstd. Stehen bei 0°, Zentrifugieren u. Waschen mit A.; 77%. — *N-Formylmorpholin* (II), Kp. 235°; Darst. der radioakt. Verb. durch 2std. Kochen von V u. akt. HCOONa in verd. HCl, Trennen vom gebildeten NaCl, Einengen bei 100° unter N_2 u. Dest.; 59%. — *Adenin* (III), a) durch 80 Min. Erhitzen von I u. II unter N_2, Verdünnen, Fällen als *Ag-Salz,* Zers. mit 1nHCl u. Reinigen durch Kationenaustauscher „Nalcite HCR" (vgl. C. **1951.** II. 3176); 88—93%, mit Luftzutritt 56%; b) wie unter a), aber aus IV u. II; 92%; c) durch $^1/_4$std. Erhitzen von I in V u. $C_6H_5NO_2$ (1 : 10) auf dem Ölbad (200°) u. weiter wie oben; 41%; d) durch 1½std. Erhitzen von I in $NH(C_2H_5OH)_2$ auf dem Ölbad (210°) u. weiter wie oben. (J. Amer. chem. Soc. **73.** 4609—10. Okt. 1951. Chicago, Ill., Univ., Inst. of Radiobiol. and Biophys.) W. HOFFMANN. 3272

Donald L. Vivian, *Der halogenaktivierende Effekt der N-Oxydgruppe in Chlorphenazin-N-oxyden. Synthese eines Isomeren des Jodinins.* Die nicht reakt. Cl-Atome im *2-Chlorphenazin* u. im *2.7-Dichlorphenazin* werden durch die Überführung der Verbb. in die *N.N'-Dioxyde* beweglicher gemacht u. geben dann mit alkoh. Alkali glatt *2-Phenazinol-5.10-dioxyd* bzw. *2.7-Phenazindiol-5.10-dioxyd,* ein Isomeres des Jodinins. Die erstere Verb. wurde mit $Na_2S_2O_4$ zu *Phenazinol-(2)* reduziert. *2.7-Dichlorphenazin-5-oxyd* gibt mit Alkali ein *Chlorphenazinol-5-oxyd;* es ist also nur 1 Cl-Atom beweglich, wahrscheinlich das zur N-Oxyd-Gruppe p-ständige.

Versuche (FF. korr.): *2-Chlorphenazin-5.10-dioxyd,* $C_{12}H_7O_2N_2Cl$, F. 190 bis 191° (Zers.), aus 2-Chlorphenazin u. Perhydrol in Eisessig durch 40std. Rk. bei 53—55° u. Fällen mit W.; aus A. rotorangefarbene mkr. Nadeln; 100% roh (Ausbeute). — *2-Phenazinol-5.10-dioxyd,* $C_{12}H_8O_3N_2$, aus 8,5 g vorst. Verb. durch 16—20std. Kochen mit wss.-alkoh. KOH u. Fällen aus dem Filtrat mit verd. HCl; aus A. rotorangefarbene mkr. Plättchen, die bis 280° nicht vollständig schm.; 5,5 g roh. — *Phenazinol-(2),* $C_{12}H_8ON_2$, F. 250—260° (Zers.), aus 2,5 g vorst. Verb. in wss. NaOH durch Zugabe von $Na_2S_2O_4$, Ansäuern mit verd. Essigsäure u. Vakuumsublimation; aus Bzl. blaßgelbe Nadeln; 2,1 g. — *4.5'-Dichlor-2'-methoxy-2-nitrodiphenylamin,* $C_{13}H_{10}O_3N_2Cl_2$, F. 191—192°, aus 826 g 5-Chlor-2-anisidin, 1000 g 2.5-Dinitrochlorbenzol u. 1000 g CH_3COONa durch 40std. Erhitzen auf 210—225°, Dampfdest. u. Ätherextraktion im Soxhlet; aus Eisessig kleine rote Nadeln; 412 g roh. — *2.7-Dichlorphenazin,* $C_{12}H_6N_2Cl_2$, F. 266—268°, aus 5 g vorst. Verb. durch $^1/_4$std. Erhitzen mit 5 g $FeC_2O_4 \cdot 2\,H_2O$ u. 50 g Pb auf 260—265° Badtemp. u. Vakuumsublimation; aus Bzl. kleine schwefelgelbe Nadeln; 1,3 g. — *2.7-Dichlorphenazin-5.10-dioxyd,* $C_{12}H_6O_2N_2Cl_2$, aus 4 g vorst. Verb. in 4 Liter Eisessig durch 16std. Erhitzen mit Perhydrol auf 53—55° u. Eingießen in W.; aus Eisessig rotorangefarbene Plättchen, die bei 230° explodieren; 3,75 g. — *2.7-Phenazindiol-5.10-dioxyd,* $C_{12}H_8O_4N_2$, Zers. bei ca. 230°, aus 3,3 g vorst. Verb. durch 6tägiges Erhitzen mit wss.-alkoh. KOH auf dem Wasserbad u. Ansäuern des Filtrats mit verd. HCl; rötlichbraune mkr. Plättchen; 1,8 g. — *7-Chlor-2-phenazinol-5(?)-oxyd,* $C_{12}H_7O_2N_2Cl$, Zers. bei ca. 260°, aus 1,5 g 2.7-Dichlorphenazin-5-oxyd durch mehrstd. Kochen mit wss.-alkoh. KOH u. Ansäuern des Filtrats; aus Eisessig kleine tiefgelbe Nädelchen; 1,0 g. (J. Amer. chem. Soc. **73.** 457—58. Jan. 1951. Bethesda, Md., Nat. Inst. of Health, Nat. Cancer Inst., Chemotherapy Sect.) NITZSCHKE. 3272

R. D. Haworth, R. MacGillivray und **D. H. Peacock,** *3.4-Dihydro-2-ketonaphtho-[1'.2':5.6]-1.3-oxazin.* Bei der Einw. von heißer $NaHCO_3$-Lsg. auf 1-Aminomethyl-

6-bromnaphthol-(2)-hydrochlorid (I) oder 1-Aminomethyl-3.6-dibromnaphthol-(2)-hydrochlorid (II) entsteht *6'-Brom-* bzw. *3'.6'-Dibrom-3.4-dihydro-2-ketonphtho-[1'.2':5.6]-1.3-oxazin.* Im Gegensatz dazu entsteht aus 1-Aminomethylnaphthol-(2)-hydrochlorid unter gleichen Bedingungen nur die freie Base. Ebenso tritt in Abwesenheit einer freien OH-Gruppe ebenfalls kein Oxazinringschluß ein; so wird z. B. mit heißer $NaHCO_3$-Lsg. aus *1-Aminomethyl-6-brom-2-methoxynapahthalinhydrochlorid* nur die *Base in* Freiheit gesetzt.

Versuche: *6'-Brom-3.4-dihydro-2-ketonaphtho-[1'.2':5.6]-1.3-oxazin,* $C_{12}H_8O_2 \cdot NBr$, F. 206—208°, durch kurzes Erhitzen von 1 g I in $NaHCO_3$-Lsg. u. Waschen des Nd. mit W. u. Ae.; aus Eisessig kleine Würfel; 0,9 g (Ausbeute). — *3'.6'-Dibrom-3.4-dihydro-2-ketonaphtho- 1'.2':5.6]-1.3-oxazin,* $C_{12}H_7O_2NBr_2$, F. 180° (Essigsäure), analog vorst. Verb. aus II. — *6-Brom-2-methoxy-1-[phenylacetamidomethyl]-naphthalin,* $C_{20}H_{18} \cdot O_2NBr$, F. 196°, durch Einw. von $(CH_3)_2SO_4$ auf 2 g 6-Brom-1-[phenylacetamidomethyl]-naphthol-(2) in Methanol in Ggw. von etwas 20%ig. NaOH; aus A. Nadeln; 1,8 g. — *1-Aminomethyl-6-brom-2-methoxynaphthalinhydrochlorid,* $C_{12}H_{13}ONClBr$, F. 256° (Zers.), durch 3std. Kochen von 1 g vorst. Verb. in Ggw. von konz. HCl in A.; aus W. Nadeln; 0,4 g. Daraus mit heißer oder kalter $NaHCO_3$-Lsg. die *Base,* $C_{12}H_{12}ONBr$, F. 172°, Nadeln. (J. chem. Soc. [London] **1952.** 2857—58. Juli. Sheffield, Univ.)

W. HOFFMANN. 3282

Nathan L. Smith, *Bildung und Oxydation einiger Phenothiazinderivate.* (Vgl. C. **1951.** I. 2730.) Es wird die Darst. einiger neuer halogenierter u. alkylierter *Phenothiazine,* ihrer Aminvorstufen u. die Überführung in *Sulfone* beschrieben.

Versuche: *N-[p-Fluorphenyl]-2-naphthylamin,* $C_{16}H_{12}NF$, F. 86—87° (korr.): 4-Fluoranilin wurde mit 2-Naphthol u. etwas J_2 21 Std. erhitzt; 93% (Ausbeute). — *3.3'-Bis-[trifluormethyl]-diphenylamin,* $C_{14}H_9NF_6$, $Kp._{3,0}$ 137—140°: 3-Brombenzotrifluorid u. 3-[Trifluormethyl]-acetanilid wurden in Nitrobenzol 30 Std. in Ggw. von wasserfreiem K_2CO_3 u. CuBr gekocht, anschließend wurde die alkoh. Lsg. des Reaktionsprod. mit konz. HCl erhitzt u. alkalisiert; n_D^{25} 1,5138; 28%; die Gelbfärbung in konz. H_2SO_4 geht bei Zugabe von HNO_3 in Grün u. Braun über. — *2-[Trifluormethyl]-4.4'-difluordiphenylamin,* $C_{13}H_8NF_5$, $Kp._{0,8}$ 146—148°, aus 4-Bromfluorbenzol u. 2-[Trifluormethyl]-4-fluoracetanilid (F. 120—121,5°); n_D^{25} 1,5210; 19%; Grünfärbung mit konz. H_2SO_4, geht bei Zugabe von HNO_3 in Rot über. — *4-Fluordiphenylamin,* $Kp._{1,5}$ 130—131°; F. 34°. — *3-Fluorphenothiazin,* $C_{12}H_8NFS$, gelbe Plättchen aus A., F. 176—177°, aus vorst. Verb. durch Erhitzen mit S u. etwas J_2 auf 150—160°; 39%; Rotbraunfärbung mit konz. H_2SO_4. — *3.7-Bis-[1.1.3.3-tetramethylbutyl]-phenothiazin,* $C_{28}H_{41}NS$, gelbe Nadeln aus PAe., F. 162—163°, aus p.p'-Bis-[1.1.3.3-tetramethylbutyl]-diphenylamin (F. 101—102° [n-Hexan]; Acetylderiv., F. 120—121°) durch Zusammenschmelzen mit S (lösl. u. auch unlösl. Form) in Ggw. von J_2. Die Reinigung erfolgte chromatograph.; 31%; Weinfarbe mit konz. H_2SO_4. *Pikrat,* F. 154° (A.). — *3.7-Bis-[1.1.3.3-tetramethylbutyl]-phenothiazin-5-dioxyd,* $C_{28}H_{41}O_2NS$, pfirsichblütenfarbige Nadeln, F. 294—295° (Zers.) (A.): Vorst. Verb. wurde in Eisessig mit 30%ig. H_2O_2 behandelt; 47%. — *2-[Trifluormethyl]-β-[phenothiazyl-(10)]-propionitril,* $C_{16}H_{11}N_2F_3S$, Nadeln aus Aceton, F. 159,5 bis 160°; 2-Trifluormethylphenothiazin u. Acrylnitril wurden mit kleinen Mengen einer 40%ig. Lsg. von Benzyltrimethylammoniumhydroxyd versetzt; 67%. — *2.3-Dihydro-3-keto-1 H-pyrido-[3.2.1:kl]-phenothiazin-7-dioxyd,* $C_{15}H_{11}O_3NS$, gelbbraune Nadeln, F. 195—196° (A.), aus 2.3-Dihydro-3-keto-1 H-pyrido-[3.2.1:kl]-phenothiazin u. H_2O_2 in Eisessig; 39%. — *β-[Phenothiazyl-(10)]-propionitril-5-dioxyd,* $C_{15}H_{12}O_2N_2S$, F. 233—234° (Bzl.); 94%. Kochen mit methanol. NaOH liefert *Phenothiazin-5-dioxyd* (I), F. 160—161°. — *β-[Phenothiazyl-(10)]-propionsäure-5-dioxyd,* $C_{15}H_{13}O_4NS$, F. 189,5 bis 190,0° (verd. A.), aus β-[10-Phenothiazyl]-propionsäure; Spaltung mit HJ liefert ebenfalls I, Spaltung mit methanol. NaOH gelang nicht. (J. org. Chemistry **16.** 415—18. März 1951. Washington, D. C., Naval Res. Labor., Chem. Div.) FAASS. 3292

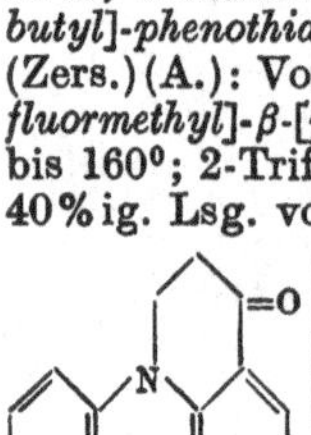

R. W. McGilvery, *Cyclohexylammoniumfructose-1.6-diphosphate.* Die Cyclohexylammoniumphosphate eignen sich zur Reinigung von *Fructose-1.6-diphosphat* u. bieten im Gegensatz zu den Strychninsalzen den Vorteil der Ungiftigkeit.

Versuche: *Zweibas. Ba-Fructose-1 6-diphosphat* (I), aus käuflichem vierbas. Ba-Fructose-1.6-diphosphat durch Lösen in 4,5 Äquivalenten 2n$HClO_4$, Behandlung mit Norit, Abstumpfen mit $Ba(OH)_2$ in Methanol oder mit $BaCO_3$ auf p_H 1,5—2,0, Fällen in 4 Vol. A., Lösen des getrockneten Nd. unter Zugabe von $HClO_4$ bis auf p_H 1,5—2,0 u. erneute Fällung in A.; 75% (Ausbeute, bezogen auf P). — *Cyclohexylammoniumfructose-1.6-diphosphat,* $C_{30}H_{66}O_{12}N_4P_2 \cdot \frac{1}{2}C_4H_9OH \cdot 2\ H_2O$ (II), durch Umsetzung von mit HCl auf p_H 1,5—2,0 eingestellter I-Lsg. mit der mol. Menge Cyclohexylammoniumsulfat,

Zentrifugieren, Zusatz von Cyclohexylamin bis p_H 9 u. zweimaliges Umfällen in n-Butanol unter Zugabe von Ae., weißes weiches Pulver ohne definierten F., leicht lösl. in W., gibt beim Trocknen sehr leicht das Butanol u. 1 Mol Cyclohexylamin ab; 60—70% (Ausbeute). Die Verb. wird durch Fructose-1.6-diphosphatase völlig gespalten. Unter Verwendung von Methanol u. von A. an Stelle von Butanol entsteht das dreibas. Salz. — *Tricyclohexylammoniumhydrogenfructose-1.6-diphosphat*, $C_{24}H_{53}O_{12}N_3P_2 \cdot H_2O$, F. 163—166 (korr.), aus II durch Lösen in 40 ml 90%ig. Methanol/g II u. Zugabe von 0,9 Mol HCl u. Essigester bis zur Trübung, Stäbchen; 95—98% (Ausbeute); Reinigung von anorgan. Phosphat über II oder über das Na- bzw. K-Salz. — Aus stöchiometr. äthanol. Gemischen von Cyclohexylamin mit den entsprechenden Säuren wurden *Cyclohexylammoniumchlorid*, *Dicyclohexylammoniumhydrogenphosphat* u. *Monocyclohexylammoniumdihydrogenphosphat* (III) dargestellt u. ihre Löslichkeiten in verschied. Lösungsmitteln bestimmt. Aus W./Butanol krist. III wahrscheinlich als Butanolat. (J. biol. Chemistry **200**. 835—38. Febr. 1953. Madison, Wis., Univ., Med. School, Dep. of Physiol. Chem.)

WILLENBERG. 3400

M. Ss. Rabinowitsch, *Über Aconitumalkaloide. 5. Mitt. Eldelin und Eldelidin.* (4. vgl. Журнал Общей Химии [J. allg. Chem.] **19**. (**81**.) [1949.] 1387.) Aus den zur Blütezeit gesammelten oberird. Teilen von Delphinium elatum (Altaidistrikt) wurden das neue Alkaloid *Eldelin* (I), $C_{27}H_{41}O_8N$, u. ein weiteres, wenig untersuchtes „*Alkaloid Nr. 2*" isoliert. Die Bruttoformel von I läßt sich in $C_{20}H_{23}(OCH_3)_3(OH)(OCOCH_3)(\genfrac{}{}{0pt}{}{O}{O}\!\!>\!CH_2)\cdot(NCH_3)$ auflösen. Bei der Verseifung gab I *Essigsäure* u. den Aminoalkohol *Eldelidin* (II), $C_{25}H_{39}O_7N$ [$C_{20}H_{23}(OCH_3)_3(OH)_2(\genfrac{}{}{0pt}{}{O}{O}\!\!>\!CH_2)(NCH_3)$]. Aus I u. II entstanden mit CH_3J nicht die Jodmethylate, sondern in anomaler Rk. die Hydrojodide. Die an N gebundene CH_3-Gruppe wurde durch Oxydation mit $KMnO_4$ u. verd. H_2SO_4, wobei *HCOH* entstand, nachgewiesen. Der Nachw. der Methylendioxygruppe erfolgte durch Behandeln mit Phloroglucin + H_2SO_4 (flockiger Nd. u. rote Lösungsfarbe). Die von anderen Autoren aus den Samen der Pflanze isolierten Alkaloide wurden in Stengeln u. Blättern nicht gefunden.

Versuche: 10 kg der trocknen Pflanze wurden mit 1% CH_3CO_2H enthaltendem Isopropylalkohol extrahiert; man dampft im Vakuum bei 40—50° zum Sirup ein, löst in 10%ig. H_2SO_4, behandelt zur Entfernung von Harz mit Bzl., macht mit 25%ig. NH_3 unter Kühlung mit Eis alkal., extrahiert erschöpfend mit Ae. u. dampft die getrocknete Lsg. auf 100—120 cm³ ein; es krist. I; 11 g. Die Mutterlauge wird mit 10%ig. H_2SO_4 geschüttelt u. die saure Lsg. der Restalkaloide mit Chlf. extrahiert, wobei das Sulfat des „Alkaloids Nr. 2" vom Chlf. aufgenommen wird; die freie Base, F. 212—214°; 1 g, krist. aus 96%ig. Alkohol. Die H_2SO_4-Mutterlauge enthielt noch 2 g I u. 10—11 g eines nicht krist. u. nicht untersuchten Alkaloidgemisches. Bei getrennter Verarbeitung von Stengeln u. Blättern wurden im 1. Falle 0,15%, im 2. Falle 0,83% Alkaloide gefunden. — *Eldelin* (I), $C_{27}H_{41}O_8N$, F. 182—184°; aus Ae. (1:50) Kristalle; $[\alpha]_D$ −32,46° (0,1642 g; 3,25 cm³ A.), Mol.-Gew. 503,8 (titrometr.); lösl. in organ. Lösungsmitteln, wenig in PAe.; wenig lösl. in Wasser. *Hydrochlorid*, $C_{27}H_{41}O_8N \cdot HCl$, F. 204—206° (Zers.); Aceton + absol. A. Kristalle; $[\alpha]_D$ −50,89° (0,1120 g; 3 cm³ W.). *Nitrat*, $C_{27}H_{41}O_8N \cdot HNO_3$, F. 170 bis 173° (Zers.); aus absol. A. + Ae. Kristalle. *Perchlorat*, F. 216—217° (Zers.); aus absol. A. Kristalle. *Hydrojodid*, $C_{27}H_{41}O_8N \cdot HJ$, F. 219—220° (Zers.); aus Aceton + Ae. Kristalle. *Oxalat*, $C_{27}H_{41}O_8N \cdot C_2H_2O_4$, F. 190—191° (Zers.); aus Aceton + absol. A. Kristalle; $[\alpha]_D$ −41,7° (0,0816 g; 3,1 cm³ A.). *Chloroaurat*, F. 170—175°; aus A. + sehr wenig W. Kristalle. *Acetylderiv.*, $C_{29}H_{43}O_9N$, F. 142—144°; aus 0,5 g I u. 15 cm³ CH_3COCl, 35 Std. im Einschmelzrohr bei 35—40° (konnte mit $(CH_3CO)_2O$ + Pyridin nicht erhalten werden); aus Hexan Kristalle; $[\alpha]_D$ −25,4° (0,1208 g; 3 cm³ A.). *Hydrochlorid* hiervon, $C_{29}H_{43}O_9N \cdot HCl$, F. 172—174°; aus Ae. + Aceton Kristalle. — *Eldelidin* (II), $C_{25}H_{39}O_7N$, F. 226—228° (Zers.); bei 3std. Erhitzen von 5 g I mit 20 cm³ n NaOH in 25 cm³ A. auf dem Wasserbad; man dampft fast zur Trockne u. wäscht mit W.; aus A. Kristalle; $[\alpha]_D$ −17,08° (0,2190 g; 3,4 cm³ Chlf.); sehr leicht lösl. in Chlf., wenig in Ae. u. W.; 4,3 g. Liefert mit $(CH_3CO)_2O$ + Pyridin (35—40°; 8 Std.) I zurück, mit CH_3COCl (40—50°; 40 Std.) das Acetylderiv. von I. *Hydrochlorid*, $C_{25}H_{39}O_7N \cdot HCl$, F. 216—218° (Zers.); aus absol. A. + Ae.; $[\alpha]_D$ −31,3° (0,1104 g; 3,6 cm³ W.). *Nitrat*, $C_{25}H_{39}O_7N \cdot HNO_3$, F. 186—188° (Zers.); aus wss. Aceton Kristalle. *Oxalat*, $C_{25}H_{39}O_7N \cdot C_2H_2O_4 \cdot H_2O$, F. 140—142° (Zers.); aus Aceton + absol. A. Kristalle. *Hydrojodid*, F. 217—219° (Zers.); aus Aceton + A. Kristalle. (Журнал Общей Химии [J. allg. Chem.] **22**. (**84**.) 1702—10. Sept. 1952. Allunions Wiss. Chem. Pharmazeut. Ordshonikidse-Forschungsinst.) R. KNOBLOCH. 3500

F. E. Bader, *Die Lage der Doppelbindung im Ring E des Alstonins.* 2.6-Dimethyl-3-carbäthoxy-5.6-dihydro-1.4-pyran (II) zeigt in seinem UV-Spektr. ein ausgeprägtes Maximum bei 248 mμ, wo auch Py-Tetrahydroalstonin (I) eine Bande aufweist, während

2.6-Dimethyl-3-carbomethoxy-5.6-dihydro-1.2-pyran (III) das UV-Spektr. eines n. $\alpha.\beta$-ungesätt. Esters mit einem Maximum bei 210—215 mμ besitzt. Durch Addition der Extinktionen von $\alpha.\beta$-Dimethylindol u. II einerseits u. von $\alpha.\beta$-Dimethylindol u. III andererseits erhält man 2 theoret. Kurven, von denen die erste mit dem Spektr. von I

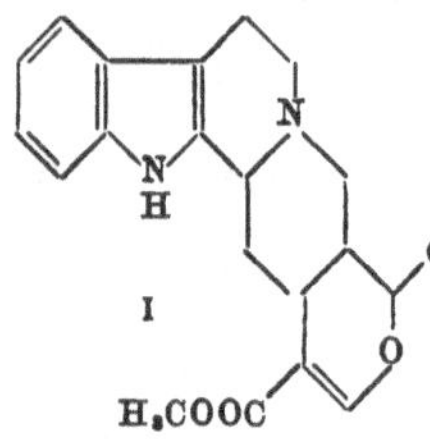

I

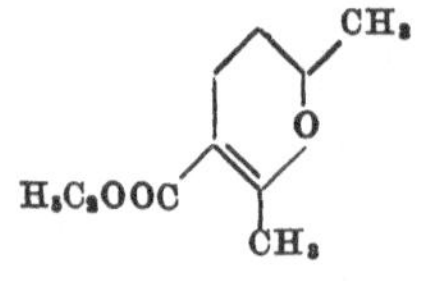

II

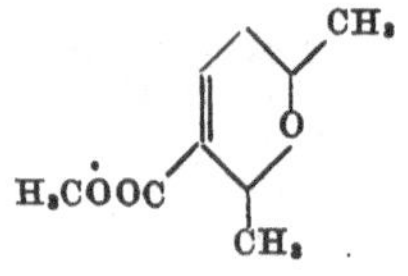

III

weitgehend übereinstimmt, während die zweite erheblich abweicht. Daraus kann geschlossen werden, daß in I u. damit auch im Alstonin das chromophore Syst. der Modellsubstanz II vorliegt. Im Infrarotspektr. zeigen Verbb. mit der Gruppierung ROOC—C=C—O—, wie I, II, Corynanthein u. auch Tetrahydroserpentin (bei dem eine Doppelbindung im Ring E bisher nicht erkannt worden ist), je eine Bande bei 5,8 μ (konjugiertes Estercarbonyl) u. 6,2 μ (C=C-Doppelbindung); in chem. Hinsicht zeichnen sie sich durch ihre Resistenz gegen katalyt. erregten H u. durch schwere Verseifbarkeit aus. Die aus Alstoninsalz durch Erhitzen mit 2.4-Dinitrophenylhydrazin in alkoh. HCl erhältliche orangerote Verb. $C_{27}H_{26}O_7N_6 \cdot 2HCl$ (F. 226—227°; vgl. Elderfield u. Gray, C. **1952.** 1495) entsteht offenbar unter Öffnung des Dihydropyranringes u. ist in Übereinstimmung mit dem Infrarotspektr. als **IV** zu formulieren. Unter ähnlichen Bedingungen wird II in das *2.4-Dinitrophenylhydrazon des α-[3-Oxybutyl]-acetessigsäure-2.4-dinitrophenylhydrazids* (**V**; $C_{20}H_{22}O_{10}N_8$, F. 234—235°, rot), Dihydropyran (nach Zugabe von W. zum

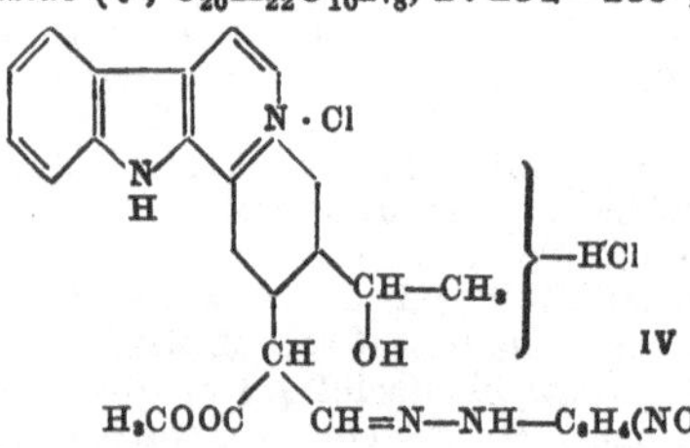

IV

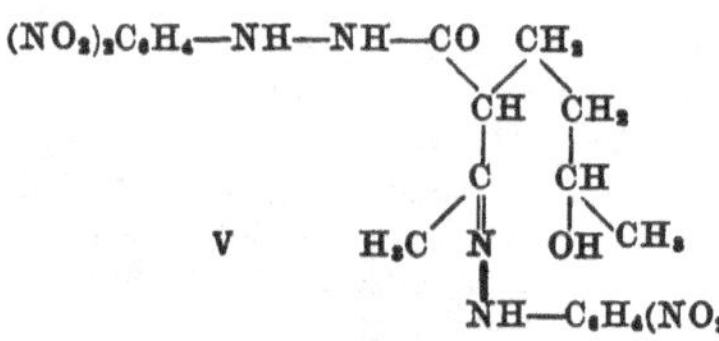

V

Reaktionsgemisch) in *δ-Oxyvaleraldehyd-2.4-dinitrophenylhydrazon* ($C_{11}H_{14}O_5N_4$, F. 107 bis 108°, orangerot) übergeführt. — Synth. von II ($C_{10}H_{16}O_3$, F. 35°, Kp.$_{14}$ 113,5—114°): Aldol wird in A. mit Raney-Ni (60°, 30 at) zu *Butandiol-(1.3)* (Kp.$_{14}$ 112—113°) hydriert, dieses mit PBr_3 in *1.3-Dibrombutan* übergeführt u. das letztere mit Acetessigester + $NaOC_2H_5$ kondensiert. — Synth. von III ($C_9H_{14}O_3$, Kp.$_{14}$ 89—91°): Crotonaldehyd wird durch Erhitzen mit wss. HCl zu *2.6-Dimethyl-5.6-dihydro-1.2-pyranaldehyd-(3)* (*2.4-Dinitrophenylhydrazon,* $C_{14}H_{16}O_5N_4$, rot) dimerisiert, dieser mit Ag_2O zur entsprechenden *Säure* oxydiert u. die letztere mit CH_2N_2 verestert. III liefert bei der Hydrierung mit Pt in CH_3OH *2.6-Dimethyl-3-carbomethoxytetrahydropyran* ($C_9H_{16}O_3$, Kp.$_{16}$ 73,5—74°). (Helv. chim. Acta **36.** 215—26. 1953. Basel, Univ., Organ.-chem. Inst., u. Ciba A.-G., Forschungslabors.) Boit. 3500

K. Wiesner, D. M. MacDonald, Z. Valenta und **R. Armstrong,** *Pithecolobin, das Alkaloid von Pithecolobium Saman Benth.* 1. Mitt. Aus der Rinde von Pithecolobium Saman wird durch Perkolation mit CH_3OH u. Reinigung der bas. Fraktion (1%) durch Chromatographie u. Gegenstromverteilung ein Alkaloid *Pithecolobin* (I), $C_{22}H_{46}O_2N_4$, F. 67—69°, Kp.$_{0,007}$ 135°, als *Tripikrolonat* ($C_{52}H_{70}O_{17}N_{16}$, F. 137° [aus Aceton + CH_3OH]) isoliert. I ist eine OCH_3- u. (N)CH_3-freie, nicht hydrierbare 3säurige Base mit 4 akt. H-Atomen u. einer prim. NH_2-Gruppe (van Slyke); 2 weitere N-Atome liegen als sek. Aminogruppen vor, wie aus der Bldg. eines neutralen *Triacetylderiv.* ($C_{28}H_{52}O_5N_4$, Öl) zu schließen ist. Das 4. N-Atom gehört nach Ausweis des Infrarotspektr. u. der Hydrolysierbarkeit zu einer Aminosäure durch HCl einer Lactamgruppe an. $LiAlH_4$ red. I zu der gesätt., 4säurigen Base *Desoxypithecolobin* [II; $C_{22}H_{48}N_4$, Kp.$_{0,01}$ 180°; *Tetrapikrat,* $C_{46}H_{60}O_{28}N_{16}$, F. 155° (aus A.); *Tetrahydrochlorid,* $C_{22}H_{52}N_4Cl_4$, F. 245—248° (aus CH_3OH + Ae.)], wobei nicht nur die CO-Gruppe in CH_2 umgewandelt, sondern auch das 2. O-Atom eliminiert wird, das demnach in einer OH-Gruppe anzunehmen ist. Die Methylierung von II mit HCHO + HCOOH führt entsprechend der Anwesenheit einer prim. u. dreier sek. Aminogruppen zu einem *Pentamethylderiv.* $C_{27}H_{58}N_4$ (Kp.$_{0,2}$ 195 bis 200°; *Tetrapikrat,* $C_{51}H_{70}O_{28}N_{16}$, F. 108—109°), dessen Jodmethylat beim HOFMANNschen Abbau (Ag_2O, 50—100°) *Tetramethylputrescin* (*Dipikrat,* $C_{20}H_{26}O_{14}N_8$, F. 201—202°; *Dipikrolonat,* $C_{28}H_{36}O_{10}N_{10}$, F. 226—228°; *Dihydrochlorid,* F. 271—275°) u. ein hochsd. Basengemisch liefert. Aus diesem wird bei nochmaligem HOFMANNschen Abbau *Trimethylamin* (*Pikrat,* $C_9H_{12}O_7N_4$, F. 203—205°) abgespalten u. neben einer *Base* $C_{16}H_{34}N_2$ (*Dipikrolonat,* $C_{36}H_{50}O_{10}N_{10}$, F. 144—145° [aus CH_3OH]) eine doppelt-ungesätt., bei der Ozonolyse Formaldehyd abspaltende *Base* $C_{16}H_{31}N$ (Kp.$_{1,4}$ 119—123°; *Hydrochlorid,* $C_{16}H_{32}NCl$, Kp.$_{0,05}$ 130—150°, chloroformlösl.) erhalten, die bei erneutem HOFMANNschen Abbau *n-Propyldimethylamin* u. einen einfach ungesätt. *KW-stoff* $C_{12}H_{24}$ liefert. Bei der Se-Dehydrierung von **II** (250—290°) entsteht ein *KW-stoff* $C_{12}H_{24(26)}$ mit 2 (C)CH_3-Gruppen, der nach dem Infrarotspektr. eine Kette von mindestens 6 CH_2-Gruppen u. 2 Doppelbindungen besitzt, bei der Hydrierung aber nur ~ $^1/_3$ H_2 aufnimmt, u. in geringer Ausbeute eine *Verb.* $C_9H_{14}N_2$ (F. 93,5—94°), deren UV-Spektr. große Ähnlichkeit mit dem des α-Aminopyridins aufweist. (Canad. J. Chem. **30.** 761—72. Okt. 1952. New Brunswick, N. J., Univ., Chem. Labors.) BOIT. 3500

T. Vrbaški, *Untersuchungen über Chlorophyll.* 1. Mitt. *Das physiko-chemische Verhalten von Chlorophyll.* An Hand reaktionskinet. Unterss. der Bleichung von methanol. Lsgg. von *Chlorophyll* (**I**) durch Belichtung wird der stabilisierende Einfl. von *Nitrobenzol, p-Nitrotoluol, α-Nitronaphthalin, Nitrosobenzol, p-Nitrosodimethylanilin* (**II**), *N-Nitroso-p-nitrosophenylpiperazin* (**III**) u. *Nitrosomethylcarbamid,* ferner von *Phenol, Hydrochinon, Brenzcatechin, Resorcin, Toluhydrochinon* u. *Pyrogallol* untersucht. Während die Phenole als echte Inhibitoren wirken, scheinen die aromat. Nitro- u. bes. Nitrosoverbb. mit **I** in einem Gleichgewicht zu Mol.-Verbb. zusammenzutreten, da sie in viel niederen Konzz. wirksam sind u. eine konzentrationsunabhängige Gleichgewichtskonstante berechenbar ist. Die Nitroverbb. sind schwächer als die Nitrosoverbb. wirksam, da ihre Additionsverbb. mit **I** stärker dissoziiert sind. Am wirksamsten ist **III**, das mit seinen 2 NO-Gruppen offenbar sogar 2 **I**-Moll. binden kann. Das Absorptionsspektr. der Mol.-Verbb. ist prakt. ident. mit dem von **I** u. wird im Gegensatz zu letzterem durch die Belichtung überhaupt nicht verändert. Die stabilisierende Wrkg. der Nitrosoverbb. (z. B. von **II**) erstreckt sich auch auf den Schutz gegen Oxydation durch H_2O_2 in Ggw. von Ferrihydroxyd bei 30°. Die stabilisierten Mol.-Verbb. können als künstliche „Chloroplastine" betrachtet u. in Analogie zum Hämo- bzw. Hämiglobin den Hämochromogenen bzw. Parahämatinen an die Seite gestellt werden. — Acceptoren der Bleichungs-Rk., die ebenfalls untersucht wurden, fördern den Vorgang zwar in geringen Konzz., wirken jedoch in größeren Konzz. als Inhibitoren. Diese Wrkg. wurde festgestellt bei *Thiosinamin, Diäthylthiosinamin, Diphenylthiocarbamid* u. *Diphenylsulfon.* (Arhiv Kemiju [Arch. Chim.] **22.** 101—15. 1950.) GIBIAN. 3550

William G. Dauben, H. Leon Bradlow, N. K. Freeman, David Kritchevsky und **Martha Kirk,** *Die Wiedergewinnung des Squalens aus seinem festen Hexahydrochlorid.* Vff. beschreiben die Infrarotspektren des natürlichen (**I**) u. des aus seinem festen Hexahydrochlorid (**II**) wiedergewonnenen *Squalens* (**Ia**). Während in **I** nur Trialkyläthylenbindungen in Erscheinung treten, machen sich im Spektr. von **Ia** auch schätzungsweise 20—40% asymm. Dialkyläthylenbindungen bemerkbar. Die Methylgruppenbest. nach KUHN-ROTH durch Oxydation liefert unbefriedigende Ergebnisse. Die Wiedergewinnung von **Ia** aus **II** kann mittels K-tert.-Butylats in tert.-Butanol oder mit Pyridin erfolgen, Unterschiede in beiden Präpp. traten nicht auf. — **I** (R_F 0,71) kann an mit Quilon behandeltem Papier chromatograph. mit CH_3OH zum Entwickeln vom Cholesterin (R_F 0,61) getrennt werden; bei **Ia** trat daneben noch ein zweiter, schwächerer Fleck (R_F 0,86) auf. (J. Amer. chem. Soc. **74.** 4321—23. 5/9. 1952. Berkeley, Calif., Univ., Chem. Labor., u. Radiat. Labor.) H. ULRICH. 3600

William G. Dauben und **H. Leon Bradlow,** *Synthese von mit* ^{14}C *markiertem „Squalen".* Als *„Squalen"* (**I**) wird das synthet. Prod. bezeichnet, das im Gegensatz zum natürlichen Squalen nicht nur Doppelbindungen vom Typ RR'C=CHR'', sondern auch solche vom Typ RR'C=CH_2 enthält (vgl. vorst. Ref.). — Zur Darst. von markiertem **I** wurde in der CO-Gruppe markierter Acetessigester mit Geranylchlorid zu *Geranylacetessigester* kondensiert, dessen Ketonspaltung mit verd. wss.-alkoh. NaOH [$Ba(OH)_2$ gab schlechtere Resultate] *Geranylaceton* lieferte, aus dem **I** mit Tetramethylenbromid nach SCHMITT (Liebigs Ann. Chem. **547.** [1941.] 115) erhältlich ist. Das so dargestellte **I** verhält sich bei der Papierchromatographie wie das aus dem Hexahydrochlorid regenerierte (vgl. l. c.).

V e r s u c h e : $^{14}C_{(OO)}$*-Acetessigsäureäthylester,* Kp. 180°, aus der Mg-Verb. des Malonsäureäthyl-tert.-butylesters u. $CH_3{}^{14}COCl$ (aus $CH_3{}^{14}COONa$ u. C_6H_5COCl) in

Ae., ½std. Kochen, Verdünnen mit W., Ansäuern mit verd. H_2SO_4, Aufnehmen des Ae.-Rückstands in Bzl. u. 1½std. Kochen mit p-Toluolsulfonsäure; 71,3% (Ausbeute), bezogen auf Na-Acetat. — *$^{14}C_{(CO)}$-Geranylaceton*, Kp.$_1$ 115°, durch Kondensation der Na-Verb. vorst. Esters (1 : 1 verd. mit inakt. Ester) mit *Geranylchlorid* (Kp.$_{15}$ 93—104°, aus Geraniol mit PCl_5 in Hexan oder PAe.; 60%) in A. während 25 Std. unter Rückfluß, Verdünnen mit W., Lösen des Ae.-Rückstandes in wss.-alkoh. NaOH u. 48std. Kochen; 52,5%. — *$^{14}C_{(10\cdot15)}$-„Squalen"* (I), Kp.$_{1,5}$ 210—212°, durch ½std. Erwärmen vorst. Verb. mit Tetramethylenbromid, Mg u. etwas J_2 unter N_2 auf dem Dampfbad, Kochen über Nacht nach Verdünnen mit Ae., Zers. mit W. u. verd. HCl, 12std. Erwärmen des Ae.-Rückstandes in Bzl. mit PBr_3, Eingießen in verd. HCl + Eiswasser, 3std. Erhitzen mit Kollidin, Verdünnen mit HCl u. Ae.-Extraktion; 19,7%. — Kurve des Infrarotspektr. im Original. (J. Amer. chem. Soc. **74.** 5204—06. 20/10. 1952. Berkeley, Calif., Univ., Chem. Labor.) SPAETH. 3600

R. S. Montgomery und **Gregg Dougherty**, *Die gegenseitige Umwandlung und Beckmann-Umlagerung einiger α.β-ungesättigter cyclischer Oxime.* Zur Unters. des Einfl. von α.β-Doppelbindungen auf die BECKMANN-Umlagerung werden die Oxime von *Isophoron* (I), *3-Methyl-5-phenyl-Δ²-cyclohexenon* (II), *Δ²-Cyclohexenon* (III) u. *d-Carvon* (IV) dargestellt. Während I, II u. III 2 geometr. isomere Oxime (*syn-* u. *anti-*) mit ident. UV-Spektren liefern, wurde aus IV nur ein Oxim erhalten. Die niedrigerschm. *anti*-Oxime lassen sich mit sd. 20%ig. NaOH oder durch Erwärmen mit konz. H_2SO_4 in die höherschm. *syn*-Oxime umlagern, die mit sd. 10—20%ig. H_2SO_4 in die *anti*-Oxime zurückverwandelt werden können. *syn*-**I**-*Oxim* (**V**) u. *syn*-**II**-*Oxim* (**VI**) ergaben bei der BECKMANN-Umlagerung mit PCl_5 die α.β-ungesätt. Lactame **VII** u. **VIII**; die *anti*-Isomeren **Va** u. **VIa** führten zu den Lactamen **VIIa** u. **VIIIa**. **IV**-*Oxim* lieferte bei der BECKMANN-Umlagerung ein Lactam, an das sich während der Umlagerung die Elemente der HCl angelagert hatten.

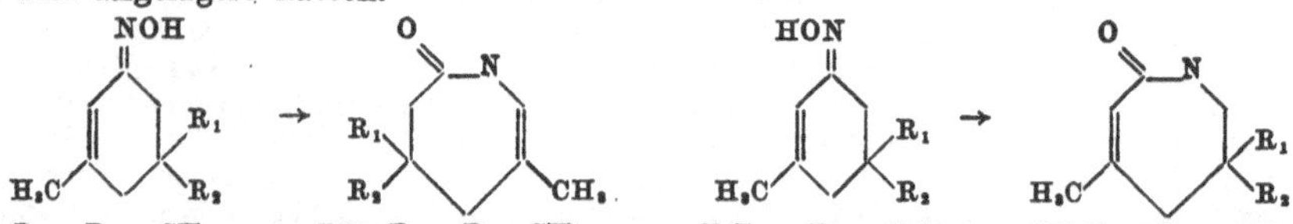

Va $R_1 = R_2 = CH_3$ VIIa $R_1 = R_2 = CH_3$ V $R_1 = R_2 = CH_3$ VII $R_1 = R_2 = CH_3$
VIa $R_1 = H$, $R_2 = C_6H_5$ VIIIa $R_1 = H$, $R_2 = C_6H_5$ VI $R_1 = H$, $R_2 = C_6H_5$ VIII $R_1 = H$, $R_2 = C_6H_5$

Versuche (FF. korr.): *Isophoronoxim*, $C_9H_{15}ON$, aus I in A. u. wss. Hydroxylaminhydrochlorid unter Kühlen, mit konz. KOH, später bei Zimmertemp. (8 Tage) u. Extrahieren mit Ae., aus Methanol; 96% (Ausbeute). *syn-Verb.* (**V**), F. 101,8—102,4°, 31%, u. *anti-Verb.* (**Va**), F. 78,2—78,5°, leichter lösl., 55%, durch fraktionierte Kristallisation (5mal) aus wss. Methanol u. Bzn.; λ_{max} 232 mμ (in n-Hexan), 236,5 mμ (in A.) u. 241 mμ (in W.); ε = 18000 (für **V**) u. ε = 16700 (für **Va**). — *3-Methyl-5-phenyl-Δ²-cyclohexenonoxim*, $C_{13}H_{15}ON$, aus **II** (aus Benzaldehyd u. Acetessigester), Kp.$_5$ 160 bis 164°, n_D^{20} 1,5663; 60%) u. Hydroxylamin unter neutralen Bedingungen; 59%. *syn-Verb.* (**VI**), F. 154,3—155,1° (aus Bzn.), λ_{max} 233 mμ (in n-Heptan), 241,5 mμ (in W.), 210,5 mμ (ε = 13200 in A.), 238,5 mμ (ε = 19700 in A.). *anti-Verb.* (**VIa**), F. 120,2 bis 121,2° (aus Bzn.), λ_{max} 233 mμ (in n-Heptan), 241,5 mμ (in W.), 210,5 mμ (ε = 12500 in A.), 238,5 mμ (ε = 16400 in A.). — *syn-Δ²-Cyclohexenonoxim*, C_6H_9ON, F. 97,4 bis 98,3°, aus **III** (durch Oxydation von Cyclohexen, Kp.$_{35}$ 70—79°) mit Hydroxylamin in Na-Acetatpuffer, aus Bzn. Kristalle; 37%; λ_{max} 227 mμ (in n-Heptan) u. 229,5 mμ (ε = 17300 in A.). — *anti-Δ²-Cyclohexenonoxim*, F. 88,1—89,1°, aus dem Vorst. mit 20%ig. H_2SO_4 auf dem Wasserbad, aus Bzn. Kristalle; λ_{max} 227 mμ (in n-Heptan) u. 229,5 mμ (ε = 16700 in A.). — *d-Carvonoxim* (**IX**), $C_{10}H_{15}ON$, F. 73,1—73,7°, aus **IV** in Hydroxylamin u. Hydroxylaminhydrochlorid; 62%; λ_{max} 232,5 mμ (in n-Heptan) u. 234 mμ (ε = 16200 in A.). — *Lactam* **VIIa**, $C_9H_{15}ON$, F. 108,8—109,1° (aus Bzn.), aus **Va** mit PCl_5; 20%; λ_{max} 218,5 mμ (ε = 10700 in A.) u. 221,5 mμ (in W.). — *Lactam* **VII**, $C_9H_{15}ON$, F. 90,1—90,7° (aus Bzn.), ebenso aus **V**; 26%; λ_{max} 237 mμ (ε = 7320 in A.), 230 mμ (in n-Heptan) u. 239,5 mμ (in W.). — *Lactam* **VIIIa**, $C_{13}H_{15}ON$, F. 146 bis 146,6° (aus Bzl. + Bzn.), aus **VIa** mit PCl_5 in Bzl. + Ae. (1 : 3); 15%; λ_{max} 210,5 mμ (ε = 19000 in A.) u. 211,5 mμ (in W.). — *Lactam* **VIII**, $C_{13}H_{15}ON$, F. 118,3—118,7° (aus Bzn.), aus **VI** analog in Bzl. + Ae. (2 : 3); 25%; λ_{max} 204,5 mμ (ε = 13400 in A.), 241,5 mμ (ε = 7250 in A.) u. 244 mμ (in W.). — *Lactam $C_{10}H_{16}ONCl$*, F. 203,1—203,3° (aus Bzn.), aus **IX** mit PCl_5 in Ae.; 12%; λ_{max} 204 mμ (in A.). (J. org. Chemistry **17.** 823—26. Juni 1952. Princeton, N. J., Univ., Frick Chem. Labor.) GOLD. 3600

R. K. Callow, **J. W. Cornforth** und **P. C. Spensley**, *Eine Hecogeninquelle. Hecogenin* (I), das als Ausgangsmaterial für eine Partialsynth. des Cortisons in Frage kommen

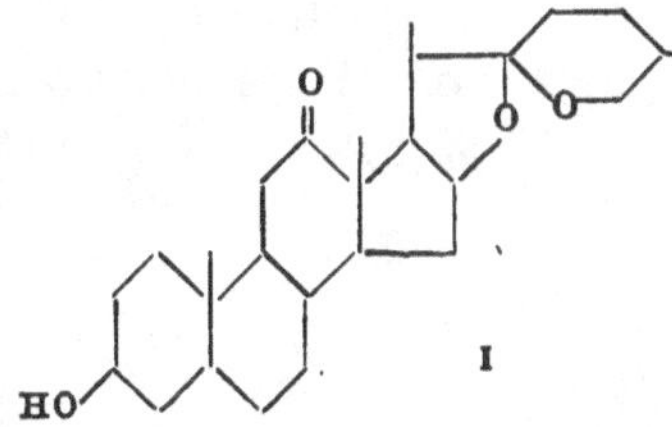

I

kann, wurde mit 0,04—0,1% Ausbeute aus Abfällen der Sisalpflanze (*Agave sisalana* PERRINE) isoliert. Die getrockneten Sisalabfälle werden heiß mit CH_3OH oder A. extrahiert, u. der konz. Extrakt wird 3 Std. mit konz. HCl erhitzt. Nach Wasserdampfdest. wird der feste Rückstand durch 2std. Erhitzen mit n. alkoh. Alkali verseift; nach Entfernung des A. wird die wss. Suspension mit Aktivkohle versetzt u. diese anschließend mit Ae. im Soxhlet extrahiert. Aus dem Ae.-Extrakt scheidet sich beim Einengen ein Gemisch aus I, einem nichtketon. *Steroid* ($C_{27}H_{44}O_3$; *Tigogenin?*) u. einem niedrigschm. Prod. (Wachsalkohol?) aus, aus dem I durch Chromatographie an Al_2O_3 oder durch Entfernung des niedrigschm. Prod. durch heißen PAe. u. anschließende GIRARD-Trennung erhalten wird. Spektroskop. wurde als Begleiter des I ein *α.β-ungesätt. Keton* (*9-Dehydrohecogenin?*) in geringen Mengen (2—4%) nachgewiesen. (Chem. and Ind. **1951**. 699—700. 18/8. London, Mill Hill, Nat. Inst. for Med. Res.) K. F. MÜLLER. 3650

Remo de Fazi, Salvatore Carboni und **Antonio Arnaldi**, *Acetyl-5-chlorcholestanol*. 20. Mitt. *über Cholesterin*. (19. vgl. C. **1952**. 7826.) Ebenso wie Cholesterin (I) selbst (C. **1932**. I. 3302), reagiert auch Acetylcholesterin (II) mit konz. HCl in Ggw. von o-Kresol unter Bldg. von *Acetyl-5-chlorcholestanol* (III), das mit Pyridin ein Prod. vom F. 101 bis 104° [Gemisch von *Acetylallocholesterin* (IV) u. II] liefert, woraus durch Verseifung *Allocholesterin* u. I erhalten werden.

Versuche: *Acetyl-5-chlorcholestanol* (III), $C_{29}H_{49}O_2Cl$: 10 g II werden mit 10 g o-Kresol u. 70 g konz. HCl unter öfterem Umrühren bei 24—28° umgesetzt; die grünliche M. ist nach 30 Std. fest; nach weiteren 18 Std. wird die wss. Lsg. dekantiert, mehrmals mit W. gewaschen, im Mörser mit 75 cm³ A. behandelt, filtriert, mit 50 cm³ A. gewaschen; aus 140 cm³ A.–Ae.-Gemisch (1 : 1) (3 mal wiederholt) lange, glänzende, allmählich undurchsichtig werdende Plättchen (Ausbeute 50%), zwischen 115 u. 126° Umwandlung, F. 151—152°, hellgelbe Färbung mit 90%ig. Trichloressigsäure (V), ebenso mit $SbCl_3$ in Chlf.; $[\alpha]_D^{11}$ + 12,02°. — *Acetylallocholesterin* (IV)–*Acetylcholesterin* (II)-Gemisch: Aus 1 g III bei 3std. Kochen am Rückfluß mit 10 g Pyridin; nach Abkühlen u. Eingießen in W. 0,8 g schmutzigweißer harziger Nd., kirschrote Färbung mit V, F. 101—104° (aus A.), Cl-frei. — *Allocholesterin* u. *Cholesterin* (I): 0,1 g vorst. IV–II-Gemisch werden 1 Std. am Wasserbad mit 5 cm³ alkoh. 5%ig. KOH unter Rückfluß gekocht. Bei Abkühlung rosettenförmige Kristalle, F. 135—139°, die mit V violettrote Färbung geben. Aus Methylalkohol Nadeln, F. 144—146° (schwach verunreinigtes I), sehr schwache Rk. mit V. Aus der Mutterlauge beim Verdunsten Nadeln, F. 138—142°, positive Rk. mit V, bei weiterem Konzentrieren der zweiten Mutterlauge körniges Prod., F. 130—134°, aus Allocholesterin bestehend; deutliche Rk. mit V. (Gazz. Chim. ital. **83**. 55—57. Jan. 1953. Pisa, Univ., Ist. di Chim. farmac.) R. K. MÜLLER. 3700

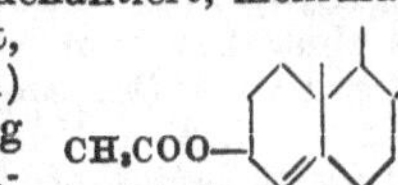

IV

G. A. D. Haslewood und **Veryan M. Wootton**, *Vergleichende Untersuchungen von „Gallensalzen"*. 2. Mitt. *Pythocholsäure*. (1. vgl. C. **1952**. 2202.) Die erstmals von Vff.

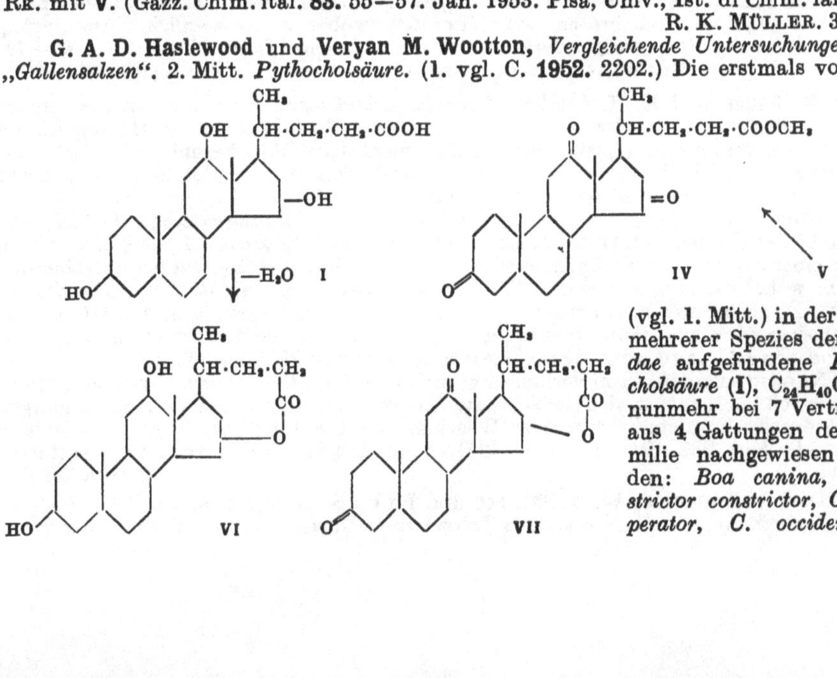

(vgl. 1. Mitt.) in der Galle mehrerer Spezies der *Boidae* aufgefundene *Pythocholsäure* (I), $C_{24}H_{40}O_5$, ist nunmehr bei 7 Vertretern aus 4 Gattungen der Familie nachgewiesen worden: *Boa canina*, *Constrictor constrictor*, *C. imperator*, *C. occidentalis*,

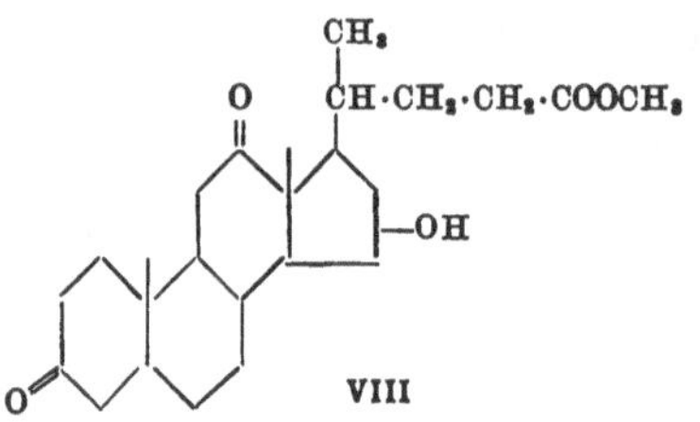

VIII

Epicrates cenchris, Python molurus, P. sebae; I-Geh. 28—70% der Gallensäuren (II). *Cholsäure,* welche bei zahlreichen Schlangen die Hauptvertreterin von II darstellt, fand sich bei *B. canina* u. *C. occidentalis.* Bei der CrO_3-Oxydation von I-*Methylester* entsteht ein Triketon, *Dehydropythocholsäuremethylester* (IV), aus diesem durch Red. *Cholansäure* (V). I bildet leicht ein *Lacton* (VI), das bei der CrO_3-Oxydation in *Dehydropythocholsäurelacton* (VII) übergeht. VII gibt ein *Di-* u. ein *Monoacetat* (IX). Aus letzterem entsteht durch Oxydation ein Monoketon. Auf Grund des chem. u. opt. Verh. sowie des negativen HAMMARSTEN-Testes ist I wahrscheinlich *3α.12.16*(oder *15*)-*Trioxycholansäure.*

Versuche: Nach Hydrolyse der Gallensalze (l. c.) Gallensäuren mit HCl u. NaCl fällen, waschen, trocknen, in A. lösen, mit CH_2N_2 verestern, nach Ansäuern u. Wasserzusatz mit Ae. extrahieren; aus Ae.-Rückstand *Pythocholsäuremethylesterhydrat* (Ia), $C_{25}H_{42}O_5 \cdot H_2O$, Nadeln (verd. A.), F. 146—148°; $[\alpha]_D^{23}$ $+28\pm1°$ (c = 1,2 in $CHCl_3$); $M]_D$ $+123°$; wenig lösl. in Ae., leicht lösl. in $CHCl_3$ u. Alkohol. — *Pythocholsäure* (I), F. 186—187°, durch alkal. Hydrolyse von **Ia.** — *Pythocholsäurelacton* (VI), F. 262—266°; $[\alpha]_D^{22}$ $+52\pm1°$ (c = 1,2 in $CHCl_3$); $M]_D$ $+203°$; bei der Isolierung von I aus der Galle von *C. constrictor* an Stelle von **Ia** erhalten. — *Dehydropythocholsäuremethylester* (IV), $C_{25}H_{36}O_5$, F. 142—143°, flache Blättchen (verd. A.); $[\alpha]_D^{20}$ $-23\pm2°$ (c = 0,55 in $CHCl_3$); $M]_{D3}$ $-96°$; durch Oxydation einer Lsg. von **Ia** (0,1 g) in Essigsäure (1 cm^3) bei 25° mit 20%ig. CrO_3 (0,3 cm^3). — *Cholansäure* (V), $C_{24}H_{40}O_2$, F. 160—161° (keine Depression mit authent. V), durch Erhitzen von IV (33 mg) in einer Lsg. von Na (40 mg) in A. (2 cm^3) u. N_2H_4-Hydrat (0,1 cm^3) auf 195—205° (4 Std.). — *Dehydropythocholsäurelacton* (VII), $C_{24}H_{34}O_4$, F. 239—241° (Zers.), Nadeln (aus verd. A. u. PAe.-C_6H_6); $[\alpha]_D^{22}$ $+116\pm2°$ (c = 1,0 in $CHCl_3$); $M]_D$ $+448°$, aus **VI** (0,8 g) in Essigsäure (8 cm^3) mit 20%ig. CrO_3 (1,6 cm^3) bei Raumtemperatur. — *Diacetylpythocholsäurelacton,* $C_{28}H_{42}O_6$, F. 197—198°, Nadeln (aus PAe.-C_6H_6 u. C_6H_6), aus **VI** (0,2 g) in Pyridin (1 cm^3) mit Acetanhydrid (1 cm^3) bei ca. 95° (6 Std.). — *Monoacetylpythocholsäurelacton* (IX), $C_{26}H_{40}O_5$, F. 243—244°, Nadeln (aus PAe.-C_6H_6, verd. A., C_6H_6), aus **VI** (0,12 g) in Pyridin (1 cm^3) mit Acetanhydrid (1 cm^3) bei ca. 20° (16 Std.); durch Oxydation von **IX** (27 mg) in Essigsäure (2 cm^3) mit 20%ig. CrO_3 (0,1 cm^3) *Keton* $C_{26}H_{38}O_5$, F. 235—237°, Blättchen (aus verd. A.); daraus *Semicarbazon,* $C_{27}H_{41}O_5N_3$, F. 259° (Zers.). — Ringöffnung von **VII** durch Erhitzen mit 0,1 n NaOH u. anschließende Methylierung mit CH_2N_2 gab eine *Substanz* $C_{25}H_{38}O_5$ vom F. 156—160° (aus A.); $[\alpha]_D^{21}$ $+81\pm2°$ (c = 0,83 in $CHCl_3$), isomere Verb. von **VIII**, nicht in **IV** überführbar; in einem Fall entstand wahrscheinlich **VIII**, da in **IV** (mit schlechter Ausbeute) überführbar. — *Desoxypythocholsäure,* $C_{24}H_{40}O_4$, F. ca. 160°, Prismen (PAe.-A.), durch partielle Oxydation von I-Methylester mit K_2CrO_4/Essigsäure u. Red. des Oxydationsprod. mit Na-A.-N_2H_4-Hydrat bei ca. 200° (Bombe), wobei wahrscheinlich Eliminierung von $C_{(3)}$- oder $C_{(12)}$-OH erfolgt; daneben aus Mutterlaugen V. (Biochem. J. **49.** 67—71. Juni 1951. London, Guy's Hosp., Med. School.) K. MAIER. 3700

H. M. Rauen und **K.-H. Kimbel,** *Über die Schutzwirkung der p-Aminobenzoesäure gegen die Photooxydation der Pteroylglutaminsäure.* (Vorl. Mitt.). Die Hemmwirkung der *Pteroylglutaminsäure* (I) auf verschied. fermentative Rkk. beruht meist nicht auf der Wrkg. der nichtfluorescierenden Säure selbst, sondern auf derjenigen der meist als Verunreinigung vorhandenen blau fluorescierenden *Pterine* (II), wobei neben *Pteroidoxamincarbonsäure-(8)* u. *Pteridoxamin* (III) bes. *Pteridoxaminaldehyd-(8)* (IV) ein empfindlicher Fermentinhibitor ist. Die photooxydative Bldg. von II aus I kann durch Zusatz einer Anzahl von Verbb. zu der Lsg. des I-*Na*-Salzes verzögert oder unterbunden werden, wobei *p-Aminobenzoesäure* (V) (*Na*-Salz) als „*Desensibilisator*" am wirksamsten ist. Die Hemmwrkg. erstreckt sich nicht nur auf die Spaltung in den III- u. den *p-Aminobenzoylglutaminsäure*-Anteil, sondern auch auf die Weiteroxydation von prim. entstandenen IV zur Säure u. deren Decarboxylierung zu III. Wird Luft bei den Verss. durch N_2 ausgeschaltet, dann verlangsamt sich die Bldg. blau fluorescierender Abbauprodd. durch Lichteinw. auch ohne V-Zusatz. Die Entfernung störender Verunreinigungen gelingt durch Umkristallisieren oder Waschen von I mit 0,02 n HCl. (Hoppe-Seyler's Z. physiol. Chem. **286.** 215—17. Febr. 1951. Frankfurt/M., Univ., Inst. für vegetative Physiol.) K. MAIER. 3800

Vernon L. Frampton, W. A. Skinner und **Philip S. Bailey,** *Einige mit Ferrichlorid erhaltene Oxydationsprodukte des DL-α-Tocopherols.* Durch Oxydation von DL-*α-Toco-*

pherol mit $FeCl_3$ (oder $AuCl_3$) in Methanol wurden 5 Oxydationsprodd., 4 gefärbte Öle u. ein farbloses Wachs gewonnen. Durch Chromatographie des Oxydationsgemisches an $ZnCO_3$ u. Entw. mit PAe. wurden 4 Zonen (blaugrau, purpur, orange u. gelb) erhalten; das farblose Wachs war im Eluat. Das relative Ausbeuteverhältnis der Oxydationsprodd. hängt von den Oxydationsbedingungen ab; bei 3 Std. Oxydationsdauer u. 50° mit großem $FeCl_3$-Überschuß sind die Ausbeuten: 14,5, 32,5, 42,0, 10,4 u. 0,5%. Das blaugraue u. das purpurne Öl haben Indicatoreigg.: in alkal. Medium sind sie blaugrau u. purpur, in saurem Medium beide gelb. Der Farbumschlag des blaugrauen Öls erfolgt in CH_3OH bei p_H 8,8—9,2, der des purpurnen Öls, das bei acidimetr. Titration in wss. Medium als Indicator dienen kann, bei p_H 3,8—4,4. Das orangefarbene u. das gelbe Öl u. die gelben Formen des purpurnen u. blaugrauen Öls zeigen im UV eine grüne Fluorescenz. Vermutlich sind das purpurne u. das blaugraue Öl Oxy-p-chinone u. das orangefarbene Öl ein Chinon; die Bldg. der Chinone ist mit Ausnahme des gelben Öls, welches das bekannte *Tocochinon* darstellt, mit einer Eliminierung von Methylgruppen im aromat. Ring verbunden. (Science [Washington] **116**. 34—35. 11/7. 1952. Austin, Tex., Clayton Found for Res., Basic Cotton Res. Labor., u. Univ., Dep. of Chem.)
K. F. MÜLLER. 3800

H. Raistrick und **C. E. Stickings**, *Untersuchungen über die Biochemie von Mikroorganismen.* 82. Mitt. *Ustsäure, ein Stoffwechselprodukt von Aspergillus ustus (Bainier) Thom & Church.* (81. vgl. C. **1953**. 5056.) Aus Kulturfiltraten 4 verschied. Stämme von *A. ustus* wurde ein farbloses krist. Stoffwechselprod., *Ustsäure* (I), isoliert, das beim Kochen mit $2nH_2SO_4$ in *Anhydroustsäure* (II), eine von I sehr verschied. Verb. ohne saure Eigg., übergeht. Sie ist mittels 2nKOH nicht in I überführbar. Methylierung von I

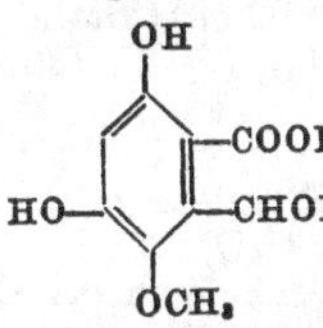
I

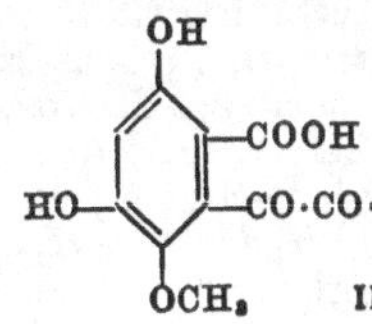
III

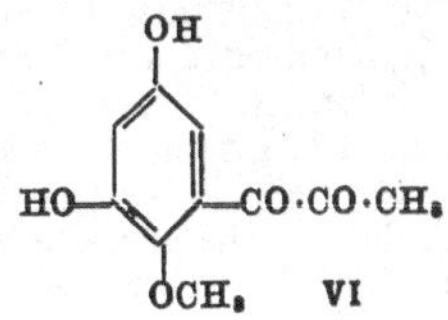
VI

liefert je nach der Meth. einen I-*4-Methyläther* oder II-*Trimethyläther* (IIc). Letzterer entsteht auch direkt aus II. Acetylierung von I oder II gibt das *Triacetylderiv.* von II (IId), Einw. von 2.4-Dinitrophenylhydrazin (V) auf I (langsam) oder II (rasch) ein *Mono-2.4-dinitrophenylhydrazon* (VII). I red. rasch neutrale, wss. $CuSO_4$-Lsg. u. geht hierbei in eine hydratisierte *Dehydroustsäure* (III) mit den Eigg. eines hydratisierten α.β-Diketons über. Methylierung von III gibt den *Methylester* (IVa) der *Dimethyldehydroustsäure* (IV), der bei der Hydrolyse IV

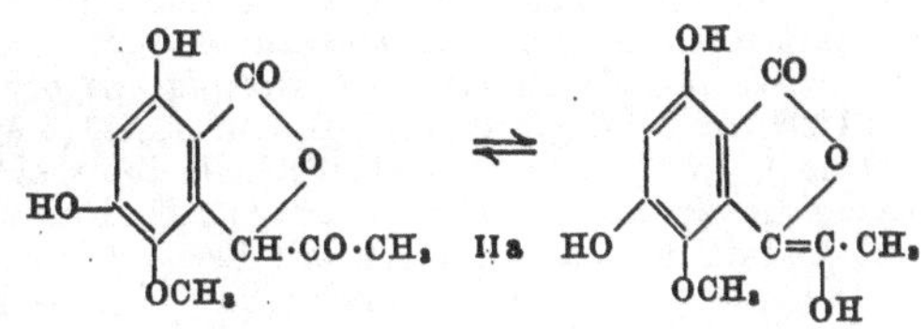
IIa

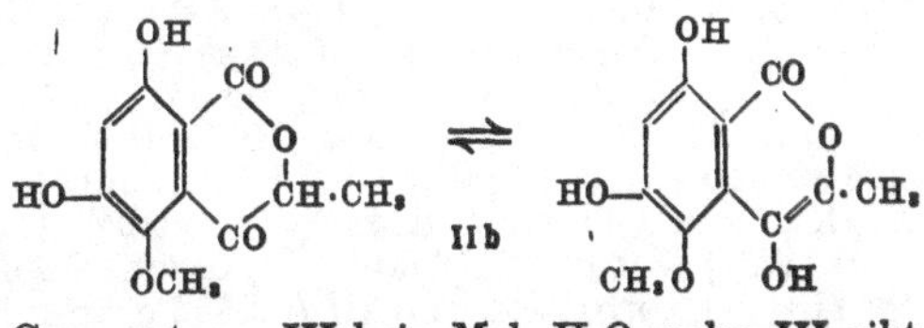
IIb

liefert. Die Methylderivv. enthalten im Gegensatz zu III kein Mol. H_2O mehr. III gibt mit V das *Mono-2.4-dinitrophenylhydrazon* (IIIa) u. beim Erhitzen mit o-Phenylendiamin ein krist. *Chinoxalin.* $KMnO_4$-Oxydation von IV führt zu *3.4.6-Trimethoxyphthalsäure* (VIII), H_2O_2-Oxydation von III zu Essigsäure u. *4.6-Dioxy-3-methoxyphthalsäure.* Beim Erhitzen von III mit Cu-Chromit in Chinolin entsteht unter CO_2-Abspaltung *Decarboxydehydroustsäure* (VI; *3.5-Dioxy-2-methoxyphenylmethyldiketon*), aus VI bei H_2O_2-Oxydation *3.5-Dioxy-2-methoxybenzoesäure.* I hat die Konst. einer *2.4-Dioxy-5-methoxybenzoesäure* mit unverzweigter Seitenkette $—C_3H_5O_2$ in 6-Stellung. Die wahrscheinlichste Struktur der letzteren ist $—CHOH·CO·CH_3$, wobei jedoch auch $—CO·CHOH·CH_3$, $—C(OH)=C(OH)·CH_3$, $—CH·C(OH)·CH_3$ (mit O-Brücke), $—C(OH)·CH·CH_3$ (mit O-Brücke) oder Gemische dieser tautomeren Formen möglich sind. I ist strukturell mit verschied. anderen Stoffwechselprodd. von Schimmelpilzen, wie *Citromycetin, Geodin, Erdin,* sowie einigen *Flechtensäuren* verwandt. II hat die Konst. **IIa** oder **IIb**. Die Enolformen erklären die Bldg. von IIc u. IId. — Die bei Hydrolyse von *O-Dimethylcitromycetinmethylester* mit äthanol. KOH gebildete Oxydimethoxyphthalsäure liefert bei der Methylierung VIII.

V e r s u c h e: *A. ustus* (Stämme *S. A. 906, S. A. 1409, S. A. 1658, BB 188*) 21 Tage bei 24° auf RAULIN-THOM-Nährlsg. züchten; a) das angesäuerte gelbe Kieselgurfiltrat

4mal mit Essigester extrahieren, Lösungsm. im Vakuum bei 40° verdampfen, Rückstand mit Ae. extrahieren, hellbrauner zäher Rückstand (**A**); b) angesäuertes Filtrat mit aktivierter Kohle behandeln, getrocknete Kohle mehrere Tage mit Ae. extrahieren, hellbrauner gummiartiger Rückstand (**B**); **A** oder **B** in CH_3OH lösen, 25%ig. methanol. Lsg. von wasserfreiem K-Acetat zugeben, Ausscheidung von krist. K-Salz der *Ustsäure* (**I**); K-Salz in wenig W. lösen, mit HCl ansäuern, 2mal mit Essigester extrahieren, Auszüge mit W. waschen, einengen, heißes C_6H_6 zusetzen, worauf **I**, $C_{11}H_{12}O_7$, auskrist.; nach mehrmaligem Umlösen aus Essigester mit C_6H_6-Zusatz (Kohle) rhomb. Prismen, F. 169 bis 170° (Zers.); Ausbeute maximal 0,5 g **I**/Liter Kulturfiltrat; leichtlösl. in W., A., CH_3OH, Aceton, Dioxan, schwer in Ae., fast unlösl. in C_6H_6, $CHCl_3$, CCl_4, PAe.; 0,05 n Lsg. p_H 3,4; $FeCl_3$-Rk. (W.) intensiv violett; *K-Ustat*, $C_{11}H_{11}O_7K$, hexagonale Platten. — *Anhydroustsäure* (**II**), $C_{11}H_{10}O_6$, F. 145—159°. **I** (0,4842 g) in 2nH_2SO_4 (20 cm³) 1 Std. unter Rückfluß kochen (N_2), mit W. (100 cm³) verdünnen, auf p_H 2 einstellen, 2mal mit Essigester extrahieren, Extrakt eindampfen, Rückstand (0,41 g) aus Essigester, dann C_6H_6 umkrist.; Nadeln, etwas lösl. in W.; $FeCl_3$-Rk in W. violett, in A. hellgrün; durch Hydrolyse von **II** (0,1 g) mit 2nNaOH (10 cm³; 3tägiges Stehen bei Raumtemp.) *4.6-Dioxy-3-methoxyphthalsäure*, F. 194—195° (Zers.). — *Trimethylanhydroustsäure* (**IIc**), $C_{14}H_{16}O_6$, F. 171—172,5°, aus **I** (0,2 g), $(CH_3)_2SO_4$ (1 cm³) u. K_2CO_3 (1 g) in trockenem Aceton (20 cm³) durch 1,5 Std. Erhitzen unter Rückfluß; 0,075 g Rückstand; oder aus **II** analog; aus CH_3OH rhomb. Platten; *Ustsäure-4-methyläther*, $C_{12}H_{14}O_7$, F. 181—182°, aus **I** (0,2 g), $(CH_3)_2SO_4$ (1 cm³) u. K_2CO_3 (1 g) in CH_3OH (20 cm³), 1,5 Std. unter Rückfluß; aus 0,01 g Rückstand mit Ae. u.Umkristallisieren aus W.; $FeCl_3$-Rk. in W. tiefviolett. — *Triacetylanhydroustsäure* (**IId**), $C_{11}H_7O_3(OCOCH_3)_3$ (roh 0,14 g), F. 159—160°, aus **I** (0,5 g) in Pyridin (6 cm³) mit Acetanhydrid (5 cm³; 6 Tage Stehen); rhomb. Prismen (CH_3OH), oder aus **II** analog; daneben *Verb.* $C_{11}H_8O_3(OCOCH_3)_4$ (?), F. 125—126°, rhomb. Prismen. — *Anhydroustsäuremono-2.4-dinitrophenylhydrazon* (**VII**), $C_{17}H_{14}O_9N_4$, bei raschem Erhitzen F. 152—160° (Zers.), aus **I** (0,2 g) in W. (5 cm³) u. 0,32%ig. **V** in 2nHCl (150 cm³), oder aus **II**; 0,29 g hexagonale gelbe Prismen (Essigester), in Na_2CO_3 rot löslich. — *Dehydroustsäure* (**III**), *Hydrat*, $C_{11}H_{12}O_8(C_{11}H_{10}O_7 \cdot H_2O)$, F. 124—125°, aus **I** (0,255 g) u. $CuSO_4 \cdot 5H_2O$ (0,6 g) in W. (10 cm³) durch Zugabe von 0,1nNaOH (bis p_H 7), Entfernen von Cu_2O, Ansäuern des Filtrats, Extraktion mit Essigester, Umkristallisieren des Extraktrückstandes (0,24 g) aus W. (1,5 cm³); 0,19 g Prismen; $FeCl_3$-Rk. in W. intensiv violett. — *Dimethyldehydroustsäuremethylester* (**IVa**), $C_{14}H_{16}O_7$, F. 119 bis 120°, aus **III**-Hydrat (0,71 g), $(CH_3)_2SO_4$ (3 cm³) u. K_2CO_3 (3 g) in trockenem Aceton (50 cm³), 1,5 Std. am Rückfluß; hellgelbe rechtwinklige Prismen (C_6H_6–PAe.). — *Dimethyldehydroustsäure* (**IV**), $C_{13}H_{14}O_7$, F. 152—153°; alkal. Filtrat bei der **IVa**-Herst. mit Ae., dann nach Ansäuern mit Essigester extrahieren; aus dem Essigesterrückstand (0,18 g) lange, rhomb. Prismen (aus W.). — *Dehydroustsäure-mono-2.4-dinitrophenylhydrazon* (**IIIa**), $C_{17}H_{14}O_{10}N_4 \cdot H_2O$, Zers. bei 230°, aus **III** (0,2 g) in W. (5 cm³) u. **V** (150 cm³), 3tägiges Stehen; (0,26 g) (aus Essigester–C_6H_6). *Chinoxalinderiv.* (0,3 g), $C_{17}H_{14}O_5N_2$, F. 226—227° (Zers.), aus **III** (0,27 g) u. o-Phenylendiaminhydrochlorid (**IX**) (0,2 g) in A. (10 cm³) 30 Min. am Rückfluß, dann in W. (50 cm³) geben; gelbe Nadeln (aus 30—40%ig. A.); $FeCl_3$-Rk. in A. bläulichgrau. — Oxydation von **IV** (0,24 g) in wss. Na_2CO_3 mit 0,05 mol. $KMnO_4$ (350 cm³) (Rückfluß) gibt *3.4.6-Trimethoxyphthalsäure* (**VIII**), F. 210—211° (aus W.); daraus *3.4.6-Trimethoxyphthalsäureanhydrid*, F. 212 bis 213°. — Oxydation von **III** (0,2582 g) in n NaOH (10 cm³) u. 30%ig. H_2O_2 (5 cm³) in der Kälte liefert Essigsäure, charakterisiert als p-Bromphenacylacetat, u. *4.6-Dioxy-3-methoxyphthalsäure* (0,18 g), $C_9H_8O_7$, F. 192—193° (Zers.); $FeCl_3$-Rk. in W. tief violett; daraus mit $(CH_3)_2SO_4/K_2CO_3$/Aceton **VIII**. — Erhitzen von hydratisierter **III** (0,547 g) in 2nH_2SO_4 (20 cm³) unter N_2 liefert unter CO_2-Entw. *Decarboxydehydroustsäure* (**VI**; roh 0,19 g), $C_{10}H_{10}O_5$, F. 100—101°, gelbe Prismen (aus C_6H_6), isoliert aus der Phenolfraktion; mit **V** gelber Nd.; $FeCl_3$-Rk. in W. schmutzigblau; Erhitzen von **III**-Hydrat (0,4916) in Chinolin (15 cm³) mit Cu-Chromit (0,25 g) unter N_2 auf 120—150° (70 Min.) gibt ebenfalls CO_2 u. **VI** (0,145 g). *Chinoxalinderiv.*, $C_{16}H_{14}O_3N_2$, F. 264—266° (Dunkelfärbung). **VI** (0,1 g) u. **IX** (0,1 g) in A. (10 cm³) 30 Min. kochen, in W. geben, alkalisieren, mit Ae., dann nach Ansäuern erneut mit Ae. extrahieren, Ae.-Rückstand (0,1 g) aus A.–W. umkristallisieren. Oxydation von **VI** (0,258 g) in W. (50 cm³) u. n NaOH (10 cm³) mit 30%ig. H_2O_2 liefert *Essigsäure* u. *3.5-Dioxy-2-methoxybenzoesäure* (0,12 g), F. 205 bis 207°, Alkylierung mit $(CH_3)_2SO_4$ bzw. $(C_2H_5)_2SO_4$ *2.3.5-Trimethoxybenzoesäure*, F. 101—103°, bzw. *3.5-Diäthoxy-2-methoxybenzoesäure* (**X**), $C_{12}H_{16}O_5$, F. 82—83°, farblos. — *2.3.5-Trioxybenzoesäure*, $C_7H_6O_5 \cdot 2H_2O$, teilweise Zers. bei 226—227°, vollständig geschmolzen bei 263—280°. 3.5-Dioxybenzoesäure (**XI**; 0,77 g) in 2nNaOH (12,5 cm³) lösen, unter Rühren bei 10—15° innerhalb 3,5 Std. $K_2S_2O_8$-Lsg. (1,35 g in 35 cm³ W.) zugeben, nach Stehen über Nacht tiefrote Lsg. mit HCl kongosauer stellen,

4 mal mit Ae. extrahieren, wss. Schicht 30 Min. mit konz. HCl (5 cm³) auf dem Dampfbad hydrolysieren, abkühlen, 3 mal mit Ae. extrahieren, Rückstand in Essigester (10 cm³) lösen, Bzl. (60 cm³) zugeben, Filtrat eindampfen, braunen Rückstand (0,2 g) aus W. (3 cm³) umkrist., sublimieren u. erneut 2 mal aus W. umkrist.; 0,03 g hellgelbe, seidige Nadeln; $FeCl_3$-Rk. in W. erst grün, dann braun. — *3.5-Diäthoxy-2-oxybenzoesäure*, $C_{11}H_{14}O_5$, F. 125—127°. **XI** (0,77 g) mit $K_2S_2O_8$ oxydieren, nach Entfernung des Ausgangsmaterials Lsg. mit $(C_2H_5)_2SO_4$ (5 cm³) u. 2 n NaOH 2 Std. bei 45—55° äthylieren, ansäuern, mit Ae. extrahieren, wss. Schicht hydrolysieren (5 cm³ konz. HCl), mit Ae. extrahieren, Ae.-Auszug mit 0,5 n $NaHCO_3$, dann mit W. extrahieren, beide Extrakte ansäuern, mit Ae. extrahieren, Rückstand mit Bzl. auskochen u. eindampfen; aus W. 0,05 g fast farblose Platten; $FeCl_3$-Rk. in W. blau, in A. grünblau; gibt durch Methylierung **X**. — Hydrolyse des Methylesters von O-Dimethylcitromycetin mit äthanol. KOH ergibt *Dimethoxyoxyphthalsäure* u. diese mit $(CH_3)_2SO_4$–K_2CO_3-Aceton **VIII**, F. u. Misch-F. 211,5—212,5°. (Biochem. J. **48**. 53—66. Jan. 1951. London, Univ., School of Hygiene and Trop. Med., Dep. of Biochem.) K. MAIER. 3950

J. H. Birkinshaw, A. Bracken, S. E. Michael und **H. Raistrick**, *Untersuchungen über die Biochemie von Mikroorganismen.* 83. Mitt. *Fuscin, ein Stoffwechselprodukt von Oidiodendron fuscum Robak.* 2. Mitt. *Derivate und Abbauprodukte.* (82. vgl. vorst. Ref.; 1. vgl. Biochem. J. **44**. [1949.] 227.) Beschreibung von Derivv. u. Abbauprodd. des aus *O. fuscum*-Kulturen isolierten antibakteriell wirksamen Stoffwechselprod. *Fuscin* (**I**), $C_{15}H_{16}O_5$ (Biochem. J. **43**. [1948.] 528).

V e r s u c h e : *Fuscin* (**I**)-*Derivv.*: *Mono-Na-Salz*, $C_{15}H_{15}O_5Na \cdot 4H_2O$; **I** (0,1 g) in gesätt. wss. $NaHCO_3$ (50 cm³) lösen, 1 Woche bei Raumtemp. stehenlassen, Abscheidung dunkelvioletter Würfel. *Additionsverb. mit HCl*, $C_{15}H_{16}O_5 \cdot HCl$, F. 210° (Zers.); trockenen HCl in Suspension von **I** (0,2 g) in trockenem Ae. (20 cm³) unter Eis–NaCl-Kühlung leiten, vorübergehend Auflösung, dann Abscheidung von Stäbchen (0,14 g); stabil in Ggw. von trockenem Ae. oder konz. HCl, Zers. in **I** u. HCl in Ggw. von A. oder Wasser. *Methanolat*, $C_{15}H_{16}O_5 \cdot CH_3OH$, F. 210—225° (Zers.); **I** (1 g) in CH_3OH (5 cm³) suspendieren, methanol. KOH (15 cm³ 25%ig. Lsg.) zugeben, kühlen, mit eiskaltem W. (80 cm³) verdünnen, rasch mit eiskalter 5 n HCl (12—15 cm³) ansäuern, Nd. (0,82 g) aus Ae. oder A. umkrist.; $FeCl_3$-Rk. in A. rein blau (mit Spur $FeCl_3$) bis grün (Überschuß) u. rot; vielleicht ein substituiertes *Chinol*, da die farblose Lsg. in $CHCl_3$ mit wss., leicht saurem $FeCl_3$ intensiv violett gefärbt wird. *Diacetylderiv.*, $C_{20}H_{24}O_8$, F. 158—159°, Nadeln (aus A.), aus dem Methanolat mit Acetanhydrid u. wasserfreiem Na-Acetat. *Fuscinthiuroniumchlorid*, $C_{16}H_{23}O_6N_2ClS[C_{15}H_{16}O_5 + CS(NH_2)_2 + HCl + H_2O]$, F. 205—208°, aus **I** (0,2 g) u. Thioharnstoff (0,3 g) in 2 n HCl (1,5 cm³); 0,206 g feine Nadeln; mit W. rasche Zers. in die Komponenten; $FeCl_3$-Rk. in A. rotbraun. *Triacetylderiv.*, $C_{21}H_{24}O_9$ (aus $C_{15}H_{16}O_5 \cdot H_2O$), F. 193—194°: a) **I** (0,5 g) im Gemisch von Acetanhydrid (10 cm³) u. konz. H_2SO_4 (0,2 cm³) suspendiert 2 Min. bei 50° halten, mit Eis u. W. farbloser Nd. (0,68 g), aus A. (15 cm³), 0,5 g; b) durch Zugabe von **I** (0,1 g) bei 100° (2 Min.) zu einer Lsg. von wasserfreiem Na-Acetat (0,2 g) in Acetanhydrid (1 cm³) u. Eingießen in Eiswasser. — *Dihydrofuscin* (**II**): *Diacetylderiv.*, $C_{19}H_{22}O_7$, F. 166—168°; warme Lsg. von **I** (0,2 g) in Eisessig (3 cm³) mit Zn-Staub (0,2 g) red., Acetanhydrid (3 cm³) u. Na-Acetat (0,5 g) zugeben, 0,5 Std. am Rückfluß kochen u. auf Eis gießen; Prismen (aus A.); 0,18 g; auch durch direkte Acetylierung von **II**. *Dimethylderiv.* $C_{17}H_{22}O_5$, F. 252°; **I** (2 g) in $CHCl_3$ (100 cm³) durch Schütteln mit $Na_2S_2O_4$ (10 g) in W. (40 cm³) red., **II** nach Entfernung von $CHCl_3$ im N_2-Strom mit $(CH_3)_2SO_4$ (20 cm³) u. 2 n NaOH (125 cm³) methylieren, ansäuern, mit Ae. extrahieren, Ae.-Rückstand mit wenig Ae. (**A**) waschen, aus A. quadrat. Platten; *Dimethylderiv.* $C_{17}H_{22}O_5$, F. 98°, aus **A** beim Einengen, große Platten. *Dihydrofuscin-2.4-dinitrophenylhydrazon*, $C_{21}H_{22}O_8N_4$, F. 274°; aus **II** (0,05 g) in A. (5 cm³) u. 0,3%ig. 2.4-Dinitrophenylhydrazin in 2 n HCl (50 cm³); 0,07 g gelbe rhomb. Platten (aus C_6H_6); aus **I** bei entsprechender Behandlung kein Dinitrophenylhydrazonderivat. — *Methylhomofuscin* (**III**), $C_{17}H_{20}O_5$, F. 155°; **I** (2,5 g) in $CHCl_3$ (180 cm³) mit Überschuß von äther. CH_2N_2 behandeln; aus Ae. 2,49 g Prismen (Sublimation, dann aus Ae.); lösl. in $CHCl_3$, A., Aceton, wenig in Ae. oder W.; in 0,01 n NaOH farblose Lsg.; keine $FeCl_3$-Rk. in A.; mit 50%ig. HNO_3 intensive Blaufärbung; kein Dinitrophenylhydrazonderiv.; keine Rk. mit N_2H_4-Hydrat, daher wahrscheinlich kein Methylester, bei alkal. Hydrolyse kein Acetaldehyd. — *Methylhomofuscin-Hydrat*, $C_{17}H_{22}O_6$, F. 180°; **III** (0,15 g) in 0,1 n NaOH (5 cm³) 1 Std. stehenlassen, mit 0,1 n H_2SO_4 (5 cm³) neutralisieren, Filtrat mit 0,1 n H_2SO_4 (5 cm³) ansäuern, mit Ae. extrahieren, Ae.-Rückstand 0,11 g; aus Ae. bipyramidale Kristalle, lösl. in n NaOH. *Monoacetat* (**IV**), $C_{19}H_{22}O_6$, F. 162°, aus vorst. Hydrat durch Einw. von Acetanhydrid u. wasserfreiem Na-Acetat, Prismen (aus 60%ig. A.). — *Dihydromethylhomofuscin* (**V**), $C_{17}H_{22}O_5$; Lsg. von **III** (0,5 g) in A. (50 cm³) mit H_2/Pd-Kohle hydrieren; 0,44 g, kurze Stäbchen; $FeCl_3$ in wss. A.

bräunlichrot; aus einer Lsg. in nNaOH mit CO_2 fällbar. — *Dihydromethylhomofuscin-monomethyläther*, $C_{18}H_{24}O_5$, F. 107—108°; aus **V** mit überschüssigem äther. CH_2N_2; dünne Platten; aus Lsg. in verd. NaOH mit CO_2 fällbar. — *Verb. $C_{17}H_{21}O_5Cl$*, F. 191°, unter HCl-Entw., dann Erstarrung u. erneute Schmelze bei 224°; aus gesätt. wss. Lsg. von **III** mit 2nHCl. — *Isomethylhomofuscin*, $C_{17}H_{20}O_5$, F. 226°; a) vorst. Verb. (0,33 g) auf 200° erhitzen, HCl-Entw., aus der Schmelze 0,25 g; Plättchen (aus $CHCl_3$–Ae.); keine $FeCl_3$-Rk.; b) zu Lsg. von **III** (0,3 g) in A. (50 cm³) 0,1n J_2-Lsg. (50 cm³) geben, nach 3 Std. mit 0,1n $Na_2S_2O_3$ zurücktitrieren, mit W. fällen (roh 0,28 g); c) **III** (1,0 g) in nNaOH (100 cm³) 5 Std. unter N_2 kochen, abkühlen, ansäuern, amorpher Nd., daraus 0,003 g. Acetylierung von 0,1 g mit Acetanhydrid (1 cm³) u. Na-Acetat (0,2 g) gibt 0,1 g **IV**. — A b b a u v e r s u c h e: Bei Erhitzen von **I** (0,194 g) unter N_2 auf 295—320° Abspaltung von ca. 1 Mol CO_2, bei 270—295° öliges Destillat. — Bei Erhitzen von **II** (0,288 g) unter N_2 bei 240—280° CO_2-Entw. (ca. 1 Mol), bei 260—285° öliges Destillat (0,078 g); daraus mit PAe. u. durch Sublimation des PAe.-Rückstands *Verb. $C_{12}H_{16}O_3$* (**VI**), von Phenolcharakter, F. 139°, farnförmige Kristalle; gelbe Lsg. in NaOH; unlösl. in $NaHCO_3$; $FeCl_3$-Rk. in A. grün. — Bei Erhitzen von **I** (0,9756 g), Chinolin (25 cm³) u. Cu-Chromit (0,5 g) Abspaltung von 0,91 Mol CO_2 (130—155°). — Bei Erhitzen von **II** (0,4039 g), Chinolin (10 cm³) u. Cu-Chromit (0,2 g) Abspaltung von 0,94 Mol CO_2 (155—180°); aus Reaktionsgemisch durch Extraktion mit Ae. (nach Ansäuern) braunes Öl, das mittels PAe. **VI** liefert. — Bei Erhitzen von **I** (1 g) mit Zn-Staub (15 g) auf dunkle Rotglut im H_2-Strom gelbes Öl, das ein *Pikrat* $(C_4H_4)_n \cdot (C_6H_3O_7N_3)_n$ (**VII**), F. 95°, (0,065 g) braune Nadeln, gibt, worin n wahrscheinlich 3 ist. — Bei Erhitzen von **II** (1 g) u. Zn-Staub (15 g) ein Öl (17 mg), das **VII**, u. ein teilweise krist. Öl (10 mg), das ein *Pikrat* $C_8H_8 \cdot C_6H_3O_7N_3$, F. 80°, 0,15 g dunkelbraune Nadeln, liefert. — Schmelze von **II** (1 g) u. KOH (10 g)-W. (4 cm³) bei 280—290° (0,5 Std.) liefert Essigsäure, *Isovaleriansäure*, *3.4.5-Trioxyphenylessigsäure* (F. 161°; *Triacetat*, F. 196°; *Trimethyläther*, F. 119°). — Bei Hydrolyse von **I** (1 g) mit sd. n NaOH (100 cm³; 9,5 Std.) Bldg. von *Acetaldehyd* (0,35 Mol), nach Ansäuern CO_2 (0,39 Mol) u. 0,1 g krist. *Substanz $C_{13}H_{16}O_5$* (**VIII**), F. 186°, monobas. Säure, lösl. in Ae. oder W.; $FeCl_3$-Rk. in A. erst blau, dann grün u. bei Wasserzusatz rot. — Bei Hydrolyse von **II** (1 g) u. 2nNaOH (20 cm³; 5 Std.) Bldg. von Acetaldehyd (0,73 Mol), CO_2 (0,13 Mol) u. **VIII** (0,18 g). — Aus **VIII** (4,5 mg) mit Cu-Chromit (2 mg) bei 150—160° (2,5 Std.) fast farblose Nadeln von Phenol **VI**. — *Diacetat $C_{13}H_{14}O_3 \cdot (OCOCH_3)_2$*, F. 168°, aus **VIII** (0,05 g) mit Acetanhydrid (0,5 cm³) u. Na-Acetat (0,05 g), Nadeln (aus PAe.); lösl. in A., wss. $NaHCO_3$; keine $FeCl_3$-Reaktion. — **VIII**-*Dimethyläther $C_{13}H_{14}O_3(OCH_3)_2$* (**IX**), F. 167°, durch Kochen von **II** (15 g) in 2nNaOH (650 cm³; 14 Std.), Methylierung mit $(CH_3)_2SO_4$ (90 cm³) u. wss. NaOH (54 g in 240 cm³ W.), dann Kochen (2 Std.) mit 10nNaOH (10 cm³) zwecks Verseifung, Platten (aus sd. W.), einbas. Säure. — Oxydation von **IX** (14,2 g) in n NaOH (80 cm³) u. W. (100 cm³) mit 10%ig. wss. $KMnO_4$-Lsg. liefert 4 Oxydationsprodd.: *Prod. I* (0,21 g), $C_{13}H_{14}O_6$, F. 158°, Nadeln (aus Ae.), monobas. Säure; keine $FeCl_3$-Reaktion. — *Prod. II* (1,3 g), $C_{15}H_{16}O_{10}$, F. 187° (Gasentw.), dann 224°, Kristalle; 3bas. Säure; leichtlösl. in W. u. A.; keine $FeCl_3$-Rk.; aus Rückstand einer ZEISEL-Methoxylbest. *Substanz* vom F. 244°; $FeCl_3$-Rk. in A. grün; aus schwachammonikal. Lsg. von *Prod. II* mit 0,1n $AgNO_3$ *Silbersalz*, $C_{15}H_{13}O_{10}Ag_3$, amorph; *Tri-p-bromphenacylester* von *Prod. II*, $C_{39}H_{31}O_{13}Br_3$, F. 96—97°; *Anhydrid* aus *Prod. II*, $C_{15}H_{14}O_9$, F. 232°, durch Erhitzen auf 195—200° (N_2; 0,5 Std.), Nadeln. — *Prod. III* (2,6 g), $C_{15}H_{18}O_8$, F. 167°, Nadeln, dibas. Säure, leichtlösl. in kaltem W., A., Aceton, Ae., heißem C_6H_6, wenig lösl. in kaltem C_6H_6, unlösl. in PAe.; $FeCl_3$-Rk. in W. gelb; bei der Ozonisation entstehen Öle, Oxalsäure u. eine nicht charakterisierte, als 2.4-Dinitrophenylhydrazon gefaßte Verb.; *Di-p-bromphenacylester* von *Prod. III*, $C_{31}H_{28}O_{10}Br_2$, F. 170°, Kristalle (A.); aus Rückstand einer ZEISEL-Methoxylbest. *Norderiv. $C_{13}H_{14}O_8$*, F. 258° (Zers.), Nadeln; zweibas. Säure, leichtlösl. in W., A., Aceton, Ae., unlösl. in PAe.; $FeCl_3$-Rk. in W. violettstichig blau; Einw. von Bromwasser (4,5 cm³) auf *Prod. III* (0,1 g) in W. (10 cm³) *Bromderiv. $C_{13}H_{13}O_8Br$*, F. 192°, Nadeln (aus W., 0,52 mg, Sublimation), monobas. Säure; Einw. von kalter konz. HNO_3 (2 cm³) auf *Prod. III* (0,1 g) *Nitroverb. $C_{13}H_{13}O_8N$*, F. 135°, Nadeln (0,50 mg), monobas. Säure. — *Prod. IV* (0,035 g), *α-Oxyisobuttersäure*, F. 79°. — Ozonolyse von **I** (1 g) in $CHCl_3$ (100 cm³) bis zur Entfärbung (2 Std.) liefert 1 Mol CO_2 u. *Verb. $C_{14}H_{16}O_6$* (**X**), F. 222—224° (Zers.), dann 234°, Plättchen (50%ig. wss. A.); keine $FeCl_3$-Rk.; keine Carbonyl-Rk.; bei längerer O_3-Einw. entstehen unter weitgehendem Abbau eine ölige Substanz, Acetaldehyd, Essigsäure u. Oxalsäure; Methylierung von **X** mit CH_2N_2 gibt eine N-haltige *Verb. $C_{16}H_{20}O_6N_2$*, F. 123° (Zers.), hexagonale Prismen; aus **X** durch a) Erhitzen auf 222—224°, b) Erhitzen mit Acetanhydrid u. Na-Acetat oder c) Einw. überschüssiger kalter wss. NaOH oder gesätt. wss. $NaHCO_3$ u. anschließend Ansäuern entsteht eine gelbe *Verb. $C_{14}H_{14}O_5$*, F. 237°, seidigglänzende Nadeln (A.), fast unlösl. in W., leichtlösl. in $CHCl_3$; keine merkliche $FeCl_3$-Rk.; katalyt. Red. führt mit PtO_2-Kontakt unter Aufnahme von knapp 6 H, mit $PdCl_2$-Kohle von fast 2 H zu öligen Produkten. (Biochem. J. **48**. 67—74. Jan. 1951.)

K. MAIER. 3950

H. Raistrick und **J. Ziffer**, *Untersuchungen über die Biochemie von Mikroorganismen. 84. Mitt. Die Farbstoffe von Penicillium nalgiovensis LAXA. 1. Mitt. Nalgiovensin und Nalgiolaxin. Isolierung, Derivate und Teilstrukturen.* (83. vgl. vorst. Ref.) Durch Extraktion des Ellischauer Käseschimmels mit organ. Lösungsmitteln konnten 2 krist. Farbstoffe, *Nalgiovensin* (I) u. *Nalgiolaxin* (II), gewonnen werden. I enthält eine OCH_3- u. eine (C)—CH_3-Gruppe, 3 acetylierbare OH-Gruppen, davon 2 mit $(CH_3)_2SO_4$ u. K_2CO_3 methylierbare kerngebundene u. 1 mit CH_3J u. Ag_2O methylierbare aliphat. gebundene in der Seitenkette. Das CrO_3-Oxydationsprod. von I-Trimethyläther wurde als *4.5.7-Trimethoxyanthrachinoncarbonsäure-(2)* (*Emodinsäuretrimethyläther*), dasjenige von I als *4.5-Dioxy-7-methoxyanthrachinoncarbonsäure-(2)* (**IV**) identifiziert. Die Struktur der Seitenkette ist noch nicht sicher festgelegt. **II** ist das *1- oder 8-Chlorderiv.* von **I**. Beide Verbb. sind opt.-aktiv.

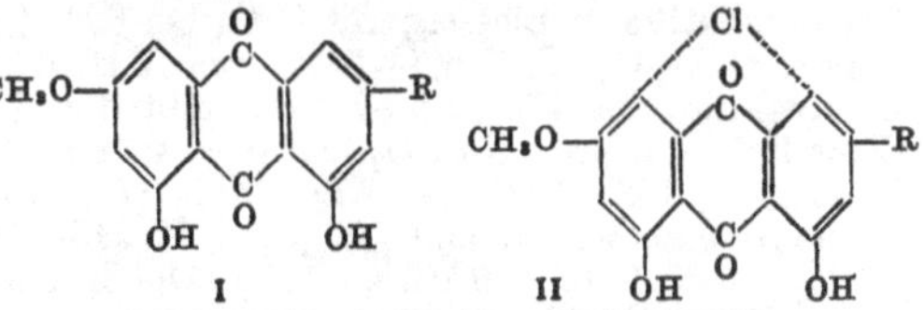

I II

R = $CHOHCH_2CH_3$ oder $CH_2CHOHCH_3$

Versuche: *P. nalgiovensis* (N. R. R. L. 911) wird 28 Tage bei 24°, p_H 4,1 → 3,2, im Dunkeln auf RAULIN-THOM-Lsg. gezüchtet (optimale Ausbeute an Mycel u. Farbstoff). Die ausgepreßten Pilzdecken werden bei 40—50° getrocknet, dann gemahlen u. im Soxhlet mit PAe. 100 Std. extrahiert. Ca. 45% des I-Geh. (0,45% des Pilztrockengewichtes) fallen unlösl. aus: *Nalgiovensin* (I; *dextro-4.5-Dioxy-7-methoxy-2-oxypropylanthrachinon*), $C_{18}H_{16}O_6$, F. 199—200°, Reinigung über das *Triacetylderiv.* (**III**), aus Chlf. orange Nadeln, aus Eisessig orange Platten; sublimiert unzers. im Hochvakuum bei 160—170°; $[\alpha]^{20}_{5461}$ +48,1°; $[\alpha]^{20}_{5790}$ +39,7° (c = 0,1786, Chlf.); unlösl. in schwachen Alkalien, löst sich in NaOH mit roter Farbe; Halochromie in konz. H_2SO_4 rot-orange; in A. mit $FeCl_3$ orangebraun; in Eisessig gelb ohne Fluorescenz; an $MgCO_3$ aus Chlf. rote Bande, mit CH_3OH blaurot, stärker diffus. *Triacetylderiv.* (**III**), $C_{24}H_{22}O_9$, F. 147 bis 148°, aus I, Essigsäureanhydrid u. Na-Acetat bei 100° (2 Std.), aus wss. A. gelbe Nadeln; $[\alpha]^{20}_{5461}$ —8,9°; $[\alpha]^{20}_{5790}$ —8,3° (c = 0,6076, Chlf.); mit n NaOH Verseifung zu reinstem I. *Dimethyläther*, $C_{20}H_{20}O_6$, F. 187—188°, aus I, $(CH_3)_2SO_4$ u. K_2CO_3 in Aceton, nach Hochvakuumsublimation (180°) aus wss. A. verzweigte gelbe Nadeln; $[\alpha]^{20}_{5461}$ +35,9°; $[\alpha]^{20}_{5790}$ +28,8° (c = 0,4620, Chlf.); lösl. in H_2SO_4 mit hellblauer Farbe. *Dimethyläthermonoacetat*, $C_{22}H_{22}O_7$, F. 152,5—153°, aus vorst. Verb., aus A. gelbgrüne Nadeln; $[\alpha]^{20}_{5461}$ +4,8°; $[\alpha]^{22}_{5790}$ +3,8° (c = 0,2512, Chlf.). *Trimethyläther*, $C_{21}H_{22}O_6$, F. 177—178°, aus dem Dimethyläther in Bzl. mit CH_3J + Ag_2O unter Rückflußkochen, aus A. feine gelbgrüne Nadeln; $[\alpha]^{21}_{5461}$ +6,7°; $[\alpha]^{21}_{5790}$ +5,8° (c = 0,4531, Chlf.); aus dem Dimethyläther durch weitere Methylierung mit $(CH_3)_2SO_4$ nicht erhältlich. — Oxydationsversuche: H_2O_2 reagiert nicht mit I in n NaOH bei 60° unter N_2; CrO_3 oxydiert I in Eisessig (½ Std., 60°) zu *4.5-Dioxy-7-methoxyanthrachinoncarbonsäure-(2)* [**IV**; I, *R = COOH*), $C_{16}H_{10}O_7$, nach Sublimation F. 320—321° (Zers.), orange Nadeln]; daneben ein neutrales *Oxydationsprod.* (wahrscheinlich I, R = COC_2H_5 oder CH_2COCH_3), $C_{18}H_{14}O_6$, aus A. orange Nadeln, F. 199—200°, Misch-F. (mit I) 178—185°; opt.-inakt.; Halochromie wie I. — CrO_3-Oxydation von **III** in Eisessig/Acetanhydrid bei 70° während 3 Std. u. Extraktion mit $CHCl_3$ ergibt neutrales, nicht näher identifiziertes *Oxydationsprod.* $C_{24}H_{20-22}O_{10}$, aus A. gelbe Nadeln, F. 165—166°, opt.-inakt.; Halochromie in H_2SO_4 nicht unterscheidbar von I; aus der Chloroformlsg. durch Extraktion mit 0,5n-$NaHCO_3$-Lsg. u. Ansäuern saure Prodd., u. zwar neben wenig *Monoacetat* das *Diacetat* $C_{20}H_{14}O_9$ (**V**), F. 214—215°, aus wss. Essigsäure gelbe Nadeln, ident. mit nachst. **V**. Hydrolyse von **V** mit 0,5n NaOH (2 Std. unter N_2), Ansäuern mit 2n HCl u. ½ std. Erhitzen gibt aus Eisessig mit Essigsäure krist. **IV**, $C_{16}H_{10}O_7 \cdot C_2H_4O_2$, orange Nadeln, nach Sublimation im Hochvakuum bei 230—235° F. u. Misch-F. 322—323° (Zers.). — *Physcion* (*4.5-Dioxy-7-methoxy-2-methylanthrachinon*), F. 206—207°, durch Extraktion der Flechte *Xanthoria parietina L. Fr.* mit kaltem $CHCl_3$, Reinigen des dunklen Rückstands durch Sublimation im Hochvakuum bei 160°; aus Eisessig flache, orange Nadeln; Acetylierung mit wasserfreiem Na-Acetat/Acetanhydrid gibt *Diacetylphyscion*, F. 185 bis 186°. Hieraus in Acetanhydrid/Eisessig durch Oxydation mit CrO_3 in Eisessig + W. (3 Std. bei 65—70°) *4.5-Diacetoxy-7-methoxyanthrachinoncarbonsäure-(2)* (**V**), F. u. Misch-F. 214—215°; Hydrolyse gibt **IV**. — Oxydation von I-Dimethyläther in Dioxan mit 10%ig. NaOH- u. wss. KJ/J_2-Lsg. während 1 Std. bei 60° liefert neben unverändertem Ausgangsmaterial *Emodinsäuretrimethyläther*, $C_{18}H_{14}O_7 \cdot H_2O$, aus 50%ig.

Essigsäure flache, gelbe Nadeln, F. 267—268° (Zers.), ident. mit dem aus Emodinsäure mittels $(CH_3)_2SO_4$ erhaltenen Prod.; Jodoform wird nicht gebildet. — CrO_3-Oxydation von I-Trimethyläther liefert ebenfalls *Emodinsäuretrimethyläther*, F. 267 bis 268° (Zers.). — Red. von I mit HJ/P in Eisessig führt zu einem dem Emodin ähnlichen *Anthranol*, aus Chlf./PAe. blaßgelbe Platten, F. 188°, das in n NaOH leichtlösl. ist unter Farbveränderung von Gelb bis Rot; Halochromie in konz. H_2SO_4 von Gelb nach Grün; Rückoxydation in Eisessig mit CrO_3 bei 60°/½ Std. ergibt *4.5.7-Trioxy-2-propylanthrachinon*, $C_{17}H_{14}O_5$, F. 216,5—217°, aus Chlf. u. Bzl. lange gelbe Nadeln; sublimiert im Hochvakuum bei 170°, opt.-inakt.; gibt die gleichen Farb-Rkk. wie die 2-Methylverb. (Emodin); lösl. in n Na_2CO_3 im Gegensatz zu I. *Triacetylderiv.*, $C_{23}H_{20}O_8$, aus A. gelbe Nadeln, F. 182—183°. — *Nalgiolaxin* (II; *dextro-1*(oder *8*)*-Chlor-4.5-dioxy-7-methoxy-2-oxypropylanthrachinon*, $C_{18}H_{15}O_6Cl$, F. 248—248,5°, aus A. gelbe Platten oder Nadeln; $[\alpha]^{22}_{5790}$ +40,3° (c = 0,1072, Chlf.). Die Extraktionsrückstände von I werden 60 Std. mit Chlf. im Soxhlet weiter ausgezogen; eine ausgeschiedene farblose *Substanz A* wird abgetrennt, der braune Trockenrückstand der Lsg. mit PAe. entfettet u. dann in Ae. aufgenommen (aus dem braunen Rückstand kann [andere Trennungsmethoden vgl. Original] durch Chromatographie an $MgCO_3$ aus Chlf. u. fraktionierte Sublimation im Hochvakuum bei 160—170° etwas I, bei 190—200° rohes II erhalten werden). Nach 4maligem Behandeln der orangegelben Ae.-Lsg. mit n Na_2CO_3, Ansäuern, Aufnehmen in Chlf. u. Einengen aus A. Kristalle, Reinigung durch Sublimation im Hochvakuum (Ausbeute 0,18% Pilztrockengewicht; die Mutterlaugen u. die sodaextrahierte Chloroformlsg. ergeben noch weiteres I, Gesamtausbeute 1% Pilztrockengewicht); weniger lösl. in organ. Lösungsmitteln als I, in 0,5n $NaHCO_3$ oder n Na_2CO_3 erst nach Stehen mit schwach rötlichblauer Farbe lösl., in NaOH rot; Halochromie in konz. H_2SO_4 rotblau; mit $FeCl_3$ in A. braun wie I u. Physcion; Erhitzen in borsäurehaltiger konz. H_2SO_4 liefert rote, grün fluorescierende Substanz, deren Farb-Rkk. ähnlich denen von *1.4.5.7-Tetraoxy-2-methylanthrachinon* sind; *Triacetylnalgiolaxin* (VI), $C_{24}H_{21}O_9Cl$, aus A. citronengelbe Plättchen, F. 186,5—187°, $[\alpha]^{20}_{5461}$ —7,7°; $[\alpha]^{20}_{5790}$ —6,1° (c = 0,9454, Chlf.); Hydrolyse liefert II zurück. *Dimethyläther*, $C_{20}H_{19}O_6Cl$, aus A. gelbgrüne Nadeln, F. 206—207°, sublimiert im Hochvakuum bei 185—195°; $[\alpha]^{21}_{5461}$ +27,7°; $[\alpha]^{21}_{5790}$ +23,5° (c = 0,4401, Chlf.), unlösl. in n NaOH; Halochromie in konz. H_2SO_4 intensiv rot. — *Oxydation* von VI in Eisessig–Essigsäureanhydrid mit CrO_3: *Neutrales Prod.* $C_{22}H_{17}O_9Cl$, aus A. citronengelbe Plättchen, F. 216—217°, opt.-inakt., unlösl. in NaOH; keine Farb-Rk. mit $FeCl_3$; saure Fraktion: *Diacetylchloremodinsäure-7-methyläther*, $C_{20}H_{13}O_9Cl$, aus A. gelbe Plättchen, F. 241—242°, lösl. in n/2 $NaHCO_3$ mit rötlichgelber Farbe, sonst gleiche Farb-Rkk. wie die Cl-freie Verbindung. — Red. von II mit HJ/P liefert in gleicher Rk. ident. Prodd. wie I. — *Substanz A*, aus Eisessig Nädelchen, sublimiert in Capillare bei 300° unzers., im Hochvakuum bei 250—260°; mäßig lösl. in organ. Lösungsmitteln, unlösl. in W., 2nHCl u. 2nNaOH; keine Farb-Rk. mit $FeCl_3$. — *Substanz B*, purpurrotes Nebenprod. bei der Chromatographie von II; Halochromie in H_2SO_4 rot- bzw. blauviolett, lösl. in n Na_2CO_3 u. n NaOH mit rotvioletter Farbe, fluoresciert nicht in Eisessig, scheint ein Polyoxyanthrachinon zu sein. — *Substanz C*, gelbes Nebenprod. wie vorst. Verb., mit Luft in Lsg. bald purpurne, in H_2SO_4 grüne Lsg., unlösl. in nNa_2CO_3, leichtlösl. in n NaOH mit gelber Farbe, die beim Schütteln mit Luft in Rot übergeht, anscheinend ein Anthranol vom Emodintyp. (Biochem. J. **49**. 563—74. Okt. 1951.)

GIBIAN. 3950

Robert C. Putnam und **Walter J. Gensler**, *Die Chemie pflanzlicher Gerbstoffe.* 1. Mitt. *Quebracho.* Für ein sorgfältig gereinigtes Präp. aus Quebrachoextrakt wurde die Zus. $C_{31}H_{28}O_{11}$ (I) (beginnende Zers. bei 240°; 995 g aus 1900 g Extrakt) gefunden. Aus Dialyseverss. ergab sich ein Mol.-Gew. von ca. 600. Durch mehrfach wiederholte Methylierung mit Diazomethan u. Dimethylsulfat wurde ein Stoff mit 7 Methoxylgruppen, $C_{31}H_{21}O_4(OCH_3)_7 \cdot 0,5\ H_2O$ (II) [F. 171—172° (Zers.); $[\alpha]_D$ +11,7° (Chlf.)], erhalten. Bei dem Vers., die Methylierung durch Behandlung mit Methyljodid u. Ag_2O noch weiterzuführen, wurde eine Methylgruppe abgespalten, u. es entstand ein Stoff der Zus. $C_{31}H_{22}O_5(OCH_3)_6 \cdot H_2O$. Die Acetylierung von I ergab ein krist. Acetylderiv. mit 11 Acetylgruppen, $C_{31}H_{17}(OCOCH_3)_{11}$ (III) [F. 153—155° nach Erweichen bei 151°; $[\alpha]_D$ +13,7° (Aceton)]. Es müssen also alle O-Atome als OH-Gruppen vorliegen oder bei der Acetylierung in solche umgewandelt werden. Bei der Verseifung von III mit K-Acetat wurden 8 Acetylgruppen zur *Verb.* $C_{31}H_{25}O_8(OCOCH_3)_3 \cdot 1,5\ H_2O$ abgespalten. Die Acetylierung von II lieferte ein *Diacetylderiv.* $C_{31}H_{19}O_2(OCH_3)_7(OCOCH_3)_2$ (F. 174—175°). Aus der Alkalischmelze von I wurde *Resorcin* isoliert. Bei der Oxydation von II mit alkal. $KMnO_4$ entstanden 15% *Veratrumsäure.* Einzelheiten der Isolierung von I, Zwischenstufen bei der Methylierung zu II sowie UV- u. Infrarotspektren vgl. Original. (J. Amer. Leather Chemists Assoc. **46**. 613—41. Nov. 1951. Boston, Mass., Univ., Dep. of Chem.) O. ENGEL. 3950

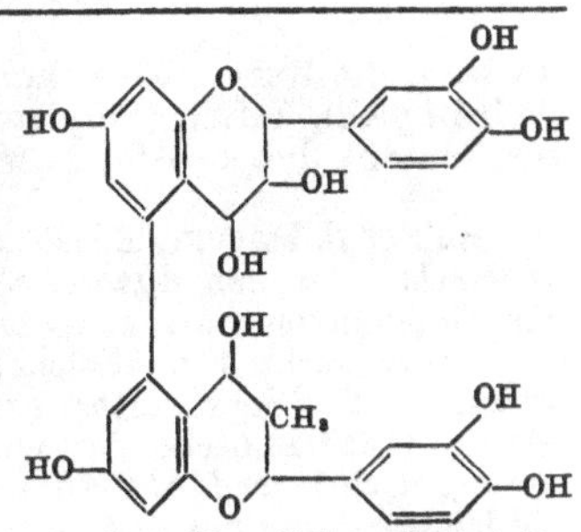

Robert C. Putnam, *Die Chemie der pflanzlichen Gerbstoffe.* 2. Mitt. *Quebracho.* (1. vgl. vorst. Ref.) Auf Grund der Untersuchungen der 1. Mitt. stellt der Vf. für die Hauptkomponente des Quebracho nebenst. vorläufige Formel auf. Unsicher ist in dieser Formel die Lage der Bindung, welche die beiden Hälften verknüpft, u. die Stellung der Methyl- u. der aliphat. Hydroxylgruppen. (J. Amer. Leather Chemists Assoc. **47.** 474—77. Juli 1952. Beverly, Mass., United Shoe Machinery Corp., Res. Div.) O. ENGEL. 3950

Robert C. Putnam und **Walter J. Gensler,** *Die Chemie der pflanzlichen Gerbstoffe.* 3. Mitt. *Mimosa.* (2. vgl. vorst. Ref.) Gereinigter Mimosarindenextrakt wurde in ähnlicher Weise wie bei der Unters. von Quebracho (vgl. 1. Mitt.) in *Methyl-, Acetylmethyl, Acetyl-* u. *Peracetylderivv.* übergeführt. Unter Zugrundelegung der Summenformel $C_{30}H_{26}O_{12}$ wurden dabei die Derivv. $C_{30}H_{18}O_4(OCH_3)_8$, $C_{30}H_{17}O_3(OCH_3)_8(OCOCH_3)$, $C_{30}H_{18}O_4(OCOCH_3)_8$ u. $C_{30}H_{14}(OCOCH_3)_{12}$ erhalten. (J. Amer. Leather Chemists Assoc. **47.** 478—81. Juli 1952. Boston, Mass., Boston Univ., Dep. of Chem.) O. ENGEL. 3950

Robert C. Putnam, *Die Chemie der pflanzlichen Gerbstoffe.* 4. Mitt. *Mangrove.* (3. vgl. vorst. Ref.) Aus Mangroveextrakt konnten zwei Gerbstoffe (**I** u. **II**) mit etwas verschied. Eigg., aber wahrscheinlich gleicher Zus., $C_{32}H_{30}O_{12}$ oder $C_{30}H_{26}O_{12}$, isoliert werden. **I** ist in W. unlösl., **II** in heißem W., beide in Aceton löslich. **I** ließ sich zu einem Dodekaacetylprod., **II** zu einem Oktaacetyl- u. einem Dodekaacetylprod. acetylieren. Beim Behandeln von **II** mit Dimethylsulfat u. anschließend mit CH_2N_2 wurde ein Prod. mit 7 OCH_3-Gruppen erhalten. — **I**, aus 60 g Borneo Cutch in 350 ml W. durch 2std. Schütteln mit 350 ml n-Butanol, desgleichen nach Zusatz von 300 ml W., Trennung der Schichten, Eindampfen der Lsg. im Vakuum, Lösen des Rückstands in Aceton u. Fällung mit Ae.; 9,5 g rötlicher Niederschlag. *Oktaacetylderiv.*, durch Acetylieren von **I** mit Essigsäureanhydrid, dann mit Acetylchlorid; krist. Prod. (nach Röntgendiagramm); Dunkelfärbung bei 220°; $[\alpha]_D^{28}$ +58,7 (in Aceton). — **II**, aus 150 g Borneo Cutch in 400 ml W. u. 500 ml n-Butanol wie oben; 18 g cremefarbige Substanz. *Oktaacetylderiv.*, durch zweimalige Acetylierung wie oben; farblose Substanz. F. ca. 190°; $[\alpha]_D^{27,5}$ +49,3° (in Aceton). *Dodekaacetylprod.*, aus vorst. Acetylderiv. durch weitere Acetylierung; hellgelbe Substanz; F. 200—205°; $[\alpha]_D^{28}$ +57,0 (in Aceton). (J. Amer. Leather Chemists Assoc. **47.** 512—18. Aug. 1952. Beverly, Mass., United Shoe Machinery Corp., Res. Div.) O. ENGEL. 3950

Robert C. Putnam, *Die Chemie pflanzlicher Gerbstoffe.* 5. Mitt. *Mimosa.* (4. vgl. vorst. Ref.) Auf Grund früherer Unterss. wurde für den *Mimosagerbstoff* der Zus. $C_{30}H_{26}O_{12}$ (vgl. vorvorst. Ref.) nebenst. Strukturformel aufgestellt: Unsicher ist in dieser Formel die Lage der Bindung zwischen den beiden Mol.-Hälften u. die der alicycl. gebundenen OH-Gruppen. — *Triacetylderiv.*, $C_{30}H_{23}O_9(OCOCH_3)_3$, aus 1 g Dodekaacetylderiv. ($[\alpha]_D^{25}$ —3,4° [in Aceton]) durch Desacetylierung mit K-Acetat; nach Äthylacetatextraktion Lösen in Aceton, Abtrennung des unlösl. Anteils u. Wiederholung des Prozesses durch Lösen in heißem W.; 0,1 g Ausbeute. — *Heptamethylderiv.*, $C_{30}H_{19}(OCH_3)_7$. 3 g gereinigter Mimosagerbstoff wurden in 50 ml W. suspendiert u. unter gelindem Erwärmen allmählich mit 10 ml Dimethylsulfat u. 4,5 g NaOH in 25 ml W. versetzt. Nach Ansäuern u. Abfiltrieren wurde der Nd. in 50%ig. Methanol suspendiert, abfiltriert u. getrocknet, dann in 25 ml absol. A. suspendiert u. mit einem Überschuß von Diazomethan in Ae. 18 Std. stehengelassen; gelbe Substanz; Zers. 188°; $[\alpha]_D^{25}$ —9,1°. (J. Amer. Leather Chemists Assoc. **47.** 586—88. Sept. 1952.) O. ENGEL. 3950

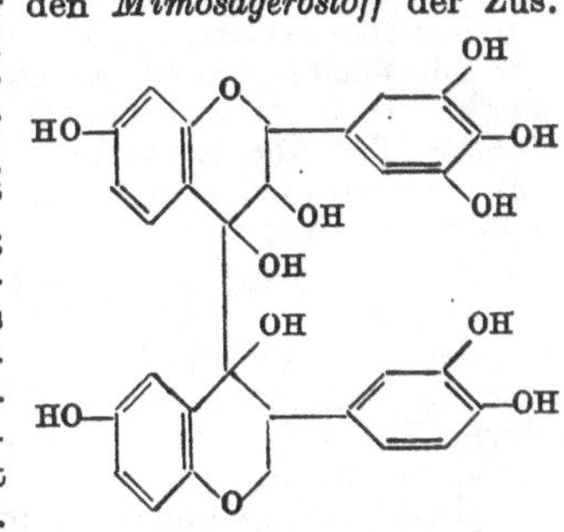

D₃. Makromolekulare Chemie.

Carl G. Brodhun, *Die Abnahme der Durchschlagfestigkeit von Polymeren bei Dauereinwirkung elektrischer Spannung.* (Sitzungsbericht.) Die Isoliereigg. von Materialien unter konstanter elektr. Spannung hängen von der Größe dieser Spannung ab. Diagramme über den Zusammenhang zwischen elektr. Spannung u. elektr. Dauerstandfestigkeit gleichen den Kurven der mechan. Dauerstandfestigkeit. Beim Auftreten einer Glimmentladung werden die durch die elektr. Spannung hervorgerufenen Effekte verstärkt u. die Kurve der elektr. Dauerstandfestigkeit gedrückt, wie Verss. an Alathon (Polyäthylen), Teflon (Polytetrafluoräthylen), Glimmer u. Glas zeigten. Eine Theorie zur Deutung dieser Befunde wurde entwickelt. (Physic. Rev. [2] **86.** 653. 15/5. 1952.) SCHÄFF. 4000

Robert S. Marvin, *Eine neue Näherungsmethode für die Beziehung zwischen Spannungsrelaxation und dynamischem Modul.* (Sitzungsbericht.) Die Beziehung zwischen den Ergebnissen stat. u. dynam. Messungen der mechan. Eigg. von Hochpolymeren wurde untersucht. Eine Gleichung für die Differenz zwischen dem reellen Teil des dynam. Moduls u. der Spannungsrelaxationsfunktion wurde angegeben. Sie enthält ein Glied für die MAXWELLsche Verteilung der Relaxationszeiten, die durch graph. Differenzierung nach jeder Meßmeth. angenähert ermittelt werden kann. Es wurde gezeigt, daß die Umwandlung des dynam. Moduls in die Spannungsrelaxation sehr genau u. relativ leicht vorgenommen werden kann. Bekannte Daten eines hochmol. Polyisobutylens dienten zur Erläuterung der Umwandlungsmethode. (Physic. Rev. [2] **86.** 644. 15/5. 1952. Nat. Bur. of Standards.) SCHÄFF. 4000

H. S. Kaufman, *Röntgenstrahlenuntersuchung von Polychlortrifluoräthylen.* Das DEBYE-SCHERRER-Diagramm von unorientiertem polykristallinem *Polychlortrifluoräthylen* (*Kel-F*) zeigt eine starke Linie bei ca. 5,5 Å sowie mehrere schwache Linien. Beim schnellen Abschrecken eines auf oberhalb seines Umwandlungspunktes erhitzten Polymerisats erhält man ein glasklares Material, welches eine für eine verhältnismäßig ungeordnete amorphe Struktur charakterist. breite Beugungslinie von geringer Intensität gibt. Wenn das Polymerisat längere Zeit bei Tempp. zwischen 190° u. dem Umwandlungspunkt gehalten wird, bildet sich ein opakes Material mit hohem Kristallisationsgrad. Steigender Kristallisationsgrad zeigt sich in einer Aufspaltung der breiten Linie in zwei starke u. verhältnismäßig scharfe Linien, die von schwächeren Linien umgeben sind. Bei derselben Wärmebehandlung von Polymeren mit verschied. Mol.-Gew. steht der Kristallisationsgrad im umgekehrten Verhältnis zum Mol.-Gewicht. Durch Warmziehen erhaltene hochkrist. orientierte Materialien geben Faserdiagramme. Die Elementarzelle ist hexagonal u. hat die Dimensionen 6,5 u. 35 Å (längs der Faserachse). Diese Werte führen zu der Annahme einer dem Polyisobutylen u. Teflon ähnlichen schraubenförmigen Struktur, bei der sich die Schraube nach ca. 14 Monomereneinheiten wiederholt. Die auf dieser Grundlage berechnete D. von 2,10 g/cm³ steht in Übereinstimmung mit dem experimentell gefundenen Wert von 2,12 g/cm³. (J. Amer. chem. Soc. **75.** 1477—78. 20/3. 1953. New York, N. Y., M. W. Kellogg Co.) FORCHE. 4010

Edwin R. Fitzgerald und **John D. Ferry,** *Methode zur Bestimmung der dynamisch-mechanischen Eigenschaften von Gelen und Feststoffen bei Schallfrequenzen. Vergleich der mechanischen und elektrischen Eigenschaften.* (Sitzungsbericht.) Eine Meth. zur Messung des komplexen Schubmoduls an Prodd. mit dem Eigenschaftsbereich von weichen Gelen bis zu steifen Feststoffen im Temperaturbereich von —50 bis 150° u. im Frequenzbereich von 25—5000 Hz wurde ausgearbeitet u. beschrieben. Messungen wurden an *Polyisobutylen* u. an mit 90 Vol.-% Dimethylthianthren weichgemachtem *Polyvinylchlorid* durchgeführt. Die Temperatur- u. Frequenzabhängigkeiten des Schubmoduls u. der DK. des Geles wurden miteinander verglichen. (Physic. Rev. [2] **86.** 644—45. 15/5. 1952. Wisconsin, Univ.) SCHÄFF. 4010

John D. Ferry und **Edwin R. Fitzgerald,** *Dynamisch-mechanische und elektrische Eigenschaften des Systems Polyvinylchlorid–Dimethylthianthren.* (Sitzungsbericht.) Der für ein Polyvinylchlorid-Dimethylthianthren-Gel (10 Vol.-%) bei verschied. Tempp. u. Frequenzen gemessene komplexe Schubmodul wurde durch eine graph. Meth. auf eine einzige Temp. T_0 bezogen (vgl. C. **1951.** II. 3598). Mit der komplexen DK. wurde analog verfahren. Dabei wurde gefunden, daß die Temperaturabhängigkeiten der mechan. u. der elektr. Relaxationszeiten über eine breite Zeitspanne ident. sind. Die Verteilungsfunktionen der mechan. Relaxationszeiten konnten aus jeder Komponente des red. Moduls berechnet werden; beide Ergebnisse stimmten überein. Eine gleiche Übereinstimmung wurde für die Verteilungsfunktion der elektr. Relaxationszeiten gefunden; die elektr. u. mechan. Funktionen sind aber verschieden. Diese Meth. wurde auch auf Mischungen anderer Konzz. angewendet. (Physic. Rev. [2] **86.** 645. 15/5. 1952. Wisconsin, Univ.) SCHÄFF. 4010

Lester D. Grandine jr., Edwin R. Fitzgerald, Ivo Jordan und **John D. Ferry,** *Die Verteilungsfunktion der Relaxationszeiten bei Polyisobutylen und Polyisobutylen–Dekalin-Lösungen.* (Sitzungsbericht.) (Vgl. vorst. Ref.) Der komplexe Schubmodul von Polyisobutylen (I) wurde mit der in vorvorst. Ref. beschriebenen App. im Frequenzbereich von 25—5000 Hz u. in einem großen Temperaturbereich gemessen. Die Ergebnisse wurden auf eine einzige Temp. T_0 bezogen u. die Verteilungsfunktion der Relaxationszeiten aus der reellen u. imaginären Komponente berechnet. Die Verteilungsfunktion wurde mit der Verteilungsfunktion für Lsgg. von I in Dekalin bei verschied. Konzz. verglichen. Diese Verteilungsfunktion war durch Messungen der Wellenfortpflanzung u. der Spannungsrelaxation ermittelt worden. (Physic. Rev. [2] **86**. 645. 15/5. 1952. Wisconsin, Univ.) SCHÄFF. 4010

T. G. Fox, *Der Einfluß von Verdünnungsmitteln auf die Einfriertemperatur und die Fließeigenschaften von Polystyrol.* (Sitzungsbericht.) Bei verschied. Tempp. wurden dilatometr. Messungen an Mischungen aus Polystyrol (I) u. je einem von 13 chem. verschiedenen Verdünnungsmitteln, sowie Viscositätsmessungen an allen Mischungsverhältnissen I u. Dibenzyläther (II) durchgeführt. Es wurde gefunden, daß die Einfriertemp. T_E von I bei Ggw. von bis zu 30% aller untersuchten Verdünnungsmittel nahezu proportional dem Volumenbruch des zugefügten Verdünnungsmittels erniedrigt wird. Bei höheren Konzz. der Verdünnungsmittel nimmt die T_E-Erniedrigung stärker ab, als der Proportionalität entspricht. Die T_E-Abhängigkeit von der Zus. x gebt entsprechenden Daten über die Erniedrigung des Temperaturkoeff. der Viscosität von I-II-Mischungen nahezu parallel. Zwischen der T_E–x-Beziehung u. der S-förmigen log η–x-Kurve (bei bestimmter Temp.) konnte kein Zusammenhang gefunden werden (η = Viscosität). (Physic. Rev. [2] **86**. 652. 15/5. 1952. Röhm & Haas Co.) SCHÄFF. 4010

G. Austerweil und **J. Wettly,** *Beziehung zwischen dem Polymerisationsgrad und der refraktometrischen Dispersion bei Hochpolymeren.* 1. Mitt. Messung der Dispersion des Brechungsindex, Endgruppenbestimmungen u. viscosimetr. Messungen an *Polyäthylenoxyden* (I) (Mol.-Gew. ca. 300—4000). Bei I besteht eine lineare Beziehung zwischen dem durch Endgruppenbest. ermittelten Mol.-Gew. (M) u. der Dispersion des Brechungsindex ($n_{j,v}$ = Dispersion zwischen den gelben u. grünen Hg-Linien): M = K $n_{j,v}$ (K = 19,388). Zwischen $n_{j,v}$ u. der Viscosität besteht keine lineare Beziehung. (Bull. Soc. chim. France, Mém. [5] **17**. 1125—28. Nov./Dez. 1950. Serv. de rech. de la Soc. Péchiney, u. Inst. Franç. du Caoutchouc.) LANTZSCH. 4010

R. G. Cheatham und **Albert G. H. Dietz,** *Untersuchungen an weichgemachtem Polymethacrylsäuremethylester im Ultraschallfeld.* (Sitzungsbericht.) An verschied. dicken Polymethacrylsäuremethylesterproben mit verschied. Weichmachergeh. (0—30% Dibutylphthalat) wurden in einem großen Ultraschallfrequenzbereich u. bei verschied. Tempp. zwischen —40 u. 85° die Beziehungen zwischen Geschwindigkeit u. Dämpfung des Ultraschalls u. den mechan. Eigg. untersucht. Es wurde gefunden, daß mit zunehmendem Weichmachergeh. die Dämpfung wächst u. die Fortpflanzungsgeschwindigkeit abnimmt. Die Geschwindigkeit nimmt mit steigender Temp. linear ab, während die Dämpfung Maxima u. Minima aufweist, wobei ihr Wert im Durchschnitt steigt. Die Geschwindigkeit nimmt im allg. mit Frequenzerhöhung zu, die Dämpfung geht aber wieder durch Maxima u. Minima bei allg. Erhöhung mit Frequenzzunahme. Die Ggw. von Wasserstoffbrücken scheint möglich zu sein. Die Ultraschallmessungen wurden in Beziehung zu dielektr. Messungen im gleichen Temperaturbereich gebracht. (Physic. Rev. [2] **86**. 645. 15/5. 1952.) SCHÄFF. 4010

S. Loshaek, *Der Einfluß der Vernetzung auf die Einfriertemperatur von Polymethacrylsäuremethylester.* (Sitzungsbericht.) Durch dilatometr. Messungen wurde die Einfriertemp. T_E von Mischpolymerisaten aus *Methacrylsäuremethylester* (I) u. 0—100% *Äthylenglykoldimethacrylat*, *Dekamethylenglykoldimethacrylat* (II), *2.2-Dimethylpropandiol-(1.3)-dimethacrylat* bzw. *2-Äthyl-2-butylpropandiol-(1.3)-dimethacrylat* (III) bestimmt. Es wurde eine deutliche T_E-Abhängigkeit von der Struktur (Länge der C-Kette zwischen den funktionellen Gruppen u. Länge der Seitenketten) der vernetzenden Mischpolymerisationskomponenten gefunden. Da T_E von Reinpolymerisaten aus II bzw. III nieriger ist als T_E von reinem I-Polymerisat, scheint ein T_E-Maximum bei einer gewissen Zus. aufzutreten. Die Befunde lassen sich verstehen, wenn man annimmt, daß T_E durch die Ggw. von Vernetzungsgliedern erhöht u. gleichzeitig durch eine „innere Weichmachung" erniedrigt wird, wobei letztere von der durchschnittlichen Zus. u. der Struktur der 2. Komponente abhängt. (Physic. Rev. [2] **86**. 652—53. 15/5. 1952. Röhm & Haas Co.) SCHÄFF. 4010

P. W. Allen, *Die Kinetik der Kristallisation von Hexamethylenadipinsäureamidpolymeren (6-6-Nylon).* Von 6 Proben des *Hexamethylenadipinsäureamidpolymeren* mit F. zwischen 280 u. 293° wurde zwischen 245 u. 255° auf Grund von Messungen der D. die Kristallisationsgeschwindigkeit v bestimmt. v fällt mit zunehmendem F. der Probe ab u. steigt bei Erniedrigung der Kristallisationstemp. an. Dem Kristallisationsvorgang mit einem S-förmigen Verlauf der D.-Zeit-Kurve (Versuchszeit bis zu 80 Min.) ist eine Induktionsperiode vorgelagert, die um so größer ist, je höher der F. der Probe (z. B. 10 Min. für F. 280° u. 27 Min. für F. 293°); sie kommt dadurch zustande, daß eine merkliche Kristallisation erst stattfindet, wenn die Kristallkeime eine gewisse Mindestgröße erreicht haben. Bei dem Vers., die Ergebnisse für den S-förmigen Verlauf durch $a = \exp\cdot(-kt^2)$, wo $a = (V-V_c)/(V_a-V_c)$, V bzw. V_a bzw. V_c = spezif. Vol. zur Zeit t bzw. des amorphen Materials bzw. des krist. Materials, darzustellen, treten gewisse Abweichungen auf, die auf die räumliche u. zeitliche Verteilung der Kristallkeime u. auf den linearen Anstieg des Vol. der Kristallite mit der Zeit zurückgeführt werden. (Trans. Faraday Soc. **48.** 1178—85. Dez. 1952. Pontypool, Monmouthsshire, Brit. Nylon Spinners Ltd., Res. Dep.) Fuchs. 4010

W. Borchert, *Röntgenographische Untersuchungen an organischen Fasern (Feinstruktur der Polyurethanfaser, Perlon U).* Die Dimensionen der triklinen Elementarzelle von *Perlon U* (Mol.-Gew. ~ 10000) ergaben sich aus Röntgenaufnahmen der Faser sowie eines durch Walzen in Richtung der Faserachse erhaltenen doppelt geregelten Präparats. Die Dimensionen der Elementarzelle sind a = 4,95 Å; b = 8,69 Å; c = 19,17 Å (Faserachse); $\alpha = 90^0$; $\beta = 180-76^0$; $\gamma = 60{,}2^0$. Diese Zelle enthält 2 Grundmoll. der Zus. $C_{12}H_{22}O_4N_2$ als ebene Kettenstücke. $D_{\cdot exp.}$ = 1,21; $D_{\cdot rönt.}$ = 1,24 Das Grundmol. hat bei Annahme einer gestreckten, ebenen Kette eine Länge von 20 Å. Da die Länge der c-Achse 19,20 Å beträgt, kann angenommen werden, daß sich die Ketten fast gestreckt in Richtung der c-Achse anordnen. Die einzelnen Ketten verknüpfen sich über H-Brücken zu Rostebenen, die parallel zu (0 1 0) liegen. Die Länge der a-Achse u. die Größe von β stehen in guter Übereinstimmung mit dem durch die H-Brücken bedingten Kettenabstand in der Rostebene u. der gegenseitigen Verschiebung der Ketten in Richtung der c-Achse. Die einzelnen Roste sind durch schwache van der Waalssche Kräfte verknüpft. (Fortschr. Mineralog. **29/30.** 55—57. 1951. Heidelberg.) Gottfried. 4010

William S. Cramer und **Irving Silver,** *Akustische Eigenschaften von Kautschuk in Abhängigkeit von der chemischen Zusammensetzung.* Die Elastizitätsmoduln verschied. natürlicher u. synthet. Kautschukmischungen wurden bei 30° im Schallfrequenzbereich untersucht u. der Young-Modul aus Geschwindigkeits- u. Dämpfungsmessungen an dünnen Kautschukstäben berechnet. Die Änderungen der akust. Eigg. mit der Art u. Menge des Füllstoffs bzw. Weichmachers wurden graph. aufgezeigt. Bes. untersucht wurden Rußtypen mit der Teilchengröße von 30—200 μ, TiO_2 u. Diatomeenerde. Mit Zunahme der Füllstoffmenge nahm der reelle Teil der Moduln im allg. zu u. der Verlustfaktor ab. Die Abhängigkeiten zwischen Moduln u. Füllstoffmenge änderten sich deutlich mit der Art des Füllstoffs u. des Kautschuks. (Physic. Rev. [2] **86.** 645. 15/5. 1952. Naval Ord. Labor.) Schäff. 4030

G. M. Bartenew, *Gesetze der eindimensionalen Kompression und Reckung von Kautschuk.* Die Beziehung $\sigma = E_\infty(\lambda - 1) = E_\infty\,\varepsilon$, worin σ die Zugspannung, E_∞ den Gleichgewichtshochelastizitätsmodul, λ die Verformung, die gleich der relativen Länge L/L_0 ist, u. ε die Deformation, die der relativen Dehnung entspricht, bedeuten, gilt sowohl für die Reckung als für die Kompression mit dem gleichen Modul E_∞, der der absol. Temp. proportional ist. Diese Beziehung, die für ungefüllten Gummi bei Gleichgewichtsdeformation gefunden wurde, gilt auch für komplizierte Systeme u. andere Deformationsarten. Meist liegt die Proportionalitätsgrenze weiter als die Deformationen betragen, die in der Praxis vorkommen. Für Gummi gilt allg. $\sigma = E\varepsilon$, wobei der Hochelastizitätsmodul E eine Charakteristik des Materials u. der Deformationsart darstellt. Bei Fehlen von chem. Prozessen ist der Gleichgewichtszustand der Grenzfall einer stat. Deformation. Es wurde festgestellt, daß die stat. u. bes. die bedingte Gleichgewichtsdeformation (bei der chem. Prozesse eine Rolle spielen) bei der Reckung von Gummi diesen Formeln genügen. Die Proportionalitätsgrenze für weichen Gummi liegt bei 200—300% Reckung; sie sinkt bei gefülltem Gummi auf 50% ab. Es werden Ergebnisse der Kompressionsdeformation am Butadienstyrolkautschuk angegeben. Bis zu 50%ig. Verkürzung wurde reine Kompression beobachtet; vorausgesetzt wird, daß die drückenden Flächen geschmiert sind, sonst nimmt das Muster faserartige Form an. Die Molekülkettenrelaxationsperiode ist wesentlich kürzer als die Periode der „chem." Relaxation. Die erste Formel zeigt, daß die Gleichgewichtskompression u. die Reckung von Gummi durch die gleiche Materialkonstante E_∞ charakterisiert werden. Infolgedessen kann der Modul eines auf Kompression beanspruchten Gummis bequemer durch Reckung bestimmt werden. Die Beziehung $f = -t/\lambda^2$, in der f den Kompressionsdruck, t die zweidimensionale Zugspannung u. λ die relative Dicke einer zweidimensional gereckten Gummiplatte bedeuten, hat Gültigkeit bei Kompressionen unter 30%. Die period. Deformation kann nicht durch einen bestimmten Wert des Hochelastizitätsmoduls E charakterisiert werden. Statt dessen wird z. B. das Verhältnis der Spannungs- zu Deformationsamplitude bestimmt. Je kleiner die Amplitude, desto geringer die Frequenzabhängigkeit. Bei Frequenzen zwischen 15 u. 100 Hz ist keine Frequenzabhängigkeit festzustellen. Der dynam. Modul hängt im Gegensatz zum stat. Modul vom Grad der Kompression der Probe ab. Der Hochelastizitätsmodul E steigt mit dem Füllungsgrad, mit Erhöhung der Deformationsgeschwindigkeit u. mit Verringerung der Belastungszeit. E bildet die Ausgangskonstante für konstruktionstechnolog. Berechnungen. Für techn. Berechnungen kann der Schubmodul nach der Formel $G = {}^1/_3$ E berechnet werden. (Доклады Академии Наук СССР [Ber. Akad. Wiss. UdSSR] [N. S.] **84.** 689—92. 1/6. 1952. Wiss. Forschungsinst. der Gummi-Ind.) ZELLENTIN. 4030

Fritz Wiloth, *Viscosität und Polymerisationsgrad bei Kautschuken.* Vf. gibt im Zusammenhang mit der histor. Entw. einen krit. Überblick über Fraktionierung, Molekulargewichtsbestimmungen (bes. osmot. u. kryoskop.) u. Viscositätsmessungen bei Kautschuken u. diskutiert auf Grund einer umfassenden Betrachtung des experimentellen Materials den Zusammenhang zwischen Viscositätszahl u. Polymerisationsgrad. Neueste Messungen führen zu einem Potenzgesetz mit dem Exponenten 0,667, für den von den kleinsten bis zu sehr hohen Polymerisationsgraden Konstanz gefordert wird. — 133 Literaturhinweise. (Gummi u. Asbest **5.** 392. 394. 396. 445—47. 1952. **6.** 4—7. 1953. Freiburg/Br., Staatl. Forschungsinst. für makromol. Chem.) WINIKER. 4030

A. Ss. Kusminski und N. N. Leshnew, *Über den gemeinsamen Einfluß von Phenyl-β-naphthylamin, Schwefel und Vulkanisationsbeschleunigern auf die Oxydation des Kautschuks.* Im Syst. *Natriumbutadienkautschuk* + S + Phenyl-β-naphthylamin (I) wird bei der Oxydation der S schneller verbraucht als **I**, dessen Verbrauch nicht mehr nach einer linearen Beziehung erfolgt. Der S verdrängt **I** u. ist gegenüber den entstehenden akt. Zentren bei gewöhnlicher Temp. ein wirksameres Antioxydans als **I**. Bei gleichzeitiger Ggw. von S u. **I** beginnt jedoch die autokatalyt. Rk. sehr frühzeitig. Es kann angenommen werden, daß S in Ggw. von **I** an dessen Stellen mit den entstehenden akt. Oxydationszentren reagiert, wobei im Gegensatz zu **I** keine stabilen Prodd. entstehen. Bei niedrigen Tempp. sind diese Prodd. zwar nicht mehr akt., aber bei höherer Temp. (120°) erfolgt Rk. mit O_2, u. **I** ist dann ohne Einfluß. Die nachteilige Wrkg. des S bei höherer Temp. wird noch dadurch verstärkt, daß er zusätzliche Vernetzung hervorruft. Die gemeinsame Wrkg. von S u. **I** ist nicht additiv u. hängt von der Temp. ab. Systeme von **I** mit 2 oder mehr Komponenten, u. zwar Mercaptobenzothiazol, S, Stearinsäure, Zinkstearat, Diphenylguanidin, Tetramethylthiuramdisulfid zeigen ebenfalls keine Addititivität der Wirkung. (Доклады Академии Наук СССР [Ber. Akad. Wiss. UdSSR] [N. S.] **83.** 111—14. 1/3. 1952. Wiss. Forschungsinst. der Gummi-Ind.) ZELLENTIN. 4030

N. N. Leshnew und A. Ss. Kusminski, *Über den Zusammenhang zwischen Oxydation und Strukturänderung des Divinylstyrolkautschuks.* Untersucht wurden der quantitative Zusammenhang zwischen Geschwindigkeit u. Dauer der Oxydation von Divinylstyrolkautschukvulkanisat mit 1% Phenyl-β-naphthylamin (I), Charakter u. Grad der entsprechenden Strukturveränderungen. Die Oxydation erfolgte in Luft bei 100 u. 120°. Zur Kennzeichnung der Struktureigg. diente der Hochelastizitätsmodul E_∞. Die Oxydationsgeschwindigkeit unpolarer Kautschuke kann aus der Bindungsgeschwindigkeit von I (W_I) bestimmt werden. Die zeitliche Konstanz von W_I wird durch die Gleichheit der Bildungs- u. Zerstörungsgeschwindigkeit der akt. Zentren (n_0), mit denen I reagiert, bestimmt. Nach den modernen Vorstellungen besitzt ein akt. Zentrum bei der Kautschukoxydation eine Peroxydform, deren spontaner Zerfall mit der Spaltung der nächsten —C=C—-Bindung verbunden ist. Somit ist die Zerfallsgeschwindigkeit proportional der Konz. von n_0. Andererseits führt der Zerfall eines akt. Zentrums zur Bldg. von freien Radikalen (R). Es gilt $n_0 \rightarrow mR$ (m = Zahl der Radikale). Die Radikale können entweder mit Sauerstoff unter Bldg. inakt. Verbb. reagieren oder auf die Kohlenstoffkette unter Polymerisation einwirken. Darin liegt die Hauptursache für die Vernetzung des Kautschuks bei der Oxydation. Da die O_2-Konz. u. die Konz. der Doppelbindungen im Kautschuk prakt. unverändert bleiben, ist die Polymerisationsgeschwindigkeit proportional der Konz. von R. Im Falle von Divinylstyrolpolymerisat u. dessen Vulkanisaten wird unter bestimmten Oxydationsbedingungen zunächst ein Vorwiegen des Abbaues, danach ein Überwiegen der Vernetzung beobachtet. Für m ergibt sich der Wert 1,008. Es wird eine Beziehung für das Inkrement $\Delta(E_\infty^{3/2})$ abgeleitet. Die theoret. u. die experimentellen Werte stimmen gut überein. Damit ist eine quantitative Beziehung zwischen W_I, t u. $\Delta(E_\infty^{3/2})$, zwischen dem Ablauf des chem. Prozesses u. der Veränderung der mechan. Eigg. bei der Oxydation von Kautschuk, festgestellt. (Доклады Академии Наук СССР [Ber. Akad. Wiss. UdSSR] [N. S.] **86.** 1147—50. 21/10. 1952. Wiss. Forschungsinst. der Gummi-Ind.) ZELLENTIN. 4030

Ss. I. Mejersson und Ss. M. Lipatow, *Thermodynamische Eigenschaften der Lösungen von Hochpolymeren. 9. Mitt. Einfluß der Temperatur und der Natur des Lösungsmittels auf den osmotischen Druck und die Viscosität von Lösungen der Cellulosederivate.* (8. vgl.

C. **1952.** 4462.) Die Unters. der Lsgg. von *Acetyl-*, *Benzyl-* u. *Äthylcellulose* in Äthylacetat, Anilin, Dioxan u. Aceton (Konz. 0,25—2,0%) bei 16,5—40,8° ergab, daß die Änderung des Lösungsm. eine Änderung der charakterist. Viscosität u. des osmot. bestimmten Mol.-Gew. der vorliegenden Cellulosederivv. nach sich zieht. Die Auswertung des experimentellen Materials bei gleichzeitiger Berechnung der wichtigsten thermodynam. Funktionen der untersuchten Systeme ergab, daß die empir. „Konstante" μ der Gleichung von Huggins, welche für Lsgg. von Polymeren die Zusammenhänge zwischen dem osmot. Druck der Lsg. u. der Gewichtskonz. wiedergibt, von der Art des Lösungsm. u. der Temp. abhängt. Bei Anstieg der Temp. strebt μ dem Wert 0,5 zu, ohne ihn im vorliegenden Untersuchungsgebiet zu erreichen. Die osmometr. u. viscosimetr. Ergebnisse zeigen, daß die bei höheren Tempp. beobachteten Abweichungen von einem n. Verh. hauptsächlich von energet. Faktoren bedingt werden, während bei niedrigeren Tempp. die Abweichungen mit energet. u. Entropiefaktoren in Zusammenhang stehen. Abschließend bringen Vff. auch einige Viscositätsmessungen von *Kautschuk* in Bzl. u. Bzl.-Alkohol. (Коллоидный Журнал [Kolloid-J.] **14.** 434—43. Nov./Dez. 1952. Moskau, Textil-Inst., Lehrstuhl für physikal. u. Kolloidchem.) Ulmann. 4050

B. N. Stepanenko und **Je. M. Afanassjewa,** *Untersuchung von Fraktionen der Stärke von Kartoffelknollen während ihrer Reifung.* Kartoffelknollen von gut gedüngten Böden enthalten im unreifen Zustand (August) 10,97%, solche von ungedüngten Böden 15,04% *Stärke* (I) gegenüber 13,8 bzw. 14,86% I in der reifen Kartoffel (September). Auf ungedüngten Böden ist auch ein Anstieg des P-Geh. mit der Reife nachzuweisen. Durch Fraktionierung gewonnene *Amylose* (II) zeigt als *Jodamylose* bei photometr. Unters. bei λ 610 mμ ein Absorptionsmaximum, das bei reifen Kartoffeln viel höher liegt als bei unreifen, bei guter Düngung höher als auf ungedüngtem Boden. Bei *Amylopektin* (III) (Absorptionsmaximum bei 570 mμ) treten diese Unterschiede kaum hervor. Best. des Mol.-Gew. nach Meyer mit Dinitrosalicylsäure ergibt bei II Werte von 68900—82600 u. bei III von 142400—222700. Bei reifen Kartoffeln findet man ein höheres Mol.-Gew. als bei unreifen. Düngung bewirkt bei II ein höheres Mol.-Gew., bei III treten diese Unterschiede nicht klar hervor. (Доклады Академии Наук СССР [Ber. Akad. Wiss. UdSSR] [N. S.] **86.** 613—16. 21/9. 1952. Labor. für physiol. Chem. der Akad. der Wiss. der UdSSR.) Ulmann. 4050

Erik Vasseur, *Perjodatoxydation der gelartigen Hüllensubstanz von Echinocardium cordatum.* Die gelartige Hüllensubstanz des E. cordatum-Eies besteht aus Polyfucosesulfat, kombiniert mit einem Protein. Bezogen auf einen Fucosegeh. von 34,4% werden 1,55% Galaktose + sehr wenig Glucose u. 0,48% Mannose gefunden, die wahrscheinlich auf eine geringe Verunreinigung zurückzuführen sind. Bei der Perjodatspaltung (p_H 3,5 u. 1,7) wird die Hälfte der Fucosereste schnell zerstört, während die übrigen Reste selbst bei verlängerter Perjodateinw. nicht angegriffen werden. Danach kommt als wahrscheinlichste Struktur eine „kammartige" Form mit einer Hauptkette von Fucosesulfatresten (I) in Betracht, von denen jeder einen anderen I als Seitenkette trägt. 2 weitere

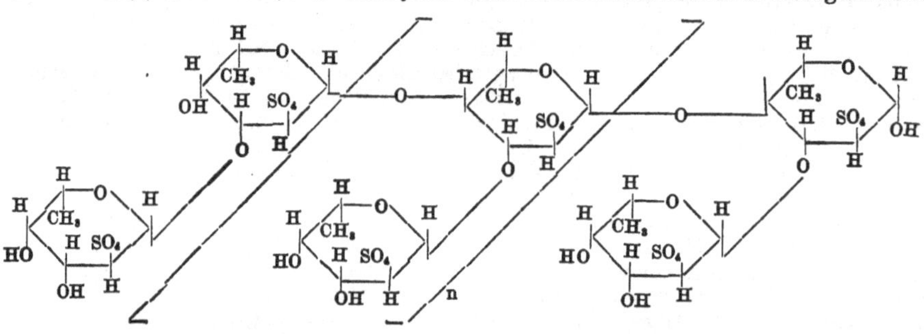

Möglichkeiten sind: a) Hauptkette in 1 : 3-Bindung mit Verzweigung an $C_{(2)}$ u. SO sowohl in der Haupt- als auch in den Nebenketten an $C_{(4)}$. b) Bei gleicher Hauptkette Verzweigung an $C_{(4)}$ u. SO_4 an $C_{(2)}$. Die Proteinkomponente wird ebenfalls durch Perjodat oxydiert u. während der Rk. gefällt. Das oxyd. Polysaccharid dagegen bleibt in Lösung. (Acta chem. scand. **6.** 376—84. 1952. Stockholm, Wenner-Grens Inst. för exp. Biol.) Königsdorf. 4050

R. D. B. Fraser, *Infrarotdichroismus von Tabak-Mosaikvirusnucleoprotein.* Die α- oder β-Konfiguration einer Polypeptidkette läßt sich durch den Dichroismus der Infrarotabsorptionsbanden charakterisieren, die mit den Inebeneschwingungen der Amidgruppen verknüpft sind. Außerdem ist die $\alpha \rightarrow \beta$-Umwandlung von Frequenzverschie-

bungen der CO-Dehnungs- u. NH-Biegungsabsorptionsbanden begleitet. Es ist daher möglich, auf Grund dieser Tatsachen Konfiguration u. Richtung der Polypeptidketten in einer orientierten Proteinstruktur zu bestimmen. Gemessen wurde der Infrarotdichroismus von orientiertem *Tabak-Mosaikvirusnucleoprotein*. Der von den Absorptionsbanden 3300; 3065; 1657 u. 1544 cm^{-1} beobachtete Dichroismus entspricht dem erwarteten Dichroismus mit den β-Ketten parallel oder den α-Ketten senkrecht zur Richtung des Scherens. Die Frequenzen der beiden letzten Banden sprechen mehr für die α-Konfiguration. Die Hauptkomponente des Proteins tritt daher in der α-Konfiguration auf mit Kettenachsen, die bevorzugt senkrecht zu dem stäbchenförmigen Virusteilchen angeordnet sind. (Nature [London] **170.** 491. 20/9. 1952. London, King's Coll., Med. Res. Council Biophysics Res. Unit., u. Wheatstone Phys. Labor.)
GOTTFRIED. 4070

Dorothy Wrinch, *Ein „megamolekularer" Strukturfaktor.* Betrachtungen über FOURIER-Transformationen im dreidimensionalen Raum zur Aufklärung der Struktur von *Protein*-Molekülen. (Philos. Mag. [7] **43.** 801—04. Juli 1952. Northampton, Mass., Smith College, Dep. of Phys.) GOTTFRIED. 4070

Dorothy Wrinch, *Fourier-Transformationen und Intensitäten von kristallinen Proteinen.* (Sitzungsbericht.) Veröffentlichte Vektordiagramme von kristallinen nativen Proteinen sind mit der Existenz von Strukturen globulären Typs vereinbar, was Vf. bereits 1936 angenommen hatte. Es wurde daher ein Vers. gemacht, mit Hilfe von FOURIER-Transformationen einen strukturellen, kugelförmigen Typ abzuleiten, dessen Transformation Wendepunkte in einem Abstand von $^1/_{10}$ Å u. $^1/_{4,7}$ Å vom Ursprung hat, d. h. im Verhältnis 1:2,1. Aus früheren Unterss. folgt, daß das Verhältnis 1:1,58 ist für die feste Kugel u. zunimmt für Schalen bis zu 1:1,73 für die kugelförmige Oberfläche. Hieraus kann man schließen, daß das Verhältnis noch weiter zunimmt mit negativen Inneren für die Schalen. Es war nun möglich, das verlangte Verhältnis mit einer dünnen Schale zu erreichen, vorausgesetzt, daß die Dichte des Inneren genügend negativ ist. (Physic. Rev. [2] **86.** 611—12. 15/5.; Bull. Amer. physic. Soc. **27.** Nr. 1. 36. 31/1. 1952. Smith Coll.) GOTTFRIED. 4070

Yvette Wormser, *Untersuchungen über die Maskierung (Komplexbildung) des Ag-Ions, angewandt auf die Untersuchung eines Proteins.* In Fortsetzung einer früheren Arbeit (C. **1950.** II. 1608) vergleicht Vf. die Ag^+-Komplexbldg. von *Serumalbumin* (I) mit der Komplexbldg., die durch einfache Moll. mit reaktionsfähigen Gruppen verursacht wird. Die Unters. der Gesetzmäßigkeit der Potentialänderung in saurem Medium zeigt, daß es sich bei der Rk. in Wirklichkeit um Fällungen handelt. Aus den angegebenen Potential–Konzentrations-Kurven läßt sich auch auf die Anwesenheit von Cystein u. Spuren von Cl^- in I schließen, die durch Dialyse entfernt werden. Bei p_H 5—7 zeigt der Vgl. der Potential–p_H-Kurve mit der des Histidins, daß die funktionelle Gruppe, die die Maskierung des Ag^+ hervorruft, die gleiche ist. Eine Prüfung der Potential–Konzentrations-Kurven ergibt dagegen eine auftretende Überlagerung der verschied. reaktionsfähigen Gruppen in ihrer Wrkg. auf die Komplexbldg., die bei weiteren Unterss. berücksichtigt werden muß. (J. Chim. physique Physico-Chim. biol. **48.** 344—49. Juli/Aug. 1951. Paris, Sorbonne, Labor. de Chim. C.) SURAWSKI. 4070

Leopold Weil und A. R. Buchert, *Photooxydation von kristallinem β-Lactoglobulin in Gegenwart von Methylenblau.* (Vgl. auch Feder. Proc. **9.** [1950.] 244, u. C. **1952.** 2982.) *β-Lactoglobulin* (I) wurde in Ggw. von *Methylenblau* (II) im WARBURG-App. bestrahlt. Optimale O_2-Aufnahme fand in Ggw. von 1—2% II bei p_H 8,7 statt. Der Temperatureinfl. war gering. Durch Messen des gebildeten CO_2 wurde der RQ. zu 0,27 berechnet. Durch Bldg. von Acetat aus zugesetzter Brenztraubensäure konnte als intermediäres Prod. H_2O_2 wahrscheinlich gemacht werden. Bei der Best. von *Histidin* (III), *Tryptophan* (IV), *Cystin* (V), *Tyrosin* (VI) u. *Methionin* (VII) zeigte sich, daß III u. IV schnell u. vollständig, V nur zu 40% u. VI erst, wenn III u. IV oxydiert waren, verschwanden. VII wurde nicht oxydiert. Durch die Photooxydation von I bildeten sich in dessen UV-Spektr. bei 279 mμ ein Maximum u. bei 250 mμ ein Minimum aus, die Löslichkeit nahm ab, die Viscosität zu. Das Mol.-Gew. von I stieg nach Aufnahme von 20 Mol O_2/Mol I auf 147000. Hitzedenaturiertes I hatte die gleichen Eigenschaften. Die Peptidbindungen werden bei Photooxydation nicht gespalten. Gelatine u. Salmin waren gegen Photooxydation wenig empfindlich, Lysozym u. Insulin waren ihr in stärkerem Maße unterworfen als I. (Arch. Biochem. Biophysics **34.** 1—15. Nov. 1951. Philadelphia, Pa., Eastern Reg. Res. Labor.) LOCH. 4070

Sven Furberg, *Über die Struktur der Nucleinsäuren.* Um dem Problem der Struktur der *Nucleinsäuren* einen Schritt näher zu kommen, entwirft Vf. zunächst, ausgehend von den bisher bekannten Nucleosidstrukturen, ein „Standard"-Modell eines Pyrimidin-

bzw. Purinnucleotids. An Hand dieses Modells diskutiert Vf. dann das von ASTBURY (Symposia Soc. exp. Biol. **1**. [1947.] 66) vorgeschlagene Strukturmodell der Thymonucleinsäure. Vf. schlägt zwei neue Modelle vor, die auf dem von ihm beschriebenen „Standard"-Modell der Nucleotide basieren u. die den röntgenograph. Beobachtungen ebenfalls gerecht werden. Vorausgesetzt sei, daß bei den Röntgenaufnahmen von ASTBURY (l. c.) die stärkste Interferenz einem Netzebenenabstand von 3,4 Å entsprach. In dem ersten Modell liegen die Pyrimidin- u. Purinringe in einer zentralen Säule direkt übereinander, u. zwar mit einem Abstand von 3,4 Å, während die Riboseringe u. die Phosphatgruppen diese Säule spiralartig umgeben. Die flachen Ringe in der Säule werden durch VAN DER WAALSsche Anziehung zusammengehalten. Die relative Lage der elektronegativen Gruppen schließt jedoch die direkte Bldg. von intramol. H-Bindungen aus. Eine solche Bindung kann man jedoch mit Hilfe von H_2O-Moll. zwischen den aufeinanderfolgenden negativen Atomen in den sich folgenden Pyrimidinen u. Purinen sowie den O-Atomen der Phosphatgruppen annehmen. Die Spirale in diesem Modell wiederholt sich nach acht Nucleotiden. — In dem zweiten Modell bilden die Riboseringe u. die Phosphatgruppen eine flache zentrale Säule, auf der die Purine u. Pyrimidine senkrecht stehen, u. zwar zeigen aufeinanderfolgende Basen nach entgegengesetzten Richtungen. Hier liegen die Basen mit einem Abstand von 6,8 Å direkt übereinander. Zwischen den Purinen u. Pyrimidinen bestehen keinerlei Kräfte; das ganze Mol. wird durch die Wechselwrkg. zwischen den Atomen in den Pentoseringen u. den Phosphatgruppen zusammengehalten. (Acta chem. scand. **6**. 634—40. 1952. Blindern-Oslo, Univ., Inst. of Chem.) GOTTFRIED. 4090

Roy L. Whistler and Charles L. Smart, Polysaccharide chemistry. New York: Academic Press. 1953. (509 S. m. Abb.) $ 10,80.

E. Biologische Chemie. Physiologie. Medizin.

E_1. Allgemeine Biologie und Biochemie.

A. P. Klykow, *Erbliche Änderungen der Soja als Folge der Aufzucht unter erniedrigten Temperaturbedingungen.* Durch dreijährige Zuchtverss. mit Sojasorten unter Benutzung von ausgewähltem, langsam quellendem Saatgut u. bei Anwendung von frühen u. späten Aussaatzeiten wurden 93 neue Formen mit unterschiedlichen morpholog. Merkmalen herausgebracht, von denen mehr als 40 Formen wertvolle wirtschaftliche Eigg. besaßen. Es wurde erwiesen, daß man solchen langsam quellenden Sojabohnen die Verträglichkeit früher Aussaatzeiten anzüchten kann, ohne daß sie dabei ihren Widerstand gegen bakterielle Krankheiten, ihre höhere Ertragsfähigkeit u. höheren Eiweißgeh. bei gleichbleibendem Fettgeh. verlieren. (Агробиология [Agrobiologie] **1952**. Nr. 4. 70—75. Juli/Aug. Allunions Wiss. Forschungsinst. für Soja u. Ricinus.) LINTER. 4130

N. A. Wershbinskaja, *Über die Beziehungen der Atmung und anaeroben Glykolyse des Gehirns während der Phylogenese der Wirbeltiere.* Die Intensität der Atmung des Gehirns (die Unters. erstreckte sich auf die isolierte Gehirnmasse von Fischen, Amphibien, Reptilien, Vögeln u. einigen Haustieren) wächst mit der morpholog. u. funktionellen Entw. desselben innerhalb der Tierreihe. Dasselbe gilt auch innerhalb der einzelnen Tierklassen u. der einzelnen Gehirne. Nur die Amphibien zeigen einen gewissen Rückschritt im Vgl. zu den Fischen. Im Gegensatz zum aeroben Stoffwechsel nimmt die Intensität der anaeroben Glykolyse des isolierten Gehirns in der Entwicklungsreihe ab. (Доклады Академии Наук СССР [Ber. Akad. Wiss. UdSSR] [N. S.] **84**. 555—58. 21/5. 1952.) RENTZ. 4130

Hermann von Guttenberg und **Anna Beythien**, *Über den Einfluß von Wirkstoffen auf die Wasserpermeabilität des Protoplasmas.* (1. Mitt.) An violetten Epidermiszellen von *Rhoeo discolor* wurde mittels der Deplasmolysezeitmeth. der Einfl. von Wirkstoffen auf die Wasserpermeabilität (W.-P.) des Protoplasmas untersucht (Plasmolyticum: 0,3 u. 0,2 mol. Mannitlsg.). Zusatz der Wuchsstoffe *Heteroauxin* (**I**), *Avenaextrakt, Phenylessigsäure, Colchicin* u. *Ascorbinsäure* (**II**) in Konzz. 10^{-5} bis 10^{-7} erhöhte die W.-P.; die Wrkg. schlug bei 10^{-4} bis 10^{-3} um. Bei **I** u. **II** trat bei 10^{-3} Plasmazerstörung ein. Die Hemmstoffe *Cumarin, Parasorbinsäure, Tomatenextrakt, Benzotetronsäure* u. *Ferulasäure* setzten im Konzentrationsbereich 10^{-3} bis 10^{-5} die W.-P. herab. *A.* (10^{-5} bis 10^{-8}) wirkte erhöhend; *Penicillin* u. *2.4-Dichlorphenoxyessigsäure* waren wirkungslos. *KCl* (10^{-3} bis 10^{-6}) wirkte erhöhend, *$CaCl_2$* bei 10^{-2} u. 10^{-3} erniedrigend, bei 10^{-1} erhöhend auf die W.-P. Gleichzeitig verabreichte Hemm- u. Wuchsstoffe wirkten zwar antagonist., jedoch war die fördernde Wrkg. überwiegend. (Planta **40**. 36—39. 1951. Rostock, Univ., Botan. Inst.) RANG. 4150

Hermann v. Guttenberg und **Gerhard Meinl,** *Über den Einfluß von Wirkstoffen auf die Wasserpermeabilität des Protoplasmas.* 2. Mitt. *Über den Einfluß des p_H-Wertes und der Temperatur auf die durch Heteroauxin bedingten Veränderungen der Wasserpermeabilität.* (1. vgl. vorst. Ref.) Mit Hilfe der l. c. beschriebenen Meth. wird an Zellen der Blattunterseite von *Rhoeo discolor* die Beeinflussung der Wasserpermeabilität (W.-P.) des Protoplasten in verschied. p_H-Bereich u. durch *Heteroauxin* (I) in verschied. Konzz. geprüft. Der Grad der W.-P. hängt vom jeweiligen p_H-Wert ab u. erreicht bei p_H 5,4 bis 5,8 ein Maximum. Dagegen hat I eine spezif., mit der Konz. wechselnde Wrkg. auf die W.-P., die vom p_H-Wert weitgehend unabhängig ist. Die stärkste Erhöhung der W.-P. durch I wird bei Konzz. zwischen 10^{-6} u. 10^{-7} beobachtet. Bei 10^{-3} tritt Plasmazerstörung ein. — Die Temp. hat weitgehenden Einfl. auf die Deplasmolysezeit; das Optimum (kürzeste Deplasmolysezeit) tritt bei 25° ein. — Modellverss. mit *Gelatine* (**II**) zeigen, daß die Quellungsintensität von **II** in **I**-Lsgg. dem Grad der W.-P. des Protoplasten entspricht. Das Quellungsminimum liegt bei derselben Konz., die die W.-P. am stärksten herabsetzt (10^{-4}), das Maximum bei der Konz., die die W.-P. am stärksten erhöht (10^{-7}). **I** in Konz. von 10^{-3} führt zur Auflösung von **II**. Vff. folgern aus diesen Befunden, daß die durch **I** bewirkten Veränderungen der W.-P. der Protoplasten auf Quellungsänderungen beruhen, u. zwar sind die Dauerplasmolyse in 10^{-4} **I** auf starke Entquellung, die Zerstörung des Protoplasmas in 10^{-3} auf Peptisation des Plasmas zurückzuführen. (Planta **40.** 431—42. 1952.) KLESSE. 4150

Gerhard Meinl und **Hermann v. Guttenberg,** *Über den Einfluß von Wirkstoffen auf die Permeabilität des Protoplasmas.* 3. u. 4. Mitt. 3. Mitt.: *Der Einfluß des Heteroauxins auf Quellung, Viscosität und Wasserpermeabilität von Gelatine und Agar.* (2. vgl. vorst. Ref.) An *Gelatine* (**I**) als einer Substanz, die die Verhältnisse im Protoplasma weitgehend wiedergibt, u. an *Agar* (**II**), der eine Substanz der Zellmembran ist, wurden die durch *Heteroauxin* (**III**) verursachten Quellungs-, Viscositäts- u. Permeabilitätsverhältnisse untersucht. **III** in einer Konz. von 10^{-4} g/cm³ bewirkt ein Quellungsminimum, bei 10^{-3} zerfließt die **I**, zwischen 10^{-5} u. 10^{-7} steigt die Quellung an. Dieser Einfl. hängt nicht vom p_H-Wert ab, sondern ist ein spezif. **III**-Effekt, ebenso wie die Änderung der Viscosität, die ein Minimum bei einer **III**-Konz. von 10^{-4} hat. Bei Zusatz von Säuren liegt das Minimum im isoelektr. Punkt der **I** (p_H 4,7). Die Wasserpermeabilität (W.-P.) von **I** ist bei Zusatz von **III**, 10^{-4}, am geringsten u. steigt gegen 10^{-7} deutlich an. *Äthylen* fördert die W.-P. von Plasma in den Konzz. 10^{-2} bis 10^{-4}; umgekehrt liegt dagegen das Quellungsminimum von **I** bei der Konz. 10^{-4}. Dieses unterschiedliche Verh. wird auf den hohen *Lipoid*-Geh. des Plasmas zurückgeführt. Der Hemmstoff *Cumarin* setzt die W.-P. des Plasmas bei 10^{-3} deutlich herab u. hemmt auch die Quellung der **I**. Es wirkt somit entgegengesetzt wie **III**. Der erschwerte Wassereintritt wird auf Plasmaentquellung zurückgeführt. Auf **II** hat **III** keinerlei spezif. Wrkg., sondern wirkt nur als Säure entsprechend dem jeweiligen p_H-Wert. Dieser Befund wird auf die *Cellulose* übertragen u. gefolgert, daß **III** in erster Linie über das Plasma u. nicht auf die Zellwand einwirkt. — 4. Mitt.: *Über die Beeinflussung der Zuckerpermeabilität von Protoplasten durch Heteroauxin.* Die Prüfung des Einfl. von **III** auf die Permeabilität des Protoplasten für verschied. Zucker wurde mit *Glucose* (**IV**; HOLLBORN u. SÖHNE), *Holzzucker* (**V**; DEUTSCHE BERGIN A.-G.) u. *Saccharose* (**VI**; SPOLEK PRO CHEM. A HUT. VYROBU, Prag) als Diosmotica durchgeführt. Die Permeabilität des Plasmas für **IV** wird durch **III** in den Konzz. 10^{-6} u. 10^{-7} bei längerer Einwirkungsdauer deutlich erhöht. Durch **III** in der Konz. 10^{-4} wird das Plasma für **IV** annähernd impermeabel. In **VI**-Lsg., die wesentlich langsamer permeiert, wird ein ähnliches Verh. beobachtet. **V**, der völlig frei von Wirkstoffen war, verursachte in einer Konz. von 0,38 mol. bereits nach 1 Std. Einwirkungszeit völlige Zerstörung des Plasmas. Durch Zugabe sowohl von **III** wie von Neutralsalzen, wie z. B. KCl oder KNO_3, in Spuren wurde diese Wrkg. aufgehoben. Auch zweimal mit Ae. ausgeschüttelte **IV** wirkte stark schädigend. Säureverss. ergaben, daß der Zuckereintritt bei sinkender Acidität verlangsamt wird. Im chem. Neutralpunkt liegt das Minimum der Zuckerpermeabilität. — Aus den Befunden folgern Vff., daß durch Wuchsstoffe, bes. durch **III**, in Konzz. von 10^{-6} bis 10^{-7} das Plasma gelockert u. dadurch der Wassereintritt erleichtert wird; die erleichterte Wasseraufnahme dient dem Streckungswachstum der Zelle. Die langsame Zunahme der Durchlässigkeit für Zucker ermöglicht dagegen den für den Membranaufbau nötigen Zuckeraustritt. Hemmstoffe (Cumarin) verdichten das Plasma, wodurch der Widerstand gegen den Wassereintritt erhöht u. somit der Streckungsprozeß der Zelle unmöglich wird. In gleicher Weise wirkt **III** in der Konz. 10^{-4} u. wird dadurch zum Hemmstoff. (Planta **41.** 167—89. 1952.) KLESSE. 4150

M. W. Woods, Jane L. Showacre und **H. G. Du Buy,** *Reaktion normaler und mutierter Plastiden von Nicotiana auf Neotetrazol.* Normale Zellen reagieren kaum. Beschädigte

Zellen weisen infolge stark herabgesetzten Reduktionsvermögens mutierter Plastiden Unterschiede in der Färbung auf, die mit *Neotetrazol* gemacht wurde. Also liegt das Hauptreduktionsvermögen einer Zelle in den Plastiden. (J. Washington Acad. Sci. **42.** 169—70. Juni 1952. National Microbiol. Inst.) PLAMBECK. 4150

Hans Lettré, Werner Haede und Lotti Schäfer, *Zur Mitosegiftwirkung substituierter α-Phenylzimtsäurenitrile.* An in vitro gezüchteten Hühnerherzfibroblasten wurde die Mitosegiftwrkg. von *α-Phenylzimtsäurenitril, α-Phenyl-4-methoxy-* (**I**), *α-[4-Methoxyphenyl]-, α-Phenyl-3.4-methylendioxy-* (**II**), *α-Phenyl-4-dimethylamino-* (**III**), *α-Phenyl-4-amino-* (**IV**), *α-Phenyl-4-methylmercapto-, α-Phenyl-4-methyl-* (**V**) u. *α-[4'-Methoxyphenyl]-3.4.5-trimethoxy-zimtsäurenitril* geprüft u. mit den entsprechenden Stilbylaminderivv. verglichen. Wirksam waren **I, II, III** u. **IV**, was auch für Stilbylaminderivv., soweit diese bekannt sind, zutrifft. Im Gegensatz zu der analogen Stilbylaminverb. war **V** unwirksam. Unwirksam waren ferner *α-Phenyl-2.3-dimethoxy-, α-Phenyl-3.4-dimethoxy-, α-Phenyl-3.4-dimethoxy-5-brom-, α-Phenyl-3.4-dimethoxy-6-brom-, α-Phenyl-2-chlor-, α-Phenyl-4-chlor-, α-Phenyl-2-nitro-, α-Phenyl-3-nitro-, α-Phenyl-4-nitrozimtsäurenitril, Cinnamylidenbenzylcyanid* u. *Furfurylidenbenzylcyanid.* Auch Verbb. mit Änderungen an anderen Mol.-Gruppen, wie *α-Phenyl-4-methoxydihydrozimtsäurenitril, β-Phenyl-γ-[p-methoxyphenyl]-propylamin, α-Phenyl-4-dimethylaminozimtsäureamid, α-Phenyl-4-dimethylaminodihydrozimtsäurenitril, α-Phenyl-4-dimethylaminodihydrozimtsäureamid, α.α'-Diphenyl-β-[p-methoxyphenyl]-glutarsäuredinitril, α-Phenyl-β-p-methoxyphenylzimtsäurenitril, Anisylidencyanessigsäureäthylester,* das *Methosulfat, Äthojodid, Benzyljodid* (**VI**), *Benzylchlorid, Allylbromid* (**VII**) u. *Cinnamylbromid* (**VIII**) von **III**, waren wirkungslos. Auch das *Formazan* **A** aus *Acetaldehydphenylhydrazon* u. *diazotiertem α-Phenyl-4-aminozimtsäurenitril* u. das *2-Phenyl-3-[4'-α-cyanstyrylphenyl]-5-methyltetrazoliumchlorid* hatten keinen Einfl. auf die Mitose, obwohl die letzte Verb. in die Fibrioblasten eindringt u. von diesen zum rötlichen Formazan red. wird. Dagegen war das *N.N-Dimethyl-N-[4-α-cyanstyrylphenyl]-aminoxyd* mit 4 γ/ml wirksam (im Gegensatz zu den quartären Ammoniumverbb.), wobei anzunehmen ist, daß es in der Zelle red. wird u. als tert. Amin zur Wrkg. kommt.

Versuche: *α-Phenyl-2.3-dimethoxyzimtsäurenitril,* $C_{17}H_{15}O_2N$, durch Kondensieren von 2.3-Dimethoxybenzaldehyd mit Benzylcyanid in A. unter Zugabe von 30%ig. NaOH, Filtrieren u. aus A. umkrist.; Nadeln, F. 84°. — *α-Phenyl-3.4-dimethoxy-5-bromzimtsäurenitril,* $C_{17}H_{14}O_2NBr$, aus 3.4-Dimethoxy-5-brombenzaldehyd u. Benzylcyanid wie vorher; Kristalle, F. 99°. — *α-Phenyl-3.4-dimethoxy-6-bromzimtsäurenitril,* $C_{17}H_{14}O_2NBr$, aus 3.4-Dimethoxy-6-brombenzaldehyd u. Benzylcyanid; Kristalle, F. 116°. — *α-Phenyl-4-nitrozimtsäurenitril,* durch Abkühlen der methanol. Lsg. von p-Nitrobenzaldehyd u. Benzylcyanid, Schütteln, Zusatz von Na in Methanol, bei 0° 4 Std. rühren, Ausfällung durch Zugabe von W. vervollständigen. Aus Methanol gelbe Kristalle, F. 120°. — *α-Phenyl-4-methylmercaptozimtsäurenitril,* $C_{16}H_{13}NS$, aus Thioanisaldehyd (nach GATTERMANN) u. Benzylcyanid in Methanol, Zusatz von Na-Methylat, Abscheiden des Kondensationsprod. durch Beigabe von W., u. Filtrieren. Aus 50%ig. Methanol Kristalle, F. 97°. — *α-Phenyl-4-methoxydihydrozimtsäurenitril,* $C_{16}H_{15}ON$, a) Natriumamid mit absol. Ae. erwärmen, zutropfen von Benzylcyanid (in absol. Ae. gelöst), 15 Min. kochen, abkühlen, zutropfen von Anisylchlorid (in absol. Ae. gelöst), 15 Min. am Rückfluß kochen, Zusatz von Wasser. Ae.-Schicht mit W. waschen, trocknen u. abdampfen. Aus A. + W. Blättchen, F. 86—87°. b) α-Phenyl-4-methoxyzimtsäurenitril in viel A. lösen u. mit Na-Amalgam (5%ig.) versetzen. Nach 36 Std. u. weiteren 24 Std. erneut Na-Amalgam- u. Wasserzusatz. Nach abermals 24 Std. wird erwärmt, filtriert, mit W. versetzt, abfiltriert u. aus A. + W. umkrist.; Blättchen, F. 86°. Misch-F. mit Prod. nach a) keine Depression. Weiterer Wasserzusatz gibt aus A. umkrist. *α-Phenyl-4-methoxydihydrozimtsäureamid,* $C_{16}H_{17}O_2N$, F. 162°. — *β-Phenyl-γ-[p-methoxyphenyl]-propylamin,* $C_{16}H_{20}ONCl$. Lösen von α-Phenyl-4-methoxyzimtsäurenitril in Eisessig u. Hydrieren bei 60° mit H_2 am Platinoxydkontakt, versetzen mit W. + Ae., wss. Schicht alkal. machen u. ausgeschiedenes Amin nach Trocknung mit HCl in Ae. versetzen. Das Hydrochlorid aus A. + Ae. umkrist. gibt Kristalle, F. 164°. — *α-Phenyl-4-dimethylaminozimtsäureamid,* $C_{17}H_{18}ON_2$, durch Erhitzen von α-Phenyl-4-dimethylaminozimtsäurenitril mit konz. H_2SO_4, verdünnen u. neutralisieren mit NH_4OH unter Eiskühlung. Aus A. mit Wasserzusatz gelbes Kristallpulver, F. 230° (Zers.). — Durch Erwärmen von α-Phenyl-4-dimethylaminozimtsäurenitril in A. unter Zugabe von Na-Amalgam u. Zugabe von W. fällt zunächst *α-Phenyl-4-dimethylaminodihydrozimtsäurenitril,* $C_{17}H_{18}N_2$, Blättchen, F. 76°, dann *α-Phenyl-4-dimethylaminodihydrozimtsäureamid,* $C_{17}H_{20}ON_2$, Kristalle, F. 167°, aus. — *α.α'-Diphenyl-β-[p-methoxyphenyl]-glutarsäuredinitril,* $C_{24}H_{20}ON_2$, durch Behandeln von Anisaldehyd + Benzylcyanid in A. mit

Na u. Entfernung des ebenfalls gebildeten α-Phenyl-4-methoxyzimtsäurenitrils (Digerieren mit heißem A.); Kristalle, F. 164—165°. — *α-Phenyl-β-[p-methoxyphenyl]-zimtsäurenitril*, $C_{22}H_{17}ON$, durch Kondensation von p-Methoxybenzophenon u. Benzylcyanid mittels Na. Farblose Kristalle, F. 137—138°. — *α-Phenyl-4-dimethylaminozimtsäurenitriläthojodid*, aus **V** u. Äthyljodid im Rohr bei 100°; Kristalle aus Bzl.-A., F. 169 bis 170°. — *Benzyljodid* (**VI**) des *α-Phenyl-4-dimethylaminozimtsäurenitrils*(**III**) aus **III** durch 4std. Erwärmen auf dem Wasserbad; Kristalle, F. 181°. Daraus das *Benzylchlorid* durch Schütteln mit AgCl; Blättchen, F. 185—187°. *Allylbromid* (**VII**), aus **V** u. Allylbromid (methanol. Lsg.) im Rohr bei 100°, fällen mit Ae., lösen in W., ausschütteln mit Bzl. u. eindampfen, F. 191—192° (Zers.). — *Cinnamylbromid* (**VIII**), aus **V** mit Cinnamylbromid (methanol. Lsg.), durch 2std. Erwärmen; Kristalle, F. 185 bis 187°. — Durch Hydrieren mit Na-Amalgam werden aus **III**-Methosulfat 7,8%, aus **VI** 86%, aus **VII** 83% u. aus **VIII** 90% ätherlösl. Reduktionsprodd. (gesätt. Nitrile bzw. Säureamide) erhalten. — *Formazan* **A** aus *Acetaldehydphenylhydrazon* u. *diazotiertem α-Phenyl-4-aminozimtsäurenitril*, $C_{23}H_{19}N_5$, durch Zusatz von diazotiertem α-Phenyl-4-aminozimtsäurenitril zu Acetaldehydphenylhydrazon + Na-Acetat in alkoh. Lsg. u. abfiltrieren der dunkelroten Kristalle, F. 188°. — *2-Phenyl-3-[4'-α-cyanstyrylphenyl]-5-methyltetrazoliumchlorid*, durch Versetzen des in Chlf. gelösten Formazans mit Bleitetraacetat, ausfällen des Bleichlorids mit HCl, filtrieren, zur Trockne eindampfen. Rückstand mit A. ausziehen u. den mit Ae. ausfallenden Nd. in W. lösen u. mit Tierkohle reinigen; Kristalle, F. 237° (Braunfärbung ab 220°). — *N.N-Dimethyl-N-[4-α-cyanstyrylphenyl]-aminoxyd*, aus **III** mit Benzopersäure u. fällen als Pikrat (F. 148°). Aus diesem scheidet sich in W. auf Zusatz von NaOH das Aminoxyd als *Dihydrat* (F. 131—132°) aus; Trocknen in vacuo bei 100° über P_2O_5 ergibt das wasserfreie Aminoxyd (F. 147—148°). (Hoppe-Seyler's Z. physiol. Chem. **289**. 298—309. Juni 1952. Göttingen, Univ., Chem. u. Organ.-Chem. Inst., u. Heidelberg, Univ., Inst. für exp. Krebsforschung.) LOCH. 4150

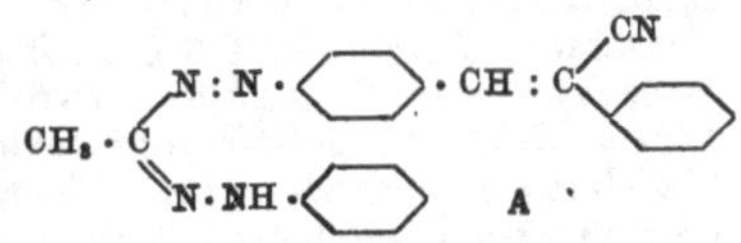

W. Paolino und **F. Gavosto**, *Besondere Wirkungen der Verabreichung von Natriumthiosulfat oder Cystein auf den Stoffwechsel und das klinische Bild bei Tumorkranken.* Vff. beobachteten bei zahlreichen Fällen von Leukämie, ausgedehnten Lymphosarkomen, Polycythämien u. Lymphogranulomatose, daß *Natriumthiosulfat* (**I**), intravenös in einer einmaligen Dosis von 1—2 g gegeben, deutlich geringer im Urin ausgeschieden wird, als dies im Normalfall oder bei hyperthyreot. Patienten der Fall ist. Der Grad der Ausscheidung ist zudem um so mehr vermindert, je höher der anfängliche Grundumsatz gelegen ist, u. wird bei keiner der genannten Erkrankungen durch die sonstige Behandlung (z. B. Stickstofflost) beeinflußt. **I** bedingt in diesen Fällen eine Steigerung der O_2-Verbrauches (in der ersten Std. nach der Injektion), der höher als bei gesunden oder an Hyperthyreose erkrankten Patienten ausfällt. Wie das **I**, so verursacht auch *Cystein* (**II**), einmalig 0,4 g intravenös gegeben, eine Steigerung des Grundumsatzes. Die Korrelation zwischen der Wrkg. von **I** u. **II** ist bei verschied. Individuen außerordentlich eng. Längere Verabreichung von **I** bedingt bei den genannten Krankheiten eine Verschlechterung des klin. Zustandsbildes u. eine herabgesetzte Empfindlichkeit gegenüber Röntgenstrahlen. (Minerva med. [Torino] **44**. I. 20—31. 6/1. 1953. Torino, Univ., Ist. di Patologia Speciale Med.) P. G. SCHEURLEN. 4160

John J. Biesele, Ruth E. Berger und **Marilyn Clarke**, *Selektive Schädigung von Mäusesarkomzellen durch Purine und Purinnucleoside in Gewebekulturen.* Unterss. über die tox. Wrkg. von Purinen [*2-Aminopurin, 2-Amino-6-thiopurin, 2-Amino-6.8-dithiopurin, 2-Amino-6-chlor-8-p-chlorphenylpurin, 2-Amino-6-chlor-8-(2'.4'-dichlorphenyl)-purin, 2-Amino-6-chlor-8-p-bromphenylpurin, 2-Amino-6-chlor-8-o-bromphenylpurin, 2-Amino-6-brom-8-p-chlorphenylpurin*], *Guanin, 8-Oxyguanin, 8-Thioguanin, 8-Methylthioguanin, 8-Methylguanin, 8-Phenylguanin, 8-p-Nitrophenylguanin, 8-p-Chlorphenylguanin, Adeninsulfat, 2-Oxyadenin, 2-Methoxyadenin, 2-Methyladenin* (**I**), *2-Chloradenin* (**II**), *2-Jodadenin* (**III**), *2-Thioadenin, 2-Methylthioadenin, 2-Äthylthioadenin, 2-Isopropylthioadenin, 2-n-Butylthioadenin, 2-sek.-Butylthioadenin, 2-Benzylthioadenin, 2-Methylsulfonyladenin, 6-Methylaminopurin, 6-Dimethylaminopurin* (**IV**), *6-Äthylaminopurin* (**V**), *6-Acetamidopurin, 7-Methyladenin, 8-Thioadenin, 8-p-Chlorphenyladenin, 9-Methyladenin, 2-Chlor-7-methyladenin, 2-Chlor-8-oxyadenin, 2.8-Dichloradenin, 2-Chlor-9-methyladenin, 2.8-Dichlor-9-methyladenin, 2.6-Diaminopurinlactat* (**VI**), *2.6-Diamino-7-methylpurin, 2.6.8-Triaminopurin, 2.6-Diamino-8-oxypurin, 2.6-Diamino-8-thiopurin, 2.6-Diamino-8-methylthiopurin, 2.6-Diamino-8-methylpurin, 2.6-Diamino-8-chlorpurin* (**VII**), *2.6-Diamino-8-jodpurin, 2.6-Diamino-9-methylpurin* (**VIII**), *2.6-Diamino-9-β-oxymethylpurin*, p-[8-

(2.6-diaminopurinyl)-methylamino]-benzoesäure (**IX**), *2.6-Diamino-8-p-chlorphenylpurin, 2.6-Diamino-8-o-chlorphenylpurin, 2.6-Diamino-8-m-chlorphenylpurin, 2.6-Diamino-8-m-bromphenylpurin* (**X**), *2.6-Diamino-8-p-nitrophenylpurin, 2.6-Diamino-8-[3'.5'-dinitrophenyl]-purin, 2.6-Diamino-8-β-naphthylpurin* (**XI**), *2.6-Diamino-9-p-nitrophenylpurin, 2-Dimethylamino-6-aminopurin, 2-Amino-6-dimethylaminopurin, 2-Amino-6-diäthanolamino-8-p-chlorphenylpurin, 2.6-Diacetamidopurin, 8-Methylxanthin, Theophyllin, 7-Chlortheophyllin, 7-(2'.3'-Dichlorpropyl)-theophyllin, 7-Dibenzylaminoäthyltheophyllin, 8.8'-Äthylendiaminoditheophyllin, 2.6-Diketo-3.7-dimethyl-4.5-dioxypurin, 1-Propyltheobromin, 1-[2'-Methoxyäthyl]-theobromin, 1-Allyltheobromin, 1-Methallyltheobromin, 1-Butyltheobromin, 1-(2'-Butenyl)-theobromin, 1-Isoamyltheobromin, Coffein, 8-Chlorcoffein, 8-Äthoxycoffein, 8-Isoamyloxycoffein, 6-Thiopurin, 6-Methylthiopurin* (**XII**), *6-Chlorpurin, 2-Chlorhypoxanthin, 2-Methylthiohypoxanthin, 2.6-Dijodpurin* (**XIII**), *2-Chlor-7-methylhypoxanthin, 2.6-Dichlor-7-methylpurin, 2.6-Dichlor-8-oxypurin, 2.8-Dichlorhypoxanthin, 2.6.8-Trichlorpurin* u. von *Purinnucleosiden* (*Adenosin, Guanosin, Inosin, Xanthosin, Crotonosid, 2.6-Diamino-9-β-d-ribofuranosylpurin, 2-Acetylamino-9-β-d-ribofuranosyladenin, 2-Methyl-9-β-d-ribofuranosyladenin, 2-Methyl-9-β-d-ribofuranosyladenin, 2-Chlor-9-β-d-ribofuranosyladenin* (**XIV**), *2.8-Dichlor-9-β-d-ribofuranosyladenin, 2'.3'-Isopropylidenadenosin, 2'.3'-Isopropylidenguanosin, 9-β-d-Ribopyranosyladenin, 2.6-Diamino-9-β-d-ribopyranosylpurin, 2-Oxy-9-β-d-ribopyranosyladenin, 9-β-d-Glucopyranosyladenin, 9-β-d-Glucopyranosylguanin, 2-Oxy-9-β-d-glucopyranosyladenin, 2.6-Diamino-9-β-d-glucopyranosylpurin, 2-Chlor-9-β-d-glucopyranosyladenin, 2.8-Dichlor-9-β-d-glucopyranosyladenin, 9-α-d-Arabofuranosyladenin, 9-α-l-Arabofuranosyladenin, 2.8-Dichlor-9-α-d-arabofuranosyladenin, 2.8-Dichlor-9-α-l-arabofuranosyladenin, 9-β-d-Xylofuranosyladenin, 2.6-Diamino-9-β-d-xylofuranosylpurin* (**XV**) auf embryonale Zellen der Mäusehaut u. Zellen des CROCKER-Sarkoms 180 der Maus in Gewebekulturen. Die Verbb. **I** bis **XIII** wirken auf die Sarkomzellen wesentlich toxischer als auf die Embryonalzellen. Bei den übrigen Purinen sowie bei allen Nucleosiden außer **XV** besteht kein Unterschied in ihrer Wrkg. auf die genannten Zellarten; **XV** wirkt auf Embryonalzellen schädigender als auf Sarkomzellen. Von den Nucleosiden wirkt **XIV** am stärksten toxisch. (Cancer Res. **12.** 399—406. Juni 1952. New York, Sloan-Kettering Inst. for Cancer Res., Cell Growth Sect. of the Div. of Exper. Chemother.) REISS. 4160

G. Lenti und **F. Gavosto,** *Über unmittelbare Ergebnisse in der Behandlung neoplastischer Affektionen mit T.E.M. T.E.M. (2.4.6-Triäthylenimino-symm.-triazin;* **I**) hat sich experimentell beim WALKER-Carcinom u. bei Leukämien der Maus, sowie in vitro bei neoplast. Zellkulturen als brauchbares Cytostaticum erwiesen. Vff. untersuchten seine Wrkg. in 30 Fällen verschied. neoplast. Erkrankungen. **I** zeigte Erfolge bei Lymphogranulomatose u. Lymphosarkomatose, sowie bei leukäm. Myelosen. Fälle von Retothelsarkom wiesen keine nenneswerten Verbesserungen auf. Bei Lungentumoren konnte eine Stationierung des röntgenolog. Befundes beobachtet werden. Tumorgröße wie auch die klin. Begleiterscheinungen lassen Besserung erkennen. Als tox. Erscheinungen wurden Leukopenie u. in fortgeschrittenem Grade Knochenmarksaplasie mit entsprechenden hämorrhag. Erscheinungen festgestellt. Dosierung per os: 2,5—5 mg täglich; intravenös: 1—3 mg täglich bis zu insgesamt 10—20 mg. Gegenüber Stickstofflost (**II**) bietet **I** den Vorteil, daß es peroral verabfolgt werden kann, ohne daß, wie bei **II**, cholinerg. Effekte auftreten. (Minerva med. [Torino] **44.** I. 1—19. 6/1. 1953. Torino, Univ., Ist. di Patologia Speciale Med.) P. G. SCHEURLEN. 4160

A. Thamsen, *Tumorinduktion bei Gewebstransplantaten.* 1. Mitt. *Transplantate fötalen Lungengewebes zusammen mit Methylcholanthren in der vorderen Augenkammer bei vier Mäusestämmen.* Krit. Prüfung der GREENEschen Technik (Cancer Res. **7.** [1947.] 491 bis 501) ergab, daß sie zur Testung auf Provokation von Tumoren in Geweben ohne Neigung zur Spontantumorbldg. ungeeignet erscheint. (Acta pathol. microbiol. scand. **32.** 137—46. 1953. Kopenhagen, Univ., Inst. für pathol. Anatomie.) GIBIAN. 4160

R. Budnick, *Zur hormonellen Behandlung des sogenannten Prostataadenoms. Versuch einer Beeinflussung durch Corpus luteum-Hormon.* Bericht über 18 Fälle. *Progesteron*-Behandlung bewirkte nur vorübergehend subjektive Besserung, jedoch wurden weder der Tumor zurückgebildet noch die Restharnmenge verringert. (Dtsch. Gesundheitswes. **6.** 1131—33. 4/10. 1951. Berlin, St. Hedwig-Krankenhaus.) VINCKE. 4160

J. A. V. Butler and **J. T. Randall**, Progress in biophysics and biophysical chemistry. Vol. III. London: Pergamon Pr. 1953. (394 S. m. Abb.) s. 60,—.

Myron Gordon, ed. Pigment cell growth; proceedings of the third conference on the Biology of Normal and Atypical Cell Growth. New York: Academic Press. 1953. (381 S. m. Abb. u. Biblio.) $ 7,—.

E_2. Enzymologie. Gärung.

Manfred Kiese, *Über das Porphyrin des sauerstoffübertragenden Fermentes.* Vorl. Mitt. über das *Porphyrin* (I) *des Cytochroms a* u. des *sauerstoffübertragenden Ferments.* I ist im Gegensatz zu früheren Präpp. (DANNENBERG u. KIESE, Biochem. Z. **322.** [1952.] 395) offenbar durch das angewandte Enteisenungsverf. nicht verändert worden, da es durch Wiedereinführung von Fe in ein mit dem Ausgangsmaterial spektroskop. ident. Hämin rücküberführt werden kann [Hämochromogenbanden bei 587 (mμ) u. 430]. I absorbiert in Ae. bei 648, 586, 560 u. 518, in Pyridin bei 646, 583, 570 u. 521; HJ/Luft bewirkt Auftreten eines Spektr. vom Rhodotyp; H_2/Pd liefert Mesoporphyrinspektr., Hydroxylamin gibt ein Oxim (in Pyridin 642, 581, 555, 515). I enthält also eine Formylgruppe, daneben noch eine unbekannte, im n. Enteisenungsprozeß bes. labile Gruppe. (Naturwissenschaften **39.** 403. 1. Septemberh. 1952. Marburg/Lahn, Pharmakol. Inst.) GIBIAN. 4210

E. Schubert, *Differenzierung der Polygalakturonasen von Aspergillus niger.* Auf Grund der Messung der Viscositätsabnahme von Apfelsaft (I) bzw. künstlicher Pektinlsgg. (II) u. der Aldehydbldg. können in *Asp. niger*-Kulturen mindestens 4 *Polygalakturonasen* (**A**—**D**) nachgewiesen werden. Sie unterscheiden sich durch ihre Adsorbierbarkeit (p_H 4,2) an Fullererde (**B**, **C** u. **D**), ihre Stabilität (p_H 4,2; 50°: **B**—**D** stabil; p_H 0,8, 30°: **D** stabil) u. ihre Wirksamkeit gegen I (**A**, **C**, **D** unwirksam) u. II (**A**—**D** abnehmend unwirksam). (Nature [London] **169.** 931—32. 31/5. 1952. Basel, Swiss Ferment Co., Ltd.) GIBIAN. 4210

Saul Roseman und **Albert Dorfman,** *Wirkung von Gentisinsäure und verwandten Verbindungen auf Rinder-Testeshyaluronidase.* (Vgl. auch FORREST u. Mitarbeiter, C. **1953.** 2458.) Während reinste *Gentisinsäure* (I) in vitro (viscosimetr., turbidimetr.) *Hyaluronidase* (II) nicht hemmt, wirken Prodd. der Alkali–O_2-Einw. auf I als starke II-Inhibitoren; durch entsprechende Behandlung kann die Inhibitorwrkg. von Chinonen mindestens 10fach verstärkt werden. Verantwortlich für diesen Effekt werden die entstandenen sogenannten *Huminsäuren* gemacht, deren auffälligste Eig. ihre Nichtdialysierbarkeit ist. — Mg··, Cystein, Glutathion u. Thioglykolsäure wirkten obigen II-Inhibitoren nicht entgegen.

V e r s u c h e: *Gentisochinonmethylester,* Darst. nach BRUNNER (Mh. Chem. **34.** [1913.] 913) jedoch gibt Entwässerung mittels Drierite (statt K_2CO_3) ein reineres, völlig in CS_2 lösl. Produkt; *Gentisinsäure* (I), F. 204°, nach Sublimation im Vakuum, aus a) roher Säure nach MAUTHNER (J. prakt. Chem. **156.** [1940.] 150) u. Fraktionierung mit neutralem Bleiacetat, Umkristallisieren aus Methylacetat/Chlf.; oder b) durch Spaltung des Dimethyläthers (vgl. unten) mit HBr, Verdünnen mit W. u. Ae.-Extraktion; *Dimethyläther,* F. 77—79°, aus W. oder Bzl./PAe., Darst. aus p-Dimethoxybenzol oder Bromdimethoxybenzol durch Umsatz mit Butyl-Li unter N_2 in abs. Ae. u. nachfolgende Rk. mit fester CO_2, Ansäuern u. Ae.-Extraktion, Umfällung mit Alkali/Säure. — *Inhibitor* aus I durch Behandlung mit NaOH u. O_2, Ausbeute abhängig von der NaOH-Konz. (proportional bis 0,15 n.), der O_2-Konz., der Reaktionszeit (bis zu 3,5 Std.), nicht dagegen von der Temp. (7—99°). — Ähnliche Rkk. mit Homogentisinsäure, I-Methylester, Hydrochinon u. p-Aminosalicylsäure. „*Huminsäure*", aus Benzochinon durch Rückflußkochen mit W.; schon 25 γ/cm^3 bewirkten vollständige II-Hemmung, die nach Dialyse (3 Tage gegen 0,15 n NaCl) ebenso eintrat. (J. biol. Chemistry **199.** 345—55. Nov. 1952. Chicago, Ill., Univ., Dep. of Pediatr. and Biochem.) GIBIAN. 4210

R. M. Asarch und **W. N. Gladkowa,** *Cysteindesulfhydrase von Bakterien und tierischem Gewebe — ein Proteid des Phosphopyridoxals.* Während in vollwertigen, mit *Vitamin B_6* (I) versorgten Zellen von Streptococcus faecalis eine akt. Cysteindesulfhydrase (II) vorhanden ist, verlieren dieselben Bakterien bei I-Mangel die Fähigkeit, L-Cystein zu desulfurieren. Die Aktivität der II wird erst durch Zusatz von Phosphopyridoxal (III) erlangt. Ebenso konnten Vff. das Apoferment von II in den Leberextrakten n. Ratten reaktivieren. Der Leberextrakt von Ratten mit B_6-Avitaminose wird durch III nicht aktiviert. Die Aktivierung durch Folsäure gelingt weder beim Apoferment der Leber noch bei dem der Bakterien. In den Ergebnissen sehen Vff. den Beweis dafür, daß III das Coferment von II ist. (Доклады Академии Наук СССР [Ber. Akad. Wiss. UdSSR] [N. S.] **85.** 173—76. 1/7. 1952. Moskau, Inst. für biol. u. med. Chem. der Akad. der Med. Wiss. der UdSSR, u. 1. Med. Inst.) G. REICHARDT. 4210

Osamu Hayaishi und **Arthur Kornberg,** *Umsatz von Cytosin, Thymin, Uracil und Barbitursäure durch Bakterienfermente.* Verss. an Corynebacterium u. Mycobacterium in Zellsuspensionen sowie angereicherten Enzymen aus zellfreien Extrakten. Aminopyrimidine, wie *Cytosin* (I) u. *5-Methylcytosin* (II), werden zunächst von einem einzigen Ferment, das sich zu adaptieren vermag, desaminiert. Die folgende Oxydation zu den

Barbitursäuren erfolgt ebenfalls durch ein einziges Ferment, die *Uracil–Thyminoxydase*, dem dann die Wrkg. der *Barbiturase* folgt, die teilweise gereinigt u. von der Urease abgetrennt wurde. Der Abbau von **I** erfolgte nach Cytosin → Uracil → Barbitursäure → Harnstoff + Malonsäure; der Abbau von **II** nach 5-Methylcytosin → Thymin →

↓ ↓

$CO_2 + NH_3$ $CO_2 + H_2O$

5-Methylbarbitursäure → $NH_3 + CO_2 + H_2O$. Der Abbau von 5-Methylbarbitursäure erfolgt nur in den intakten Zellen, so daß er noch nicht genauer untersucht werden konnte. (J. biol. Chemistry **197.** 717—32. Aug. 1952.) LOHMANN. 4230

V. Köhler, W. Münich und **J. Scharf,** *Der Einfluß einiger antirheumatischer Substanzen auf Gewebsenzyme.* Antirheumat. Substanzen, wie *Adrenocorticotropin* (**I**), *Acetylsalicylsäure* (**II**), *Salicylsäure* (**III**), *Phlorrhizin* (**V**) u. *Monojodessigsäure* (**IV**) beeinflussen den Stoffwechsel. Sie hemmen bei der isolierten, frischen Hornhaut (Kalb) fast vollständig die Red. von *Triphenyltetrazoliumchlorid* (**VII**) zu *Formazylbenzol,* wobei die abnehmende Reihenfolge der Wirksamkeit **II, III, VI, I, V** ist. Die Verbb. scheinen demnach die für die Entw. der rheumat. Entzündungsprozesse wichtige Glykolyse zu stören (Hemmung), da **VII** mit Gewebsenzymen, die bei dieser eine Rolle spielen, reagiert. In der angewandten Konz. übt **I** auf das Hornhautgewebe einen von der Nebennierenrinde unabhängigen Einfl. aus. Das phlogist. *Forapin* (Bienengiftpräp.) steigert andererseits die Aktivität der Dehydrasen der Cornea in situ. (Experientia [Basel] **8.** 119—20. 15/3. 1952. Würzburg, Univ., Augenklinik.) K. MAIER. 4230

Henry Z. Sable, *Pentosestoffwechsel in Extrakten von Hefe und Säugetiergeweben.* Um einen Anhaltspunkt zur Identifizierung der Prodd. der *Ribokinase*-Wrkg. (vgl. C. **1952.** 1343) zu erhalten, wurde der anaerobe Abbau von Ribose-5-phosphat (R-5-P) durch Extrakte von Hefe (a), Gehirn (b), Skelett- (c) u. Herzmuskel (d) untersucht. In a u. b wird die Pentose zwischen C_2 u. C_3 gespalten mit einem scheinbaren Endpunkt, wenn 85 bzw. 60% des als Pentose reagierenden Materials verschwunden sind; dabei entstehen Triosephosphat u. ein nicht identifiziertes, 2 C-Atome enthaltendes Spaltstück. Unter der Wrkg. von c u. d ließ sich eine Spaltung einer C–C-Bindung nicht nachweisen; als Reaktionsprod. aus R-5-P entsteht 2-Ketopentose-5-phosphat. — c enthält *Phosphoribomutase,* welche die reversible Umwandlung von Ribose-1-phosphat in R-5-P katalysiert. — Das Prod. der Hefe–Ribokinase-Wrkg. (Ribose + ATP) wurde als R-5-P identifiziert. Die verwendeten Hefeextrakte enthalten Enzyme, die die Dismutation des Glykolaldehyds katalysieren. DPN u. TPN zeigen sich in diesen Rkk. gleich wirksam. (Biochim. biophysica Acta [Amsterdam] **8.** 687—97. Juni 1952. Boston, Mass., Tufts Coll., Med School, Dep. of Biochem. and Nutrit., u. Saint Louis, Mo., Washington Univ., School of Med., Dep. of Biol. Chem.) KÖNIGSDORF. 4270

James B. Sumner and G. Fred Somers, Chemistry and methods of enzymes. 3rd ed. rev. and enl. New York: Academic Press. 1953. (478 S. m. Abb.) $ 7,50.

E_3. Mikrobiologie. Bakteriologie. Immunologie.

Daniel S. Spicer, Katherine V. Liebert, Lemuel D. Wright und **Jesse W. Huff,** *Untersuchung der Ureidobernsteinsäure und verwandter Verbindungen auf die Pyrimidinsynthese durch Lactobacillus bulgaricus 09.* (Vgl. WRIGHT u. Mitarbeiter, C. **1951.** I. 737.) Nachdem früher gefunden worden war, daß unter einer Reihe von Verbb. nur *Orotsäure* (**I**) die Wirksamkeit des für *L. bulgaricus* notwendigen Molkenfaktors aufweist, wurden nun Ureidoessigsäure, α- u. β-Ureidopropionsäure, α-Ureidobuttersäure, *Ureidobernsteinsäure* (**II**), α-Ureidoglutarsäure, Dihydroorotsäure u. einige andere allein oder teilweise auch in Kombination mit **I** oder **II** auf ihre Wrkg. oder die antagonist. Wrkg. gegenüber **I** geprüft. Von diesen Verbb. war nur **II** deutlich wirksam. Diese ist auch die einzige von diesen Verbb., bei der die Bldg. eines substituierten Pyrimidinringes als möglich angenommen werden kann. Eine gewisse Wrkg. zeigte auch Harnstoff. In keinem Fall wurde eine Steigerung der **I**-Wrkg. beobachtet u. nur bei Thioharnstoff ein Antagonismus gegenüber **I.** (Proc. Soc. exp. Biol. Med. **79.** 587—88. April 1952. West Point, Pa., Sharp & Dohme, Inc., Res. Div.) SCHWAIBOLD. 4320

J. J. Lawrence, *Die Toxizität von Methylenblau auf Leptospira ictero-haemorrhagica.* Obgleich in vitro virulente Leptospiren durch *Methylenblau* (**I**) (2 γ/ml) abgetötet werden, hatten in vivo (Meerschweinchen) Dosen von 10 γ/g intraperitoneal an 2 aufeinanderfolgenden Tagen keinen Einfl. auf das in 4—5 Tagen ad exitum führende Krankheitsbild. Diese Beobachtungen stimmen überein mit dem in vitro- u. in vivo-Verh. des **I** bei Bact. tularense u. Plasmodium vivax (Malaria). (Nature [London] **170.** 327—28. 23/8. 1952. Sidney, Univ., School of Public Health and Tropical Med.) ZELLER. 4330

P. Hofmann, *Über die Wirkung von Merfen auf Tuberkelbakterien.* Eine Konz. von *Merfen* (I, *Phenyl-Hg-Borat*) von 1:50000 in KIRCHNER-Bouillon hemmt die Entw. des Tuberkelbacillenstammes H 37 Rv (TbB.). Ggw. von Eiweiß setzt die baktericide Wrkg. von I herab. Nach 15 Min. langem Aufenthalt von TbB. in einer I-Lsg. läßt sich I im Innern von TbB. in gleichmäßiger Verteilung nachweisen. In tuberkulösem Sputum (GAFFKY 10), zu gleichen Teilen mit einer 0,2%ig. Lsg. von I vermischt, ließ sich nach 1 Std. Einwirkungszeit TbB. kulturell nicht mehr nachweisen. Die Desinfektionswrkg. des I gegenüber TbB. ist der des Sublimats überlegen. (Prakt. Desinfektor **45.** 142—44. Jan. 1953. Regensburg, Staatl. bakteriol. Untersuchungsanstalt.) BOYE. 4330

André Raiga, *Berichte über antibiotische Versager bei Nichtvorhandensein natürlicher Abwehr, nachgeprüft durch Untersuchung der Antiphagen des menschlichen Serums.* Besprochen werden Versagerfälle bei antibiot. Behandlung. Die Zunahme des Auftretens resistenter Stämme wird diskutiert. Für Vf. sind die unterschiedlichen Ergebnisse bei in vivo- u. in vitro-Verss. ein Beweis dafür, daß bei der antibiot. Therapie der Infektionskrankheiten das Milieu (terrain) bisher nicht genügend berücksichtigt worden ist, vor allem ist die Rolle der *Bakteriophagen* u. der *Antiphagen* bei antibakterieller Behandlung im allg. übersehen worden. Nach Vf. stören die *Antibiotica* die natürliche Abwehr-Rk. des Organismus, die *Bakteriophagen* werden als der Heilungsfaktor angesehen, sie werden als in derselben Weise ansteckend bezeichnet, wie es die pathogenen Keime sind. An 8654 Unterss. des Serums seit 1928 hat Vf. *Antiphagen* gegen *Staphylokokken, Streptokokken* u. *B. coli* festgestellt, die eine ausschlaggebende Rolle bei der Infektion spielen. Eingehende Besprechung der Phagotherapie, die als eine gelenkte natürliche Heilung bezeichnet wird u. die auf der Zerstörung der Krankheitserreger durch direkte *Bakteriophagen*-Einimpfung beruht. (Semaine Hôpitaux Paris **28.** Suppl. 727—33. 18/11. 1952.) DOSSMANN. 4331

G. Gillissen und **S. Carlson,** *Der Einfluß von Wechselströmen verschiedener Stärke auf die Antibioticaproduktion durch Schimmelpilze in Oberflächenkulturen.* (Vgl. auch C. **1953.** 76.) Ununterbrochene Einw. eines schwachen Wechselstromes von 18 mA auf Kulturen von *Aspergillus oryzae,* die auf dem von VINCENT angegebenen modifizierten CZAPEK-DEX-Nährmedium gezüchtet wurden, stimulierte die Ausscheidung von *Flavicin* u. von *Kojisäure,* wie Aktivitätsteste der Kulturfiltrate gegen *Staph. aureus* u. *E. coli* zeigten. Verss. mit *Penicillium notatum* unter Verwendung von Wechselströmen von 10, 20 u. 44 mA u. *Staph. aureus Sg. 511* als Testkeim zeigten keinen merklichen Unterschied in der Größe des Wirkungsgrades. (Experientia [Basel] **8.** 344—45. 15/9. 1952. Mainz, Univ., Hygien.-Inst.) RUTKOWSKI. 4340

N. P. Buu-Hoï und **A. Rakoto Ratsimamanga,** *Kojisäure als aktives Agens der Kulturnährböden von Aspergillus flavus oryzae.* Die pharmakodynam. Eigg. des Nährmediums von Aspergillus flavus oryzae sind in der Hauptsache auf die darin enthaltene Verb. *2-Oxymethyl-5-oxypyron-(4)* (I) zurückzuführen. Vff. konnten die antibiot. Wirksamkeit dieser Verb. in einer Konz. über $1^0/_{00}$ gegenüber Streptokokken, Staphylokokken u. Shigella paradysenteriae feststellen. I steigert die Wirksamkeit von Ascorbinsäure bei der Bekämpfung von Skorbut, kann diese aber nicht ersetzen. (C. R. hebd. Séances Acad. Sci. **236.** 341—43. 19/1. 1953.) LENHARD. 4340

P. W. Brian, *Antibiotica als Systemfungicide und Baktericide.* Übersicht. — 14 Literaturangaben. (Ann. appl. Biol. **39.** 434—38. Sept. 1952. Frythe, Welwyn, Herts, Butterwick Res. Labor.) KRUSEN. 4340

A. A. Miles, *Der Begriff des biologischen Wirkungsvermögens, wie er für engverwandte Antibiotica angewandt wird.* Die Methoden u. Voraussetzungen für gültige biol. Bestimmungen des Wirkungsvermögens der Antibiotica, sowie die Schwierigkeiten, die bei der biol. Best. infolge ungenügender Reinigung u. Heterogenität der Substanzen, deren chem. Zus. noch unbekannt ist, auftreten, werden besprochen. (Bull. Organisat. mond. Santé **6.** 131—47. 1952. London, Nat. Inst. for Med. Res.) RUTKOWSKI. 4340

Selman A. Waksman, Antonio H. Romano, Hubert Lechevallier und **Frederic Raubitschek,** *Antifungale Antibiotica.* Fungicide oder fungistat. Antibiotica werden von verschied. Gruppen von Mikroorganismen produziert. In bes. großer Zahl zeigen die Kulturen von Aktinomyceten schwache bis starke Hemmwrkg. auf das Pilzwachstum. Ein Vgl. der verschied. Antibiotica zeigt, daß sie sich in ihrer chem. Natur, ihrem Wirkungsspektr. gegen Pilze u. ihrer Toxizität gegen Tiere weitestgehend unterscheiden. Die Wirkungsweise von *Fradicin* (aus *Streptomyces fradiae*) gegen *Candida albicans* scheint mit dem Redoxpotential der Zellen in Beziehung zu stehen. (Bull. Organisat. mond. Santé **6.** 163—72. 1952. New Brunswick, N. J., Rutgers Univ., Dep. of Microbiol. u. Jerusalem, Hebrew Univ., Dermatol. Dep., u. Hadassah Hosp.) RUTKOWSKI. 4340

Hümeyra Özgen, *Sulfonamide und Antibiotica in ihrer bakteriostatischen Wirkung gegen Listeria (Erysipelothrix) monocytogenes.* Bericht über *in vitro*-Unterss. verschied. Stämme (Maus, Huhn, Gans, Pferd, Rind) von *Listeria monocytogenes.* Es wurde die Empfindlichkeit gegen *Supronal, Marbadal, Penicillin, Aureomycin, Streptomycin, Chloromycetin* u. *Terramycin* geprüft. Die Herkunft des Stammes ist für seine Empfindlichkeit maßgebend. Wirksamstes Mittel gegen alle Stämme ist *Terramycin,* dann folgt *Penicillin.* Die anderen Antibiotica u. die Sulfonamide können nach den Erfahrungen des Vf. nicht empfohlen werden. Es wird für erforderlich gehalten, vor einer Behandlung, bes. des Menschen, den fraglichen Stamm auf seine Empfindlichkeit auszutesten. (Dtsch. tierärztl. Wschr. **59.** 339—41. 15/11. 1952. Hamburg, Bernhard-Nocht-Inst. für Schiffs- u. Tropenkrankheiten.) L. BERGER. 4340

Fernand Moreau, *Über ein Penicillium der Gruppe brevi-compactum mit antibiotischen Eigenschaften.* Nach einer Beschreibung der Eigg. des Penicillium brevi-compactum (P. br.) werden Ergebnisse über die fungicide Wrkg. mitgeteilt. Die Möglichkeit des Einsatzes von P. br. gegen Saprolengia (Erreger einer Mykose bei Fischen), gegen Fusarium u. Trichothecium (beides Pflanzenkrankheiten) wird diskutiert. Die Antibiose gegenüber Bakterien muß noch geprüft werden. (Bull. Soc. bot. France **99.** 163—66. April/Mai/Juni 1952.) PATZSCH. 4340

L. L. Cavalli, *Genetische Analyse der Drogenresistenz.* Aus den Verss. über die Empfindlichkeit von *Escherichia coli* gegen *Chloramphenicol* folgert Vf., daß die Drogenresistenz auf Mutation u. Selektion beruht. Die Ergebnisse aus Kreuzungsverss. drogenresistenter Stämme von E. coli mit empfindlichen unterstützen diese Hypothese bis zu einem gewissen Grade. (Bull. Organisat. mond. Santé **6.** 185—206. 1952. Milan, Ist. Sieroterapico Milanese.) RUTKOWSKI. 4340

Paul Klein, *Untersuchungen über die Kinetik des Terramycineffektes in vitro.* 1. Mitt. *Die Wirkung von Grenzdosen.* Unterss. an einem Stamm von Streptococcus viridans ergaben, daß die kleinste Dosis der totalen Hemmung im Röhrentest (HD) von der Einsaatmenge der Bakterien abhängig ist. Bei Einsaat von 10^7/ml war HD 1 γ *Terramycin* (I) je ml, bei $3 \cdot 10^3$ jedoch 0,4 γ. Darüber hinaus wird die HD durch Zusatz von *Pepton* zum Nährboden erhöht. Streptokokkensuspensionen in bicarbonat- u. dextrosehaltiger RINGER-Lsg. zeigten selbst bei 20facher HD von I keine Hemmung der Glykolyse. Die Hemmung der Wuchsgeschwindigkeit (die bei n. Kulturen eine logarithm. Funktion ist) wird durch I-Zusatz zu den wachsenden Kulturen mit steigenden Dosen zunehmend vergrößert, so daß bei 0,6 γ/ml Stillstand u. bei weiterer Steigerung Absterben erfolgt. Die Beobachtung, daß die gleiche Dosis I, wenn zu Beginn des Wachstums zugegeben, nur eine Wachstumsverzögerung hervorruft, später aber zur Bakteriostase führt, kann noch nicht erklärt werden. Unter HD liegende I-Dosen führen erst nach einer von der Dosis u. der Zugabezeit abhängigen Latenzzeit zur Bakteriostase. Auf die therapeut. Bedeutung dieser Tatsachen wird kurz hingewiesen. — 27 Literaturangaben. (Z. Immunitätsforsch. exp. Therap. **110.** 28—40. 21/1. 1953. Karlsruhe, Städt. Krankenanst.) KRUSEN. 4340

Ann Schorr Hadfield, *Gefrorene Suspensionen von Micrococcus flavus für die Verwendung bei mikrobiologischen Versuchen mit Bacitracin.* Vf. berichtet kurz über die Herst. gefrorener Suspensionen von *Micrococcus flavus,* die bei —20° aufbewahrt wurden. Verss. über einen Zeitraum von 12 Monaten ergaben, daß sich diese Kulturen ebenso verhielten wie auf n. Weg hergestellte frische Suspensionen. Wesentlich ist nur, daß man die gefrorenen Suspensionen vor der Verwendung ca. 2 Std. bei Raumtemp. auftauen läßt. (Antibiotics and Chemotherapy **2.** 590. Nov. 1952. West Point, Pa., Sharp & Dohme, Inc., Res. Div., Dep. of Bacteriol.) R. KÖNIG. 4340

B. H. Howard und **H. Raistrick**, *Untersuchungen über die Biochemie von Mikroorganismen.* 81. Mitt. *Die farbigen Bestandteile von Penicillium islandicum sopp.* 2. Mitt. *Chrysophansäure (4.5-Dioxy-2-methylanthrachinon).* (80. bzw. 1. vgl. Biochem. J. **44.** [1949.] 227; vgl. auch C. **1949.** I. 903.) Es wurde ein Stamm von Penicillium islandicum sopp (N. R. R. L. 1175) untersucht, der sich zwar morpholog. typ., jedoch biochem. ungewöhnlich verhielt, da in dessen Farbstoffkomponenten kein *Islandicin* (*1.4.5-Trioxy-2-methylanthrachinon*) nachzuweisen war. Dagegen konnte aus diesem mittels PAe.-Extraktion chromatograph. *Chrysophansäure* (I; *Chrysophanol = 4.5-Dioxy-2-methylanthrachinon,* $C_{15}H_{10}O_4$, F. u. Misch-F. 194—195°; 0,3% der Gesamtfarbstoffe) nachgewiesen werden. Trotz des mengenmäßig geringen Vork. halten Vff. I für wichtig, da es das einfachste Anthrachinonderiv. ist, von dem sich andere Pilzstoffwechselprodd. (Islandicin, Helminthosporin, Emodin, Physcion, Citreorosein, Carviolin, Emodinsäure, Cynodontin, Catenarin, Erythroglaucin u. Tritisporin) ableiten. (Biochem. J. **46.** 49—53. Jan. 1950. London, Univ., London School of Hyg. and Trop. Med., Dep. of Biochem.) LÜBCKE. 4350

E. Tibaldi und **G. Tozzola,** *Die Papierchromatographie bei der Untersuchung der Biochemie von Bakterien: Untersuchungen über die Aminosäuren bei einem pathogenen Staphylococcus aureus-Stamm.* Nach Reinigung eines pathogenen Stammes von Staph. aureus durch Ultrazentrifugieren u. Hydrolyse der Eiweißstoffe durch HCl wurde die Aminosäurenzus. durch zweidimensionale Papierchromatographie bestimmt. Lösungsmittelgemische: Butanol–Eisessig, dann Phenol, Anfärben mit Ninhydrin. Mit dieser Meth. konnten *Asparaginsäure, Glutaminsäure, Glycin* u. *Alanin* nachgewiesen werden. Die anderen Aminosäuren konnten noch nicht mit Sicherheit identifiziert werden. (Arch. Scienze biol. **36.** 405—08. Juli/Aug. 1952. Padova, Univ., Ist. d'Igiene.) H. SCHEURLEN. 4350

L. Califano, *Freisetzen von Nucleinsäuren durch Bakterienzellen unter Hitzeeinwirkung.* Bakterienzellen, die der Hitzeeinw. ausgesetzt werden, scheiden *Ribonucleinsäure* (I) ab, die in Lsg. geht. Sie läßt sich in der Lsg. nachweisen durch UV-Absorption (Maximum bei 2,570 Å) oder den BIAL-Test. Die Temp., bei der die Abscheidung von I beginnt, hängt von der Bakterienart ab. Für einige Arten existiert ein Temperaturoptimum, jenseits dessen die Menge an I wieder abnimmt. Probleme, die mit der I-Abscheidung zusammenhängen, werden besprochen. — 27 Literaturzitate. (Bull. Organisat. mond. Santé **6.** 19—34. 1952. Neapel, Univ., Inst. de Microbiol.) RUTKOWSKI. 4350

Douglas D. Smith, Robert B. Morrison und **Iwo Lominski,** *Isolierung von Staphylococcus aureus-Varianten, die hohe und niedere Koagulaseausbeuten ergeben.* Von 10 *Staph. aureus*-Stämmen wurden Varianten mit verschied. Wachstumscharakter isoliert. Die *R*-Typen ergaben hohe, die *S*-Typen niedere Ausbeuten an *Koagulase.* Die Varianten sind unstabil, wobei der Übergang R → S gegenüber S → R bevorzugt ist. (J. Pathol. Bacteriol. **64.** 567—73. Juli 1952. Glasgow, Univ. u. Western Infirmery, Bacteriol. Dep.) GIBIAN. 4350

J. S. Youngner, Elsie N. Ward und **Jonas E. Salk,** *Untersuchungen über Poliomyelitisviren in Gewebekulturen aus Affenhoden.* 1. Mitt. *Die Fortpflanzung des Virus in Roller-Tubes (rotierende Röhrchen).* (Amer. J. Hyg. **55.** 291—300. März 1952. Pittsburgh, Pa., Univ., School of Med., Dep. of Bacteriol., Virus Res. Labor.) WIEDEMANN. 4374

J. S. Youngner, Elsie N. Ward und **Jonas E. Salk,** *Untersuchungen über Poliomyelitisviren in Gewebekulturen aus Affenhoden.* 2. Mitt. *Unterschiede unter den Stämmen hinsichtlich der Virulenz in Gewebekulturen mit vorläufigen Daten über die quantitative Bestimmung von Virus und Antikörper.* (1. vgl. vorst. Ref.) Die durch die Poliomyelitisviren verursachten cytolog. Änderungen in den roller-tube-Kulturen von Affenhoden (grobe cytoplasmat. Granula an der Peripherie der Wachstumszone, Verringerung der Zone des Fibroblastenwachstums, Abnahme der Refraktion des Nucleus) unterscheiden sich bei den einzelnen Stämmen sowohl in ihrer Stärke als auch hinsichtlich des Zeitpunktes ihres Auftretens. Die Pathogenität gegenüber dem Versuchstier geht der Pathogenität in der Gewebekultur nicht immer parallel. Durch homologe Antiseren kann der cytopathogene Effekt neutralisiert werden. Die quantitative Best. der Virus- wie der Antikörpermenge scheint möglich. (Amer. J. Hyg. **55.** 301—22. März 1952. Pittsburgh, Pa., Univ., School of Med., Dep. of Bacteriol., Virus Res. Labor.) WIEDEMANN. 4374

C. J. Bradish, J. B. Brooksby, J. F. Dillon und **M. Norambuena,** *Untersuchungen der infektiösen und der komplementbindenden Komponenten im Virussystem der Maul- und Klauenseuche mit Hilfe der Ultrazentrifuge.* Maul- u. Klauenseuchevirus wurde aus Meerschweinchen, Mäusen u. Rindvieh gewonnen u. nach biol. Methoden mittels einer SPINCO-Ultrazentrifuge untersucht. Es wurde ein Parameter $G = \int \omega^2\, dt$ zur Kennzeichnung der Zentrifugation eingeführt. Vff. konnten zwei Komponenten unterscheiden, eine mit einer Sedimentationskonstanten von ca. 70 S u. eine zweite mit rund 8 S. Die Virulenz war an die erste gebunden, die zweite enthielt höchstens 0,01%; die Komplementbindungsfähigkeit verteilt sich annähernd gleichmäßig auf die beiden Komponenten. Bei der Annahme der Kugelgestalt würde sich für die erste Komponente ein Durchmesser von 20 u. für die zweite von 6,5 mμ ergeben. (Proc. Roy. Soc. [London], Ser. B **140.** 107—27. 27/8. 1952. Pirbright, Surrey, Res. Inst., Animal Virus Diseases.) WIEDEMANN. 4374

C. A. Knight, *Die Nucleinsäuren einiger Stämme des Tabakmosaikvirus.* Aus 6 Stämmen des Tabakmosaikvirus u. 2 der Gurkenviren wurde nach der Meth. von COHN u. STANLEY durch Hitzedenaturierung des Eiweißes u. Zentrifugieren die *Nucleinsäure* abgespalten. Die Eigenviscositäten schwankten bei den Präpp. zwischen 46 u. 254, die Sedimentationskonstanten lagen zwischen 2 u. 12 S. Ein Präp. erwies sich bei der Elektrophorese als einheitlich. Elektronenmkr. konnten keine Nucleinsäurepartikel nachgewiesen werden. Die Nucleinsäure wurde 1 Std. bei 100° mit 1 nHCl hydrolysiert u. Adenin, Guanin, Cytidylsäure u. Uridylsäure papierchromatograph. getrennt. Die

Lage der Flecken wurde durch ihre UV-Absorption festgestellt, die quantitative Best. erfolgte durch Messung der opt. D. im Spektrophotometer nach Auflsg. in 1 n HCl bei 39°. Die mol. Extinktionen betragen bei Adenin $\varepsilon_{260} = 12700$, Guanin $\varepsilon_{250} = 11400$, Cytidylsäure $\varepsilon_{280} = 13300$, Uridylsäure $\varepsilon_{250} = 10600$. In den 6 Stämmen: TMV, M, $J_{14}D_1$, Ga, Ya u. HR, bei denen teilweise Unterschiede in der Aminosäurezus. gefunden worden waren, ist das Basenverhältnis übereinstimmend: Adenin im Mittel 1,18; Guanin 1,03; Cytosin 0,74; Uracil 1,05. Bei den beiden Gurkenviren CV 3 u. CV 4 ist der Adeningeh. niedriger (1,03) u. der an Uracil höher (1,20). Die Beziehungen zwischen Mutation u. chem. Struktur werden diskutiert. (J. biol. Chemistry **197.** 241—49. Juli 1952. Berkeley, Calif., Univ., Virus Labor.) WIEDEMANN. 4374

W. Kanngiesser, *Polarographische und papierelektrophoretische Charakterisierung von Kartoffelproteinen in ihrer Beziehung zu Kartoffelvirosen.* In Preßsäften aus Kartoffelknollen wurden bei der Papierelektrophorese 3 Eiweißfraktionen festgestellt, deren Anteile eine Unterscheidung zwischen gesunden u. blattrollkranken Knollen erlaubte. Die Papierelektrophorese wurde mit Borax–Bernsteinsäure-Puffer vom p_H 5,8 durchgeführt, zur Anfärbung diente Azocarmin B, nach Aufsteigenlassen einer Cu-Lsg. wurde dann mit Rubeanwasserstofflsg. besprüht. Die Preßkuchen wurden mit einem stark alkal. Puffer extrahiert. Die Extrakte ließen in den polarograph. Kurven zwischen gesunden u. blattrollkranken Knollen einen deutlichen qualitativen Unterschied erkennen. (Phytopathol. Z. **18.** 447—52. Febr. 1952. Hannover-Münden, Biol. Bundesanstalt für Land- u. Forstwirtschaft, Inst. für angewandte Chem.) WIEDEMANN. 4374

E₄. Pflanzenchemie. Pflanzenphysiologie. Pflanzenpathologie.

June G. Jones und **David Pomeroy,** *Verzögerungswirkungen der Keimzeit von der Strahlung ausgesetzten Samen.* (Sitzungsbericht.) Das Ausmaß von Strahlenschäden wird durch Verzögerung der Keimzeit trockener Saaten, die Röntgenstrahlen ausgesetzt waren, beeinflußt. (Physic. Rev. [2] **87.** 179. 1/7. 1952. Univ. of Florida.) GERHARD SCHMIDT. 4404

P. G. Tawadse, *Die Dynamik der Ansammlung von Pigmenten in den Blättern der Weinrebe während der Entwicklungsphasen des Jahres.* Aus der Unters. des Blattgeh. von verschied. Rebenhybriden an *Chlorophyll* (I), *Xanthophyll* (II), *Carotin* (III) u. W. während der Blütezeit, Beerenbldg., beginnenden Reife u. vollendeten Reife geht hervor, daß in allen Fällen der Höchstgeh. an I während der Blüte vorliegt u. dann allmählich abnimmt. Dasselbe gilt (weniger ausgeprägt) für **III.** Der **II**-Geh. wird wenig u. ungleichmäßig verändert. Der Wassergeh. der Blätter nimmt während der Vegetation ungleichmäßig ab. Das Verhältnis **I/II** beträgt bei den einzelnen Sorten während der Blüte 33,52—39,72, während der Beerenbldg. 28,61—60,57, zu Beginn der Reife 7,25—18,46, in der reifen Traube 3,88—7,24. Die entsprechenden Werte betragen für **I/III**: 14,15 bis 18,25; 29,45—40,92; 6,12—13,14; 3,81—7,00; für **III/II**: 1,84—2,64; 0,97—1,80; 0,83—1,69; 0,87—1,03. (Доклады Академии Наук СССР [Ber. Akad. Wiss. UdSSR] [N. S.] **85.** 1395—98. 21/8. 1952. Telawi, Inst. für Weinbau u. Weinbereitung der Akad. der Wiss. der GrusSSR.) LEBTAG. 4420

Hans Wanner, *Phosphataseverteilung und Kohlenhydrattransport in der Pflanze.* Bei der Unters. des Kohlenhydrattransportes in der Pflanze wurde festgestellt, daß in dem Phloemsaft nur *Rohrzucker* (I) u. keine oder höchstens Spuren von *Monosacchariden* (*Glucose*) enthalten sind; auch konnten keine *Zuckerphosphate* (II) nachgewiesen werden, obwohl sie in den Blättern auftreten. Demnach muß zwischen dem Assimilationsparenchym u. den Leitbündeln eine für II nicht passierbare Grenzschicht bestehen. Es konnte eine sehr deutliche *Phosphatase* (III)-Aktivität der Parenchymscheide der Blattleitbündel, der Geleitzellen der Siebröhren u. des Inhalts junger Siebröhren mit Glycerophosphat, Glucose-1-phosphat bzw. Fructose-1.6-diphosphat nachgewiesen werden (Abb.). Aus dem streng lokalisierten Vork. vom III wird gefolgert, daß dadurch ein Eintritt von phosphorylierten Zuckern in die Leitzellen verhindert wird. Im Zusammenhang mit der Dephosphorylierung geht dann auch noch eine Synth. von I vor sich, der infolge der hohen Permeabilität des Siebröhrenplasmas in dieses eintritt, während die übrigen Zellen für I prakt. impermeabel sind. — Diskussion der Befunde anderer Autoren über den Transportmechanismus. (Planta **41.** 190—94. 1952. Zürich, Univ., Inst. für allg. Bot.) KLESSE. 4450

Alexis Moyse, *Die Bindung des Anhydrids der Kohlensäure durch die Blätter von Bryophyllum daigremontianum Berger in der Dunkelheit bei verschiedenen Sauerstoffspannungen.* Die Blätter von Bryophyllum daigremontianum BERGER vermögen nach Unterss. des Vf. in Atmosphären verschied. Sauerstoffdrucks auch im Dunkeln CO_2 zu binden. Diese CO_2-Aufnahme ist eine Funktion des respirator. Stoffwechsels. Beim höchsten Sauerstoffgeh. der Luft wurde nach 10 Std. auch die höchste CO_2-Bindung verzeichnet. Wurde der Sauerstoff durch Stickstoff ersetzt, so trat keine CO_2-Bindung ein. In ursächlichem Zusammenhang mit der beschriebenen CO_2-Bindung steht die Erhöhung des Säureanteils der Pflanze. Wahrscheinlich wird durch Carboxylierung von einfachen Säuren die Bldg. von Äpfel- u. Citronensäure eingeleitet. (C. R. hebd. Séances Acad. Sci. **236**. 313—15. 19/1. 1953.) LENHARD. 4460

H. R. De Selm, *Kohlendioxydgradienten innerhalb eines Buchenwaldes in Zentralohio.* Die CO_2-Konz. beeinflußt die Geschwindigkeit von Photosynth. u. Atmung grüner Pflanzen u. damit auch das Verhältnis der letzteren zur Umwelt. Vf. untersuchte die ökolog. Beziehungen der täglichen Periodizität der CO_2-Gradienten der Atmosphäre eines Buchenwaldes (ca. 50% *Fagus grandifolia*) im Frühling u. Frühsommer. Bzgl. der zahlreichen Einzelheiten muß auf das Original verwiesen werden. Gräser, Büsche, junge Bäume sind höheren CO_2-Konzz. ausgesetzt als Bäume. (Ohio J. Sci. **52**. 187—98. Juli 1952. Columbus, O., Ohio State Univ., Dep. of Bot. and Plant Pathol.) K. MAIER. 4460

N. P. Wosskressenskaja, *Über den Einfluß der spektralen Zusammensetzung des Lichtes auf das Verhältnis der bei der Photosynthese entstehenden Stoffe.* Die Blätter von Mais u. Sonnenblume, die bei n. Belichtung aufwuchsen, zeigten in Belichtungsverss. bei gleicher Anreicherung von organ. Substanz bei Belichtung mit Hg-Lampen im Vgl. zur Belichtung mit Ne-Lampen eine verstärkte Eiweißsynth., einen geringeren Geh. an Kohlenhydraten u. einen höheren Geh. an organ. Säuren. Vf. sieht in den Ergebnissen eine Bestätigung dafür, daß im Blatt zunächst die Eiweißsynth. gesichert wird u. bei ungünstigen Bedingungen eine Anreicherung an Kohlenhydraten im Blatt erfolgt. Die verstärkte Eiweißsynth. im kurzwelligen Licht wird wahrscheinlich durch zusätzliche photochem. Rkk. begünstigt, die durch die von den Carotinoiden aufgenommene Energie ausgelöst werden. Wurden dieselben Pflanzen 20 Tage in Ne- oder Hg-Licht gezogen, dann war bei gleichem Trockengewicht der Pflanzen die Summe der Kohlenhydrate mit Ne-Licht gegenüber Hg-Licht verdoppelt. Dies beweist, daß bei kurzwelliger Belichtung der Stoffwechsel so umgebaut wird, daß statt der Kohlenhydrate andere Stoffe entstehen. (Доклады Академии Наук СССР [Ber. Akad. Wiss. UdSSR] [N. S.] **86**. 429—32. 11/9. 1952. Timirjasew- Inst. für Pflanzenphysiol. der Akad. der Wiss. der UdSSR.) LEBTAG. 4460

Edith Raadts, *Über den inaktiven Wuchsstoff der Haferkoleoptile.* Es wurde geprüft, ob der in der Haferkoleoptile aufsteigende *inakt. Wuchsstoff* (I) eine inakt. Form des *Auxins a* oder *β-Indolylessigsäure* (II) ist. Aus dem Mol.-Gew., das zu ca. 170 bestimmt wurde u. damit annähernd dem von II (175) entspricht, wird gefolgert, daß I ein Deriv. von II ist. Er ist eine neutrale Substanz u. empfindlich gegen Säuren u. Laugen. Eine Identität mit *β-Indolylacetaldehyd* konnte durch Testverss. an Erbsenkeimlingen ausgeschlossen werden, eine solche mit *β-Indolyläthylalkohol* ebenfalls, da diese Verb. ein anderes Verh. gegenüber Säuren, Laugen u. H_2O_2 aufweist als I. (Planta **40**. 419—30. 1952. Hamburg, Staatsinst. für allg. Bot.) KLESSE. 4485

H. C. Bucha und **C. W. Todd,** *3-[p-Chlorphenyl]-1.1-dimethylharnstoff — ein neues Herbicid. 3-[p-Chlorphenyl]-1.1-dimethylharnstoff* (I) wurde durch Rk. von p-Chlorphenylisocyanat mit Dimethylamin synthetisiert; aus Methanol dünne rechtwinklige Prismen, F. 170,5—171,5°. I ist ein neutraler, stabiler Stoff, unlösl. in W., nur schwach oder mäßig lösl. in den meisten organ. Lösungsmitteln; DL_{50} (perorale Verabreichung an ♂ Ratten) 3500 mg/kg Körpergewicht. — Bei Gewächshausverss. hatte Spritzen mit I-Lsg. in Aceton bei 6—7 Wochen alten Tomatenpflanzen (Konz. 0,05%) nach 7—14 Tagen, bei 6—7 Wochen alten JOHNSON-Grassämlingen (0,5%) nach 14—28 Tagen u. bei 3 perennierenden Grasarten (1,0—3,0%) nach 2—3 Monaten letale Wirkung. — Die Ergebnisse weiterer Spritzverss. mit 0,1- u. 0,25%ig. I-Lsg. bei Sämlingen von 9 weiteren Grasarten werden tabellar. wiedergegeben; die 0,25%ig. Konz. wirkte durchwegs letal. (Science [Washington] **114**. 493—94. 9/11. 1951. Wilmington, Del., Graselli Chem., u. E. I. du Pont de Nemours & Co., Inc., Chem. Dep.) RANG. 4495

E₅. Tierchemie. Tierphysiologie. Tierpathologie.

L. M. Tarassewitsch, *Die Formen von Phosphor und Stickstoff bei gesunden und an Gelbsucht erkrankten Raupen vom Maulbeerspinner (Bombyx mori L.).* Während der Incubationszeit (3.—5. Tag) ist der Geh. an Gesamt-P bei gesunden u. kranken Raupen der gleiche, am 8. Tag nach der Infektion dagegen bei gesunden Raupen geringer. Der Nucleoproteid (I)-P bleibt bei Gelbsucht unverändert, desgl. der Geh. an säurelösl. P-Verbb., der bei der Kontrolle 7 Tage nach der Infektion abnimmt. Die Menge des Gesamt-N nimmt bei der kranken Raupe zu. Der Geh. an Virus-N beträgt 24,4% des Gesamt-N der I-Fraktion. Das Trockengewicht der Lipoidfraktion wird bei Gelbsucht fast verdoppelt. Die erkrankten Raupen leiden Mangel an P, nicht dagegen an N. Der für den Aufbau von I benötigte N wird im kranken Körper ständig ergänzt. (Биохимия [Biochemie] **17.** 282—87. Mai/Juni 1952. Moskau, Inst. für Virusforsch. der Akad. der Med. Wiss. der UdSSR, Labor. für Virusphysiol.) LEBTAG. 4510

Je. W. Smirnowa, *Änderungen einiger Phosphorfraktionen des sympathischen Ganglions in Abhängigkeit von seinem funktionellen Zustand.* Aus der Unters. des Geh. des Ganglions an *Adenosintriphosphorsäure* (I) u. mineral. P im Katzenvers. geht hervor, daß bei Dauerreiz des präganglionären Stranges die synapt. Weiterleitung des Reizes mit einem starken Zerfall von I einhergeht. Die Ggw. von Glucose in der Perfusions-Fl. der Ganglien sichert die Resynth. der energiereichen P-Verb. u. damit die n. Weiterleitung des Reizes in den Gangliensynapsen. Vf. sieht in den Ergebnissen einen Beweis für die Teilnahme von I an der Synth. von *Acetylcholin,* das an der synapt. Weiterleitung beteiligt ist. (Биохимия [Biochemie] **17.** 432—42. Juli/Aug. 1952. Leningrad, Inst. für exp. Med. der Akad. der Med. Wiss. der UdSSR, Abt. für allg. Physiol. u. Abt. für Biochem.) LEBTAG. 4520

G. Blix, L. Svennerholm und **I. Werner,** *Die Isolierung von Chondrosamin von Gangliosiden und Submaxillaris-Mucin.* (Vgl. auch C. **1951.** I. 605.) Isolierung u. Identifizierung (opt. Drehung u. Röntgenogramm) von *Chondrosamin* (I) aus Gangliosiden (II) u. Submaxillaris-Mucin werden beschrieben. Für das Vorhandensein von Glucosamin in II liegen keine Anzeichen vor. In beiden Substanzen wird I begleitet von einer strukturell noch unbekannten, disaccharidartigen Substanz, die vorläufig mit *Sialsäure* („sialic-acid"; III) bezeichnet wird. Zwischen I u. III liegt wahrscheinlich eine lockere Bindung vor. III gibt eine sofortige EHRLICH-Rk., violette BIAL-Rk. sowie starke Häminbldg. u. CO_2-Entw. beim Erhitzen mit Mineralsäuren. Seine Beziehung zu der von KLANK aus II isolierten sogenannten Neuraminsäure (Z. physiol. Chem. **268.** [1941.] 50) wird kurz diskutiert. (Acta chem. scand. **6.** 358—62. 1952. Uppsala, Schweden, Univ., Inst. of Med. and Chem.) KÖNIGSDORF. 4520

J. Barraud, *Ein Harnstein aus reinem Aragonit.* Ein Harnstein wird untersucht u. röntgenograph. als reiner Aragonit (patholog. Seltenheit) identifiziert. (Bull. Soc. franç. Minéralog. Cristallogr. **75.** 166—67. Jan./März 1952.) HILLER. 4552

R. Neseni und **U. Freimuth,** *Die Veränderungen der Ziegenmilch im Verlaufe der Lactation.* Unterss. der Milch von 6 Ziegen 3 verschied. Rassen während einer ganzen Lactationsperiode ergaben: Zu Beginn der Lactation (Lc) waren die Werte für spezif. Gewicht, Fettgeh., Trockensubstanz, fettfreie Trockensubstanz, Fettgeh. der Trockensubstanz, Gesamt-N- u. Caseingeh. hoch. Diese Werte sanken während der Lc u. stiegen gegen Ende wieder an. Der Milchzuckergeh. stieg bis zur 8. Woche u. erreichte am Ende der Lc wieder den Ausgangswert. Beim Albumingeh. der reifen Milch zeigten sich nur geringe Schwankungen. Der p_H-Wert zeigt wenig Änderungen. Die Thybromolprobe der frischen Milch gibt im Unterschied zu Kuhmilch eine hellgelbgrüne Färbung. Die Alkoholprobe ist immer positiv. Der Katalasegeh. schwankt zwischen 0 u. 20. Der Chlorgeh. steigt bis zur 18. Woche, bleibt dann bis zur 28. Woche stabil u. sinkt bis zur 40. Woche, worauf er wieder etwas ansteigt. Der durchschnittliche Caloriengeh. der Ziegenmilch (72 kcal) ist etwas höher als bei Kuhmilch (67 kcal). Die Milchmenge erreicht ihr Maximum in der 3.—5. Woche der Lactation. (Milchwissenschaft **7.** 113—20. April 1952. Rostock-Dummerstorf.) WINIKER. 4555

F. Skaller und **G. W. Grigg,** *Die Wirkung von peroral zugeführtem synthetischem Östrogen (Hexöstrol) auf den männlichen Vogel.* In 3 Versuchsreihen an insgesamt 144 jungen Hähnchen wurde die Wrkg. von per os appliziertem *Hexöstrol* (I) (5 bzw. 10 mg/Tag/Tier) geprüft. Die Empfindlichkeit der Tiere gegen I nahm mit dem Alter zu; die Bldg. von Körperfett war bei Kapaunen größer als bei den mit I behandelten Tieren. Das Fett von Tieren, die bis zu 25 mg I/Tag 3 Wochen lang erhalten hatten, hatte bei Mäusen keine östrogenen Wirkungen. (Austral. J. agric. Res. **1.** 496—516. Okt. 1950; Werribee, Vic., Poultry Res. Centre.) VINCKE. 4559

I. Assenmacher, *Vergleich der Aktivität verschiedener synthetischer Östrogene beim Vogel. Einfluß der Applikationsart.* Als Test wurde die medulläre Osteogenese in Femur u. Tibia von Tauben gewählt. Die Tiere erhielten *Dioxydiphenylhexan* (*Cyclöstrol*; I), *Dioxydiphenylhexadien* (*Cycladien*; II), *Methyläther* der *Dimethyläthylallenolsäure* (III) bzw. der *17-Methyl-bis-dehydrodoisynolsäure* (IV) per os, intramuskulär in öliger Lsg. oder durch Implantation von Preßlingen in die Brustbeinmuskel appliziert. III war bei allen Applikationsarten unwirksam, I u. II wurden durch die Leber inaktiviert, waren aber hochakt. bei parenteraler Applikation. (Ann. d'Endocrinol. **12.** 493—500. 1951. Strasbourg, Fac. de Méd., Inst. d'Embryolog. et de Morpholog. expér.) VINCKE. 4559

J. Comsa, *Einfluß der Gonaden auf die thyreotrope Aktivität des Urins des thymuslosen Meerschweinchens.* Auswertung des Geh. des Urins von thymuslosen kastrierten Meerschweinchen an *thyreotropem Hormon* (I) nach dem Verf. von JUNKMANN u. SCHÖLLER (Klin. Wschr. **11.** [1932.] 1176). Vf. glaubt, auf einen langdauernd erhöhten I-Geh. schließen zu können im Gegensatz zu nur thymuslosen oder nur kastrierten Tieren. (Ann. d'Endocrinol. **12.** 565—68. 1951. Strasbourg, Univ., Clin. Infant.) VINCKE. 4559

Jeanne Raynaud, *Lokale Wirkung des in die Submaxillardrüse der Maus injizierten Testosterons.* In die rechte Submaxillardrüse von n. ♀ Mäusen wurde je ca. $^1/_{80}$ cm³ (ca. 500 γ) *Testosteron* (I)-*propionat* in Olivenöl injiziert, während die andere Drüse als Kontrolle diente. 5—7 Tage später wurden die Tiere getötet u. die Drüsen histolog. untersucht. Bei 5 von 7 Tieren wurde eine Hypertrophie u. starke Zunahme des Durchmessers der Tubuli der Drüsen beobachtet. Es wird geschlossen, daß I eine lokal stimulierende, direkte Wrkg. hat. (C. R. hebd. Séances Acad. Sci. **230.** 2045—47. 5/6. 1950.) VINCKE. 4559

H. de Watteville und **B. Lunenfeld,** *Klinische und cytologische Wirkungen einer kombinierten Behandlung mit Östrogenen und Androgenen auf das Syndrom der Menopause.* Vff. berichten, daß die Wrkg. beider Hormone auf die Störungen in der Menopause synergist., schnell u. intensiv ist. Der Synergismus erlaubt es, die Dosen eines jeden Hormons zu verkleinern u. so die Intoleranz zu vermindern. Die antagonist. Wrkg. auf Endo- u. Myometrium u. die Brustdrüse verhindern patholog. Proliferationen an diesen Stellen, die man manchmal sonst bei alleinigen *Östrogen* (I)-Gaben beobachtet, u. die zu Hämorrhagien, Vergrößerung fibröser Knoten u. Auftreten einer Mastopathie führen können. Aus diesem Grund kann auch bei Frauen mit Uterus- oder Mammacarcinom diese kombinierte Behandlung angewandt werden, wo sonst *Androgen* (II) allein versagen würde. (Schweiz. med. Wschr. **83.** 14—18. 3/1. 1953. Genève, Univ., Clin. de Gynécol. et d'Obstétr.) BÖHM. 4559

Melchoir V. Okie, William J. Daley und **William F. White,** *Therapeutische Hypophyseninhibition durch Steroide. Behandlung von Exophthalmus.* Der Mechanismus der Unterdrückung der Hypophysenfunktion durch Östrogene wird erörtert. Über die Behandlung von 8 Fällen von Exophthalmus mit u. ohne Thyreotoxikose mit *Östradiol* oder *p-Oxypropiophenon* (*H-365*) wird berichtet. (J. int. Coll. Surgeons **18.** 164—71. Aug. 1952. Buffalo, N. Y.) H.-J. KOCH. 4559

Choh Hao Li und **Kai O. Pedersen,** *Physikalische Untersuchungen über Adrenocorticotropin in sauren Lösungen.* Das Mol.-Gew. von *Adrenocorticotropin* (I), das aus frischen Schafshypophysen nach der früher beschriebenen Meth. von LI, SIMPSON u. EVANS (Science [New York] **96.** [1942.] 450) dargestellt worden war, wurde in der Ultrazentrifuge zu 20000 (p_H 7,0, 1%ig. Lsg. in 0,2n Phosphatpuffer) bestimmt. Behandlung von I mit 0,025 n HCl in der Hitze oder in einem Gemisch von 0,05 mol. HCl–0,05 mol. Essigsäure bei Zimmertemp. zeigte eine Verringerung der Sedimentationskonstante. Dialysierverss. von I-Lsgg. in diesem Säuregemisch oder in 2 mol. Essigsäure ergaben das Auftreten dialysierbarer Fraktionen mit I-Wirkung. I zerfällt also in Ggw. von Säure in kleinere akt. Bruchstücke. (Arch. Biochem. Biophysics **36.** 462—67. April 1952. Berkeley, Calif., Univ. of California, Dep. of Biochem., u. Uppsala, Univ., Inst. of Physic. Chem. and Biochem.) VINCKE. 4560

G. Lohmeyer, H. Hüsselmann, H. W. Bansi und **F. Fretwurst,** *Bedeutung und Anwendung des adrenocorticotropen Hormons* (*ACTH*) *in der Klinik.* Klin. Bericht über die Behandlung von 6 Patientinnen mit schwerer chron. Polyarthritis u. einer Patientin mit Dermatomyositis mit *ACTH.* Mit Ausnahme einer Kranken mit chron. Polyarthritis zeigte sich deutliche, jedoch vorübergehende Besserung. (Dtsch. med. Wschr. **75.** 1129—32. 1/9. 1950. Hamburg, Allg. Krankenhaus St. Georg, I. Med. Abt.) VINCKE. 4560

H. Arnoldsson und **U. Pipkorn,** *Therapeutisch-klinische Erfahrungen mit ACTH bei verschiedenen allergischen Krankheitsbildern.* Vff. beschreiben 54 mit *ACTH* behandelte Asthmafälle. Dosierung: 30—50 mg täglich durchschnittlich 8—10 Tage. 34 wurden völlig beschwerdefrei, 12 wesentlich gebessert, 5 ungebessert, 3 verschlechtert. Durch perorale *Cortison* (I)-Gaben, täglich 25 mg, ließ sich in einigen Fällen das beschwerdefreie Intervall verlängern. (Schweiz. med. Wschr. **83.** 10—14. 3/1. 1953. Göteborg, Klinik für allerg. Krankheiten.) K. BÖHM. 4560

Ragnar Ekholm, *ACTH-Therapie bei Hypophyseninsuffizienz.* Vf. beschreibt einen Fall von SHEEHANs Krankheit (Unterfunktion der Schilddrüse, Ovarien u. Nebennieren), bei dem die *ACTH*-Therapie günstige Erfolge brachte, u. diskutiert aus der Literatur bekannte Fälle, bei denen mit ACTH behandelt wurde. Der größte Vorzug des ACTH gegenüber dem Cortison besteht in der stimulierenden Wrkg. auf die Nebennierenrinde, so daß eine adrenocorticale Atrophie verhindert wird. Die frühzeitige Diagnose, bevor eine irreversible Veränderung der Nebennierenrinde eingetreten ist, ist entscheidend für den Erfolg der ACTH-Therapie bei Hypophyseninsuffizienz. (Acta med. scand. **144.** I. 62—70. 28/10. 1952. Gothenburg, Sahlgrenska Sjukhuset, Med. Dep. II.) NIESWANDT. 4560

C. C. Jensen und **L. E. Tötterman**, *Eine verbesserte Hydrolysenmethode für neutrale 17-Ketosteroide des Urins.* Vgl. einiger in der Literatur beschriebener Methoden zur Best. der neutralen *17-Ketosteroide* (I) des Urins durch verschied. Hydrolyse- u. Extraktionsverfahren. Die Güte der Verff. wurde durch photometr. Best. von 2 Gruppen der in Freiheit gesetzten Steroide, des Gesamtbetrages von I nach der CALLOWschen Modifikation der ZIMMERMANNschen Rk., u. eines Teiles der I-Fraktion, der *Dehydroisoandrosteron* (II)-Fraktion, nach der „*D-Rk.*" (JENSEN, C. **1952.** 3062) ausgewertet. — 2 der geprüften 7 Hydrolysemethoden erwiesen sich als gleich gut; sie ergaben eine höhere Ausbeute, bes. an II, als die anderen Verfahren. Bei dem einen Verf. (HAMBURGER, Act. Endocrinol. **1.** [1948.] 375) wird der Urin mit $^1/_{10}$ des Vol. an 40%ig. (Vol.-%) H_2SO_4 u. Bzl. versetzt u. 30 Min. am Rückfluß erhitzt. Bei der anderen Meth., dem üblichen Verf. der Vff., wird $^1/_{200}$ des Vol. des 24 Std.-Urins mit $^1/_{10}$ Vol. 70%ig. (Vol.-%) H_2SO_4 versetzt, 30 Min. auf 100° erhitzt, abgekühlt u. mit Ae. extrahiert. — Nach Vff. findet wahrscheinlich auch bei diesen beiden Methoden eine gewisse Zerstörung der Steroide statt. (Nature [London] **169.** 374. 1/3. 1952. Malmö, Women's Clin.) VINCKE. 4561

C. P. del Campo de Hachen und **Jose I. Solis**, *17-Ketosteroide — eine Bestimmungsmethode.* Vff. haben die *17-Ketosteroide* nach dem von CALLOW modifizierten Verf. von ZIMMERMANN bei einer Gruppe n. Personen u. in 40 Fällen von Endokrinopathien mit Nebennierenrinden- u. gonadalen Veränderungen bestimmt. Die Ergebnisse stimmten mit denen anderer Autoren überein. (Rev. Asoc. bioquím. argent. **16.** 460—73. Okt.-Dez. 1951.) KRAFT. 4561

F. Mule', **G. Andreoni** und **F. Mingrino**, *Bestimmung der 17-Ketosteroide beim Typhus unter der Behandlung mit Vaccine.* Best. der Ausscheidung der 17-Ketosteroide im Harn nach der Meth. von ZIMMERMANN. Allg. werden während des Typhus etwas erniedrigte Werte gefunden, die 3—4 Tage nach Vaccination deutlich ansteigen, um danach wieder zurückzugehen. Erst 2—3 Tage vor der Entlassung aus klin. Behandlung findet man wieder ansteigende Werte. Diese Beobachtung wird als Folge eines psych. Reizes gewertet, der die Nebennieren zu einer gesteigerten Tätigkeit anregen soll, wie dieses auch unter der Vaccinetherapie geschieht. (Boll. Ist. sieroterap. milanese **31.** 401—11. Sept./Okt. 1952. Roma, Univ., I^a Clinica Pediatrica e Clinica delle Malattie infettive.) P. G. SCHEURLEN. 4561

Hermann Sartorius, *Die Ausscheidung der 17-Ketosteroide im Harn. Eine Methode zur Beurteilung der Nebennierenrindenaktivität.* Nach einem Überblick über Chemie, Wrkg. u. Bldg. der *Nebennierenrinden-* u. *Testikelhormone* werden die Ergebnisse der Best. der *17-Ketosteroide* (I) bei Gesunden u. Patienten mit verschied. endokrinen Erkrankungen (u. a. CUSHINGsches Syndrom, Virilismus u. ADDISONsche Krankheit) mitgeteilt. Vf. lehnt die Möglichkeit der Beurteilung der Nebennierenrindenaktivität auf Grund der I-Best. im Urin ab. (Klin. Wschr. **28.** 772—76. 1/12. 1950. Hamburg-Eppendorf, Univ.-Krankenhaus, I. Med. Klinik.) VINCKE. 4561

I. Abelin und **H. Pfister**, *Über die Ausscheidung der 17-Ketosteroide nach Glucosebelastung.* 7 junge Männer erhielten in nüchternem Zustand per os 50 g *Glucose* (I), worauf in Abständen von 3 Std. der Urin gesammelt u. in den einzelnen Portionen bis zu 12 Std. nach der I-Gabe die *17-Ketosteroide* (II) nach der Meth. von ZIMMERMANN bestimmt wurden. Vff. fanden, von einer Ausnahme abgesehen, eine Zunahme der II-Ausscheidung, die bis zu 100—150% des Ausgangswertes betrug u. meist während der ersten 3 Std. nach der I-Applikation auftrat. — Vff. betonen, daß jede Nahrungsaufnahme (-belastung) sehr verwickelte physiol. Vorgänge auslöst, deren Einzelheiten kaum noch überblickt werden können. (Klin. Wschr. **28.** 790. 1/12. 1950. Bern, Univ., Med.-Chem. Inst.) VINCKE. 4561

E. Tonutti, *Die hormonalen Wirkungen bei der Entstehung der pathologischen lokalen Prozesse.* Nach Vf. bieten weder die Theorie von VIRCHOW noch die von RICKER oder SPERANSKY eine Möglichkeit, die Bldg. lokaler Gewebsschäden völlig zu erklären. Aus Betrachtungen über die diesbzgl. Wrkg. von Diphtherietoxin bei n. bzw. hypophysektomierten Meerschweinchen wird geschlossen, daß es zum Manifestwerden der Schäden u. völligen Entfaltung der tox. Wrkg. noch eines hormonalen Faktors, wahrscheinlich hypophysären Ursprungs, bedarf. (Ann. d'Endocrinol. **12.** 481—92. 1951. Gießen, Medizin. Akad., Anatom. Inst.) VINCKE. 4561

Hamish W. McIntosh und **C. B. Holmes,** *Einige Belege, welche die Unterdrückung der Nebennierenrindenfunktion durch Cortison andeuten.* Als Beweise dafür, daß *Cortison* (I) die Nebennierenrindenaktivität unterdrückt, werden folgende Befunde angeführt: während der chron. I-Behandlung von 6 Männern mit rheumat. Spondylitis nahm die Ausscheidung der *17-Ketosteroide* (II) im Urin bei 5 Patienten ab. Demgegenüber führte sowohl die perorale als auch die intramuskuläre Applikation einer großen Einzeldosis (500 mg) I zu einem wechselnden Anstieg der II-Ausscheidung. Die Rk. von Patienten, die mindestens 4 Wochen lang I in einer Gesamtdosis von 4—5 g erhalten hatten, auf die intramuskuläre Injektion von 20 mg *ACTH* (III) war, gemessen an der Zahl der zirkulierenden eosinophilen Zellen des Blutes u. der II-Ausscheidung im Urin, verringert. Dagegen wurde eine starke Rk. bei mit I behandelten Patienten in bezug auf beide Größen nach Dauertropfinfusion von 20 bzw. 40 mg III/24 Std. beobachtet. (Lancet **261.** 1061—64. 8/12. 1951. Vancouver, Brit. Columbia, Shaughnesy Vet. Hosp.) VINCKE. 4561

Judith H. Balmain, S. J. Folley und **R. F. Glascock,** *Hemmung der Fettsäuresynthese in Rattenbrustdrüsenschnitten durch Cortison in vitro und die antagonistische Wirkung des Insulins.* Messungen in der WARBURG-App., bei denen an Brustdrüsenschnitten von lactierenden Ratten mit *Glucose* + *Na-Acetat* als Substrat der Gasaustausch in Ggw. von *Cortison* (0,25 mg/cm^3) (I) u./oder *Insulin* (0,05 I.E./cm^3) (II) gemessen wurde. Vff. ziehen aus diesen Verss. wie auch aus Messungen der respirator. Quotienten an gleichartigen Gewebsschnitten den Schluß, daß I eine Verringerung der Fettsäuresynth. in den Schnitten bewirkt, während II die entgegengesetzte Wrkg. hat. — Bebrütung von Brustdrüsenschnitten in Ggw. von *$^{14}C_1$-Acetat* + *Glucose* zeigte, daß I in vitro den Einbau von ^{14}C in die Fettsäuren der Schnitte verminderte. Auch Verss. an solchen Schnitten, die mit *CT_3COONa* + *^{14}C-Glucose* bebrütet wurden, zeigten wiederum die antagonist. Wrkg. von I u. II in bezug auf die Fettsäuresynthese. (Nature [London] **169.** 447—49. 15/3. 1952. Reading, Univ., Nat. Inst. for Res., Dairying.) VINCKE. 4561

G. Sala, F. Sereni und **C. B. Ballabio,** *Wirkung von Cortison auf den Wasserstoffwechsel.* Prüfung der Wrkg. von *Cortison* (I) auf die Nierenfunktion bei Patienten mit rheumat. Arthritis (100 mg I/Tag 10 Tage lang) u. bei einem Fall von ADDISONscher Krankheit (30 mg/Tag 10 Tage lang). Clearancemethoden mit Thiosulfat u. p-Aminohippursäure vor u. nach I-Zufuhr. Bei der Mehrzahl der rheumat. Patienten nahm die glomeruläre Filtrationsrate stark zu, während die renale Plasmadurchströmung in geringerem Maße anstieg oder unverändert blieb; die Rückresorption von W. durch die Tubuli war in jedem Falle vermehrt. Bei dem ADDISON-Kranken besserte I die Nierenfunktion u. brachte die Diurese nach Wasserbelastung zur Norm zurück. Bei diesem Patienten besserte die 10 Tage lang fortgesetzte Zufuhr von 10 mg *Desoxycorticosteronacetat*/Tag zwar die Nierenfunktion, aber nicht die anomale Diuresereaktion. — Vff. schließen, daß die Wasserretention bei n. Individuen nach I-Therapie auf vermehrter tubulärer Rückresorption beruht. Andererseits hemmt I die patholog. vermehrte tubuläre Rückresorption nach Wasserbelastung, die für Nebenniereninsuffizienz charakterist. ist. (Lancet **261.** 1090. 8/12. 1951. Milano, Italy, Univ., Med. Clinic.) VINCKE. 4561

Richard W. Lippman und **Helen U. Marti,** *Die Beziehung von Nebennierenrindenhormonen zur Pathogenese experimenteller Nephritis.* 48 ♂ Ratten von ca. 150 g Gewicht wurden in 4 Gruppen von je 12 Tieren 4 Wochen lang mit subcutanen Injektionen von *γ-Globulin* (I) aus Kaninchenserum, *nephrotox. Kaninchenserum* (II), I + *Cortison* (III)-*acetat* bzw. II + III behandelt. Die mit II behandelten Tiere wiesen dann gegenüber den Tieren, die I erhalten hatten, eine starke Zunahme des Gewichtes von Nieren u. Nebennieren, geringe Zunahme des Herzgewichtes u. Lipämie auf. Die Injektion von II erzeugte weiter erhebliche Proteinausscheidung u. vermehrte Ausscheidung der neutralen reduzierenden Lipoide im Urin. Es wird geschlossen, daß der Effekt einer gegebenen Menge von nephrotox. wirkenden Antikörpern durch den Grad der Nebennierenfunktion beeinflußt wird. Durch III-Zufuhr wird eine gleichartige Wrkg. erzielt. (Proc. nat. Acad. Sci. USA **37.** 447—51. Juli 1951. Los Angeles, Calif., Cedars of Lebanon Hosp.) VINCKE. 4561

R. Meier und **Fr. Gross,** *Die Wirkung von synthetischem Nebennierenrindenhormon (Desoxycorticosteron) in Abhängigkeit von der Applikationsform.* Übersicht bzgl. Wirkungseintritt, -stärke u. -dauer von *Desoxycorticosteron* (I) als wasserlösl. Glucosid, als I-*Acetat* in öliger Lsg. oder als Kristallsuspension bzw. als Preßling zur Implantation. Als Kriterium diente die Überlebensdauer nebennierenloser Ratten oder Hunde. (Dtsch. med. Wschr. **75.** 1150—53. 1/9. 1950. Basel, Ciba Akt.-Ges.) VINCKE. 4561

Ludwig Heilmeyer, Joachim Frey, Ludwig Weissbecker, Gerold Buchegger, Helmut Kilchling und **Herbert Begemann,** *Untersuchungen über die Wirkung des Cortisons*

(*Compound E*) *und des adrenocorticotropen Hormons* (*ACTH*). Klin. Bericht über die Behandlung eines 48jährigen Mannes mit schwerer doppelseitiger exsudativ kavernöser Lungentuberkulose mit begleitender Darmtuberkulose u. einer 60jährigen Gelenkrheumatikerin mit *Cortison* (I) sowie je eines Falles von akuter Leukämie u. chron. Lymphadenose mit *ACTH*. Nach Vff. soll I auch bei der Tuberkulose eine entzündungswidrige Wrkg. entfalten, wobei die Temp. „vielleicht beruhigt" wird. (Dtsch. med. Wschr. **75**. 1124—29. 1/9. 1950. Freiburg/Br., Univ., Med. Klinik.) VINCKE. 4561

Jacob John Robbins und **William F. Lyons**, *Berylliumgranulomatosis: Bericht über einen mit Cortison behandelten Fall.* Bericht über einen Fall von *Be*-Granulomatose, bei dem erst 8 Jahre nach der *Be*-Einw. schwere Respirationsstörungen auftraten. Durch täglich 200 mg *Cortison* (I) wurde in 2 Tagen schnelle symptomat. Besserung erzielt, ohne daß der Röntgenbefund der Lunge wesentlich verändert war. Zur Unterdrückung der Symptome werden täglich 25 mg I peroral ohne Nebenerscheinungen verabreicht. (Ann. intern. Med. **38**. 120—24. Jan. 1953. Chelsea, Mass.; Jacksonville, Fla.) KRUSEN. 4561

Egmont J. Orbach, *Behandlung von Schleimbeutelentzündung durch lokale Injektion von Hydrocortisonacetat.* In 8 Fällen (davon 5 akuten) von Bursitis wurde durch einmalige lokale Injektion von *Hydrocortisonacetat* eine unverzügliche Heilung erzielt. (J. int. Coll. Surgeons **18**. 159—63. Aug. 1952. New Britain, Conn.) H.-J. KOCH. 4561

Giovanni Calligari, *Erfahrungen mit einem neuen Kombinationspräparat aus Nebennierenrinde und einer adrenalinartigen Verbindung.* Vf. wandte ein Kombinationspräp. aus 12 U.C. adrenalinfreiem Nebennierenrindentotalextrakt (I; *Cortigen*, RICHTER, Mailand) u. 10 mg *β-Phenylisopropylmethylamin* (II) pro Ampulle bei 21 größeren Operationen intravenös zur Bekämpfung eines während oder nach der Operation aufgetretenen Schocks (Blutdruckabfall usw.) mit gutem Erfolg an. Die gute Wrkg. dieser Kombination führt Vf. auf einen Synergismus der beiden Bestandteile u. eine Verringerung der Nebenwirkungen des II durch I zurück. (Giorn. ital. Anestesia Analgesia **18**. 367—72. Mai/Juni 1952. Milano, Ospedale Fatebenefratelli, Div. di Pronto Soccorso e Chirurg. d'Urgenza; Pisa, Univ., Ist. di Patol. Spec. Chirurg.) IPPEN. 4561

Lucie Arvy und **Manfred Gabe**, *Wirkung der Thyreoidektomie und der Thyroxininjektionen auf die Submaxillardrüse der Albinomaus.* Bei erwachsenen ♂ Albinomäusen wurde 4 Wochen nach der Thyreoidektomie eine Atrophie der Submaxillardrüsen festgestellt; ihr Gewicht war gegenüber den Kontrollen um ca. 30% vermindert u. vor allem das Tubulussegment atrophiert. 6 Tage lang durchgeführte Injektionen von 0,25 mg *Thyroxin*/Tag/Tier brachten die nach Thyreoidektomie beobachteten Veränderungen zum Verschwinden. (C. R. hebd. Séances Acad. Sci. **230**. 1611—13. 3/5. 1950.) VINCKE. 4562

Piero P. Foà, **Leonida Santamaria**, **Harriet R. Weinstein**, **Sheldon Berger** und **Jay A. Smith**, *Sekretion des hyperglykämischen-glykogenolytischen Faktors* (*HGF*) *bei normalen Hunden.* Bei 2 Hunden wurde Anastomose zwischen der Vena pancreaticoduodenalis u. V. femoralis hergestellt. Durch Blutzuckerbestimmungen wurde festgestellt, daß nach Insulininjektion bei einem Hund *Glukagon* (HGF; hyperglykäm.-glykogenolyt. Faktor) vom Pankreas des Partnertieres sezerniert wurde. Wenn das Partnertier Spenderblut von der Mesenterialvene erhielt, sank sein Blutzuckergeh., als ob es selbst Insulin erhalten hätte. Nach Injektion von HGF wurde beim Partner als Rk. auf die bei ihm erzeugte Hyperglykämie Insulin ausgeschüttet. Daraus wird abgeleitet, daß HGF ein zweites pankreat. Hormon ist, u. daß dieses, wie auch Insulin, durch die Blutzuckerkonz. reguliert wird. (Amer. J. Physiol. **171**. 32—36. Okt. 1952. Chicago, Ill., Chicago Med. School, Dep. of Physiol. and Pharmacol.) LUDOLPHY. 4564

V. Erspamer und **A. Ottolenghi**, *Antidiuretische Wirkung von Enteramin.* Erweiterung der früher (Experientia [Basel] **6**. [1950.] 348) von ERSPAMER u. BORETTI mitgeteilten Befunde, wonach Acetonextrakte der hinteren Speicheldrüsen von *Octopus vulgaris* u. *Eledone* (*E. moschata* u. *E. Aldrovandi*) die Diurese von Ratten hemmen. Inzwischen wurde festgestellt, daß auch entsprechende Extrakte der Hypobranchialdrüse von *Murex trunculus* u. *Murex brandaris*, sowie in geringerem Maße der Milz u. der Magen- u. Dünndarmschleimhaut von Säugetieren bei Ratte, Hund, Meerschweinchen, Frosch, Kröte u. Mensch (sowohl n. als auch Patienten mit Diabetes insipidus) eine antidiuret. Wrkg. haben. Auch die durch Salze, Xanthinderivv. oder Hg-Präpp. erzeugte Diurese wird gehemmt. Diese Wrkg. wird auf den Geh. solcher Extrakte an *Enteramin* zurückgeführt. (Experientia [Basel] **6**. 428. 15/11. 1950. Bari, Univ., Pharmacol. Inst.) VINCKE. 4569

Hans-Jürgen Jahn, *Die Behandlung peripherer Durchblutungsstörungen mit Depot-padutin. Padutin* (*Kallikrein*) in seiner Depotform wurde bei 20 prognost. ungünstigen

Durchblutungsstörungen angewandt. In 13 Fällen gute Wrkg., 2 blieben unbeeinflußt. Voraussetzung für erfolgreiche Therapie ist das Fehlen weitgehender Obliteration der Hauptarterie. Dosierung: 40 E. Kallikrein pro die. (Die Medizinische **1953.** 91—93. 17/1. Korbach, Stadtkrankenhaus.) MATTHIES. 4569

Ian Wang, *Cholesterintoleranz bei Coronarthrombose.* Beschreibung eines *Cholesterin* (I)-Toleranztestes, mit dem 50 Patienten (Gesunde, Atherosklerotiker u. Kranke mit begleitender Hypercholesterinämie) getestet wurden. Die Ergebnisse zeigen, daß bei der Coronarthrombose (CTh) kein anomales postabsorptives Ansteigen des Blut-I besteht. Die Behandlung der CTh mit einer I-armen Diät verspricht mithin wenig Aussicht auf Erfolg. Das gleichzeitige Vork. von Hypercholesterinämie u. Atherosklerose wird erneut bestätigt. Die Ergebnisse lassen weiterhin vermuten, daß bei Nephritis, Diabetes mellitus u. bei Myxödem eine Intoleranz für zugeführtes I besteht. (Brit. med. J. **1952.** I. 1278—81. 14/6. Glasgow, Victoria Infirmary.) K. BÖHM. 4572

A. K. Solomon, *Die Permeabilität menschlicher Erythrocyten für Natrium und Kalium.* Die Permeabilität menschlicher Erythrocyten wurde mit radioakt. Isotopen untersucht u. der Einfl. von gleichzeitig anwesendem Li u. Rb festgestellt. Energet. Berechnungen der aufgewendeten Transportarbeit gegen das Konzentrationsgefälle werden durchgeführt. (J. gen. Physiol. **36.** 57—110. 20/9. 1952. Boston, Harvard Med. School, Biophysic. Labor.) MATTHIES. 4573

Léon Binet, Jean Bernard, Georges Wellers und **Georges Mathe,** *Die Glutathionämie im Verlauf akuter Leukosen.* Bei 53 Fällen behandelter u. nichtbehandelter Leukosen wurde eine Erhöhung des *Glutathion* (I)-Spiegels gefunden. Das Verhältnis Gesamt-I/oxydiertes I ist ebenfalls erhöht. Cortison oder ACTH können es erniedrigen, nicht aber Transfusionen, Aminopterin oder N-Lost. Die Erhöhung von I findet sich bei akuten Leukosen u. bei Carcinosen, die Erhöhung der Relation Gesamt-I/oxydiertes I bei akuten Leukosen u. Erschöpfung der Nebennieren. (Presse méd. **60.** 961—63. 25/6. 1952. Paris, Fac. de Méd.) MATTHIES. 4574

Felix Haurowitz, *Der Mechanismus der immunologischen Reaktion.* Vf. bespricht die Biosynth. der Proteine unter besonderem Hinblick auf die Bldg. der Plasmaproteine u. die Bedeutung der Nucleinsäuren in diesem Zusammenhang. Anschließend erörtert er den Chemismus der Antigen- u. Antikörperbldg. u. -reaktion. — 208 Literaturangaben. (Biol. Rev. Cambridge philos. Soc. **27.** 247—80. Aug. 1952. Bloomington, Ind., Univ., Dep. of Chem.) DUCHO. 4574

W. R. Merz, *Kontrolle der therapeutischen Heparinwirkung im Blut bei Thromboseerkrankung.* Vf. weist auf die unbedingt durchzuführende Kontrolle bei intravenöser Verabreichung von *Heparin* (I) hin. Hierbei wurden verschied. Methoden untersucht, um den Grad der Kumulation der I-Wrkg. zu messen. Die Best. der Gerinnungszeit nach FONIO wurde vom Vf. für klin. Unterss. als geeignetste empfohlen (Normalwert 29 ± 6 Min.). (Schweiz. med. Wschr. **83.** 110—11. 31/1. 1953. Basel, Univ.-Frauenklinik.) BRATFISCH. 4574

R. Marbet und **A. Winterstein,** *Neue Methodik zur Kontrolle der Antikoagulantientherapie.* Beschreibung einer neuen Meth. zur Best. der Gerinnungszeit bei Antikoagulantientherapie am Krankenbett. Vff. vermischen Vollblut mit Thrombokinase u. lassen dasselbe aus einer Injektionsspritze durch die Nadel abtropfen. Bei Gerinnungsbeginn bleibt geronnener Blutstropfen an der Nadel hängen. (Praxis [Bern] **42.** 61—64. 22/1. 1953. Basel, Hoffmann-La Roche & Co. Akt.-Ges., Wissenschaftl. Labor.) BRATFISCH. 4574

A. Fonio und **J. Henseler,** *Eine klinisch verwendbare Kontrollmethode zur Beurteilung der Wirkung von Antikoagulantien auf das Fibringerinnsel.* 5 ml venenpunktiertes, mit 2,5%ig. Na-Citratlsg. im Verhältnis 1 : 9 versetztes Blut wird 3 Min. mit 2500 U/Min. zentrifugiert, je 0,4 ml Plasma in 2 kleine Reagensgläser verbracht, mit je 1 Tropfen 2%ig. $CaCl_2$-Lsg. versetzt u. 45—60 Min. im Wasserbad von 37° gehalten. Dann erfolgt Best. des Aufbaues u. des Retraktilitätsgrades des Gerinnsels. Sorgfältige Reinigung u. Ausglühen der Reagensgläser ist erforderlich. Kontrollunterss. vor u. nach der Antikoagulantientherapie sind notwendig. (Schweiz. Z. allg. Pathol. Bakteriol. **15.** 598—602. 1952. Bern.) KRUSEN. 4574

P. Broustet, *Die Durchführung einer Therapie mit Antikoagulantien.* Übersicht über die Therapie mit *Heparin* u. *Dicumarol.* (J. Méd. Bordeaux Sud-Ouest **130.** 133—42. Febr. 1953.) MATTHIES. 4574

A. J. Hellem, *Chronische Antikoagulationstherapie.* Bericht über langdauernde (19—331 Tage) Behandlung von 47 Fällen cardiovasculärer Störungen, bes. Infarctus cordis, Angina pectoris u. Thrombophlebitiden, mit *Dicumarol.* Die Prothrombinwerte konnten in ca. 50% der gesamten Behandlungszeit auf 10—25%, in ca. 80% auf 10—40% herabgedrückt werden. In 9 Fällen traten Intoxikationen mit meist leichterer Hämaturie auf, in 4 Fällen (davon ein letaler) Recidive oder embol. Komplikationen. (Nordisk Med. **48.** 1558—60. 7/11. 1952. Drammen, Norwegen, Krankenhaus.) BECKMANN. 4574

Willi Müller, *Zur Problematik der Lokalisation von Vitamin C in der Zelle.* Die von TONUTTI (vgl. Z. mikroskop.-anat. Forsch. **42.** [1937.] 221) gemachte Annahme, daß das Auftreten schwarzer Granula im Innern von „Trypanblaukörnchen" nach der Rk. von GIROUD-LEBLOND ein Ausdruck der *Vitamin-C* (I)-Speicherung ist, erweist sich als irrig, da Trypanblau (II) selbst bei der I-Best. nach TILLMANS den Indicator red. u. so zu hohe I-Werte gibt, u. weil beim Ausflocken von II mit $AgNO_3$ ebenfalls im Innern der Farbflocken schwarze Körnchen entstehen. Eine Homologisierung der Speicherorte für saure Vitalfarbstoffe u. für I ist danach nicht zulässig. (Z. Zellforsch. mikroskop. Anatom. **37.** 573—82. 1952. Hamburg, Univ., Anat. Inst.) H.-J. KOCH. 4587

Hans Jesserer, Otto Blacizek und Hilde Hochhauser, *Die Behandlung nässender Ekzeme mit intravenösen Gaben von Vitamin D.* Auf Grund ihrer Erfahrungen bei der erfolgreichen Behandlung von 12 Fällen von ausgedehnten nässenden Ekzemen mit intravenösen *Vitamin-D_2*-Gaben empfehlen Vff., diese Therapie mit 30—60 mg zu beginnen u. dann mit täglich 15 mg für ca. 1 Woche fortzusetzen. Meist beginnt schon am 1. Tag wesentliche Sekret- u. Juckreizverminderung, nach 3—4 Tagen erfolgt ein leichter Rückfall, dann in kurzer Zeit Heilung. Die Wirkungsweise des Vitamins kann noch nicht erklärt werden, zumal eine wesentliche Erhöhung des Blutcalciums nicht eintritt. (Praxis [Bern] **42.** 126—29. 12/2. 1953. Wien, Univ., I. Med. Klinik.) KRUSEN. 4587

H. A. Mattill, *Vitamin E.* Überblick über den Stand der Tocopherolforschung u. über Vitamin-E-Mangelerscheinungen. (Nutrit. Rev. **10.** 225—26. Aug. 1952. Iowa City, Iowa, State Univ. of Iowa, Coll. of Med., Dep. of Biochem.) H.-J. KOCH. 4587

Germain R. Houle, *Vitamin-E-Defizit bei Rinderkälbern.* Besprechung der Symptome bei *Vitamin-E*-Mangel der Kälber. Orale Verabreichung von *α-Tocopherol*, 1000 mg 2mal täglich, ist in leichten bis mittelschweren Fällen erfolgreich. Um die Tiere am Leben zu erhalten, ist prophylakt. Betreuung der Kühe notwendig, die im Zusatz von *Vitamin A, Ca* u. *J* zum Viehfutter besteht. (J. Amer. veterin. med. Assoc. **121.** 485—87. Dez. 1952. Caribou, Maine.) DOSSMANN. 4587

Hermann Koch und Werner Ponsold, *Bestimmung von Vitamin E in Weizenkeimöl.* Vff. stellten fest, daß der *Tocopherol* (I)-Geh. des Weizenkeimöls beim Erhitzen (8 Std.) durchschnittlich um 70—80% zunimmt. Die Best. erfolgte mit einer modifizierten Meth. nach FURTER u. MEYER (Helv. chim. Acta **22.** [1939.] 240); 0,2—0,5 g Weizenkeimöl wurden mit 0,5 cm^3 A. versetzt u. mit 1 cm^3 65%ig. HNO_3 in bestimmter Weise oxydiert. Dann wurde mit A. auf 6 cm^3 aufgefüllt. Ungelöstes Öl wurde zuvor abgetrennt u. zu 6 cm^3 Aceton gelöst. Unter Zwischenschaltung des Farbfilters S 47 wurde photometriert. Die Summe der Extinktionen ergibt den I-Gehalt. (Pharmaz. Zentralhalle Deutschland **92.** 1—5. Jan. 1953. Halle Saale, Univ., Pharmakolog. Inst.) HERRMANN. 4587

William C. van Buskirk (unter techn. Mitarbeit von: **John S. Belko und Thomas J. Giovanniello**), *Die Wirkung intravenöser Injektion von emulgiertem Vitamin K_1 auf die durch Tromexan herbeigeführte Hypoprothrombinämie. Vitamin K_1 = 2-Methyl-3-phytyl-1.4-naphthochinon* (I) ist geeignet, Blutungen nach der Anwendung von *Dicumarol* u. *Tromexan* (*3.3'-Carbäthoxymethylen-bis-*[*4-oxycumarin-*(*3*)] (II) zu verhindern. Mit II behandelte Patienten, deren *Prothrombin* (III)-Aktivität 16 Std. nach der II-Gabe weniger als 50% der n. war, erhielten intravenös 5 mg/kg an in Öl gelöstem I in 5%ig. Emulsion. Die III-Aktivität lag nach 3 Std. über dem therapeut. Bereich u. nach 24 Std. im Durchschnitt bei 73,2% des n. Wertes. Der Anstieg der III-Aktivität nach Zufuhr vom wasserlösl. *Synkayvite = 2-Methyl-1.4-naphthohydrochinon-3-sulfonsaurem Na* war jedoch nur wenig rascher als bei den mit keiner Vitamin-K-akt. Substanz behandelten Kontrollpersonen. Nach der I-Behandlung wurde die ca. doppelte Menge an II gebraucht, um die III-Aktivität wieder auf den therapeut. wichtigen Stand zu senken. (New England J. Med. **248.** 57—58. Jan. 1953. West Roxbury, Mass., Veterans Administr. Hosp.) WILLENBERG. 4587

Marie Dorer, „*Vitamin-T-Goetsch" in der Aufzucht von Frühgeburten. Untersuchungen an 11 Zwillingspaaren.* Unterss. an 11 frühgeborenen Zwillingspaaren, von denen jeweils 1 Kind täglich 3mal 3 bis 3mal 10 Tropfen *Vitamin-T-Goetsch* (I) erhielt, ergaben, daß durch I keine bes. Wrkg. hinsichtlich Gewichtszunahmen erzielt wurden. Vf. nimmt an, daß es sich bei dem von anderen Autoren beobachteten wachstumsfördernden Faktor in I um Aminosäuren handelt. Da die untersuchten Zwillinge zur Aufzucht Frauenmilch unter Zusatz von 0,5—1,0% Aminosäure erhielten, konnte deshalb durch I-Zufuhr keine weitere Wrkg. erzielt werden. — 18 Literaturangaben. (Ann. paediatrici [Basel] **180.** 98—110. Febr. 1953. Basel, Kinderspital.) KRUSEN. 4587

O. Boeger, *Methionin als Eiweißergänzung in der Kükenaufzucht.* Die durch Entzug von 5% der Eiweißnahrung (Fischmehl) bedingte Wachstumsverschlechterung wird durch Zulage von 0,25% Methionin weitgehend aufgehoben. (Züchtungskunde **24.** 137—44. Jan. 1953. Wahn, Lehr- u. Versuchsanstalt für Fütterungsfragen der Landwirtschaftskammer Rheinland.) MENGELBERG. 4589

S. A. Singal, S. J. Hazan, V. P. Sydenstricker und Julia M. Littlejohn, *Die Erzeugung von Fettlebern bei Ratten durch Threonin- und Lysinmangelkost.* In Fütterungsverss. erhielten Ratten als N-Quelle entweder Casein (**I**) mit verschied. Zusätzen oder ein synthet. Aminosäuregemisch (**AG**). Suboptimale Zufuhr von *Threonin* (**II**) u. *Lysin* (**III**) verursachte Leberverfettung bei Futtergemischen mit wenig Casein bzw. Aminosäuren. Bei adäquater Zufuhr von **II** u. **III** wird ein n. Leberlipoidgeh. beobachtet. Hohe Zulagen von Cholin u. Methionin wirken bei den Ratten, die **I**-Futter erhielten, lipotrop, während diese Zulagen zum **AG**-Futter weniger wirksam waren. Die Bldg. von Fettlebern mit einem maximalen Fettgeh. durch **II**- u. **III**-Mangel erfolgt nur, wenn das Wachstum mindestens 80% des optimalen beträgt. Cobalamin erwies sich gegenüber den erzeugten Fettlebern als wirkungslos. Mit der Zunahme der Leberlipoide verminderten sich die Leberphospholipoide sowie die Jodzahl des Gesamtfettes; außerdem fanden sich beträchtliche Mengen verestertes Cholesterin. Der Geh. des Serums an freiem u. Gesamtcholesterin sowie an Phospholipoiden zeigt keine Abweichungen gegenüber den Kontrolltieren. (J. biol. Chemistry **200.** 867—74. Febr. 1953. Georgia, Augusta, Med. Coll. of Georgia, Dep. of Biochem. and Med.) NEHRING. 4589

S. A. Singal, S. J. Hazan, V. P. Sydenstricker und Julia M. Littlejohn, *Die Wirkung von Threoninmangel auf die Synthese einiger phosphorhaltiger Fraktionen bei der Ratte. Threonin* (**I**)-Mangel setzt bei der Ratte die Synth. von Phosphorlipoiden u. P-haltigen Nucleoproteidfraktionen der Leber herab. **I**-Zulage bewirkt eine annähernde Normalisierung innerhalb von 8 Stunden. Bei den kleinen Eingeweiden u. der Niere lassen sich derartige Veränderungen nicht beobachten. Bei Ratten, die n. Rationen erhielten, ließ sich die Synth. der P-haltigen Fraktionen durch **I**-Zulagen nicht beeinflussen. Die Fraktionierung der Lebernucleoproteine zeigte, daß die Synth. der Pentosenucleinsäuren, aber nicht die der Desoxypentosenucleinsäuren u. Phosphorproteine bei den **I**-Mangeltieren gestört ist. (J. biol. Chemistry **200.** 875—82. Febr. 1953. Georgia, Augusta, Med. Coll. of Georgia, Dep. of Biochem. and Med.) NEHRING. 4589

S. A. Singal, S. J. Hazan, V. P. Sydenstricker und Julia M. Littlejohn, *Die lipotrope Wirkung des Threonins und verwandter Substanzen bei der Ratte.* An Ratten, die ein Futter mit suboptimalem *Threonin* (**I**)-Geh. erhielten, untersuchten Vff. die lipotrope Wrkg. von *D*-**I**, *L*-**I**, *DL*-**I**, *DL-Allothreonin* u. *DL-Homoserin.* Von den untersuchten Substanzen schützte nur das *L*-**I** vor Leberverfettung u. förderte das Wachstum bei dem Mangelfutter. (J. biol. Chemistry **200.** 883—86. Febr. 1953. Georgia, Augusta, Med. Coll. of Georgia, Dep. of Biochem. and Med.) NEHRING. 4589

K. Tietze und F. H. Schulz, *Über den Stickstoffhaushalt beim Myokardinfarkt.* In den ersten 6—8 Tagen nach dem Infarkt kommt es zu einer stark negativen N-Bilanz, die sich zwischen dem 8. u. 14. Tag wieder normalisiert. Als Ursache werden von Vff. Störungen der Leber in den Desaminierungsfunktionen, vermehrte Fibrinolyse bei erhöhtem Fibrinogengeh. des Blutes u. erhöhter Gewebeeiweißzerfall in der Peripherie diskutiert. Es wird angenommen, daß die Erhöhung der harnpflichtigen Substanzen extrarenal bedingt ist. Erst die tagelange Überbeanspruchung der Nieren durch erhöhte Ausscheidung u. Konz. harnpflichtiger Substanzen führt zu einem Nachlassen der Konzentrationsfähigkeit der Nieren bei jedoch erhaltenem n. spezif. Harngewicht. (Schweiz. med. Wschr. **83.** 34—36. 10/1. 1953. Leipzig, Univ., Med. Klinik.) NEHRING. 4596

H. Gohr und A. Fincke, *Über Erfahrungen mit älteren und neueren Gallenfarbstoffreaktionen.* Neben dem Bilirubinnachw. nach GMELIN (G.-Rk.), der EHRLICH-Rk. (E.-Rk.), der SCHLESINGER-Rk. (Sch.-Rk.) werden die Pentdyopent-Rk. (P.-Rk.), — Mesobiliviolin-Rk. (M.-Rk.) u. Cu-Rk. (Cu-Rk.) angewendet. G.-Rk., E.-Rk. u. Sch.-Rk. reichen zur Prüfung des Gallenfarbstoffwechsels nicht aus. Mit P.-Rk., M.-Rk. u. Cu-Rk., wovon Cu-Rk. weniger geeignet ist, konnten Bilirubinurie, Urobilirubinogenurie, Stercobilinogenurie u. Propentdyopenturie erkannt werden. Verschiedenartige Leberschädigungen u. Prozesse mit vermehrter Erythrocytolyse wurden verfolgt. E.-Rk. wird durch PAS, Sulfanilamide, Bilirubin u. Nitrit gestört. (Die Medizinische **1953.** 1—10. 7/3. Köln, Univ., Klin.-Chem. Abt., Krankenanstalt Lindenburg.) FRESENIUS. 4597

Theodore N. Pullman und **William W. McClure,** *Die Wirkung von L-Noradrenalin auf die Elektrolytenausscheidung beim normalen Menschen.* Bei 6 n. Personen wurde die Wrkg. abgestufter Infusionen von reinem *L-Noradrenalin* (LEVOPHAD) untersucht. Die Ausscheidung von Na u. Cl wurde nicht beeinflußt. Die K-Ausscheidung wurde vermindert, jedoch in engerer Beziehung zu der gleichzeitigen Abnahme der Nierendurchblutung als zu der Höhe der Wirkstoffgabe. (J. Lab. clin. Med. **39.** 711—19. Mai 1952. Chicago, Ill., Univ., Dep. of Med.) SCHWAIBOLD. 4597

James L. Tullis, Blood cells and plasma proteins; their state in nature. New York: Academic Press. 1953. (457 S. m. Abb.) $ 8,50.

E6. Pharmakologie. Therapie. Toxikologie. Hygiene.

MacDonald Bonebrake, Alfred I. Sherman, Michel Ter-Pogossian und **A. Norman Arneson,** *Klinische Resultate verschiedener Radiumbehandlungsverfahren bei Carcinomen am Cervix uteri in der Zeit von 1921—1947.* Erfahrungsbericht über 490 Patientinnen mit Carcinomen am Cervix uteri, die nach verschied. Verff. durch Einführung von Ra-Nadeln bestrahlt wurden. Isodosenmessungen wurden mit Scintillationszählern vom Rectum u. der Blase her durchgeführt u. statist. Erhebungen über die Behandlungsmethoden u. die dabei auftretenden therapeut. Erfolge bzw. störenden Nebenwirkungen angestellt. (Amer. J. Roentgenol., Radium Therapy Nuclear Med. **68.** 925—34. Dez. 1952. Saint Louis, Mo., Washington Univ., School of Med., Dep. of Ostetrics and Gynecol.) REUSSE. 4601

William E. Goodwin, Franz K. Bauer, Thomas F. Barett und **Benedict Cassen,** *Eine Methode zur Bestimmung anomaler morphologischer Befunde an der Thyreoidea unter Verwendung von ^{131}Jod.* Zur Unters. patholog. Befunde an der Thyreoidea (Th.) erhält Patient eine orale Dosis von 100—250 μC von trägerfreiem ${}^{131}J$. Nach 24 bis 48 Std. wird Patient in horizontaler Lage unter einem Scintillationszähler mit kleinem Öffnungswinkel fixiert. Der Zähler tastet bei entsprechender Bewegung über der Th. deren Aktivität ab u. zeichnet diese mit einem automat. Tintenschreiber auf. Das so aufgezeichnete Scintigramm liefert ein Bild der Aktivitätsverteilung u. damit des patholog. Zustandes der Th. (Amer. J. Roentgenol., Radium Therapy Nuclear Med. **68.** 963—70. Dez. 1952. Los Angeles, Calif., Veterans administr. Center, Wadsworth Gen. Hosp., Radioisotope Unit., u. Univ. of California, School of Med.) REUSSE. 4601

J. L. Armbruster und **H. W. Hefke,** *Neo-Iopax: Beziehung zwischen der Intensität der Nebenwirkungen und der Dauer der intravenösen Injektion.* Intravenöse Injektion von *Neo-Iopax* zwecks Aufnahme von urograph. Kontrastbildern bewirkt mitunter schmerzhafte Rkk. an Armen u. Schultern. Außerdem werden gelegentlich Übelkeit, Erbrechen, Urticaria u. Erytheme beobachtet. Das Auftreten dieser Nebenerscheinungen ist abhängig von der Zeitdauer der Injektion. Verss. mit Injektionszeiten von 40 Sek., 1 Min., 2 Min. oder 3 Min. an jeweils 75 Patienten (30 cm^3 Kontrastmittel) ergaben, daß bei 40 Sek. optimale Bedingungen erzielt werden, d. h. die genannten Rkk. weniger auftreten als bei längeren Injektionszeiten. (Amer. J. Roentgenol., Radium Therapy Nuclear Med. **68.** 915—17. Dez. 1952. Milwaukee, Wis., Milwaukee Hosp.) REUSSE. 4601

Wylie H. Mullen jr. und **C. Robert Hughes,** *Intravenöse urographische Kontrastmittel. Kontrolluntersuchungen mit Diodrast und Neo-Iopax.* Die röntgenolog. u. klin. Wrkg. der beiden urograph. Kontrastmittel *Diodrast, 3.5-Dijod-4-pyridon-N-essigsäure-diäthanolamin* (I), u. *Neo-Iopax, Dinatrium-N-methyl-3.5-dijodchelidonat* (II; SCHERING CORP., Bloomfield, N. J.), wurde an je 1100 Patienten eingehend untersucht. Das umfangreiche Tabellenmaterial ergibt: Allgemein-Rkk. treten ohne merkliche Unterschiede bei beiden Präpp. auf, lokale Rkk. treten bei I weniger auf als bei II. Bes. Venospasmen werden bei II viel häufiger beobachtet als bei I. Allerg. Symptome finden sich weniger häufig bei II. Frauen zeigen allg. heftigere Rkk. als Männer, die diagnost. Qualität der Kontrastbilder ist bei beiden Mitteln von gleicher Güte. (Amer. J. Roentgenol., Radium Therapy Nuclear Med. **68.** 903—14. Dez. 1952. Cleveland, O., Cleveland Clin.) REUSSE. 4601

I. R. Berger, John W. Gaddis und **Everett L. Pirkey,** *Cholecystographie. Vergleichsuntersuchung zwischen einem neuen cholecystographischen Mittel und Priodax bei 50 Patienten.* Vff. berichten über klin. u. röntgenolog. Vergleichsverss. mit dem neuen Kontrastmittel *o-[4-Oxy-3.5-dijodphenyl]-benzoesäure* (I) u. *β-[4-Oxy-3.5-dijodphenyl]-α-phenylpropionsäure* (*Priodax*; II) in der Cholecystographie. Außer der röntgenolog. Kontrastdarst. werden auch Nebenwirkungen, wie Übelkeit, Erbrechen, Diarrhoe, abdominelle Beschwerden, Harnbrennen, beobachtet. Bei ca. 50 Patienten ergab sich, daß die nachteiligen Nebenwirkungen bei I etwas weniger zahlreich u. weniger heftig auftreten als bei II, während letzteres eine gleichmäßige Sichtbarmachung der Gallenblase bewirkt. Für die Routinearbeit in der Klinik werden daher beide Präpp. als gleichwertig befunden. (Amer. J. Roentgenol., Radium Therapy Nuclear Med. **68.** 900—02. Dez. 1952. Atlanta, Ga., Veterans Administr. Hosp.) REUSSE. 4601

Sigrid Linke und **Edgar Hennig,** *Vergleichende Blutuntersuchungen vor und nach Ultraschallbehandlung.* An 65 mit *Ultraschall* (US) behandelten Patienten wurde der Einfl. auf a) Blutzucker, b) Blutsenkungs-Rk., c) Serumsenkung u. d) Blutbild untersucht. Ergebnis: a) Anstieg in 36, Absinken in 27 Fällen, 2 Fälle unbeeinflußt; b) Anstieg bei 40, Absinken bei 2 Fällen, 20 unbeeinflußt; d) bei 50 Patienten deutliche Verminderung der Leukocyten mit Abnahme der Segmentkernigen zugunsten der Lymphocyten, die bei 43 Fällen sichtbar anstiegen; bei c) wurde keine Veränderung der Senkungszeit der Erythrocyten nachgewiesen. Nach dem Ergebnis ist bei US-Behandlung mit Auftreten von Leukopenie u. relativer Lymphocytose zu rechnen. Erklärt wird die Erscheinung mit der US-Wrkg. auf das vegetative System. (Z. ges. inn. Med. Grenzgebiete **8.** 219—20. 1/3. 1953. Halle/Saale, Univ., I. Med. Klinik.) DOSSMANN. 4601

V. U. Lutwyche und **D. A. Brewerton,** *Knochenmarkschädigung durch Thiosemicarbazone.* Vff. berichten über 2 Fälle, die nach *TB I* u. später *Ethizone* = *p-Äthylsulphonylbenzaldehydthiosemicarbazon* schwere Knochenmarkserscheinungen im Sinne einer Panhämocytopenie zeigten. (Brit. med. J. **1952.** I. 1302. 14/6. London.) K. BÖHM. 4607

I. Maurren Young, *Der placentare Übergang von Hexamethoniumbromid beim Kaninchen und sein Erscheinen in der Amnionflüssigkeit.* Die Placenta des Kaninchens ist für *Hexamethoniumbromid* (I) vom 23. Schwangerschaftstag an aufwärts durchlässig. I erscheint in der Amnion-Fl. in Konzz., die mit dem Alter des Föten ansteigen. Es wird unverändert durch die Nieren erwachsener Kaninchen ausgeschieden. Die Ausscheidung aus der Amnion-Fl. erfolgt langsam. (J. Physiology **116.** 4P. 28/2. 1952. London, Sherrington School of Physiol., St. Thomas's Hosp.) K. BÖHM. 4607

Raymond-Hamet, *Über die Umkehrung der blutdrucksteigernden Wirkung des Adrenalins durch Chinin.* (C. R. hebd. Séances Acad. Sci. **236.** 248—50. 12/1. 1953.) v. GIZYCKI. 4607

D. F. Waterhouse, *Entgiftungsvorgänge bei Kleidermottenlarven.* Beobachtungen an der Kleidermotte Tineola bisselliella ergaben, daß im Mitteldarm der Larven ein Mechanismus auftritt, der S-Verbb. aus Farb- u. anderen Stoffen absorbiert bzw. in Becherzellen zu speichern vermag. Diese Depots scheinen bei der nächsten Häutung mit abgestoßen zu werden. Bei Kontrollen auf Seide, die nicht mit metallhaltigen Substanzen behandelt worden war, wurden keine entsprechenden S-Verbb. produziert, es sei denn, Cystin, Methionin, Glutathion oder ähnliche Stoffe waren der Nahrung zusätzlich beigefügt worden. (Nature [London] **169.** 550. 29/3. 1952. Canberra, Commonwealth Sci. and Ind. Res. Org., Div. of Entomol.) LÜPNITZ. 4607

Walther Matzel, *Parainfektiöse Encephalitis bei Tuberkulose unter Behandlung mit TB I.* Bericht über einen Fall mit tödlichem Ausgang, bei dem sich eine parainfektiöse Encephalitis während der *Tb I* = *Tebethion* (I; JENAPHARM)-Behandlung einer offenen Lungentuberkulose entwickelte. Die heftigen Nebenerscheinungen begannen nach Steigerung der täglichen I-Dosis auf 0,1 g. Die allerg.-tox. I-Wrkg. wird besprochen. (Z. ges. inn. Med. Grenzgebiete **8.** 231—33. 1/3. 1953. Halle/Saale, Univ., I. Med. Klinik.) DOSSMANN. 4610

Hans Gräf, *Erfahrungen mit Gantrisin bei Erkrankungen im HNO-Bereich.* Vf. berichtet an Hand von 4 Fällen otogener Meningitis u. Hirnabsceß über erfolgreiche Behandlung mit hohen Dosen *Gantrisin* (I). Erst die I-Behandlung führte schlagartig zur Besserung. In allen Fällen wurde aber auch Penicillin mitgegeben. Vf. glaubt, daß I bei perimandibulären Infektionen schneller u. intensiver angreift als andere Sulfonamide. (Die Medizinische **1953.** 193—94. 7/2. Stade, Städt. Krankenanstalten, Hals-, Nasen-, Ohrenklinik.) K. BÖHM. 4610

Leon S. Saler, *Rationelle Verabreichung von biostatischen Medikamenten bei Agranulocytose.* Bericht über einen Fall von Agranulocytose nach *Sulfadiazin,* der als Komplikationen Lymphadenitis am Nacken u. Lungenabscesse aufwies. Die Behandlung wurde mit *Penicillin, Aureomycin* u. *Streptomycin* (I) nach klin. Gesichtspunkten u. bakteriolog. Indikationen durchgeführt, wobei I absichtlich bis zum Auftreten einer Infektion mit I-empfindlichen Organismen zurückgehalten wurde. Ausgang in Heilung. (Southern med. J. **45.** 1050—52. Nov. 1952. New Orleans, La.) K. BÖHM. 4610

Eduard Melchior, *Sigmoidvolvulus, einzeitige Resektion und Emetin.* Die im Zustand des Darmverschlusses ausgeführte Resektion des Sigmoidvolvulus hat eine Sterblichkeit von 61%, die unter postoperativen *Emetin*-Gaben auf 20% absank. Vf. sah oft Emetin noch wirksam, wenn Antibiotica versagten. Er glaubt, daß bei der Emetinwrkg.

ein antitox. Faktor wesentlich ist. Er weist noch bes. darauf hin, daß bei ihm die Sterblichkeit bei Gasbrand unter Emetin von 75% auf weniger als 15% abfiel. (Münchener med. Wschr. **95.** 137—38. 23/1. 1953. Ankara, Chir. Klinik des Nümune Hastanesi.) K. BÖHM. 4610

Heinz Kliemann, *Intrauterine Behandlung von Endometritiden des Rindes mit Amino-Weidnerit sowie Untersuchungen des Rhodangehaltes ohne und nach oraler Applikation von Othromin im Vaginalschleim, Blut und in der Milch des Rindes.* Bei der Behandlung von 3 Rindern mit Endometritis catarrhalis simplex, 15 Tieren mit E. mucopurulenta u. 3 Tieren mit E. purulenta mit *Amino-Weidnerit* wurden sämtliche Tiere geheilt, $^2/_3$ jeder Gruppe wurde tragend. Über 21 hatten im Vaginalschleim durchschnittlich 7,15 mg-% mit Maxima am 3., 7., 13. u. 19. Tag, im Blut 0,2—0,4 mg-% u. in der Milch kein *SCN*. Die perorale Zufuhr von *Othromin* hat auf den *SCN*-Geh. des Vaginalschleimes keinen Einfl., während die Blutwerte auf 0,9—1,2 mg-% ansteigen u. *SCN* auch in der Milch nachweisbar wird. (Mh. Veterinärmed. **8.** 89—90. 1/3. 1953. Eberswalde.) KRUSEN. 4610

F. R. Koutz, *Untersuchungen über Demodex folliculorum.* 1. Mitt. *Die Anwendung von Phenamidine als interne Medikation zur Behandlung der Demodex-Räude der Hunde.* Bericht über 13 Räudefälle, Erreger *Demodex folliculorum*, die mit 5%ig. Lsg. von *Phenamidine* (**I**; SHARP & DOHME, Philadelphia, Pa.) in 6 intramuskulären Injektionen zu 0,3 cm³/kg in 4tägigen Zwischenräumen behandelt wurden. Nur 2 Fälle reagierten günstig auf **I**. Mehrere Hunde zeigten schwere Nebenerscheinungen, wie Tremor, Erbrechen, blutige Diarrhoe, teilweise Paralyse, Veränderungen im gastrointestinalen Trakt, Leberschäden u. Gewebszerstörungen. Die Nebenwirkungen traten zum Teil schon 5—10 Min. nach der **I**-Injektion ein; 2 Tiere starben. (J. Amer. veterin. med. Assoc. **121.** 470—73. Dez. 1952. Columbus, O., Ohio State Univ., Coll. of Veterinary Med., Dep. of Veterinary Parasitol.) DOSSMANN. 4610

David T. Carr, *Der gegenwärtige Stand der antibakteriellen Tuberkulosetherapie.* Die antibakterielle Therapie ist nach Vf. in allen den Fällen angezeigt, wo akute Tuberkulose mit reversiblen Symptomen vorliegt. Das zur Zeit erprobteste Behandlungsschema besteht in der Verabreichung von je 1 g *Streptomycin* (**I**) oder *Dihydro*-**I** 2—3 mal wöchentlich intramuskulär + 12 g *PAS* (**II**) täglich oral. Dauer der Therapie ca. 6—8 Monate, in schweren Fällen bis zu 24 Monaten. Nach den ersten klin. Erfahrungen scheinen *Nicotinsäurederivv.* (**III**) bes. geeignet zu sein. Da aber bereits die Entw. resistenter Stämme festgestellt wurde, kommt für **III** wahrscheinlich auch nur eine Kombinationstherapie mit **I** oder **II** in Frage. *Terramycin* u. *Viomycin* werden nicht empfohlen, die *Thiosemicarbazone* (*Amithiozone*) sind bei Schleimhauttuberkulosen indiziert, wobei wegen etwaiger Leberschädigungen Vorsicht in der Anwendung geboten ist. (J. Amer. med. Assoc. **150.** 1170—72. 22/11. 1952. Rochester, Minn., Mayo Clinic.) DOSSMANN. 4611

Seymour Reichlin, Mary H. Loveless, und **Ernest G. Kane,** *Loefflers Syndrom nach Penicillintherapie.* Bericht über einen Fall von LOEFFLERs Pneumonie, deren Ursache in der Verabreichung einer nicht mitgeteilten Dosis *Penicillin* zu suchen ist. — 20 Literaturangaben. (Ann. intern. Med. **38.** 113—20. Jan. 1953. New York, N. Y., Cornell Univ., Med. Coll., Dep. of Med.; New York Hosp.) KRUSEN. 4611

Giovanni Pescetti und **Edoardo Destefanis,** *Verhalten und Dosierung einer neuen, durch Kombination von Streptomycin mit Kongorot hergestellten Verbindung mit antituberkulöser Wirksamkeit.* (Vgl. C. **1952.** 5451.) Während n. die Blutliquorschranke für *Streptomycin* (**I**) nur ganz wenig durchgängig ist u. die Konz. von **I** im Liquor ungefähr 12 mal geringer als die im Blut bei intramuskulärer Anwendung ist, kann der Durchtritt von **I** in den Liquor durch gleichzeitige Gaben von *Kongorot* gesteigert werden. Bei einer solchen Kombinationstherapie (tuberkulöse Meningitis) wurde festgestellt, daß nach intravenöser Gabe von 0,5 g die Konz. von **I** im Liquor 1 Std. nach der Injektion etwa derjenigen des Blutes entsprach, um nach 2 Std. sogar die des Blutes zu übertreffen. In den nachfolgenden Std. sank der **I**-Spiegel im Liquor auf Spuren ab, während er im Blute länger erhöht blieb. Mehrmalige Gaben der Verb. bewirken eine progressive Zunahme der **I**-Konz. im Liquor. Entsprechend der allmählichen Rotfärbung an Haut u. Schleimhäuten findet sich auch bei längerer Dosierung eine Rotfärbung des Liquors, die anscheinend der Konz. von **I** parallel geht. (Minerva med. [Torino] **44.** I. 369—72. 14/2. 1953. Torino, Univ., Ist. di Clin. Med. Gen. e Terapia Med.) P. G. SCHEURLEN. 4611

Pagliei Alberto, *Fettdegeneration in Leber und Nieren nach Aureomycin.* Ausführlicher Bericht über ein 7 jähriges Mädchen, das an Peritonitis nach Appendixperforation verstarb u. bei dem autopt. fettige Degeneration der Leberzellen u. der Nierenepithelien gefunden wurde. Die Behandlung bestand nach der Appendektomie in Gaben von *Penicillin, Streptomycin* u. *Aureomycin* (**I**). Die genannten Leber- u. Nierenschädigungen werden nicht mit dem Grundleiden der Peritonitis in Beziehung gebracht, sondern als eine Rk., wahrscheinlich allerg. Natur, auf **I** gedeutet. (Minerva med. [Torino] **44**. I. 384—94. 14/2. 1953. Roma, Ospedale Civile di Velletri.) P. G. SCHEURLEN. 4611

L. C. Ulberg, W. G. Black, H. E. Kidder, L. E. McDonald, L. E. Casida und **H. S. McNutt,** *Die Anwendung von Antibioticis zur Behandlung von Kühen mit geringer Fruchtbarkeit.* 57 Kühen, die 4 mal oder öfter ohne Anzeichen einer Konzeption befruchtet worden waren, wurde ein Gemisch von 1 g *Dihydrostreptomycin,* 0,25 g *Aureomycin* u. 10^5 E. *Penicillin* in 125 ml dest. W. in die Gebärmutter eingebracht. Behandlung u. Befruchtung wurde zu verschied. Zeiten der Brunst durchgeführt. Tiere, bei denen die Brunst nach der ersten Besamung wiederkehrte, wurden nochmals behandelt. Die Tiere wurden geschlachtet, wenn die Brunst nach 34 Tagen nicht wieder eintrat. Normale Embryonen wurden in 34,8% der behandelten u. bei 56% der Kontrollen festgestellt. Die Zahlen sind statist. nicht signifikant. Die geringe Fruchtbarkeit der Tiere ist nach diesen Verss. nicht auf eine bakterielle Infektion des verwendeten Samens zurückzuführen, (J. Amer. veterin. med. Assoc. **121.** 436—40. Dez. 1952. Madison, Wis., Wisconsin Agricult. Exp. Stat., u. Bur. of Dairy Ind., U. S. D. A.) DOSSMANN. 4611

Joseph Simon und **E. Gilmore Schmidt,** *Die therapeutische Wirksamkeit von Furacin und Furacin–Penicillin-Gemischen bei Mastitis durch Streptococcus agalactiae.* Vergleichsverss. an Rindern mit Mastitis (Erreger *Streptococcus agalactiae*) mit krist. *Penicillin-G* (**I**), *Furacin* (**II**; EATON LABORATORIES, INC., Norwich, N. Y.) u. **I** + **II**-Mischung; 10^5 E. **I** in 10 ml *Penicle* (WALLACE LABORS INC., New York), einem Vehikel vom Typ W.-in-Öl, waren 40 ml **II**-Lsg. überlegen. Bei den angegebenen Dosierungen war eine synerget. Wrkg. von **I** + **II** nicht festzustellen. (J. Amer. veterin. med. Assoc. **121.** 467—68. Dez. 1952. Madison, Wis., Univ. of Wisconsin, Dep. of Veterinary Sci.) DOSSMANN. 4611

W. J. Pirozynski und **D. R. Webster,** *Wirkung von Hyaluronidase auf Ödem nach experimentellem Kälteschaden.* Das experimentell erzeugte Ödem wird durch *Hyaluronidase*-Injektion beschleunigt resorbiert, was die danach folgende Gangrän jedoch nicht beeinflußt. Demnach erscheint das Ödem als solches keine direkte Beziehung zur Pathogenese der Gewebsnekrose zu besitzen. (Proc. Soc. exp. Biol. Med. **80.** 306—08. Juni 1952. Montreal, Can., McGill Univ., Dep. of Exp. Surg.) GIBIAN. 4614

Heinrich Bartelheimer, Günter Steinorth und **Walter Olk,** *Fraktionierte Gewebssaftuntersuchung.* 2. Mitt. *Quantitatives Verhalten, Zell- und Kaliumgehalt des Gewebssaftes, auch unter Berücksichtigung der Hyaluronidasewirkung.* (1. vgl. C. **1952.** 4180.) Die mittels der modifizierten Cantharidenblase-Meth. zur „fraktionierten Gewebssaftunters." (l. c.) gewonnenen Flüssigkeitsmengen hängen von der Dauer u. Größe des angewandten Unterdruckes ab; sie werden durch *Hyaluronidase* (**I**)-Unterspritzung auf das 2½- bis 4fache vergrößert. Eine Veränderung der Zus. des Gewebssaftes tritt dabei nicht ein; sein K-Geh. ist konstant u. ident. mit dem des Blutserums. Die angewandte Meth. schädigt also das Gewebe nicht; eine Beeinflussung der Zellmembranpermeabilität durch **I** findet nicht statt. (Z. ges. exp. Med. **118.** 109—22. 1951. Kiel, Univ., Med. Klinik.) GIBIAN. 4616

Edward P. Smith jr., W. H. Toulson und **William B. Rever,** *Eine einfache Methode zur Entfernung von Blutgerinnseln aus der Harnblase mit Streptokinase–Streptodornase.* Vff. beschreiben eine einfache Meth. für die Klinik durch Einführen einer Streptokinase–Streptodornase (**I**)-Lsg. in die Blase. — 11 Fälle. — Durch **I**-Lsg. wurden keine Blutungen hervorgerufen. (Surgery, Gynecol. Obstetr. **96.** 171—74. Febr. 1953. Baltimore, Md., Univ., School of Med., Dep. of Surg., u. Univ. Hosp.) BRATFISCH. 4614

S. Durigato, *Histamin und Parasympathicomimetica in der Behandlung von sich langsam rückbildenden Kavernen.* Die Rückbldg. tuberkulöser Lungenkavernen hängt nicht zuletzt von den verschied. Einflüssen des intrabronchialen u. intrapleuralen Druckes, sowie von der Sekretion der Bronchialwände ab. Vf. diskutiert die Einflüsse des vegetativen Nervensyst. auf diese Faktoren u. empfiehlt *Histamin* u. *Parasympathicomimetica,* wie *Pilocarpin,* zur Behandlung träge anprechender Kavernen. (Minerva med. [Torino] **44.** I. 223—25. 27/1. 1953. Tarzo, Treviso, Sanatorio.) P. G. SCHEURLEN. 4620

C. R. Ritsema van Eck, *Kontinuierliche Messung der Kohlensäure in der Exspirationsluft.* Die Notwendigkeit einer Kontrolle der CO_2-Ausscheidung während der Narkose wird besprochen. Zur CO_2-Messung in der Ausatemluft dient ein App. „Carbovisor". (Anaethesist **2.** 3—4. Febr. 1953. Groningen.) FRESENIUS. 4621

P. N. Tkatsch, *Gasnarkose mit Stickoxydul und Sauerstoff.* Vf. empfiehlt die Narkose mit 80% N_2O + 20% O_2 bei geschwächten oder alten Patienten sowie bei langdauernden Operationen (über 4 Std.). Das Gemisch wurde insgesamt 200 mal bei Patienten verschied. Alters (unter 10 bis über 70 Jahren) u. bei Operationen von verschied. Dauer (5 Min. bis 4½ Std.) angewandt, vielfach auch in Kombination mit der Periduralbzw. Lokalanästhesie, ferner mit Ae., Hexenal u. anderen Mitteln, falls die Schlaftiefe sich als nicht ausreichend erweist. Nebenwirkungen wurden nicht beobachtet. Lediglich in 14 Fällen kam es zu postnarkot. Erbrechen. (Хирургия [Chirurgie] **1952.** Nr. 5. 17—22. Mai. Militär-Med. Kirow-Akad.) Rentz. 4621

Robert W. Virtue und **Raymond H. Weaver,** *Die leichten anästhetischen Eigenschaften des Schwefelhexafluorids.* Das chem. sehr träge *Schwefelhexafluorid* (SF_6), wurde hinsichtlich seiner anästhet. Wrkg. an 20 gesunden Versuchspersonen in 79%ig. Konz. mit 30% N_2O verglichen. Die Erhöhung der Schmerzschwelle betrug 19% (bei N_2O 22%). Dieser Effekt von SF_6 hängt wahrscheinlich nicht von seinen chem., sondern von seinen physikal. Eigg. ab, der Verteilungskoeff. (Öl/W.) liegt bei 200. (Anesthesiology **13.** 605—07. Nov. 1952. Denver, Colo., Univ. of Colorado, Med. Center, Dep. of Surg., Div. of Anesthes.) Dautzenberg. 4621

R. Garès, M. Bonafos und **Y. Delaplante,** *Das Trilen in der Geburtshilfe.* Kurze, positiv beurteilende Notiz über die Anwendung von *Trilen* bei ca. 1000 Patientinnen unter der Geburt. (Bull. Fédérat. Soc. Gynécol. Obstétr. **4.** 335. 1952. Suppl. zu: Gynécol. et Obstétr.) P. G. Scheurlen. 4621

P. Corboud und **Ch. Hahn,** *Irgapyrin bei der Grippebehandlung.* Vff. gelang es, durch *Irgapyrin*-Gaben Grippefälle ohne Komplikationen bei Rekruten im Alter von 20 bis 22 Jahren schnell u. zufriedenstellend zu behandeln. Die hohe schmerzstillende Wrkg. wird bes. hervorgehoben, das Fieber verschwand schnell, u. in 2—3 Tagen waren die jungen Soldaten wieder voll dienstfähig. (Praxis [Bern] **42.** 33—35. 15/1. 1953. Lausanne, l'École de recrue d'infantrie.) K. Böhm. 4621

E. B. Strauss, *Die Anwendung intravenöser Barbitursäurepräparate in der Psychiatrie.* Kurze Betrachtung der Anwendungsmöglichkeiten von *Pentothal* in der Psychiatrie: Erleichterung der Diagnose durch Einengung des Bewußtseins, therapeut. zur Narkoanalyse u. zur Erleichterung der Hypnose. (Dtsch. med. Wschr. **78.** 59—60. 9/1. 1953. London,) Dautzenberg. 4621

I. B. Sneddon und **A. W. D. Leishman,** *Schwere und tödlich verlaufende Hautausschläge nach Phenobarbituratgaben.* Es werden 4 Fälle schwerer allerg. Rkk. auf therapeut. *Phenobarbiturat* (I)-Dosen beschrieben. Den Hautausschlägen nach I wird offensichtlich nicht die notwendige Bedeutung beigemessen. Autopsie der Fälle ergab keine spezif. patholog. Veränderungen. Die lebensrettende Wrkg. von *ACTH* intravenös in einem Falle u. das Versagen von *Cortison* in einem anderen werden beschrieben. (Brit. med. J. **1952.** I. 1276—78. 14/6. Sheffield, United Sheffield Hosp.) K. Böhm. 4621

John E. Steinhaus, *Vergleichende Untersuchung der experimentellen Toxizität von lokalanästhetisch wirksamen Mitteln.* Wenn der meist durch Atemlähmung eintretende Tod bei Vergiftung mit Lokalanästheticis durch künstliche Beatmung verhindert wird, tritt eine starke Kreislauflähmung in den Vordergrund. Diese beiden Effekte wurden für *Procain* (I), *Tetracain* (II), *Cocain* (III), *Dibucain* (IV) u. *Piperocain* am Kaninchen untersucht. Sie gehen bei den einzelnen Verbb. nicht parallel, das günstigste Verhältnis zeigten I u. II. Mit *Pentobarbital* konnte die Toxizität (gemessen an der Atemlähmung) von I u. III etwas verringert werden, während sie bei II deutlich gesteigert wurde; die Krampfwrkg. von II wurde dabei jedoch abgeschwächt. *Epinephrin* (5—10 γ/kg) wirkte bei Kreislauflähmung günstig, bei IV allerdings nur wenig. *Phenylephrin* (50 γ/kg) hat ähnlich gute Wrkg. außer bei III. — Bedeutungsvoll für die Toxizität ist bei Schleimhautanästhesien der Anwendungsort: Die schnellste Resorption erfolgt von der Lunge aus u. entspricht etwa der intravenösen Injektion, es folgen Nasenhöhle u. Speiseröhre (Verss. mit II). (Anesthesiology **13.** 577—86. Nov. 1952. Madison, Wis., Univ. of Wisconsin, Med. School, Dep. of Pharmacol. and Toxicol.) Dautzenberg. 4621

George Discombe, *Durch Amidopyrin verursachte Agranulocytose. Eine vermeidbare Todesursache.* Beschreibung eines Falles von Agranulocytose nach *Amidopyrin* (I)-Gaben. Bei regelmäßiger Verwendung von I durch Patienten kommt es bei ungefähr 0,8% zu Agranulocytose. Bei Freiverkäuflichkeit von I-Zubereitungen ist ein Vork. von Agranulocytose von 2—5 pro Million jährlich zu erwarten. Mögliche Austauschmittel für I (Salicylsäure, Phenacetin, Salicylamid) werden vorgeschlagen u. strengere Bestimmungen für die Verordnung von I gefordert. (Brit. med. J. **1952.** I. 1270—73. 14/6. London, Central Middlesex Hosp.) K. Böhm. 4621

John Ferguson, *Die Wirkung von Curare auf die Motilität des nicht innervierten glatten Muskels und seine Beziehungen zum Acetylcholin.* Die rhythm. Spontankontraktionen des Hühneramnions konnten durch *d-Tubocurarinchlorid* (I) 1 : 66600 gesteigert werden (in 5 von 15 Verss.). Mit steigender I-Konz. läßt Tonus u. Spontanrhythmik bis zum völligen Verschwinden bei 1 : 500 nach. Vf. vermutet, daß die Ursache für diese verschied. Rkk. in dem durch I freigesetzten *Histamin* liegen könne. — Die Wrkg. von *Acetylcholin* (1 : 100000) wird durch I in Konzz. von 1 : 100000 bis 1 : 10000 nicht deutlich beeinflußt, dagegen in Konzz. von 1 : 4000 u. 1 : 500 gehemmt bzw. aufgehoben. (Anesthesiology **13.** 615—20. Nov. 1952. Omaha, Nebr., Creighton Univ., School of Med., Dep. of Physiol. and Pharmacol.) DAUTZENBERG. 4628

K. S. Ting, H. M. Livingstone und **J. G. Allen,** *Einfluß von d-Tubocurarin auf die Blutgerinnungszeit.* An 25 Hunden konnte ein signifikanter Einfl. des *d-Tubocurarins* (0,17 mg/kg intravenös) auf die Blutgerinnungszeit nicht festgestellt werden. (Anesthesiology **13.** 594—98. Nov. 1952. Chicago, Ill., Univ. of Chicago, Dep. of Surg. [Anesthes.] and Surg.) DAUTZENBERG. 4628

Frederick H. Van Bergen und **Joseph J. Buckley,** *Die Behandlung des schweren Systemtetanus.* Bericht über einen Fall eines schweren generalisierten Tetanus, der nach Versagen der üblichen Therapie (Wundbehandlung, Hypnotica u. Sedativa, Tracheotomie) durch fortlaufende Gaben von *Flaxedil* u. künstliche Beatmung völlig wiederhergestellt wurde. 6 Tage hindurch wurde eine völlige Curarisierung aufrechterhalten. (Anesthesiology **13.** 599—604. Nov. 1952. Minneapolis, Minn., Univ. of Minnesota, Div. of Anesthes.) DAUTZENBERG. 4628

Je. D. Antipenko, *Intravenöse Einführung von Novocain als prophylaktisches Mittel des Operationsschocks.* Zur Vorbeugung eines Operationsschocks empfiehlt Vf. die langsame (2—3 Min.) intravenöse Injektion von *Novocain* (10 cm^3 0,5 bzw. 1%) in Kombination mit *Morphin* (0,01 g) 15 Min. vor der Operation. Die Schmerzempfindung wird herabgesetzt, der Blutdruck steigt für einige Std. um 10—40 mm Hg an, u. der Patient wird subjektiv u. objektiv günstig beeinflußt. Während der Operation ist die Novocain-Morphin-Injektion nicht zu empfehlen, weil der Blutdruck stark absinken kann (Wrkg. des Morphins). (Хирургия [Chirurgie] **1952.** Nr. 9. 17—27. Sept. Moskau, I. Med. Inst., Chir. Burdenko-Fakult. Klinik.) RENTZ. 4630

M. Ss. Arutjunjan, *Eine konzentrierte alkoholische Glucoselösung als Gegenschockmittel.* Nach Vorverss. an Hunden, bei denen ein Schock durch elektr. Strom erzeugt wurde, erprobte man eine konz. A.-*Glucose*-Lsg. (A. 10,0; Glucoselsg. 40%ig 20,0) an 43 Patienten mit traumat. bzw. Operationsschock. Bei 33 Patienten erwies sich die Lsg. intravenös als sehr akt. Antischockmittel, das den Gefäßtonus u. die Vasomotoren-Rk. deutlich erhöhte. Bei den restlichen 10 Patienten war hingegen kein Erfolg zu verzeichnen, auch nicht durch zusätzliche Bluttransfusionen von 500—800 cm^3. (Хирургия [Chirurgie] **1952.** Nr. 5. 29—33. Mai. Moskau, II. Med. Stalin-Inst., Chir. Spassokukotzki-Fakult. Klinik.) RENTZ. 4630

P. Cantù und **F. Tibaldi Chiesa,** *Erste klinische Ergebnisse in der Behandlung der Coronarinsuffizienz mit einem neuen pharmazeutischen Präparat.* Es wird über die Anwendung von *Coronitral* (I; Kombination von *Tetranitrobutantetrol,* 0,003 g je Tablette als NO_2-wirksames Vasodilatans, *Tetramethoxybenzylisochinolin,* 0,04 g als Antispasmoticum u. *Phenyläthylmalonylcarbamid,* 0,015 g als Sedativum) bei der Behandlung von Coronargefäßerkrankungen (Myokardinfarkt, Ruhe- u. Anstrengungs-Angina pectoris, Präcordialgie) berichtet. Das Präp. wurde bei 53 Patienten angewandt, wovon 16 Fälle ausführlich beschrieben werden. Verträglichkeit gut, Wirksamkeit nach dem elektrokardiograph. u. klin. Befund ebenfalls gut; subjektiv günstige Wirkung. Bei gleichzeitigen Rhythmusstörungen Gaben von *Ritmonitral* (*Spartein* u. *d-3-Äthyl-9-oxy-6'-methoxy-rubiacin = Idrorubanolo*), das in seiner vasodilator. Wrkg. ähnlich dem I ist. Hersteller der Präpp.: LABOR. FARMACEUTICO LOFARMA, Milano. (Minerva med. [Torino] **44.** I. 372—84. 14/2. 1953. Cittiglio, Varese, Ospedale di Circolo.) P. G. SCHEURLEN. 4630

Paul Happel und **Willy Meyer,** *Die Durchführung einer Goldbehandlung bei chronisch-rheumatischem Gelenkleiden.* Überblick über den heutigen Stand der Goldtherapie. Indikationen sind prim. u. sek. chron. Polyarthritis, chron. u. subchron. Infektarthritis. Nicht geeignet sind akute Polyarthritis u. rein degenerative Gelenkleiden. Kontraindikationen: Leberleiden, parenchymatöse Nierenerkrankungen, schwere Herz- u. Kreislaufinsuffizienz, Schäden des hämatopoet. Systems. Ausführliche Dosierungsangaben. Trotz Cortison u. ACTH ist die Goldtherapie bisher immer noch die beste u. aussichtsreichste Behandlungsart des chron. Gelenkrheumatismus, die auch in der Praxis durchführbar ist. (Die Medizinische **1953.** 175—79. 7/2. Hamburg-Eilbek, I. Med. Abt. des Allg. Krankenhauses.) K. BÖHM. 4670

P. Je. Tichomirow und **N. N. Dmitrijewa,** *Die Wirkung von Diisopropylfluorphosphat auf den intraokularen Druck beim Glaukom.* Das die Cholinesterase inaktivierende *Diisopropylfluorphosphat* (I) wurde zur Herabsetzung des intraokularen Druckes bei

Glaukom in öliger 0,05—0,1%ig. Lsg. ins Auge eingeträufelt. I ist ein kräftiges antiglaukomatöses Mittel, das bes. bei beginnendem Glaukom den intraokularen Druck für mehrere Tage herabsetzt, oft selbst dann, wenn andere Miotica nicht mehr wirksam sind. I hat jedoch den Nachteil, gelegentlich starke Schmerzen im Auge hervorzurufen bzw. den Ophthalmotonus zu erhöhen, so daß es dem Patienten nicht in die Hand gegeben werden kann. (Вестник Офталмологии [Nachr. Ophthalmol.] **31.** Nr. 1. 27—31. Jan./Febr. 1952. Leningrad, San.-Hygien. Med. Inst., Klinik für Augenkrankh.) RENTZ. 4670

I. M. Scharapow, *Das neue miotische und antiglaukomatöse Präparat Phosphacol. Phosphacol* (I) (in der Literatur als *Mintacol* beschrieben), *Phosphorsäure-p-nitrophenyldiäthylester*, ist ein hochakt. miot. u. antiglaukomatöses Mittel, das im Tiervers. bereits bei Konzz. von 1 : 150000 Pupillenverengerung hervorruft, die durch Atropin aufgehoben werden kann. Die Allgemeinwrkg. gleicht der des Eserins u. Proserins. Am Menschen findet I in den Konzz. 1 : 5000—10000 Anwendung. I wird gut vertragen. Nur in einigen Fällen kam es infolge von Kontraktionen des Musculus ciliaris zu Kopf- u. Augenschmerzen, gelegentlich auch zu Injektionen in die Conjunctiva. (Вестник Офталмологии [Nachr. Ophthalmol.] **31.** Nr. 1. 21—23. Jan./Febr. 1952. Allunions Wiss. Chem.-Pharmazeut. Ordshonikidse-Forschungsinst., Pharmakol. Abt.) RENTZ. 4670

B. L. Poljak und **W. W. Wolkow,** *Das neue sowjetische miotische Präparat Benzammon und seine therapeutische Bedeutung beim Glaukom.* Das neue sowjet. synthet. Mioticum *Benzammon* (Trimethylfurfurylammoniumbenzolsulfonat) erwies sich tierexperimentell u. klin. als ein dem Pilocarpin gleichwertiges u. oft sogar überlegenes Therapeuticum beim Glaukom. Die 3%ig. Lsg. hat keine Nebenwirkungen, während die 10%ig. gelegentlich einen Akkommodationskrampf bzw. einen follikulären Katarrh der Conjunctiva entsprechend dem „Eserinkatarrh" hervorruft. (Вестник Офталмологии [Nachr. Ophthalmol.] **31.** Nr. 1. 18—21. Jan./Febr. 1952. Militär-Med. Kirow-Akad.) RENTZ. 4670

G. T. Edds, B. B. Hancock und **S. J. King,** *Größere Wirtschaftlichkeit in der Tierzucht durch neue Therapien.* Besprechung neuerer Mittel u. ihrer Indikationen, die geeignet sind, den Ausfällen in der Viehhaltung entgegenzuwirken. Hervorgehoben werden *Sulfisoxazol*, allein oder in Kombination mit *Phthalylsulfathiazol*, die Rolle der Spurenelemente *Co, J, As, P, α-Tocopherol* zur Behebung des *Vitamin-E*-Defizits, synthet. *Östrogene, Antibiotica* zur Erhöhung der Fruchtbarkeit des Samens von Stieren, *Hyaluronidase*, Therapie zur Behandlung von Hautläsionen durch Ungeziefer u. Bekämpfung der Blähungen bei Wiederkäuern. (J. Amer. veterin. med. Assoc. **121.** 446—52. Dez. 1952. Fort Dodge, Iowa, Fort Dodge Labors.) DOSSMANN. 4670

L. Lendle, *Giftwirkungen als Eingriffe in normale Organfunktionen.* Allg. Ausführungen. (Studium generale [Heidelberg] **6.** 16—21. Jan. 1953. Göttingen.) KRUSEN. 4675

A. Panzel, *Bariumcarbonatvergiftung.* Bericht über 9 Fälle, darunter 2 mit tödlichem Ausgang, von Bariumvergiftungen durch *$BaCO_3$*, das mit $BaSO_4$ verwechselt wurde. (Z. ges. inn. Med. Grenzgebiete **7.** 1090—93. 1/12. 1952. Zittau, Krankenhaus.) FRESENIUS. 4675

E. Aubertin und **J.-C. Vialard,** *Über einen Fall von toxischer Hepatitis durch Inhalation von chlorierten Äthanderivaten.* Bericht über einen Fall von Hepatitis mit Ikterus, hervorgerufen durch Inhalation von *Tri-* u. *Tetrachloräthan*, das als Termitenbekämpfungsmittel verwendet wurde. Durch Therapie mit *Penicillin, Streptomycin* u. intravenösen Leberextrakten sowie durch häufig wiederholte Ascitespunktionen konnte nach 4 Monaten Heilung erreicht werden. (J. Méd. Bordeaux Sud-Ouest **130.** 470—74. März 1953.) KRUSEN. 4675

C. Jack Young, *Intoxikation durch Salicylate bei cutaner Resorption von Salicylsäure. Übersicht über die Literatur und Bericht über einen Fall.* Literaturübersicht über *Salicylsäure*-Vergiftungen nach cutaner Resorption. Bericht über einen Fall eines 10jährigen Mädchens, bei dem wegen schwerer Ichthyosis nach 48 Std. Anwendung von 3%ig. Salicylsäuresalbe sich Vergiftungserscheinungen entwickelten. Bei Fortsetzung der Therapie wurde die Patientin letharg. u. hatte Sinnestäuschungen u. Zeichen respirator. Alkalose. Im Plasma u. Urin betrugen die Salicylsäurewerte 40 bzw. 30 mg-%. Im Elektroencephalogramm verlangsamter Ablauf der Hirnwellen. Nach Absetzen der Therapie war Patientin nach 36 Std. wieder normal. (Southern med. J. **45.** 1075—77. Nov. 1952. Oklahoma City, Okla.) K. BÖHM. 4675

David Lurie und **R. Silberman,** *Parathionvergiftung. Bericht über einen Fall und Literaturübersicht.* Anschließend an den Bericht über einen Fall einer Intoxikation mit *Parathion* (*Diäthyl-p-nitrophenylthiophosphorsäureester*) werden Pharmakologie, Toxikologie, Vergiftungssymptome u. -therapie der Phosphorsäureester kurz besprochen. Wichtigstes Gegengift ist *Atropin*, das in häufig wiederholten Dosen von $^{1}/_{150}$ grain gegeben werden soll. (South African med. J. **27**. 273—75. 4/4. 1953. Johannesburg, General Hosp.) KRUSEN. 4675

H. Kaiser, *Die erste tödlich verlaufene „Systox"-Vergiftung.* Bericht über einen Todesfall, der 12 Std. nach Obstbaumspritzungen mit *Systox* (I; *β-Oxyäthylmercaptoäthyldiäthylthionophosphorsäureester*) unter Kreislaufkollaps u. Lungenödem eintrat. Da für I noch kein Nachw. bekannt ist, jedoch seine die *Cholinesterase* (II) hemmende Wrkg., ergaben diesbzgl. Verss. im hämolysierten Blut u. Gewebswasser des Toten eine II-Wrkg. von nur 15—20% derjenigen bei n. Menschen. (Dtsch. Apotheker-Ztg. **93**. 41—42. 16/1. 1953.) KRUSEN. 4675

Miroslav Fleischhacker und **Antun Karlovac,** *Eine Hautschutzsalbe für Industriearbeiter.* Für Arbeiter, die mit hautschädigenden u. hautreizenden Stoffen in Berührung kommen, wird eine prophylakt. Hautschutzsalbe vorgeschlagen, bestehend aus Kaolin, Glycerin, Lanolin, Cholesterin u. Nipagin. (Arhiv Higijenu Rada **3**. 476—79. 1952. Zagreb, Inst. für Arbeitshyg. u. Labor. d. XX. Stadtapotheke.) BECKMANN. 4681

H. Thiele, *Früherfassung und Behandlung von Benzolschäden im Braunkohlenwerk.* *Bzl.* (I) u. seine Homologen (*Toluol* u. *Xylol*) sind als gewerbliche Blutgifte seit 50 Jahren bekannt. I entsteht auch, was wenig beachtet wird, als Nebenprod. bei der Brikett- u. Teerfabrikation. Die gleichen Blutschäden wie I verursacht auch das *Phenol* (II). Bei 10% der Arbeiter an Arbeitsplätzen eines Braunkohlenwerkes, wo vermehrt I u. II vorhanden waren, wurden Zeichen aplast. Blutschäden festgestellt. Auf die Bedeutung von *Vitamin C* zur Prophylaxe u. zur Behandlung wird hingewiesen. (Dtsch. Gesundheitswes. **8**. 398—404. 26/3. 1953. Leipzig, Univ., Med. Poliklinik.) PATZSCH. 4681

F. Pharmazie. Desinfektion.

E. F. Hersant, *Kritische Bemerkungen zur Internationalen Pharmakopoe.* Vom Standpunkt des brit. Benutzers aus werden einige Bestimmungen der Internationalen Pharmakopoe krit. besprochen. (J. Pharmacy Pharmacol. **5**. 135—38. Febr. 1953.) FRESENIUS. 4750

J. Naghski, B. A. Brice und **C. F. Krewson,** *Herstellung von Buchweizenblätterpulver von hohem Rutingehalt.* (Vgl. C. **1952**. 4339.) *Fagopyrum tataricum* (I) weist gegenüber *Fagopyrum esculentum* einen um 45—80% höheren Geh. an Rutin (II) auf, ergibt höhere Hektarerträge, ist frostresistenter u. besser zu trocknen. Der höchste Geh. an II wird erreicht, wenn I frühzeitig angebaut u. zur Blütezeit geerntet wird. Der Einfl. von Boden-, Klima- u. Wachstumsbedingungen auf den II-Geh. müssen noch untersucht werden. Für die Gewinnung von II wäre es von entscheidendem Vorteil, wenn ein wirtschaftlich arbeitendes Verf. gefunden würde, das es ermöglichte, die wertlosen Stengel von den das II enthaltenden Blättern u. Blüten in frischem Zustand zu trennen. (Amer. J. Pharmacy Sci. support. publ. Health **124**. 297—306. Sept. 1952. Philadelphia, Pa., Eastern Reg. Res. Labor.) SPITALER. 4782

M. Sesseler und **W. Spoon,** *Über die Anwendung von wildem Salbei auf den Inseln unter dem Winde.* Durch Wasserdampfdest. getrockneter Salbeiblätter u. -stiele gewinnt man 0,25—0,3% eines äther. Öls, $D._{15}^{15}$ 1,0073, n_D 1,4492—1,4534, von anfangs unangenehmem, später aromat. Geruch. Die getrocknete Pflanze enthält 14% W., Asche (Gesamt) 10,8% (mit 15% K-Geh.), Asche (säureunlösl.) 0,23%, Wasserlösliches 27%. Der wss. Extrakt, D. 1,001, p_H 7,8, wird als Medikament gegen Nieren-, Magen-, Bauchbeschwerden u. Rheumatismus angewandt. Getrocknete, gepulverte Pflanzen dienen, gemischt mit Schnupftabak, als Mittel gegen chron. Erkältung. (West-Indische Gids **33**. Nr. 1—2. 49—52. Juli 1952; referiert nach: Ber. Afdel. trop. Product. Kon. Inst. Tropen, Nr. 237.) WESLY. 4782

K. R. Dietrich, *Die Kornschlempe als Nährsubstrat bei der Biosynthese.* Hinweis auf den hohen Nährwert der Kornschlempe u. die vorzügliche Eignung (bes. ihrer lösl. Bestandteile) zur biosynthet. Gewinnung von Antibioticis u. zahlreichen Vitaminen. Erörterung der techn. Voraussetzungen zu wirtschaftlicher Aufbereitung der Schlempe. (Chemiker-Ztg. **77**. 13—15. 10/1. 1953. Berlin.) SPITALER. 4810

Peter Naumann, *Kritisches und Experimentelles zur chirurgischen Händedesinfektion.* Es wird ein von HIRSCH eingeführtes Verf. beschrieben zur Best. der Keimabgabe der Hände. Die Versuchsergebnisse werden in Form von Originalbakteriogrammen fixiert. Weder die Dauer des Waschvorganges ist von Einfl. auf die Keimabgabe der Tageshand, noch wird im Endeffekt die Zahl der von der permanenten Hautflora abgegebenen Keime reduziert. Auch mit der A.-Sublimat-Desinfektion der Hände ist eine wirksame Entkeimung nicht möglich. Im Hinblick auf vergleichende Wirksamkeit werden 3 Präpp. untersucht: *Desogen* (I), dessen lückenloser antisept. Film jedoch durch Seife, Serum oder seröse Häute zerstört wird; *Baktol*, das keinen Einfl. auf die Keimabgabe der Tageshand zeigt; *Tego* (II), das zwar einen monomol. abdichtenden Film bildet, der aber gegenüber Seife u. Eiweiß labil ist. Trotz steril erscheinender Hände durch Behandlung mit I u. II darf nicht auf die Benutzung von Gummihandschuhen verzichtet werden. Der gegen II–103 erhobene Vorwurf des Proteusfehlers muß an der mit Bacterium proteus vulgare künstlich infizierten Hand für II–103 S bestätigt werden, während II–103 Z u. I von guter Wrkg. sind. (Z. Hyg. Infektionskrankh. **135**. 161—90. 1952. Düsseldorf, Med. Akad., Hyg. Inst.) BOYE. 4834

Bernh. Schmidt und **Horst Appel**, *Zur Frage der Wäschedesinfektion bei Tuberkulose.* Ultrabeschallung mit dem Gerät „Pulsette" konnte die Wirksamkeit von *Sagrotan* gegen Mycobacterium phlei (an Leinenläppchen fixiert) nicht verbessern. (Prakt. Desinfektor **45**. 139—42. Jan. 1953. Frankfurt, Univ., Hyg. Inst.) BOYE. 4834

P. G. W. Scott, *Ein Apparat zur Bestimmung der Menge des Inhalts einzelner Ampullen.* Ein App. wird beschrieben, mit dem der Inhalt einzelner u. mehrerer Ampullen gemessen werden kann, um die Einzel- u. durchschnittliche Abweichung vom Sollinhalt zu kontrollieren. (J. Pharmacy Pharmacol. **5**. 139—40. Febr. 1953. Dagenham, May & Baker, Analyt. Control Div.) FRESENIUS. 4880

Robert Kalvoda und **Jaroslaw Zyka**, *Polarometrische Titrationen in der pharmazeutischen Analyse und Arzneimittelkontrolle.* Nach Beschreibung der Meßtechnik geben Vff. eine Übersicht über die bisher veröffentlichten Bestimmungsmethoden. — 56 Literaturhinweise. (Pharmazie **7**. 535—42. Sept. 1952. Prag, Univ., Inst. für pharmaz. Chem., u. Inst. für analyt. Chem.) RANGNICK. 4880

H.-W. Dibbern, *Zur Anwendung der Lignin-Farbreaktionen in der Arzneimittelanalyse.* Die Ligninfarb-Rk. in ihrer Umkehrung (Holzpapier als Reagens) wird zum orientierenden Schnellnachw. folgender Verbindungstypen beschrieben: Harnstoff u. bestimmte Derivv., Hydrazin u. Derivv., prim. aromat. Amine, einzelne Phenole, Pyrrolderivv. u. Antipyrin. Die Rkk. geben nur Aufschluß über An- bzw. Abwesenheit bestimmter funktioneller Gruppen. — 21 Literaturhinweise. (Pharmazie **7**. 558—63. Sept. 1952. Kelkheim/Ts.) RANGNICK. 4880

R. W. Punnett und **A. Rebarber**, *Die Jodzahl von Lanolin.* Krit. Ausführungen zur Meth. der empir. JZ.-Best. von Lanolin nach den Vorschriften der U. S. Pharmacopoea XIV hinsichtlich der experimentellen Einzelheiten; unter Anwendung genau definierter Lsgg. (HANUS-Lsg., KJ-Lsg., $CHCl_3$, CCl_4, $Na_2S_2O_3$-Lsg.), genormter Pipette, Bürette, Flaschen usw. sowie Variierung der Einwaage an Lanolin werden vergleichende Verss. ausgeführt u. die Einflüsse der Stärke der HANUS-Lsg., der Einwaage, der Reaktionszeit, der Temp., der Wrkg. von $CHCl_3$ im Vgl. mit CCl_4 analyt. ermittelt; eingehend wird der Effekt von Hg-Acetat (2,5%) als Reaktionsbeschleuniger geprüft. Es zeigt sich, daß die gefundenen JZZ. von den genannten Faktoren abhängig sind; übereinstimmende Resultate ergeben sich, wenn die Einwaage 0,80—0,85 g beträgt u. die angewandten 25 ml der HANUS-Lsg. einen Wirkungswert von ca. 52 ml n/10 Na-Thiosulfatlsg. haben; Reaktionszeit 30 Min.; mittlere Temp.; Hg-Acetat kürzt die Zeit der J-Addition ab, wobei der Zeitfaktor aber stark variiert u. krit. zu bewerten ist, wenn Fehler vermieden werden sollen; $CHCl_3$ u. CCl_4 erweisen sich in gleicher Weise geeignet. (J. Amer. Oil Chemists' Soc. **29**. 414—16. Okt. 1952. New York, N. Y., Pease Labor., Inc.) TÄUFEL. 4880

C. F. Abbott, *Die volumetrische Bestimmung von Thiouracil und dessen Homologen.* Nach der B. P. 48 u. U. S. P. XIV basieren die Bestimmungen von Thiouracil auf Zufügen eines Überschusses an $AgNO_3$ u. nachfolgender Titration der frei gewordenen HNO_3 mit Alkali. Diese verhältnismäßig ungenaue Meth. wird mit der Titration mit Hg-Acetatlsg., die genauere Resultate gibt, verglichen. (J. Pharmacy Pharmacol. **5**. 53—59. Jan. 1953. Manchester, Imp. Chem. Ind. Ltd.) ULEX. 4880

M. G. Ashley, *Die Erkennung von Thiouracil und seinen klinisch wichtigen Homologen.* F., Bldg. von 2.4-Dichlorpyrimidin, Farb-Rkk. mit Hydroxylamin u. Nitroprussid-Na sowie Fällungs-Rkk. mit Bromwasser u. Baryt eignen sich nicht für den Schnellnachw. von Thiouracil u. seinen Homologen (I). Man erhält typ. Kristalle, wenn man 1. unter dem Mikroskop eine Fällung durch Säurezusatz zu der natronalkal. Lsg. von I vornimmt oder 2. eine gesätt. alkoh. Lsg. von I unter dem Mikroskop verdunsten läßt. — 6 Mikrophotographien. (J. Pharmacy Pharmacol. **5**. 101—02. Febr. 1953. Manchester, Imp. Chem. Ind. Ltd.) FRESENIUS. 4880

A. P. Domleo, *Bestimmung von Isonicotinsäurehydrazid. Isonicotinsäurehydrazid* (I) wird in Ggw. von Milchzucker u. Stärke, also ohne Extraktion aus der Tablettenmasse, in salzsaurer Lsg. mit 0,05 mol. KJO_3 (II) titriert. Indicator p-Äthoxychrysoidin, Umschlag rot–gelb, Zusatz gegen Ende der Titration. 1 ml II = 6,85 mg I. (J. Pharmacy Pharmacol. **5.** 117–18. Febr. 1953. Glaxo Labors. Ltd.) FRESENIUS. 4880

Detlef Horn, *Methoden zur Trennung von Arzneimittelgemischen.* Vf. beschreibt einen Trennungsgang für das Antipyreticagemisch: Acetylsalicylsäure, Phenacetin, Antipyrin, Pyramidon, Coffein u. Codeinphosphat. Diese Modifikation des BÜRGINschen Analysenganges gestattet eine quantitative Aufteilung in 3 Gruppen. Die Best. der Einzelsubstanzen sowie die Fehlergrenzen der einzelnen Bestimmungen werden besprochen. — 15 Literaturhinweise. (Pharmazie **7.** 553–58. Sept. 1952. Jena, Thüring. Arzneimittel-Untersuchungsamt.) RANGNICK. 4880

Gilles Papineau-Couture und **Robert A. Burley,** *Infrarotspektrophotometrische Untersuchung von Veratrumalkaloiden.* Der Geh. an blutdrucksenkenden (Ester-) Alkaloiden in Extrakten von Veratrum viride läßt sich durch Messung der Intensität der Ester–Carbonyl-Bande bei 1740 cm^{-1} mit ausreichender Genauigkeit bestimmen. (Analytic. Chem. **24.** 1918–21. Dez. 1952. Montreal, Ayerst, McKenna and Harrison, Ltd.) BOIT. 4880

P. J. J. Van Munster, *Anwendungen des Anthronreagens von Dreywood.* Zur Best. von *Digitonin* (I) mit Anthron (II)-Reagens versetzt man 0,3 cm^3 einer wss. I-Lsg. mit 5 cm^3 einer 0,2%ig. Lsg. von II in einer H_2SO_4-Lsg. (1 Teil W. auf 2,5 Teile 96%ig. H_2SO_4), erhitzt die Mischung 6 Min. auf dem sd. Wasserbad, kühlt schnell in kaltem W. ab u. mißt die Extinktion spektrophotometr. bei 625 mμ. Versetzt man eine Lsg. von Cholesterin (III) in einem A.–Aceton-Gemisch mit einer alkoh. I-Lsg., so entsteht eine unlösl. mol. Verb. von I mit III, u. man kann durch Best. des I-Überschusses den III-Geh. berechnen. Auch III-Digitonid läßt sich mit dem Verf. bestimmen. (Pharmac. Weekbl. **87.** 790–92. 8/11. 1952. Nimwegen, R. K. Univ., Praeklin. Inst., Afdeling Physiol. Chemie.) WESLY. 4880

Jean Cheymol und **Paul Lechat,** *Bestimmung der Steroidhormone in pharmazeutischen Präparaten: biologische oder physiko-chemische Methoden?* 1. Mitt. *Progesteron.* Nach Mitt. der physikal. Daten u. der Farb-Rkk. des *Progesterons* (I) werden an biol. Nachweisverff. der ALLEN-CORNER-, CLAUBERG- u. (ausführlich) der COURIER-Test (C. R. Séances Soc. Biol. Filiales Associées **120.** [1935.] 1263) besprochen. Diese Teste werden für die I-Best. in biol. Milieu empfohlen. Zur Analyse von Lsgg. mit reinem krist. I genügen nach Vff. physiko-chem. Methoden, wie Isolierung durch GIRARD-Reagens T u. F.-Best., Messung des opt. Drehvermögens, Darst. des *Dinitrophenylhydrazons* u. colorimetr. Nachw. mit der LEGALschen Reaktion. (Ann. pharmac. franç. **8.** 667–75. Sept./Okt. 1950. Paris, Hôpital Tenon.) VINCKE. 4880

L. de Giuseppe, *Über Identifizierung und Bestimmung von Steroidhormonen in pharmazeutischen Präparaten.* 2. Mitt. *Ölige Lösungen von Progesteron.* (1. vgl. C. **1952.** 7860.) Vf. wendet das in der 1. Mitt. für ölige Lsgg. von Testosteronpropionat angegebene Bestimmungsverf. auch zur Best. des *Progesterons* (I) in öliger Lsg. an. Nur wird zum Unterschied zu jenem Verf. I aus dem Chromatogramm nach der Lipaseverseifung mit einem Gemisch aus absol. A. u. Ae. (1 : 1) extrahiert. Die Best. des I erfolgt dann nach Fällung des Bis-2.4-dinitrophenylhydrazons durch Messung der UV-Absorption bei 383 mμ (log ε = 4,719). Der Fehler bei diesem Verf. liegt bei ±2,5%. (Farmaco [Pavia] **7.** 149–52. März/April 1952. Casatenovo Brianza [Como], Laborr. ricerche „Vister".) IPPEN. 4880

Eberhard Lommer, *Zur Methodik der Untersuchung von Proteinasen.* Der Wirkungsgrad der verschied. Handelspräpp. von *Proteinasen* läßt sich mit Hilfe neuzeitlicher Meßinstrumente (p_H-Meßgeräte, Colorimeter) nach der Meth. von MERTEN, KLEFFNER u. RATZER (C. **1951.** I. 736) bequem u. sicher vergleichend bestimmen. — Beispiele durchgeführt mit *Hämoglobin* als Substrat. (Apotheker-Ztg. **4.** 174–76. Sept. 1952. Köln-Lindenthal, Labor. Dr. Merten.) J. KEIL. 4880

Badische Anilin- & Soda-Fabrik (Erfinder: **Hans Nienburg**), Ludwigshafen/Rh., *Herstellung von Aminothiolactonen.* α.β-ungesätt. Aldehyde, die in α-Stellung durch eine Alkyl- oder Aralkylgruppe substituiert sind, z. B. α-Methylacrolein, werden, bes. in Ggw. bas. Katalysatoren, mit Mercaptanen, z. B. Benzylmercaptan, umgesetzt; die erhaltenen β-Thioätheraldehyde werden dann mit HCN u. NH_3 umgesetzt u. die Reaktionsprodd. mit starken Mineralsäuren, bes. HCl, HBr, erwärmt. — Zwischenprodd. für *pharmazeut. Präparate.* — *3-Amino-4-methylthiobutyrolactonhydrobromid,* F. 185–189°. (**D. B. P. 874 913** Kl. 12q vom 19/5. 1951, ausg. 27/4. 1953.) FABEL. 4807

Alfred Dornow und **Friedrich Boberg,** Hannover, *Thiosemicarbazone von γ-Oxybutyraldehyden* erhält man durch Rk. von Tetrahydrofuranen, die in 2-Stellung eine Peroxydgruppe tragen, mit Thiosemicarbazid (I); aus peroxydhaltigem Tetrahydrofuran u. I z. B. das *Thiosemicarbazon* des *γ-Oxybutyraldehyds* vom F. 114,5°. — *Pharmazeutica.* (**D. B. P. 874 903** Kl. 12o vom 14/10. 1951, ausg. 27/4. 1953.) Brösamle. 4807

Farbenfabriken Bayer, Leverkusen, *Thiosemicarbazide.* Durch Rk. von Hydrazinsulfat mit NH_4-Dithiocarbamat in wss.-alkal. Medium erhält man *Thiosemicarbazid* (I); mit NH_4-Phenyldithiocarbamat analog: *4-Phenyl*-I, F. 141°. — *4-(3'-Methoxyphenyl)*-I, F. 161°. — *4-(4'-Carboxyphenyl)*-I, F. > 275°. — *4-(4'-Sulfonamidobenzyl)*-I, F. 181°. — *4-(Pyridyl-2')*-I, F. 194°. — *Zwischenprodd.* zur Herst. von *Therapeutica.* (**E. P. 684 647** vom 12/12. 1950, ausg. 24/12. 1952. Schwz. Prior. 12/12. 1949.) Brösamle. 4807

Farbenfabriken Bayer, Leverkusen (Erfinder: **Robert Behnisch, Fritz Mietzsch** und **Hans Schmidt,** Wuppertal), *Thiosemicarbazone.* Man setzt aromat. Oxoverbb., die im Ring ein oder mehrere Halogenatome tragen, z. B. mit Thiosemicarbazid, um. Es werden dargestellt: die *Thiosemicarbazone* des *4-Jodbenzaldehyds,* F. 205°, des *3-Jodbenzaldehyds,* F. 216°, des *4-Chlorbenzaldehyds,* F. 221°, des *3.5-Dibrombenzaldehyds,* F. 251°, des *4-Fluorbenzaldehyds.* — *Tuberkulostat.* Wirkung. (**D. B. P. 874 904** Kl. 12o vom 14/7. 1944, ausg. 27/4. 1953.) Brösamle. 4807

Farbenfabriken Bayer, Leverkusen (Erfinder: **Hans Schmidt,** Wuppertal-Vohwinkel), *Abkömmlinge von Thiosemicarbazonen.* Man läßt auf diese Halogenalkyle einwirken, wodurch Wasserlöslichkeit unter Erhaltung der Wirksamkeit *gegen Tuberkuloseinfektionen* erzielt wird. — Durch Rk. von Benzalthiosemicarbazon mit CH_3J (I) in Methanol erhält man farblose Kristalle vom F. 78°; durch Rk. von 4-Methoxybenzalthiosemicarbazon (II) mit $C_6H_5CH_2Cl$ ein farbloses Pulver vom F. ca. 202°; durch Rk. von I mit II ein gelbliches Pulver; durch Rk. von I mit 4-Methylmercaptobenzalthiosemicarbazon ein leicht gelbes Pulver vom F. 165°. (**D. B. P. 875 511** Kl. 12o vom 2/10. 1948, ausg. 4/5. 1953.) Brösamle. 4807

Farbenfabriken Bayer, Leverkusen (Erfinder: **Hans Schmidt, Robert Behnisch** und **Fritz Mietzsch,** Wuppertal), *Thiosemicarbazone.* Man läßt Thiosemicarbazid (I) auf Derivv. des Benzalacetons einwirken, die als therapeut. aktivierende Substituenten die Gruppen RNHCONH— oder RNHCSNH im Benzolkern enthalten, wobei R = H oder ein organ. Rest ist. — Durch Rk. eines Äthylharnstoffs der Formel p-$C_2H_5NHCONH \cdot C_6H_4 \cdot CH{:}CHCOCH_3$ mit I erhält man ein Thiosemicarbazon der Formel *p-$C_2H_5NH \cdot CONH \cdot C_6H_4 \cdot CH{:}CH \cdot C(CH_3){:}N \cdot NH \cdot CS \cdot NH_2$*. Durch Rk. von 4-Aminobenzalacetonthiosemicarbazon mit C_6H_5NCO oder durch Rk. von 4-Allylthiocarbaminobenzalaceton mit I werden ähnliche Thiosemicarbazone erhalten. — *Tuberkulostat.* Wirkung. (**D. B. P. 876405** Kl. 12o vom 13/6. 1951, ausg. 11/5. 1953. **Zusatz zu D. B. P. 840992; C. 1953. 418.**) Brösamle. 4807

Clemens Lutter und **Ernst Cauer,** Deutschland, *Herstellung von Thiosemicarbazonen.* Man läßt Thiosemicarbazone von Ketonen (Aceton, Cyclohexanon) in essigsaurer Lsg. unter kurzem Erhitzen auf cycl. Aldehyde einwirken. Dabei entstehen die auf andere Weise schwer erhältlichen *Thiosemicarbazone* der Aldehyde, z. B. *von 4-Carboxybenzaldehyd, von m-Nitrobenzaldehyd,* F. 235°, *von p-Äthylsulfobenzaldehyd,* F. 238°, *von 2-Chlor-5-nitrobenzaldehyd,* F. > 250°, oder *von p-Acetaminobenzaldehyd,* F. 233°. — *Therapeutica.* (**F. P. 997 107** vom 11/10. 1949, ausg. 2/1. 1952. Schwz. Prior. 4/3. 1949.) Nouvel. 4807

Aktiebolaget Pharmacia, Uppsala, Schweden, *Tuberkuloseheilmittel.* Durch Rk. von Benzyloxythiocarbonylhydrazin mit C_6H_5CHO in A. erhält man *Benzaldehydbenzyloxythiocarbonylhydrazon,* $C_6H_5CH_2O \cdot CS \cdot NH \cdot N{=}CH \cdot C_6H_5$, F. 124°; durch Rk. von Benzoylthioglykolsäure mit Cyclohexyloxythiocarbonylhydrazid *N-Benzoyl-N'-cyclohexyloxythiocarbonylhydrazid,* $C_6H_5CO \cdot NH \cdot NH \cdot CS \cdot OC_6H_{11}$, F. 121—122°. — *N.N'-Di-(benzyloxythiocarbonyl)-hydrazid,* $C_6H_5CH_2O \cdot CS \cdot NH \cdot NH \cdot CS \cdot OCH_2C_6H_5$, F. 118 bis 119°. — *Benzaldehydcyclohexyloxythiocarbonylhydrazon,* $C_6H_{11}O \cdot CS \cdot NH \cdot N{=}CH \cdot C_6H_5$, F. 111—112°. — *N'-Benzyloxythiocarbonyl-N-benzoylhydrazid,* $C_6H_5CH_2O \cdot CS \cdot NH \cdot NH \cdot CO \cdot C_6H_5$, F. 135—136°. — *N-Benzyloxythiocarbonyl-N'-cyclohexyloxythiocarbonylhydrazid,* $C_6H_5CH_2O \cdot CS \cdot NH \cdot NH \cdot CS \cdot OC_6H_{11}$. (**E. P. 679 323** vom 16/8. 1950, ausg. 17/9. 1952. **Belg. P. 497 580** vom 16/8. 1950, ausg. 16/12. 1950. Beide Schwed. Priorr. 17/8. 1949 u. 3/8. 1950.) Brösamle. 4807

Farbenfabriken Bayer, Leverkusen (Erfinder: **Joseph Klarer,** Wuppertal), *p-Aminobenzolsulfothioharnstoff.* Man lagert an Benzolsulfocyanamide, die in p-Stellung eine NH_2-Gruppe tragen, H_2S oder Thioessigsäure in Ggw. von Essigsäureanhydrid bei < 40°, gegebenenfalls in Anwesenheit von Katalysatoren, an. — Aus 4-Acetylaminobenzolsulfocyanamid wird *4-Acetylaminobenzolsulfothioharnstoff,* F. 197°, erhalten. — *Heilmittel.* (**D. B. P. 876 239** Kl. 12o vom 16/6. 1943, ausg. 11/5. 1953.) Brösamle. 4807

Farmaceutici Italia, Mailand, Italien (Erfinder: **A. Vercellone** und **C. G. Alberti**), *Herstellung von 1-Phenyl-2-amino-1.3-propandiol.* Man behandelt β-Phenylserinester, bes. den Äthylester, gegebenenfalls nach Acetylierung, mit Reduktionsmitteln für die Carboxylgruppe, bes. $LiAlH_4$, in äther. Lsg. oder auch metall. Na oder H_2 in Ggw. von Katalysatoren, wie RANEY-Ni oder Cu-Chromit. — Z. B. red. man den Äthylester von β-Phenylserin, F. 83,5—84°, mit $LiAlH_4$ in wasserfreiem Äther zu *Threo-dl-1-phenyl-2-amino-1.3-propandiol,* F. 89—90°. (**Schwed. P. 133 332** vom 20/7. 1950, ausg. 23/10. 1951. It: Prior. 1/9. 1949.) JÜRGEN SCHMIDT. 4807

Troponwerke Dinklage & Co., Köln-Mülheim, Deutschland (Erfinder: **C. Schöpf** und **A. R. F. K. Külz**), *Herstellung von 1-[p-Oxyphenyl]-1-oxy-2-[aralkylamino]-propanen.* Verbb. der allg. Formel $HO—C_6H_4—CHOH—CH(CH_3)—NH—R—C_6H_5$ (R = 2wertiger KW-stoffrest) besitzen *pharmakol.* Eigenschaften. Zur Herst. werden 1. die entsprechenden Ketone katalyt. red., 2. Verbb., die in der OH-Gruppe veräthert oder verestert sind, aufgespalten, 3. Aralkylamine mit 1-[p-Oxyphenyl]-propandion-(1.2) kondensiert, 4. Aralkanolamine der allg. Formel $R_3O—C_6H_4—CHOH—CH(CH_3)—NH_2$ mit Aralkylketonen oder -aldehyden kondensiert u. gleichzeitig oder anschließend red. u. die R_3O-Gruppe (R_3 = Phenylmethyl, Carboxyl- oder Sulfonylrest) aufgespalten, 5. Suspensionen von 1-[p-Oxyphenyl]-2-aminopropanon-(1) in einem organ. Lösungsm. zugleich mit einem araliphat. Keton oder Aldehyd der allg. Formel $C_6H_5—R_4—CO—R_5$ hydriert, wobei R_4 ein 2wertiger u. R_5 H oder ein einwertiger KW-stoffrest sind u. zusammen 1—4 C-Atome aufweisen. — Z. B. setzt man p-Oxypropiophenon mit Benzoylchlorid um, bromiert zu p-Benzoxy-α-brompropiophenon u. setzt dieses mit γ-Phenylpropylamin zu *1-[p-Benzoxyphenyl]-2-[γ-phenylpropylamino]-propanon-(1)-HBr,* F. 209—210°, um, das dann erfindungsgemäß mit Pt in CH_3OH zu *1-[p-Oxyphenyl]-2-[γ-phenylpropylamino]-propanol-(1)-HBr,* F. 174°, -HCl, F. 178—179°, hydriert wird. Weiter wird die Herst. beschriebn von *1-[p-Oxyphenyl]-2-[α-methyl-γ-phenylpropylamino]-propanol-(1),* F. 110 bis 112°, *HBr-Verb.,* F. 214—215°; *HCl-Verb.,* F. 222—224°. — *1-[p-Oxyphenyl]-2-[α-methyl-γ-phenylpropylamino]-propanol-(1),* stereoisomer, F. 139—140°, *HBr-Verb.,* F. 215—216°, *HCl-Verb.,* F. 223 bis 224°; *1-[p-Oxyphenyl]-2-[β-phenyläthylamino]-propanol-(1), HCl,* F. 195°; *1-[p-Oxyphenyl]-2-[β-phenyläthylamino]-propanol-(1),* F. 115 bis 116°, *HBr-Verb.,* F. 208—209°, *HCl-Verb.,* F. 211—212°; *1-[p-Oxyphenyl]-2-[α-methyl-β-phenyläthylamino]-propanol-(1), HBr-Verb.,* F. 216°; *1-[p-Oxyphenyl]-2-[δ-phenylbutylamino]-propanol-*(1), *HCl,* F. 143—145°; *1-[p-Oxyphenyl]-2-[α-methyl-δ-phenylbutylamino]-propanol-(1),* 2 isomere, F. 222—223° u. 185—186°. (**Schwed. P. 132 875** vom 8/4. 1949, ausg. 11/9. 1951. F. Priorr. 9/4. u. 1/10. 1948, 11/1. u. 1/2. 1949.) JÜRGEN SCHMIDT. 4807

Chemical Works of Richter Gedeon, Budapest, Ungarn, *4-Aminosalicylsäurepropylester,* $C_{10}H_{13}O_3N$, wirkt *tuberkulostatisch.* Man verestert 4-Nitrosalicylsäure mit Propylalkohol u. HCl u. red. den entstandenen *4-Nitrosalicylsäurepropylester* (F. 32°; $Kp._3$ 153 bis 155°) mit H_2 u. RANEY-Ni. Gelbliche Kristalle vom F. 104—105°. — *Hydrochlorid,* F. 173—174°. (**E. P. 669 061** vom 4/4. 1949, ausg. 26/3. 1952. Ung. Prior. 2/4. 1948.) LANGER. 4807

Parke, Davis & Co., Detroit, übert. von: **George Rieveschl jr.,** Grosse Pointe Woods, Mich., V. St. A., *ω-Halogenalkylbenzhydryläther* erhält man durch Erhitzen von ω-Halogenhydrinen u. Benzhydrylbromid (I) oder -chlorid in Ggw. von K_2CO_3 oder Na_2CO_3 u. in Abwesenheit von Wasser. — 494 (g) **I,** 206 Na_2CO_3 u. 313 Äthylenbromhydrin werden 8 Std. auf 120—130° erhitzt. Nach Abkühlen fällt man mit 500 Bzl. die anorgan. Salze aus u. isoliert den *β-Bromäthylbenzhydryläther,* $Kp._2$ 169—172°. Analog erhält man den *β-Chloräthylbenzhydryläther* mit 80% Ausbeute, $Kp._{10}$ 163°, sowie *β-Bromäthyl-p.p'-dimethylbenzhydryläther,* farblose Fl., u. auch *γ-Chlorpropyl-o-methoxybenzhydryläther.* — Nach A. P. 2 567 351 wird **I** mit Aminoalkoholen, gegebenenfalls auch in Ggw. von Lösungsmitteln, umgesetzt. Die Prodd. wirken oral als *Antihistamine* u. *spasmolytisch.* — So werden z. B. 123 (g) **I** u. 178 β-Dimethylaminoäthanol unter Rückfluß umgesetzt. Das als untere Schicht anfallende bromsaure Salz wird mit Oxalsäure u. Propanol in den *oxalsauren β-Dimethylaminoäthylbenzhydryläther,* F. 139—140°, übergeführt. Freie Base, $Kp._3$ 152—154°. Hydrochlorid, F. 166—168°. Analog erhält man *β-N-Piperidyläthylbenzhydryläther;* Hydrochlorid, F. 168,5—169,5°; ferner *β-N-Morpholinyläthylbenzhydryläther,* Hydrochlorid, F. 182—183°; *β-Diäthylaminoäthylbenzhydryläther,* farblose Fl., $Kp._{11,5}$ 199—202°; *Di-n-propylaminoäthyl-p.p'-dimethylbenzhydryläther; β-Methyläthylaminoäthyl-o-methoxybenzhydryläther.* (**A. PP. 2 567 350** u. **2 567 351** vom 5/8. 1946, ausg. 11/9. 1951.) MÖLLERING. 4807

Wellcome Foundation Ltd. (Erfinder: **Walter Mark Duffin**), London, England, *Herstellung von Thienylverbindungen* durch Hydrierung von Verbb. der Formel **I,** wobei

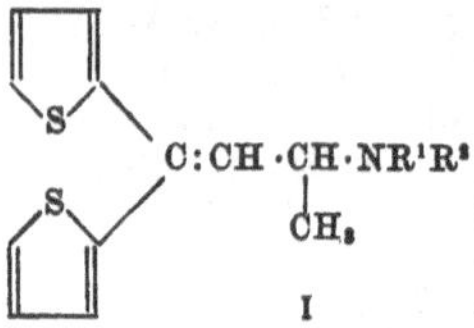

I

—NR^1R^2 z. B. der Rest von Dimethylamin, Äthylmethylamin, Diäthylamin, Pyrrolidin, Piperidin ist, mittels metall. Na in einem Alkohol, gegebenenfalls unter Zusatz von W., oder in fl. NH_3 oder mittels Na-Amalgam u. Säure. Hergestellt werden [*-1.1-di-(thienyl-2)-butan* = II]: *3-Dimethylamino-*II, Hydrochlorid, F. 161—162°; *3-Pyrrolidino-*II, Hydrochlorid, F. 154°; *3-Diäthylamino-*II, Hydrochlorid, F. 123—125°; *3-Piperidino-*II, Oxalat, F. 111—112°; *3-Äthylmethylamino-*II, Hydrochlorid, F. 124—125°. — *Analgetica.* (**D. B. P. 874 914** Kl. 12q vom 25/4. 1951, ausg. 27/4. 1953. E. Prior. 28/4. 1950.) FABEL. 4807

Ciba Akt.-Ges., Basel (Erfinder: **Karl Miescher**, Riehen, und **Ernest Urech**, Binningen), Schweiz, *2-(α-Phenylaminoäthyl)-imidazolin* (I), eine Verb. von besonderer *Herzwrkg.*, erhält man durch Einw. eines reaktionsfähigen Esters (II) des 2-(α-Oxyäthyl)-imidazolins auf Anilin oder durch Rk. der α-Phenylaminopropionsäure mit Äthylendiamin. Als II wird z. B. 2-(α-Chloräthyl)-imidazolin verwendet. Das *Hydrochlorid* von I schm. bei 206—207°. (**D. B. P. 855 852** Kl. 12p vom 3/7. 1951, ausg. 17/11. 1952. Schwz. Prior. 5/7. 1950.) BRÖSAMLE. 4807

Ciba Ltd., Basel, Schweiz, *5- oder 6-Oxy-4.7-phenanthroline* erhält man durch doppelte SKRAUPsche Synth. entweder in einem ein- oder zweistufigen Verf. durch Kondensation von 1.4-Phenylendiaminen mit mindestens einer freien oder verätherbaren OH-Gruppe u. zwei vicinalen H-Atomen (4-Nitraniline, Mono- oder Diacyl-1.4-phenylendiamine, 4-Aminoazobenzole). — 2-Methoxy-4-nitranilin wird in W. mit konz. H_2SO_4, Glycerin u. H_3AsO_3 auf 140° erhitzt. Nach dem Verdünnen mit Eiswasser wird mit 10nNaOH auf p_H 6—7 eingestellt u. als Nd. 8-Methoxy-6-nitrochinolin in gelben Nadeln aus A. mit F. 149° erhalten. Daraus gewinnt man durch Red. in Ggw. von RUPE-Ni mit H_2 bei Raumtemp. 8-Methoxy-6-aminochinolin, F. 168°, das beim Erhitzen mit W., H_2SO_4, Glycerin u. H_3AsO_3 u. Neutralisation bis p_H 10 *5-Methoxy-4.7-phenanthrolin* (I), $Kp._{0,1}$ 200—201°, liefert, F. 105°. — Das gleiche Prod. erhält man aus 2-Methoxy-1.4-phenylendiamin. — 2-Chlor-1.4-phenylendiamin → *5-Chlor-4.7-phenanthrolin* (II), F. 140°, → I. *Monohydrochlorid*, F. 245° (Zers.). *Dimethansulfonat*, F. 191°. — I → *5-Oxy-4.7-phenanthrolin*, F. 149°, → *5-Äthoxy-4.7-phenanthrolin*, F. 123°. — II + Guajacol-K → *5-(o-Methoxyphenoxy)-4.7-phenanthrolin*, F. 206°. *Stimulationsmittel* für die Atmungsorgane ähnlich der Wrkg. des Strychnins. (**E. P. 671 775** vom 28/4. 1950, ausg. 7/5. 1952. Schwz. Priorr. 29/4. 1949 u. 17/2. 1950.) KRAUSS. 4807

Cassella Farbwerke Mainkur, übert. von: **Walther Persch**, Frankfurt/M., *Herstellung organischer Quecksilberxanthinverbindungen.* Man mischt ein wasserlösl. Additionsprod. von Hg-Acetat u. einem Xanthinderiv., das eine ungesätt. niedere Alkylgruppe in 1-, 3- oder 7-Stellung enthält, z. B. 1-Allylthiobromin, 1-Allyl-3.7-diäthylxanthin, 1-Butenyl-3.7-dimethylxanthin oder 7-Allyl-1.3-dimethylxanthin, mit einem Xanthinderiv., das eine Dialkylaminoalkylgruppe in 1-, 3- oder 7-Stellung enthält, z. B. 1-Diäthylaminoäthyl-, 1-Dimethylaminoäthyl-, 1- oder 3-Dibenzylaminoäthyltheobromin, u. erhält beim Eindampfen der Lsgg. im Vakuum Hg-Komplexverbb. unbekannter Konst., die gut verträglich sind u. *diuret. Wrkg.* haben. (**A. P. 2 576 855** vom 15/11. 1949, ausg. 27/11. 1951. D. Prior. 1/10. 1948.) DERSIN. 4807

Deutsche Hoffmann-La Roche Akt.-Ges., Grenzach, *Kondensationsprodukt mit β-Carotingerüst* (I) erhält man durch Kondensation von 2 Moll. 4-[2'.6'.6'-Trimethylcyclohexen-(1')-yl]-2-methylbuten-(2)-al-(1) (II) mit 1 Mol. einer Verb. der Formel $XC{\equiv}C-C(CH_3){=}CHCH_2CH_2CH{=}C(CH_3)-C{=}CX$ (X = Li- oder MgBr-Rest) u. Hydrolyse des entstandenen Salzes der Formel III zu I. — 3.8-Dimethyldecadien-(3.7)-diin-(1.9) wird in absol. Ae. mit Li-Phenyl 45 Min. erhitzt, dann gibt man II zu, erhitzt eine weitere Std., zers. die Mischung auf Eis mit 10%ig. H_3PO_4 u. erhält nach dem Verjagen des Ae. u. Dünnschichtdest. bei

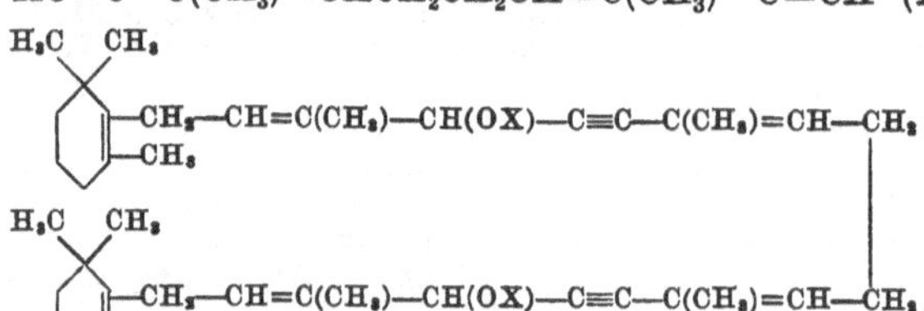

III

$110°/10^{-6}$ mm als Rückstand *1.18-Di-[2'.6'.6'-trimethylcyclohexen-(1')-yl]-3.7.12.16-tetramethyl-4.15-dioxyoctadecatetraen-(2.7.11.16)-diin-(5.13)*, $Kp._{0,000001}$ 135° (teilweise Zers.), UV-Absorptionsmaximum 230 mμ als zähes Öl mit Mol.-Gew. 578 in 93%ig. Ausbeute. I. kann auch chromatograph. gereinigt werden. — Aus Diacetylendi-MgBr u. 6-Methyl-[2'.6'.6'-trimethylcyclohexen-(1')-yl]-octatrien-(3.5.7)-on-(2) erhält man ein C_{40}-Diindiol als zähes, gelbes Harz, λ_{max} 295 mμ, das in Ggw. von mit Chinolin desaktivierter Pd-Kohle u. H_2 an der Dreifachbindung partiell hydriert wird u. anschließend nach Behandlung mit P_2J_4 unter N_2 u. Wasserabspaltung u. chromatograph. Reinigung *β-Carotin*, F. 179,5 bis 180,5°, in rotvioletten Blättchen liefert. (**D. B. PP. 841 914** Kl. 12o vom 25/5. 1950, ausg. 19/6. 1952 u. **850 745** Kl. 12o vom 2/3. 1951, ausg. 29/9. 1952.) Krauss. 4809

Upjohn Co., übert. von: **Harold G. Petering** und **John A. Schmitt**, Kalamazoo, Mich., V. St. A., *2.4-Diamino-6-(γ-carboxy-α.β.γ-trioxypropyl)-pteridin* entsteht beim Erwärmen von 2.4.5.6-Tetraaminopyrimidinhydrochlorid mit $CH_3 \cdot CO_2 \cdot Na$ + 3 H_2O, Ca-5-Ketogluconat, $B(OH)_3$, Eisessig, Hydrazinhydrat u. W. bei p_H 4,5—5,0 auf 85—95° während 45 Minuten. Hellbraunes Pulver. Absorptionsspektrum. — *Zwischenprod.* zur Herst. *therapeut.* Produkte. (**A. P. 2 568 462** vom 22/7. 1950, ausg. 18/9. 1951.) Langer. 4809

American Cyanamid Co., New York, N. Y., V. St. A., übert. von: **James Miller Smith jr.**, *2-Amino-4-oxy-substituierte Pteridine* der allg. Formel I (R = Alkyl oder substituiertes Alkyl) erhält man durch Erhitzen eines 2.4-Diaminopteridins der allg. Formel II auf 80—110° in Ggw. von wss. Alkalien [NaOH, KOH, $Ba(OH)_2$, Benzyltrimethylammoniumhydroxyd, Kalkmilch, NH_3]. — 2.4.5.6-Tetraaminopyrimidinsulfat wird mit $BaCl_2 \cdot 2\,H_2O$ 10 Min. auf 60° erwärmt, dann fügt man bei 45° p-Aminobenzoylglutaminsäure zu, stellt das p_H auf 3 ein u. fügt 2.3-Dibrompropionaldehyd in Essigsäure zu, wobei mit J, KJ u. W. das p_H auf 3 gehalten wird. Die erhaltene N-{4-[(2.4-Diaminopyrimido-[4.5-b]-pyrazyl-6)-methyl]-amino}-benzoyl]-glutaminsäure wird mit Kalkmilch 15 Min. auf 60—70° erwärmt. Nach dem Reinigen mit $ZnCl_2$ u. Diatomeenerde wird das Prod. mit NaOH unter N_2 auf 100° erhitzt, wobei man die *Pteroylglutaminsäure* erhält. — *4-{N-[(2-Amino-4-oxypyrimido-[4.5-b]-pyrazyl-6)-methyl]-N-methylamino}-benzoesäure.* — *2-Amino-4-oxy-7-methylpteridin.* — *2-Amino-4-oxy-6-methylpteridin.* (**E. P. 661 975** vom 28/2. 1949, ausg. 28/11. 1951. A. Prior. 18/3. 1948.) Krauss. 4809

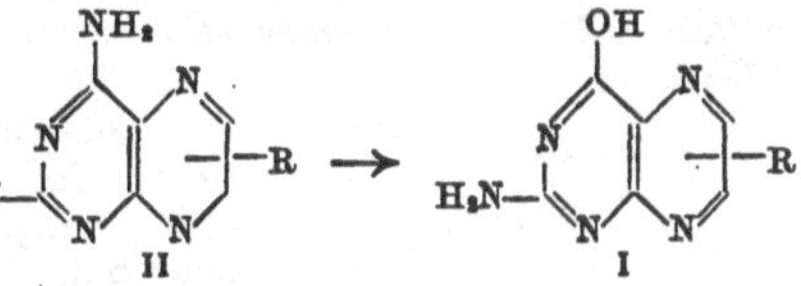

II → I

American Cyanamid Co., New York, N. Y., V. St. A., *Pteridinderivate.* — *N-[4-{(2.4-Diaminopyrimido-[4.5-b]-pyrazyl-6-methyl)-N-methylamino}-benzoyl]-glutaminsäure* (I; $R_1 = CH_3$, $R_2 = -CH(CO_2H) \cdot CH_2 \cdot CH_2 \cdot CO_2H$). Aus 2.4.5.6-Tetraaminopyrimidindihydrat, p-methylaminobenzoylglutaminsaurem Na u. α.β-Dibrompropionaldehyd oder 1.1.3-Tribromaceton. Rötlich gelbes Kristallpulver. Absorptionsspektrum. *Folsäureantagonist.* — Analog = *N-[4-{(2.4-Diaminopyrimido-[4.5-b]-pyrazyl-6-methyl)-amino}-benzoylglutaminsäure* (I; R_1 = H, $R_2 = -CH(CO_2H) \cdot CH_2CH_2 \cdot CO_2H$). — *N-(4-[2.4-Diaminopyrimido-[4.5-b]-pyrazyl-6-methylamino]-benzoyl)-asparaginsäure* (I; R_1 = H, $R_2 = -CH(CO_2H) \cdot CH_2 \cdot CO_2H$). (**Schwz. PP. 283 321, 283 322, 283 323**, sämtlich vom 21/10. 1948, ausg. 1/10. 1952. A. Prior. 22/10. 1947. **Zusätze zu Schwz. P. 272 706; C. 1952. 263.**) Langer. 4809

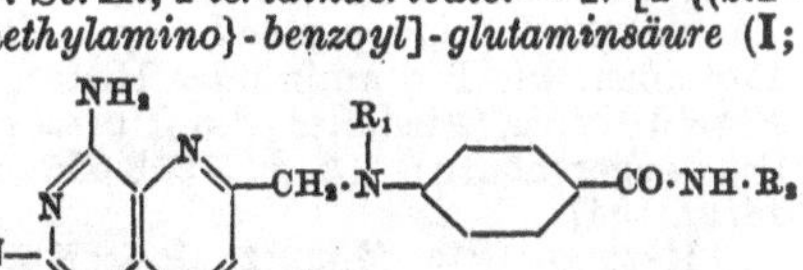

I

American Cyanamid Co., New York, N. Y., V. St. A., *Pteroylglutaminsäure* (I). — *p-Aminobenzoylglutaminsäure-γ-äthylester* (II). Aus p-Nitrobenzoylglutaminsäure-γ-äthylester, H_2 u. Pd. Orangefarben. — *2-Amino-4-oxy-6-pteridylmethylpyridiniumjodid* (III). Aus 2.3-Dibrompropionaldehyd, 2.4.5-Triamino-6-oxypyrimidin u. Pyridin (im Original irrtümlich Diäthylamin; d. Ref.) u. Versetzen mit NaOH u. J_2–KJ-Lösung. — **I**: Aus **II** u. **III** in Äthylenglykol + $NaOCH_3$, Lösen in verd. NaOH u. Aufarbeiten. — Statt **II** können auch p-Aminobenzoylglutaminsäurediäthylester, -glutaminsäure-γ-diäthylamid-, -isoglutaminsäurediäthylester oder -glutamin angewandt werden. (**Schwz. P. 282 642** vom 11/6. 1946, ausg. 16/8. 1952. A. Prior. 2/6. 1946.) Langer. 4809

American Cyanamid Co. und **Milton Andrew Petty**, New York, N. Y., V. St. A., *Vitaminbildung* durch Wachstum von Flavobacterium solare, F. acetylicum, F. acidificum, F. aquatile, F. arborescens, F. esteroaromaticum, F. flavescens oder F. suaveolens auf geeigneten Nährböden bei 20—40° u. p_H 5—8 unter aeroben Bedingungen. Die Nähr-Fl. kann auf 1000 (g) W. 5 Hefeextrakt, 5 Pepton, 10 Malzextrakt, 10 Dextrose, 1 KH_2PO_4, 1 NaCl, 2 Harnstoff, 0,5 $Ca(NO_3)_2$, 0,25 $MgSO_4 \cdot 7\,H_2O$, 0,05 $FeSO_4 \cdot 7\,H_2O$ enthalten. Nach beendeter Fermentation wird die Fl. eingedampft u. zu Kükenfutter zugesetzt. Die Bakterienleiber werden aufgearbeitet. — *Antiperniciosafaktor.* (**E. P. 673 970** vom 19/5. 1949, ausg. 18/6. 1952. A. Prior. 8/6. 1948.) K. Heinze. 4809

Dr. A. Wander Akt.-Ges., Bern, Schweiz, *7-Bromcholesterylbenzoat* entsteht aus Cholesterylbenzoat u. 2 Mol Br_2 in sd. CCl_4 bei Bestrahlung mit Licht der Wellenlängen

300—600 mμ. F. 143—144°. — Zwischenprod. für *Vitamin* D_3. (**Schwz. P. 281 482** vom 6/10. 1948, ausg. 16/6. 1952.) LANGER. 4809

William S. Johnson, Madison, Wis., und **Robert P. Graber,** Minneapolis, Minn., V. St. A., *Bisdehydrodoisynolsäure* (I) (*1-Äthyl-2-methyl-7-oxy-1.2.3.4-tetrahydrophenanthren-2-carbonsäure*) *und deren Ester.* 2-Propionyl-6-methoxynaphthalin, F. 110,5 bis 111,5° (aus β-Methoxynaphthalin + Propionylchlorid + $AlCl_3$) wird mit Bernsteinsäurediäthylester in Ggw. von K-tert.-Butylat zu einer Mischung aus 3-Carboxy-4-[6'-methoxynaphthyl-(2')]-4-hexensäure, F. 166°, u. 3-Carboxy-4-[6'-methoxynaphthyl-(2')]-3-hexensäure, F. 154 bzw. 172°, kondensiert, die nach der Red. mit PtO in A. β-Carboxy-γ-[6'-methoxynaphthyl-(2')]-capronsäure, F. 163—165°, liefert. Durch Cyclisierung in Acetylchlorid unter Erhitzen erhält man daraus 1-Äthyl-4-keto-7-methoxy-1.2.3.4-tetrahydrophenanthren-2-carbonsäure, F. 211,5—216,5°, die beim Hydrieren mit Pd-Tierkohle in Essigsäure in Ggw. von $HClO_4$ 1-Äthyl-7-methoxy-1.2.3.4-tetrahydrophenanthren-2 carbonsäure, F. 205—206,5°, gibt. Mit Diazomethan entsteht der Methylester u. anschließend mit einer äther. Lsg. von Na-Triphenylmethyl u. CH_3J I-*Methyläther*, F. 230—231,5°. *Hormonzwischenprodukt.* (**A. P. 2 574 396** vom 23/7. 1949, ausg. 6/11. 1951.) KRAUSS. 4809

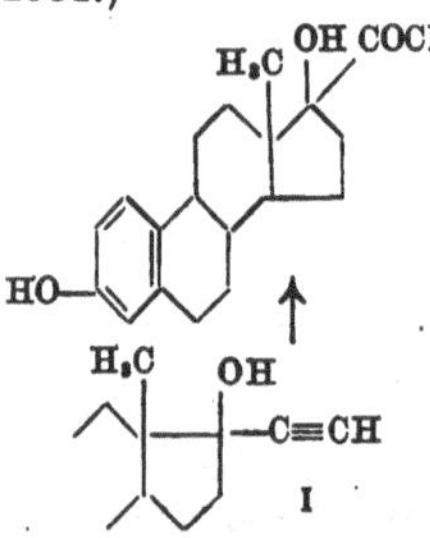

Laboratoires Français de Chimiothérapie, übert. von: **Leon Velluz** und **Georges Muller,** Paris, Frankreich, *3.17-Dioxy-17-acetyl-$\Delta^{1,3,5}$-östratrien,* F. 216 bzw. 244°, aus Bzl., $[\alpha]_D$ + 35° (Aceton) der nebenst. Formel erhält man durch Wasseranlagerung an Äthinylöstradiol (I) in alkoh. Lsg in Ggw. eines Katalysators, z. B. dem Hg-Salz von p-Toluolsulfonamid. Die entstandene Komplexverb. wird dann mit verd. HCl zersetzt. — *Sexualhormon* für Human- u. Veterinärmedizin. (**A. P. 2 598 652** vom 8/5. 1950, ausg. 27/5. 1952. F. Prior. 14/6. 1949.) KRAUSS. 4809

Aktiebolaget Leo, Helsingborg, übert. von: **Karl Erik Lennart Claesson,** Stockholm, **Knut Bertil Högberg,** Helsingborg, Schweden, und **Ernst Thomas Rosenberg,** Lundtofte, Dänemark, *Reinigung gonadotroper Hormone* durch Vorreinigung, Behandlung mit bas. Proteinen, wie Protamin oder Histon in der Nähe des Neutralpunktes, Abtrennen des Eiweiß-Nd. u. Ausfällen des Hormons durch A.-Zusatz. — Beispiel (Ausgangsstoff: Schwangerenharn). (**A. P. 2 603 585** vom 8/10. 1948, ausg. 15/7. 1952. Dän. Prior. 14/10. 1947.) K. HEINZE. 4809

Herman Otto Mönnig, Pretoria, Transvaal, Südafrikan. Union, *Proteolytische Enzyme.* Zur Entfernung abgestorbenen tier. Gewebes, bes. zurückgebliebenen tier. Fötalgewebes oder Nachgeburt, wird ein Gemisch eines Uterus-Desinfektionsmittels u. eines proteolyt. Enzyms vorgeschlagen. Als Desinfektionsmittel ist Sulfanilamid, als Enzym Papain genannt. (**Can. P. 485 576** vom 1/12. 1949, ausg. 12/8. 1952.) WITTHOLZ. 4809

Henry Marinus Christensen, Frederiksberg, Dänemark, *Herstellung von Penicillin und anderen antibiotischen Stoffen durch Züchtung von Mikroorganismen.* Man setzt dem Nährsubstrat *Pankreatin* oder dessen Spaltprodd. zu; diese erhält man durch Behandlung von Pankreatin mit Pepsin bei $p_H < 7$ oder mit Trypsin bei $p_H < 7$. (**Dän. P. 73 886** vom 17/12. 1946, ausg. 17/3. 1952.) JÜRGEN SCHMIDT. 4811

United States of America, übert. von: **Henry Welch,** Silver Spring, Md., V. St. A., *Inaktivierung von Penicillin* durch Zusatz eines aus der Gär-Fl. von Actinomyces candidus gewonnenen Enzyms Penicillinase. Zur Best. der Sterilität, Wrkg., Identität u. Kraft von Penicillin u. solches enthaltenden Präparaten. (**A. P. 2 601 350** vom 20/9. 1949, ausg. 24/6. 1952.) SCHINDLER. 4811

G. Analyse. Laboratorium.

Hans Joachim Lampe, *Miniaturabzug für chemische Gase im Laboratorium.* Beschreibung eines „Absaugekolbens", der über die Mündung von KJELDAHL-Kolben (N-Best. nach PARNAS-WAGNER) geschoben wird, kondensierende Säure usw. aufnimmt u. mit einer Wasserstrahlpumpe zum Absaugen der Gase verbunden ist. (Brauwelt, Ausg. B **1952.** 934—35. 25/9.) BLUMRICH. 5004

E. Aabye Jensen und **E. Steemann Nielsen,** *Ein Wasserprobenehmer für biologische Zwecke.* Beschreibung eines App. zur Entnahme von Plankton aus beliebigen Wassertiefen unter Vermeidung des Kontaktes mit Metall. (J. Cons. permanent int. Explorat. Mer **18.** 296—99. Jan. 1953.) LOCH. 5012

W. Schöniger, *Eine Auswaschpipette für Mikrolitermengen.* Auswaschpipette für kleine Flüssigkeitsmengen, mit deren Hilfe das Vol. der Auswasch-Fl. konstant gehalten werden kann. (Mikrochem. verein. Mikrochim. Acta **40.** 27—29. 1952. Graz, Univ., Med.-chem. Inst., u. Pregl-Labor.) ELCHLEPP. 5014

H. Flaschka, *Die Mikro-Reduktor-Bürette.* (Vgl. C. **1951.** I. 3090.) Beschreibung der „Mikro-R-Bürette", bei der man die wirksame Substanz [$Fe_2(SO_4)_3$- oder $Ti(SO_4)_2$-Lsg. mit ca. 0,2n H_2SO_4] erst unmittelbar vor dem Einfließen in die zu titrierende Lsg. red., so daß sich der Aufwand zur Aufrechterhaltung einer inerten Atmosphäre erübrigt. Als Reduktorfüllung dienen Ag-Pulver für Fe- oder Cd-Grieß für Ti- oder Fe-Lsgg., dessen Herst. angegeben wird. — Beleganalysen. (Mikrochem. verein. Mikrochim. Acta **36/37.** 269—72. 1951. Graz-Gösting, Fa. A. Zankl Söhne, Entw.-Labor.) METZENER. 5014

Carl Kenty, *Ein neuer, selbstschließender Quecksilberverschluß.* Beschreibung der Vorr., die hauptsächlich in Vakuumsystemen u. bei der Gasanalyse Verwendung findet. (Rev. sci. Instruments **22.** 844—45. Nov. 1951. Cleveland, O., General Electric Co., Lamp Development Labor.) GOTTFRIED. 5026

E. J. Caule, *Ein neuer Hochvakuumofen.* Vf. beschreibt einen elektr. beheizten Hochvakuumofen, der zum Erhitzen kleiner Metallproben bis zu Tempp. von ca. 670° geeignet ist. Er besteht aus einem Hartglaszylinder, der an beiden Enden parabol. zugeschmolzen ist u. außen als Spiegelung eine dünne auf W aufgedampfte Al-Schicht trägt. In dem Brennpunkt des einen Spiegels befindet sich ein kleiner Heizwiderstand u. in dem des anderen das Ende eines Thermoelements, an dem die zu untersuchende Metallfolie hängt. Die Strahlung des Widerstandes wird somit über die beiden Spiegel auf die Folie konzentriert. Die ganze App., deren Ausdehnung ca. 4×9 cm ist, ist evakuierbar u. als Heizung genügen wenige Watt. (Canad. J. Technol. **30.** 63—65. April 1952.) LEHWALD. 5028

John J. Gilman, *Ein vereinfachter Vakuumofen für das Wachstum metallischer Einkristalle.* Das Vakuumsyst. der App. besteht aus einem innen glasierten Mullitrohr, das bei einem Vakuum von 10^{-4} mm Tempp. von 1370° gestattet. Die Länge des Rohres beträgt 48 in., weil man mit einem so langen Rohr große Kristalle erhält u. weil man außerdem mehr als einen Ofen entlang dem Rohre benutzen kann. Dies ist notwendig für Legierungen, welche sich während des langsamen Abkühlens auf Raumtemp. beim Wachsen zersetzen würden. Die Öfen selbst sind einfache, mit Diatomeenerde gut isolierte Widerstandsöfen, die durch eine einfache Vorr. mit konstanter Geschwindigkeit über das Rohr geschoben werden können. (Rev. sci. Instruments **22.** 854—55. Nov. 1951. New York, N. Y., Columbia Univ.) GOTTFRIED. 5028

S. Baxter und **H. A. Vodden,** *Die Konstruktion einer Untersuchungszelle für flüssige Dielektrika.* Es wird der Aufbau einer leicht herstellbaren Zelle für die Unters. fl. Dielektrika beschrieben, die im Temperaturgebiet —30 bis +120° anwendbar ist. (J. sci. Instruments **29.** 379—80. Nov. 1952. Wrexham, Monsanto Chemicals Ltd., Nickell Labors.) v. HARLEM. 5054

E. G. Steward, *Ein einfacher Heiztisch zur Untersuchung der Interferenzfiguren eines Polarisationsmikroskops bei erhöhten Temperaturen.* Beschreibung des Heiztisches. Als Anwendungsbeispiel wurde ein senkrecht zur spitzen Bisektrix ausgeführter Schnitt von Äthylendiamintartrat untersucht, dessen Interferenzfigur bei ca. 120° einachsig wird. (J. sci. Instruments **29.** 214. Juli 1952. Wembley, General Electric Co., Res. Labor.) GOTTFRIED. 5056

M. Lederer, *Filterpapierelektrophorese.* Übersicht über die Technik der Filterpapierelektrophorese. Als Beispiele werden die Anwendung auf die Trennung von Aminosäuren u. Peptiden, Trennung von Proteinen u. großen Moll., Trennung u. Unters. von anorgan. Ionen gegeben. (Research **4.** 371—73. Aug. 1951. Newcastle, Australia, Techn. Coll., Sci. Dep.) v. HARLEM. 5062

Ingrid Moring-Claesson, *Chromatographie.* Allg. Übersicht (65 Hinweise). (Tekn. Tidskr. **1951.** 253—60. 31/3. Uppsala.) WINIKER. 5062

K. Ss. Wulfsson und **I. Sch. Libin,** *Spaltstrahler für spektralphotometrische Messungen.* Auf der Grundlage von WORTHING (Physic. Rev. **28.** [1926.] 174) entwickeln Vff. für die UV-Emission bestimmte „Spaltstrahler" aus *Ta*- (2200° K) u. *W*- (3000° K, 1300 W, 140 A) Draht (0,05 bzw. 0,1 mm Durchmesser). Das Emissionsvermögen der W-Lampe ist im Temperaturbereich 2000—3000° K für $\lambda = 0,66$ u. 0,47 μ konstant gleich 0,91 ±0,02, während es sich unter sonst gleichen Bedingungen für W-Bandlampen um 12% ändert. (Журнал Технической Физики [J. techn. Physik] **22.** 525—29. März 1952. Allunions Elektrotechn. Inst.) AMBERGER. 5063

Simone Robin und **Vladimir Schwetzoff,** *Die Empfindlichkeit von mit Leuchtstoffen versehenen Photovervielfachern im fernen Ultraviolett.* Die Empfindlichkeit eines Photovervielfachers für UV von ca. 1300—3000 Å läßt sich, wie mit Hilfe von Vakuumgitterspektrograph u. H_2-Kontinuum gemessen wurde, um ca. 10^2 bzw. 10^3 erhöhen, wenn zwischen Austrittsspalt des Spektrographen u. Vervielfacher ein Leuchtstoffschirm aus *Na-Salicylat* in Durchsicht, bzw. — bei 45°-Stellung des Schirmes — in Aufsicht angebracht wird. (J. Physique Radium **13.** 239—40. April 1952. Sorbonne, Labor. de Phys.-Enseignement.) RUDOLPH. 5063

James I. Watters, *Ein handliches Instrument für schnelle Präzisionspolarographie.* Gegenüber den sonst üblichen polarograph. Anordnungen besitzt das Instrument zunächst einen Stromkreis, der stufenweise eine Änderung des Potentials durch genaue Inkremente von Zehntel oder Hundertstel Volt ohne Unterbrechung im ganzen Bereich der Quecksilbertropfelektrode gestattet. Außer den sonst üblichen Rheostaten besitzt der App. feste Widerstände mit einer Reihe von mehrfachen Schaltern. Jede Schalterstellung entspricht einem feststehenden Potential. Jedes gewünschte Potential kann so durch einfache Drehung der Schalter angelegt werden. (Rev. sci. Instruments **22.** 851—53. Nov. 1951. Columbus, O., State Univ.) GOTTFRIED. 5066

Alwin Schleicher, *Katalyse und Induktion bei Redoxtitrationen.* 2. Mitt. (1. vgl. C. **1952.** 6579.) In Fortsetzung der früheren Unterss. diskutiert Vf. zunächst die Titration von Fe^{2+} mit MnO_4^- unter Aufteilung der Rk. in Urakte. Danach läßt sich die anfängliche Hemmung der Rk. als Selbstinduktion beschreiben, die durch Zugabe von Mn^{2+} unter Bldg. eines Schwingungskreises $Mn^{2+} \underset{e}{\overset{e}{\rightleftharpoons}} Mn^{3+} + e$ aufgehoben wird. Auch die durch J^- katalyt. beschleunigte Titration von AsO_3^{3-} mit Ce^{4+} läßt sich in verschied. induktive Urakte, $2\,Ce^{4+} + 2\,e \rightleftharpoons 2\,Ce^{3+}$ als induzierenden Vorgang, u. $AsO_3^{3-} + H_2O \rightleftharpoons AsO_4^{3-} + 2\,H^+ + 2\,e$ sowie $J^- + H_2O \rightleftharpoons JO^- + 2\,H^+ + 2\,e$ als induzierte Vorgänge zerlegen. Aus den mit Hilfe der Normalpotentiale berechneten Äquivalenzpotentialen u. $\Delta\varepsilon$-Werten ergibt sich ein Verhältnis der inneren Widerstände = 2 :1, das Normalpotential der Rk. J^-/JO^- liegt also mitten zwischen denen der andern Teilvorgänge. Durch induktive Angleichung der Reaktionsgeschwindigkeiten wird in Ggw. von J^- die Verzögerung der AsO_3^{3-}-Oxydation aufgehoben. (Z. analyt. Chem. **135.** 258—64. 1952. Aachen, Rhein.-Westf. TH, Inst. anorgan. Chem. u. Elektrochem.) WEITBRECHT. 5066

I. M. Kolthoff und Ralph A. Johnson, *Amperometrische Titrationen mit m-Nitrophenylarsinsäure.* In Verbindung mit der amperometr. Titration verschied. Metallionen mit aromat. Arsinsäuren untersuchen Vff. zunächst das polarograph. Verh. von *Phenylarsinsäure* (**I**), *p-Oxyphenylarsinsäure* (**II**) u. *m-Nitrophenylarsinsäure* (**III**) bei verschied. HCl-Konzz., bestimmen die Halbwellenpotentiale gegen die gesätt. HgCl-Elektrode sowie deren p_H-Abhängigkeit u. die Diffusionsstromkonstanten u. berechnen die Diffusionskoeff., welche bei 25° $7{,}6 \cdot 10^{-6}$ cm²/sec (I), $6{,}0 \cdot 10^{-6}$ cm²/sec (II) u. $7{,}3 \cdot 10^{-6}$ cm²/sec (III) betragen. **I** kann quantitativ in 0,1n—1nHCl bei einem Halbwellenpotential —0,96 bis —0,89 V bestimmt werden, doch eignen sich weder **I** noch **II** zur amperometr. Titration. Dagegen zeigt **III** in 0,1—1nHCl 3 Wellen mit den Halbwellenpotentialen (0,2nHCl) —0,055 V, —0,33 V u. —0,92 V. Die Diffusionsströme weisen auf eine Red. der Nitro- zur Hydroxylamingruppe mit 4e, der Hydroxylamin- zur Aminogruppe mit 2e u. auf eine Red. der Arsinsäure zum Arsinrest mit 6e hin. Die 1. Welle eignet sich gut zur quantitativen Best. von **III.** Ferner wird die amperometr. Titration von UO_2^{2+}, Th^4, Zr^{4+}, Sn^{4+}, Ti^{4+} u. Bi^{3+} untersucht, u. die besten Bedingungen werden festgelegt. So gibt man zu 50—200 mg U als UO_2^{2+} 10 ml Pufferlsg. (0,5 Mol. Essigsäure + 0,25 Mol. Na-Acetat/Liter), 50 ml W., dann 2,0 g NaCl u. 5 ml 0,1%ig. Gelatinelsg., verd. auf 100 ml u. titriert amperometr. bei —0,55 V mit Normallsg. von **III.** Die Genauigkeit beträgt ±1%. Zur Best. von Th löst man 0,1—0,3 g Th in W., mit 1 ml n/1 HCl angesäuert, u. gibt 10 ml 0,5 mol NH_4Cl-Lsg. zu. Saure Lsgg. neutralisiert man mit verd. NH_4OH auf p_H 2,0—2,5. Dann verd. man auf 100 ml u. titriert bei —0,30 V mit **III**-Lsg., die auf p_H 2,5 eingestellt ist. Genauigkeit ±0,5%. Zr läßt sich bestimmen, indem man 0,03—0,10 g Zr in 15 ml konz. HCl u. 40 ml W. löst, 20 ml A. u. 10 ml 0,1%ig. Gelatinelsg. zugibt, auf 100 ml verd. u. mit **III**-Lsg. bei —0,5 V titriert. Genauigkeit ±0,8%. Zur Best. von Sn wird die Probe von 0,06—0,12 g mit HCl u. W. auf 100 ml 0,2—0,3nHCl gebracht u. bei —0,15 V mit **III**-Lsg. titriert. Genauigkeit ±1,5%. Ti u. Bi können jedoch infolge zu großer Löslichkeit bzw. ungenauer Zus. des Nd. nicht mit **III** amperometr. bestimmt werden. Schließlich wird die Zus. der m-Nitrophenylarsinate durch Zugabe verschied. Mengen **III**-Lsg. zu den Salzlsgg. u. Best. der restlichen Metallionen geprüft. Danach binden Th 2 Mol. **III,** Zr, UO_2^{2+} u. Sn je 1 Mol. Mit einem Überschuß an **III** reagiert Zr rasch u. leicht mit einem 2. Mol. **III,** während Sn^{4+} nur sehr langsam die Verb. Sn-1,5 **III** bildet. Diskussion der Ergebnisse. (J. electrochem. Soc. **98.** 138—45. April 1951. Minneapolis, Minn., Univ. of Minnesota, School of Chem.) WEITBRECHT. 5066

a) Elemente und anorganische Verbindungen.

K. A. Hyde, *Ein abgeänderter Kjeldahl-Apparat.* Der KJELDAHL-Kolben wird während des Aufschlusses durch Schliff mit 2 hintereinander geschalteten Waschflaschen (mit W. u. NaOH), durch die die sauren Dämpfe abgesaugt werden, u. während der Dest. mit einem Aufsatz verbunden, der den absperrbaren Trichter für den Laugenzusatz trägt, Spritzer zurückhält u. mit dem Kühler u. der Vorlage durch Schliffe verbunden ist. (Chem. and Ind. **1951.** 1103. 15/12. Birmingham, Midl. Count. Dairy Ltd.)
BLUMRICH. G 243

C. Capitani und **G. Gambelli,** *Über eine volumetrische Schnellmethode zur Bestimmung von Schwefelsäure in Gegenwart von aliphatischen Mono- und Polysulfonsäuren.* Während Ba u. Benzidin mit Sulfonsäuren reagieren können, ist dies bei Pb nicht der Fall. Vff. schlagen daher vor, SO_4^{2+} in Ggw. von Sulfonsäuren mit $Pb(NO_3)_2$ (I) in 0,1 n essigsaurer Lsg. (1 : 2) zu fällen; im Filtrat wird das restliche I mit $K_2Cr_2O_7$ (7,35°/$_{00}$) gefällt, dessen Überschuß jodometr. mit 0,1 n $Na_2S_2O_3$ zurücktitriert wird. Die Ergebnisse stimmen mit der gravimetr. Best. befriedigend überein. (Chim. e Ind. [Milano] **34.** 571—73. Okt. 1952. Novara, Soc. Rhodiaceta, Labor. Ric. Acetilene e Deriv.) R. K. MÜLLER. G 253

R. Schwarz, J. Johann und **A. Zörner,** *Die Bestimmung von Eisensiliciden, Siliciumcarbid und Siliciumdioxyd nebeneinander.* Zur Best. metall. Bestandteile in Mischungen von Si, SiC u. SiO_2 sowie in FeSi-Schlacken überprüfen Vff. die bisherigen Methoden u. entwickeln als bes. geeignet das Alkalischmelzverfahren. Zunächst werden unter O_2-freiem N_2 in einer geeigneten App. die Verb. *FeSi*, *Fe_2SiO_4*, *SiC*, *Graphit*, *SiO_2*, *Al_2O_3*, *CaO* u. *MnO* einzeln u. gemischt einer NaOH-Schmelzbehandlung unterzogen unter Best. des entstehenden H_2 durch Verbrennung. Bei 550° zers. sich FeSi in 1½ Std. quantitativ u. Fe_2SiO_4 wird oxydiert, bei beiden Rkk. entstehen die stöchiometr. Mengen H_2. Während bei Tempp. $>$ 700° SiC mit NaOH unter Bldg. von H_2 u. CH_4 bzw. C u. MnO unter Bldg. von H_2 reagieren, sind diese Rkk. bei 550°/1½ Std. zu vernachlässigen. Angewendet wird das Verf. auf die Analyse von 5 verschied. FeSi-Schlacken. Neben der üblichen Analyse auf Gesamt-Si als SiO_2, auf Al_2O_3, CaO, MgO, FeO, MnO u. TiO_2 ist die Best. des Gesamt-C-Geh. durch Verbrennung bei 1200° u. des Geh. an freiem C durch Verbrennung bei 750° notwendig. Schließlich ermöglicht eine Alkalischmelze (550°) bei bekanntem Verhältnis Fe/Si (metall.) die Best. der metall. Bestandteile, wodurch die Berechnung der Gehh. an FeSi, SiC u. SiO_2 erfolgen kann. (Z. analyt. Chem. **135.** 161—79. 1952. Aachen, TH, Inst. anorgan. Chem. u. Elektrochem.; Hüttenwerk Rheinhausen, Chem. Labor.) WEITBRECHT. G 261

Felipe Lucena-Conde, *Ein neuer Nachweis des Quecksilber(I)-ions.* Rhodanid erhöht die reduzierende Wrkg. von Hg(I)-Ionen. Diese Erscheinung kann zum Nachw. von Hg(I) verwendet werden. Als Reagens fügt man Rhodanid im Überschuß u. Fe(III)-Salz zu u. weist die gebildeten Fe-(II)-Ionen mit *o-Phenanthrolin* oder *Dimethylglyoxim* nach. Empfindlichkeit pD = 5,0 bzw. 4,7, wobei *Cu^{2+}*, *Co^{2+}*, *Ni^{2+}*, *Fe^{2+}*, *Sn^{2+}*, *$PtCl_6^{2-}$* u. *VO_3^-* stören. Ähnliche Rkk. können zum Nachw. von metall. Hg dienen. (Mikrochem. verein. Mikrochim. Acta **40.** 8—14. 1952. Madrid, Univ., Fac. de Cienc.)
ELCHLEPP. G 290

Richard P. Buck, Paul S. Farrington und **Ernest H. Swift,** *Coulometrische Titration von einwertigem Thallium mit Brom oder Chlor.* Die coulometr. Titration nach FARRINGTON u. Mitarbeiter (vgl. C. **1951.** I. 2631) wird für die quantitative Best. von Tl^I herangezogen. Eine Lsg., die sich aus 25 ml einer bekannten ca. 0,1 f $TlClO_4$-Lsg. u. entweder 5 ml 1 f NaBr, 5 ml 9 f $HClO_4$, 5 ml W. oder 5 ml 8 f HCl u. 10 ml W. zusammensetzt, wird elektrolysiert. Dabei wird Tl^I durch sich abscheidendes Br_2 oder Cl_2 quantitativ zu Tl^{III} oxydiert. In die Reaktionslsg. taucht ein weiteres Paar Pt-Elektroden (Indicatorelektroden) ein, an das eine Potentialdifferenz von 200—300 mV gelegt ist. Das Minimum der Indicatorstromkurve entspricht der quantitativen Überführung von Tl^I in Tl^{III}. Aus der für die Elektrolyse benötigten Zeit, vermindert um einen empir. gefundenen Blindwert, u. der Stromstärke berechnet sich die Tl^I-Menge. Die Oxydation von Tl^I mit Br_2 oder Cl_2 verläuft trotz des eigentlich zu negativen Potentials $Tl^I \rightarrow Tl^{III}$ quantitativ, weil die Halogenide von Tl^{III} stabiler sind als die von Tl^I. Die Fehlergrenze liegt bei 93—200 γ Tl unter 0,2% u. bei 200—1900 γ unter 0,1%. (Analytic. Chem. **24.** 1195—97. Juli 1952. Pasadena, Calif., California Inst. of Technol.) BARCHET. G 297

E. W. Kiefer und **D. F. Boltz,** *Spektrophotometrische Bestimmung von Zirkonium.* Das Verf. beruht auf der Fällung des Zr mit einer Standardphosphatlsg., der anschließenden Zentrifugierung des Zr–Phosphat-Nd. sowie der Best. des PO_4-Geh. der restlichen Lsg. als Mo-Diphosphat auf spektrophotometr. Wege. Die zu untersuchende Probe soll 0,001—0,1 mg Zr/cm³ enthalten. 20 cm³ der Lsg. werden in ein 50 cm³-Zentrifugenglas übergeführt u. mit 5 cm³ HNO_3 sowie 10 cm³ Standardphosphatlsg. (0,500 g KH_2PO_4

im Liter dest. W.) gemischt. Man läßt 20 Std. stehen u. zentrifugiert dann 15 Min. lang. Von der überstehenden Lsg. werden 25 cm^3 in einen 50 cm^3-Meßkolben übergeführt, mit 10 n NaOH gegen Phenolphthalein neutralisiert, dann werden 5 cm^3 2,8 n HNO_3 zugegeben u. zur Marke aufgefüllt. Hierzu gibt man 5 cm^3 10%ig. Na-Molybdat-Lsg. u. mißt die Extinktion in einem geeigneten Spektralphotometer (BECKMAN DU) je nach der vorhandenen Zr-Konz. bei 380, 400 oder 420 mμ. Als Vergleichs-Fl. dient dest. Wasser. Genauigkeit günstigstenfalls 2%. Von Bedeutung ist die genaue Einhaltung der Wartezeit von 20 Stunden. Die mögliche Störwrkg. einer größeren Zahl fremder Ionen u. der mögliche Fehler sowie die höchst zulässigen Gehh. werden in einer Tabelle angegeben. (Analytic. Chem. **24**. 542—43. März. 1952. Detroit, Mich., Wayne Univ.) WERNER. G 322

Ss. I. Ssinjakowa und N. P. Iwanow, *Die Spektrophotometrie in der chemischen Analyse.* Es wird zunächst die qualitative u. quantitative Analysenmeth. der Absorptionsspektren allg. u. apparativ kurz dargestellt, dann folgt eine kurze Übersicht der spektrophotometr. Verfahren. Im 2. Teil wird die Best. von *Ti* u. *V* aus derselben Probe ausgearbeitet. Ti u. V werden wie üblich von den anderen Elementen getrennt; dann wird in einem aliquoten Teil die stark saure Lsg. mit einigen Kriställchen Na_2SO_3 oder 1 ml Milchsäure u. Erhitzen (einige Min.) red. ($V^V \rightarrow V^{IV}$), u. aus einem wiederum aliquoten Teil dieser Lsg. wird V nach der Extinktion bei 750 mμ u. der entsprechenden Eichgeraden bestimmt. Ein anderer Teil der red. Lsg. wird mit NH_3-Zusatz auf p_H 2 gebracht (Acidität 0,01 n), 0,5 ml 6%ig. Chromotropsäure zugesetzt, auf ein bestimmtes Vol. gebracht u. die Absorption bei 475 mμ gemessen (Eichgerade für Ti). Das Absorptionsmaximum der Milchsäure bei 330 mμ hindert die Verwendung desjenigen für V bei 335 mμ. Empfindlichkeit für V 0,04—0,01 mg V/cm^3 bei 1 cm Schichtdicke (Spektrophotometer „SsF-11"); Meßgerade V: 0,1—2,0 mg/ml, Ti: 0,5—4 μg/ml. Das blaue V^{4+} (red.) absorbiert empfindlicher als V^{5+}; die zur Red. erforderliche höhere Säurekonz. muß jedoch für die Ti-Best. abgestumpft werden. — 88 Literaturzitate. (Журнал Аналитической Химии [J. analyt. Chem.] **7**. 349—62. Nov/Dez. 1952. Moskau, Vernadsky-Inst. für Geochem. u. analyt. Chem. der Akad. der Wiss. der UdSSR.)
v. WILPERT. G 330

Arthur de Sousa, *Die Anwendung von 8-Oxychinolin zum qualitativen Mikronachweis von Wolfram in Erzen.* Rascher u. einfacher Mikronachw. von W mit 8-Oxychinolin. Auf Zusatz von konz. HCl bildet sich ein brauner Fleck auf dem Tüpfelpapier. Nachweisbar sind noch W-Mengen von 10^{-5} g; das Verf. wird nicht durch die das W gewöhnlich begleitenden Elemente gestört. (Mikrochem. verein Mikrochim. Acta **40**. 104—05. 1952. Lissabon, Inst. Sup. Técn., Labor. für physik. Chem.) ELCHLEPP. G 337

F. Burriel und R. Gallego, *Über die colorimetrische Bestimmung des Kobalts mit Nitroso-R-Salz.* 1. Mitt. *Beständigkeit des Komplexes und des Reagenses.* Da die Messung der roten Komplexverb. des Co mit *Nitroso-R-Säure* (1-Nitroso-2-oxynaphthalin-3.6-disulfonsäure, I) durch die Eigenfarbe des Reagenses beeinträchtigt wird, wurde die Haltbarkeit beider gegen Säuren u. Oxydationsmittel durch Absorptionsspektrometrie geprüft. Während H_2O_2 in salzsaurer Lsg. auf beide nicht einwirkt, zerstört $KMnO_4$ in H_2SO_4-Lsg. beide. HNO_3 verringert die Farbe des Reagenses durch eine unbekannte Rk., HCl nicht; aber beide schützen den Komplex gegen Br_2, welches das Reagens fast ganz entfärbt. Während Licht in Ggw. von HNO_3 deutliche Entfärbung bewirkt, ist dies bei HCl kaum der Fall. Der zur Zerstörung des Reagenses erforderliche Br-Überschuß läßt sich schwer vollständig wegkochen, kann aber mit Na_2SO_3 (II) beseitigt werden; II hat im Überschuß wiederum eine langsam entfärbende Wirkung. Verf.: Die Reagenslsg. wird bereitet, indem man 25 mg Na-Salz der I in wenig W. löst, 20 g in 20 ml W. gelöstes Na-Acetat zusammen mit 5 ml 0,25 n HCl zugibt u. auf 100 ml auffüllt. Zu einer kleinen Menge der schwefelsauren Probelsg. gibt man 2 ml W., 2 Tropfen Phenolphthaleinlsg., neutralisiert tropfenweise mit 20%ig. KOH (→ rot), entfärbt tropfenweise mit 0,25 n HCl, fügt noch 10 Tropfen HCl (ca. 0,8 ml) u. 4 ml Reagenslsg. zu, hält weiterhin im Dunkeln, kocht ca. 1 Min., setzt 2 ml konz. HCl, dann 2 ml einer Lsg., die in 100 ml W. 0,84 g $KBrO_3$ u. 3 g KBr enthält, zu. Nach einer Reaktionsdauer von 8—10 Min. gibt man 1 ml frisch bereitete 10%ig. II-Lsg. zu, kühlt ab, füllt auf 25 ml auf u. mißt innerhalb von 30 Min. seit dem II-Zusatz die opt. Dichte bei 420 mμ. (An. Real Soc. españ. Física Quím., Ser. B **48**. 793—800. Nov. 1952. Madrid, C. S. I. C., Inst. Edafología y Fisiol. vegetal, Secc. Quím. analít.) METZENER. G 355

F. Burriel und R. Gallego, *Über die colorimetrische Bestimmung des Kobalts mit Nitroso-R-Salz.* 2. Mitt. *Das Verhalten von Fremdionen.* (1. vgl. vorst. Ref.) Da mit dem l. c. angegebenen Verf. K_2SO_4 (I), *KCl* u. *Na-Acetat* (II) in die Lsg. gebracht werden, wurde deren Einfl. untersucht. I verringert etwas die Absorption des Komplexes, wenn Co^{2+} u. SO_4^{2-} sich schon vor dem Reagenszusatz gleichzeitig in Lsg. befinden. Man muß deshalb seine Menge in Probe- u. Eichlsg. gleich oder möglichst klein halten. Der sehr kleine Einfl. des KCl kann vernachlässigt werden. II wirkt überhaupt nicht auf die Best. ein. Weiterhin wurden die Schwermetalle untersucht, mit deren Ggw. in biol. Material zu rechnen ist. *Cu, Fe* u. *Ni* bilden mit Nitroso-R-Salz Komplexe, die durch HCl zerlegt werden, so daß nur die Absorption des Reagenses übrigbleibt. Die freie Nitroso-R-Säure bildet jedoch in stark saurer Lsg. nicht mehr den Komplex mit Co. Die 3 Metalle entziehen also dem Co das Reagens, u. man muß dessen Menge so bemessen, daß sie den Mengen des Co u. der Fremdmetalle entspricht. Bei Ausführung der Rk. mit den l. c. angegebenen Mengen stören in den 25 ml, die colorimetriert werden, 4000 γ Cr u. 200 γ Zn, V, Mo oder Mn die Best. nicht. (An. Real Soc. españ. Física Quím, Ser. B **48.** 801—05. Nov. 1952.) METZENER. G 355

E. S. Tomula, Olavi Juutinen und Pertti Tanskanen, *Über die jodometrische Titration des Nickels mit Thiosulfat.* Vff. überprüfen die Möglichkeit, Ni durch jodometr. Titration der mit NaOH u. $K_2S_2O_8$ entstehenden höherwertigen Ni-Oxydhydrate zu bestimmen. So bildet sich bei 25° aus der unbeständigen Verb. $NiO_2 \cdot xH_2O$ (I) die krist. Verb. $Ni_2O_3 \cdot xH_2O$ von mäßiger Beständigkeit, die aus KJ in Ggw. von Säuren eine äquivalente Menge J_2 freimacht. Die Probe mit <150 mg Ni wird auf 150 ml verd., mit der 1½fachen theoret. Menge $K_2S_2O_8$ versetzt u. langsam mit ca. 30 ml n/2 NaOH alkal. gemacht. Der Nd. wird über Asbest unter besonderen Vorsichtsmaßregeln abfiltriert, heiß ausgewaschen, um Spuren von I zu zerstören, u. in 130 ml W. gebracht. Die Lsg. wird mit 2 g KJ versetzt, mit 6—8 ml 2 n HCl angesäuert u. das ausgeschiedene J_2 in üblicher Weise mit $Na_2S_2O_3$ titriert. Die an 20—150 mg Ni erhaltenen Ergebnisse weisen einen mittleren Fehler von $\pm 1,37\%$ auf, wobei aus Nitratlsgg. bessere Werte als aus Chlorid- oder gar Sulfatlsgg. erhalten werden. Die Fehlerquellen des Verf. werden eingehend diskutiert. (Z. analyt. Chem. **135.** 265—69. 1952. Helsinki, Finnland, Univ., Chem. Inst.) WEITBRECHT. G 356

b) Organische Verbindungen.

Harold A. Frediani, *Bestimmung der Reinheit chemischer Substanzen mittels der Phasenregel.* Da die Löslichkeit eines Stoffes durch die Ggw. anderer meist nicht beeinflußt wird, kann ihre Best. (z. B. durch Best. des Rückstandes nach Abdest. des Lösungsm., Best. des Brechungsindex oder der Leitfähigkeit der Lsg.) zur Reinheitsprüfung benutzt werden, indem man einer bestimmten Menge Lösungsm. steigende Gewichtsmengen der Probe zusetzt u. feststellt, ob die Löslichkeitskurve 1, 2 oder 3 Knickpunkte aufweist, je nachdem ob die Probe aus 1, 2 oder 3 Komponenten besteht, bzw. ob nach Erreichen der Löslichkeitsgrenze die Kurve waagerecht oder mit geringem Neigungswinkel verläuft. Man kann so z. B. 1% Tyrosin neben 99% DL-Tryptophan nachweisen. Das Verf. kann auch zur Trennung verschied. Stoffe oder zweier opt. Isomeren eines Stoffes dienen. Als Grundlage für die Darst. u. Analyse sehr reiner Aminosäuren für biol. Unterss. wird die Löslichkeit von 20 Aminosäuren in dem jeweils geeignetsten Lösungsm. bei 30° bestimmt (Tabelle). (Ann. Chimica **42.** 692—700. Nov./Dez. 1952. Roma, Ist. sup. di Sanità.) R. K. MÜLLER. 5350

Maria Marconi, *Volumetrische Glycerinbestimmung mit $KMnO_4$.* Die Best. von Glycerin (I) mit $KMnO_4$ (II) in alkal. Medium erfolgt nach $C_3H_8O_3 + 14MnO_4^- + 14OH^- \rightarrow 14MnO_4^{2-} + 3CO_2 + 11H_2O$. Die Meth. bietet die Vor- u. Nachteile einer Halbmikrometh. u. ist statist. der $K_2Cr_2O_7$-Meth. äquivalent. I-Lsgg. aus der Seifenindustrie werden mit Ag_2CO_3 u. bas. Pb-Acetatlsg. vorbehandelt, Sekt wird weitgehend eingedampft u. mit Sand u. Kalkmilch behandelt, Wein, Most u. Bier ebenfalls mit Kalkmilch bei Siedehitze behandelt, aus Essig wird die Essigsäure durch Dest. entfernt, dann mit Sand u. Kalkmilch behandelt u. mit absol. A. zentrifugiert, eingedampft, mit A. aufgenommen u. nach Zusatz von absol. Ae. gegebenenfalls filtriert, eingedampft, 2—3 mal mit W. wieder eingedampft u. mit Ag_2CO_3 u. bas. Pb-Acetatlsg. behandelt. Die eigentliche Titration mit parallel durchgeführter Blindprobe erfolgt in einem Kolben mit vorgelegter 0,1 mol. II-Lsg. + 30%ig. NaOH durch Zusatz der ca. 0,02 g I enthaltenden Probe, nach 15—20 Min. Stehenlassen Verdünnung mit W., Ansäuern mit H_2SO_4, Zusatz von 0,5 n Oxalsäure u. 50%ig. $MnSO_4$-Lsg. u. Titration mit 0,1 n II-Lsg. auf Rosafärbung. (Chimica [Milano] [N. S.] **7.** 336—38. Sept. 1952. Firenze, Univ., Ist. di Chim. anal. e Merceologia.) R. K. MÜLLER. G 580

H. J. Koepsell und E. S. Sharpe, *Mikrobestimmung von Brenztrauben- und α-Ketoglutarsäure.* 1 ml Fl., die 0,1—0,25 μMol *Brenztraubensäure* (I) u. *α-Ketoglutarsäure* (II) enthalten soll, wird mit 2 ml 0,75 n H_2SO_4 versetzt. Eiweißhaltige Fll. werden mit Trichloressigsäure oder HPO_3 enteiweißt u. 3 ml Filtrat ohne H_2SO_4-Zusatz verwendet. 1 ml einer Lsg. von 100 mg 2.4-Dinitrophenylhydrazin in 100 ml 2 n HCl wird zugegeben u. die Mischung 15 Min. bei 30° gehalten. Die Hydrazone werden mit 10 ml Äthylacetat

u. darauf mit 6 ml 10%ig. Na_2CO_3-Lsg. extrahiert. In 5 ml wird die opt. D. bei 380 mμ gemessen. Dann wird 1 ml 2,4nNaOH zugegeben u. nach 10 Min. bei 435 mμ u. nach weiteren 20 Min. bei 520 mμ gemessen. Nach Abzug der Blindwerte erfolgt Berechnung mittels nachst. Standardwerte. Die opt. Dichten von 1 μMol betragen für I (II) bei 380 mμ 3,48 (5,02), bei 435 mμ 2,62 (2,19) u. bei 520 mμ 1,79 (0,984). (Arch. Biochem. Biophysics **38.** 443—49. Juli 1952. Peoria, Ill., Northern Reg. Res. Labor., Ferment. Div.) KRUSEN. G 870

H. Campbell und **D. F. Muggleton,** *Bestimmung von bisquaternären Ammoniumverbindungen.* Die ausgedehnte klin. Verwendung von Polymethylen-bis-quarternären Ammoniumverbb. (I) machte die Ausarbeitung einer Bestimmungsmeth. für kleinste Mengen, 2—20 γ/ml, dieser Verbindungsklasse erforderlich. Bei einer chromatograph. Meth. erfolgt die Best. durch Beladen von WHATMAN No. 1-Papier mit einer Lsg. von 2—20 γ der Ammoniumverb. mit der nichtwss. Phase der Butanol/Morpholin/W. (9:10:3)-Mischung, Trocknen des entwickelten Streifens bei 105°, Fixieren mit 2%ig. wss. Phosphormolybdänsäure u. Red. zur Molybdänblau. Die entstehenden blauen Farbflecke werden dann photometriert. — Eine noch empfindlichere Meth., die noch Mengen von 0,5 γ anzeigt, ist die Anwendung der Papierelektrophorese zur Isolierung von I aus Lsgg., wobei die Identifizierung durch Messung der in einer bestimmten Zeit unter Standardbedingungen durchlaufenen Entfernung erfolgt. Letztere Meth. ist vor allem auch dann noch anwendbar, wenn in den Lsgg. Protein enthalten ist. (Chem. and Ind. **1952.** 1244. 20/12. Dagenham, May & Baker, Physiko-chem. Dep.) LEHWALD. G 910

Frank O. Ritter, *Abgeänderte Arbeitsweise nach Hinsberg.* Zur Unterscheidung prim., sek. u. tert. Amine wird in A. gelöst, wenig SO_2Cl_2 zugetropft, gekocht, gekühlt u. mit überschüssiger starker HCl versetzt. Ein Nd. (tert. Amine geben keinen) wird abfiltriert, mit warmem W. gewaschen, mit W. angerührt u. mit NaOH versetzt, wobei er sich auflöst oder nicht. (J. chem. Educat. **29.** 506. Okt. 1952. New York, N. Y., New York Univ.). BLUMRICH. G 910

C. C. Barker, I. W. Hughes und **G. T. Young,** *Aminosäuren und Peptide.* 5. Mitt. *Bestimmung von L-Glutaminsäure durch die Isotopenverdünnungsmethode.* (4. vgl. C. **1952.** 1151.) Die Isotopenverdünnungsmeth. wurde zur Best. von *L-Glutaminsäure* (*L*-I) in folgenden synthet. Gemischen **A** = *L*-I-*Hydrochlorid* + *DL*-I-*Hydrochlorid* + *L-Asparaginsäurehydrochlorid* (II), **B** = **A** + *DL-Alanin* + *L-Lysinhydrochlorid,* **C** = **B** + *Glykokoll* + *L-Tyrosin,* angewendet, wobei im Mittel 99,7% der theoret. Werte erhalten wurden. Eine wichtige Voraussetzung ist die Reinheit der zugefügten u. isolierten Proben, deren Reinheitsbest. nach der Dampfdruckmeth. der Vff. (vgl. 3. Mitt., C. **1952.** **1151**) erfolgte. Das zu untersuchende Aminosäuregemisch wird mit *L*-^{15}*N*-I-*Hydrochlorid* (durch Hydrierung von α-Ketoglutarsäure in Ggw. von $^{15}NH_3$ mit Pd-Schwarz u. Spaltung der DL-Verb. über das N-Benzoylderiv. mit Strychnin, Hydrolyse u. wiederholte Kristallisation), das weniger als 0,2% II enthält, versetzt. Die bas. Aminosäuren werden mit Phosphorwolframsäure, die sauren Aminosäuren an Amberlit IRA-4-Anionenaustauschharz entfernt, *L*-I als Hydrochlorid isoliert u. so lange aus 5nHCl umkrist., bis der Geh. an II weniger als 0,2% beträgt. Jede L-I-Hydrochloridprobe wird nach KJELDAHL in NH_4Cl u. dieses mit NaOBr in N_2 übergeführt, dessen ^{15}N-Konz. massenspektrometr. bestimmt wird. — Die Anwendung der Meth. auf *Gliadin*-Hydrolysat ergab einen Geh. von 23,7% L-I-N, der mit auf andere Weise gefundenen Werten genau übereinstimmt. (J. chem. Soc. [London] **1951.** 3047—51. Nov. Oxford, Univ., Dyson Perrins Labor., u. Bristol., Univ., Dep. of Chem.) K. F. MÜLLER. G 950

Ursula Lippold, *Beitrag zur jodometrischen Bestimmung der Glucose.* Die jodometr. Meth. zur Glucosebest. nach WILLSTÄTTER u. SCHUDEL (Ber. dtsch. chem. Ges. **51.** [1918.] 780) in der Modifizierung von AUERBACH u. BODLÄNDER (Z. angew. Chem. **36.** [1923.] 602) wird zu einem mikroanalyt. Verf. umgeändert. Das gelingt durch Variation der verwendeten Menge Pufferlsg. mit der Glucosemenge (I). Bis zu 5 mg I/10 ml nimmt man 0,4—2 ml eines Gemischs aus gleichen Teilen 5%ig. Na_2CO_3- u. $NaHCO_3$-Lösung. Von 5—30 mg I/30 ml nimmt man 50—100 ml 0,2 n Lsgg. zu gleichen Teilen. Angesäuert wird mit H_2SO_4, vorgelegt mit n/50–n/20 Jodlsg. u. titriert mit n/200–n/20 Thiosulfat, Reaktionsdauer 90 Minuten. (Biochem. Z. **323.** 115—18. 1952. Eschwege, Fa. M. Woelm, Wiss. Labor.) FRESENIUS. G 3400

c) Bestandteile von Pflanzen und Tieren.

Herbert Elftman, *Eine direkte Silbermethode für den Golgi-Apparat.* Die Silbermeth. zur Sichtbarmachung der Gewebe in Analogie zur photograph. Entw. wurde erneut überprüft. Folgende Leitsätze sind zu beachten: 1. Frisches Gewebe in Ag-Nitrat (2%) mit Formalin (15%): 2 Std.; 2. entwickeln mit Hydrochinon (2%) + Formalin (15%): 2 Std.;

3. mit geeigneten Mitteln fixieren; 4. schnell einbetten u. wie gewöhnlich schneiden. Das Ag kann auch durch Au ersetzt werden. Das ist oft beim Differenzieren günstiger. Im mkr. Schnitt gehören alle silbergeschwärzten Teile des Gewebes nicht zum GOLGI-Apparat. (Stain Technol. **27.** 47—52. Jan. 1952. Columbia Univ., Coll. of Phys. and Surg., Dep. of Anatomy.) PLAMBECK. 5661

J. P. Arzac und L. G. Flores, *Demonstration von Golgi-Zonen mittels dreier Techniken für Kohlehydrate.* Nach Fixierung mit ORTHscher Lsg. konnte ein Teil des GOLGI-App. von Ratten, Kaninchen u. Fröschen, vermutlich Kohlehydratbestandteile, gefärbt werden. Die Technik mit HJO_4 + Phenol + Fuchsin ergab gleiche Resultate wie die mit HJO_4 + Leukofuchsin nach SCHIFF, obwohl letztere viel komplizierter ist, u. wie die auf anderem Reaktionswege verlaufende mit H_2CrO_4 + Piperazin–Ag-Komplexsalz. (Stain Technol. **27.** 9—15. Jan. 1952. Mexico, D. F., Hosp. Español, Labor. de Endocrinol. e Invest. Med.) PLAMBECK. 5661

Raymond Thomas, *Über eine neue Methode der Färbung von Wimpern und Geißeln.* Eine Lsg. von *Lichtgrün* (Säuregrün S) in Phenol–Toluol dient zum Anfärben von fixierten Protozoen (Ciliaten, Algen), Moosen usw., wobei feine Anhänge u. Strukturen bes. gut sichtbar werden. (Bull. Microscopie appl. [2] **2.** 70—74. Mai/Juni 1952.) BLUMRICH. 5661

Helen Garman Koritz und Folke Skoog, *Colorimetrische Bestimmung von Adenin in pflanzlichen Geweben.* Das homogenisierte pflanzliche Material (Bohne u. Tabak) wird 1,5 Std. mit 1 nHCl–NaCl-Lsg. (zu 25 ml aufgefüllt) extrahiert, dann 10 Min. in sd. Wasserbad u. 4 Min. in kaltem W. gehalten. Nach Filtration werden 2 mal 10 ml entnommen, zu einer Probe 0,48 g Zn-Staub gegeben, 10 Min. im sd. Wasserbad u. 4 Min. in kaltem W. gehalten u. der Zn-Überschuß abfiltriert. Innerhalb 2 Std. nach der Red. werden aus jeder Probe 2 ml entnommen, 0,5 ml 1 nHCl u. 0,5 ml 0,3%ig. $NaNO_2$-Lsg. u. nach 10 Min. 0,5 ml 0,5%ig. wss. Ammoniumsulfamatlsg. u. 0,5 ml 0,2%ig. wss. Lsg. von N-(1-Naphthyl)-äthylendiamindihydrochlorid zugegeben. Nach 15 Min. erfolgt colorimetr. Best. im BECKMAN-Spektrophotometer bei 505 mμ. Vor der Auswertung mittels der Eichkurve muß der Wert der nichtred. Probe subtrahiert werden. Bei Adeningehh. von 10—30 γ/4 ml beträgt die Fehlergrenze ± 4%. (Arch. Biochem. Biophysics **38.** 15—21. Juli 1752. Madison, Wis., Univ. of Wisconsin, Dep. of Botany.) KRUSEN. 5666

d) Medizinische und toxikologische Analyse.

W. Brenner und Cr. Gralka, *Flammenphotometrische Kaliumbestimmung im Serum normaler Kinder.* Die Herst. der Eichlsg. u. von Eichkurven wird beschrieben. Blut ist nach der Entnahme möglichst rasch zu zentrifugieren, da sonst der K-Geh. des Serums ansteigt. Der K-Spiegel schwankt erheblich. Bei 103 Neugeborenen fanden sich Werte zwischen 14,9 u. 22,1 mg-%, wobei der Zeitpunkt des Abnabelns ohne Einfl. war. Ähnliche Schwankungen ergaben sich bei 39 Säuglingen von 1—16 Monaten u. bei 55 Schulkindern. Ein geschlechtsbedingter Unterschied besteht nicht. Fehlergrenze der Meth. ± 1%. (Z. Kinderheilkunde **72.** 409—18. 1953. Bonn, Univ., Klinik.) FRESENIUS. 5728

Ursula Fuchs, *Über den Nachweis von Anästheticis im Urin nach percutaner Applikation.* Zur Best. von *Anaesthesin* (I) wird 1 ml Harn mit 1 ml n HCl u. nach Eiskühlung mit 0,2 ml frisch bereiteter 0,5%ig. $NaNO_2$-Lsg. versetzt. Nach 2—3 Min. werden 0,2 ml 0,5%ig. alkoh. Thymol (II)-Lsg. u. 0,6 ml 40%ig. NaOH zugesetzt, mit W. auf 25 ml aufgefüllt u. der gebildete Azofarbstoff im Stufenphotometer bei 2 cm Schichtdicke u. Filter S 53 gemessen. Auswertung mittels Eichkurve. Bei 2 von 5 Kaninchen waren am 1. Tag nach percutaner Applikation von 0,3 g I in 20 ml 40%ig. A. *p-Aminobenzoesäure* (III)-Verbb. im Harn bestimmbar, die II-Probe war bei allen Tieren noch am 2. Tage positiv. Bei Verwendung von 20 ml *Salistoperm* (PERMICUTAN-GES., München), das 1% I enthält, wurden in den ersten 2 Tagen nach Applikation 26,61—35,0% der verabreichten I-Menge als III-Verbb. im Harn wiedergefunden. *Novocain* wurde zu 12,58—26,48% wiedergefunden. Demnach liegen die nach percutaner Applikation im Harn gefundenen Anaestheticamengen in gleicher Höhe wie die von anderen Autoren nach subcutaner Verabreichung festgestellten Werte. (Med. Mschr. **6.** 590—92. Sept. 1952. München, Univ., Poliklinik.) KRUSEN. 5732

H. Pfister, *Beitrag zur Methodik der 17-Ketosteroidbestimmung.* Der störende Einfl. von W. aus wss. KOH auf die Kondensation von *17-Ketosteroiden* (I) mit *m-Dinitrobenzol* (II; ZIMMERMANNsche Rk.) kann durch Vgl. der Absorptionskurven der Farbprodd. bei Kondensation mit wss.-alkoh. KOH u. mit absol. alkoh. *KOH* (III) erfaßt werden. Ersatz des A. durch Methanol in der Reaktionslsg. bewirkt ein Absinken der Farbintensität. In absol. alkoh. Lsg. bildet sich mehr die I–II-Verb. mit Absorptionsmaximum bei

520 mμ u. weniger störende Verfärbungen mit Maximum bei 430 mμ als in wss. alkoh. Lösung. Zur Best. von I in *Harn* werden verwendet: bes. gereinigter *aldehydfreier A.* (IV), *aldehydfreies* bes. gereinigtes *Methanol* (V), 2%ig. II-Lsg. in IV, mit V bereitete 5 n KOH (VI), peroxydfreier Äther. VI ist im Gegensatz zu 2,5 n III mehrere Monate haltbar. Man benötigt 10 cm³ Harn. Von der Extinktion bei 520 mμ der Analysenprobe gegen Blindvers. wird die Extinktion der Eigenfärbung gegen A. abgezogen. Die Eichkurve wird mit Dehydroisoandrosteron oder Androsteron hergestellt. (Biochem. Z. **323**. 157—62. 1952. Bern, Univ., Med.-chem. Inst.) FRESENIUS. 5732

William Francis Hillebrand and **Gustav Ernst Frederick Lundell**, Applied inorganic analysis; with special reference to the analysis of metals, minerals, and rocks. 2nd ed. New York: Wiley. 1953. (1056 S. m. Diagr.) $ 15,00.

H. Mathieu, L'analisi chimica. Milano: Garzanti. 1953. (120 S.) 16°. L. 150,—.

H. Angewandte Chemie.

I. Allgemeine chemische Technologie.

T. R. E. Kressman, *Ionenaustauscherharze: was sie sind und wie sie arbeiten.* Übersicht über die Grundlagen des Ionenaustausches, den Aufbau der Ionenaustauscherharze u. der techn. Verff. zur Trennung u. Anreicherung von Ionen. (Chem. Products chem. News [N. S.] **16**. 3—7. Jan. 1953. Permutit Co. Ltd.) WESLY. 5826

Leslie Silverman und **Melvin W. First**, *Randfilter mit veränderlichem Druck für Aerosole.* Beschreibung von „Randfiltern" (edge filter) verschied. Größe, die sich als Vorfilter eignen u. bei denen das Filtermaterial (Filz verschied. Art, harzüberzogene PF 105 Glasfasern) in Form aneinandergelegter, ringförmiger Scheiben angeordnet ist, so daß der im Cylinderhohlraum eintretende, zu reinigende Luftstrom n. zu den Scheibenrändern (edges) mit 200 ft./min linearer Geschwindigkeit eintritt u. die Scheiben vorwiegend (je nach dem Material) radial durchströmt. Die Porosität des gepreßten Filtermaterials kann, wenn durch Ablagerung des Aerosols der Filterwiderstand ansteigt, durch Verringerung der Pressung vermehrt u. so der ursprüngliche Widerstand wiederhergestellt werden. Eine Anordnung wird beschrieben, in der die Filterleistung als gewichtsprozentige Abscheidung der mit Staub oder Öl (Diol)-Nebel beladenen Luft durch Vgl. mit der eines Faltenfilters (Type S) bestimmt wird. Es ergibt sich, daß nach mehrmaliger Lockerung der Pressung zur Wiederherst. des alten Filterwiderstandes sich jedesmal ungefähr die gleiche Leistung einstellt, so daß zu schließen ist, daß sie wesentlich von der Anzahl der Fasern u. ihrer unverändert bleibenden Oberfläche (Adsorption an den Faserkanten, edges), nicht aber von der Porosität abhängt. (Ind. Engng. Chem. **44**. 2777—83. Nov. 1952. Boston, Mass., Harvard School of Public Health.) METZENER. 5850

C. J. Geankoplis, *Rieselturmextraktion.* (Stellungnahme. Vgl. NEWMAN, Ind. Engng. Chem. **44**. [1952.] 2457. Vf. stellt fest, daß die Vff. das Vorhandensein eines Mischvorganges der beständigen Phase festgestellt haben; es ist fast ausgeschlossen, in Anlagen wie hier, reinen Gegenstrom zu erreichen, da die Phasen in so engem Kontakt sind, daß eine Mischung oder einiger Gleichstrom erfolgen muß. Die von NEWMAN aufgestellten Gleichungen können möglicherweise das Verh. im Rieselturm erklären, jedoch sind die Erscheinungen sehr kompliziert u. können nicht völlig mit ein paar einfachen Gleichungen erklärt werden. (Ind. Engng. Chem. **44**. 2458. Okt. 1952. Columbus, O., Univ., Dep. of Chem. Engng.) CRAMER. 5862

Elviro Lobo Aza, *Destillation heteroazeotrope Mischungen bildender binärer Systeme. Anwendung auf das System n-Butanol–Wasser.* Es wird die graph. Meth. von MCCABE u. THIELE benutzt, um am Beispiel *n-Butanol* (I)–*W.* die Darst. der Bedingungen für die destillative Trennung von Mischungen zu zeigen, die auch beim Kp. nicht einphasig mischbar sind. Bei ihrem Sieden verdampft eine Komponente stärker als die andere, bis beim Siedepunktsminimum von 92,8° beim Druck von 1 at eine konstant sd. Mischung mit $x_A = 25\%$ I verbleibt, die als heteroazeotrop zu bezeichnen ist, weil ihr Dampf bei der Kondensation 2 Phasen bildet. Wenn man wassergesätt. I mit $x_F = 40\%$ I bei seinem Kp. auf den obersten Boden aufgibt u. dest. u. die wasserreiche Phase mit $x_D = 2{,}5\%$ I in einem Scheidegefäß abtrennt, die I-reiche Phase mit x_F als Rücklauf benutzt u. aus dem untersten Boden, der Destillierblase, eine Phase mit 90% I abzieht, braucht man eine unendliche Bödenzahl, um über dem obersten Boden einen Dampf von der Zus. des heteroazeotropen Gemischs zu erzielen, wobei das maximale Rückflußverhältnis $r_{max} = (x_F - x_A)/(x_A - x_D) = 2/3$ ist. Gibt man aber das zu trennende Gemisch bei 28,3° auf oder kühlt das Scheidegefäß derart, daß der Rücklauf dem Destillationskopf kalt zugeführt wird, so genügen bereits 4 Böden, einschließlich Destillierblase, damit

das heteroazeotrope Gemisch dest., während zugleich der I-Geh. der wss. Phase im Scheidegefäß abnimmt u. der Rücklauf I-reicher wird. Wenn man andererseits die zu trennende Mischung wieder beim Kp. aufgibt, aber mit einer endlichen Bödenzahl dest., wird die I-reiche Phase vermehrt, u. man muß mit einem kleineren r arbeiten. Schließlich wird noch der Fall berechnet, daß ein Teil des Dampfes (30%) durch einen Dephlegmator dem Rücklauf zugeführt u. nur der andere (70%) im Scheidegefäß getrennt wird, so daß auf diesem Wege r verkleinert wird u. man hierbei mit 4 Böden auskommt. (Ion [Madrid] **12.** 570—73. 624. Nov. 1952. „Unión españ. de Explosivos, S. A.", Div. Estudios.)
METZENER. 5864

G. E. Alves, D. F. Boucher und **R. L. Pigford,** *Berechnung von Rohrleitungen für nicht Newtonsche Lösungen und Suspensionen.* Beim Durchfließen nicht NEWTONscher Fll., deren Typen erläutert werden, durch Rohrleitungen ist die Viscosität derselben abhängig von Rohrdurchmesser, Fließgeschwindigkeit u. verschied. anderen Faktoren. Das Fließverh. muß deshalb in Rotations- oder Durchflußviscosimetern experimentell bestimmt werden. Nach Beschreibung von Arbeitsweise, Berechnung u. Ergebnissen von 4 Beispielen wird als Beispiel deren Anwendung zur Berechnung von Rohrleitungen durchgeführt. Abschließend wird noch die Eignung der verschied. Pumpentypen für nicht NEWTONsche Fll. besprochen. — 28 Literaturhinweise. (Chem. Engng. Progr. **48.** 385—93. Aug. 1952. Wilmington, Del., E. I. du Pont de Nemours & Co., Engng Dep., Engng. Res. Labor.)
F. HEINRICH. 5880

Dow Corning Corp., Midland, Mich., übert. von: **Earl L. Warrick,** Pittsburgh, Pa., V. St. A., *Kitt,* bestehend aus in Bzl. lösl. Polysiloxanen mit Alkyl- u. monocycl. Arylgruppen, die eine Viscosität von 100 000 cs bei 25° besitzen, u. Füllstoffen. — Beispiel: 100 (Teile) polymeres Dimethylsiloxan, 300 Diatomeenerde, 5 Kieselsäureaerogel. Das Prod. dient bes. als Glaserkitt. (**A. P. 2 608 545** vom 2/6. 1950, ausg. 26/8. 1952.)
LÜTTGEN. 5813

Patent and Licensing Corp., New York, N. Y., übert. von: **Raymond R. Lamm,** Philadelphia, Pa., V. St. A., *Harzkitt* (**I**). Als Weichmacher für spröde Harze, z. B. Ca-Resinat (**II**), wird ein Prod. verwendet, das durch Kondensation von Chlorparaffin u. Naphthalin in Ggw. von $AlCl_3$ erhältlich u. z. B. unter dem Handelsnamen „Paraflow" (**III**) als viscose Fl. bekannt ist. — Beispiel für **I**: 26 (Teile) **II**, 8 **III**, 50 Ton, 2 W. u. 11,5 Testbenzin. (**A. P. 2 610 924** vom 1/5. 1948, ausg. 16/9. 1952.)
LÜTTGEN. 5813

Badische Anilin- & Soda-Fabrik (Erfinder: **Wilfried Schowalter,** Klingenmünster, und **Heinrich Ulrich,** Ludwigshafen/Rh.), *Herstellung beständiger konzentrierter wässeriger Emulsionen von höhermolekularen organischen Stoffen.* Fl. oder feste KW-stoffe, Wachse, Polymerisate, Fette oder Öle werden in Ggw. von wasserlösl. oder wasserlösl. gemachten Verbb. amphotere Hydroxyde bildender Metalle, wie Al, Zr, Zn oder Sn, höhermol. Sulfon- oder Carbonsäuren u. Aminen in W. verteilt. — Z. B. werden 3 (Teile) Zn-Acetat mit 30 W. u. einer Lsg. von 3 isopropylnaphthalinsulfonsaurem Na in 10 W. sowie 2 Triäthanolamin bei 40—50° in Kreiselmischer verrührt, worauf ein bei 90—100° geschmolzenes Gemisch aus 2 Stearinsäure, 2 Montanwachs u. 6 Ceresin bei 65° eingerührt wird. Die so erhältliche Emulsion ist beliebig verdünnbar. Die nach dem Verf. herzustellenden Emulsionen können in der Textilveredlung, beim Straßenbau usw. verwendet werden. (**D. B. P. 866 792** Kl. 12s vom 1/2. 1942, ausg. 12/2. 1953.) HERBST. 5825

Pure Oil Co., Chicago, übert. von: **Richmond T. Bell,** Grays Lake, Ill., V. St. A., *Regenerierung und Vorbehandlung von Katalysatoren.* Der z. B. zur Synth. von Methanthiol aus Methanol u. H_2S verwendete Th-Oxyd–Bimsstein wird in oxydierender Atmosphäre unterhalb der Sintertemp. des Katalysators behandelt, um die C-Ablagerungen abzubrennen. Dann erhitzt man den Katalysator in Methanoldampf 0,2—2 Std. auf ca. 50—150°, jedoch unterhalb der Reaktionstemp. von z. B. 335—375°, wodurch die Aktivität des Katalysators u. auch die Ausbeute erhöht werden (Tabelle). — Diese Maßnahme kann auch auf Katalysatoren für Oxydationen, Hydratationen, Hydrierungen, Dehydrierungen, Alkylierungen, Polymerisationen, Kondensationen, Halogenierungen, Nitrierungen in der Dampfphase, z. B. mit N-Oxyden, u. zur Anlagerung von H_2S an Olefine angewendet werden. (**A. P. 2 592 646** vom 7/10. 1948, ausg. 15/4. 1952.)
KRAUSS. 5905

Badische Anilin- & Soda-Fabrik (Erfinder: **Walter Ziese**), Ludwigshafen/Rh., *Behandlung oxydischer Metallverbindungen, z. B. Katalysatoren, mit Säuren,* z. B. von Tonerde, Oxyden oder Hydroxyden der Metalle der 2.—8. Gruppe, bes. des Ti, Zr, Th, Si, Cr, Mn, Fe, Co u. Ni, zwecks Erzielung eines in W. lösl. oder quellbaren koll. Produkts. Die Säuren werden in verflüchtigtem Zustand, bes. gasförmige Säuren im Gemisch mit inerten Gasen (NO, Säurehalogeniden, -anhydriden) angewendet u. ihre

Einw. auf die in feinteiliger Form vorliegenden Metallverbb. nach dem Wirbelschichtverf. vorgenommen. Die Nachbehandlung erfolgt ebenfalls im Wirbelschichtverfahren. — Abbildung. (**D. B. P. 845 794** Kl. 12g vom 16/11. 1950, ausg. 4/8. 1952.) STEIL. 5905

III. Elektrotechnik.

J. L. H. Jonker, *Elektronenröhren.* Zusammenfassender histor. Überblick über die Entw. der Elektronenröhren u. den derzeitigen Stand der Technik bei Empfangs-, Sende-, Kurzwellen-, Kathodenstrahl- u. Fernsehaufnahmeröhren. (Philips' techn. Rdsch. **14.** 81—93. Okt. 1952.) REUSSE. 5974

P. J. M. Botden, B. Combee und **J. Houtman,** *Ein experimenteller Röntgenapparat mit einer Liliputröntgenröhre.* Vff. beschreiben ein Kleinröntgengerät für die therapeut. Bestrahlung von Hämangiomen, von Hornhautschäden am Auge sowie von Geschwülsten in Mund u. Rachenhöhle. (Philips' techn. Rdsch. **14.** 95—104. Okt. 1952.) REUSSE. 5974

E. G. Hopkins, *Selbstheizende Vakuumelektronenröhren.* Angaben über eine Diode, deren beide Elektroden Oxydkathoden sind. Bei Anlegen von Wechselspannung an die Röhre kann bei geeigneter Dimensionierung erreicht werden, daß die Betriebstemp. der Oxydkathoden durch den im Vakuum übergehenden Elektronenwechselstrom aufrechterhalten wird. Es wurde ein „thermion. Rheostat" entwickelt, der bei einer Elektrodenfläche von 8 cm^2 einen Widerstandsbereich von ca. 100—720 Ohm überstreicht, wenn man den Elektrodenabstand von außen um 5 mm verändert. Eine andere Variante stellt ein Syst. dar, dessen Elektrodenspannung nahezu unabhängig vom hindurchfließenden Strom ist. (J. appl. Physics **23.** 1055. Sept. 1952. Sidney, New South Wales, Univ. of Technol., School of Electr. Engng.) REUSSE. 5974

Badische Anilin- & Soda-Fabrik, Ludwigshafen/Rh. (Erfinder: **Karl Zohner,** Ebensee, Österreich), *Elektrisches Isoliermaterial* besteht aus Mischungen von 35—80 (%) härtbaren lösl. Harzen aus Phenolen u. Aldehyden u. 65—20 lösl. Harzen aus gesätt. aliphat. Dicarbonsäuren u. 3- oder mehrwertigen Alkoholen mit mehr als 3 C-Atomen, mit oder ohne Zusatz anderer filmbildender Stoffe, z. B. Polyvinylverbb., Cellulosederivv. oder Kondensationsprodd. aus Dimethylolharnstoff u. Acetylen. Als Dicarbonsäuren dienen z. B. Bernstein-, Glutar-, Adipin-, Sebacin- oder Diglykolsäure, als Alkohole Trimethyloläthan, -propan u. Homologe oder Hexantriol. (**D. B. P. 855 733** Kl. 21c vom 15/10. 1939, ausg. 17/11. 1952.) KESSEL. 5957

Dow Corning Corp., Midland, Mich. (Erfinder: **Earle Jennings Smith,** Washington, D. C.), V. St. A., *Elektrischer Isolierstoff* besteht aus Siloxanharzen, die prakt. nur die Struktureinheiten $CH_3SiO_{1,5}$, $C_6H_5SiO_{1,5}$ u. $CH_3C_6H_5SiO$ aufweisen u. 10—40 (Mol.-%) Methylsiloxan-, mindestens 9, aber weniger als 25 Phenylsiloxan- u. 40—70 Monomethylmonophenylsiloxaneinheiten enthalten. (**D. B. P. 852 259** Kl. 21c vom 23/9. 1950, ausg. 13/10. 1952. A. Prior. 21/1. 1946.) KESSEL. 5757

Armour Research Foundation, Chicago, Ill., V. St. A., *Permanente magnetische Drähte oder Bänder für die Tonaufnahme.* Man verwendet einen n. austenit., rostfreien Stahl vom Typ 18% Cr u. 8% Ni mit 0,1—0,2% C, der ausgeglüht u. in der Kälte behandelt wird, um einen Restmagnetismus von über 1000 Gauß u. eine Koerzitivkraft über 50 Oersted zu erreichen. (**Dän. P. 73 960** vom 2/4. 1946, ausg. 31/3. 1952. A. Prior. 13/8. 1945.) JÜRGEN SCHMIDT. 5959

International Electrolytic Plant Co. Ltd., Sandycroft, **William Wood,** Hoole, und **Charles Edward Bowen,** Shotton, England, *Elektrolysenzelle mit Quecksilberkathode.* Die Zelle ist langgestreckt u. weist eine Kühlleitung in Form eines langgestreckten Rohres auf, das mehr oder minder von Hg umspült wird. Durch die Rohre wird eine Kühl-Fl., z. B. W., geleitet, damit die Temp. des Hg bei der Elektrolyse konstant bleibt. — Zeichnung. (**N. P. 79 803** vom 2/6. 1949, ausg. 3/3. 1952. E. Prior. 8/6. 1948.) JÜRGEN SCHMIDT. 5971

N. V. Philips' Gloeilampenfabrieken (Erfinder: **Frits Prakke** und **Heimen Bastiaan van Wijlen**), Eindhoven, Holland, *Vakuumdichte Glasverschmelzung* mittels einer Emaille, bes. für Glühlampen u. elektr. Entladungsgefäße. Es wird eine Emailleschicht von schwammartiger Struktur verwandt. Sie besteht für Pb- oder Ca-Gläser prakt. aus 65 (%) PbO, 12,6 SiO_2 u. 22,4 B_2O_3. (**D. B. P. 856 767** Kl. 21g vom 17/5. 1943, ausg. 24/11. 1952. Holl. Prior. 20/5. 1942.) KESSEL. 5973

Telefunken Gesellschaft für drahtlose Telegraphie m. b. H. (Erfinder: **Anton Weber**), Berlin, *Elektrodenwerkstoff für Entladungsröhren* besteht aus Fe mit 0,01—1 (%) Al oder Be u. 0,5 C. Zur Herst. wird das Fe mit oder ohne Zusatz von 0,1—1 Mn, Cu oder Si mit dem Al oder Be legiert u. die Elektrode geformt u. oberflächlich aufgekohlt. (**D.B.P. 856 668** Kl. 21g vom 26/11. 1940, ausg. 24/11. 1952.) KESSEL. 5975

IV. Wasser. Abwasser.

John J. Collins jr., *Bakteriologie bei der Aufbereitung und Laboratoriumskontrolle öffentlicher Wasserversorgungen.* Schema für die regelmäßige Entnahme von Wasserproben aus Aufbereitung u. Verteilungsnetz zur bakteriolog. Überwachung; die in Neuanschlüssen an Querverbb. im Netz, nicht aber an Endsträngen, auch nach Entkeimung der Rohre mit 150 mg/Liter hartnäckig auftretenden Colibefunde sind anscheinend auf das an Jutepackungen in den Querverbb. bei stagnierendem W. geförderte Keimwachstum zurückzuführen. (J. New England Water Works Assoc. **66.** 253—59. Sept. 1952. Providence, R. I., Water Supply Board.) MANZ. 6014

Charles R. Cox, *Kurzer Rückblick auf die Kontrolle der Wasserversorgung.* Überblick über die Entw. der Trinkwasserversorgung im Staate New York. Bei tieferen Staubecken ist Entnahmemöglichkeit aus verschied. Schichten zweckmäßig, um das je Jahreszeit günstigste W. verwenden zu können; Fe- u. Mn-Anreicherung in den Tiefenschichten kann durch Öffnung des Grundablasses in einer dem n. Überlauf entsprechenden Menge verhütet werden. Einbau von Flockungseinrichtungen u. Kontaktbecken ermöglichte, die Leistung älterer Anlagen zu steigern, jedoch ist eine Flockungsdauer von 30 Min. u. eine Klärzeit von 60 Min. auch bei Verwendung von Flockungshilfsmitteln zur Sicherung eines gleichmäßigen Reinwassers wünschenswert. Für die Auslegung der Filter soll die übliche Belastung von 4,9 m/h beibehalten werden, weil dabei während des sommerlichen Spitzenbedarfes, unter günstigsten Flockungsverhältnissen, eine zeitweilige Mehrbelastung möglich ist. Neben 103 Schnellfilteranlagen waren 1948 noch 31 Langsamsandfilteranlagen in Betrieb, die bei klarem, wenig durch Algenwachstum, Mn- u. Fe-Geh. beeinflußtem Oberflächenwasser gut geeignet sind. In Newburgh hat bei F-Zusatz zum Trinkwasser der Cariesbefall der Kinder von 6—12 Jahren um 39% abgenommen. (J. New England Water Works Assoc. **66.** 290—305. Sept. 1952. Albany, N. Y., State Dep. of Health, Water Supply Sect.) MANZ. 6016

E. A. Whitlock, *Die Anwendung des Chlors in der Wasserreinigung.* Überblick über die neuesten Kenntnisse der maßgeblichen chem. u. bakteriolog. Einflüsse auf die Wasserchlorung. Bei Carbonathärten von 2,80 u. darunter ist nachzuprüfen, ob eine p_H-Korrektur erforderlich ist. Bei Enteisenung u. Entmanganung wirkt nur freies Rest-Cl, nicht Chloramin, fördernd durch oxydative Zerstörung von Schutzkolloiden zur Verringerung der Restmengen. Die Umsetzungen bei der üblichen Chlorung über den Knickpunkt sind noch nicht völlig geklärt. Nach kleinen Cl-Gaben erst nach dem Erwärmen auftretender Cl-Geschmack ist auf therm. zersetzbare Cl-Substitutionsprodd. zurückzuführen. Chlorphenolgeschmack ist durch Überchlorung sicher zu vermeiden; stammen die phenolartigen Stoffe aber aus bituminösen Anstrichen der Rohre, so ist das die Entkeimung sichernde freie Rest-Cl nach 15 Min. Kontaktzeit durch NH_3 in Chloramin umzuwandeln. Da in der Praxis Chloramin frisch gebildet wird, ist infolge der Verzögerung in der Chloraminbldg. zumeist mit einer stärker baktericiden Wrkg. zu rechnen, als die mit vorgebildetem Chloramin durchgeführten Vergleichsverss. erwarten lassen. (Water and Water Engng. **57.** 12—22. Jan. 1953. London, Wallace & Tiernan Ltd.) MANZ. 6024

John W. Parsons, *Biologischer Weg zur Untersuchung und Überwachung der Verunreinigung durch saure Grubenabwässer.* Bericht über die Gewässerverunreinigung durch saure Abwässer des Kohlenbergbaus u. die Schädigung des Fischbestandes. (J. Tennessee Acad. Sci. **27.** 304—09. Okt. 1952. Crossville, Tenn., Tennessee Game and Fish Comm.) FRESENIUS. 6038

F. W. Mohlman, *Ein Vierteljahrhundert Abwasserreinigung in den Zentralstaaten.* Rückblick auf die zahlreichen in den Jahren 1927—1952 in den Kläranlagen des mittleren Westens zur prakt. Erprobung gelangten Neuerungen der Klärtechnik. Nach den in Chicago gemachten Erfahrungen wird die Eignung u. Beibehaltung der für das n. Belebtschlammverf. kennzeichnenden Betriebsbedingungen (Schlammrücklauf von 20%, mindestens 1500 mg/Liter Schwebestoffe im Belüftungsbecken, 3 mg/Liter O_2 im Ablauf, auf Gewichtsmengen u. Schlammindex basierende Kontrolle) befürwortet. (Sewage ind. Wastes **24.** 1349—54. Nov. 1952. Chicago, Ill., Sanitary District.) MANZ. 6040

V. Anorganische Industrie.

Vogogas Akt.-Ges., Zürich, Schweiz, *Gewinnung von ammoniakreichen Gasgemischen* durch Verbrennung von C-haltigem Material (Kohle), das in grobkörniger, N-haltiger Form vorliegt, wobei man in die Vorr. an der Stelle Wasserdampf einleitet, an der der Verbrennungsprozeß so gut wie beendet ist. (**Schwz. P. 282674** vom 14/1. 1949, ausg. 16/8. 1952. Holl. Prior. 15/1. 1948.) NEBELSIEK. H 243

Universal Oil Products Co., übert. von: **Olaf M. Hanson**, Chicago, und **Carl B. Linn**, Riverside, Ill., V. St. A., *Konzentrieren von H_2F_2*. Wss. Lsgg. von H_2F_2 werden bei tiefen Tempp. mit fl., wasserfreier HCl gemischt. Das Gemisch scheidet sich in eine Schicht (I) aus nahezu wasserfreiem H_2F_2 u. in eine I aus wss. HCl. Durch Fraktionieren der I aus H_2F_2, bes. unter Einleiten von wasserfreiem HCl, wird vollständig wasserfreie H_2F_2 gewonnen. — Zeichnung. (**A. P. 2 594 554** vom 29/4. 1952, ausg. 29/4. 1952.) Zürn. H 246

Heinrich Koppers G. m. b. H. (Erfinder: **Willy Linder**), Essen, *Gewinnung von Schwefel aus Schwefelwasserstoffgas*, das CO_2 enthält u. durch N-Verbb. verunreinigt ist. Das Ausgangsgas (I) wird in einem Wärmeaustauscher auf ca. 750° oder höher vorerhitzt u. dann mit einer beschränkten Menge Luft oder O_2 zur Oxydation des mit dem CO_2 nicht umgesetzten H_2S unter weiterer Erhöhung der Temp. umgesetzt. Die fühlbare Wärme der heißen Reaktionsgase (II) wird zur Vorerhitzung des I im Wärmeaustausch ausgenutzt. Die hierbei vorgekühlten II werden durch einen mit Bauxit beschickten Kühler geleitet. — Vorrichtung. (**D. B. P. 868 893** Kl. 12i vom 8/2. 1944, ausg. 2/3. 1953.) Zürn. H 253

Standard Oil Development Co., Del., übert. von: **Warren K. Lewis**, Newton, Mass., V. St. A., *Herstellung von Schwefeldioxyd*. Zur fortlaufenden Herst. von SO_2, das frei von S, O_2 u. SO_3 ist, verbrennt man S in einer Verbrennungszone mit einem O_2-haltigen Gas, wobei ein Gasgemisch entsteht, das mindestens eine der genannten Verunreinigungen enthält. Das unreine SO_2 leitet man in eine Reinigungszone, die feinverteiltes Eisenoxyd (mindestens 10 Gew.-% Fe_2O_3 u. 10 Gew.-% Fe_3O_4) enthält u. auf einer Temp. von 700—1000° gehalten wird. Man kontrolliert die Menge des in die Verbrennungszone eingeleiteten O_2-haltigen Gases, um in der Reinigungszone den genannten Oxydationsgrad des Fe aufrechtzuerhalten. Aus der Reinigungszone erhält man so SO_2, das frei ist von S, O_2 u. SO_3. — Zeichnung. (**A. P. 2 608 467** vom 22/12. 1948, ausg. 26/8. 1952.) Unger. H 253

Badische Anilin- & Soda-Fabrik, Ludwigshafen/Rh. (Erfinder: **Adolf Leber**, Mannheim), *Gewinnung von Schwefelsäure aus Natriumsulfat und Chlorwasserstoff*. HCl-Gas leitet man in eine Aufschlämmung des Na_2SO_4 in gesätt. Na_2SO_4-Lsg. oder in H_2SO_4, bes. von 40—57%. Das in fester Form abgeschiedene NaCl kann man zur vollständigen Umsetzung des anhaftenden Na_2SO_4 nach Abtrennung mit wss. HCl nachbehandeln. Aus den Lsgg. wird HCl, z. B. durch Erhitzen, ausgetrieben u. in das Verf. zurückgeführt. Zum Aufschlämmen des Na_2SO_4 kann man im Verf. anfallende Lsgg. verwenden. Reaktionsschema. (**D. B. P. 868 742** Kl. 12i vom 9/5. 1941, ausg. 26/2. 1953.) Zürn. H 253

Walter M. Weil, Shaker Heights, O., V. St. A., *Elektrolytische Herstellung von Bor*. Man elektrolysiert eine Schmelze aus KCl oder KF mit Kaliumfluorborat u. Boroxyd bei ca. 650—1000°, bes. 800—1000°. Die Menge K-Salz muß so hoch gehalten werden, daß die Schmelze fl. erhaltenbleibt. Die Elektrolysenzelle wird mit C ausgekleidet. Als Kathoden werden Metalle verwendet. Man sammelt das Bor an der Kathode. Um den C-Geh. herabzusetzen, wird die Schmelze von Zeit zu Zeit abgeschäumt u. der losgelöste C entfernt. (**N. P. 79 804** vom 23/9. 1950, ausg. 3/3. 1952. A. Priorr. 8/10. 1949 u. 21/6. 1950.) Jürgen Schmidt. H 258

Walter M. Weil, Shaker Heights, O., V. St. A., *Elektrolytische Herstellung von Bor*. Man verwendet ein Schmelzbad aus KCl u. KBF_4. Die Elektrolysebedingungen werden so bemessen, daß KBF_4 aufgespalten u. an der Kathode B abgeschieden wird. Auch KCl soll gespalten u. an der Anode Cl abgeschieden werden. Die Elektrolysenzelle wird aus Graphit gefertigt. Als Kathode verwendet man eine wärmebeständige Legierung, z. B. das Metall Inconel, eine Legierung aus 80% Ni, 14% Cr u. 6% Fe. Die Elektrolyse wird zu Beginn bei ca. 7 V betrieben. Im Laufe der Elektrolyse sinkt die Spannung jedoch beträchtlich ab. Die Temp. der Schmelze wird zwischen 650 u. 1000°, bes. 800 u. 850°, gehalten. Ein Überschuß von KCl in der Schmelze ist zweckmäßig. (**N. P. 79 805** vom 29/9. 1950, ausg. 3/3. 1952. A. Prior. 8/10. 1949.) Jürgen Schmidt. H 258

L. von Roll Akt.-Ges., Zürich, Schweiz, *Herstellung hochkonzentrierter Alkalihydroxydlaugen* durch Einw. von W. auf Alkaliamalgam mit einem Alkaligeh. von höchstens 0,2% in einem einzigen, einen Kontakt enthaltenden Zersetzer. Die Zers. des Amalgams im Zersetzer wird in mindestens 3 aufeinanderfolgenden Stufen durchgeführt, wobei das oben in den Zersetzer eingeführte Amalgam in feiner Verteilung auf den Kontakt aufgebracht u. danach in jeder nachfolgenden Stufe erneut feinstmöglich über diesen verteilt wird, während das W. in dosierter Menge unter Druck von unten in den Zersetzer eingeleitet wird u. unter Steigerung seines Alkalihydroxydgeh. nacheinander die Stufen des Zersetzungsprozesses in entgegengesetzter Richtung zum Amalgam durchläuft, um als hochkonz. Alkalihydroxydlsg. oben abgeleitet zu werden. Zur Beschleunigung der

Amalgamzers. kann das W. in erwärmtem Zustand in den Zersetzer eingeleitet oder/u. der Zersetzer beheizt werden. — Abbildung. (**Schwz. P. 280 179** vom 2/12. 1949, ausg. 16/4. 1952.) SCHREINER. H 272

Otto Nordström, Uppsala, Schweden, *Kaustifizieren von Alkalicarbonaten mit Kalk.* Man behandelt wss. Lsgg. von Alkalicarbonaten in Cyclonabscheidern bei Überdruck mit $Ca(OH)_2$. Die Verunreinigungen des Kalkes werden hierbei vom Boden abgezogen, sinken durch ein Fallrohr u. werden durch nach oben strömendes W. von mitgeführter Lauge u. mit geführtem Kalkschlamm befreit. (**Finn. P. 26 032** vom 11/3. 1950, Auszug veröff. 29/11. 1952. Schwed. Prior. 4/4. 1949.) JÜRGEN SCHMIDT. H 272

VI. Silicatchemie. Baustoffe.

B. W. Iwanow und **A. I. Polinkowskaja**, *Über Änderungen der Mikrostruktur von Blöcken aus geschmolzenem Quarz bei ihrer Verwendung in Glasschmelzwannen.* Aus der Mikrostrukturunters. von Quarzglasblöcken an der Wandung des Schmelzofens für Borsilicatglas u. der Brennereintrittsstelle in der Schmelzwanne für Fensterglas geht hervor, daß während des Schmelzprozesses das Quarzglasmaterial vollständig in Hochtemperaturmodifikationen von SiO_2 umgewandelt wird. In der Wandung erfolgt in Ggw. von nur wenig Tridymit eine Metacristobalitumwandlung, während an der Brennerstelle eine Tridymitumwandlung beobachtet wird. Im Quarzblock entsteht eine geringe heiße Zone, wo die aus der Wirkzone des Ofens kommenden Oxyde zurückgehalten werden. Während des Ofenbetriebes entstehen wahrscheinlich leichtschmelzbare Gläser, die vom Quarzblock abfließen oder durch die Glasmasse abgewaschen werden können. (Доклады Академии Наук СССР [Ber. Akad. Wiss. UdSSR] [N. S.] **85.** 1365—68. 21/8. 1952. Inst. für geol. Wiss. der Akad. der Wiss. der UdSSR.) LEBTAG. 6172

Carl Kröger, *Gemengereaktionen und Glasschmelze.* Die Unters. der ablaufenden Vorgänge beim Glasschmelzen kann am besten mit Hilfe des silicat. Schmelzdiagramms vorgenommen werden, da es Aufschluß über Ausmaß u. Richtung der Rkk. gibt u. die Stabilitätsgebiete erkennen läßt. Dazu sind Angaben über die Geschwindigkeit der Rkk. notwendig. Eine durch Abbildungen erläuterte Beschreibung der Versuchsanordnung des Vf. folgt. Sie wurde verwendet, um Reaktionsgeschwindigkeiten im Syst. Na_2O–SiO_2–CO_2 zu messen. Eine besondere Leitfähigkeitsapp. dient dazu, die Schmelzerscheinungen zu kontrollieren. Als bestimmend für den Zeitablauf kommen in Frage: CO_2-Druck, Mischungsverhältnisse u. Korngröße des Gemenges, Temperaturverteilung im Reaktionsgut, Bldg. von Teilschmelzen im eingelegten Gemenge, Einw. der Atmosphäre u. die Wrkg. von Flußmittelzusätzen. Diese Einww. sind bisher von verschied. Stellen untersucht worden, u. Vf. will durch seine Arbeit mit vielen Tabellen, Diagrammen u. Formelaufstellungen die krit. einheitliche Beurteilung einleiten. (Glastechn. Ber. **25.** 307—24. Okt. 1952.) KÜHNERT. 6174

Stig Lindroth, *Über Farbgläser.* Farben des Glases können durch Atome bzw. Moll. hervorgerufen werden. Vf. gibt fast für alle in Frage kommenden färbenden Ionen die Art des Einbaues in das Glas an, wobei er sie als „Tektogen" bezeichnet, wenn sie in das Netzwerk des Glases eintreten (Netzbildner), als „Tektotrop", wenn sie als netzverändernder Bestandteil auftreten. Dabei ist die Farbe des gleichen Ions verschieden, wenn es sich um Oxydationsgleichgewicht (Farben ändern sich mit der Wertigkeit) oder um Koordinationsgleichgewicht (Farben sind abhängig von der Koordinationszahl) handelt. Die Glaszus. spielt dabei eine entscheidende Rolle. Die Atom- oder Molekülfärbung ist mehr oder weniger durch den koll. Zustand des färbenden Stoffes bedingt u. erscheint im allg. nicht unmittelbar im geschmolzenen Glas, sondern erst nach dem Wiedererwärmen („Anlaufen"), wobei die Partikelgröße mitbestimmend für die Farbe ist. (Glas-Email-Keramo-Techn. **4.** 1—3. Jan. 1953.) KÜHNERT. 6176

Erich Roeper, *Spannungsoptische Fertigungskontrolle in der Glasindustrie.* Bereits an anderer Stelle (C. **1953.** 1387) behandeltes Verf. der Spannungsprüfung mit Hilfe von polarisiertem Licht im Hell/Dunkel-Verf. wird theoret. begründet. Abbildungen zeigen verwendete Apparate u. Demonstrationsobjekte. Zug- u. Druckspannungen sind auf diese Art zu unterscheiden. (Glas-Email-Keramo-Techn. **4.** 4—9. Jan. 1953.) KÜHNERT. 6200

Games Slayter, *Festigkeit des Glases.* Vf. stellt elektronenmkr. Aufnahmen von Glasstäben u. Glasfäden nebeneinander u. deutet sie gemäß der Theorie des Feinbaues des Glases als Ketten u. Spiralen von Silicattetraedern. Die Glasfäden zeigen auch in der mol. Struktur Fadencharakter. Die Festigkeit von Fäden ist ein Vielfaches derjenigen von Glas in Stücken, was sich nach Ansicht des Vf. aus der ungemein raschen Abkühlung der Fäden bei der Herst. ergibt. (Amer. ceram. Soc. Bull. **31.** 276—78. Aug. 1952.) KÜHNERT. 6200

Horst Höppner und **Horst Gatzke**, *Elektrobrennöfen für die keramische Industrie.* Übersicht über die Entw. der letzten Jahre, bes. bzgl. der Metallheizkörper u. der oxyd.

Heizkörper. — Schrifttumsnachweis. (Tonind.-Ztg. keram. Rdsch. **77.** 10—13. Jan. 1953. Clausthal-Zellerfeld.) SCHÜTZ. 6210

Morris Berg und **Michael Humenik jr.**, *Ein Beitrag zur Theorie des Haftens von Emails.* Ein Zusatz von CoO zu Emails steigert auf oxydfreien Fe-Oberflächen die Haftung nicht. In Ggw. von Fe-, Co-Ionen u. H_2 bildet sich beim Aufschmelzen auf der Berührungsfläche Glas–Email ein metall. Nd., der durch Auffangen der Kühlspannungen die Haftung bewirkt. — 6 Abbildungen. (Amer. ceram. Soc. Bull. **31.** 329—31. Sept. 1952. Cambridge, Mass., Massachusetts Inst. of Technol.) MARKHOFF. 6212

—, *Einige Reaktionen löslicher Salze in Tonen und Ziegeln.* Bessere Überwachung während der Aufbereitung der Materialien u. schärferer Brand kann die Rkk. der lösl. Salze in Tonen u. Ziegelsteinen verringern. (Claycraft **26.** 8—11. Okt. 1952.) K. SEIDEL. 6216

Wingate A. Lambertson, *Die Reaktionen von Natriumsulfat mit feuerfesten Alumosilicatsteinen. Mullit* wird stärker angegriffen als hochtonerdehaltige Steine. Das ist bedingt durch die strukturelle Verwandtschaft vom Mullit zum *Albit* u. *Nephelin*, denn Nephelin ist das Endstadium der Reaktionen. Das gegen Alkali resistenteste Material liegt im Syst.: $NaAlO_2$–Nephelin–Al_2O_3. Eine Zus., welche weitere Unterss. aussichtsreich erscheinen läßt, ist bei: $NaAlO_2$ 15%, Nephelin 45%, Al_2O_3 40%. (J. Amer. ceram. Soc. **35.** 161—65. Juli 1952. New Brunswick, N. J., School of Ceram., Rutgers Univ.) SCHÜTZ. 6218

P. P. Budnikow und **O. M. Ssologubowa**, *Über die Reaktion zwischen Kaolin und $CaCO_3$ und die Gewinnung von weißem Zement.* Nach Zusatz von 1% CaF_2, 2% MnO_2, 2% Chromit, 1% Na_2SO_4 + 1% C, 5% Talk, 2% MgO oder 10% Gips (I) zur Mischung aus 33,9% Kaolin u. 66,1% Kreide wurde 30 Min. bei 900, 1000, 1200 u. 1300° gebrannt. Das beste Prod. wurde bei Zusatz von 10% I bei der Brenntemp. 1200° erhalten. Der Zement enthielt unter diesen Bedingungen hauptsächlich $CaO \cdot Al_2O_3$ u. $2\,CaO \cdot SiO_2$. Der so erhaltene hydraul. Zement besaß die Albedozahl 85—87. (Доклады Академии Наук СССР [Ber. Akad. Wiss. UdSSR][N. S.] **85.** 1127—30. 11/8. 1952.) LEBTAG. 6222

Vitold Saretok, *Chemie des Sägespänebetons.* Beton mit Sägespänen als Füllmittel hat neben vielen Vorteilen 3 Nachteile: Holz arbeitet bei der Erwärmung u. Abkühlung mehr als Zement, ein Teil seiner Bestandteile hindert die Erhärtung des Zementes, u. sein Wassergeh. ist groß. Die Härtung wird von Zucker-, Gerbstoff- u. Harzgeh. beeinflußt, die ganz verschieden sind je nach der Zeit der Fällung, der Art der Lagerung u. des Transportes des Holzes u. der Lagerungszeit u. -art der Sägespäne. Die Vorbehandlung des Holzes u. der Sägespäne mit Eisensulfatlsg. zur Entfernung der schädlichen Bestandteile wird kurz beschrieben u. auf Kalk, $CaCl_2$, $MgCl_2$ u. Wasserglas als „Mineralisierungsmittel" hingewiesen. (Cement och Betong **27.** 135—41. Sept. 1952.) KÜHNERT. 6224

E. B. Gentil, Paris, Frankreich, *Herstellung von Glas.* Man stellt das Glas in einem Wannenofen her, der eine Vorkammer zum Aufwärmen des Glases durch eine Wärmequelle u. weitere Kammern zum Raffinieren des Glases enthält. Das Raffinieren erfolgt durch Flammen oberhalb des Bades. Die frische Glasmasse wird in die Vorkammern eingefüllt u. hier mindestens zum Teil durch elektr. Zusatzheizung innerhalb des Bades der Vorkammer zum Schmelzen gebracht. — Vorr., Zeichnung. (**N. P. 79 777** vom 14/4. 1947, ausg. 25/2. 1952. A. Prior. 10/4. 1942.) JÜRGEN SCHMIDT. 6175

Vereinigte Glaswerke Aachen, Zweigniederlassung der Akt.-Ges. der Spiegelmanufakturen und Chemischen Fabriken von St. Gobain, Chauny & Cirey, Aachen, Deutschland, *Herstellung von Formkörpern aus Schaumglas.* Man verpreßt Glasmehl unter Zusatz von Stoffen, die bei der Erweichungstemp. des Glases Gasblasen bilden, unter Zusatz von Bindemitteln zu Formkörpern u. erhitzt dann die Formkörper bis zum Weichwerden des Glases. Das Erhitzen erfolgt zweckmäßig auf einem endlosen Band, das z. B. aus legiertem Fe besteht, auf dem sich Kugeln aus feuerfesten Stoffen befinden, auf denen die Glasgegenstände langsam durch den Tunnelofen bewegt werden können. (**Dän. P. 73 739** vom 13/9. 1943, ausg. 4/2. 1952. D. Prior. 12/9. 1942.) JÜRGEN SCHMIDT. 6201

Dolomitwerke G. m. b. H., Wülfrath/Rhld. (Erfinder: **Kamillo Konopicky**, Pörtschach, Wörthersee, Österreich), *Herstellung von Dolomitsteinen.* Die Verdichtung beim Verpressen u. die Festigkeit von gepreßten Formlingen aus Sinterdolomit werden durch Zusatz von Dolomithydrat [$MgO \cdot Ca(OH)_2$], Talkum u. dgl. verbessert. Diese Zusätze erleichtern den Preßvorgang u. führen andererseits wegen ihrer erst bei höherer Temp. erfolgenden Wasserabgabe nicht zur Hydratation des Sinterdolomits. Da das Dolomithydrat kein artfremder Stoff ist, kann es in großer Menge zugesetzt werden u. ermöglicht durch seine Feinkörnigkeit ein dichtes Gefüge. (**D. B. P. 856 573** Kl. 80b vom 26/10. 1944, ausg. 24/11. 1952.) REINHART. 6219

F. L. Smidth & Co. A/S, Kopenhagen, Dänemark, *Herabsetzung des Wassergehaltes in Zementrohschlamm oder kalkhaltigem Schlamm.* Man setzt der M. zerkleinerten Torf zu, der vorher unter ständigem Umrühren u. unter Zuführung von Luft u. Alkalien behandelt wurde. (**Dän. P. 73 993** vom 4/11. 1949, ausg. 7/4. 1952.) JÜRGEN SCHMIDT. 6223

Norman Victor Sydney Knibbs, Longfield, England, *Löschen von Kalk.* Man setzt feingemahlenem Kalk W. zu u. leitet durch die M. Dampf u. Luft. Dann trennt man die in Suspension vorhandenen feinen Teilchen von den gröberen ab, wobei man zwecks Verhinderung der Kondensation von W. die Temp. hoch genug hält. (**A. P. 2 611 683** vom 1/12. 1948, ausg. 23/9. 1952. E. Prior. 2/12. 1947.) NEBELSIEK. 6227

VII. Agrikulturchemie. Schädlingsbekämpfung.

J. Grindrod, *Düngemittel aus Abfällen. Ausnutzung von Stadtabfällen in Holland.* Stadtabfälle lassen sich durch richtig geleitete Kompostierung auf ein Düngemittel von beachtlicher Wrkg. verarbeiten. (Fertiliser, Feeding Stuffs Farm Suppl. J. **37.** 711—12. 14/11. 1951.) GRIMME. 6296

Stephane Hénin und **Jacques Desmoras,** *Wirkung bestimmter Polyacrylate auf die Bodenstruktur.* Salze von Polyacrylsäuren verbessern durch Vergrößerung der Kohäsion zwischen den Bodenaggregaten die Stabilität der Bodenstruktur, erhöhen die Wasserkapazität um 15—20% u. begünstigen die Keimung der Samen, wenn sie im W. gelöst in geringen Mengen auf die Bodenoberfläche gebracht werden. Da die Wirkungsweise der Polyacrylatstabilisatoren sich grundsätzlich von der der Humussubstanzen unterscheidet, können die genannten Stabilisatoren eine Humusdüngung nicht ersetzen. Unterss. über mögliche Schädlichkeit bei mehrjähriger Anwendung sind noch erforderlich. (C. R. hebd. Séances Acad. Sci. **236.** 117—19. 5/1. 1953.) LENHARD. 6302

Felice Lanza, *Untersuchungen über die Bodenirrigation mit titrierten Lösungen. 1. Mitt. Verwendung von Ammoniak in wässerigen Lösungen als Stickstoffdünger für Getreide.* Düngungsverss. mit Ammoniakwasser u. Calciumnitrat ergaben keine merklichen Ertragsunterschiede. NH_3-Verluste durch Verdampfung können vernachlässigt werden. Die der Luft ausgesetzten Pflanzenteile werden durch 5%ig. NH_3 (= 4,1% n) nicht angegriffen. (Ann. Sperimentaz. agrar. [N. S.] **5.** 1199—1221. Ann. Staz. chim.-agrar. sperim. Roma [III] Pubbl. Nr. 50. 1—22. 1951. Rom.) GRIMME. 6304

R. Lesire, *Düngungsversuch. Erste Ergebnisse.* Bisher wurden eindeutig gute Resultate bei Kompostdüngung erhalten. Mineraldünger gaben keine einheitlichen Werte, sie sind für Kongo-Verhältnisse auch zu teuer. (Bull. agric. Congo belge **44.** Nr. 1. 67—74. Febr. 1953.) GRIMME. 6304

V. Carrante, S. Di Prima und **V. Bòttari,** *Dritte Mitteilung über Citrus-Dauerdüngungsversuche (1947—49).* (2. vgl. C. **1947.** E. 105.) Bericht über Düngungsverss. mit verschied. Mineraldüngern, meistens unter Beigabe von Kompost. Beste Resultate mit Gaben von je 100 g P, K u. N, sowie 30 kg Kompost je Baum. Die Ernteprodd. wurden auf Größe, Aussehen, Geh. an Vitamin C untersucht, außerdem wurden Blätter u. Zweige analysiert. Die Resultate sind in zahlreichen Tabellen u. Kurven aufgezeigt. (Ann. Sperimentaz. agrar. **5.** 679—720. 1951. Bari.) GRIMME. 6304

D. D. Breshnew und **G. W. Boss,** *Der Einfluß von Düngemitteln auf Ertrag und chemische Zusammensetzung der Tomatenfrüchte.* Tomaten reagieren, wie Vff. auf Grund eingehender Verss. zeigen, bei intensiver Kultur stark auf Düngung, vor allem kann die Reife beschleunigt werden. Am besten wirken organomineral. gekörnte Düngemittel. (Селекция и Семеноводство [Selekt. u. Samenzucht] **19.** Nr. 4. 54—60. April 1952. Allunions Inst. für Pflanzenbau.) A. JACOB. 6304

Je. I. Boiko, *Granulierte Düngemittel, eine große Reserve zur Erhöhung des Ernteertrages bei Buchweizen.* Granulierte Düngemittel hatten eine höhere Wirksamkeit als pulverförmige. Bes. gilt dies für *Superphosphat.* (Советская Агрономия [Sowjet. Landwirtschaftskunde] **10.** Nr. 9. 85—86. Sept. 1952. Nosowsk, Selektions-Versuchsstat.) A. JACOB. 6304

M. M. Butzeroga, *Über die physiologischen Besonderheiten der Ernährung der Esparsette.* Esparsette reagiert nicht auf Düngung mit P u. K, wohl aber auf Düngung mit N, was mit der späten Knöllchenbldg. auf den Wurzeln zusammenhängt. (Доклады Академии Наук СССР [Ber. Akad. Wiss. UdSSR] [N. S.] **83.** 303—06. 11/3. 1952. Kiew, Ukr. Wiss. Forschungsinst. für soz. Landwirtschaft.) A. JACOB. 6304

H. Darquennes, *Betrachtungen über die Keimung von Baumwollsamen in Ubangi.* Vf. empfiehlt die Saatbeizen mit Ceresan oder anderen Hg-Mitteln. (Bull. agric. Congo belge **44.** Nr. 1. Bull. Inf. 2. 51—62. Febr. 1953.) GRIMME. 6304

M. R. Birkel, *Die Bildung einer stabilen Bodenstruktur auf Kosten sich zersetzender Kleepflanzen.* Durch Protopektinasebakterien wird aus den Wurzelrückständen von Klee *Galakturonsäure* gebildet. Diese bildet bei ihrer Einw. auf die Mikrobenproteine Humus, der die Bohnenaggregate verfestigt. (Микробиология [Mikrobiologie] **21.** 290—92. Mai/Juni 1952.) A. JACOB. 6306

M. W. Fedorow, *Über Ammoniak als primäres Produkt der Bindung von molekularem Stickstoff durch Bakterien.* Die Theorie, daß sich bei der N_2-Bindung prim. NH_3 bildet, wird abgelehnt zugunsten der Annahme, daß zunächst Hydrazin auftritt. Es erscheint wahrscheinlicher, daß NH_3 erst als sek. Prod. auftritt. (Микробиология [Mikrobiologie] **21.** 348—59. Mai/Juni 1952. Moskau, Landwirtsch. Timirjasew-Akad.) A. JACOB. 6306

Antonio Ciccarone und **Gaetano Ruggieri,** *Orientierende Feldversuche zur Bekämpfung der Bodenparasiten.* Bei den orientierenden Verss. wurden die besten Resultate erhalten bei Bodenbegasungen mit CS_2, Chlorpikrin, DD u. EDB. Sie übertrafen wirkungsmäßig die γ-Präpp. u. Parathion. (Ann. Sperimentaz. agrar. [N. S.] **5.** 1063—78. 1951. Rom u. Acireale.) GRIMME. 6312

Adelmo Panella, *Über Unkrautschäden in Luzernefeldern und über die Verwendung von selektiven Herbiciden. In Umbrien angestellte Versuche.* Zu den Verss. bewährten sich *Agroxone* (2-Methyl-4-chlorphenoxyessigsäure) u. *Weedone* (2.4-Dichlorphenoxyessigsäure). Luzerne selbst ist nicht ganz unempfindlich gegen die Mittel. (Ann. Sperimentaz. agrar. [N. S.] **5.** 111—31. 1951. Perugia.) GRIMME. 6312

Paolo Fontana, *Die Chemie der Insekticide und Fungicide zum Schutze der Zuckerrübe.* Überblick. (Ind. saccarif. ital. **45.** 354—61. Sept./Okt. 1952.) GRIMME. 6312

E. Lusis, *Über die Wirkung von „Systox" auf Drosophila melanogaster Mg.* Bei der Beurteilung der Wirkungsart von Systox (I) ist zwischen der Wrkg. des Spritzbelages u. der Wrkg. nach der Aufnahme durch die Pflanze zu unterscheiden. Der feuchte Spritzbelag von I hat eine starke Gaswrkg., während der trockene Belag nur eine schwache bzw. keine insekticide Wrkg. besitzt. Durch Anfeuchten kann die Giftwrkg. wiederhergestellt werden. In Fll. emulgiert, die von den Versuchstieren aufgenommen wurden, hatte I eine verstärkte insekticide Wrkg., was Vf. zur Aufstellung der Hypothese einer Fraßwrkg. veranlaßt. Weder in den cuticulären Ausscheidungen der Pflanze noch in den transpirierten Gasen konnte I festgestellt werden. (Höfchen-Briefe Wiss. Prax. **5.** Nr. 5. 225—38. 1952. Geisenheim/Rh., Inst. für Pflanzenkrankheiten.) WINIKER. 6312

Antonio Melis und **Anna Marinari,** *Neuer Beitrag zur Kenntnis der Bekämpfungsmittel gegen die Rübenfliege.* Bei den Verss. bewährten sich Chlordan u. Gammexan, Parathion wirkte unsicher, DDT versagte vollständig. (Ind. saccarif. ital. **45.** 410—22. Nov./Dez. 1952.) GRIMME. 6312

Mario d'Ausilio, *Giftwirkung von zwei Phosphorsäureestern auf die Olivenfliege.* Bericht über Verss. zur Bekämpfung der Olivenfliege (Dacus oleae) durch Spritzungen mit Parathion (I) u. Hexamethyltetraphosphat (II). Beide Ester dringen in die Früchte ein u. töten die Larven ab. Bisher steht fest, daß Konzz. 0,15‰ I bzw. 2% II nicht immer genügen. (Ann. Sperimentaz. agrar. [N. S.] **5.** 649—62. 1951. Pescara.) GRIMME. 6312

Gudo Dosse, *Die Gewächshausspinnmilbe Tetranychus urticae Koch forma dianthica und ihre Bekämpfung.* 4—5malige Anwendung von 0,08—0,1%ig. Systox führt zu 100%ig. Vernichtung der beweglichen Stadien der Gewächshausspinnmilbe. Eier u. Ruhestadien werden nicht angegriffen. E 605 forte war wegen Resistenzerscheinungen wirkungslos. (Höfchen-Briefe Wiss. Prax. **5.** Nr. 5. 238—67. 1952. Stuttgart-Hohenheim, Inst. für Pflanzenschutz der Landwirtschaftl. Hochschule.) WINIKER. 6312

G. Pieri, *Versuche mit insekticiden Stäuben gegen die Baumwollschildlaus Pseudococcus Citri im Jahre 1950.* Bestäubungsverss. mit Bentonit–Parathion- u. Schwefel–Parathion-Stäuben (0,5—1,0%ig.) ergaben sehr beachtliche Resultate. (Ann. Sperimentaz. agrar. **6.** [N. S.] 193—96. 1952. Cogreghuano.) GRIMME. 6312

Ottone Servazzi, *Botrytis elliptica (Berk.) Cooke, ein Lilienparasit in Italien.* Als Bekämpfungsmaßnahme werden Spritzungen mit Bordeaux-Brühe empfohlen. (Ann. Sperimentaz. agrar. [N. S.] **5.** 1139—54. 1951. Turin.) GRIMME. 6312

Enrico Romano, *Verdampfung von DDT und Octachlor am Licht.* Durch 10tägige Belichtung bei 50° waren von DDT 14%, von Octachlor (= Chlordan) 74% verdampft. (Ann. Sperimentaz. agrar. [N. S.] **5.** 785—89. 1951. Rom.) GRIMME. 6312

Francesco Scutri, *Der „Sudbury"-Analysator zur rationellen Bodendüngung.* Bei exakten Nachprüfungen zeigte sich, daß der SUDBURY-Analysator [Reihe von Reagentien (Zus. nicht angegeben) zur Schnellbest. von N, P_2O_5, K, p_H] keine eindeutigen Resultate gibt. Seine Anwendung kann nicht empfohlen werden. (Ann. Sperimentaz. agrar. [N.S.] 5. 865—78. 1951. Turin.) GRIMME. 6324

Chemische Werke Albert (Erfinder: **Rüdiger Lothar von Reppert**), Wiesbaden, *Herstellung von granuliertem Superphosphat.* Dem Superphosphat werden mit den wasserlösl. Bindemitteln oder vor Zugabe derselben Spurenelemente, bes. $CuSO_4$, $MnSO_4$ u. Borax im Verhältnis 1 : 3 : 6, zugesetzt. Man erreicht gleichmäßige Vermischung u. Verteilung der Mikroelemente im Phosphat. (**D. B. P. 860 496** Kl. 16 vom 10/6. 1949, ausg. 22/12. 1952. **Zusatz zu D. B. P. 837 104; C. 1952. 6594.**) KARST. 6283

August Thyssen-Hütte Akt.-Ges., Duisburg-Hamborn, **Hüttenwerk Hörde Akt.-Ges.**, Dortmund-Hörde, **Hüttenwerk Huckingen Akt.-Ges.**, Duisburg, und **Westfalenhütte Akt.-Ges.**, Dortmund (Erfinder: **Karl Abresch**, Duisburg-Hamborn, **Wilhelm vor dem Esche**, Dortmund, **Hubert Hoff**, Dortmund, **Hans Klein**, Dortmund-Gartenstadt, **Theo Kootz**, Duisburg-Hamborn, **Karl-Heinz Lange**, Dortmund, **Gerhard Naeser**, Duisburg-Huckingen, **Willy Oelsen**, Clausthal-Zellerfeld, **Friedrich Scheffer** und **Erwin Welte**, Göttingen), *Dünge-Schmelzphosphate und ihre Herstellung.* Die Phosphate bestehen aus Körnern, deren Siebanalyse einen Durchgang von höchstens ca. 5% durch ein Sieb mit 10000 Maschen/cm² u. bei einem Molverhältnis P_2O_5 : Säure (z. B. SiO_2, Al_2O_3, B_2O_3) $= > 1$ einen Durchgang von ca. 100% durch ein Sieb mit 576 Maschen/cm² oder bei einem kleineren Molverhältnis P_2O_5 : Säure einen Durchgang von ca. 100% durch ein Sieb mit 36 Maschen/cm² aufweist. Sie werden aus dem Schmelzfluß, z. B. durch Luft oder Preßluft an kühlen Blechen oder dgl., ganz oder annähernd glasig erstarrt. Hochofenschlacke, Aluminate, Borate, Silicate, Alkalien u. Fluoride können im Konverter, Flamm-, Elektro- oder Schachtofen der M. zugegeben werden. Hoher Ausnutzungsgrad der Phosphate im Boden. (**D. B. P. 862 755** Kl. 16 vom 27/10. 1949, ausg. 12/1. 1953.) KARST. 6283

Bergwerksverband zur Verwertung von Schutzrechten der Kohlentechnik G. m. b. H. (Erfinder: **Otto Grosskinsky, Walter Klempt** und **Bernhard Jüttner**), Dortmund-Eving, *Herstellung von stickstoffhaltigen Düngemitteln.* Der bei der Oxydation fossiler Brennstoffe mit fl. Oxydationsmitteln, bes. HNO_3, anfallende, ungelöste Anteil wird in trockener oder feuchter Form mit gasförmigem NH_3 oder NH_3–W. unter n. oder erhöhtem Druck bei n. oder erhöhter Temp. neutralisiert, die erhaltene M. getrocknet u. in streufähige Form übergeführt. Der Rückstand aus der Oxydation wird mit Düngewert besitzenden Alkalien oder Erdalkalien u. gegebenenfalls mit NH_3 behandelt. (**D. B. P. 859 742** Kl. 16 vom 7/10. 1950, ausg. 15/12. 1952.) KARST. 6285

Lonza Elektrizitätswerke und Chemische Fabriken Akt.-Ges., Basel (Erfinder: **Samuel Ruosch**, Visp, Wallis), Schweiz, *Herstellen von gekörntem haltbarem Kalkstickstoff.* Die pulvrige Rohkalkstickstoffmasse wird auf 65° gebracht u. unter inniger Durchmischung bei über 65° hydratisiert, worauf das heiße Prod. bei über 65° völlig aushydratisiert (99,5%), homogenisiert, abgekühlt u. unter Zugabe von W. oder Bindemitteln der Körnungs- u. Trocknungsapp. zugeführt wird. Man erhält $CaCN_2$ mit einem Litergewicht von mindestens 1000 g/Liter u. einem Zertrümmerungsdruck von mindestens 350 g/mm². Die Körner zerfallen selbst nach längerer Lagerzeit nicht zu Pulver. (**D. B. P. 860 072** Kl. 16 vom 29/10. 1950, ausg. 18/12. 1952. Schwz. Prior. 9/11. 1949.) KARST. 6285

Office National Industriel de l'Azote, Toulouse, Frankreich, *Behandlung von Calciumnitrat,* das durch Aufschluß von Rohphosphaten mit HNO_3 hergestellt wurde. In Mischschnecken (I) werden Calciumnitrate (II), z. B. $Ca(NO_3)_2 \cdot 4\,H_2O$, oder Komplexverbb. mit HNO_3 oder Nitraten, z. B. NH_4NO_3, mit solchen Mengen CaO (III) neutralisiert, daß das p_H der M. ca. 4—4,5 beträgt, worauf die erhaltene II-Maische geschmolzen, durch Verspritzen in Türme mit zirkulierenden heißen Gasen konz. u. in I mit weiteren Mengen III völlig neutralisiert wird. Bei der 2. Neutralisation kann geschmolzenes NH_4NO_3 zugesetzt werden. Keine N-Verluste. (**E. P. 665 257** vom 15/12. 1949, ausg. 16/1. 1952. F. Prior. 10/2. 1949.) KARST. 6285

Manufactures de Produits Chimiques du Nord Établissements Kuhlmann, Paris, Frankreich, übert. von: **Philippe Kaikinger**, Selzaete, Belgien, *Düngemittel.* In einem geschlossenen Reaktionsbehälter werden unter konstantem Druck u. bei ca. 120° in eine dort befindliche Reaktionsmasse kontinuierlich Ströme von HNO_3 u. H_3PO_4 + KCl eingetragen. Einleiten von NH_3 unter Druck bewirkt die Bldg. von NH_4NO_3 u. $(NH_4)_2 \cdot HPO_4$. Am Boden des Behälters wird eine krist. Paste abgezogen u. auf streufähige, völlig wasserlösl. *Mischdüngemittel* verarbeitet. (**A. P. 2 614 040** vom 1/5. 1947, ausg. 14/10. 1952. F. Prior. 12/2. 1947.) KARST. 6291

Kai Petersens Fond Dano, Søborg, Dänemark, *Herstellung von Düngemitteln aus Hausabfällen und ähnlichen Stoffen.* Diese Stoffe werden unter Vermischen mit Stoffen zum Binden der Feuchtigkeit, z. B. Asche, trockenem Kompost oder Torferde, fein gemahlen, so daß auch die in den Hausabfällen enthaltenen Glas- u. Porzellanscherben fein zerteilt werden. (**Dän. P. 73 949** vom 23/11. 1946, ausg. 31/3. 1952.) JÜRGEN SCHMIDT. 6295

Universal Oil Products Co., Chicago, übert. von: **Louis Schmerling**, Riverside, Ill., V. St. A., *Zwischenprodukt zur Herstellung von keim- und insektentötenden Mitteln*, bestehend aus *2-(β-Chlor-tert.-butyl)-thiophen*, das durch Rk. von überschüssigem Thiophen mit Methallylchlorid in Ggw. von wasserhaltigem BF_3 als Katalysator bei —20 bis 175° u. einem Druck, bei dem alle Reaktionsprodd. im wesentlichen fl. sind, hergestellt wird. (**A. P. 2 563 073** vom 13/9. 1946, ausg. 7/8. 1951.) KETTNER. 6313

VIII. Metallurgie. Metallographie. Metallverarbeitung.

Marcel Ballay, *Gußeisen mit Kugelgraphit*. Kurze zusammenfassende Übersicht über Herst., Eigg. u. Anwendungsgebiete des Gußeisens mit Kugelgraphit. (Bull. techn. Bureau Veritas **33**. 264—68. Dez. 1951.) WERNER. 6402

A. Fotiadi, *Gußeisen mit besonderer Widerstandsfähigkeit gegenüber mechanischer und Korrosionsbeanspruchung*. Nach einer Übersicht über die gebräuchlichen Arten des Gußeisens, über den Einfl. der verschied. Bestandteile u. den Einfl. der Schmelzbedingungen, wird bes. ausführlich auf die Eigg. des legierten Gußeisens eingegangen. In tabellar. Übersichten werden die Zuss. u. Gehh. verschied. legierter Gußeisensorten an *Si*, *Ni*, *Mo*, *Mn*, *Cr* in Abhängigkeit von der Wanddicke für reibende u. nichtreibende Beanspruchung angegeben, zusammen mit den mechan. Eigg., wie Härte, Biegefestigkeit u. Scherfestigkeit. Weiter werden die Gußeisensorten behandelt, die einer besonderen Zunder- u. Korrosionsbeanspruchung widerstehen sollen, darunter die ferrit. Si- oder *Al*-Gußeisen sowie die Gußeisen mit hohem Cr-Geh. (bis 34% Cr). Schließlich die austenit. Ni–*Cu*–Cr-Gußeisensorten mit 14% Ni, 6% Cu u. 1,5—4% Cr vom Typus des „*Ni-Resist*". In einer tabellar. Zusammenstellung werden FF. u. die obere Temperaturgrenze der Verwendungsfähigkeit für die verschied. Gußeisensorten wiedergegeben. (Bull. techn. Bureau Veritas **33**. 254—63. Dez. 1951.) WERNER. 6402

Torsten Collen und **Stig Hollström**, *Schwefelreinigung im basischen Ofen*. Statist. Unterss. an 700 Chargen in bas. SIEMENS-MARTIN-Öfen zeigen, daß die S-Reinigung beim Frischen durch die Basizität der Schlacke, den eingeschmolzenen S-Geh. des Stahls u. indirekt durch den End-C-Geh. beeinflußt wird, während der FeO-Geh. in einer oxydierten Schlacke von untergeordneter Bedeutung ist. Beim Einschmelzen mit S-haltigen Brennstoffen kann die Charge aufgeschwefelt werden; Einsatz von fl. Roheisen, Anwendung von kompaktem Schrott, kurze Einschmelzzeit u. geringer Brennstoffverbrauch wirken dem entgegen. In der Frischperiode ist die Gasphase von geringerer Bedeutung. Für wirksame S-Reinigung ist Basizität der Schlacke über 4 nicht erforderlich. In einer oxydierten Schlacke kann ein S-Verhältnis von ca. 10 erreicht werden. Bei red. Schlacken im Lichtbogenofen ist die Basizität ohne Einfl. auf das S-Verhältnis, wichtig sind aber gut reduzierende Bedingungen, gute Fließbarkeit der Schlacke, hohe Temp. u. innige mechan. Durchmischung von Stahl u. Schlacke. — Ausführliche Diskussion. (Jernkontorets Ann. **136**. 317—74. 1952.) R. K. MÜLLER. 6408

Eduard Houdremont, *Korngrenzenschädigung von Stählen durch Überhitzen*. Überblick über den Stand der Erkenntnisse, bes. an Hand des engl. Schrifttums. Von den Schädigungsarten: einfaches Kornwachstum (Grobkornbldg.), Kornwachstum mit Schädigung der im grobkörnigen Zustand sich ausbildenden Korngrenzen, Verbrennungserscheinungen wird bes. auf die vorgenannte mittlere eingegangen. — Schrifttumsangaben. (Stahl u. Eisen **72**. 1536—40. 20/11. 1952.) HABBEL. 6408

Adolf Lincke, *Stahlguß (Stahlformguß) unlegiert*. (Vgl. C. **1952**. 4998.) Eigg., Zuss., Verwendung, Markenbezeichnung verschied. unlegierter Stahlgußsorten mit verschied. C-Gehalt. Formel zur Berechnung der Festigkeit u. Dehnung aus der Zusammensetzung. — Zahlentafeln, Schaubilder. (Metallurgie u. Gießereitechn. **1**. 336—38. Nov. 1951.) K. STEIN. 6408

Adolf Lincke, *Stahlguß (Stahlformguß) legiert*. Überblick: Si-Stahlguß; Mn-Hartstahlguß; Ni-Stähle; Cr-Stahlguß für Verschleißteile, bei höheren Gehh. an Cr widerstandsfähig gegen Korrosion u. Verzunderung; Cr–Ni-Stahlguß entsprechend den Marken V 2 A, V 1 M u. V 4 A von KRUPP; ferner Cr–Mo-, Cr–Co-, Cr–V-, Cr–W-, Cr–Si-, Cr–Al-Stahlguß, W-Stahlguß für Dauermagnete, V-, Mo- u. Cu-Stahlguß. (Metallurgie u. Gießereitechn. **1**. 331—36. Nov. 1951. Magdeburg.) K. STEIN. 6410

K. J. Irvine, *Verwandte Diffusionseinflüsse von Kohlenstoff und Schwefel im Eisen bei hohen Temperaturen*. Untersucht werden die Bedingungen, unter denen ein starkes

Eindringen von Eisensulfid in Eisen in Form eines geschmolzenen Fe–Fe_2S-Eutektikums stattfindet. Es zeigte sich, daß S in Eisen, das Mn u. Ni enthält, merklich löslich ist. Eine Ausscheidung von MnS-Teilchen an den Austenitkorngrenzen führt zu einer Überhitzung des Stahles. Es werden mehrere Veränderungen, welche zu einer Verbrennung des Stahles führen, beschrieben. — Schrifttumsangaben. (J. Iron Steel Inst. **171.** 142—47. Juni 1952. Leeds, Univ.) HOCHSTEIN. 6410

M. I. Liber, *Titanhaltige Stähle für zu schweißende und dann zu emaillierende Gegenstände.* Zur Vermeidung einer „Fischschuppenbldg." in der Emaillierschicht eines dickwandigen geschweißten Stahlapp. wird ein Ti-Stahl verwendet, dessen Umwandlungstemp. höher liegt als die maximale Emailliertemperatur. Ein Stahl mit 0,09 (%) C, 0,046 Mn, 0,25 Si, 0,39 Ti, 0,1 Cr u. 0,15 Ni ist hierzu geeignet. Als Aufschweißmetall wird zweckmäßig ein Stahl mit 0,12 C, 1,37 Mn, 0,17 Si u. 0,03—0,06 Ti verwendet. Auch können als Schweißelektrodendrähte Stähle mit 0,15 C, 0,79 Mn u. 0,96 Ti oder 0,08 C, 0,47 Mn, 0,37 Si, 1,05 Ti u. 0,41 Al verwendet werden. Es werden die Festigkeitseigg. der geschweißten Stähle angegeben. (Автогенное Дело [Autogene Ind.] **23.** Nr. 7. 10—13. Juli 1952.) HOCHSTEIN. 6410

Robert J. Nekervis, *Zinn und seine Legierungen.* Fortschrittsbericht für das Jahr 1950. — 147 Literaturzitate. (Ind. Engng. Chem. **43.** 2272—75. Okt. 1951. Columbus, O., Tin Res. Inst. Inc.) WERNER. 6428

E. Frenay, *Der Einfluß des Siliciumdioxyds auf die Reduktion zinkhaltiger Proben.* Vf. untersucht krit. die Red. von ZnO-haltigen gerösteten Erzen mit Graphit in Ggw. von freiem oder gebundenen SiO_2 im Temperaturbereich von 1100—1200° u. einer Reduktionsdauer von ½—5 Stunden. Es ergibt sich gegenüber ZnO eine Erschwerung der Reduzierbarkeit, die in Ggw. von 2 ZnO·SiO_2 stärker ist als in Ggw. von freiem SiO_2. Durch Anwendung höherer Tempp. kann die Red. jedoch etwas weitergetrieben werden. Durch Zugabe von FeO u. bes. CaO bzw. von $CaCO_3$ beim Rösten wird die hemmende Wrkg. von SiO_2 weitgehend aufgehoben. Doch treten gewissen Unbequemlichkeiten wie Verminderung des ZnO-Geh. der Charge, Verunreinigung der Röstgase mit CO_2, Entstehen leichtfl. Schlacken sowie Korrosion des Tiegelmaterials auf, die kurz diskutiert werden. Die Ergebnisse sind tabellar. mitgeteilt. (Rev. univ. Mines, Metallurg., Trav. publ., Sci. Arts appl. Ind. [9] **7.** (94) 226—32. Juli 1951. Lüttich, Univ.) WEITBRECHT. 6426

Adolf Rose und **Walter Peter,** *Konstitutionsforschung als Grundlage der Wärmebehandlung der Stähle.* Erörtert wird die begrenzte Bedeutung von Gleichgewichtsunterss. für die Härtung u. Vergütung der Stähle. Der Ablauf der Austenitumwandlung in Abhängigkeit von Zeit u. Temp. bei einer Unterkühlung wird dargestellt u. der grundsätzliche Einfl. des Geh. an C u. an Legierungselementen auf die Umwandlung in der Perlit- u. Zwischenstufe behandelt. Weitere Grundlagenforschung zur Klärung der Beziehungen zwischen Gleichgewichts- u. Ungleichgewichtsverhältnissen ist notwendig. (Stahl u. Eisen **72.** 1063—75. 28/8. 1952. Düsseldorf, Max-Planck-Inst. für Eisenforsch.) HOCHSTEIN. 6492

R. M. Wilson jr., *Widerstandsschweißung von Nickel und nickelreichen Legierungen.* Die verschied. Arten der Widerstandsschweißung, wie Punkt-, Rollennaht-, Stumpfabbrenn- u. Lötschweißung werden im Hinblick auf ihre Eignung zur Verbindung von Ni u. Ni-reichen Legierungen ausführlich behandelt. An Hand von Mikrogrammen werden auftretende Fehler u. Schwierigkeiten eingehend erörtert. Genaue Vorschriften für die verschied. Zwecke u. Formen der Schweißung werden mitgeteilt. Weitere Überlegungen beschäftigen sich mit der geeigneten Ausrüstung u. schweißgerechten Konstruktion. (Welding J. **30.** 685—710. Aug. 1951.) WERNER. 6506

C. L. M. Cottrell, M. D. Jackson und **J. G. Whitman,** *Überwachung der Rißbildung beim Lichtbogenschweißen hochfester Baustähle.* Die Angaben beziehen sich auf einen als *„Ducol W 27"* bezeichneten Baustahl mit 0,17—0,22 (%) C, 0,08—0,23 Si, 0,016—0,031 S, 0,015—0,024 P, 1,24—1,49 Mn, 0,33—0,55 Ni, 0,07—0,20 Cr, 0,25—0,27 Mo u. 0,0 bis 0,17 Cu. Für verschied. Elektroden werden die krit. Abkühlungsgeschwindigkeiten in Abhängigkeit von den Schweißbedingungen u. der Lage der Naht angegeben. Im Anschluß an HOPKIN wird für die Entstehung der Risse in den Härtungszonen vor allem H_2 verantwortlich gemacht, der bei der Umwandlung von Restaustenit in Martensit bei 300° freigesetzt wird. Die Abkühlungsgeschwindigkeiten werden durch eingeführte Thermoelemente in unmittelbarer Nähe der Naht gemessen, wobei die Anzeigen des Millivoltmeters durch eine Filmkamera zusammen mit den Anzeigen einer Stoppuhr u. eines mit dem Bogen verbundenen Voltmeters laufend aufgenommen werden. Die Abkühlungsgeschwindigkeiten betragen bei 800° rd. 120°/sec bei 700° rd. 63°/sec bei 600° rd. 23°/sec, bei 400° rd. 12°/sec. usw. Etwa entstandene Risse in der Naht werden an

Längsschliffen mkr. untersucht. In den Härtungszonen wird die VICKERS-Härte bestimmt. Die mit Abkühlungsgeschwindigkeit von rd. 10—14°/sec im Bereich von 300° gefundenen Höchsthärten liegen bei rd. 405 H_{v10}. — Schweißteste. (Welding Res. 5. 201r—215r. Aug. 1951.) WERNER. 6506

Albert Roux, *Über den Einfluß des Wasserstoffs auf die mechanischen Eigenschaften im Lichtbogen geschweißter weicher Stähle.* Es wird über Verss. berichtet, den H_2-Geh. von Schweißnähten in Abhängigkeit von der Art der verwendeten Elektrode zu bestimmen. Die Gesamtgehh. liegen zwischen 5 u. 14 cm³ H_2/100 g Schweiße. Erwartungsgemäß haben cellulosehaltige Elektrodenumhüllungen die größte H_2-Abgabe. Weiterhin wird die H_2-Abgabe aus der Schweißnaht bei Raumtemp. in Abhängigkeit von der Zeit bestimmt. Nach ca. 10 Tagen stellt sich ein annähernd konstanter Geh. ein. Der Gesamtgeh. an H_2 wird wiedergegeben als Summe der bei Raumtemp. u. der bei 600° abgegebenen H_2-Mengen. Es werden die mechan. Eigg., die Rißneigung u. das Aussehen von mkr. Schliffen H_2-haltiger Schweißen untersucht u. beschrieben. Die mechan. Eigg. von Schweißverbindungen verbessern sich in dem Maße, wie zeitlich eine H_2-Abgabe stattfindet. Durch Glühbehandlung zwischen 250 u. 600° kann die H_2-Abgabe u. die Verbesserung der mechan. Eigg. stark beschleunigt werden. (Bull. techn. Bureau Veritas **33.** 281—87. Dez. 1951.) WERNER. 6506

Walter A. Raymond, *Oberflächenbehandlung von Metallen. Entwicklung im Jahre 1951.* Überblick an Hand von 102 Literaturzitaten. (Metal Finishing **50.** Nr. 1. 50—56. Jan. 1952.) GEHLEN-KELLER. 6510

I. C. Fritz, *Das Flammspritzen von Aluminium und seinen Legierungen.* Durchführung des Verf. u. Anwendungsbeispiele. Bes. Al u. seine korrosionsfesten Legierungen, wie *Hydronalium* u. *Antikorrodal,* werden als Spritzschichten, meist auf Stahlbauwerke aufgebracht, um diese gegen den Angriff von Luft u. W. zu schützen. Voraussetzung für eine fest haftende Spritzschicht ist ein trockener reiner u. rauher, zweckmäßig sandgestrahlter Untergrund. Spritzschichten aus korrosionsbeständigen Al-Legierungen lassen sich polieren. Durch Aufspritzen von nichtrostenden Stählen lassen sich Al-Teile laugen- u. säurefest machen. Auch können Al-Teile durch Kunststoffüberspritzung (*Thiokol* u. dgl.) isoliert werden. (Metall **5.** 446—47. Okt. 1951. Beuel.) HOCHSTEIN. 6516

D. O. Gittings, D. H. Rowland und **J. O. Mack,** *Wirkung der Badzusammensetzung auf Aluminiumüberzüge auf Stahl.* Untersucht wurde der Einfl. des Zusatzes von *Sb, Bi, Cd, Ca, Cr, Co, Ge, Pb, Mg, Mn, Ni, Ag, Sn, Ti, V, Zn, Cu, Si* u. *Be* zu schmelzfl. *Al*-Bädern auf die Dicke der beim Aluminieren entstehenden Legierungsschicht aus *Fe* u. *Al.* Nur *Cu, Si* u. *Be* verminderten die Dicke der spröden Legierungsschicht, davon *Cu* nur bei Zusätzen von ca. 17%. (Ind. Heating **18.** 448. 450. 452. März 1951. Pittsburgh, Pa., Carnegie-Illinois Steel Corp.) MARKHOFF. 6516

L. G. Gindin und **I. N. Putilowa,** *Über Immunisatoren von Metallen in bezug auf die Korrosion.* Während die Inhibitoren den Korrosionsvorgang der Metalle nur verzögern, verhindern die Immunisatoren die Korrosion weitgehend. Zu diesen zählt das *Anthrachinon,* das *Cu* so weit schützt, daß ein Sulfid-Nd. aus einer S-haltigen Benzollsg. nicht entsteht u. das Cu Hunderte von Tagen lang völlig blank bleibt. Ähnlich wirken z. B. Zusätze von *Anilin, Triäthanolamin, Chinolin, Benzylalkohol, Pyrogallol, α-Naphthylamin* u. a. mehr. Die Korrosion von *Stählen* kann verhütet werden, wenn dem verwendeten Petroleum geringe Mengen (0,05—0,1%) einiger organ. Substanzen zugesetzt werden, die S, O, N oder Cl enthalten. (Доклады Академии Наук СССР [Ber. Akad. Wiss. UdSSR] [N. S.] **86.** 973—75. 11/10. 1952.) VOLLENBRUCK. 6538

Allegheny Ludlum Steel Corp., übert. von: **Enrique G. Touceda** und **Ralph P. De Vries** Brackenridge, Pa., V. St. A., *Beryllium-Kupfer-Stähle und daraus hergestellte Gegenstände.* Die Stähle enthalten 0,08—1,5 (%) *C,* 0,04—0,5 *Be,* 0,5—8 *Cu* u. 0,5—4,5 *Si.* Ferner können vorhanden sein bis 0,75 *Mn* u./oder 0,15—2,5 *Mo.* Der F. der Stähle liegt bei höchstens 2500° F (1370° C) (vgl. A. P. 2 397 222; C. **1948.** II. 124). (**E. P. 649 992** vom 27/2. 1948, ausg. 7/2. 1951. A. Prior. 28/7. 1942.) HABBEL. 6411

Nitralloy Ltd., Sheffield, England, *Graphitische Stähle und daraus hergestellte nitrierte Werkstücke.* Die graphitisierbaren Ausgangsstähle enthalten 1—2 (%) *C,* 0,5—2,5 *Al,* 0,2—1 *Cr,* 0,2—1 *Mn* u. 0,5—1,75 *Si.* Im übrigen vgl. F. P. 910 513; C. **1946.** 1455. (**E. P. 648 242** vom 4/5. 1945, ausg. 3/1. 1951. A. Prior. 4/5. 1944.) HABBEL. 6411

Gebr. Böhler & Co. Akt.-Ges., Wien, Österreich, *Schweißbare und warmfeste kobalthaltige harte Legierungen* bestehen aus 0,8—3 (%) *C,* 23—32 *Cr,* 1—15 *Mo,* 0,3—3,5 *Si,* 2—30 *W* u. als Rest *Fe* + *Co.* Der Fe-Geh. soll 35—80 (bes. 50—80) des Restgeh. u. der Co-Geh. soll mehr als 6 der Gesamtlegierung sein. Der W-Geh. kann durch den doppelten

Mo-Geh. ganz oder teilweise ersetzt sein (vgl. Schwz. P. 268 591; C. **1951.** I. 2960). (**E. P. 678 449** vom 30/9. 1949, ausg. 3/9. 1952. D. Prior. 29/2. 1940.) Habbel. 6411

Electro Metallurgical Co., New York, N. Y., V. St. A. (Erfinder: **C. O. Burgess** und **A. B. Kinzel**), *Pulverförmiges Zusatzmittel zum Einführen von Legierungsstoffen in geschmolzenes Eisen oder Stahl.* Das Zusatzmittel enthält neben 60—85 (%) Legierungsmetallen 4—30 MnO_2 u. 1—10 therm. spaltbare *Silicide*, z. B. von *Ca.* Außerdem können noch 1—10% *Na-Silicat* als Bindemittel zugegen sein. (**Schwed. P. 133 483** vom 17/10. 1946, ausg. 6/11. 1951. A. Prior. 18/5. 1946.) Jürgen Schmidt. 6411

Comp. de Produits Chimiques et Électrométallurgiques Alais, Froges et Camargue, Frankreich, *Elektrolytisches Raffinieren von Aluminium.* Man arbeitet mit einem Elektrolyt aus Fluoriden u. Chloriden der Erdalkalimetalle u. des Al, z. B. aus 45 (%) $BaCl_2$, 20 CaF_2, 30 AlF_3 u. 5 BaF_2, MgF_2 u. Oxyden. Die Zelle enthält drei übereinanderliegende Schichten, aus der zu raffinierenden Al-Legierungsschicht als unterster Schicht, aus dem Elektrolyt u. dem raffiniertem Al. Das Bad arbeitet bei 780—800°. Der Elektrolyt greift die Wandung der Zelle nicht so stark an wie alkalihaltige Schmelzen. (**F. P. 993 218** vom 13/6. 1949, ausg. 29/10. 1951.) Markhoff. 6443

Jean-Charles Seailles, Frankreich, *Elektrolytische Gewinnung von Aluminium.* Das in den Elektrolyten einzuführende Al_2O_3 wird in flockiger Form zugesetzt, wodurch eine Staubbldg. beim Einfüllen verhindert wird. Außerdem soll die D. der Flocken so niedrig sein, daß sie nicht zu schnell in dem Elektrolyten untersinken u. dadurch vollkommen gelöst werden, bevor sie den Boden des Elektrolysiergefäßes erreichen. Die D. der Flocken soll 0,88—0,92 betragen. Der Anteil von Körnern mit einem Durchmesser von mehr als 120 Mikron soll 20—30%, der Anteil an Körnungen unter 65 Mikron 15—25% betragen. Die Erzeugung von Al_2O_3 in dieser Form wird durch Fällung aus verhältnismäßig verd. Lsgg. von Alkalialuminaten durch CO_2 vorgenommen, der sich eine Calcinierung anschließt. (**F. P. 992 306** vom 14/6. 1944, ausg. 17/10. 1951.) Markhoff. 6443

Comp. de Produits Chimiques et Électrométallurgiques Alais, Froges & Camargue, Paris, Frankreich, *Aluminiumlegierungen*, die über 200° gute mechan. Widerstandsfähigkeit besitzen, werden hergestellt mit einem *Al*, das weniger als 0,05 (%), bes. weniger als 0,01, *Si* enthält. (**Schwz. P. 280 245** vom 19/2. 1949, ausg. 16/5. 1952. F. Prior. 20/2. 1948.) Götze. 6443

Rolls-Royce Ltd. und **High Duty Alloys Ltd.**, England, *Aluminiumlegierungen* bestehen aus 1,8—2,5 (%) *Cu*, 1,2—2 *Mg*, 0,3—1,5 *Ni*, 0,85—1,5 *Fe*, wobei die Summe von Fe u. Ni 2,75 nicht überschreiten darf, 0,0—0,4 *Si*, 0,02—0,2 *Ti*, Rest *Al.* Außerdem können die Legierungen enthalten bis 0,5 *Nb, Ce, Be, Zr, Sb, Mg, Mo, Cr, V, Zn, Co* u. *Ag*, zusammen nicht über 1,5, ferner *Ca, Ba, Sr*, zusammen nicht über 0,2 sowie *Sn, As, Bi, Cd, B, Li, Na* u. *K*, zusammen nicht über 0,1. Sie werden 2—30 Std. lang bei 525 bis 545° erhitzt, abgeschreckt u. 1—30 Std. bei 170—250° gealtert. Die Legierungen lassen sich gut in Kokillen vergießen, plast. verformen u. eignen sich bes. für Teile von Verbrennungsmotoren. (**F. P. 978 805** vom 10/1. 1949, ausg. 18/4. 1951. E. Prior. 23/1. 1948.) Götze. 6443

Jean-Charles Seailles, Frankreich, *Magnesiumherstellung.* Zur gleichzeitigen Herst. von Mg u. Al_2O_3 wird prakt. reines MgO mit Al zur Rk. gebracht. Das MgO kann geringe Mengen an CaO enthalten; es soll jedoch frei sein von Si u. Fe. Das entstandene Al_2O_3 kann aus dem Reaktionsprod. durch Behandeln mit Säuren, wie HCl oder H_2SO_4, entfernt werden; die hierbei sich bildenden Salze können zur Al-Gewinnung benutzt werden. (**F. P. 980 319** vom 26/1. 1943, ausg. 10/5. 1951.) Hans Hoffmann. 6445

François Mathieu, Frankreich, *Elektrothermische Magnesiumherstellung.* In einem elektr. beheizten Ofen wird die zur Mg-Gewinnung verwendete Reaktionsmasse (ein Gemisch aus MgO mit einem Reduktionsmittel, wie Al, FeSi, CaC_2 oder dgl.) in einer Atmosphäre eines inerten Gases, bes. eines KW-stoffes, unter einem Druck von 20 bis 150 mm Hg zur Rk. gebracht. Die sich bildenden Mg-Dämpfe werden an tiefer gelegener Stelle kondensiert, wo sie zu einer kompakten M. erstarren. — Abbildungen. (**F. P. 977 460** vom 8/7. 1942, ausg. 2/4. 1951.) Hans Hoffmann. 6445

International Nickel Co., Inc., New York, N. Y., V. St. A., übert. von: **Frank Herbert Reid**, Hounslow, England, *Elektrolytisches Erzeugen von Rhodiumüberzügen.* Als Elektrolyt wird eine H_3PO_4- u./oder H_2SO_4-haltige Lsg. von $RhPO_4$ u./oder $Rh_2(SO_4)_3$ verwendet, die 0,5—5 g Rh/Liter u. so viel Säure enthält, daß die Hydrolyse der Reaktionsverbb. verhindert wird, u. der außerdem 0,07—0,5 g Rh/Liter zugesetzt sind. Bei Stromdichten von 2—4 A/dm² u. Badtemp. bis 60° erhält man dicke, glänzende Rh-Überzüge. Nach A. P. 2 577 365 setzt man dem Elektrolyten an Stelle von Phenol 0,001 bis 0,02 g Pb/Liter in Form eines lösl. Pb-Salzes zu u. erhält unter den gleichen Abscheidungsbedingungen ebenfalls dicke glänzende Überzüge. (**A. PP. 2 577 364** vom 18/8. 1948 u. **2 577 365** vom 18/8. 1948, beide ausg. 4/12. 1951. Beide E. Prior. 19/8. 1947.) MARKHOFF. 6527

Metro-Cutanit Ltd., London, England, *Erzeugen eines haftenden, gasdichten Überzugs auf Metallen.* Der Gegenstand, z. B. ein Draht, wird zunächst mit einer mindestens 15% Si enthaltenden Legierung, z. B. aus 65 Al u. 35 Si, auf schmelzfl. Wege überzogen u. dann in einer O_2-Atmosphäre auf 1000° erhitzt. Für das Verf. sind Gegenstände aus Metallen, wie *Mo, W, Ta, Nb* oder *Cr*, geeignet. (**E. P. 671 166** vom 25/4. 1950, ausg. 30/4. 1952.) MARKHOFF. 6529

Comp. de Produits Chimiques et Électrométallurgiques Alais, Froges et Camargue (Erfinder: **Jean-Alfred Odier**), Frankreich, *Verdichten anodischer Überzüge auf Aluminium und seinen Legierungen.* Der Gegenstand wird in eine Salzlsg. getaucht, deren Kationen mit den im Oxydationsbad enthaltenen u. in den Poren des Überzugs zurückgehaltenen Anionen eine unlösl. Verb. geben. Die Salzlsg. hat einen p_H von 4—9. SO_4-Ionen im Oxydationsbad werden durch ein lösl. Ba-Salz niedergeschlagen. Der Überzug wird dichter u. korrosionsbeständiger. (**F. P. 985 496** vom 9/11. 1943, ausg. 19/7. 1951.) HOLM. 6533

American Chemical Paint Co., Ambler, Pa., V. St. A. (Erfinder: **F. P. Spruance jr.** und **E. Snyder**), *Reinigen von Metallflächen vor dem Überziehen.* Man behandelt die Metallflächen mit einer Alkaliphosphatlsg. (mindestens 2,5 g Alkaliphosphat je Liter) mit einem p_H-Wert von 5—6. Die Lsg. kann außerdem geringe Mengen unlösl. Metallphosphate, bes. Al-Phosphat, sowie Netz-, Emulgier- u. schaumverhütende Mittel enthalten. Man erhält bes. korrosionsfeste Phosphatschichten, bes. auf Fe u. Zn, so daß die nachfolgende Oberflächenbehandlung, z. B. mit Anstrichmitteln, haltbarer wird. (**Schwed. P. 134 074** vom 21/9. 1946, ausg. 27/12. 1951. A. Prior. 26/4. 1946.) JÜRGEN SCHMIDT. 6533

Parker Rust Proof Co., Detroit (Erfinder: **Herman J. Lodeesen**, Clawson), Mich., V. St. A., *Aufbringen von Überzügen auf eisernen Oberflächen.* Man läßt auf die Oberfläche eine Lsg. einwirken, die ein schichtbildendes Phosphat, das durch Permanganat nicht oxydiert wird, u. Permanganat in Mengen von 0,0005—0,005%, vorzugsweise 0,001 MnO_4, enthält u. deren p_H-Wert über dem Gleichgewicht gehalten wird. Als schichtbildendes Phosphat wird z. B. $Zn(H_2PO_4)_2 \cdot 2\,H_2O$ verwendet. Die Lsg. arbeitet sehr schnell u. eignet sich zur Spritzbehandlung. (**D. B. P. 860 305** Kl. 48d vom 1/10. 1950, ausg. 18/12. 1952. A. Prior. 21/2. 1941.) MARKHOFF. 6533

Cities Service Oil Co., Bartlesville, Okla., übert. von: **Melvin I. Moyer**, Lawrence, Kans., und **Joseph M. Hersh**, Forest Hills, N. Y., V. St. A., *Verhindern des Korrosionsangriffes von Salzlaugen auf Metalle.* Der Salzlauge, bes. von Ölbohrungen, die korrosive S-Verbb. enthält, wird eine kleine Menge *Diäthylthioharnstoff* zugesetzt. (**A. P. 2 602 779** vom 11/9. 1947, ausg. 8/7. 1952.) MARKHOFF. 6539

United States of America, übert. von: **Josef M. Michel** und **Karl F. Hager**, Fort Bliss, Tex., V. St. A., *Schützen von Metallen, besonders Stahl, gegen Korrosionsangriff.* Die Gegenstände werden mit einer wss. Emulsion von *Alkylsulfamidocarboxylsäuren* oder deren Salzen mit einem p_H-Wert von weniger als 7 behandelt. Die Alkylgruppe soll mindestens 5 C-Atome aufweisen. — Beispiel: 10 (Teile) *Octodecylsulfamidoessigsaures Natrium* werden in 90 W. eingetragen u. unter Umrühren soviel H_3PO_4 zugegeben, daß ein p_H-Wert von 5,5 erhalten wird. Die Gegenstände werden längere Zeit in der Lsg. belassen. Beim Lagern der so behandelten Metalle tritt keine Korrosion auf. (**A. P. 2 602 760** vom 18/7. 1950, ausg. 8/7. 1952.) MARKHOFF. 6539

LeRoy W. Goodwin, Metallurgical research in uranium, manganese and nodular cast irons. Golden, Col.: School of Mines. (87 S. m. Abb. u. Diagr.) $ 1,50.

IX. Organische Industrie.

—, *Die Herstellung von Essigsäureanhydrid in Deutschland während des Krieges.* Kurzer Überblick über Herst. nach dem WACKER-Verf. (ausgehend von Essigsäure) u. dem Verf. der A. G. FÜR STICKSTOFFDÜNGER (ausgehend vom Acetaldehyd). (Rev. Produits chim. **55**. 449—51. 31/12. 1952.) SCHEIFELE. H 810

Universal Oil Products Co., Chicago, Ill., V. St. A., *Polymerisieren von niedrigsiedenden, normalerweise gasförmigen Olefinen* bei erhöhter Temp. mit Hilfe eines eine Phosphorsäure u. Metallverbb. enthaltenden Katalysators, dad. gek., daß die Polymerisation in Ggw. von Katalysatorkörnern oder -formkörpern bewirkt wird, die durch inniges Mischen einer Phosphorsäure mit solchen Mengen feinverteilter Metalloxyde u./oder Metachloride, daß nur ein Teil der Phosphorsäure gebunden wird, Erhitzen des Gemisches auf Tempp. von 180° u. darüber, bes. auf 200—275°, u. Zerkleinern bzw. Formung der M. erhalten wurden. Die Regenerierung des Katalysators erfolgt abwechselnd mit der Polymerisation. (**D. R. P. 765 902** Kl. 12o vom 29/5. 1934, ausg. 4/11. 1952.) G. KÖNIG. H 500

Badische Anilin-& Soda-Fabrik (Erfinder: **Heinrich Hopff** und **Otto von Schickh**), Ludwigshafen/Rh., *Herstellung von Nitrochlorkohlenwasserstoffen*, dad. gek., daß man gesätt. aliphat. oder cycloaliphat. Chlor-KW-stoffe in der Gasphase bei Tempp. zwischen 200 u. 600° mit nitrierenden Mitteln behandelt. Als solche werden z. B. angewandt: HNO_3, N_2O_4, N_2O_3. Beste Ausbeuten erhält man bei kurzen Verweilzeiten im Reaktionsraum, z. B. 0,005 Sek. bis einige Sekunden. — Aus C_2H_5Cl u. HNO_3 bei 380° erhält man *Nitrochloräthan*. Aus Methylchlorid erhält man *Nitrochlormethan*. Die Verbb. sind Lösungsmittel, Schädlingsbekämpfungsmittel sowie Zwischenprodukte. (**D. B. P. 865 438** Kl. 12o vom 30/11. 1940, ausg. 2/2. 1953.) G. KÖNIG. H 510

Imperial Chemical Industries Ltd., London, **Peter Anthon Hawkins** und **Reginald Thomas Forster**, Lancashire, England, *Äthylchlorid* (I) erhält man aus Äthan u. Cl_2 im Verhältnis 1—10 : 1 im Wirbelschichtverf. mittels inerter, feinverteilter fester u. wärmeübertragender Stoffe (Sand) bei 380—440°. Das in den Reaktionsprodd. enthaltene C_2H_4 wird anschließend in Ggw. eines Chlorierungskatalysators ($CuCl_2$) bei Tempp. bis 55° mit äquimol. Mengen Cl_2 zu *Dichloräthanen* (**II**) umgesetzt u. **I** durch Kondensation abgeschieden. **II** bestehen aus *Äthylendichlorid* u. *Äthylidenchlorid* in verschied. Mengenverhältnis. (**E. P. 667 185** vom 9/3. 1950, ausg. 27/2. 1952.) G. KÖNIG. H 510

British Oxygen Co. Ltd. (Erfinder: **Leo Philipp Ellinger**), London, England, *Entfernung des Alkohols aus einem Vinyläther–Alkohol-Gemisch* (I), wie es bei der Vinylierung von Alkoholen mit 4—8 C-Atomen erhalten wird, dad. gek., daß das **I** mit der wss., wenigstens 20 gew.-%ig. Lsg. des Alkali- oder Erdalkalisalzes einer aliphat. Säure $C_nH_{2n}O_2$ mit $n = 3—8$ oder der Benzoesäure oder einer aromat. Säure $C_8H_8O_2$ behandelt u. anschließend die so gebildete alkoholhaltige Lsg. abgetrennt wird. — Man schüttelt z. B. ein Isoamylvinyläther–Isoamylalkohol-Gemisch mit einer 8n-Na-Propionat-Lsg. aus, wäscht mit NaOH u. W. nach u. destilliert. Analog verwendet man Na-Propionat, -Butyrat, -Isobutyrat, -Caprylat, -Benzoat, Ca-Butyrat oder Ba-Butyrat. (**D. B. P. 863 940** Kl. 12o vom 17/6. 1951, ausg. 22/1. 1953. E. Prior. 19/6. 1950.) DERSIN. H 550

Stanolind Oil & Gas Co., übert. von: **Howard Grekel**, Tusla, Okla., V. St. A., *Aufarbeitung von Alkoholgemischen*. Die bei der Oxydation von fl. KW-stoffen oder bei der CO-Hydrierung anfallenden, O enthaltenden Verbb. ergeben eine Unterfraktion aus W., Propanol-1 (**I**) u. Methyl-n-butylketon (**II**). Zur Aufarbeitung wird das Gemisch, z. B. durch Dest. mit einem Hilfslösungsm., getrocknet u. ein hauptsächlich **I** enthaltender Vorlauf u. ein azeotrop übergehendes Gemisch aus 27 (%) W., 10 **II** u. aus **I** abdest., wobei ein Teil **II** gereinigt als Rückstand verbleibt. — Reaktionsschema. (**A. P. 2 564 200** vom 28/5. 1949, ausg. 14/8. 1951.) MÖLLERING. H 550

Phillips Petroleum Co., Del., übert. von: **Paul H. Carnell**, Bartlesville, Okla., V. St. A., *Aliphatische Alkohole* erhält man aus Olefingemischen durch selektive Wasseranlagerung in mehreren Abschnitten mittels wss. HF, wobei die Konz. von HF in den einzelnen Abschnitten gesteigert u. der Alkohol abdest. wird. Mit abnehmender C-Atomanzahl wird die Konz. von HF u. die Temp. gesteigert. Erhöhter Druck ist vorteilhaft. Als Nebenprodd. entstehen Alkylfluoride u. Polymere der Olefine. Beispiel für die Gewinnung von *Butyl-*, *Propyl-* u. *Äthylalkohol*. — Zeichnung. (**A. P. 2 583 413** vom 30/9. 1946, ausg. 22/1. 1952.) G. KÖNIG. H 560

Montecatini Soc. Gen. per l'Industria Mineraria e Chimica, Mailand, Italien, *Katalysator für die Herstellung von Methanol und höheren Alkoholen aus CO und H_2*. Bei der Herst. von Katalysatoren durch Fällen von $Mn(NO_3)_2$ mit KOH, nachfolgendes Mischen mit CrO_3 u. $K_2Cr_2O_7$ u. Imprägnieren mit Cu-Salzlsgg. wird die Fällung u. Behandlung von $Mn(OH)_2$ bis zum Vermischen mit den anderen Bestandteilen unter vollständigem Ausschluß von Luft u. CO_2 durchgeführt. — Lange Lebensdauer. (**Dän. P. 73 836** vom 27/6. 1947, ausg. 3/3. 1952. It. Prior. 11/5. 1946.) JÜRGEN SCHMIDT. H 560

Deutsche Gold- & Silber-Scheideanstalt vormals Roessler, Frankfurt/M., *Herstellung von Methanol* aus CO u. H_2 enthaltendem Gasgemisch erfolgt über den Ameisensäuremethylester (**I**), der unter Bldg. von 2 Mol Methanol in Ggw. von Hydrierungskatalysatoren bei weniger als 100 atü (30—60 atü) u. unterhalb 200° (80—170°) hydriert wird. **I** bildet sich in der fl. Phase bei Vorlage einer methanol. Lsg. von Alkalialkoholat. — Zeichnung. (**Schwz. P. 284 069** vom 15/9. 1949, ausg. 1/11. 1952.) G. KÖNIG. H 560

Union Oil Co. of California, Los Angeles, übert. von: **Chester E. Wilson**, San Pedro, Calif., V. St. A., *Wasserlösliche Kohlenwasserstoffsulfonate* erhält man durch Sulfonierung einer KW-stofffraktion mit Kp. 500—800° F mit sulfonierenden Mitteln bei erhöhter Temperatur. Das Reaktionsgemisch wird dann mit einem Lösungsm. (fl. Aryl-, Monochloraryl-KW-stoffe mit 6—9 C-Atomen oder Polychloralkyl-KW-stoffen mit 1 bis 2 C-Atomen) extrahiert. Der Extrakt wird nach dem Abtrennen mit wss. Alkalien neutralisiert u. das Lösungsm. abdestilliert. Nach Zusatz eines aliphat. Alkohols mit weniger als 4 C-Atomen wird mit einem 2. Lösungsm. (aliphat. KW-stoffe mit 3—10 C-Atomen) extrahiert, wobei die nicht sulfonierten KW-stoffe entfernt werden. Die wss. Phase wird dann unter Entfernung des Alkohols dest., das Unlösliche entfernt u. nach Einstellung eines bestimmten p_H mit verd. Säure das Sulfonat entwässert. — Darstellungsschema. (**A. P. 2 543 885** vom 8/9. 1947, ausg. 6/3. 1951.) KRAUSS. H 600

Lloyd W. Beck und Alfred R. Gilbert, United States Navy, und **John K. Wolfe,** Bethesda, Md., V. St. A., *Alkali- und Erdalkalisulfonate* erhält man durch Oxydation der entsprechenden Mercaptide oder Mercaptane mit NO_2 oder N_2O_4 bei 0—20°, die aus Isothioharnstoffsalzen durch Rk. mit ammonialkal. Basen (Methylamin, Pyridin) erhalten wurden. — Thioharnstoff gibt mit 2-Brom-5-äthylnonan in absol. A. das entsprechende Isothioharnstoffbromid, das beim Behandeln mit NH_3 das 5-Äthylnonan-2-thiol liefert. Daraus erhält man mit K-tert.-Butylat in tert.-Butanol das K-Salz, das bei der Oxydation mit N_2O_4 bei 5—10° das *5-Äthylnonan-2-K-sulfonat* liefert. — N-Decylmercaptan → *N-Decylsulfonsäure.* — *N-Tetradecyl-, N-Heptadecyl-, N-Octadecyl-, 3.9-Diäthyltridecan-6-, tert.-Dodecylsulfonat.* (**A. P. 2 559 585** vom 20/2. 1946, ausg. 10/7. 1951.) KRAUSS. H 600

Research Corp., New York, N. Y., übert. von: **Nicholas A. Milas,** Belmont, Mass., V. St. A., *Alkylperester* entstehen durch Kondensation eines tert. Alkylhydroperoxyds mit einem gesätt. Alkyl-, Arylmono- oder -dicarbonsäurechlorid, -fluorid oder -anhydrid, bes. bei 0—20°, in Ggw. einer OH enthaltenden, bas. Verbindung. — Tert.-Butylhydroperoxyd gibt bei 10—20° mit Benzoylchlorid in Ggw. von KOH *tert.-Butylperbenzoat* in 99,2%ig. Ausbeute, $D.^{20}_4$ 1,026. — *Tert.-Butylperacetat,* $D.^{22,5}$ 0,883. — *Tert-Butylperpalmitat,* F. 30,5—32°. — *Tert.-Butylperstearat,* F. 12—15°. — *Di-tert.-butyldiperphthalat* aus PAe., F. 52,5—54°. — *Di-tert. butyldipercamphorat.* — *Di-tert. butyldipersuccinat,* F. 53—54°. — *Di-tert.-butyldiperadipat,* F. 42—43°. — *Tert.-Butylperfuroat,* $D.^{20}_4$ 1,080. Verwendung als Pharmaceutica, Germicide, Fungicide, Vulkanisationsbeschleuniger, Bleichmittel für Mehl u. Textilien, Zusatzmittel für Dieselöle u. Oxydationsmittel. (**A. P. 2 567 615** vom 30/4. 1945, ausg. 11/9. 1951.) KRAUSS. H 650

Standard Oil Development Co., Elizabeth, N. J., V. St. A., *Oxosynthese.* Das dabei aus dem Reaktionsraum kommende Gemisch wird gekühlt, gasförmige Prodd. werden abgeschieden, die fl. Prodd. mit überhitztem Wasserdampf von 212—400° F u. unter Drucken von 0—200 lbs./sq.in. behandelt, wobei Metallcarbonylverbb., bes. Co-Carbonyl, zu CO u. Metall zers. werden. Man kondensiert, trennt die gasförmigen Prodd. (CO) ab, u. erhält eine obere, O-haltige, organ. Verbb., bes. *Aldehyde,* enthaltende Schicht u. eine wss., das feinverteilte Metall enthaltende Schicht. Die organ. Verbb. trennt man gegebenenfalls von vorhandenen Metallen u. führt sie zur Hydrierung zu *Alkoholen* in ein Hydriergefäß. — Zeichnung. (**E. P. 660 737** vom 26/7. 1949, ausg. 14/11. 1951. A. Prior. 7/10. 1948.) G. KÖNIG. H 660

Soc. An. d'Innovations Chimiques Sinnova ou Sadic, Seine-et-Marne, Frankreich, *Herstellung von Aldehyden aus den entsprechenden Säuren.* Als Reduktionsmittel für höhermol. Carbonsäuren wird Methoxycarbinol, $CH_3—O—CH_2—OH$, verwendet. Man leitet das Gemisch der Dämpfe aus der Säure u. dem Reduktionsmittel bei 350—400° über einen Katalysator aus Fe- u. Mn-Oxyd. Neben den Aldehyden entstehen auch Ketone sowie als Spaltprodd. CH_4, CO_2 u. H_2O. — Z. B. werden folgende Verbb. erhalten: *Capronaldehyd* u. *Di-n-amylketon* aus Capronsäure; *Önanthol* u. *Di-n-hexylketon* aus Önanthsäure; *Caprylaldehyd* u. *Di-n-heptylketon* aus Caprylsäure; *Nonylaldehyd* u. *Di-n-octylketon* aus Pelargonsäure; *n-Decylaldehyd* u. *Di-n-nonylketon* aus Caprinsäure; *n-Undecylaldehyd* u. *Di-n-decylketon* aus n-Undecansäure; *Laurylaldehyd* u. *Di-n-undecylketon* aus Laurinsäure; *Tridecylaldehyd* u. *Di-n-dodecylketon* aus Tridecansäure; *Tetradecylaldehyd* u. *Di-n-tridecylketon* aus Myristinsäure; *Palmitinaldehyd* u. *Di-n-pentadecylketon* aus Palmitinsäure; *Stearinaldehyd* u. *Di-n-heptadecylketon* aus Stearinsäure; *Oleylaldehyd* u. *Pentatriacontadien-(9.26)-on-(18)* aus Ölsäure; *Phenylacetaldehyd* u. *Dibenzylketon* aus Phenylessigsäure. (**F. P. 984 575** vom 12/2. 1949, ausg. 9/7. 1951.) NOUVEL. H 670

Anton Wolf, Heidelberg, *Kondensationsprodukte* mit γ-ständigen Carbonylresten aus Carbonylverbb. (I), bes. *γ-Diketone,* aus Monoketonen. Man läßt auf organ. I, die ein mit 1 oder mehreren H-Atomen substituiertes C-Atom in Nachbarschaft zur CO-Gruppe besitzen, PbO_2 einwirken. Aus $CH_3COC_2H_5$ wird *3.4-Dimethylhexandion-(2.5),*

$Kp._{18}$ 90—105°, erhalten; aus $C_2H_5COC_2H_5$ *4.5-Dimethyloctandion-(3.6)*, $Kp._8$ 85—95°; aus Propiophenon *1.4-Diphenyl-2.3-dimethylbutandion-(1.4)*, F. 67°; aus Cyclohexanon *1.1'-Dicyclohexanon*, $Kp._{10}$ 155—165°; aus 5-Isopropyl-N-methylbarbitursäure *5.5'-Diisopropyl-N-methylbarbitursäure*, F. 230°. (**D. B. P. 876 237**, Kl. 12o vom 26/6. 1942, ausg. 11/5. 1953.) BRÖSAMLE. H 720

General Aniline & Film Corp., New York, N. Y., übert. von: **Joseph M. Wilkinson jr.**, Easton, Pa., V. St. A., *1-Acetoxy-3-buten-2-on* (I) erhält man aus 1.4-Dioxy-2-butanon (II) durch Behandeln mit Essigsäureanhydrid in Eisessig oder einem anderen inerten Lösungsm., wie Dioxan, Pyridin, Carbonsäureestern, bei 75—130°. — Zu einer Lsg. von 136 g II in 400 cm³ Eisessig werden 500 cm³ Essigsäureanhydrid gegeben, u. das Gemisch wird 3—4 Std. auf 125—130° erhitzt. Nach Entfernen des überschüssigen Essigsäureanhydrids u. des Lösungsm. geht I bei $Kp._{7-8}$ 74—75° über. Ausbeute 60—65%, Rückstand harzartige Polymere. Als polymerisationshemmende Stoffe können vor oder während der Rk., oder vor der Isolierung von I Hydrochinon, p-tert.-Butylcatechin, S, Cu usw. in Mengen von 0,5—2%, bezogen auf I, zugesetzt werden. Zwischenprod. zur Herst. von Heilmitteln, Farbstoffen, oberflächenakt. Stoffen, Polymeren u. Mischpolymeren. (**A.P. 2 585 067** vom 10/10. 1950, ausg. 12/2. 1952.) GANZLIN. H 740

Eastman Kodak Co., Rochester, N. Y., übert. von: **Hugh I. Hagemeyer jr.**, Kingsport, Tenn., V. St. A., *Carbonsäuren* (I), *deren Anhydride, Ester* u. dgl. erhält man durch Rk. von Olefinen, Äthern, Estern oder Alkoholen mit CO u. H_2O oder I in Ggw. von 2—10, bes. 2—4, % eines Dreistoffkatalysators, bestehend aus dem Chlorid eines carbonylbildendes Metalls der 8. Gruppe, z. B. Ni-Hexaminchlorid (II), „Acceptor", wie Ni oder Co, u. einem „Promoter", z. B. einem Alkalihalogenid, bei 150—400° u. 40—700 nach den Gleichungen: $(R)_2C = C(R)_2 + CO + H_2O \rightarrow (R)_2CH-C(R)_2-COOH$; $(R)_2C = C(R)_2 + CO + R\cdot COOH \rightarrow (R\cdot CO)_2O$; $R\cdot O\cdot R + CO \rightarrow R\cdot COOR$; $R\cdot O\cdot R + CO + H_2O \rightarrow 2R\cdot COOH$; $R\cdot COOR + CO + H_2O \rightarrow 2R\cdot COOH$. — Man gibt z. B. 9 (g) II, 8 NaJ, 6 RANEY-Ni u. 230 W. in einen Schüttelautoklaven, spült mit CO, preßt 3 (Mol) CO u. 2 C_2H_4 auf u. erhitzt 93 Min. bei 3700—5100 lbs./sq. inch. Durch Dest. des Reaktionsprod. erhält man (außer 11 Ni-Carbonyl) 132 *Propionsäure* (III). — $CH_3\cdot CH = CH_2 + CO + H_2O \rightarrow$ *Iso-* u. *n-Buttersäure*. — III + C_2H_4 + CO → III-*Anhydrid*. — Tetrahydropyran + CO + H_2O → *Adipinsäure*. (**A. P. 2 593 440** vom 22/4. 1948, ausg. 22/4. 1952.) MÜLLER-MEININGEN. H 820

United States of America, übert. von: **Thomas W. Findley** und **Daniel Swern**, Philadelphia, Pa., V. St. A., *Herstellung von Epoxyfettsäuren*, bes. von Epoxystearinsäure, durch Oxydation von einfach ungesätt. Fettsäuren, wie Ölsäure (I), entweder mit in Eisessig (II) gelöster Peressigsäure (III) oder durch O_2-Einw. auf I usw., die in aliphat. Aldehyden u./oder Ketonen gelöst sind, unter UV-Bestrahlung. — Z. B. werden 17,5 (g) I in 77 cm³ II gelöst, der 0,0735 Mol III enthält, u. gekühlt. Nach 2 Std. wird in W. gegossen u. 9.10-Epoxystearinsäure ausgefällt. II; F. 58,5—59,2°, oder: 28,3 g I werden in 240 (cm³) Aceton u. 42,7 Acetaldehyd gelöst u. unter Durchleitung von Luft mit einer Hg-Dampflampe bestrahlt: 28% II. An Stelle der Fettsäuren können entsprechende Ester, Alkohole oder Olefine oxydiert werden. Anstatt III eignen sich auch Perbuttersäure oder dergleichen. — Zwischenprodd. für Weichmacher usw. (**A. P. 2 567 930** vom 30/1. 1945, ausg. 18/9. 1951.) K. HEINZE. H 850

Canadian General Electric Co. Ltd., Toronto, Ontario, Can., übert. von: **Jesse E. Sellers**, Scotia, N. Y., und **John L. Davis**, Schenectady, N. Y., V. St. A., *Verfahren und Vorrichtung zur Herstellung organischer Siliciumhalogenverbindungen*. Ein gasförmiges Alkylchlorid wird einem aufrecht stehenden zylinderförmigen Reaktionsgefäß, dessen Seitenwand auf 200—500° erwärmt ist, im wesentlichen kontinuierlich zugeführt u. darin mit einem feinzerteilten Gemisch aus Si u. einem für die Durchführung der Rk. geeigneten metall. Katalysator in Berührung gebracht u. dabei auf einem spiralförmigen Wege in der Nähe der inneren Seitenwand von dem unteren nach dem oberen Teil des Reaktionsgefäßes befördert. Im oberen Teile angelangt, fällt das noch unverändertes Si enthaltende Gemisch nach unten. Das nicht zur Rk. gekommene Alkylchlorid wird von dem gebildeten *Alkylchlorsilan* abgetrennt u. dem Reaktionsprozeß wieder zugeführt. (**Can. P. 475 128** vom 14/12. 1946, ausg. 10/7. 1951.) ASMUS. H 980

Allied Chemical & Dye Corp., übert. von: **Everett E. Gilbert** und **Emery J. Levin**, New York, N. Y., V. St. A., *Herstellung von Thiophenol* aus einem Diarylpolysulfid, welches 2—5 Atome S im Mol. enthält, durch Erhitzen mit einem paraffin. Mineralöl-KW-stoff, Kp. oberhalb 250°, unter Druck bei 250° steigernd bis 350 u. 400°. Während des Erhitzens wird das Thiophenol abdestilliert. (**Can. P. 479 439** vom 30/9. 1947, ausg. 18/12. 1951. A. Prior. 29/10. 1946.) M. F. MÜLLER. H 1090

United States Rubber Co., New York, N. Y., übert. von: **Elbert C. Ladd**, Passaic, N. J., V. St. A., *p-Chlorphenyl-ω-halogenalkylsulfone* der allg. Formel p-Cl—C_6H_4—SO_2CH_2+CRR'+X/ (X = Cl oder Br, n = 1—5, R u. R' = H oder Alkyl) erhält man durch Anlagern von p-Chlorbenzolsulfonylhalogenid an aliphat. Monoolefine mit einer endständigen Äthylengruppe bei ca. 25—300° in Ggw. von freien Radikalen oder diese bildenden Stoffen (UV-Licht, anorgan. oder organ. Peroxyde, Metallalkyle, Na-Amyl, Pb-Tetraäthyl; α.α'-Azobis-(α-alkylalkansäuren u. deren hydrolysierbare Derivv.) als Katalysatoren. — Beispiel: p-Chlorbenzolsulfonylchlorid, α.α'-Azobis-(isobutyronitril) u. Äthylen werden 24 Std. im Druckgefäß auf 70° erhitzt, wobei der Druck 1500 lbs./sq.in. beträgt; durch Dest. erhält man *2-Chloräthyl-p-chlorphenylsulfon*, $Kp._{0,4-0,6}$ 134—168°; *4-Chlorbutyl-p-chlorphenylsulfon*, $Kp._{0,6-0,8}$ 168—184°, u. *8-Chloroctyl-p-chlorphenylsulfon*. — *2-Chlorisobutyl-p-chlorphenylsulfon*, F. 82,3°. — Die Ausgangsstoffe können im Verhältnis Sulfonylhalogenid: Olefin = 1:10 bis 20:1, zweckmäßig 1:1 bis 15:1, angewendet werde. Verwendung als *Weichmacher*, *Flammschutz-* u. *Schmierölzusatzmittel*. (**A. P. 2 573 580** vom 23/3. 1949, ausg. 30/10. 1951.) KRAUSS. H 1090

Koppers Co., Inc., übert. von: **Thomas E. Robbins jr.**, Pittsburgh, und **William H. Hill**, Mount Lebanon, Pa., V. St. A., *Nitrothiocyanphenole* der allg. Formel I erhält man durch Nitrierung von Thiocyanphenolen mit rauchender HNO_3 in Essigsäure bei 5—0°. — 4-Thiocyanphenol wird in Eisessig–Essigsäureanhydrid bei 0—5° mit HNO_3 behandelt. Nach Zusatz von W. erhält man *2-Nitro-4-thiocyan-1-phenol*, aus Cyclohexan gelbe Blättchen, F. 80—81°. — *6-Nitro-2-methyl-4-thiocyanphenol*, gelbe Nadeln, F. 79,8—80,8°. — *2-Nitro-3.5-dimethyl-4-thiocyanphenol*, F. 186,5—187,5°. — *6-Nitro-2-chlor-4-thiocyanphenol*, F. 86,8—87,8°. — *2-Nitro-3-methyl-6-isopropyl-4-thiocyanphenol*, Rhomben, F. 80,6—81,4°. — *2-(6)-Nitro-3-methyl-4-thiocyanphenol*, F. 150,8—151,6°. — *2-Nitro-6-brom-4-thiocyanphenol*, F. 91—95°. — *2-Nitro-6-brom-3.5-dimethyl-4-thiocyanphenol*, F. 155,5—156,5°. Die Prodd. sind in Methanol, A., Ae., Aceton, Bzl. lösl., schwach in Cyclohexan, CCl_4 u. unlösl. in PAe. u. Wasser. Verwendung als Zwischenprodd. für Farbstoffe u. Pesticide. (**A. P. 2 562 948** vom 1/11. 1947, ausg. 7/8. 1951.)

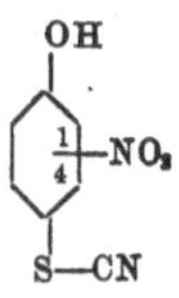

I

KRAUSS. H 1250

X. Färberei. Organische Farbstoffe.

—, *Neue Farbstoffe und Hilfsmittel*. Prodd. der J. R. GEIGY AG., Basel: *Solophenylblau AGL* ist ein neuer Direktfarbstoff für die Knitterfestappretur. Die Lichtechtheit ist ausgezeichnet. Der Farbstoff hat ein sehr starkes Ziehvermögen u. benötigt nur wenig Salz. Acetatseide reserviert weiß, u. Wolle wird nur schwach angefärbt. Der Farbstoff dient zum Färben von Viscose u. Zellwolle in allen Fabrikationsstadien (Zirkular Nr. 1149). — *Diazophenylechtorange RL* für Baumwolle u. Viscose. Die Lichtechtheit ist mittel bis gut. Die Naßechtheiten sind gut. Diazophenylechtorange RL kann zum Färben von Ätzfonds auf Baumwolle, Zellwolle u. Reyon verwendet werden (Zirkular Nr. 1203.) — *Cuprophenylfarbstoffe*. Sortiment von Cuprophenylfarbstoffen auf Baumwolle u. Viscosegarn sowie auf Baumwollstück (Musterkarte Nr. 1200). — *Tinosolgelb 2 GB* dient zum Bedrucken von Baumwolle, Viscose, Zellwolle, Leinen usw. u. läßt sich nach allen Druckverff. verwenden (Zirkular Nr. D 140). — *Tinosolbrillantrosa 3 B*, *Tinosoldruckblau GG*. Beide Farbstoffe liefern Drucke auf Baumwolle, Viscose, Zellwolle, Leinen u. deren Mischgeweben, die recht gute Naß- u. Lichtechtheiten besitzen (Zirkular Nr. D 139). — *Erioechtgelb 3 GL*, hochlichtechtes, saures Gelb mit sehr guten Naßechtheiten bei höchster Lichtechtheit. Für Dekorations- u. Möbelstoffe, Autopolster, Regenmantel- u. Damenstoffe. Baumwolle u. Viscose sowie Acetatseideneffekte bleiben weiß (Zirkular Nr. 1204). — *Irganolrot BLS*, *Irganolblau BS*, *Irganolgrün BLS*. Die Irganol-„S"-Farbstoffe bilden eine neue Farbstoffklasse von neutral bis schwach sauer ziehenden Wollfarbstoffen. Sie sind keine Metallkomplexe (Zirkular Nr. 1202). — *Irganolfarbstoffe* auf Kammgarnstrang (Musterkarte Nr. 0963). (Textil-Rdsch. [St. Gallen] **8**. 178—79. April 1953.) P. ECKERT. 7018

Carl Blau, *Fehlfärbungen auf Wollstückware*. Schilderung der Ursachen, die zu Fehlfärbungen führen u. die in der Vorgeschichte der Wollverarbeitung (Wäsche der Rohwolle, Schmälzen, Wolfen, Spinnen, alkal. Schädigungen usw.) sowie in der Weiterverarbeitung der Stuhlware zu suchen sind. Schließlich werden noch die Fehlerquellen aufgezeigt, die beim Färben selbst auftreten können. (Z. ges. Textilind. **55**. 290—91. 20/3. 1953.) P. ECKERT. 7020

Albert Franken, *Reproduktionsapparate für den modernen Filmdruck auf Gewebe*. Hinsichtlich der Reproduktionsphotographie im Textildruck werden die Möglichkeiten u. Grenzen ihrer Anwendung, die Ausarbeitung der Kopiervorlagen sowie die Schablonenkopie an Hand zahlreicher Abbildungen behandelt. (Textil-Rdsch. [St. Gallen] **8.** 113—18. März 1953.) P. ECKERT. 7022

Eiji Chubachi, Masaaki Okawa und **Masaya Fujitsuna,** *Organische Pigmente.* 1. Mitt. *Synthese von Acetoacetanilid und dessen Derivaten.* Geeignete Herstellungsbedingungen für *Arylamide der Acetessigsäure* (I) sind: 7 std. Erhitzen des Amins mit geringem Überschuß an Acetessigester, bei tieferer Temp. ist längere Dauer günstiger, beim o-Chloranilin- u. Benzidinderiv. von **I** 135°. Kein bemerkbarer katalyt. Einfl. von Pyridinzusatz. Ggw. von Fe, Pb u. Gummistopfen wirkt katalyt. ungünstig auf die Ausbeuten. Ausbeute u. F. der **I** bei: *Anilin* 91,8 (%); 84 (°); *o-Anisidin* 86,7; 86,7; *p-Anisidin* 70,0; 118,1; *o-Chloranilin* 92,4; 104,5; *p-Chloranilin* 79,8; 131; *m-Chloranilin* 57,2; 105,9; *o-Toluidin* 96,7; 105,9; *p-Toluidin* 50,4; 91,0; *o-Nitranilin* ca. 1; —; *p-Nitranilin* 39,0; 122,4; *m-Nitranilin* 45,0; 115,5—116; *Benzidin* 86,6; 136,7; *3.3'-Dichlorbenzidin* 40,6; 152,3; *m-Toluidin* 67,0; 60,0; *Tolidin* 95,0; 193; *Dianisidin* 100; 143 (umkrist.); *m-Xylidin* 27,4; 86. (J. chem. Soc. Japan, ind. Chem. Sect. [Kógyó Kagaku Zassi] **55.** 75—78. Febr. 1952. Tokyo, Ind. Res. Labor. [Orig.: japan.]) SCHULER. 7048

Ciba Akt.-Ges. (Erfinder: **Max Staeubbe**), Basel, Schweiz, *Herstellung von Reduktionsmitteln für Färbereizwecke,* bes. für Schwefelfarbstoffe. Man behandelt Abbauprodd. nativer Kohlehydrate (I) in konz. Lsg. bei Tempp. nicht wesentlich über 110° mit Schwefelalkalien u. trocknet die erhaltenen Produkte. Es können Stärkeabbauprodd. verwendet werden, bes. z. B. Rohrzucker, Glucose u. Fruchtzucker, sowie Dextrin u. British Gum. (**D. B. P. 865 591** Kl. 8 m vom 28/12. 1948, ausg. 2/2. 1953. Schwz. Prior. 1/2. 1946.) v. SCHILLER. 7007

Ciba Akt.-Ges., Basel (Erfinder: **Paul Grossmann,** Binningen), Schweiz, *Färben und Bedrucken von künstlichen Fasern aus Celluloseestern und -äthern.* Man verwendet Verbb. der nebenst. allg. Formel, worin R einen Phenylrest, in dem die OH-Gruppe in p-Stellung zur NH-Gruppe steht, bedeutet, z. B. 1-Methylamino-4-(p-oxyphenyl)-aminoanthrachinon, 1-Methylamino-4-anilidoanthrachinon, 1.4-Di-(p-oxyphenylamino)-anthrachinon sowie verschied. Oxyalkylaminoanthrachinone. (**D. B. P. 864 544** Kl. 8 m vom 17/5. 1940, ausg. 26/1. 1953. Schwz. Priorr. 10/6. 1939 u. 6/5. 1940.) v. SCHILLER. 7021

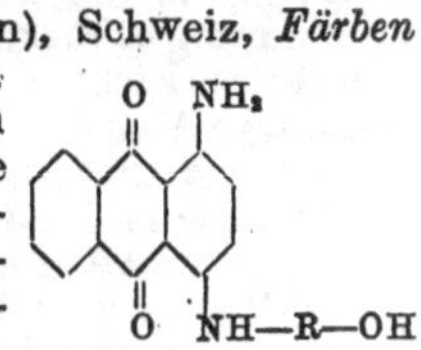

General Aniline & Film Corp., New York, übert. von: **Albert E. Herrmann jr.,** East Greenbush, N. Y., V. St. A., *Staubfreies Färbepräparat* in Form eines freifließenden Pulvers. Es enthält ein normalerweise stäubendes organ. Farbstoffpulver (Azofarbstoff), gemischt mit wenigstens 0,5% eines stabilen fl. Silicons, z. B. Dimethylsilicon, mit einer Viscosität von 1—1000 cst. bei 25°. (**A. P. 2 604 469** vom 30/12. 1947, ausg. 22/7. 1952.) v. SCHILLER. 7021

Farbwerke Hoechst, vormals Meister Lucius & Brüning (Erfinder: **Emil Beniers**), Frankfurt/M.-Höchst, *Farbstoffe,* die Wolle in naß- u. lichtechten Tönen färben, erhält man durch Kondensation von 3.5.3'.5'-Tetranitrobenzophenonen, die in 4.4'-Stellung austauschfähige Atome oder Gruppen enthalten, mit 2.6-Diaminodiphenylaminsulfonsäuren u. Behandeln der erhaltenen Kondensationsprodd. bei höherer Temp. mit Alkalien. — Es entstehen Farbstoffe mit 2 Azinringen etwa nach nebenst. Reaktionsschema,

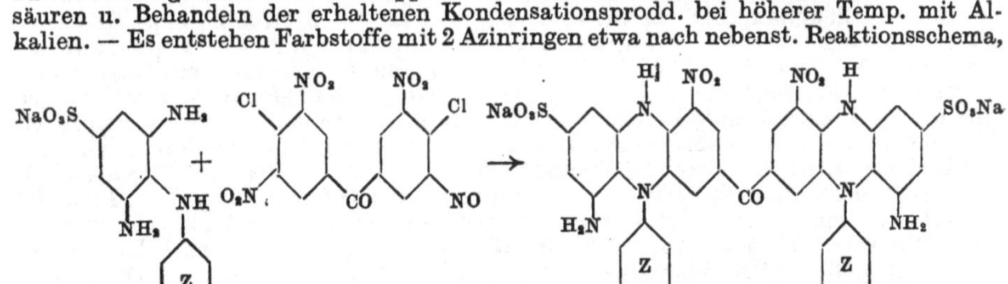

wobei der Benzolkern Z noch Substituenten, wie Halogen, Alkyl-, Alkoxy- oder Sulfonsäuregruppen enthalten kann. — Man kocht 43 (Gewichtsteile) 4.4'-Dichlor-3.5.3'.5'-tetranitrobenzophenon (**I**; erhältlich durch Nitrieren von 4.4'-Dichlor-3.5.3'.5'-tetranitrobenzophenon) in Ggw. von A. mehrere Std. mit 56 2.6-Diaminodiphenylamin-4-sulfonsäure u. 66 Na-Acetat, saugt ab u. führt nach Zusatz von 13 Soda bei 90° den Azinringschluß durch. — In ähnlicher Weise erhält man weitere Farbstoffe durch Rk. von **I** mit: 2.6-Diamino-4'-methyldiphenylamin-4-sulfonsäure oder 2.6-Diamino-2'-chlor-

oder -2'-methoxydiphenylamin-4-sulfonsäure. (**D. B. P. 869 104** Kl. 22e vom 15/7. 1950, ausg. 2/3. 1953. **A. P. 2 613 209** vom 22/6. 1951, ausg. 7/10. 1952. D. Prior. 14/7. 1950.) ROICK. 7051

J. R. Geigy Akt.-Ges. (Erfinder: **Guido Schetty**), Basel, Schweiz, *Chromhaltige Monoazofarbstoffe.* Monoazofarbstoffe der allg. Formel [X—A—N_2—B(OH)—]—$(SO_2CH_3)_n$ können nach an sich bekannten Verff. in komplexe Cr-Verbb. übergeführt werden, die bereits aus schwachsaurem Bad Wolle gleichmäßig in vollen echten Tönen färben. Hierbei bedeutet A den Rest einer Diazokomponente u. B den Rest einer in Nachbarstellung zu einer OH-Gruppe kuppelnden Azokomponente, X eine OH- oder COOH-Gruppe in o-Stellung zu N_2, n = 1 oder 2; die Methylsulfongruppen sind aromat. gebunden, u. A u. B können noch weitere, nichtionoide Substituenten, wie Alkyl-, Alkoxy- oder Nitrogruppen sowie Halogenatome, tragen. Die Reaktionsprodd. färben Wolle aus Bädern, die nur 2 (%) Essig- oder 4 Ameisensäure enthalten, ferner Superpolyamide, Superpolyurethane, Caseinfasern, Seide u. Leder. Die Chromierung kann nach jedem bekannten Verf. ausgeführt werden; bes. verwendet man chromsalicylsaures Ammonium (I). — Beispiel: Der Farbstoff II wird ½ Std. in einer Lsg. von I gekocht.

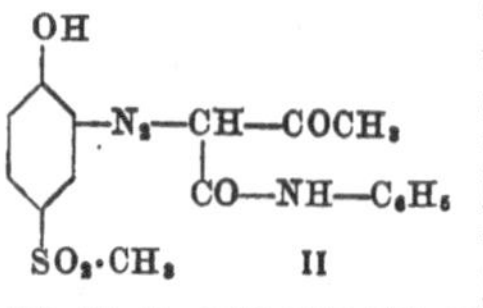

II

(**D. B. P. 842 089** Kl. 22a vom 19/10. 1948, ausg. 23/6. 1952. Schwz. Prior. 19/9. 1947.) KALIX. 7053

XIa. Farben. Anstriche. Lacke. Naturharze.

H. P. Kaufmann und **C. W. Schmidt,** *Der Phosphatidgehalt von Lackleinöl.* 1. Mitt. (*Studien auf dem Fettgebiet.* 141. Mitt.) Die Begleitstoffe, bes. Phosphatide, beeinflussen Verfilmung u. Standölkochung der trocknenden Öle. Lackleinöle mit 0,01—0,07% Phosphatid verkochten n., solche mit 0,13 u. 0,18% verfärbten sich u. schieden dunkle, gallertige Massen ab. Bei Umesterung (Alkydharzdarst.) kann höherer Phosphatidgeh. verzögernd wirken. Bei Lackölen spielt demnach der Raffinationsgrad eine erhebliche Rolle u. sind Phosphatidbestimmungen unerläßlich. Ermittlung des Phosphatidgeh. durch chromatograph. Adsorption, Prüfung der bei Verseifung entstehenden wss. Fl. auf P-Verbb. oder Veraschung mit MgO u. gravimetr. Best. des P-Geh. als Phosphorammoniummolybdat. Reagentien u. Arbeitsvorschrift für letztere Methode. (Fette Seifen einschl. Anstrichmittel **54.** 346—48. Juni 1952. Münster, Westf., Univ., Inst. für Pharmazie u. chem. Technol.) SCHEIFELE. 7096

R. L. Terrill, *Dehydratisiertes Ricinusöl.* Überblick über Darst., Eigg., Anwendung u. Verarbeitung zu Lacken. (Paint, Oil chem. Rev. **116.** Nr. 4. 13—14. 14B. 32. 12/2. 1953. Spencer Kellogg & Son.) SCHEIFELE. 7096

H. W. Chatfield und **W. van Prooijen,** *Glimmer als Bestandteil von Lacken und Farben.* Glimmer findet Verwendung in Rostschutzfarben, isolierenden Grundfarben, Aluminium- u. Metallbronzefarben, als Mittel gegen das Absetzen u. die Bodensatzbldg. in Ölfarben sowie zum Gewebeimprägnieren. Tabelle der Sedimentations- u. Aufrührbarkeitswerte verschied. Pigment–Bindemittel-Kompositionen bei Anwesenheit von Glimmer. (Verfkroniek **25.** 228—29. Aug. 1952.) SCHEIFELE. 7096

George Diehlman, *Moderne Bleimennigefarben.* Aufbau der Bleimennige (I)-Farben ist dem Anwendungszweck anzupassen. Verwendung von I mit 97% Pb_3O_4 in reinen, von I mit 95% Pb_3O_4 in gemischten Mennigefarben. Mischungen von I mit Eisenoxyd in Anstrichen, die zugleich als Deckfarbe dienen oder länger als 18 Monate bewittert werden, ehe ein Deckanstrich aufgebracht wird. Für Unterwasseranstriche wird I häufig mit Zn- oder Pb-Chromaten abgemischt. Eine Kombination von I mit Zn-Staub eignet sich für Zinkblechanstriche. Reine I-Leinölfarbe enthält ca. 19 lbs. I/Gall., I-Vinylharzfarbe hingegen nur ca. 2 lbs./Gallone. In Mischfarben sollen mindestens 30 Vol.-% I (auf Gesamtpigmentvol.) angewendet werden. Pigmentvolumenkonz. für I-Ölfarben etwa 36, für I-Vinylharzfarben 20. Die Wahl des Bindemittels richtet sich nach Expositionsbedingungen. I-Leinölgrundierung eignet sich für Stahlflächen, die nur mit Drahtbürste vorgereinigt sind. Rohleinöl benetzt gut u. durchdringt Rost u. Zunder, wodurch eine fest verankerte Unterschicht gebildet wird. I-Kunstharzgrundierung soll nur auf rostfreies Eisen aufgetragen werden. Man kann auch Mischbindemittel, z. B. aus $^1/_3$ Alkydharz u. $^2/_3$ Rohleinöl, benutzen. Anstriche in Süßwasser u. feuchter Atmosphäre enthalten zweckmäßig Phenolharz oder Vinylharz als Bindemittel. In Seewasser kommen Vinylharz- oder Cumaronharzfarben zur Anwendung. Unter stark korrosiven Bedingungen werden Hochpolymere (Kautschuk, Vinylharz usw.) als Bindemittel benutzt. Auftrag der Grundierfarben auf sauberen Untergrund bei gutem Wetter in möglichst einheitlicher Schichtdicke, die mit tragbarem Dickenmesser kontrolliert werden kann. Maximale Haltbarkeit u. Ökonomie des Schutzanstriches wird erzielt bei Beachtung von Expositionsbedingungen, entsprechendem Anstrichaufbau, Reinheit des Metalluntergrundes sowie Trockenheit bei Anstrichausführung. (Canad. Paint Varnish Mag. **26**. Nr. 4. 25—28. 42—45. April 1952. National Lead Co.) SCHEIFELE. 7106

M. Ragg, *Einfluß von Oberflächenbeschaffenheit und Grenzflächenreaktion auf die Bewuchsbildung am Schiffsboden.* Der Abwehrkampf der Gifte gegen Bewuchs durch mechan. u. chem. Kräfte findet in der sogenannten Laminarzone statt (vgl. C. **1951**. I. 791. 2223 u. II. 1667. 1970). Rauhe, dunkle Oberflächen werden von den Balaniden bevorzugt, glatte, helle u. fettige dagegen gemieden. Viele Vorgänge sind auf mol. Grenzflächenkräfte an hydratisierten Oberflächen u. auf Hydrophilie zurückzuführen. Das hydrophile Sekret des Bewuchses wird durch Metalle hydrophob u. das Anhaften gefördert. Nach der COHENschen Regel ist, falls die DK. niedriger ist als die des W., ein negativer Ladungsüberschuß vorhanden u. die Grenzfläche acidoid. Dadurch kommt es zu einer Anhäufung von Kationen des Meerwassers u. der Schwermetalle des Anstrichs in der Laminarzone. Bas. Stoffe, z. B. Kunstharze auf Polyamidbasis, sind daher tox. nicht wirksam. Alle diese Kräfte sind aber viel zu unbedeutend, um einen Bewuchs zu verhindern. (Farbe u. Lack **59**. 17—20. Jan. 1953. Klagenfurt.) STEINER. 7106

Interchemical Corp., New York, übert. von: **Charles A. Kumins,** Tuckahoe, N. Y., V. St. A., *Herstellung von CdS-Pigmenten.* Man läßt wss. Lsgg. eines Cd-Salzes u. eines Alkalisulfids bei Tempp. bis zu 90° reagieren, trennt das ausgefällte CdS schnell von der Mutterlauge ab u. führt es in ein wasserfreies Lösungsm., z. B. Ricinusöl, ein. (**A. P. 2 607 705** vom 26/5. 1949, ausg. 19/8. 1952.) NEBELSIEK. 7093

Glidden Co., Cleveland, O., übert. von: **Frank O. Rummery,** Baltimore, Md., V. St. A., *Herstellung von Bleititanatpigmenten.* Ein inniges Gemisch aus 1,2 (Mol) TiO_2 u. 1 PbO (Teilchengröße unter 0,5 μ) wird in einer Kugelmühle gemahlen u. 1 Std. oxydierend auf 600—750° erhitzt, bis das gewonnene $PbTiO_3$ ebenfalls eine Teilchengröße unter 0,5 μ besitzt. (**A. P. 2 607 659** vom 1/12. 1948, ausg. 19/8. 1952.) NEBELSIEK. 7093

General Aniline & Film Corp., New York, N. Y., übert. von: **Donald E. Marnou,** Phillipsburg, N. J., V. St. A., *Herstellung von wasserunlöslichen feinverteilten organischen Pigmenten.* Man löst z. B. 10 (Teile) Cu-Phthalocyanin in 160 H_2SO_4 (96%ig.) u. läßt die Lsg. in einem besonderen App. unter Druck in einem dünnen, sich drehenden Strahl in W. von Raumtemp. einströmen. Die Eintrittsstelle liegt unter der Wasseroberfläche. Das ausgefallene Pigment wird abgesaugt u. säurefrei gewaschen. Es gibt um 20% stärkere Färbungen als durch übliche Fällungsmethoden hergestellte Pigmente. — Vorrichtung. (**A. P. 2 611 771** vom 28/4. 1948, ausg. 23/9. 1952.) v. SCHILLER. 7093

Nuodex Products Co., Inc., Elizabeth, N. J., V. St. A., *Trockenmittel für Anstrichfarben, Linoleum und Druckerschwärze,* bestehend aus Oxysalzen von Pb, Co, Fe, Mn, Ni, Zn, Ca, Ba u. Ce, die in kleinen Mengen zusammen mit einer wasserunlösl., nichtflüchtigen u. nichtaromat. organ. Säure, wie Naphthensäure, mit einem filmbildenden Träger bis zur vollständigen Rk. u. Lösung des Oxysalzes im Träger erhitzt werden. (**E. P. 648 835** vom 7/7. 1947, ausg. 10/1. 1951. A. Prior. 26/3. 1940.) KRANZ. 7097

Egon Meier, Friedberg, *Anstrichmassen,* bes. für Flammenschutz u. Tarnung. Pulverförmiges Calciumoxychlorid oder -anhydrat allein oder in Mischung mit pulverförmigen $Ca(OH)_2$, Porenfüllstoffen u. sonstigen üblichen Zusätzen sowie Farben wird zum Gebrauch in W. zu einer streich- oder spritzfähigen Konsistenz verteilt. An Stelle der Ca-Verbb. können die entsprechenden Mg-, Zn- oder sonstigen Erdalkaliverbb. verwendet werden. (**D. B. P. 846 883** Kl. 22g vom 11/4. 1943, ausg. 18/8. 1952.) KRANZ. 7107

Michael Barthel & Co., Chemische und Mineralöl-Werke G. m. b. H. (Erfinder: **Hans-Ulrich Schultze,** Regensburg, und **Erich Asser,** Oberhof bei Rottach-Egern), *Schutzglasur,* bes. zum Schutze von Erdöltankschiffen, bestehend aus einer mit einem erdölfesten, nur sprit- oder esterlösl. Weichmacher versetzten Grundmasse, welche in KW-stoffen, z. B. Mineralölen, gleichfalls unlösl., in Alkoholen oder Estern dagegen lösl. ist. Als Grundmasse dienen Harzoxysäuren. (**D. B. P. 847 178** Kl. 22g vom 11/10. 1949, ausg. 21/8. 1952.) KRANZ. 7107

Deutsche Hydrierwerke Akt.-Ges., Düsseldorf (Erfinder: **Rudolf Endres,** Dessau), *Lacke,* bestehend aus Lsgg. von polymerisierten u. anschließend hydrierten Verbb. der Formel: $R(R_1)Ar{-}CR_2{=}CHR_3$, in welcher Ar für einen Benzol-, Naphthalinkern oder dgl., R für H oder einen oder mehrere, gegebenenfalls substituierte KW-stoffreste, R_1 für H oder OH, NH_2, SH u. dgl., worin H gegebenenfalls durch einen KW-stoffrest ersetzt sein kann, u. R_2 u. R_3 für H oder einen KW-stoffrest stehen, bes. von hydriertem

Polystyrol, in aliphat. KW-stoffen, wie Bzn., mit einem Geh. an höhermol. KW-stoffen, wie Paraffinölen, Spindelölen oder dergleichen. (**D. R. P. 767 475** Kl. 22h vom 7/3. 1937, ausg. 8/9. 1952.) KRANZ. 7107

Beck, Koller & Co. Ltd., Liverpool, England, *Herstellung von Mischpolymerisaten.* Aromat. Vinylverbb., bes. Styrol (I), werden in Gemisch mit monomeren Estern aus Alkoholen mit mindestens 4 C-Atomen u. ungesätt. Fettsäuren mit mindestens 8 C-Atomen, gegebenenfalls in Ggw. von Natur- oder Kunstharzen u./oder Lösungsmitteln u./oder W. (in Emulsionsform) u. einem Katalysator polymerisiert. — 300 (g) dehydratisierte Ricinolsäure, 36 Pentaerythrit, Lösungsm. u. 0,3 p-Toluolsulfonsäure werden bei 180° verestert, worauf man 105 I u. 2 Benzoylperoxyd zusetzt u. 15 Std. bei 170° hält. Durch Verdünnen des Reaktionsprod. mit Lösungsm. erhält man einen zu klaren Filmen auftrocknenden *Lack.* (**E. P. 651 560** vom 12/8. 1948, ausg. 4/4. 1951.) MÖLLERING. 7107

Nash-Kelvinator Corp., Kenosha, Wis., übert. von: **Johan Bjorksten** und **Stuart O. Fiedler**, Chicago, und **Luther L. Yaeger**, Hammond, Ind., V. St. A., *Schutzüberzug für Gegenstände aus Polystyrol,* bestehend aus einer Lsg. von Polyäthylacrylat, -methacrylat oder Polymethylmethacrylat (I) in einem Lösergemisch von 1—35 (%) aliphat. Ketonen, Estern, Toluol oder aliphat. Nitroverbb. (außer Nitromethan), 2—45 Nitromethan, aliphat. Alkohol oder Lactat (mit 1—5 C-Atomen) u. 14—50 Diacetonalkohol, Glykolestern oder -äthern. — In gleicher Weise eignet sich ein Lack aus z. B. 11 (Teilen) Celluloseacetathydrophthalat (gegebenenfalls mit I), 22 Methyläthylketon, 45 Äthylenglykolmonomethyläther u. 22 -äthyläther. Die Überzüge sind kratzfest, verhindern eine elektrostat. Aufladung u. sind gegen Reinigungs-Fll. unempfindlich. (**A. PP. 2 578 665** u. **2 578 683** vom 21/2. 1947, ausg. 18/12. 1951.) SALZMANN. 7107

Bakelite G. m. b. H., Frankfurt/M. (Erfinder: **Fritz Seebach**, Erkner bei Berlin), *Herstellung eines hitzehärtbaren Lackes* durch Erhitzen von härtbaren Phenolaldehydkondensationsprodd. (I) mit Holzöl in Ggw. von beide Stoffe lösenden Fll. u. anderen üblichen Zusätzen. Man verwendet als I freies Tetr-[oxymethyl]-diarylmethan, bes. Tetr-[oxymethyl]-diphenylmethan (vgl. SEEBACH, C. **1941**. I. 1538). (**D. B. P. 868 485** Kl. 22h vom 7/2. 1941, ausg. 26/2. 1953.) GRÄGER. 7107

American Cyanamid Co., New York, N. Y., übert. von. **Tzeng-Jiueq Suen**, Old Greenwich, Conn., V. St. A., *Herstellung von Harnstoffharz* mit bei sinkender Temp. steigender Viscosität. Eine Mischung von 120 (g) Harnstoff, 405 CH_2O u. etwas 10%ig. NaOH (p_H 8,3) wird ½ Std. bei 70—80° kondensiert, mit verd. HCl auf einen p_H-Wert von 1,7 eingestellt u. weitere 60 Min. auf 90° erwärmt. Das auf 40° gekühlte u. neutralisierte Reaktionsprod. nimmt eine erhöhte Viscosität G (nach GARDNER-HOLDT) an; der Sirup kann zu einem in wss. A. lösl. Pulver versprüht werden. Verwendung als Bindemittel (für Holz), für *Überzüge* u. dekorative Überzüge. (**A. P. 2 554 424** vom 5/2. 1947, ausg. 22/5. 1951.) SALZMANN. 7107

Hoesch Akt.-Ges., Dortmund, und **Walter Baur**, Köln, *Herstellung von Überzügen auf Eisenblechen,* z. B. Dosen für Konserven, Marmeladen, Fettcreme oder dergleichen. Als Bindemittel für den Lack dient eine Lsg. eines Phthalsäureglycerinfettsäureharzes in hochsd., bei 180—200° sich verflüchtigenden Lösungsmitteln u. als Pigment feine Metallpulver, z. B. aus Al, Cu, Ag oder Messing. Nach einer Vortrocknung bei 120° wird der Lack bei 180—200° eingebrannt u. der Überzug durch Walzen, Pressen, Hämmern oder dgl. nachgearbeitet. (**D. R. P. 761 518** Kl. 75c vom 28/1. 1936, ausg. 23/2. 1953.) LAASS. 7107

Badische Anilin- & Soda-Fabrik (Erfinder: **Helmut Disselhoff**), Ludwigshafen/Rh., *Herstellung von Lackanstrichen auf saugfähigen Unterlagen,* z. B. Geweben, Leder, Holz, Papier oder dergleichen. Die Unterlagen werden vor dem Auftragen der Lacklsg. mit Verbb. vorbehandelt, die 2 oder mehr Isocyanatgruppen, wie z. B. Hexamethylen- (I) oder p-Toluylendiisocyanat, enthalten. — Z. B. wird Papier mit einer 5%ig. Lsg. von I in Lackbenzin behandelt u. nach dem Trocknen ein Nitrocellulosedecklack bekannter Zus. aufgetragen. (**D. B. P. 868 721** Kl. 75c vom 7/8. 1942, ausg. 26/2. 1953.) LAASS. 7107

Felix Fritz, *Holzöl und ähnlich trocknende Öle.* Berlin: Wilhelm Pansegrau Verlag. 1951. (258 S. m. 10 Abb. u. zahlreichen Tab.) DM 24,60.

Nach einer kurzen geschichtlichen Betrachtung behandelt der Vf. die Herkunft des Holzöles, seine Gewinnung, die allgemeinen physikal. Eigg., sein Verh. bei der Einw. anderer Stoffe, die chem. Kennzahlen, die Zus., die Spaltkörper des Öles, sein Verh. bei Erhitzung u. Oxydation, die Verfälschungen u. seine Anwendung. Am Schluß werden noch kurz andere Öle mit konjugierten Doppelbindungen behandelt. Die gewaltige Fülle des Stoffes (etwa 800 Schrifttumsstellen bis 1950) ist klar und übersichtlich wiedergegeben. Als Lehr- wie als Nachschlagewerk ausgezeichnet geeignet. WILBORN. 7096

XIb. Plaste (Kunstharze. Plastische Massen).

Badische Anilin- & Soda-Fabrik, Ludwigshafen/Rh., *Weichmacher* für *Vinyl-* u. *Harnstoffharze* sowie Nitrocellulose, bestehend aus den Bischlorkohlensäureestern des Butandiol-(1.4) mit 1-wertigen gesätt. Chloralkoholen oder Äthylenglykolmono-ω-chloräthyläther. — Herst. von Lacken, Kabelisolierungen, Kunstleder, Bodenbelag, Regenkleidung u. dergleichen. (**E. P. 673 405** vom 2/3. 1950, ausg. 4/6. 1952.) SALZMANN. 7171

Siemens-Planiawerke Akt.-Ges. für Kohlefabrikate Werk Meitingen (Erfinder: **Franz Jeitner**), Meitingen, *Aushärten eines in Kohle- oder Graphitformkörper eingebrachten, thermisch härtbaren Kunstharzes,* dad. gek., daß die Aushärtung durch eine Wärmebehandlung in einer neutralen Fl., wie z. B. W., das gegebenenfalls unter Druck gesetzt wird, vorgenommen wird, die auf eine entsprechende Temp. aufgeheizt wird. Kittstellen an bereits ausgehärteten kunstharzimprägnierten Formkörpern werden im Wasserbad bei Tempp. unter 100° bei Anwesenheit eines Härtebeschleunigers ausgehärtet, der entweder der Kittmasse oder der Bad-Fl. oder auch beiden zugesetzt worden ist. (**D. B. P. 868 345** Kl. 39b vom 28/3. 1951, ausg. 23/2. 1953.) SALZMANN. 7171

Anglo-Iranian Oil Co. Ltd., London (Erfinder: **Eric William Musther Fawcett, Eric Sylvester Narracott** und **Albert Millien,** Sunbury-on-Thames), England, *Plastische Massen aus Vinylhalogenidpolymerisaten.* Als Füllmittel oder Weichmacher werden entweder allein oder neben bekannten, bei erhöhter Temp. mit S behandelte KW-stoffextrakte eingearbeitet, wie sie durch Extraktion aus Mineralölfraktionen oder -rückständen mit einem selektiven, polaren Lösungsm. oder einer Mischung selektiver Lösungsmittel, wovon mindestens eins polaren Charakter besitzen muß, u. weiterer Behandlung des Extraktes mit S in einer Menge, die 15% seines Gewichts nicht übersteigt, bei Tempp. zwischen 150 u. 300° (Dauer zwischen 8 u. 48 Std.) gewonnen werden. Das Mol.-Gew. dieser KW-stoffe liegt zwischen 200 u. 800, Anfangs- u. End-Kpp.$_{760}$ innerhalb 250 u. 800°, der C-Geh. beträgt mindestens 0,6 C-Atome je H-Atom. (**D. B. P. 868 347** Kl. 39b vom 31/12. 1948, ausg. 23/2. 1953. E. Priorr. 6/1. 1944 u. 5/1. 1945.) SALZMANN. 7173

Anglo-Iranian Oil Co. Ltd., London (Erfinder: **Eric William Musther Fawcett** und **Albert Millien,** Sunbury-on-Thames), England, *Plastische Massen aus Vinylchloridpolymerisaten oder -mischpolymerisaten* u. einem Weichmachergemisch aus Dibutylphthalat u. einem KW-stoffextrakt (I) aus Mineralölfraktionen oder -rückständen, der mittels eines selektiv wirkenden polaren Lösungsm. (fl. SO_2 oder Furfurol) oder einer Mischung solcher erhalten wird, wobei I einen hohen C-Geh. besitzt u. das Mol. durchschnittlich mindestens 0,6 C-Atome je H-Atom enthält, das Mol.-Gew. sich zwischen 200 u. 800 bewegt u. die Anfangs- u. Endsiedepunkte im Bereich von 250 u. 800°/760 mm Hg liegen. I kann auch durch mehrstufige Lösungsextraktion gewonnen u. durch Dest. oder Absorption gereinigt werden. — Herst. von Preß- u. Überzugsmassen sowie Isoliermaterial für Kabel. (**D. B. P. 869 694** Kl. 39b vom 31/12. 1948, ausg. 5/3. 1953. E. Priorr. 28/10. 1942 u. 13/10. 1943.) SALZMANN. 7173

Celanese Corp. of America, Del., V. St. A., übert. von: **John Downing,** Spondon, England, *Chlorwasserstoffabspaltung aus Polyvinylchlorid.* Zur Herst. vulkanisierbarer Polymerer entfernt man aus acetonunlösl. Polyvinylchlorid 5—10% seines Geh. an gebundenem HCl durch Behandlung mit Alkalihydroxyd in Ggw. eines Glykolteiläthers, z. B. durch Erhitzen auf ca. 100° C mit einer Lsg. von KOH im Monomethyläther des Äthylenglykols. (**A. P. 2 606 177** vom 2/10. 1947, ausg. 5/8. 1952. E. Prior. 9/10. 1946.) UNGER. 7173

Henkel & Cie. G. m. b. H., Düsseldorf, *Weichmacher* für *Vinylharze.* Verwendung von Mono- oder Dioxyalkylamiden von gegebenenfalls substituierter Benzolsulfonsäure, z. B. Xylolsulfonsäureoxäthylamid, p-Chlorbenzolsulfonsäure-β-propanolamid zur Herst. von glasklaren Filmen. (**E. P. 666 735** vom 28/7. 1949, ausg. 20/2. 1952. D. Prior. 25/6. 1949.) SALZMANN. 7173

Roche Products Ltd., Welwyn Garden City, England, übert. von: **F. Hoffmann-La Roche & Co.,** Basel, Schweiz, *Polyvinylalkohole mit niedrigem Polymerisationsgrad.* Die wss. Lsg. eines hoch- bzw. mittelpolymerisierten Vinylalkohols wird in einem Druckgefäß auf 180—250° erhitzt. Man konz. die Lsg. unter Vakuum u. fällt das Polymerisat mit z. B. Aceton. — Tabellen über Einfl. der Behandlungszeit auf das Mol.-Gewicht. (**E. P. 653 239** vom 8/12. 1948, ausg. 9/5. 1951.) MÖLLERING. 7173

Monsanto Chemical Co., St. Louis, Mo., V. St. A., *Emulsionsmischpolymerisation mit Acrylnitril* (I). 40—98 (%) I u. 60—2 Vinylacetat, Styrol oder α-Methylstyrol werden allmählich am Rückflußkühler bei erhöhter Temp. (ca. 70—82°) zu einer wss. Lsg. eines Dispergiermittels, in der zugleich der Polymerisationsaktivator, wie $K_2S_2O_8$ oder H_2O_2, gelöst ist, unter Rühren in dem Maße zulaufen gelassen, daß ein gleichmäßiger Rückfluß erfolgt. Es wird so ein verhältnismäßig einheitliches Polymerisat erhalten. (**E. P. 663 268** vom 26/1. 1949, ausg. 19/12. 1951.) HERBST. 7173

United States of America Secretary of Agriculture, übert. von: **John E. Hansen,** North Wales, und **Thomas J. Dietz,** Philadelphia, Pa., V. St. A., *Vulkanisieren von Polyacrylestern.* Polyalkylacrylate oder Mischpolymerisate werden mit 0,4—4,7% Polymethylendiamin bzw. -polyamin (z. B. Triäthylentetramin), 0,47—4,2% einer gesätt. Fettsäure (Stearinsäure), Ruß u. anderen Füllstoffen bei 38—65,5° geknetet u. durch Erhitzen auf 150° vulkanisiert. (**A. P. 2 579 492** vom 19/7. 1949, ausg. 25/12. 1951.) SALZMANN. 7173

United States Rubber Co., New York, N. Y., übert. von: **John A. Davison,** Passaic, und **Walter R. Dunn,** West Englewood, N. J., V. St. A., *Wässerige Emulsionspolymerisationen* von Styrol, Acrylsäureestern, Vinylpyridin u. Vinylestern mit Butadien-1.3 u. gegebenenfalls bis zu 10% Acrylnitril (bzw. Acrylsäure oder Acrylamid) werden in Ggw. von 0,5—2 (Teilen) Dimethylaminoleat (I) oder anderer Seifen durchgeführt, bis 30—60% der Monomeren polymerisiert sind. Alsdann wird die Polymerisation nach Zugabe weiterer 3—6 I zu Ende geführt. (**A. P. 2 579 908** vom 12/4. 1946, ausg. 25/12. 1951.) SALZMANN. 7173

Lewis Berger & Sons Ltd., England (Erfinder: **John Joseph Sleightholme** und **Wallace Thomas Craven Hammond**), *Herstellung von Styrolmischpolymerisaten.* Man polymerisiert Styrol (I) zusammen mit den ungesätt., aromat. Rückständen (II), die bei der Extraktion von Mineralschmierölen mit selektiven Lösungsmitteln (Handelsnamen von II: „Iranolin", „Dutrex", „Petromor") erhalten werden, am Rückfluß, zweckmäßig unter Überdruck, auch in Ggw. eines monocycl. α-Terpens, wie Dipenten, das ebenso wie I im Laufe der Rk. zugegeben werden kann. Man kann auch Kolophonium zusetzen, worauf das Polymerisat in alkal. Medium emulgiert u. für Farben verwendet werden kann. Auch Mischester von Polyalkoholen (Ester von Polyalkoholen mit einer oder mehreren stark ungesätt. Fettsäuren, auch zusammen mit anderen Fettsäuren u. mehrbas. Säuren) können anwesend sein, u. es kann in Ggw. geringer Mengen (0,5—5, bes. 1—2, Gew.-%) S polymerisiert werden. Man erhält mit größeren I-Mengen harte Harze, mit kleineren Mengen pastenartige Balsame. — Man erhitzt z. B. 132 (g) dehydratisiertes Ricinusöl, 150 Xylol, 33 II u. 135 I unter Rückfluß 11$^3/_4$ Std., gibt 150 Xylol zu, heizt 21 Std. u. setzt Pb- u. Co-Naphthenat zu. Verwendung für Imprägnierungen u. Überzüge. (**F. P. 980 954** vom 15/2. 1949, ausg. 21/5. 1951. E. Prior. 17/2. 1948.) PANKOW. 7173

Lewis Berger & Sons Ltd., London, übert. von: **Frank Armitage,** Barkingside, Essex, England, *Herstellung von Mischpolymerisaten aus Styrol oder Alkylstyrol und Estern von Fettsäuren* durch Erhitzen unter Durchleiten von O_2 durch die Mischung der Monomeren, wobei auch in Ggw. von Terpen gearbeitet werden kann u. das Styrol (I) kontinuierlich während der Mischpolymerisation zugesetzt werden kann. Man erhitzt z. B. I mit einem konjugierten trocknenden Öl auf mindestens 140° unter Durchleiten von O_2. (**Can. P. 476 677** vom 8/5. 1950, ausg. 4/9. 1951. E. Prior. 11/4. 1950.) PANKOW. 7173

Monsanto Chemical Co., St. Louis, Mo., übert. von: **Gerald R. Barrett,** Winchester, Mass., V. St. A., *2.5-Di-tert.-butylchinon* (I) erhält man aus 2.5-Di-tert.-butylhydrochinon, gelöst in einem organ. Lösungsm., das mit W. mischbar ist, durch Oxydation mittels konz. HNO_3 beim Kp. der Mischung. Als Lösungsmittel eignen sich z. B. Ameisen-, Essigsäure, A., Dioxan, Aceton. I stellt lange, gelbe Nadeln dar, F. 153°. Verwendung als *Polymerisationsverzögerer,* bes. bei der Mischpolymerisation von Styrol u. Maleinsäureanhydrid. (**A. P. 2 577 505** vom 1/7. 1950, ausg. 4/12. 1951.) G. KÖNIG. 7173

Michael Mojzesz Szwarc, Manchester, England, *Neue Polymerisationsprodukte.* Die Dämpfe von aromat. KW-stoffen mit 1 oder 2 kondensierten Ringen u. 2 Methylresten in p-Stellung werden bei 700—1000° in 10 Sek. pyrolyt. zers., worauf man durch Abkühlen ein festes Polymerisat abscheidet. — p-Xyloldämpfe werden bei 10 mm Hg 0,3—0,4 Sek. auf 860° erhitzt, worauf man an einer auf 0° gekühlten Oberfläche einen weißen opaken Film mit 12% Ausbeute abscheidet. — Ferner geeignet ist 1.4-Dimethylnaphthalin. (**E. P. 650 947** vom 19/9. 1947, ausg. 7/3. 1951.) MÖLLERING. 7173

Bakelite Corp., New York, N. Y., V. St. A., *Mit Acetonharz modifizierte Phenolharze.* Zur Herst. wasserlösl., in der Hitze härtbarer u. lagerbeständiger Harzkompositionen wird ein wasserlösl., in der Hitze härtbares, aus CH_2O u. Phenol in Ggw. eines alkal. Kondensationsmittels hergestelltes Harz in wss. Medium mit einem wasserlösl. Harz, das aus 1—6 Mol CH_2O u. 1 Mol Aceton in Ggw. eines bas. Kondensationsmittels, wie Dimethylamin, erhältlich ist, vermischt. Die Mischungen können zur Bindung von Glaswolle zwecks Erzeugung von dicken Glaspolstern herangezogen werden. (**E. P. 663 079** vom 9/7. 1948, ausg. 19/12. 1951. A. Prior. 25/7. 1947.) HERBST. 7177

United States Rubber Co., New York, N. Y., V. St. A., *Zellkörper*. 100 (Teile) einer fl. Alkydharzmischung aus 70 Diäthylenglykolmaleat, 30 Styrol u. 0,010 Hydrochinon werden mit 2 Benzoylperoxyd, 7 Maleinsäureanhydrid, 15 Al-Pulver, 10 $(NH_4)_2CO_3$, 5 W. u. 0,2 Dimethylanilin (oder anderen namentlich aufgeführten Beschleunigern) vermischt. Nach kurzer Zeit bläht die M. infolge exothermer Polymerisation auf. D. 50 kg/m³ bei einer Porengröße von 5—0,2 mm. (**E. P. 652 770** vom 4/6. 1948, ausg. 2/5. 1951. A. Prior. 12/7. 1947.) SALZMANN. 7177

B. F. Goodrich Co., New York, N. Y., übert. von: **James A. Bralley**, Bristol, Pa., und **Frank B. Pope**, Cuyahoga Falls, O., V. St. A., *Bis-(alkenylcarbonatoaryl)-alkane* der allg. Formel ROCOOAr—A—Ar—OCOOR (I; R = Alkenyl, Ar = Arylen, A = 2wertiger, aliphat. KW-stoffrest, wie Alkyliden oder Alkylen) erhält man durch Kondensation eines Alkenols mit $COCl_2$ zum entsprechenden Alkenylchlorformat (= Chlorcarbonat), das dann mit einem Bisphenol umgesetzt wird. Man kann auch alle drei Reaktionsteilnehmer gleichzeitig miteinander umsetzen, z. B. nach dem Reaktionsschema: HOAr—A—ArOH + $2COCl_2$ → ClCOOAr—A—ArOCOCl + (2HCl) + 2ROH → I + 2HCl. — Aus 2.2-Bis-(4-oxyphenyl)-propan (**III**) u. Allylchlorformat (**II**) erhält man in Aceton in Ggw. von wss. NaOH bei ca. 10° *2.2-Bis-[4-(allylcarbonato)-phenyl]-propan* (**IV**), n_D^{20} 1,5422, D. 1,1—1,2, viscose Flüssigkeit. — 2.2-Bis-(3-phenyl-4-oxyphenyl)-propan + II → *2.2-Bis-[3-phenyl-4-(allylcarbonato)-phenyl]-propan*. — II + *1.5-Bis-(4-oxyphenyl)-pentan* [hergestellt aus 2 (Mol) Anisaldehyd + 1 Aceton, Hydrierung u. Entmethylierung] → *1.5-Bis-[4-(allylcarbonato)-phenyl]-pentan*, $CH_2{=}CHCH_2OCOOC_6H_4(p)CH_2\cdot(CH_2)_3CH_2C_6H_4(p)OCOOCH_2CH{=}CH_2$. **IV** gibt beim Erhitzen mit 2% Benzoylperoxyd auf 75° nach 24 Std. ein hartes, klares, nichtthermoplast. *Harz*. Die Verbb. können auch mit polymerisierbaren, ungesätt. Verbb. polymerisiert werden. Als Phenole sind noch verwendbar: Bis-(4-oxyphenyl)-methan; 2.2-Bis-(4-oxyphenyl)-butan; 2.2-Bis-(4-oxyphenyl)-4-methylpentan; 1.1-Bis-(4-oxyphenyl)-äthan; 3.3-Bis-(4-oxyphenyl)-pentan; Bis-(4-oxy-1-naphthyl)-methan u. deren Homologen; als Alkenole: Methylvinylcarbinol, Vinyläthyl-, Methylallylcarbinol; β-Allyläthylalkohol, β-Äthylallylalkohol. — Vgl. A. P. 2 455 653. (**A. P. 2 587 437** vom 19/3. 1947, ausg. 26/3. 1952.) KRAUSS. 7177

American Cyanamid Co., New York, N. Y., V. St. A., *Triazinpolymerisate*. Durch Wärme u./oder Licht, bes. UV-Licht, u. gegebenenfalls in Ggw. von Peroxydkatalysatoren werden Triazinverbb. der Formel $R_{3-n}(C_3N_3)-(OR')_n$ (R = gesätt. aliphat. oder aromat. u. gegebenenfalls halogenierter Rest, der auch über eine O- oder N-Brücke gebunden sein kann; R' = prim. olefin. ungesätt. Rest eines einbas. Alkohols mit 3 bis 10 C-Atomen; n = 1—3), wie 2-Amino-4.6-diallyloxy-1.3.5-triazin (I) oder 2-Allyloxy-4.6-diamino-1.3.5-triazin oder 2-Butylamino-4.6-dimethallyloxy-1.3.5-triazin oder Triallyl- oder Trioctyl- oder Trimethallyl- oder Diallylmethallylcyanharnstoff zu Harzen polymerisiert. Ungesätt., polymerisierbare Verbb. können zur Modifizierung der Kunstharze einpolymerisiert werden. — Z. B. werden 100 (Teile) I in Ggw. von 5 Benzoylperoxyd (II) auf 110° erwärmt, wobei in wenigen Min. ein hartes Harz erhalten wird. — 30 (Teile) I, 70 Diäthylenglykolmischester der Malein- u. Bernsteinsäure werden mit 1 II bis zur Bldg. eines Hartharzes auf 100° erhitzt. — Die Harze sind als Preßstoffe, für Lacke, als Klebmittel, z. B. für Linsen, u. zur Modifizierung von (Kunst-) Kautschuk geeignet. (**E. P. 665 191** vom 14/8. 1947, ausg. 16/1. 1952.) MÖLLERING. 7181

XII. Kautschuk. Guttapercha. Balata.

P. Schneider, *Mastizieren und Regenerieren mit chemischen Hilfsmitteln*. Ausführlicher Überblick an Hand der Literatur (64 Hinweise). (Kautschuk u. Gummi **6**. Wiss. u. Techn. WT21—26. Febr. WT48—50. März 1953.) WINIKER. 7220

W. F. Watson, *Kaltmastizieren von Kautschuk*. An Hand der Literatur (6 Hinweise) u. auf Grund eigener Unterss. kommt Vf. zu dem Schluß, daß der Kaltmastikation folgender Reaktionsmechanismus zugrunde liegt: Durch die starken Scherkräfte werden prim. Bindungen des Kautschuks gebrochen, u. es entstehen Kettenradikale, die das Bestreben haben, sich zu dimerisieren. Dies wird durch O_2 oder andere geeignete Agentien, z. B. Benzochinon, in einer sek. Rk. verhindert. In Ggw. gewisser Verbb., z. B. n-Butyramid, Anilin, m-Nitrophenol, reagieren die freien Kettenradikale mit Kautschukmoll. unter Bldg. verzweigt-kettiger Polymerer. Ebenso kann eine Vernetzung erfolgen, z. B. in Ggw. von Chloranil. Kurzer Hinweis auf die techn. Bedeutung dieser Reaktionsmöglichkeiten. (Trans. Instn. Rubber Ind. **29**. 32—41. Febr. 1953.) WINIKER. 7222

R. J. Adams und **E. J. Buckler**, *Entwicklung und Anwendung von Butylkautschuk*. Vf. gibt einen Überblick über Herst., Eigg., Verarbeitung u. Anwendung von Butylkautschuk. — 39 Literaturhinweise. (Trans. Instn. Rubber Ind. **29**. 17—31. Febr. 1953.) WINIKER. 7224

B. B. Evans, *Methoden und Materialien für die Gummikabelherstellung.* Allg. Ausführungen nebst Rahmenrezepturen. (Trans. Instn. Rubber Ind. **29.** 42—54. Febr. 1953.) WINIKER. 7230

G. E. Proske, *Die Fabrikation von Vollgummireifen.* Allg. Ausführungen. (Gummi u. Asbest **6.** 202—05. 1/5. 249—52. 1/6. 1953. Adelaide.) WINIKER. 7230

E. Weinbrenner und **R. Ecker,** *Studien zur Prüfung der Rutschfestigkeit von Gummiqualitäten.* Ausführliche Beschreibung eines neuen Geräts (6 Abbildungen) zur Best. der Rutschfestigkeit von Protektormischungen. Die damit ausgeführten Unterss. lieferten folgende Ergebnisse: Die einzelnen Naturkautschuk (I)-Lieferungen unterscheiden sich bzgl. der Rutschfestigkeit sehr stark voneinander. Der Reibungskoeff. (R) liegt unter n. Bedingungen (trocken u. 20°) bei **I** etwas höher als bei Buna S (**II**). Der R nimmt bei **I** mit zunehmender Feuchtigkeit u. Temp. ab, während er bei **II** prakt. feuchtigkeitsunabhängig ist u. erst von ca. 70° an mit steigender Temp. abnimmt. Bei **I** sinkt der R mit zunehmender Dauergeschwindigkeit, während er bei **II** konstant bleibt u. erst bei hohen Dauergeschwindigkeiten abfällt. GR–S hat einen geringfügigen schlechteren R als Buna S 3 (**III**). Der R von Cold Rubber ist ungefähr gleich dem von **III**. Untervulkanisierte Kautschuke haben einen schlechteren R als optimal ausvulkanisierte. Übervulkanisation übt keinen Einfl. auf die Rutschfestigkeit aus. Mit zunehmendem Rußgeh. wird der R größer. Stearinsäure hat bis zu 3% (bezogen auf Kautschuk) keinen Einfl. auf den R; Mengen über 3% wirken sich nachteilig aus. Weichmacher (vom Typ Pine tar, Kautschol u. Mineralöl) vermindern schon in geringen Mengen die Rutschfestigkeit. Die verschied. Vulkanisationsbeschleuniger üben keinen Einfl. aus. (Kautschuk u. Gummi **6.** Nr. 3. Wiss. u. Techn. WT 42—48. März 1953. Leverkusen, Farbenfabriken Bayer, Kautschuk- u. Kunststoff-Abt.) WINIKER. 7230

United States Rubber Co., V. St. A., *Zähelastischer Kunststoff,* bestehend aus einem Mischpolymerisat (I) von Acrylnitril–Butadien-(1.3) mit einem Mengenverhältnis von 35—48% zu 65—52% u. einem solchen Polymerisat mit einem Verhältnis von 18—26% zu 82—74%, wobei jedes Mischpolymerisat in Mengen von 25—75% vorhanden sein soll, sowie einem Mischpolymerisat aus Styrol u. Acrylnitril (50—85% zu 50—15%). Als Stabilisierungsmittel wird ein Gemisch von Mono- u. Diheptyldiphenylamin zugegeben, während Weichmachungs- u. Vulkanisiermittel nicht unbedingt nötig sind. (**E. P. 670 394** vom 11/1. 1950, ausg. 16/4. 1952.) SALZMANN. 7225

Universal Rubber Paviors Ltd. und **Lucien Gaisman,** England, *Herstellung von Kautschukschuhen.* Die Teile aus vulkanisiertem u. unvulkanisiertem Kautschuk werden mittels vulkanisierbarer Kautschuklsg. oder einer Lsg. eines härtbaren Kunstharzes oder durch Erhitzen u. Weichmachen der zu verklebenden Ränder (äußere Hitze oder starkes Reiben der Teile aneinander) verklebt. (**F. P. 976 495** vom 15/12. 1948, ausg. 19/3. 1951. E. Priorr. 15/12. 1947 u. 2/12. 1948.) PANKOW. 7231

N. V. de Bataafsche Petroleum Mij., Den Haag, und **Gottfried Ernst Rumscheidt,** Amsterdam, Holland, *Umsetzungsprodukte aus natürlichen oder synthetischen Olefinpolymerisaten mit SO_2.* Statt des im Hauptpatent 616 276 verwendeten H_2O_2 bewirken aromat. Peroxyde eine bessere Umsetzung. Geeignet sind z. B. *Cyclohexenperoxyd, Dekahydronaphthalinperoxyd* (I) u. *Oktahydroanthracenperoxyd.* — Man stellt aus plastifiziertem Kautschukmilchcrepe eine 6%ig. Lsg. in Bzl.–Toluol her, setzt 0,15% (bezogen auf den Kautschukgeh.) I zu u. koaguliert mit A., der 20% W. u. je 1 Liter 100 g SO_2 enthält, bei 0°. Der S-Geh. des Prod. steigt mit der Menge verwendetem I, wobei bei 5 (%) I ein Maximalgeh. von 15 S erreicht ist. (**E. P. 664 364** vom 6/7. 1948, ausg. 2/1. 1952.) MÖLLERING. 7239

XV. Gärungsindustrie.

Lorand Macher, *Die Desinfektionstechnik in der Kornbrennerei.* Allg. Ausführungen. (Alkohol-Ind. **65.** 657—60. Weihn. 1952.) WINIKER. 7536

W. Kilp, *Die Verarbeitung von Zucker- und Futterrüben auf Spiritus.* Vf. berichtet über Verarbeitungsmethoden u. Erfahrungen. (Alkohol-Ind. **66.** 61—63. 1/2. 1953. Biberach/Riß.) WINIKER. 7536

Lorand Macher, *Die Färbung der Spirituosen.* Vf. weist darauf hin, daß Trübungen von Spirituosen, bei denen gleichzeitig mit dem Absetzen eines Bodensatzes auch ein Verblassen der Farbtöne auftritt, durch die Verwendung von nicht oder nur mangelhaft enthärtetem Betriebswasser bedingt sein können. (Alkohol-Ind. **65.** 601—02. 15/11. 1952.) WINIKER. 7536

I. A. Preece und **K. G. Mackenzie,** *Nicht-Stärke-Polysaccharide von Getreidekörnern.* 1. Mitt. *Fraktionierung des Gerstegummis.* Ammoniumsulfatfraktionierung von Gersteextrakten ergab unter Enzymtätigkeit verhindernden Bedingungen ein linksdrehendes Glucosan (I), rein von Pentosanen u. pentosanreichen Fraktionen, die nebenher mit Glucosan verunreinigt erhalten wurden. Die Eigg. des Pentosanmaterials hängen von ihrer jeweiligen Zus. ab, als Mischungen von Xylan, Araboxylan u. Araban von verschied. Molekülgröße u. Löslichkeit. Mälzen führt zu einer Ausscheidung von I u. steigert die wiedergewinnbare Ausbeute an hochmol. Pentosanen. Durch die enzymat. Tätigkeit während des Mälzens fällt die Viscosität der wss. Gummilsgg., während die Löslichkeit in W. steigt, wobei die isolierten Gummen ihre faserige Struktur in eine pulverige verwandeln. Sowohl in Gerste als in Malz konnte Galaktan nachgewiesen werden, dagegen ist Mannan nur in Gerste enthalten. (J. Inst. Brewing **58.** ([N. S.] **49.**) 353—62. Sept./Okt. 1952. Edinburgh, Heriot-Watt Coll.) HAEVECKER. 7540

Stella Wiener und **R. H. Hopkins,** *α-Amylase beim Mälzen und Maischen.* Der durch W. bei 21° extrahierbare Anteil an α-Amylase beträgt bei Grünmalz $^1/_5$, bei fertigem Brauereimalz $^4/_5$ des durch 0,2%ig. Ca-Acetatlsg. (I) extrahierbaren Anteils. Papainlsg. hebt die extrahierende Wrkg. von Ca-Acetat auf. Die bei 21° durchgeführte Extraktion mit I ergibt vergleichbare Resultate zu den Ergebnissen beim Maischen bei 65°. Die Wasserextraktion der Amylase ergibt zu den beim Mälzen u. Maischen vorliegenden Verhältnissen irreführende Werte. Die Extraktion mit I ergab, daß die Gerste zunächst nur wenig α-Amylase enthält, die erst nach 2 Tagen Keimung nachweisbar wird u. nach 6 Tagen ihr Maximum erreicht. Durch Trocknen geht nur wenig α-Amylase verloren. Erst bei 4—5% Feuchtigkeit u. 60° gehen erhebliche Amylaseanteile in Verlust. Während des Maischens bei 65° geht die α-Amylase in 5—10 Min. vollständig in Lsg., worauf nur eine sehr geringe Abnahme der Aktivität folgt. (J. Inst. Brewing **58.** ([N. S.] **49.**) 204—13. Mai/Juni 1952. Aston Cross, Birmingham, J. & C. H. Evans, Ltd., u. Edgbaston, Birmingham, Univ., British School of Malting and Brewing.) HAEVECKER. 7544

G. Pieri und **T. De Rosa,** *Untersuchung über die mögliche Wirkung von Phosphorsäureestern auf die alkoholische Gärung.* Vergleichende Gärungsverss. mit Traubensäften von nicht behandelten u. mit Parathion gespritzten Reben ergaben kaum feststellbare Unterschiede. (Ann. Sperimentaz. agrar. **6.** [N. S.] 197—206. 1952. Cogneglione.) GRIMME. 7554

Luigi Gentilini und **Andrea Comuzzi,** *Weitere Untersuchung des Sorbitgehalts venetianischer Weine.* Unters. an 276 venetian. Weinen erbrachten Sorbitgehh. zwischen 0 u. 15 mg/100 cm³. Vff. schlagen vor, die bisherige Sorbittoleranz von 10 mg auf 20 mg/ 100 cm³ zu erhöhen. (Ann. Sperimentaz. agrar. [N. S.] **5.** 1101—20. 1951. Conegliano.) GRIMME. 7554

H. George, *Erleichterte Alkoholbestimmung.* Beschreibung einer einfachen Vorr., mit deren Hilfe Probedestillationen ohne Überwachung durchgeführt werden können. (Alkohol-Ind. **66.** 90—92. 17/2. 1953.) WINIKER. 7596

Enrico Romano, *Colorimetrische Bestimmung des Gesamteisens im Wein.* 50 cm³ Wein werden eingedampft u. bei 500° verascht, die Asche wird in 10 cm³ konz. HCl aufgenommen u. die Lsg. auf 100 cm³ aufgefüllt. 10—20 cm³ der Aschelsg. werden im 100 cm³ Kolben mit 5 cm³ KCNS-Lsg. (20%) versetzt u. auf 100 cm³ aufgefüllt. Nach $^1/_4$ Std. wird mit Grüngelbfilter photometriert. Als Vergleichslsg. dient eine Lsg. von 3,019 g Eisenammoniakalaun/1 Liter. 10 cm³ = 5 mg Fe_2O_3 werden auf 100 aufgefüllt (= 0,005% Fe_2O_3), 1—8 cm³ der Lsg. werden im 100 cm³-Kolben nach Zusatz von 1 cm³ konz. HCl mit 5 cm³ 20%ig. KCNS-Lsg. versetzt u. aufgefüllt. Diese Verdünnungen dienen als Standard im HELLIGE-Photometer (2 cm³-Trog u. 530 μ-Filter). (Ann. Sperimentaz. agrar. [N. S.] **6.** 23—27. Ann. Stat. chim.-agrar. sperim. Roma [III] Pubbl. Nr. **58.** 1—5. 1952. Rom.) GRIMME 7606

E. Merck, Chemische Fabrik (Erfinder: **Otto von Keussler**), Darmstadt, *Gewinnung von Alkohol aus Ablaugen der Zellstoffherstellung.* Ein Gemisch von Nadel- u. Laubholzablaugen, welches bis zu 40% Laubholzablaugen enthält, wird bei verhältnismäßig hoher Hefekonz. vergoren, wobei die Hefe aus dem vergorenen Ablaugengemisch abgeschieden u. dem frischen Gemisch wieder zugesetzt wird. (**D. R. P. 757 743** Kl. 6b vom 26/9. 1939, ausg. 16/2. 1953.) KETTNER. 7537

Glycerine Corp. of America, Inc., New York, N. Y., übert. von: **Benjamin T. Brooks,** Old Greenwich, Conn., V. St. A., *Glycerin durch Gärung.* Melasse wird etwa um das 3fache ihres Gewichtes mit W. verd., mit Alkalicarbonat das p_H auf ca. 7,5 gebracht, die Lsg. mit Hefe vergoren, die Hefe abgetrennt u. der Rückstand abdestilliert. Anschließend wird der Fl. unverd. Melasse zugesetzt, u. die Maßnahmen der Gärung, Abtrennung der Hefe u. Abdest. des Alkohols werden wiederholt, bis die zurückbleibende Schlempe wenigstens 15% Glycerin (I) enthält, worauf sie dialysiert u. das I vom Dialysat abgetrennt wird. (**A. P. 2 614 964** vom 3/1. 1949, ausg. 21/10. 1952.) KETTNER. 7579

Armour & Co., übert. von: **Melvin Wayne Marcoux**, Chicago, Ill., V. St. A., *Diacetyl durch Gärung.* Pasteurisierte Magermilch wird mit *Streptococcus diacetylactis* angestellt u. der Ansatz bei ca. 75—80° F während < 12 Std. u. bis die Titrationsacidität (I) 0,55% Milchsäure beträgt, bebrütet. Zweckmäßig wird dabei die Temp. von 68—70° F unter Rühren so lange gehalten, bis eine I von ca. 0,75—0,80% erreicht ist. (**A. P. 2 586 072** vom 21/6. 1947, ausg. 19/2. 1952.) KETTNER. 7579

XVI. Nahrungs-, Genuß- und Futtermittel.

A. L. Delaunois, *Ultraschallschwingungen in der Ernährungsindustrie.* Übersicht über die Anwendung des Ultraschalls auf dem Lebensmittelgebiet. (Fermentatio [Gand] **1952.** 113—15. Gent, Hogeschool voor Gistingsbedrijven.) WESLY. 7632

E. Sauter, *Anwendung von Ultraviolettstrahlen zur Schimmelbekämpfung in der Lebensmittelwirtschaft.* Allg. Ausführungen. (Brot u. Gebäck **6.** 191—92. Dez. 1952. Erlangen, Techn. Stammabt. d. Siemens-Schuckert-Werke AG.) WINIKER. 7634

A. Schulz und **H. Stephan**, *Untersuchungen zur Vereinfachung der Sauerteigführung.* (Brot u. Gebäck **6.** 187—89. Dez. 1952. Detmold, Bundesanst. für Getreideverarbeitung.) WINIKER. 7674

A. Rotsch und **E. Tehsmer**, *Erfahrungen bei der Herstellung von Schmalzgebäck.* (Brot u. Gebäck **5.** 65—68. Mai 1951. Detmold, Bundesanst. für Getreideverarbeitung.) WINIKER. 7674

K. Wölfel, *Fettverderb in der Feinbäckerei.* Allg. Ausführungen über die Ursachen des Fettverderbs nebst prakt. Hinweisen zu seiner Verhütung. — 14 Literaturhinweise. (Brot u. Gebäck **6.** 194—98. Dez. 1952. Bremen.) WINIKER. 7674

B. Maymone und **A. Battaglini**, *Untersuchungen über die Verdaulichkeit und den Nährwert von Karoben* (*Caratonia siliqua L.*). Die chem. Zus. von Karobenfruchtfleisch schwankt beträchtlich je nach Standort u. Bodenkultur. Der Geh. an N-freien Extraktstoffen schwankte zwischen 59—70 (%), davon ca. 42 red. Zucker u. 1 Stärke, Protein 2—6, Fett 0,2—1,8, Rohfaser 3,5—8,7, Aschenbestandteile 1,3—3,5. Bei Verdaulichkeitsunterss. wurden festgestellt: organ. Substanz 58,5, Rohfett 64,4, N-freie Extraktstoffe 62,3, Rohfaser 40,3; die Proteine sind prakt. unverdaulich. Hierbei war es prakt. gleich, ob gesunde oder von Myelois ceratoniae Zeller befallene Schoten untersucht wurden. Mittlerer Stärkewert 44 kg = 2365 Kalorien. (Ann. Sperimentaz. agrar. [N. S.] **5.** 721—44. 1951. Rom.) GRIMME. 7688

Etto e Bottini, *Die Anwendung künstlicher Kälte bei der Konservierung von Früchten und Gemüsen in USA.* 1. Mitt. *Die amerikanische Gefriertechnik und der Transport von Früchten und Gemüsen.* Sammelbericht über amerikan. Erfahrungen. (Ann. Sperimentaz. agrar. [N. S.] **5.** XLV—LXIX. 1951. Turin.) GRIMME. 7690

Ettore Bottini, *Die Anwendung künstlicher Kälte bei der Konservierung von Früchten und Gemüsen in USA.* 2. Mitt. *Abkühlung und Einfrieren von Früchten und Gemüsen.* (1. vgl. vorst. Ref.) Umfassender Bericht über bewährte Kühl- u. Lageranlagen. (Ann. Sperimentaz. agrar. [N. S.] **5.** LXXI—CI. 1951. Turin.) GRIMME. 7690

Johannes Wolf, *Kaltlagerung in belüfteten Bädern. Untersuchungen an Spargel.* Spargel werden mehrere Wochen bei 0° in verschied. starker Kochsalzlsg. bei ständiger Belüftung aufbewahrt. Die durch organolept. Beurteilung der danach gekochten Spargel ermittelte optimale NaCl-Konz. war 0,5—1%. (Ind. Obst- u. Gemüseverwert. **38.** 44—46. 26/2. 1953. Karlsruhe, Bundesforschungsanst. für Lebensmittelfrischhalt.) FRESENIUS. 7690

T. Valle, *Einfluß des Schnelleinfrierens auf die Stabilität der Ascorbinsäure im Citronensaft.* Frischer Citronensaft (p_H 6,15) zeigte nach 7 Std. bei 20° eine Vitamin-C (I)-Abnahme von 2,6%. In Ggw. von Ascorbinsäureoxydase betrug die Abnahme in der gleichen Zeit 56%. Nach Einfrieren auf —25 bzw. —45° war der Geh. an I nach dem Auftauen nach 7 Std. (20°) um 11,5% verringert. (Ann. Sperimentaz. agrar. [N. S.] **5.** 221—26. 1951. Mailand.) GRIMME. 7706

A. Schmidt, *Beitrag zur Untersuchung und Beurteilung von schwarzem Tee.* Versuchsaufgüsse werden mit 1,5 g Tee auf 150 cm³ kochendes W. bei 3 Min. langem Ziehen u. Abgießen hergestellt. Analyt. werden bestimmt W., wss. Extrakt, Coffein, Gerbstoff, Asche, Blatt-, Stengel- u. Rippenteile, Oxydationszahl (I) u. Chloraminzahl (II) im Wasserdampfdestillat. I war in Blättern u. Rippen wesentlich höher als in Stengelteilen, II war in allen Teilen gleich groß. Alle ermittelten Werte kommen als Bewertungs- u. Beurteilungsgrundlage für Tee nicht in Frage. (Z. Lebensmittel-Unters. u. -Forsch. **95.** 412—18. Dez. 1952. Berlin-Charlottenburg, Landesanst. für Lebensmittel-, Arzneimittel- u. gerichtliche Chem.) FRESENIUS. 7724

W. Mohr und **R. Jünger**, *Vergleich der Prüfung der Reinigungswirkung von Reinigungsmitteln nach der Methode des Ausrollverfahrens einer Milchkanne mit Stahlkugeln nach der Methode der Beflutung von Blechen.* Im Ausroll- u. im Beflutungsverf. wurde die Wirksamkeit von Leitungswasser, 0,5%ig. Sodalsg., 0,5%ig. Metasilicatlsg. u. 0,5%ig. Natronlauge verglichen. Beide Verff. führten bei allen Verunreinigungen (Buttermilch, saure u. süße Sahne) zu einer Einstufung in vorst. Reihenfolge (zunehmende Wirksamkeit). Bei Parallelverss. ist das Ausrollverf. vorzuziehen, da die damit erzielten Werte weniger stark streuen. (Milchwissenschaft **6.** 234—36. Juli 1951. Kiel, Bundesvers.- u. Forschungsanst. für Milchwirtschaft, Physikal. Inst.) WINIKER. 7756

W. Mohr und **K. Koenen**, *Die Beurteilung der Qualität von Schlagsahne.* Vff. geben einen Überblick über die Best. u. Beurteilung der Volumenzunahme, der Festigkeit u. des Absetzens von Schlagsahne (**I**). Des weiteren wird eine Standardschlagapp. beschrieben, mit deren Hilfe das Festerwerden der **I** verfolgt u. somit die optimale Schlagzeit ermittelt werden kann. Abschließend werden der Einfl. der grenz- u. oberflächenakt. Stoffe, der Einfl. der Bldg. von Oberflächenhäutchen u. der Einfl. des Zustandes des Fettes auf die Struktur von **I** behandelt. (Dtsch. Molkerei-Ztg. **74.** 468—71. 10/4. 1953. Kiel, Physikal. Inst. der Bundesversuchs- u. Forschungsanst. für Milchwirtschaft.) WINIKER. 7756

M. E. Schulz (unter Mitarbeit von **G. Sydow, Ursula Kock** und **H. Siegfried**), *Die Untersuchung von Käse mit Hilfe von Röntgenstrahlen.* Nach einem geschichtlichen Überblick über die Anwendung von Röntgenstrahlen in der Milchwirtschaft behandeln Vff. die Möglichkeiten der Benutzung des Röntgenschattenbildes u. der Röntgenphotographie zur Unters. der Feinstruktur u. der Lochbldg. im Käse. Hinweis auf die enzym- u. bakterienschädigende Wrkg. der Röntgenstrahlen. (Dtsch. Molkerei-Ztg. **74.** 471—73. 10/4. 1953. Kiel, Chem. Inst. der Bundesversuchs- u. Forschungsanstalt für Milchwirtschaft.) WINIKER. 7760

Andrea Monzini und **Anna Artom**, *Beobachtungen über den Lactoflavingehalt von Milch und Milchprodukten und Versuche über einige Faktoren, welche ihn beeinflussen.* Frische Wintermilch enthält im Mittel im Liter 826 γ, Sommermilch 1150 γ Lactoflavin (**I**). Zu Beginn der Lactation übersteigt der Geh. stets 1000 γ. Durch Pasteurisieren treten Verluste von 5%, durch 1 std. Sterilisieren bei 100° von 10%, bei 2 Min. langem Kochen von 3,5% ein. Durch Milchsäuregärung entstand in den ersten 24 Std. ein Verlust von 5%, der nach weiteren 24 Std. auf 12,5% stieg. Bei weiterer Säuerung steigt **I** wieder an u. erreicht schließlich Werte, die über dem Ausgangsgeh. liegen. Bei italien. Käsen mit Pilzreifung (Gorgonzola, Robiola, Crescenza) wurde eine merkliche **I**-Synth. festgestellt, ebenso, aber nicht so stark, bei Käsen mit Milchsäuregärung (Bel Paese). Bei Käsen mit proteolyt. Gärung (Grana) findet keine **I**-Synth. statt. (Ann. Sperimentaz. agrar. [N. S.] **5.** 805—18. 1951. Mailand) GRIMME. 7760

Veikko J. Uuspää und **Pertti Torsti**, *Der Histamingehalt von finnischem Käse.* Unveränderter Käse enthält beträchtliche Mengen an Histamin (**I**). Aus Emmenthaler Käse konnte **I** krist. als Dipikrat isoliert werden. Diskussion der toxikolog. Bedeutung von **I** im Käse. (Ann. Med. exp. Biol. fenn. **29.** 58—68. 1951. Helsinki, Univ., Dep. of Med. Chem., u. Dep. of Pharmacol.) BRATFISCH. 7760

United States of America, übert. von: **Rolland M. McCready**, Berkeley, und **Vernon G. Silveira**, Albany, Calif., V. St. A., *Gewinnung von Eiweiß* (I). Trockenerbsen werden in W. geweicht u. in einer Hammermühle fein vermahlen. Die von Stärke u. Faserstoffen befreite Lsg. wird mit H_2SO_4 angesäuert (p_H ca. 4,5), wobei **I** als Suspension ausfällt. Nach Zugabe eines Pektats oder niedrigmethoxylierten Pektinats wird die Suspension durch weitere Zugabe eines Ca-Salzes geliert, wobei die **I**-Teilchen mit eingeschlossen werden. (**A. P. 2 607 768** vom 21/4. 1950, ausg. 19/8. 1952.) KRANZ. 7647

Elektrochemische Fabrik Kempen-Rhein Dr. Brandenburg & Weyland G. m. b. H. (Erfinder: **Fritz Hess**), Kempen/Rh., *Aufarbeiten von Eiweißabbauprodukten.* Die bei der Hydrolyse von Eiweißstoffen, bes. bei der Herst. von Leimen anfallenden stark verd. Lsgg., werden mit einer in Form der freien Säure vorliegenden capillarakt. Substanz, z. B. Alkyl- oder Alkylarylsulfosäure mit längerem Alkylrest, versetzt, der ausfallende Nd. von der Lsg. abgetrennt u. mit Alkalien neutralisiert bzw. zu einer konz. Lsg. verarbeitet. (**D. B. P. 862 393** Kl. 53i vom 22/11. 1951, ausg. 12/1. 1953.) KRANZ. 7647

Wessanen's Koninklijke Fabrieken N. V., Wormerveer, Holland, *Verbesserung der Backfähigkeit von Mehl* durch Zusatz von 2.3.4-Triketonen u./oder deren Hydraten als solchen oder in red. Form, ausgenommen Alloxan, Ascorbinsäure u. Reduktinsäure. — Beispiele: 2.3.4-Triketopentan, -hexan, Ninhydrin, $\alpha.\beta.\gamma$-Trioxo-$\alpha.\gamma$-diphenylpropan, Dialursäure. (**D. B. P. 868 431** Kl. 2c vom 15/2. 1944, ausg. 26/2. 1953.) KRANZ. 7671

Albert Green, Cambridge, England, *Anreichern von Mehlen.* Zusatzstoffe, wie Vitamine, feinverteilte Metalle, Metallsalze u. dgl., werden in wss. Lsg. oder Suspension übergeführt u. mit einem Absorptionsmittel, wie Mehl, vermischt. Die Mischung wird durch Zerstäubung bis auf einen Feuchtigkeitsgeh. <12% getrocknet u. dem Backmehl beigemischt. — Vorrichtung. (**D. B. P. 868 731** Kl. 2c vom 1/1. 1949, ausg. 26/2. 1953. E. Priorr. 8/11. 1938, 30/10. 1939, 5/6. 1943 u. 17/1. 1944.) KRANZ. 7671

Wallerstein Co., übert. von: **Irwin Stone**, New York, N. Y., V. St. A., *Frischhalten von Backwerk.* Dem Teig werden zusammen mit anderen Zusätzen, wie Malzmehl u. $KBrO_3$, sehr kleine Mengen, z. B. 0,005%, eines hitzebeständigen bakteriellen Amylasepräp., wie es aus Bacillus mesenthericus u. subtilis gewonnen werden kann, zugesetzt. (**A. P. 2 615 810** vom 4/3. 1948, ausg. 28/10. 1952.) KRANZ. 7675

Wilhelm Vaubel, Darmstadt, *Thallium- und arsenfreies Kartoffelprodukt.* Die rohen oder vorher gekochten u. zu Scheiben zerkleinerten Kartoffeln werden mit verd. HCl versetzt, mehrere Std. stehengelassen, von der gebildeten Fl. abgetrennt u. bis zum Verschwinden der sauren Rk. ausgewaschen. (**D. B. P. 861 502** Kl. 53k vom 18/4. 1951, ausg. 5/1. 1953.) KRANZ. 7679

Superior Sugar Refining Co., Menominee, Mich. (Erfinder: **Alfred Elden Bishop**, Dayton, O.), V. St. A., *Pektin aus Zuckerrüben.* Zuckerrübenpulpe wird mit Hilfe eines Lösungsm., z. B. eines A.-Bzn.-Gemisches, von wachs- u. gummiartigen Stoffen befreit u. in W. zwecks Lsg. des Rohpektins digeriert. Das Pektin wird mit A. ausgefällt u. abgetrennt. — Vorrichtung. (**D. B. P. 860 594** Kl. 53k vom 19/11. 1949, ausg. 22/12. 1952. A. Prior. 14/7. 1949.) KRANZ. 7703

XVII. Fette. Seifen. Wasch- u. Reinigungsmittel. Wachse. Bohnermassen usw.

R. Marcuse, *Fettverderbforschung und Antioxydantien in USA.* Es wird berichtet über den Reaktionsverlauf der Autoxydation, über die Arbeiten in den NORTHERN REGIONAL RES. LABORS., über das HORMEL-INSTITUT in Austin (Minnesota) u. das AMERICAN MEAT INSTITUT in Chicago, über Anti- u. Prooxydantien u. synergist. Substanzen, ihre Wirkungsweisen. Als für die Praxis wichtige Antioxydantien werden erwähnt: Nordihydroguajaretsäure, Propylgallat u. Butyloxyanisol. Weitere Antioxydantien sind Dihydroquercetin u. Norconidendrin. Weiter werden behandelt die Frage des Synergismus, die Rolle der Ascorbinsäure, die Äthylendiamintetraessigsäure, die Imprägnierung von Verpackungsmaterialien u. die Anwendungsmöglichkeit für antioxydative Substanzen bei Schmalz, Baconspeck, Geflügel, Fischwaren, Milchprodd. u. vegetabil. Fetten. Es folgen Betrachtungen über die chem.-physikal. u. pharmakol. Untersuchungsmethoden (Best. des Verdorbenheitsgrades, Unters. der Stabilität u. Stabilisierung, Best. des Geh. an Antioxydantien u. Metallspuren). (Fette Seifen einschl. Anstrichmittel **54.** 530—39. Sept. 1952. Göteborg, Schwed. Inst. für Lebensmittelforsch.) BOYE. 7878

G. W. Busby und **D. E. Grosvenor**, *Die Reinigung von Glycerin durch Ionenaustausch.* Ausführungen über die bisherige Aufarbeitung von Seifenlaugen auf Glycerin; Beschreibung einer Großanlage auf der Basis des Ionenaustausches (Entfernung des NaCl, das in den Laugen in großer Menge neben anderen Begleitstoffen enthalten ist). Die Anlage stellt eine 4-Stufeneinheit dar u. besteht aus 3 Paaren von Kation–Anion-Austauschern; es finden 5 verschied. synthet. Harze als Austauscher Verwendung. Die Seifenlauge wird auf einen Geh. von 25% Glycerin mit W. verd. u. passiert dann die Austauscher; hinsichtlich deren Regenerierung vgl. Original. Die entionisierte Fl. wird im Vakuum auf einen Geh. von 95—99% Glycerin eingedampft; das Endprod. ist von sehr heller Farbe u. bedarf keiner weiteren Filtrierung oder Bleichung; es ist einem intensiv dest. Glycerin an die Seite zu stellen. (J. Amer. Oil Chemists' Soc. **29.** 318—20. Aug. 1952. Cambridge, Mass., Lever Brothers Co.) TÄUFEL. 7908

—, *Seifenzusatzmittel.* Allg. Ausführungen über Stabilisatoren, Antioxydantien, Überfettungsmittel, Schaumverbesserer, Füllmittel u. Parfümfixateure. (Indian Soap J. **18.** 101—04. Sept. 1952.) BÖSS. 7910

—, *Filtrierung in der chemischen Reinigung.* Bericht über die Erfahrungen bei der Verwendung von Filtern bei der chem. Reinigung. (Färber u. Chemischreiniger, Färber-Ztg. **6.** Nr. 4. 1—2. April 1953.) P. ECKERT. 7914

Frederick H. Luckmann, Daniel Melnick und **Hans W. Vahlteich**, *Bestimmung von Vitamin A in Margarine.* 4. Mitt. *Untersuchungen an gelber Margarine, hergestellt mit und ohne Carotin.* Angaben darüber, daß die Margarine in USA gefärbt werden darf mit Carotinkonzentraten (teilweise benutzt), mit Annattosaatextrakten (selten benutzt) sowie mit synthet. F. D. sowie C. Yellow Nr. 3 u. 4 (am meisten benutzt). Ausführungen über das Verh. u. die qualitative u. quantitative Ermittlung (chem. bzw. spektrophotometr.) dieser Farbstoffe im Hinblick auf die Best. von Vitamin A unter besonderer Berücksichtigung der opt. Eigg. der Carotine. Eingehende lichtabsorptiometr. Verss. an Margarinefetten, die mit den vorgenannten Farbstoffen in der üblichen Konz. gefärbt sind u. gleichzeitig Vitamin A enthalten. Unters. über die Rk. der Margarinefarbstoffe mit $SbCl_3$ im Hinblick auf die Auswirkung auf die Vitamin-A-Best.; Ermittlung des Carotins als Provitamin A (spektrometr.) mit Angabe der Berechnungsweise. Betrachtungen über die Zuverlässigkeit der chem. Best. von Vitamin A in gefärbter Margarine. Es wird festgestellt, daß die spektrometr. Arbeitsweise als Betriebskontrollmeth. auch in Ggw. von Annatto oder der 2 synthet. Farbstoffe anwendbar ist, wenn die zum Vgl. herangezogenen Proben ohne Vitamin A in gleicher Weise gefärbt sind. Bei der colorimetr. Arbeitsweise mit $SbCl_3$ führen die Farbstoffe zu fehlerhaften Ergebnissen (Carotin erniedrigt, Annatto u. die 2 synthet. Farbstoffe erhöhen den Vitamin-A-Wert). Der Fehler durch Annatto ist eliminierbar, wenn man die Best. mit $SbCl_3$ im Unverseifbaren des Margarinefettes ausführt, derjenige durch die 2 synthet. Farbstoffe, wenn man auf Grund ihrer Konz. eine entsprechende Korrektur anbringt. Der fehlerhafte Effekt von Carotin ist ausschaltbar, wenn man dasselbe spektrometr. (bei 455 mμ) im Unverseifbaren ermittelt (Korrekturwert) bzw. wenn man colorimetr. ($SbCl_3$) den Geh. an Vitamin A im Unverseifbaren (Korrekturwert) ermittelt. Beide Bestimmungsmethoden erweisen sich, wie aus der Unters. von Fabrik- u. Handelsproben von Margarine hervorgeht, als zuverlässig u. stimmen mit den Resultaten des biol. Testes befriedigend überein. (J. Amer. Oil Chemists' Soc. **29.** 321—30. Aug. 1952. Bayonne, N. J., Best Foods Inc., Res. Labor.) TÄUFEL. 7934

Extraction Continue de Smet, Soc. An., Antwerpen, Belgien, *Extraktion von Fettstoffen.* Feste fetthaltige Stoffe, z. B. Früchte, werden mit Lösungsmitteln von Ölen befreit. Das Gut wird mit dem Lösungsm. nach dem Gegenstromprinzip behandelt, wobei das Gut über ein endloses Band wandert u. period. vom Lösungsm. besprüht wird. Die Lösungsmittelmengen werden fraktioniert aufgefangen, u. das Extraktgut wird stufenweise zurückgeführt, u. zwar aus jeder Stufe immer so viel, daß das Gut prakt. zweimal durch jede Stufe läuft. Die zurückgeführte Menge des Extraktgutes wird so geregelt, daß sie sich vom Füllende bis gegen das Abnahmeende vergrößert. (**N. P. 79 701** vom 23/12. 1949, ausg. 11/2. 1952. Belg. Prior. 24/12. 1948.) JÜRGEN SCHMIDT. 7873

Lever Brothers & Unilever Ltd., Port Sunlight, England, *Raffination von Fetten und Ölen.* Man führt die Raffination mit Alkalien in Ggw. von 0,02—0,5% Tartraten durch. (**E. P. 676 574** vom 27/6. 1950, ausg. 30/7. 1952.) LÜTTGEN. 7875

Swift & Co., übert. von: **Karl E. Mattil**, Chicago, Ill., V. St. A., *Stabilisieren fetter Öle.* Da die Geruchs- u. Geschmacksverschlechterung gewisser Speiseöle durch die unverseifbaren Anteile des Öles bewirkt werden, verringert man die JZ. durch partielle Hydrierung um 4—20 u. extrahiert mit verflüssigten, unter n. Bedingungen gasförmigen KW-stoffen. (**A. P. 2 613 215** vom 6/8. 1947, ausg. 7/10. 1952.) LÜTTGEN. 7881

V. D. Anderson Co., Cleveland, übert. von: **John W. Dunning**, Lakewood, O., V. St. A., *Vorbehandlung von Ricinussaat* (I). Zur besseren Extraktion wird die zerkleinerte I unter Erhöhung des Wassergeh. von I auf 15—25% auf 130—150° erhitzt, wodurch Eiweiß u. Kohlenhydrate in eine zähe, gummiartige M. übergeführt werden. (**A. P. 2 618 643** vom 4/5. 1949, ausg. 18/11. 1952.) LÜTTGEN. 7895

Lever Brothers Co., Cambridge, Mass., übert. von: **John Rourke**, Bebington, und **William Thornton Dow**, Upton, England, *Herstellung von Margarine.* Man stellt einen kontinuierlichen Strom durch Mischen eines Stromes von Fett- u. Wasserbestandteilen her, emulgiert, homogenisiert u. kühlt ihn durch Sieben; dann ändert man plötzlich seine Richtung, läßt die Mischung sich absetzen u. ihre endgültige Konsistenz annehmen. (**A. P. 2 611 707** vom 23/3. 1949, ausg. 23/9. 1952. E. Prior. 1/4. 1948.) MAASS. 7901

XVIIIa. Holz. Cellulose. Zellstoff. Papier. Papierdruck. Celluloid. Linoleum.

Gerda Theden, *Ergebnisse mykologischer Holzschutzmitteluntersuchungen nach abgewandelten Prüfverfahren.* Um den Kosten- u. Zeitaufwand des Normverf. zur Best. der Grenzwerte der fungiciden Wirksamkeit von Holzschutzmitteln herabzusetzen, wurde das „Stäbchenverf." entwickelt, welches mit Holzproben von 50 × 7 × 4 mm Größe arbeitet (mit größter Hirnholzfläche). Diese werden in Reagensgläsern in Kulturen den schnellwüchsigen Coniophore cerebella u. Poria vaporaria eingebaut. Die gefundenen Grenzwerte stimmen jedoch zum Teil nicht mit denen des Normverf. überein. Weiterhin wird über Verss. berichtet, die fungicide Wrkg. von Holzschutzmitteln zu bestimmen an nicht durch Volltränkung, sondern durch Anstrich geschützten Klötzchen. Hier ergibt sich, daß der Randschutz oft nicht genügend ist, indem die Pilze durch die schutzmittelgetränkten Randschichten hindurchwachsen u. das ungeschützte Holzinnere zerstören. (Holz Roh- u. Werkstoff **11.** 41—45. Febr. 1953. Berlin-Dahlem, Materialprüfungsamt, Abt. Holzschutz.) SEIFERT. 7952

Arthur Simon und **Heinz Tönjes,** *Beiträge über das Verhalten von Natriumpentachlorphenolat als Holzimprägnierungsmittel.* Na-Pentachlorphenolat läßt sich im imprägnierten Holz durch Überstreichen mit frisch bereiteter Lsg. gleicher Volumenteile 2n$CuSO_4$, 2nNa-Acetat u. Aceton nachweisen: tief braunrote Färbung. Die quantitative Best. erfolgt durch Titration mit 0,1 n. alkoh. KOH nach vorhergehender Ausfällung mit Säure u. Filtration der eisgekühlten Lsg., Indicator Thymolblau. Die Best. des Eindringvermögens erfolgt nach bekannten Verff.; bei der Steighöhenmeth. ist die Diffusion in Filtrierpapier für Chromatographie ebenso groß wie jene von NaF. Die Löslichkeit in W. bei 20° beträgt 20,65%. Bei der Best. der Auslaugbarkeit nach DIN 52176 Bl. 2 aus imprägnierten Holzklötzchen werden 30—35% nicht ausgelaugt, vermutlich wegen Umsetzung mit den im Holz vorhandenen schwachen Säuren. Zusätzliche Fixierung mit CO_2 ist nicht möglich, weil die Rk. nach Fortfall der CO_2-Einw. rückläufig vor sich geht. (Holz Roh- u. Werkstoff **11.** 104—11. März 1953. Dresden, TH.) STEINER. 7952

H. Grotjahn und **K. Hess,** *Beeinflussung der inneren Oberfläche von Cellulosepräparaten.* Untersucht wird der Einfl. der Trocknung auf die Oberfläche von Cellulose. Verwendet wurden Zellstoffe verschied. Provenienz, Baumwollinters u. Viscosereyon sowie deren Mahlprodd. (Kreuzschlagmühle). Die Best. der Oberfläche erfolgte mit Ar bei der Temp. des fl. Sauerstoffes. Die Auswertung der Isothermen nach BRUNAUER, EMMETT u. TELLER. Die Offenhaltung der Capillarräume wurde durch Ausschütteln mit hydrophilen organ. Fll. sowie mit solchen organ. Fll., die eine azeotrope Dest. gestatten, ermöglicht. Die Versuchsergebnisse sind in Tabellen zusammengefaßt. Es wurde gefunden, daß der übliche Feuchtigkeitsgeh. von Cellulosefasern von ca. 5—7% keinen Einfl. auf die Oberflächenwerte hat. Anders liegen die Verhältnisse bei Baumwollinters, hier ist die Oberfläche nach der Wiederbefeuchtung abgesunken. Viscosereyon hat gegenüber Zellstoff eine erheblich kleinere Oberfläche im getrockneten u. ungetrockneten Zustand. Die Oberflächengröße von Cellulose nach Entwässerung mit Pyridin, A.-Ae. u. Butanol betrug etwa das 3fache wie nach einer Trocknung im Vakuum bei 100°. Noch günstiger liegen die Verhältnisse bei einer Entwässerung durch azeotrope Destillation. Noch höhere Oberflächen weisen die unter geeigneten Bedingungen gefällten u. durch azeotrope Dest. getrockneten Zellstoffpulver auf. Mit den Mahlpräpp. u. Fällungsprodd. sind für die wirksame Oberfläche Werte erzielt worden, die in ihrer Größenordnung dem Grenzflächenwert entsprechen, der sich aus den Dimensionen der Grundfibrillen schätzen läßt. An Hand der Verss. wird eine theoret. Betrachtung gegeben. (Kolloid-Z. **129.** 128—32. Dez. 1952. Köln, Forschungsinst. der Glanzstoff-Courtaulds GmbH.) P. ECKERT. 7954

V. V. Juvonen, *Über die Nomenklatur der Nebenprodukte der Cellulose.* Im Hinblick auf die Uneinheitlichkeit der Nomenklatur der Zellstoffnebenprodd. wird eine Vereinheitlichung der finn. Bezeichnungen vorgeschlagen u. eine internationale Regelung angeregt. (Teknillisen Kemian Aikakausilehti **9.** 405—07. 1952.) BECKMANN. 7954

W. H. Bush, O. J. Walker und **K. C. Logan,** *Experimentelle Kochversuche zur Herstellung von Sulfitzellstoff in hoher Ausbeute.* Bei der Unters. des Einfl. verschied. Kochprozesse auf Fichtenholz fanden Vff., daß nicht so sehr der Säuregeh., der Druck oder die Temp. eine hohe Ausbeute ergibt als vielmehr eine Erhöhung der Gleichmäßigkeit in den Kochern, bes. bei der Erhitzung im Umlaufsystem. Von weiterem erheblichen Einfl. ist die Permanganatzahl, die man zur Erreichung einer hohen Ausbeute so hoch wählen möchte, als es das Endprod. irgend gestattet. (Pulp Paper Mag. Canada **53.** 286—347. 1952. Quebec, Can., Northwestern Paper Products Ltd.) HEINRICHS. 7962

M. C. Hutchins, E. I. Stearns und **F. O. Sundstrom,** *Weißfärbung von Papier.* Gegeben wird eine Übersicht über die Verff., die sich mit der Verbesserung des Weißgeh. des Papiers beschäftigen, u. zwar mit der chem. Bleiche der Faserstoffe, mit der Zugabe eines weißen Füllstoffes sowie eines blauen oder fluorescierenden Farbstoffes. Die verschied. Wirkungen wurden untersucht, u. Vorschläge für eine möglichst wirksame Anwendung dieser Farbstoffe werden gemacht. (Tappi **35.** Nr. 8. 342. 1952; referiert nach Papier **7.** L6. 10/1. 1953.) P. ECKERT. 7980

Thomas K. Wahlberg, *Untersuchungen über die Reißfestigkeit.* 1. Mitt. *Der Einfluß der Mikrokreppung.* Beim spannungslosen Trocknen des Papiers tritt Mikrokreppung ein. Untersucht wurde der Einfl. der Mikrokreppung auf die Reißfestigkeit u. diese in Beziehung zu den Spannungs–Dehnungs-Eigg. des Papiers gesetzt. Es wurde eine Beziehung zwischen Dehnung u. Reißfestigkeit festgestellt, u. zwar an Papier, das einer einseitigen Streckung sowohl im trockenen Zustand als auch während der Trocknung ausgesetzt worden war. Auf der Trockenpartie hat sich gezeigt, daß Dehnbarkeit u. Reißfestigkeit variieren, u. zwar über die Maschinenbreite mit Maximum an den Kanten. Besprochen wird die Möglichkeit der Herst. von Papier mit hoher Dehnbarkeit u. Reißfestigkeit. Untersucht wurde ferner noch die Veränderung der Reißfestigkeit während des Trocknungsvorganges auf der Papiermaschine. Ein starker Abfall von Reißfestigkeit u. Dehnbarkeit bei einem Trockengeh. um 75% wurde festgestellt. Weitere Versuchsergebnisse werden besprochen. (Svensk Papperstidn. **56.** 124—30. 28/2. 1953. Swedish Forest Products Res. Labor., Paper Technol. Dep. [Orig.: engl.]) P. ECKERT. 7984

Lars Ahlén und Olof Samuelson, *Bestimmung von Methanol und Äthanol in Sulfitablauge.* Untersucht wurde die pyknometr. Best. von Alkohol in Sulfitablauge (I) u. Kondensation von I nach der CCA-Methode. Es konnte gezeigt werden, daß der Einfl. der Carbonylverbb. im Destillat auf die Versuchsergebnisse sehr gering ist. Behandelt wurden verschied. Faktoren bei der Best. des Methanols nach der Chromotropsäuremethode. Durch Verwendung des Ionenaustauschverf. konnte die störende Einw. von CH_2O behoben werden. Die CH_2O-Konz. in den Destillaten nach der CCA-Meth. ist meistens so gering, daß diese unberücksichtigt bleiben kann. (Svensk Papperstidn. **56.** 81—84. 15/2. 1953. Göteborg, Chalmers Tekniska Högskola, Inst. för Teknisk kemi.)
P. ECKERT. 8006

Alois Voigt, Vaduz, Liechtenstein, *Vakuumanlagen zum Tränken und Imprägnieren von Gegenständen,* z. B. *Holz,* mittels schmelzbarer Tränkmittel (I), wie Erdwachs, Bitumen u. dgl., dad. gek., daß die I in einer Schicht, die einen Bruchteil der Tränkraumweite mißt, auf Vorrat gehalten wird, durch Wärme verflüssigt, in den Tränkraum geführt u. nach dem Tränken der Überschuß in den Vorratsraum zurückgeführt wird. — Vorrichtung. (**Schwz. P. 282 802** vom 11/4. 1950, ausg. 1/9. 1952.) E. PETERSEN. 7953

Arne Johan Arthur Asplund, Stockholm, Schweden, *Defibrieren von Faserstoffen.* Beim Defibrieren von Cellulose–Lignin-Massen werden diese vorher bei n. Druck unterhalb 100° ca. 2 Std. mit alkal. Fll. imprägniert, dann abgepreßt, oberhalb 100° in geschlossenen Behältern behandelt u. unmittelbar darauf defibriert. Die Vorimprägnierung bei tiefer Temp. übt eine auflockernde Wrkg. auf die Ligninstoffe aus. Geeignet ist hierzu bes. ca. 2%ig. NaOH. — Zeichnung. (**Dän. P. 73 850** vom 27/7. 1945, ausg. 3/3. 1952. Schwed. Prior. 1/4. 1944.) JÜRGEN SCHMIDT. 7955

Alfred M. Thomsen, San Francisco, Calif., V. St. A., *Regenerieren von NaOH, Na_2SO_3 und $NaHSO_3$ enthaltenden Zellstoffablaugen.* Ein Teil der Ablauge wird dem Frischlaugebehälter zugeführt, der Rest mit CO_2 gesätt., gefällte organ. Substanz abgetrennt, die Fl. mit SO_2 angesäuert u. weitere organ. Substanz abgetrennt. Ein Teil der sauren Fl. wird dem Frischlaugebehälter zugeführt, ein Teil mit $Ca(OH)_2$ kaustifiziert, $CaSO_3$ abgetrennt u. die Fl. dem Frischlaugebehälter zugeführt, u. ein nichtkaustifizierter Teil mit H_2SO_4 zerlegt, SO_2 u. organ. Substanz abgetrennt, die Fl. mit $CaSO_4$ gemischt u. oxydierend verbrannt, die Schmelze in W. gelöst, $CaSO_4$ entfernt, die Na_2SO_4-Lsg. mit $CaSO_3$ gemischt u. mit SO_2 angesäuert, $CaSO_4$ entfernt u. die Lsg. der Na-Sulfite dem Frischlaugebehälter zugeführt. Die Mengenverhältnisse werden so geregelt, daß die Zus. der Fl. bei neuen Kochungen gleich bleibt. — Schema. (**A. P. 2 618 610** vom 2/9. 1947, ausg. 18/11. 1952.) G. VOGEL. 7967

Farbenfabriken Bayer (Erfinder: **Max Coenen**), Krefeld-Verdingen, *Herstellung wasserfester Cellulosederivate* durch Überführung von Benzylcellulose in *Benzylcellulosecarbamate,* z. B. durch Einw. von Isocyanaten, z. B. von Phenylisocyanat in Pyridin. (**D. B. P. 870 093** Kl. 12o vom 29/2. 1944, ausg. 9/3. 1953.) FABEL. 7971

Dr. Alexander Wacker Ges. für elektrochemische Industrie G. m. b. H., München (Erfinder **Paul Ernst, Wolfgang Gruber** und **Martin Mittermayer,** Burghausen), *Herstellung von Cellulosemischestern,* bes. *Celluloseacetatbutyrat.* Die Veresterung wird bei 15—35° mit $HClO_4$ als Katalysator (K) bis zu einem Veresterungsgrad von 80% durchgeführt u. mit etwa der doppelten Menge H_2SO_4 oder z. B. H_3PO_4 als K beendet. (**D. B. P. 870 251** Kl. 12o vom 15/8. 1951, ausg. 12/3. 1953.) FABEL. 7971

Kurt Bratring, Berlin, *Gewinnung von Faserstoffen für Papier aus Torf* durch Behandlung mit Chlorkalk. Es wird eine Lsg. von Chlorkalk verwendet, die außerdem noch $Ca(OH)_2$ u. gegebenenfalls ein Chlorit enthält. — Beispiel: Feuchter zerfaserter Torf wird mit einer Chlorkalklsg. mit 1—1,5(%) akt. Cl u. 1—3 $Ca(OH)_2$ getränkt. Nach Aufhören der N-Entw. wird die dunkle Fl. abgelassen u. eine frische Lsg. mit 1—3,5 akt. Cl, 1—3 $Ca(OH)_2$ u. 1—3 $NaClO_2$ zugesetzt. Nach 0,5—1,5 Std. wird der citronengelbe Stoff durch Schlämmen gereinigt, entlaugt, mit SO_2 von Cl-Resten befreit, nötigenfalls aufgeschlagen u. gut gewaschen. (**D. B. P. 866 452** Kl. 55b vom 28/4. 1951, ausg. 9/2. 1953.) G. VOGEL. 7975

Johannes Eugen Hanse, Drammen, Norwegen, *Faserförmige unlösliche Alginate* als Streck- u. Füllmittel bei der *Papier*-Herst. erhält man durch Mahlen von Algen mit Alkalilauge im Holländer u. Zugabe von konz. $CaCl_2$-Lösung. Das Ca-Alginat fällt in Faserform aus. (**E. P. 672 896** vom 1/3. 1949, ausg. 28/5. 1952. N. Prior. 1/3. 1948.) SALZMANN. 7979

American Viscose Corp., Pennsylvania (Erfinder: **Orlando A. Battista,** Drexel Hill), Pa., V. St. A., *Schutzhülle für aufgewickelte Fadenpakete,* z. B. Spinnkuchen. Die Hülle besteht aus einem dünnen, durchlässigen, elast. Blatt, bes. aus Papier, das mit nichtfaseriger regenerierter Cellulose überzogen ist. Das Gewicht des Prod. soll um 6—15% höher als das Gewicht des Papieres sein. — Beispiel: Ein Papierblatt wird mit Viscose überzogen, die 7,4% Cellulose u. 6,6% NaOH enthält, wobei 1 (Teil) Viscose in 7 W. gelöst war. Das Blatt wird dann durch eine 9%ig. H_2SO_4-Lsg. geführt, säurefrei gewaschen u. unter Spannung getrocknet. Die Hülle schrumpft in den Bädern gleichmäßig mit dem Kuchen. — Zeichnung. (**D. B. P. 865 258** Kl. 55f vom 7/6. 1950, ausg. 2/2. 1953. A. Prior. 10/7. 1948.) G. VOGEL. 7987

National Cash Register Co., Dayton, O., V. St. A., *Herstellung eines Druckfarbenüberträgers,* der fähig ist, mit einer einzigen Druckfarbe Zeichen in verschied. Farbtönen auf einer Druckfläche zu erzeugen. Auf den Farbträger, z. B. Farbband für Schreibmaschinen, wird außer der üblichen Farbe (I) zusätzlich ein Farbbildner (II) aufgebracht. Die Oberfläche des Schreibpapiers ist ganz oder teilweise mit einer Mischung (III) aus einem Bindemittel u. Attapulgit überzogen, die mit II unter Farbstofferzeugung reagiert. Je nachdem, ob das Papier an den betreffenden Stellen mit III überzogen ist oder nicht, erzeugt das Farbband eine Farbtönung, die sich aus I u. II oder nur aus I ergibt. — Über Zus. von II u. III vgl. Oe. P. 166 940; C. **1951.** I. 1258, u. A. PP. 2 505 470 bis 2 505 488; C. **1951.** I. 1257. (**D. B. P. 851 641** Kl. 15k vom 16/11. 1949, ausg. 6/10. 1952. A. Prior. 18/11. 1948.) LAASS. 7989

Standard Oil Development Co., Del., V. St. A., übert. von: **Charles Mack,** Sarnia, Can., *Herstellung von elastischen Platten, Ziegeln usw. aus Papier-, Baumwollfasern usw.* Die Fasern werden in wss. Dispersion oder als Bahn mit 10—90 Gew.-% einer Mischung (F. mindestens 71°) aus einer Al-Seife (z. B. der Naphthensäure) u. einem Öl (Viscosität 180—3000 Sayboltsek. bei 99°) als Weichmacher verbunden, wobei 10—100 (Teile) Öl auf 100 Al-Seife treffen. Als Öl sind Fisch-, Pflanzen- u. Mineralöle genannt. (**A. P. 2 585 806** vom 9/10. 1946, ausg. 12/2. 1952.) G. VOGEL. 7993

XVIIIb. Textilfasern.

Duane W. Snyder, *Die praktische Annäherung zwischen der Verhinderung der Textilienverunreinigung und dem Abwasserproblem.* Es wird darauf hingewiesen, daß durch eine Verhinderung der textilen Verschmutzung durch die verschied. Naßprozesse, das Abwasserproblem wesentlich vereinfacht u. erleichtert werden kann. (Amer. Dyestuff Reporter **41.** 745—46. 1 /11. 1952.) H. G. FRÖHLICH. 8024

—, *Optische Bleichverfahren.* Beschreibung u. Anwendungsbeispiele der sogenannten opt. Bleichmittel. (Rev. gén. Teinture, Impress., Blanchiment, Apprêt (Tiba) **29.** Nr. 10. 3—5. Sept./Okt. 1952.) ROSSOW. 8026

L. P. Hoyt und **J. E. Walter,** *Die Verwendung von Nacconol NR in der Beuche von Rohbaumwolle.* Die Unterss. haben gezeigt, daß eine Konz. von 0,05% *Nacconol NR* auf das Gewicht der Lsg. bezogen, ausreichend ist, um zu einer deutlichen Verbesserung des Beucheprozesses zu führen. So werden die Reinheit der Baumwolle erhöht u. die Beuchdauer um 50% herabgesetzt, was zu einer Produktionserhöhung führt. Weiterhin führt der *Nacconol NR*-Zusatz zur Beuche zu einer Einsparung von ca. 50% an NaOH, u. beim anschließenden Bleichen zu einer Verringerung von 14—30% an Bleichchemikalien. (Dyestuffs **40.** 141—46. Sept. 1952. New York, N. Y., New Product Div., Nat. Aniline Div.) H. G. FRÖHLICH. 8044

Herausgeber u. verantwortlich für den Inhalt: Prof. Dr. Maximilian Pflücke, Berlin W 8, Jägerstraße 22/23. Fernsprecher: 200481, 201464. Redaktion: Chefredakteure Dr. Eugen Klever und Prof. Dr. Maximilian Pflücke. Verlag: Akademie-Verlag GmbH, Berlin NW 7, Schiffbauerdamm 19 (Fernsprecher 425571, Postscheckkonto Berlin 35021) u. Verlag Chemie, GmbH, Weinheim/Bergstraße (Postscheckkonto Frankfurt/M. 145314 u. Berlin [West] 7430, Fernsprecher: Weinheim 2017). Bestell- u. Verlags-Nr. dieses Heftes: 1007/124/32. Das Chemische Zentralblatt erscheint wöchentlich. Satz u. Druck: VEB Leipziger Druckhaus, Leipzig, III/18/203. VIII. 53.
Veröffentlicht unter der Lizenznummer 1212 des Amtes für Literatur und Verlagswesen der Deutschen Demokratischen Republik.
Printed in Germany.

MIX
Papier | Fördert gute Waldnutzung
FSC® C083411

Zeitfracht Medien GmbH
Ferdinand-Jühlke-Straße 7
99095 Erfurt, Deutschland
produktsicherheit@kolibri360.de